DIE STÖRUNGEN DES WASSER- UND ELEKTROLYT-STOFFWECHSELS

VON

M. SCHWAB UND K. KÜHNS

MEDIZINISCHE UNIVERSITÄTSKLINIK GÖTTINGEN

MIT 54 ABBILDUNGEN

SPRINGER-VERLAG

BERLIN · GÖTTINGEN · HEIDELBERG

1959

ISBN-13: 978-3-642-49014-9   e-ISBN-13: 978-3-642-92771-3
DOI: 10. 1007/978-3-642-92771-3

UNSEREN KLINISCHEN LEHRERN

H. ASSMANN   W. HADORN   R. SCHOEN

Geleitwort

Die Störungen des Wasser- und Elektrolythaushaltes zu erfassen und im klinischen Ablauf zu verfolgen, ist für viele medizinische Disziplinen heute notwendig geworden. Die methodischen Voraussetzungen sind jetzt insoweit gegeben, als der Aufwand an Zeit, apparativen Einrichtungen und Mühe im Rahmen eines klinischen Laboratoriums durchführbar geworden ist. Was in den angelsächsischen Ländern schon seit geraumer Zeit galt, ist jetzt auch bei uns Allgemeingut geworden, daß nämlich die Kenntnis des Elektrolytverhaltens in den Körperflüssigkeiten und seiner Störungen diagnostisch und therapeutisch häufig von ausschlaggebender Wichtigkeit ist. Viele Beispiele lassen sich dafür anführen: in der inneren Medizin die Leber- und Niereninsuffizienz und ihre Vorstadien, die Ödeme aller Arten, die Störungen des Herzens und Kreislaufs und der Atmung, die Stoffwechselkrankheiten, besonders das diabetische Koma, endokrine Störungen verschiedener Art, besonders der Nebenschilddrüse und der Nebennierenrinde, in der Chirurgie die Narkose und das postoperative Verhalten, die Erkrankungen der Knochen, in der Geburtshilfe die Schwangerschaftsnephropathien, die Eklampsie, in der Pädiatrie die Rachitis, Cöliakie, die Ernährungsstörungen des Säuglings und vieles andere. Die so wichtige Behandlung mit Rindensteroiden ist ohne Elektrolytkontrolle nicht durchführbar.

Da im deutschen Schrifttum eine moderne Darstellung der Physiologie und Pathologie, der Kinik und Therapie des Wasser- und Elektrolytstoffwechsels noch nicht vorhanden ist, dürfte das vorliegende Buch seine Berechtigung haben und willkommen sein. Es bringt im 1. Teil die theoretischen Grundlagen, im 2. Teil die allgemeine Pathophysiologie der Störungen und die Wege zu ihrer Behandlung, während der 3. Teil die spezielle klinische Pathologie umfaßt. Die Herausgeber haben die Erfahrungen der Göttinger Klinik zugrunde gelegt, an deren Erarbeitung beide durch eigene experimentelle Arbeiten auf dem Gebiete des Elektrolyt- und Wasserhaushaltes beteiligt waren und dadurch bestens legitimiert sind. Das Buch ist unter klinischer Sicht geschrieben und stellt die Störungen des Mineral- und Wasserstoffwechsels in einem größeren Rahmen dar. Es soll vor allem den am Krankenbett tätigen Arzt in das schwierige Gebiet einführen und ihn beraten, indem es Wege zum Verständnis der komplizierten, sich überschneidenden Regulationsvorgänge anzeigt und daraus diagnostische und therapeutische Regeln ableitet. Ebenso dürfte der vom Theoretischen herkommende Mediziner Nutzen durch das Buch insofern haben, als es ihm einen Überblick über die Bedeutung des Elektrolyt- und Wasserhaushalts für die Pathologie und Klinik vermittelt und damit auch die theoretische Forschung anregen kann. Ich bin überzeugt, daß das Buch seinen Platz ausfüllen wird und wünsche ihm den verdienten guten Erfolg.

R. Schoen

Vorwort

Zweck und Ziel dieses Buches gehen aus den Geleitworten von Herrn Prof. SCHOEN hervor.

Es fehlt im deutschen Schrifttum eine breiter angelegte monographische Darstellung des Wasser- und Elektrolytstoffwechsels, die sowohl die physiologischen und pathophysiologischen Grundlagen als auch die praktischen Auswirkungen auf die verschiedenen klinischen Fächer berücksichtigt. Ob das vorliegende Buch diese Lücke ausfüllt, muß der Leser entscheiden.

Ein schwer zu lösendes Problem war die Behandlung der Literatur. Sie wurde nur insoweit berücksichtigt, als sie zur Belegung der einzelnen Sachverhalte notwendig war. Dabei wurden zusammenfassende Darstellungen und Übersichten bevorzugt, wenn solche vorhanden waren.

Unser aufrichtiger Dank gilt unseren klinischen Lehrern, denen dieses Buch gewidmet ist. Herr Prof. SCHOEN hat durch sein Interesse und seine Förderung großen Anteil an der Entstehung dieses Buches, wofür wir ihm zu besonderem Dank verpflichtet sind.

Wir danken ferner allen Kollegen, die an unseren Arbeiten beteiligt waren oder durch Diskussionen Anregungen gaben.

Dem Springer-Verlag schulden wir besonderen Dank für die vertrauensvolle Zusammenarbeit und das bereitwillige Eingehen auf unsere Wünsche.

Göttingen und Northeim, im März 1959   M. SCHWAB, K. KÜHNS

Inhaltsverzeichnis

Erster Teil

1. Kapitel

6. Kapitel

Die Störungen des Kaliumstoffwechsels 115

7. Kapitel

Die Störungen des Säure-Basen-Stoffwechsels 130

8. Kapitel

9. Kapitel

10. Kapitel

Dritter Teil
11. Kapitel

12. Kapitel

13. Kapitel

a) Die gewöhnliche Form des adrenogenitalen Syndroms — b) Sonderformen des adrenogenitalen Syndroms — c) Die Behandlung des adrenogenitalen Syndroms

a) Nebennierenkrise. — b) Nebennierenblutungen

a) Adrenalektomie, Hypophysektomie — b) Medikamentöse Hemmung des Hypophysen-Vorderlappens und der Nebennierenrinde

18. Kapitel

Die Störungen des Wasser- und Elektrolytstoffwechsels in der Chirurgie 298

a) Allgemeine Gesichtspunkte — b) Praktische Durchführung — c) Gefahren der postoperativen Wasser- und Elektrolytbehandlung

a) Oligurie. — b) Hyponatriämie

a) Venöse Blutung — b) Akuter Verlust extracellulärer Flüssigkeit

a) Oligurisches bzw. anurisches Stadium — b) Diuretisches Stadium — c) Behandlung

19. Kapitel

20. Kapitel

Erster Teil

1. Kapitel

Physikalisch-chemische Grundbegriffe und Maßeinheiten

Wasser spielt für alle Lebensabläufe der Organismen als Lösungsmittel eine entscheidende Rolle. Die Kenntnis einiger Eigenschaften wäßriger Lösungen ist deshalb für den Mediziner zum Verständnis des Wasser- und Elektrolytstoffwechsels und dessen klinischer Beeinflussung unter pathologischen Umständen unentbehrlich.

I. Physikalisch-chemische Grundbegriffe wäßriger Lösungen

1. Definitionen: Molekül, Atom, Elektrolyte

Eine zentrale Stellung bei der Behandlung der Eigenschaften wäßriger Lösungen kommt dem Begriff des Moleküls und den damit zusammenhängenden chemischen Maßeinheiten zu. Unter einem **Molekül** ist der kleinste Teil einer chemisch homogenen Substanz zu verstehen, der noch alle Eigenschaften der Substanz besitzt und in freiem Zustand existenzfähig ist. Demgegenüber stellt das **Atom** den kleinsten Teil eines Elementes dar, der mit einem anderen Element in Verbindung treten kann. Der Begriff Molekül umfaßt somit auch Atome einzelner Elemente, nämlich jene, die in freiem Zustand existieren können. Er ist deshalb der übergeordnete Begriff.

Elektrolyte. Lösungen von Salzen, Säuren und Basen, die gegenüber reinem Wasser eine erhöhte elektrische Leitfähigkeit besitzen, werden als Elektrolyte bezeichnet. Die Elektrolyte bildenden Moleküle zerfallen in wäßrigen Lösungen in elektrisch geladene Teilchen, welche *Ionen* genannt werden. Die positiv geladenen Kationen (Symbol: $^+$) wandern im elektrischen Feld zur Kathode, die negativ geladenen Anionen (Symbol: $^-$) zur Anode. Die vorhandene Wertigkeit wird durch die Anzahl von $^+$-Zeichen bzw. $^-$-Zeichen symbolisiert.

Beispiele: Natriumion $= Na^+$; Magnesiumion $= Mg^{++}$;
Bicarbonation $= HCO_3^-$; Sulfation $= SO_4^{--}$.

Starke Elektrolyte sind in schwacher Konzentration praktisch völlig in Ionen zerfallen (dissoziiert), *schwache Elektrolyte* zeigen auch in geringen Konzentrationen keine vollständige Dissoziation. Zu ersteren gehören die meisten Neutralsalze, ferner die starken Säuren Salzsäure, Salpetersäure, Schwefelsäure, zu letzteren viele organische Säuren und Basen.

2. Maßeinheiten

Molekular- und Atomgewicht. Sie sind, abweichend vom übrigen wissenschaftlichen Sprachgebrauch, nicht Kräfte, sondern dimensionslose Zahlen. Sie geben an, um wieviel die Masse eines Moleküls oder Atoms größer ist als die Masse eines Wasserstoffatoms, genauer als $^1/_{16}$ der Masse eines Sauerstoffatoms.

Mol und Millimol. Die Maßeinheit für Moleküle ist das Mol (Symbol: mol) bzw. Millimol (Symbol: mmol). Es ist durch die Beziehung definiert: 1 mol = Molekulargewicht · Gramm.

Beispiele:

a) Die chemische Formel von Glucose ist $C_6H_{12}O_6$. Das Molekulargewicht berechnet sich demnach wie folgt:

$$(6 \times 12) + (12 \times 1) + (6 \times 16) = 180$$
$$1 \quad \text{mol Glucose} = 180\ \text{g};$$
$$1\ \text{mmol Glucose} = 180\ \text{mg}.$$

b) Das Molekulargewicht von NaCl ist $23 + 35,5 = 58,5$.
$$1 \quad \text{mol NaCl} = 58,5\ \text{g};$$
$$1\ \text{mmol NaCl} = 58,5\ \text{mg}.$$

c) Das Molekulargewicht von $NaHCO_3$ ist
$$23 + 1 + 12 + (3 \times 16) = 84.$$
$$1 \quad \text{mol NaHCO}_3 = 84\ \text{g};$$
$$1\ \text{mmol NaHCO}_3 = 84\ \text{mg}.$$

Für die Umwandlung von Gewichtsangaben in g in mmol hat man also nur mit dem Quotienten 1000/Molekulargewicht zu multiplizieren.

Beispiele:

a) 3 g NaCl sind wieviel mmol?
$$3 \times 1000 : 58,5 = 51,3\ \text{mmol}.$$

b) 20 g $NaHCO_3$ sind wieviel mmol?
$$20 \times 1000 : 84 = 238\ \text{mmol}.$$

Die Einheit *Mol oder Millimol kann auch auf Ionen angewendet werden*, z. B. Na^+, K^+, Ca^{++}, Cl^-, HCO_3^- usw. .... 1 mol jedes dieser Ionen ist durch das Atomgewicht bzw. die Summe der Atomgewichte in Gramm gegeben.

Beispiele:
$$1\ \text{mol Na}^+ \quad = 23\ \text{g};\ 1\ \text{mol K}^+ \quad = 39,1\ \text{g};$$
$$1\ \text{mol HCO}_3^- \ = 61\ \text{g};\ 1\ \text{mol SO}_4^{--} = 96\ \text{g}.$$

(Gramm)-Äquivalent und Milliäquivalent. In vielen Fällen werden die Ionen vom Standpunkt der zwischen ihnen sich abspielenden elektrochemischen Reaktionen betrachtet. Dann ist der Gebrauch einer Maßeinheit vorzuziehen, welche sich auf die Bindungsfähigkeit der Ionen bezieht: (Gramm)-Äquivalent (Symbol: val) bzw. Milliäquivalent (Symbol: mval). Sie sind durch die Beziehungen definiert:

1 Gramm-Äquivalent = Molekulargewicht · Gramm/Wertigkeit;
                                  (Atomgewicht)

1 Milliäquivalent   = Molekulargewicht · Milligramm/Wertigkeit.
                                  (Atomgewicht)

Beispiele:

1 val $Na^+ = 23$ g; 1 mval $Na^+ = 23$ mg; 1 mval $Cl^- = 35,5$ mg.

Man erkennt, daß bei einwertigen Ionen val und mval mit mol und mmol identisch sind.

Bei mehrwertigen Ionen ist das aber nicht mehr der Fall.

Beispiele: 1 val Ca^{++} = 40/2 = 20 g; 1 mval Ca^{++} = 20 mg.
Hier ist 1 mmol also 2 mval.

Osmol und Milliosmol. Das Osmol (Symbol: osmol) ist eine in der biologisch-medizinischen Literatur häufig verwendete Maßeinheit. In der physikalischen Chemie wird dieser Begriff nicht verwendet, da er durch das Mol zwanglos ersetzt werden kann. *Das Osmol stellt ein Maß für die in wäßrigen Lösungen osmotisch wirksamen Moleküle dar*, ist also ein auf die Lösungsphase bezogenes Mol.

Beispiele: 1 mol Glucose = 1 osmol; 1 mol NaCl = 2 osmol;
denn NaCl zerfällt in wäßriger Lösung in Na^+- und Cl^--Ionen. Da die Dissoziation jedoch oft nicht vollständig ist, muß das auf die undissoziierte Substanz bezogene Osmol unter der Annahme vollständiger Dissoziation definiert werden: 1 osmol = 1 mol (undissoziierte Substanz)/N; dabei ist N die Anzahl der Ionen, in welche ein Molekül der undissoziierten Substanz bei Annahme völliger Dissoziation zerfällt.

3. Konzentrationsmaße

Normalität. Damit bezeichnet man die Konzentration 1 Gramm-Äquivalent/ Liter Lösung.

Beispiele: eine 1 normale Lösung enthält also 1 val/l, eine 0,1 normale Lösung 100 mval/l.

Molarität, Molalität. Mit Molarität wird die Konzentration 1 Mol/Liter Lösung bezeichnet.

Beispiel: eine 1 molare Lösung enthält also 1 mol/l.

Bezieht man nicht auf 1 l Lösung, sondern 1 kg Wasser, dann spricht man von Molalität.

Beispiel: eine 1 molale Lösung enthält also 1 mol/kg Wasser.

Für stark verdünnte Lösungen können beide Konzentrationsmaße — Molarität und Molalität — einander gleich gesetzt werden. Bei höheren Konzentrationen unterscheiden sie sich aber um so mehr, je größer das spezifische Volumen (Volumen/Masse) der gelösten Substanz ist. So können z. B. Molarität und Molalität des Serums nicht ohne weiteres miteinander verglichen werden, da die Proteine ein großes spezifisches Volumen haben. In pathologischen Fällen kann zusätzlich die Erhöhung der Lipoide, die ebenfalls ein hohes spezifisches Volumen besitzen, diese Unterschiede noch vergrößern. Diese Zusammenhänge haben für viele praktische Fragen große Bedeutung (s. S. 115).

Im Falle des Serums kann der Wassergehalt auf Grund des spezifischen Gewichts des Serums bestimmt werden. Auch auf Grund des Proteingehalts kann der Wassergehalt wie folgt berechnet werden: Serumwasser (g/100 ml Serum) = (98,4 — 0,718) · Proteingehalt in g/100 ml Serum. Der Raumbedarf der Serumbestandteile, welche nicht Eiweiß sind, ist darin bereits berücksichtigt: 98,4 an Stelle von 100 (nach Geigy-Tabellen, 1955). Im allgemeinen findet man bei 100 ml Serum 93—94 g Wasser.

Die *Begriffe Molarität und Molalität werden, um Verwechselungen zu vermeiden, stets auf die undissoziierte Substanz bezogen.* Für die auf Grund der Strukturformel unter der Annahme vollständiger Dissoziation zu erwartende osmotisch wirksame Konzentration einer Substanz oder einer Substanzmischung ist die Bezeichnung

ideale molekulare Gesamtkonzentration zweckmäßig (Geigy-Tabellen, 1955). Tatsächlich ist die molekulare Gesamtkonzentration jedoch kleiner, da nie vollständige Dissoziation vorliegt:

Reale Gesamtkonzentration = ideale Gesamtkonzentration · g.

g ist der osmotische Koeffizient. Diese **reale Gesamtkonzentration** wird auch **Osmolarität** bei Bezug auf Liter Lösung, **Osmolalität** bei Bezug auf kg Wasser bezeichnet. *Wegen der oben beschriebenen Unterschiede bei proteinhaltigen Lösungen wie Plasma verdient der Begriff Osmolalität den Vorzug.*

4. Osmose, osmotischer Druck

Die Moleküle von Lösungsmittel (Wasser) und gelöster Substanz haben eine bestimmte kinetische Energie. Der von ihnen ausgeübte Druck wird osmotischer Druck genannt. Entsprechend den Verhältnissen bei Gasen ist dieser Druck direkt proportional der Anzahl von Molekülen. Die Verhältnisse sollen anhand der Abb. 1 besprochen werden. Eine Glucoselösung ist von reinem Wasser durch eine Membran getrennt, die für Glucose nicht, für Wasser aber sehr gut durchlässig ist. Auf der Seite der Glucoselösung ist deshalb die Konzentration der Wassermoleküle kleiner als auf der anderen Seite, wo sich nur Wassermoleküle befinden. Während die Glucosemoleküle bei ihrem Aufprallen auf die separierende Membran wegen deren Undurchlässigkeit wieder zurückgeworfen werden, können die Wassermoleküle ohne Behinderung von beiden Seiten die Membran durchdringen. Da infolge der Glucoselösung auf dieser Seite die Konzentration an Wassermolekülen geringer ist, werden von der Seite des reinen Wassers mehr Moleküle auf die Wand auftreffen und hindurchtreten: Wasser diffundiert in die Glucoselösung so lange hinein, bis die Konzentration der Wassermoleküle auf beiden Seiten der Membran gleich ist. *Diese Passage von Flüssigkeit wird als Osmose bezeichnet.*

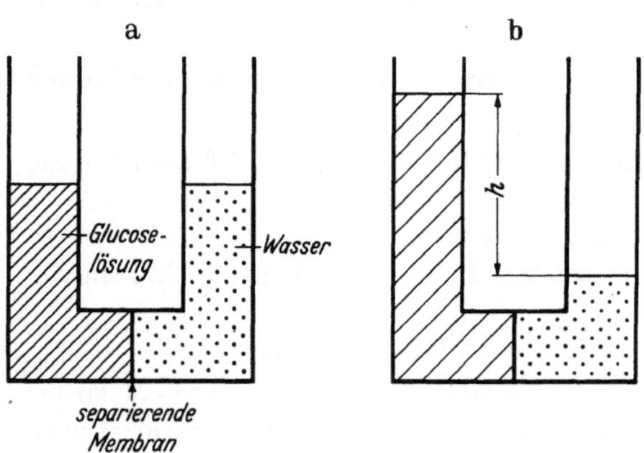

Abb. 1. Trennt man eine Glucoselösung durch eine für Glucose undurchlässige Membran von Wasser ab (a), so kommt es zum Einstrom von Wasser in die Glucoselösung. Dieser Einstrom hört dann auf, wenn der hydrostatische Druck *h* dem osmotischen Druck der Glucoselösung gleich ist (b)

Wird die Anordnung entsprechend der Abb. 1 ausgeführt, so daß das eintretende Wasser eine Flüssigkeitssäule steigen läßt, welche einen hydrostatischen Druck ausübt, dann wird diese Flüssigkeitssäule so lange steigen, bis der ausgeübte hydrostatische Druck dem weiteren Eindringen ein Hindernis entgegensetzt. Der nunmehr gemessene *hydrostatische Druck ist ein Maß des osmotischen Drucks der Glucoselösung.* Osmose kann danach als die Diffusion einer Flüssigkeit durch eine permeable Membran zu der Seite der niedrigeren Flüssigkeitskonzentration bezeichnet werden.

Der *gesamte osmotische Druck* einer Flüssigkeit ist durch die Summe der Teildrucke gegeben, welche jede gelöste Substanz in dieser Flüssigkeit ausübt. Der osmotische Druck einer Lösung kann nur dann wirksam werden, wenn diese Lösung von einer anderen Flüssigkeitsphase durch eine Membran abgetrennt ist, welche für das Lösungsmittel der beiden Flüssigkeiten, also meist Wasser, frei durchlässig, für eine oder mehrere der gelösten Substanzen aber weniger gut oder gar nicht durchlässig ist. Daher tragen nur solche gelösten Substanzen zum *effektiven osmotischen Druck* einer Flüssigkeit bei, welche mehr oder weniger stark am Durchtritt durch die separierende Membran gehindert sind. Der effektive osmotische Druck wird also geringer sein als der gesamte osmotische Druck, und zwar um den Betrag, welcher von den die Membran frei durchdringenden Stoffen beigesteuert wird. So kann z. B. Harnstoff alle Zellmembranen frei durchdringen; er trägt deshalb wohl zum gesamten osmotischen Druck, nicht aber zum effektiven osmotischen Druck bei.

Die Bezeichnung *kolloidosmotischer Druck* bezieht sich auf den Anteil des osmotischen Drucks, welcher auf Kolloide entfällt. Da das Molekulargewicht von Kolloiden hoch ist, ist der Beitrag zum gesamten osmotischen Druck viel geringer als derjenige derselben Masse einer gelösten Substanz, welche ein geringeres Molekulargewicht besitzt. Da jedoch kolloidale Stoffe infolge ihrer Größe die Poren der Capillarmembranen nicht so leicht durchdringen können wie gelöste Stoffe geringeren Molekulargewichts, so tragen die Kolloide zum effektiven osmotischen Druck der Flüssigkeiten bei. Die wesentliche kolloidale Substanz im Organismus sind die Eiweißkörper. Auch sie liegen als Ionen vor. Die Tatsache, daß sie sowohl dissoziiert als auch am freien Durchtritt durch die Membranen behindert sind, bedingt eine asymmetrische Verteilung der diffusiblen Ionen: *Donnangleichgewicht*. Einzelheiten findet der Interessierte in den Lehrbüchern der physikalischen Chemie.

Die osmotische Druckdifferenz, welche sich zwischen zwei Lösungen einstellt, von denen die eine Lösung ein diffusibles Ion, z. B. Protein enthält, wird sich demnach aus zwei Komponenten zusammensetzen: a) der Beitrag des nicht diffusiblen Ions, z. B. Protein, b) der aus der asymmetrischen Verteilung der diffusiblen Ionen erwachsende Beitrag. Dieser aus a) und b) sich ergebende Gesamtbetrag wird oft als *onkotischer Druck* bezeichnet. Kolloidosmotischer und onkotischer Druck im strengen Wortsinn sind also nicht miteinander identisch.

Da der osmotische Druck unmittelbar schwierig zu messen ist, wird er meist aus der Gefrierpunktserniedrigung berechnet. Die Gefrierpunktserniedrigung wird auch benutzt, um die Osmolalität zu erhalten: Gefrierpunktserniedrigung/1,858. 1,858 wird als kryoskopische Konstante bezeichnet.

II. Physikalisch-chemische Grundlagen des Säure-Basen-Stoffwechsels

1. Der p_H-Wert als Maß der H^+-Ionenkonzentration

Wasser zeigt eine geringe Dissoziation in H^+-Ionen (Protonen) und OH^--Ionen. Reines Wasser enthält bei 25°C H^+- und OH^--Ionen in einer Konzentration von jeweils 10^{-7} mol/l: $[H^+] = [OH^-] = 10^{-7}$. Das Produkt der Konzentrationen von H^+- und OH^--Ionen in reinem Wasser ist stets 10^{-14}: $[H^+] \times [OH^-] = 10^{-14}$.

Gibt man zu Wasser H^+-Ionen hinzu, dann treten entsprechend viele OH^--Ionen mit den H^+-Ionen zu Wasser zusammen. Das Produkt bleibt also wiederum 10^{-14}. Dasselbe gilt für Lösungen von Säuren und Basen. Eine 1 normale Säure enthält 1 mol H^+-Ionen im Liter, eine 0,1 normale Säure 10^{-1}, eine 0,01 normale Säure 10^{-2} mol H^+-Ionen im Liter. Die entsprechenden Konzentrationen an OH^--Ionen sind: 1 normale Säure 10^{-14}, 0,1 normale Säure 10^{-13}, 0,01 normale Säure 10^{-12} mol OH^+-Ionen im Liter. Das Produkt von H^+- und OH^--Ionen bleibt also stets 10^{-14}.

SØRENSEN führte für den negativen Logarithmus der H^+-Ionenkonzentration $[H^+]$ die Bezeichnung p_H ein: $p_H = - \log [H^+]$. Folgende zwei Beispiele sollen die Verwendung des p_H-Begriffs verdeutlichen. Das normale Blut-p_H ist 7,41. Der negative Logarithmus von $[H^+]$ ist also 7,41, der Logarithmus $-7,41$. Dafür läßt sich auch schreiben $0,59-8$. Der Antilogarithmus von 0,59 ist 3,9, derjenige von -8 10^{-8}. $[H^+]$ ist daher $3,9 \times 10^{-8}$ mol/l.

$[H^+]$ einer Urinprobe ist 0,000007 mol/l. Welchen p_H-Wert hat die Urinprobe? $[H^+]$ kann als 7×10^{-6} mol/l geschrieben werden. $\log [H^+] = \log 7 + \log 10^{-6} = 0,85 - 6 = -5,15$. $p_H = -\log [H^+] = 5,15$.

Neutrale Reaktion ist durch den p_H-Wert von 7, also eine $[H^+]$ von 10^{-7} mol/l gekennzeichnet, alkalische (basische) Reaktion durch p_H-Werte über 7, also eine $[H^+]$ von weniger als 10^{-7}, saure Reaktion durch p_H-Werte unter 7, also eine $[H^+]$ von mehr als 10^{-7} mol/l.

2. Säuren und Basen

Seit 1923 hat sich in der physikalischen Chemie allgemein die Definition von BRØNSTED durchgesetzt: als Säuren werden Molekeln bezeichnet, welche H^+-Ionen (Protonen) abgeben (Protonendonator), als Basen Molekeln, welche H^+-Ionen aufnehmen (Protonenacceptor):

Säure		Base		H^+
(Protonendonator)	$\rightleftarrows$	(Protonenacceptor)	$+$	(Proton)
H_2CO_3	$\rightleftarrows$	HCO_3^-	$+$	H^+
NH_4^+	$\rightleftarrows$	NH_3	$+$	H^+
$H_2PO_4^-$	$\rightleftarrows$	HPO_4^{--}	$+$	H^+

Die Beispiele zeigen, daß sowohl neutrale Molekeln als auch Kationen und Anionen als Säuren vorliegen können. Dasselbe gilt für Basen.

Als starke Säuren werden solche bezeichnet, welche sehr leicht Protonen abgeben, als schwache Säuren solche, welche nur schwer Protonen abgeben können. Als Maß für die Stärke einer Säure wird die sog. Dissoziationskonstante (K) verwendet:

$$K = \frac{[\text{Base}] \times [H^+]}{[\text{Säure}]};$$

je größer der Wert für K ist, um so größer ist die $[H^+]$, welche von einem gegebenen Anteil Säure geliefert wird:

$$[H^+] = K \times \frac{[\text{Säure}]}{[\text{Base}]}.$$

Setzt man für K ebenfalls den negativen Logarithmus ein, so erhält man folgende Beziehung:

$$p_H = pK + \log \frac{[\text{Base}]}{[\text{Säure}]}.$$

Wegen der interionischen Wechselwirkungen muß man, streng genommen, nicht von Konzentrationen, sondern von Aktivitäten sprechen. Man bezieht die Aktivitätskoeffizienten (f_a) in die Konstante K ein und trägt diesem Sachverhalt durch die Bezeichnung K' bzw. pK' Rechnung: $pK' = pK \times f_a$. pK' ist mit demjenigen p_H-Wert identisch, bei dem die Hälfte des Stoffes als freie Säure, die andere Hälfte als Base vorliegt:

$$[Base]/[Säure] = 1; \log \frac{[Base]}{[Säure]} = 0.$$

Da die Base in diesen Fällen oft ein Anion ist, z. B. Acetat, Lactat, Phosphat, Sulfat, Chlorid usw., muß sie aus Gründen der Elektroneutralität durch ein Kation neutralisiert sein: Salzbildung. Für manche Vorgänge, z. B. die Pufferung, ist das Kation selbst ohne Bedeutung. Es ist deshalb auch eine Schreibweise vorzuziehen, welche nur das Anion, also die Base, nicht das Kation enthält.

3. Pufferung

Darunter versteht man ein Abfangen von H^+- oder OH^--Ionen durch Molekeln, welche dabei aus ihrer dissoziierten Form zum Teil in ihre undissoziierte Form übergehen. Fügt man z. B. einer Lösung von Essigsäure (CH_3COOH), die sowohl in undissoziierter (CH_3COOH) als auch in dissoziierter Form (CH_3COO^-- und H^+-Ionen) vorliegt, Protonen hinzu, dann treten diese mit CH_3COO^--Ionen zu undissoziierter Essigsäure zusammen. Da K' konstant bleiben muß, wird sowohl der Zähler als auch der Nenner um den gleichen Betrag vergrößert:

$$K' = \frac{[CH_3COO^-] \times [H^+]}{[CH_3COOH]}.$$

Ein Teil der zugeführten H^+-Ionen wird also aus der Lösung entfernt, abgepuffert, indem undissoziierte Essigsäure entsteht. Die Voraussetzung eines Puffermechanismus ist also stets das Vorliegen von Molekeln, welche aus ihrer dissoziierten in ihre undissoziierte Form übergehen können.

Besonders wirksam ist der Mechanismus der Pufferung dann, wenn schwache Säuren oder Basen zusammen mit ihren Salzen vorliegen. Man spricht dann von Puffersystemen. Solche Puffersysteme liegen im Körper z. B. als Kohlensäure/ Bicarbonat, primäres Phosphat/sekundäres Phosphat usw. (s. S. 68) vor. Die Wirkung eines derartigen Puffersystems soll an dem System Kohlensäure/Bicarbonat erläutert werden. H_2CO_3 dissoziiert als schwache Säure nur gering in H^+- und HCO_3^--Ionen:

$$K' = \frac{[H^+] \times [HCO_3^-]}{[H_2CO_3]}.$$

$NaHCO_3$ ist jedoch, wie alle Salze, fast völlig dissoziiert:

$$NaHCO_3 \rightarrow Na^+ + HCO_3^-.$$

Bringt man beide Lösungen zusammen (Puffersystem), so bewirkt die hohe, dem Salz $NaHCO_3$ entstammende Konzentration an HCO_3^--Ionen, daß Protonen mit HCO_3^- zu undissoziierter H_2CO_3 zusammentreten. Durch den gleichionigen Zusatz von HCO_3^- wird $[H^+]$ demnach weiter zurückgedrängt. Setzt man zu diesem Puffergemisch Säuren, also Protonen, hinzu, dann treten diese zunächst mit HCO_3^- zu H_2CO_3 zusammen. Dessen Dissoziation wird durch die vorhandenen

HCO_3^--Ionen weiter vermindert. Es handelt sich also um einen zweistufigen Mechanismus der Abpufferung von H^+-Ionen: Zunächst wird die schwächere Säure freigesetzt, dann wird ihre Dissoziation durch das Anion (Base!) des praktisch völlig dissoziierten Salzes weiter zurückgedrängt.

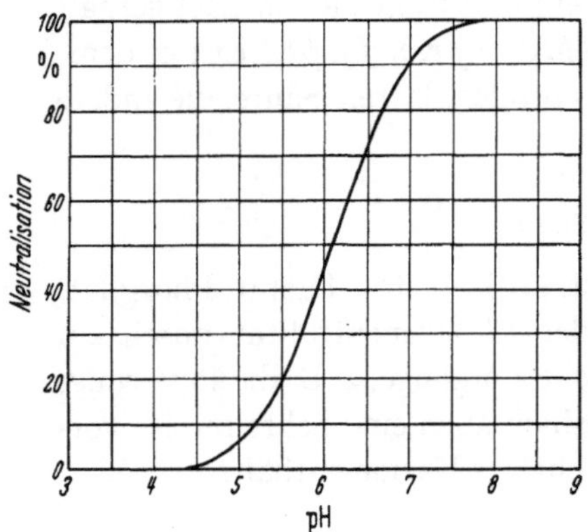

Abb. 2. Dissoziationskurve von H_2CO_3. pK' 6,1 (Gültig für Plasma bei Körpertemperatur)

Die Wirksamkeit eines Puffersystems hängt einmal von der Konzentration des Puffers (mol/l) in der Lösung ab. Außerdem spielt das Verhältnis Base/Säure (oft auch Verhältnis Salz/Säure bezeichnet) eine wesentliche Rolle. Letzteres geht am besten aus der Titrationskurve (Dissoziationskurve) des Puffersystems Kohlensäure/Bicarbonat hervor, das in Abb. 2 dargestellt ist. Man erkennt, daß die Pufferwirkung dann am besten ist, wenn von dem Puffergemisch gleich viel Säure und Base (Salz) vorliegen, also der p_H-Wert der Lösung mit pK' übereinstimmt. Die Abb. 2 zeigt ferner, daß eine gute Wirksamkeit gegen p_H-Verschiebungen nur in einem relativ schmalen Bereich von etwa $\pm 1\ p_H$ zu beiden Seiten von pK' besteht. Diese Feststellung ist für viele pathophysiologische Fragen von großer Bedeutung (s. S. 80). Man kann also aus der Kenntnis von pK' des Puffergemisches und der Kenntnis des p_H-Wertes der fraglichen Lösung die Puffereigenschaften im vorliegenden Fall abschätzen.

III. Physikalisch-chemische Grundbegriffe von Filtration und Diffusion

Für den Transport von Lösungsmitteln (Wasser) und gelösten Stoffen im Organismus spielen sog. Filtrations- und Diffusionsprozesse eine wesentliche Rolle. Um ihre Bedeutung bei den Austauschvorgängen zwischen Blut, interstitieller Flüssigkeit und Zellen verstehen zu können, sind folgende Begriffe von Wichtigkeit.

1. Der Durchtritt von Lösungsmittelmolekülen (Wasser) durch poröse Membranen

Der Durchtritt von Wasser kann auf folgende Weise erfolgen:

a) durch hydrodynamische Strömung; gleichbedeutend sind die Bezeichnungen Filtration oder viscöse Strömung;

b) auf Grund von Osmose; sie wurde bereits auf S. 4 besprochen.

Zu a) Die hydrodynamische Strömung von Flüssigkeiten durch poröse Medien ist dem Druckgradienten proportional. Die für die hydrodynamische Strömung maßgebenden Faktoren in ihrer Gesamtheit sind in der Gleichung von DARCY (1856) zusammengefaßt:

$$Q_f = \frac{K_f \cdot A_m}{\eta} \cdot \Delta P / \Delta x.$$

Hierbei ist Q_f das verschobene Volumen, K_f der sog. Darcy-Koeffizient, A_m die

Querschnittsfläche des Mediums, η die Viscosität der Flüssigkeit, ΔP die Druckdifferenz und Δx die Weglänge. K_f wird oft als Permeabilitätskoeffizient bezeichnet.

Der Flüssigkeitsdurchtritt durch Membranen mit ultramikroskopischen Poren, die einen größeren Durchmesser als 15 Ångström haben, erfolgt dabei in laminarer Strömung. Deshalb ist das Poiseuillesche Gesetz anwendbar:

$$Q_f = \frac{A_p \cdot r^2}{8\eta} \cdot \frac{\Delta P}{\Delta x} \; ;$$

A_p = Porenfläche
r = Radius

Nach PAPPENHEIMER ist es unwahrscheinlich, daß beim Durchtritt von Wasser durch die Capillarmembranen Diffusionsprozesse eine Rolle spielen. Vielmehr erfolgt die Volumenverschiebung von Wasser durch hydrodynamische Strömung. Auch in den Zellmembranen scheint die Diffusion von Wasser gegenüber der Volumenverschiebung durch Strömung unbedeutend zu sein.

2. Der Durchtritt von gelösten Substanzen durch poröse Membranen

Hierfür spielt *Diffusion* die entscheidende Rolle. Darunter versteht man einen Stofftransport vom Ort hoher Konzentration nach dem Ort niedriger Konzentration. Im Hinblick auf biologisch-medizinische Fragestellungen ist besonders die Diffusion durch poröse Membranen bedeutungsvoll.

Freie Diffusion. Sind die Poren der Membran genügend groß gegenüber den durchtretenden Stoffen, so spricht man von freier Diffusion. Die einzige Wirkung der Membran besteht in diesen Fällen darin, daß sie die für die Diffusion zur Verfügung stehende Oberfläche vermindert. Die Faktoren, welche für die Diffusion maßgebend sind, sind im Fickschen Gesetz zusammengefaßt:

$$\frac{A_p}{x} = \frac{T_d}{D \cdot C}$$

C = Konzentrationsdifferenz
T_d = Nettodiffusion der gelösten Substanz
A_p = Porenfläche
x = Wegstrecke

Beschränkte Diffusion. Die Diffusionsgeschwindigkeit einer Molekülart durch eine Membran von gegebener Porenfläche kann erheblich verlangsamt werden, wenn die Porendimensionen in die Größenordnung der durchtretenden Moleküle kommen. Auf die Ursache dieser Behinderung soll in diesem Zusammenhang nicht näher eingegangen werden. Es wird auf die Darstellung von RENKIN und PAPPENHEIMER verwiesen.

Gleichzeitiges Vorkommen von Filtration und beschränkter Diffusion. Wird auf der einen Seite einer Membran ein hydrostatischer Druck ausgeübt, so kommt es zu einer hydrodynamischen Strömung durch die poröse Membran: Filtration. Ist gleichzeitig der Durchtritt von gelösten Stoffen behindert, da ihre Molekülgrößen mit der Porengröße der Membran vergleichbar werden, so kommt es zur *molekularen Siebung.* Das Phänomen der molekularen Siebung spielt für den geringen Eiweißgehalt der interstitiellen Flüssigkeit und des Glomerulumfiltrats eine wesentliche Rolle. Ihr Ausmaß hängt von der Größe der Filtration und dem Koeffizienten für die beschränkte Diffusion ab. Auf die Wiedergabe der mathematischen Formulierungen wird verzichtet, da sie über den Rahmen dieses Buches hinausgehen.

Die Anwendungen dieser physikalisch-chemischen Grundtatsachen auf die Austauschvorgänge zwischen intravasalem und interstitiellem Raum werden auf S. 25 besprochen.

2. Kapitel

Die Flüssigkeitsräume des Körpers und ihre Elektrolyte

I. Das Körperwasser und seine Unterteilung

Unter den für das Leben notwendigen Stoffen steht das Wasser nach dem Sauerstoff an zweiter Stelle. Ohne Sauerstoff können wir nur für wenige Minuten, ohne Wasser nur für Stunden bis Tage leben. Dabei ist das Wasser der in größter Menge vorhandene Einzelbaustein des Körpers. Beim gesunden Menschen lassen sich trotz der diskontinuierlichen und variablen Flüssigkeitsaufnahme kaum Schwankungen des Körperwassers nachweisen. Diese Konstanz des Körperwassers wird durch sehr wirkungsvolle Regulationseinrichtungen gewährleistet. In den folgenden Abschnitten wird zunächst eine Übersicht über den Wassergehalt des Körpers und der Organe und die Möglichkeiten seiner Bestimmung gegeben.

1. Der Wassergehalt des Körpers und der Organe

Schon CLAUDE BERNARD versuchte, über den Wassergehalt des Körpers Aufschluß zu erhalten. Er verglich die Gewichte ägyptischer Mumien mit denen lebender Individuen ähnlicher Größe und Körperform. Er kam so zu der Annahme, daß der Wassergehalt des Körpers etwa 90% des Gewichts betragen müsse. Nach den heutigen Kenntnissen liegen diese Schätzungen allerdings zu hoch. In den letzten hundert Jahren wurde mehrfach durch direkte Analysen menschlicher Leichen mit Hilfe der Exsikkationsmethode der Wassergehalt des gesamten Körpers bestimmt. Die erhaltenen Werte sind in Tab. 1 zusammengestellt. Sie lagen beim Erwachsenen zwischen 54 und 66%, beim Neugeborenen zwischen 66 und 76% des Körpergewichts. Diese Schwankungen sind, wie noch zu erwähnen sein wird, biologischer, nicht etwa methodischer Natur. Es ist allerdings zuzugeben, daß bei der Exsikkationsmethode gewisse Fehler dadurch entstehen können, daß flüchtige organische Stoffe sowie neugebildetes Wasser abgegeben werden und so als Körperwasser in Erscheinung treten. Dadurch wird der Wassergehalt, allerdings nur unwesentlich, zu hoch bestimmt.

Die Tab. 2 zeigt den Wassergehalt der einzelnen Organe beim Menschen und bei verschiedenen Tierspecies (Ratte, Hund, Katze, Kaninchen). Man erkennt, abgesehen vom Skeletsystem, eine weitgehende Übereinstimmung bei Tier und Mensch. Diese Tatsache ist für die Frage der Anwendbarkeit von Ergebnissen des Tierversuchs auf den Menschen von Bedeutung. Besondere Beachtung verdient, daß Muskulatur und Haut etwa 3/4 des gesamten im Körper vorhandenen Wassers enthalten. Muskeln und Haut machen dabei zusammen etwa 60% des Körpergewichts aus (Tab. 3). Fettgewebe besitzt demgegenüber einen sehr niedrigen Wassergehalt. Er wird mit 10—30% des Gewichts angegeben (SCHÜTTE). Da das Fettgewebe in einem weiten Ausmaß, etwa zwischen 10 und 50% des Körpergewichts, schwanken kann, so muß auch der Wassergehalt des Körpers, ausgedrückt in Prozenten des Gewichts, sehr stark vom Fettgehalt abhängig sein. Der unterschiedliche Fettgehalt stellt die wesentliche Ursache für die relativ große individuelle Schwankungsbreite des Wassergehalts dar.

Tabelle 1. *Übersicht über die bisher mit der Exsikkationsmethode an menschlichen Leichen durchgeführten Bestimmungen des gesamten Körperwassers*

Autoren	Geschlecht	Alter	Gesamtwasser in Prozenten des Körpergewichts
BISCHOFF		Neugeborenes	66,4
FEHLING		Neugeborenes	74,1
IOB und SWANSON		Neugeborenes	75,5
WIDDOWSON u. Mitarb.		Neugeborenes	68,8
CAMERER u. Mitarb.		6 Neugeborene	69,2—73,0
VOLKMAN		Erwachsener	65,7
BISCHOFF	♂	33 Jahre	58,5
MITCHELL u. Mitarb.	♂	35 Jahre	67,9[1]
WIDDOWSON u. Mitarb.	♂	45 Jahre	53,8
WIDDOWSON u. Mitarb.	♂, ♀, ♂	25, 42, 48 Jahre	61,8; 56,0; 81,5[1]

Tabelle 2. *Wassergehalt von Organen und Gesamtkörper in Prozenten des Gewichts* (nach SKELTON)

Organe	Mensch	Ratte	Hund	Katze	Kaninchen
Haut	72,03	77,1	58,9	68,3	71,4
Muskulatur	75,67	76,2	73,5	74,5	75,08
Skelet	22,04	47,4	31,66	32,8	20,54
Gehirn	74,84	77,5	75,03	78	77,93
Rückenmark	— —	69,13	69,53	— —	69,42
Leber	68,25	74	73,7	67,9	75,8
Herz	79,21	77,6	78,39	78,46	78,58
Lungen	78,96	81,6	78,7	76,3	77,65
Nieren	82,68	77,1	76,72	75,3	78,86
Milz	75,77	77,4	78,6	78,2	80
Blut	83	80,82	82,8	86,7	82,8
Darm	74,54	76,36	75,4	78,3	78,4
Gesamtkörper	63	65,3	65,7	64,2	68,8

Tabelle 3. *Gewichte verschiedener Organe in Prozenten des Körpergewichts* (nach SKELTON)

Organe	Mensch	Ratte	Hund	Katze	Kaninchen
Haut	18	18,01	16,11	13,94	13,2
Muskulatur	41,7	45,4	42,84	45,36	52,2
Skelt	15,9	10,9	17,39	12,67	12,4
Gehirn	2,01	0,46	1,37	1,04	0,58
Rückenmark	— —	0,16	— —	0,07	0,18
Leber	2,26	4,17	3,6	2,96	5,2
Herz	0,47	0,34	0,81	0,37	0,88
Lungen	0,69	0,53	0,88	0,51	1,24
Nieren	0,37	0,78	0,65	0,81	0,71
Milz	0,18	0,25	0,22	0,28	0,1
Blut	4,9	5,5	7	4,46	6,75
Darm	1,81	3,96	6,5	3,8	4
Körperrest	4,63	2,89	2,63	4,1	1,88

---

[1] Ödeme zur Zeit des Todes.

Tabelle 4. *Übersicht über die am Lebenden mit verschiedenen Methoden gewonnenen Werte für Gesamtkörperwasser, extra- und intracelluläre Flüssigkeit*
Die Zahlenangaben sind Mittelwerte und mittlere Fehler der Mittelwerte. Die Klammern fassen identische Versuchspersonen zusammen.

Autoren	Methode		Anzahl, Geschlecht, Alter	Gesamtwasser % Körpergewicht	Extracelluläres	Intracelluläres	
					Flüssigkeitsvolumen		
	Gesamtwasser	extracelluläre Flüssigkeit			% Körpergewicht	% Körpergewicht	% des Gesamtwassers
BERGER, DUNNING, STEELE u. Mitarb.	Antipyrin	Bromid	51 ♂	52,7±0,871			46,6±0,994
			13 ♀	44,6±1,378			41,7±1,345
	Antipyrin	Bromid	3 ♂]	60,3±1,848	29,7±1,964	30,6±3,940	50,8±5,068
			1 ♀	42,6	20,5	22,2	52,1
	Antipyrin	Inulin	3 ♂]	60,3±1,848	15,8±1,072	44,5±2,428	73,6±4,153
			1 ♀]	42,6	13,3	29,3	68,8
SCHLOERB, FRIIS-HANSEN, EDELMAN u. Mitarb.	Deuterium		19 ♂	61,8±0,866			
			11 ♀	51,9±1,393			
PRENTICE, SIRI, BERLIN u. Mitarb.	Tritium		5 ♂]	58,9±1,651			
	Antipyrin		5 ♂]	56,1±1,608			
	Tritium		15 ♂	52,1±0,774			
SOBERMAN, BRODIE, LEVY u. Mitarb.	Deuterium		6 ♂]	55,7±1,836			
			2 ♀	46,2			
	Antipyrin		6 ♂]	54,3±1,134			
			2 ♀]	44,4			
	Antipyrin		9 +]	53,9±1,899			
	Spez. Gew.		9 +]	54,3±1,691			
DEANE, ZIFF und SMITH	Antipyrin	Rohrzucker	6 ♂	53,9±2,585	17,2±0,669	36,8±2,325	67,9±1,545
			1 ♀	48,3	19,8	28,5	59,0
DEANE und SMITH	Antipyrin	Rohrzucker	5 ♂	58,4±3,279	19,6±1,861	38,9±3,072	66,4±3,155
SCHWAB, R. KOCH, K.-E. KOCH u. Mitarb.	Antipyrin	Inulin	8 ♀ 1. Best.	53,4±1,936	18,3±1,074	35,1±1,579	65,7±1,560
			8 ♀ 2. Best.	52,6±1,760	17,9±0,787	34,7±1,635	65,8±1,522
			11 ♀	52,5±1,492	16,2±0,853	36,3±1,245	69,2±1,334
SCHWAB u. Mitarb.	Antipyrin	Bromid	66 ♂; < 60 Jahre	59,5±0,731	24,7±0,354	34,9±0,643	58,3±0,517
			13 ♂ > 60 Jahre	53,8±2,02	25,8±0,870	28,6±1,41	53,9±1,43

2. Die Messung des gesamten Körperwassers am Lebenden

Durch methodische Fortschritte der letzten Jahre ist die Bestimmung des gesamten Körperwassers am gesunden und kranken Organismus möglich geworden (MERTZ). Das Prinzip dieser Methoden besteht in der Applikation eines Teststoffes, der sich ausschließlich und gleichmäßig auf das gesamte Körperwasser verteilt. Die verwendeten Teststoffe müssen frei von toxischen und osmotischen Wirkungen sein, sie sollen leicht und genau analysiert werden können. Das gesamte Körperwasser (V) errechnet sich dann aus der Gesamtmenge der applizierten Substanz (Z) und ihrer Konzentration im Plasmawasser (C) wie folgt: $V = Z/C$. Als Testsubstanzen werden meistens Deuteriumoxyd (schweres Wasser) oder Antipyrin, seltener Tritiumoxyd, Harnstoff, Sulfanilamid usw. verwendet. Vergleicht man mit diesen sog. *Verdünnungsmethoden* erhaltene Werte mit den direkten Bestimmungen durch Exsikkation, so ergibt sich eine befriedigende Übereinstimmung. Die Tab. 4 enthält Meßwerte des gesamten Körperwassers verschiedener Autoren, die mit unterschiedlichen Methoden gewonnen wurden. Bezüglich der methodischen Einzelheiten und einer eingehenden Diskussion der Fehlerquellen dieser Methoden wird auf die Originalarbeiten verwiesen.

3. Der Wassergehalt der fettfreien Körpermasse

Auf Grund ausgedehnter Untersuchungen an normalen Personen postulierte BEHNKE (1941/42) eine Körpergrundstruktur von weitgehend konstanter Zusammensetzung. Er nannte sie "lean body mass" und verstand darunter die Grundbestandteile des Organismus unter Abzug des Depotfetts; man spricht deshalb auch von *fettfreier Körpermasse*. BEHNKE nahm eine Zusammensetzung der fettfreien Körpermasse aus 70% Wasser, 20% festen Bestandteilen und 10% strukturgebundenem Fett an. Diese Annahmen wurden von RATHBUN und PACE (1945) bewiesen. Sie fanden bei Ratten, Meerschweinchen, Kaninchen, Katzen, Hunden und Affen trotz erheblicher Schwankungen des Depotfetts eine weitgehende Konstanz der fettfreien Körpermasse. Dabei betrug der Wassergehalt der fettfreien Körpermasse im Mittel 73,2% mit einer Schwankungsbreite von 70—76%. Wenn Depotfett in unterschiedlichem Ausmaße dieser Grundstruktur überlagert wird, so steigt das Körpergewicht entsprechend an, obwohl sich Gewicht und Zusammensetzung der fettfreien Körpermasse nicht wesentlich ändern. Das gesamte Körperwasser, bezogen auf das Körpergewicht, nimmt infolgedessen ab. Der Fettgehalt des Körpers kann von 10% bis zu 50% des Gesamtgewichts und darüber schwanken.

Den Einfluß zunehmenden Fettgehalts auf Gewicht und prozentualen Wassergehalt zeigt die Abb. 3. Aus Gründen der Klarheit der Darstellung sind die Ausgangswerte für Wasser, feste Bestandteile und Strukturfett jeweils unverändert gelassen, obwohl natürlich geringe Änderungen auftreten. Die Werte der ersten Säule in Abb. 3 entsprechen etwa denen eines ungewöhnlich dünnen Menschen ohne jedes Depotfett, die Werte der zweiten Säule einem gesunden Durchschnittsmann.

Der Gehalt an Körperfett kann mit Hilfe des spezifischen Gewichts des Körpers bestimmt werden. Das spezifische Gewicht von Fett ist bedeutend niedriger (0,9) als das von Knochen (1,56) oder anderen Geweben (1,06). Das spezifische Gewicht des Körpers wird aus dem Gewicht in Luft und unter Wasser ermittelt. Dabei sind allerdings Korrekturen für die in

Lungen und Magendarm-Kanal eingeschlossene Luft erforderlich. In einer großen Untersuchungsreihe an normalen Personen fand BEHNKE als obere Grenze des spezifischen Gewichts bei sehr dünnen Versuchspersonen 1,099. Nach seinen Untersuchungen entsprechen spezifische

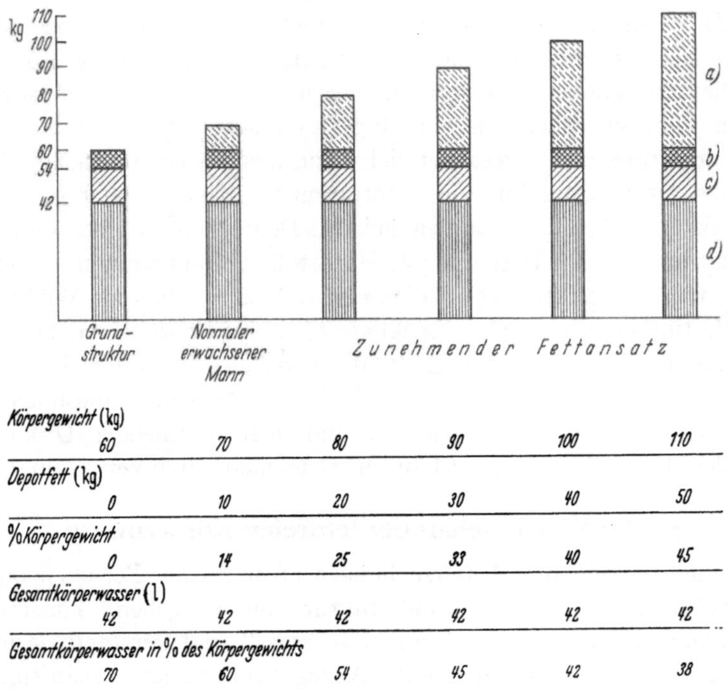

Körpergewicht (kg)					
60	70	80	90	100	110

Depotfett (kg)					
0	10	20	30	40	50

% Körpergewicht					
0	14	25	33	40	45

Gesamtkörperwasser (l)					
42	42	42	42	42	42

Gesamtkörperwasser in % des Körpergewichts					
70	60	54	45	42	38

Abb. 3. Der Einfluß zunehmenden Fettansatzes auf das Körpergewicht und das gesamte Körperwasser (in Prozenten des Körpergewichts). a Depotfett, b Strukturfett, c feste Bestandteile, d Gesamtkörperwasser (Nach WILKINSON)

Gewichte von 1,08 einem Körperfettgehalt von 10%, von 1,06 einem solchen von 20% und von 1,036 einem Körperfettgehalt von 33%.

Bei dieser Konstanz in der Zusammensetzung der fettfreien Körpermasse und ihrem gleichmäßigen Wassergehalt von 73,2% sind folgende Ableitungen zulässig:

a) Der prozentuale Fettgehalt (% Fett) ergibt sich aus dem Körpergewicht (= 100) und dem prozentualen Wassergehalt (% Wasser) wie folgt:

$$\% \text{ Fett} = 100 - \frac{\% \text{ Wasser}}{0,732} \text{ (PACE und RATHBUN, 1945).}$$

b) Aus dem spezifischen Gewicht des Körpers lassen sich sowohl der prozentuale Fett- als auch der prozentuale Wassergehalt gewinnen:

$$\% \text{ Fett} = 100 - \left(\frac{5,548}{\text{spez. Gew.}} - 5,044\right) \text{ (BEHNKE u. Mitarb., 1942);}$$

$$\% \text{ Wasser} = 100 - \left(4,317 - \frac{3,960}{\text{spez. Gew.}}\right) \text{ (OSSERMAN u. Mitarb., 1950).}$$

Untersuchungen des Gesamtkörperwassers gesunder Menschen ergaben sowohl bei Verwendung der Antipyrin-Methode als auch bei Bestimmung mit Hilfe des spezifischen Gewichts sehr gute Übereinstimmung (OSSERMAN u. Mitarb., 1950). Die individuellen Unterschiede des Wassergehalts der fettfreien Körpermasse müssen also gering sein.

Eine Darstellung dieser Beziehungen zwischen prozentualem Fett- und Wassergehalt gibt die Abb. 4. Sie gelten für verschiedene Species von Laboratoriumstieren und auch für den Menschen. Ihre Gültigkeit erfährt allerdings eine Einschränkung bei sehr jungen Individuen, bei erheblicher Abweichung des Körperbaus infolge Krankheiten des Stoffwechsels und der inneren Sekretion sowie bei Störungen des Wasserhaushalts mit Ödembildung. In diesen Fällen kann die zugrunde liegende Annahme, daß der Wassergehalt der fettfreien Körpermasse 73% beträgt, nicht mehr ohne weiteres gelten.

4. Die Flüssigkeitsräume des Körpers

Das gesamte Körperwasser läßt sich in intracelluläre und extracelluläre Flüssigkeit, letztere wiederum in intravasale und interstitielle Flüssigkeit unterteilen.

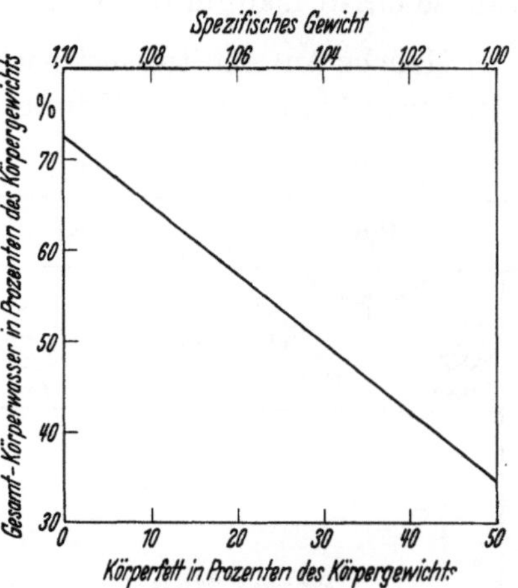

Abb. 4. Die Beziehungen zwischen spezifischem Gewicht, prozentualem Fett- und prozentualem Wassergehalt (Nach BEHNKE)

Das *intracelluläre Wasser* ist dasjenige Medium, in welchem sich die vielfältigen Stoffwechselprozesse der Zellen abspielen. Es wird in Volumen und Zusammensetzung gegenüber äußeren Störungen nach Möglichkeit konstant gehalten. So bleibt sein Volumen, abgesehen von der ersten Kindheit und wahrscheinlich auch dem höheren Lebensalter, während des individuellen Lebens unverändert. Es wird als Differenz des gesamten Körperwassers und der extracellulären Flüssigkeit bestimmt. Da verschiedene Bestimmungsmethoden der extracellulären Flüssigkeit unterschiedliche Werte geben (s. S. 16), schwanken auch die Angaben für die intracelluläre Flüssigkeit je nach der verwendeten Meßmethodik (Tab. 4).

Die *extracelluläre Flüssigkeit* bildet die unmittelbare Umgebung der Körperzellen. Sie unterscheidet sich in Volumen und Zusammensetzung erheblich von der intracellulären Flüssigkeit. Durch hochentwickelte Regulationseinrichtungen werden Volumen und Zusammensetzung auch hier nach Möglichkeit konstant gehalten. Sie läßt sich in einen intravasalen und einen interstitiellen Anteil trennen.

Die *intravasale Flüssigkeit* ist weitgehend mit dem Plasmavolumen identisch. Sie kann mit Hilfe der Verdünnungsmethoden unter vielen Bedingungen hinreichend genau bestimmt werden. Man appliziert einen Teststoff, der sich auf den intravasalen Raum verteilt. Am häufigsten werden Evans-Blau (T 1824) und mit radioaktivem Jod markiertes Albumin verwendet. Beide Methoden ergeben bei sorgfältiger Handhabung übereinstimmende Ergebnisse. Man findet im Mittel für den erwachsenen Mann ein Plasmavolumen von 45 ml/kg Körpergewicht, für die Frau etwa 43 ml/kg Körpergewicht. Bei einem Gewicht von 70 kg würde das Plasmavolumen also 3200 ml betragen. Da das Plasma 6—7 g% gelöste Stoffe enthält, entfallen auf das intravasale Flüssigkeitsvolumen im strengen Wortsinn etwa 3000 ml.

Die *interstitielle Flüssigkeit* ergibt sich als Differenz zwischen extracellulärer und intravasaler Flüssigkeit. Je nach den zur Messung der extracellulären Flüssigkeit verwendeten Methoden findet man unterschiedliche Werte für das interstitielle Volumen. Setzt man die extracelluläre Flüssigkeit mit 20% des Körpergewichts an, so erhält man für die interstitielle Flüssigkeit etwa 15—16% des Gewichts.

Manche Autoren trennen noch die sog. *transcelluläre Flüssigkeit* ab. Hierunter faßt man Liquor, Galle, Urin in den ableitenden Harnwegen und die Flüssigkeit in den Körperhöhlen, Gelenken und Drüsenlumina zusammen (EDELMAN u. Mitarb).

Die Abb. 5 gibt in der bekannten Darstellung von GAMBLE noch einmal die einzelnen Flüssigkeitsräume mit ihren gegenseitigen Austauschmöglichkeiten wieder. Gleichzeitig sind die Mittelwerte und Schwankungsbreiten eingetragen. Für die extracelluläre Flüssigkeit ist dabei ein Wert von 20% des Gewichts zugrunde gelegt.

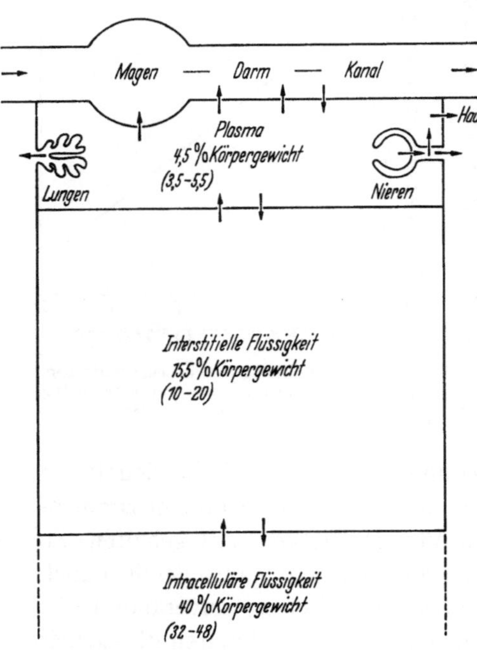

Abb. 5. Die Flüssigkeitsräume des Körpers, ihre Austauschmöglichkeiten und ihre Größe (Nach GAMBLE, modifiziert)

5. Die Messung der extracellulären Flüssigkeit

Die Bezeichnungen „extracelluläre" und „intracelluläre" Flüssigkeit scheinen zunächst wenig Problematisches zu bieten. Die Beschäftigung mit den methodischen Möglichkeiten für ihre Bestimmung zeigt jedoch, daß eine Messung der extracellulären Flüssigkeit im eigentlichen Wortsinn nicht möglich ist (MERTZ). Ein für diese Messung geeigneter Teststoff müßte eine ausschließliche und gleichmäßige Verteilung im extracellulären Raum zeigen. Die extracelluläre Flüssigkeit (V) errechnet sich entsprechend den Ausführungen auf S. 13 aus der Gesamtmenge der applizierten Substanz (Z) und ihrer Konzentration in der extracellulären Flüssigkeit (C) wie folgt: $V = Z/C$. Ein derartiger Stoff ist aber bis heute noch nicht bekannt. Häufig werden die *körpereigenen Elektrolyte Natrium und Chlorid* verwendet, wobei ihre radioaktiven Isotope zur Feststellung der Gesamtmenge an Natrium und Chlorid benutzt werden. Durch neuere Untersuchungen ist aber bekannt, daß nicht unbeträchtliche Mengen von Natrium und Chlorid intracellulär gelagert sind. Infolgedessen wird das Verteilungsvolumen von Natrium und Chlorid einen größeren Flüssigkeitsraum ergeben, als der extracellulären Flüssigkeit im strengen Wortsinn entspricht. Das gilt auch für das *Bromid-Verteilungsvolumen*, da Bromid in Körperflüssigkeiten und Körperzellen eine mit Chlorid praktisch identische Verteilung zeigt. Die mit Hilfe von Natrium, Chlorid oder Bromid bestimmten Verteilungsvolumina betragen am Menschen etwa 22—27% des Gewichts (Tab. 4). Das wegen seiner leichten Bestimmbarkeit viel verwendete Thiocyanat dringt unter pathologischen Bedingungen in weit größerem Maße als die bisher erwähnten Elektrolyte in die Körperzellen ein (OVERMAN;

OVERMAN und FELDMAN). Es sollte daher, zumindest in pathologischen Fällen, nicht mehr verwendet werden.

Die oft verwendeten *Kohlenhydrate Rohrzucker, Mannit und Inulin* dringen wahrscheinlich nicht in wesentlichem Maße in die Körperzellen ein. Aber auch sie besitzen erhebliche Nachteile. So dringt Inulin nur sehr langsam in das an Kollagen und Elastin gebundene Wasser des Bindegewebes ein (COTLOVE, NICHOLS u. Mitarb.). Da Mannit und Rohrzucker etwa mit Inulin übereinstimmende Verteilungsvolumina zeigen, dürfte diese Beobachtung auch für sie zutreffen. Der sog. transcelluläre Flüssigkeitsraum wird durch die genannten Kohlenhydrate gar nicht oder doch nur zu einem geringen Teil erfaßt. *Vom funktionellen Standpunkt aus kann man die extracelluläre Flüssigkeit in eine Phase aufteilen, welche in schnellem Austausch mit dem Plasma steht und mit Inulin in der üblichen Versuchszeit gemessen werden kann, und in einen weiteren Anteil, der nur langsam mit dem Plasma in Ausgleich kommt.*

Aus den geschilderten methodischen Schwierigkeiten ergibt sich die grundsätzliche Unmöglichkeit, den extracellulären Raum im strengen Wortsinn zu bestimmen. Hieraus darf aber nicht geschlossen werden, daß die erwähnten Methoden wertlos sind. Man kann mit ihnen vielmehr Meßwerte gewinnen, welche unter vielen Bedingungen hinreichend genau reproduzierbar sind und sehr wichtige Ergebnisse für die Physiologie und Pathophysiologie des Wasserhaushalts erbracht haben.

Bei der *Bestimmung der Flüssigkeitsräume einzelner Gewebe und Organe* geht man meist von der Voraussetzung aus, daß Chlorid extracellulär gelagert und seine Konzentration in der extracellulären Flüssigkeit identisch mit der eines Ultrafiltrats des Plasmas ist. Der Quotient Chloridmenge/Chloridkonzentration ergibt dann unter Berücksichtigung des Plasmawassergehalts und des Donnanfaktors die extracelluläre Flüssigkeitsphase des Organs. Dieses Vorgehen ist beim Muskel weitgehend berechtigt, da sich hier nur geringe Mengen von Chlorid intracellulär finden. Bei anderen Organen sind diese Annahmen aber nicht ohne weiteres zulässig. Bezüglich Einzelheiten der für die Bestimmung der Flüssigkeitsräume einzelner Organe zur Verfügung stehenden Methoden wird auf die Originalarbeiten verwiesen (KÜHNS u. Mitarb.; GÜNTHER, DULCE und SCHÜTTE).

II. Die Elektrolyte der Körperflüssigkeiten

1. Allgemeine Übersicht

Eine Übersicht der Elektrolytzusammensetzung von Plasma, interstitieller und intracellulärer Flüssigkeit gibt die Abb. 6. Man erkennt erhebliche Unterschiede, besonders zwischen interstitieller und intracellulärer Flüssigkeit. Die Elektrolytzusammensetzung des Plasmas ist am besten bekannt, da es der direkten Analyse zugänglich ist. Die Werte in der interstitiellen und intracellulären Flüssigkeit lassen sich dagegen nur auf indirektem Wege gewinnen. Es wird allgemein angenommen, daß Plasma und interstitielle Flüssigkeit weitgehende Übereinstimmung zeigen. Die geringen Unterschiede erklären sich auf folgende Weise. Einmal enthält das Plasma Proteine in einer Konzentration von etwa 7 g-%, die interstitielle Flüssigkeit aber in bedeutend geringerer Konzentration.

Da das spezifische Volumen der Proteine groß ist, die Proteine also einen gewissen Raum einnehmen, muß die Konzentration bei Bezug auf Plasma niedriger liegen als bei Bezug auf Plasmawasser. Ferner spielt für die Elektrolytverteilung zwischen intravasaler und interstitieller Flüssigkeit das *Donnan-Gleichgewicht* eine Rolle. Darunter versteht man folgendes. In einem System, welches eine für Elektrolyte durchlässige, für Eiweiß aber undurchlässige Membran besitzt und Eiweiß in unterschiedlicher Konzentration zu beiden Seiten der Membran enthält, stellt sich eine ungleichmäßige Verteilung der Elektrolyte ein. Solche Systeme liegen z. B. vor zwischen Plasma und Glomerulumfiltrat, Plasma und interstitieller Flüssigkeit, interstitieller und intracellulärer Flüssigkeit. Für Plasma normaler Zusammensetzung und einem Ultrafiltrat, welches weniger als 0,5 g Protein/100 ml enthält, werden

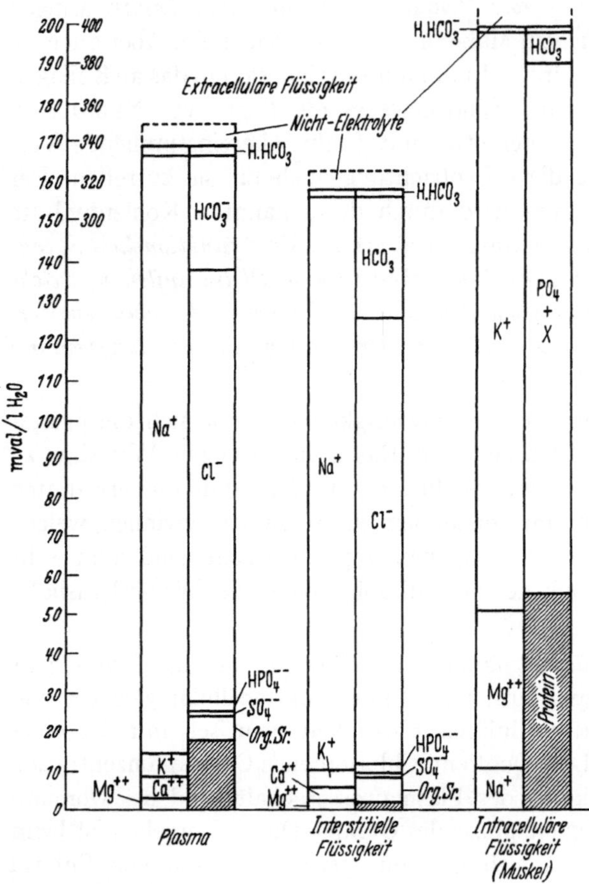

Abb. 6. Die Elektrolytzusammensetzung des Plasmas, der interstitiellen und intracellulären Flüssigkeit (Nach GAMBLE)

folgende Donnanfaktoren angegeben (SMITH, 1956):

$$(Na)/[Na] \text{ und } (K)/[K] = 0,94;$$
$$(Cl)/[Cl] \text{ und } (HCO_3)/[HCO_3] = 1,02.$$

Dabei bedeuten ( ) die Konzentration im Ultrafiltrat, [ ] die Konzentration im Plasma.

2. Die Plasmaelektrolyte

Die normalen Mittelwerte und Schwankungsbreiten der Plasmaelektrolyte sind aus Tab. 5 zu ersehen. In dieser Tabelle sind die Konzentrationen sowohl in mval/l als auch in mg/100 ml aufgeführt. Die Umrechnungsfaktoren ergeben sich aus den Molekular- bzw. Atomgewichten und der Wertigkeit. Sie sind zur schnellen Orientierung ebenfalls in die Tabelle aufgenommen. Es soll hier noch einmal betont werden, daß die Konzentrationsangaben in mval/l, nicht in mg-% erfolgen sollen, da nur im ersteren Fall die Bindungsfähigkeit der einzelnen Ionen beurteilt werden kann.

Tabelle 5. *Die Normalwerte der Plasmaelektrolyte*

Der Normalbereich ist durch den Mittelwert $\pm 2\,\sigma$ ($\sigma =$ Standardabweichung) wiedergegeben. Zur Benutzung der Umrechnungsfaktoren: mval/l $\to$ mg/100 ml: mit Faktor multiplizieren. mg/100 ml $\to$ mval/l: durch Faktor dividieren.

| Elektrolyte | mval/l | | mg/100 ml | | Umrechnungs-faktoren (Äquivalent-gewicht/10) | Atomgewicht | Äquivalent-gewicht $\left(\frac{\text{Atomgewicht}}{\text{Wertigkeit}}\right)$ |
	Mittelwert	Normalbereich ($\pm 2\,\sigma$)	Mittelwert	Normalbereich ($\pm 2\,\sigma$)			
Kationen							
Natrium	142	132—152	327	304—350	2,30	23	23
Kalium	4,4	3,4—5,4	17,2	13,3—21,1	3,91	39	39
Calcium, gesamt	5,0	4,1—5,8	10,0	8,2—11,6	2,00	40	20
ionisiert	2,4	2,1—2,7	4,8	4,3— 5,3			
Magnesium	1,6	1,3—1,8	1,9	1,56—2,16	1,20	24	12
Anionen							
Chlorid	103	97—110	365	344—390	3,55	35,5	35,5
			ml CO$_2$/100 ml				
Bicarbonat ♂	25[1]	22—28	56	49—62	2,23[2]	—	—
♀	24[1]	21—27	54	47—60			
Phosphat, Erwachsene	2,0	1,4—2,6	3,4	2,4—4,4	1,72	31 (als P)	17,2[3]
Kinder	3,2	2,3—4,1	5,5	4—7			
Sulfat	0,9	0,6—1,2	1,5	1,0—1,90	1,6	32 (als S)	16
Organische Säuren	6	—	20	—	—	—	—
			g/100 ml				
Proteine	17,4	15,7—19,3	7,2	6,5—8,0	0,415[4]	—	—

[1] Diese Werte sind als Standardbicarbonat gewonnen: Bicarbonatgehalt im Plasma nach Äquilibrierung von Vollblut (bei 37°C) mit einem Gasgemisch, welches einen CO_2-Druck von 40 mm Hg und einen zu voller Sättigung des Hämoglobins ausreichenden O_2-Druck (über 180 mm Hg) besitzt.

[2] Der Umrechnungsfaktor von ml CO_2/100 ml (Vol.-%) in mmol/l oder mval Bicarbonat/l sind vom Mol-Volumen dieses Gases abgeleitet (22,257 l bei 0°C und 760 mm Hg Druck). Der in der medizinischen Literatur oft verwendete Umrechnungsfaktor 2,24 basiert auf dem Mol-Volumen idealer Gase (22,412 l bei 0°C und 760 mm Hg Druck). Der Unterschied zwischen den beiden Faktoren ist für praktische Belange bedeutungslos.

[3] Die Wertigkeit von Phosphat wird mit 1,8 angesetzt. Bei einem p_H-Wert von 7,4 in der extracellulären Flüssigkeit liegen etwa 20% als primäres Phosphat und 80% als sekundäres Phosphat vor. Daraus ergibt sich eine Wertigkeit für Phosphat von $0,2 + (0,8 \times 2) = 1,8$. Das Symbol -- entspricht also nicht ganz den wirklichen Verhältnissen.

[4] Bei einem p_H-Wert von 7,4 und 38°C sowie einem Albumin/Globulin-Quotienten von 1,8 entspricht 1 g Plasmaprotein 0,241 mval Proteinat, 1 mval Proteinat 4,15 g Protein (nach VAN SLYKE u. Mitarb.).

2*

Die Tab. 6 zeigt, wie sich die Konzentrationen der wichtigsten Kationen und Anionen bei Bezug auf Plasmawasser an Stelle von Plasma ändern. Dabei ist angenommen, daß 100 ml Plasma 93 ml Plasmawasser enthalten. Gleichzeitig läßt die Tabelle den Einfluß der Donnanfaktoren erkennen. Für Natrium und Kalium wurden 0,94, für Chlorid und Bicarbonat 1,02 als Donnanfaktoren eingesetzt. Das Donnan-Gleichgewicht führt also zu einem Anstieg der Anionenkonzentrationen und einem Abfall der Kationenkonzentrationen. Diese Einflüsse muß man sich stets vor Augen halten, wenn auf Plasma bezogene Konzentrationen mit solchen der interstitiellen Flüssigkeit verglichen werden sollen.

Tabelle 6. *Konzentrationsänderungen der Plasmaelektrolyte bei Berücksichtigung des Plasmawassergehaltes und der Donnanfaktoren*

Elektrolyte	1 Plasma (mval/l Plasma)	2 Plasmawasser[1] (mval/l Plasmawasser)	3 Interstitielle Flüssigkeit[2] (mval/l)
Natrium	142	153	143,5
Kalium	4,5	4,84	4,55
Chlorid	103	110,8	113
Bicarbonat	25	26,9	27,2

Man erkennt, daß in Plasma und interstitieller Flüssigkeit Natrium das in größter Menge vorhandene Kation darstellt. Normalerweise finden sich etwa 44% des gesamten im Körper vorhandenen Natriums in der extracellulären, nur 9% in der intracellulären Flüssigkeit. Die restlichen 47% entfallen auf den Knochen. Dabei kann etwa die Hälfte des im Knochen befindlichen Natriums ausgetauscht und bei Verlusten von Natrium in Anspruch genommen werden.

Gegenüber Natrium treten Kalium, Calcium und Magnesium in der extracellulären Flüssigkeit mengenmäßig völlig zurück.

3. Die Elektrolyte der intracellulären Flüssigkeit

Sie unterscheiden sich sehr wesentlich von denen der extracellulären Flüssigkeit. Während bei letzterer Natrium auf der Kationenseite, Chlorid und Bicarbonat auf der Anionenseite bei weitem überwiegen, sind in der intracellulären Flüssigkeit als Hauptelektrolyte Kalium und Magnesium einerseits, Phosphat und Protein andererseits vorhanden. Die Werte in Abb. 6 sind aus Analysen von Muskulatur gewonnen. Aber auch in anderen Körperzellen findet sich der hohe Kalium-, Phosphat- und Proteingehalt sowie der niedrige Natrium- und Chloridgehalt. Einige Organe, z. B. Lunge, Magen, Nieren und Hoden enthalten allerdings höhere Chloridmengen.

Etwa 98% (3360 mval) des gesamten im Körper vorhandenen Kaliums finden sich in den Zellen, 3/4 davon in der Muskulatur; nur etwa 2% (60 mval) sind in der extracellulären Flüssigkeit enthalten. Kalium ist für einen ungestörten Ablauf der Zellfunktion von großer Bedeutung. Die bei Kaliummangel und bei Kaliumüberschuß auftretenden Störungen werden später (s. S. 115) ausführlich besprochen.

Neben Kalium ist das wesentliche intracelluläre Kation Magnesium. Über seine Bedeutung unter normalen und pathologischen Zuständen ist noch wenig bekannt (s. 6. Kap.).

Phosphat liegt in den Zellen in organischer Bindung vor. Man findet es als Diphosphorglycerat (50%), Adenosintriphosphat (20%), Hexosemonophosphat

---

[1] Die Werte der Spalte 1 werden durch 0,93 dividiert.
[2] Die Werte der Spalte 2 werden mit den Donnanfaktoren multipliziert.

und Hexosediphosphat (30%). Bei bestimmten pathologischen Zuständen, z. B. der diabetischen Acidose, kommt es zu erheblichen Phosphatverlusten, deren Ersatz neuerdings in der Behandlung der diabetischen Acidose Berücksichtigung findet (s. 15. Kap.).

Die Bestimmung der intracellulären Elektrolyte ist schwierig. Unmittelbare Analysen können leider nicht vorgenommen werden. Die untersuchten Organe und Gewebe enthalten ja außer den Zellen noch extracelluläre Flüssigkeit als „Verunreinigung". Man geht deshalb so vor, daß man aus dem Chloridgehalt der Gewebsprobe die extracelluläre Flüssigkeit bestimmt. Diesem Vorgehen liegt die Voraussetzung zugrunde, daß die gefundene Chloridmenge in der extracellulären Phase, nicht in den Zellen liegt. Die so als extracellulär ermittelten Mengen von Natrium und Kalium werden von der gesamten im Gewebe gefundenen Menge abgezogen. Der erhaltene Rest wird als „intracellulär" bezeichnet. Man erkennt, daß dieses Vorgehen nur dann brauchbar ist, wenn die Zellen kein Chlorid oder doch wenigstens unwesentliche Konzentrationen von Chlorid enthalten.

4. Die Ursachen der unterschiedlichen Elektrolytverteilung in intra- und extracellulärer Flüssigkeit

Ursprünglich hielt man die Zellmembran gegenüber Natrium und den meisten anderen Ionen außer Kalium für undurchlässig. Träfe diese Annahme zu, so könnte man unter Berücksichtigung des Donnan-Gleichgewichts die Anhäufung von Kalium in den Zellen verstehen. Durch neuere Untersuchungen mit radioaktivem Natrium und Kalium sind diese Anschauungen aber nicht mehr aufrecht zu erhalten. Man weiß heute, daß Natrium in die Zellen ein- und aus ihnen heraustreten kann. Die niedrige Natriumkonzentration im Zellinneren läßt sich deshalb nur verstehen, wenn man einen *Mechanismus der Natriumeliminierung* annimmt (*Natriumpumpe*; DEAN). Die *intracelluläre Anhäufung von Kalium* wird teils als passive Folge der primären Natriumeliminierung (USSING, 1954), teils als Ergebnis besonderer cellulärer Mechanismen erklärt (LING, 1955). Unabhängig vom Entstehungsmechanismus ist die unterschiedliche Elektrolytzusammensetzung von intra- und extracellulärer Flüssigkeit von großer praktischer Bedeutung. Wenn Wasser und Salze aus dem intracellulären Raum verlorengehen, so müssen die als Ersatzflüssigkeit gegebenen Lösungen die wesentlichen intracellulären Ionen, besonders Kalium und Phosphat enthalten. Die üblicherweise angewandten Lösungen von Natrium, Chlorid, Glucose, Natriumbicarbonat und Natriumlactat reichen zur Korrektur solcher cellulären Störungen also nicht aus (s. 10. Kap.).

5. Der osmotische Druck in der extracellulären und intracellulären Flüssigkeit

Extracelluläre Flüssigkeit. Normales Serum hat eine Gefrierpunktserniedrigung von 0,56° C. Das entspricht einer Osmolalität von rund 300 mosmol/kg Wasser. Man sagt auch, daß der osmotische Druck des Plasmas dem einer 0,3 molalen Lösung entspricht, wobei die Konzentrationsangabe für die in der Lösung tatsächlich osmotisch wirksamen Teilchen gebraucht wird. Aus den Gasgesetzen ist bekannt, daß der osmotische Druck einer 1 molalen Lösung etwa 22,4 Atmosphären beträgt. Eine 0,3 molale Lösung hat deshalb einen osmotischen Druck von etwa 7,5 Atmosphären. Um osmotischen und hydrostatischen Druck besser miteinander vergleichen zu können, wird ersterer meist auch in mm Hg angegeben. Der osmotische Druck der extracellulären Flüssigkeit beträgt also rund 5700 mm Hg. Die vorhandenen osmotischen Kräfte sind demnach recht bedeutend.

Sehr wichtig ist die Tatsache, daß *über 95% des osmotischen Drucks auf Elektrolyte, nur ein kleiner Teil auf Nichtelektrolyte*, z. B. Glucose und Harnstoff *entfallen*. Die *Proteine* üben normalerweise einen *kolloidosmotischen Druck* von etwa 30 mm Hg aus.

Intracelluläre Flüssigkeit. Berechnet man die intracelluläre Osmolalität aus den bekannten Kationenkonzentrationen, so ergibt sich ein um etwa 40% höherer Wert als für die extracelluläre Osmolalität. Hält man an der Forderung fest, daß extra- und intracelluläre Flüssigkeit gleichen osmotischen Druck haben, so lassen sich die auftretenden Diskrepanzen nur durch folgende Annahme beseitigen. Entweder liegt ein Teil der intracellulären Kationen in nicht dissoziierter Form vor oder ein erheblicher Anteil der intracellulären Anionen ist polyvalent. Will man diese Annahme nicht machen, so bleibt nur die Möglichkeit einer gegenüber dem extracellulären Raum erhöhten intracellulären Osmolalität übrig. Neuerdings haben einige Autoren auf Grund bestimmter experimenteller Befunde eine Hyperosmolalität der Zellen gefordert. So fand ROBINSON (1950), daß Gewebsschnitte in isotonischer Lösung so lange nicht schwellen, als die Zellatmung ungestört abläuft. Wird die Zellatmung jedoch durch Kälte, Cyanid oder O_2-Mangel gestört, so tritt eine Schwellung durch Wasseraufnahme ein. OPIE (1956) beobachtete, daß Nieren- und Leberschnitte in Salzlösungen so lange anschwellen, bis die Konzentration der umgebenden Flüssigkeit das $1^1/_2$fache der physiologischen Kochsalzlösung betrug. Diese Autoren glauben deshalb, daß die Körperzellen ihre Hyperosmolalität durch *aktive Eliminierung von Wasser (Wasserpumpe)* aufrecht halten. Neueste Untersuchungen von MAFFLY und LEAF (1958) lassen diese Befunde allerdings in anderem Lichte erscheinen. Diese Autoren untersuchten die intracelluläre Osmolalität an Geweben, die unmittelbar nach der Entnahme aus anaesthesierten Tieren in flüssigem Stickstoff eingefroren wurden. Die anschließend pulverisierten Gewebe wurden in Siliconöl suspendiert und auf ihren Schmelzpunkt untersucht. Es konnte kein Unterschied zwischen Muskel, Leber, Herz und Gehirn einerseits und Serum andererseits gefunden werden. Die geringe Hypertonicität des Nierengewebes ließ sich auf den hypertonischen Harn, der sich noch in dem Gewebsverband befand, zurückführen. Die früher gefundenen Abweichungen der intracellulären Osmolalität von der extracellulären müssen nach Ansicht der Autoren auf die bei Zimmertemperatur innerhalb von 10 min einsetzende Autolyse zurückgeführt werden. MAFFLY und LEAF bestätigten damit Befunde von CONWAY und McCORMACK (1953). Die Beobachtungen von ROBINSON lassen sich in folgender Weise erklären. Eine Störung der Stoffwechselvorgänge in der Zelle führt zu einem Versagen des aktiven Pumpmechanismus für die Eliminierung von Natrium. Der intracelluläre kolloidosmotische Druck verursacht nun ein Einströmen von isotonischer Flüssigkeit aus dem umgebenden Medium. Eine Hyperosmolalität der Zelle ist zur Erklärung dieser Annahme nicht erforderlich (LEAF, 1956). Bei dem augenblicklichen Stand der Forschung kann man also *isosmotische Verhältnisse zwischen extra- und intracellulärer Flüssigkeit* annehmen. Man muß dann allerdings folgern, daß ein Teil der intracellulären Kationen in nicht dissoziierter Form vorliegt oder ein beträchtlicher Teil der Anionen polyvalent ist.

Auch folgende Beobachtungen am Gesamtorganismus sprechen für isosmotische Verhältnisse zwischen extra- und intracellulärer Flüssigkeit: 1. i.v. zugeführte hypertonische Salzlösungen verursachen eine Wasserverschiebung aus dem intracellulären in den extracellulären Raum (HETHERINGTON, 1931); 2. die reichliche Zufuhr von Wasser führt zu einer gleichmäßigen Verteilung der Flüssigkeit auf beide Räume, also den extra- und intracellulären Raum (LEAF u. Mitarb., 1954; WYNN, 1955); 3. Kaliumverlust aus den Zellen geht mit einer Verminderung der intracellulären Flüssigkeit einher (BLACK und MILNE, 1952). Diese Beobachtungen gelten allerdings nur für akute Zustandsänderungen.

Bei *chronischen Störungen*, z. B. chronischem Salzentzug, beobachtete RIECKER eine Verminderung des Wassergehalts der Erythrocyten, welcher durch die Änderungen der extracellulären Osmolalität nicht erklärt werden kann. Unter diesen Bedingungen kommt es zu einem komplizierten Zusammenwirken von osmotischen Einflüssen, Diffusion und aktiven Transport- bzw. Austauschvorgängen von Ionen.

III. Äußere Austauschvorgänge

1. Wasserbilanz

Wasserzufuhr. Die Zufuhr von Wasser kann auf folgenden drei Wegen erfolgen: Wasseraufnahme in Form trinkbarer Flüssigkeit, Wasserzufuhr mit den festen Nahrungsmitteln und Oxydationswasser, welches bei der Verbrennung von Fett, Kohlenhydraten und Eiweiß gebildet wird. Das in den Nahrungsmitteln enthaltene Wasser bildet einen erheblichen Teil der gesamten Zufuhr. So enthält mageres Fleisch etwa 75% seines Gewichtes an Wasser. Über 90% des Gewichtes von vegetabilischen Nahrungsmitteln ist Wasser. Die Oxydation von 1 g Kohlenhydrat ergibt 0,56 ml, von 1 g Fett 1,07 ml und von 1 g Protein 0,396 ml Oxydationswasser. Bei Betrachtung der Wasserbilanz müssen natürlich alle diese Quellen der Wasserzufuhr berücksichtigt werden.

Wasserabgabe. Wasser kann auf folgenden fünf Wegen den Körper verlassen: Unsichtbarer Wasserverlust durch Lungen und Haut, Wasserverlust mit dem Stuhl, dem Schweiß und dem Urin.

Die *unsichtbare Wasserabgabe durch Lungen und Haut* geht ohne Elektrolytverlust einher. Sie hängt weitgehend vom Energieumsatz ab; es werden Werte um 42 ml/100 Calorien Energieumsatz angegeben. Man kommt so im Mittel auf etwa 900 ml Wasserverlust durch Lungen und Haut. Im Fieber steigt dieser Wert entsprechend dem Anstieg des Energieumsatzes an und kann dann beträchtlich über 900 ml/Tag liegen.

Der *Wasserverlust mit dem Stuhl* ist gering und beträgt nicht mehr als etwa 200 ml/Tag. Auch er ist abhängig vom Energieumsatz und bei gemischter Ernährung und calorischem Gleichgewicht auf etwa 4 ml/100 Calorien Energieumsatz anzusetzen. Beim Auftreten von Durchfällen kann der Wasserverlust natürlich erheblich ansteigen.

Der *Wasserverlust durch Schweißbildung* ist sehr variabel und hängt weitgehend von der Umgebungstemperatur ab. Bei nichtschwitzenden Personen in behaglicher

Umgebungstemperatur kann man etwa 15—20 ml/100 Calorien Energieumsatz für die minimale dann noch vorhandene Schweißbildung ansetzen. Zusammen mit der unsichtbaren Wasserabgabe durch Lungen und Haut erhält man also rund 60 ml/100 Calorien Energieumsatz oder insgesamt 1000—1500 ml/Tag.

Die bisher besprochenen Flüssigkeitsverluste sind *obligatorisch*. Sie erfolgen auch dann, wenn der Organismus kein Wasser aufnehmen kann. Im Gegensatz dazu ist der *Wasserverlust mit dem Urin* sehr variabel. Er schwankt je nach Wasseraufnahme von mehreren Litern bis herab zu 300—500 ml/Tag. Eine genaue Kenntnis der einzelnen für die Wasserzufuhr und Wasserabgabe verantwortlichen Faktoren ist bei den Störungen des Wasserhaushaltes und ihrer Behandlung von großer Bedeutung.

2. Elektrolytbilanz

Elektrolytzufuhr. Die Elektrolyte werden meist mit den Nahrungsmitteln in Form der anorganischen Salze aufgenommen. Natrium und Chlorid finden außerdem in Form von Kochsalz als Geschmackskorrigens Verwendung. Phosphat und Sulfat entstehen ferner bei Oxydation von Proteinen und Lipoiden, welche Phosphor und Schwefel in organischer Bindung enthalten. Im Hungerzustand werden Elektrolyte aus dem Abbau von organischen und anorganischen Bestandteilen der Gewebe freigesetzt. Bei üblicher Ernährung übersteigt die Elektrolytzufuhr oft erheblich den Mindestbedarf. Auch im Hunger kann kein Defizit entstehen, da die aus den eingeschmolzenen Körpergeweben frei gewordenen Elektrolyte bei weitem ausreichen. Normalerweise nimmt der Erwachsene etwa 200—300 mval (rund 5—7 g) Natrium und etwa 50—100 mval (rund 2—4 g) Kalium am Tag, meist in Form der Chloride, auf.

Elektrolytverluste. Die Elektrolyte werden aus dem Körper mit Stuhl, Urin und Schweiß ausgeschieden. Der *Gehalt des Stuhles an Natrium und Kalium* ist unter gewöhnlichen Umständen sehr niedrig. Er beträgt für Natrium etwa 2 mval oder rund 50 mg, für Kalium 5 mval oder rund 0,2 g am Tag. Beim Auftreten von Durchfällen können diese Verluste natürlich erheblich ansteigen.

Der *Elektrolytverlust durch den Urin* wird durch die Zufuhr an Elektrolyten in der Nahrung und die Nierenfunktion einschließlich der hier Einfluß nehmenden Regulationsvorgänge bestimmt. Bei einer fast völlig NaCl-freien Kost kann der Verlust durch den Urin bei Natrium auf etwa 1 mval (23 mg), bei Chlorid auf ebenfalls 1 mval (35 mg) gedrosselt werden. Die Kaliumausscheidung kann bei kaliumfreier Kost auf etwa 8 mval (300 mg) absinken. Die im Durchschnitt gefundene Ausscheidung von Elektrolyten im Harn ist aus Tab. 38 zu ersehen. Sie liegt bei Frauen niedriger als bei Männern und schwankt bei Natrium und Chlorid etwa zwischen 120 und 200 mval/Tag, bei Kalium zwischen 30 und 70 mval/Tag.

Während die unsichtbare Wasserabgabe durch Haut und Lungen ohne Elektrolytverluste einhergeht, können im *Schweiß erhebliche Elektrolytmengen* verloren werden. Die Konzentrationen an Natrium und Chlorid liegen im Schweiß allerdings niedriger als im Plasma: 25—50 mval/l. Der Kaliumgehalt wird meist etwas über dem des Plasmas gefunden. Die Ausscheidung von Natrium und Kalium durch den Schweiß wird analog den Verhältnissen bei der Niere von der Nebennierenrinden-Aktivität, besonders dem Aldosteron, beeinflußt. Eine erhöhte

Aldosteronaktivität vermindert die Ausscheidung von Natrium und steigert die des Kaliums. Nimmt man bei behaglicher Umgebung und leichter Arbeit 20 ml Schweißbildung/100 Calorien Energieumsatz als Mittelwert an, dann beträgt für Natrium der Verlust durch den Schweiß 12—25 mval (250—500 mg)/Tag. Etwa dieselben Werte findet man für Chlorid. Der Verlust an Kalium ist auf etwa 7 mval (270 mg) zu veranschlagen. Bei starker Schweißbildung in heißer Umgebung kommt es deshalb zu beträchtlichen Verlusten von Natrium, Chlorid und Kalium. Die nötigen Ersatzflüssigkeiten müssen daher die entsprechenden Ionen in hinreichender Konzentration enthalten (s. 10. Kap.).

IV. Innere Austauschvorgänge

Nunmehr soll betrachtet werden, wie der Austausch von Flüssigkeit und gelösten Stoffen zwischen intravasalem und interstitiellem Raum einerseits sowie interstitiellem und intracellulärem Raum andererseits erfolgt.

1. Austauschvorgänge zwischen intravasalem und interstitiellem Raum

Die hier wesentlichen Faktoren wurden zum Teil bereits von STARLING (1896, 1909) klar erkannt. Sie lassen sich folgendermaßen zusammenfassen. Die Capillarwände sind für kleine Moleküle (Kristalloide und Wasser) frei durchlässig, für große Moleküle (Kolloide), z. B. Plasmaeiweißkörper, relativ undurchlässig. Hält der durch die Capillarwand hindurch wirksame hydrostatische Druck (intravasaler-interstitieller hydrostatischer Druck) dem kolloidosmotischen Druck (intravasaler-interstitieller kolloidosmotischer Druck) die Waage, so findet keine Filtration von Flüssigkeit statt. Übersteigt der hydrostatische Capillardruck jedoch den kolloidosmotischen Druck, so wird Flüssigkeit aus den Capillaren in den interstitiellen Raum hinein abfiltriert. Liegen die Verhältnisse umgekehrt, so wird Flüssigkeit resorbiert. Experimentelle Belege für die Richtigkeit dieser Anschauungen wurden von LANDIS (1927) am Froschmesenterium sowie von PAPPENHEIMER u. Mitarb. (1948) an den Hinterextremitäten von Hund und Katze erbracht (Abb. 7).

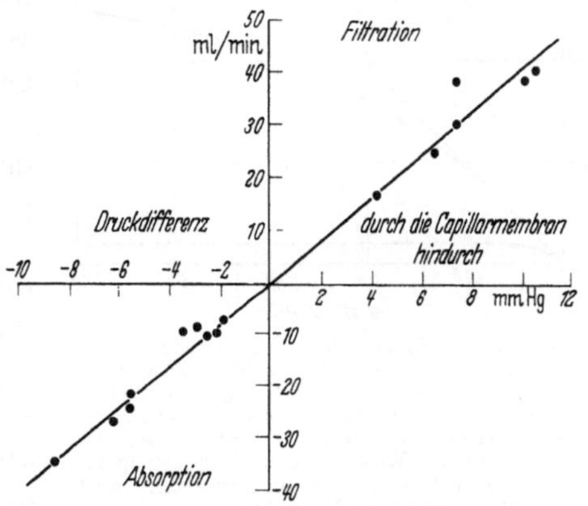

Abb. 7. Die Abhängigkeit hydrodynamischer Strömung (Filtration und Rückresorption) von der durch die Capillarwand hindurch wirksamen Druckdifferenz. Die Größe des Flüssigkeitstransports ist der Differenz zwischen dem mittleren hydrostatischen Capillardruck und der Summe aller entgegenwirkenden Drucke (kolloidosmotischer Druck der Plasmaeiweißkörper, hydrostatischer Druck außerhalb der Capillarwand) proportional (Nach PAPPENHEIMER und SOTO-RIVERA)

Diese Vorstellungen sind in den letzten Jahren durch die Arbeiten von PAPPENHEIMER u. Mitarb. beträchtlich erweitert worden. Wegen ihrer grundsätzlichen Bedeutung sollen diese Fortschritte kurz geschildert werden. Die Darstellung folgt dabei dem zusammenfassenden Bericht von RENKIN und PAPPENHEIMER (1958).

Das allgemeine hier vorliegende Problem erhellt am besten aus folgender Überlegung. Beim Menschen benötigt das Blut zu einem vollständigen Umlauf etwa

1 min. In den Capillaren verweilt es dabei nur wenige Sekunden. In dieser Zeit soll durch die Capillarwände hindurch ein hinreichend schneller Austausch von Molekülen erfolgen, die zum Teil nur wenig größer sind als Wassermoleküle. Aus kreislaufmechanischen Gründen müssen jedoch Volumen und Druck der Flüssigkeit in den Capillaren soweit wie möglich aufrecht erhalten werden. Die Verknüpfung dieser beiden, zunächst als Gegensätze erscheinenden Erfordernisse ist durch den Bau der Capillarwand verwirklicht.

a) Die Passage lipoidunlöslicher Moleküle

Es soll zunächst der Durchtritt lipoidunlöslicher Moleküle wie Wasser, Elektrolyte, Glucose usw. durch die Capillarwand hindurch besprochen werden. Aus den Untersuchungen von PAPPENHEIMER u. Mitarb. folgt, daß Nettovolumenbewegungen zwischen intravasalem und interstitiellem Raum durch Filtration und Absorption (Syn.: hydrodynamische Strömung, Konvektion) erfolgen. Diese Flüssigkeitsbewegungen liegen in der Größenordnung von etwa 2% der Plasmaströmung in den peripheren Geweben. Es handelt sich also um recht langsame Vorgänge, welche zur Versorgung der Gewebe keinesfalls ausreichen können. Man nimmt deshalb heute an, daß der *rasche Austausch kleiner Moleküle zwischen Plasma und interstitieller Flüssigkeit durch Diffusion* erfolgt. Die Nettodiffusion (Verschiebung des Gleichgewichts in einer Richtung) von gelösten Substanzen hängt dabei von einem Konzentrationsgradienten ab, der sich auf Grund der Stoffwechselvorgänge im Gewebe bildet. Für Moleküle in der Größe von Glucose, Harnstoff, Natrium und Chlorid gehen die transcapillaren Diffusionsvorgänge so rasch vonstatten, daß die Blutversorgung den begrenzenden Faktor für die Transportrate darstellt (Abb. 8, Kurve 1).

Von besonderem Interesse ist dabei, ob die gesamte Capillaroberfläche oder nur Teile davon für die Diffusionsvorgänge zur Verfügung stehen. Nach PAPPENHEIMER u. Mitarb. sind die *Capillarwände von Poren durchsetzt, die einen Radius von etwa 30 Å haben.* Bei den Muskelcapillaren nehmen diese wasserhaltigen Poren weniger als 0,1% der Capillaroberfläche ein. *Die Diffusion der lipoidunlöslichen Moleküle erfolgt durch diese Poren hindurch.* Trotz der kleinen verfügbaren Porenfläche können die hohen Austauschraten erreicht werden, da die Weglänge durch die Capillarwand hindurch sehr kurz ist.

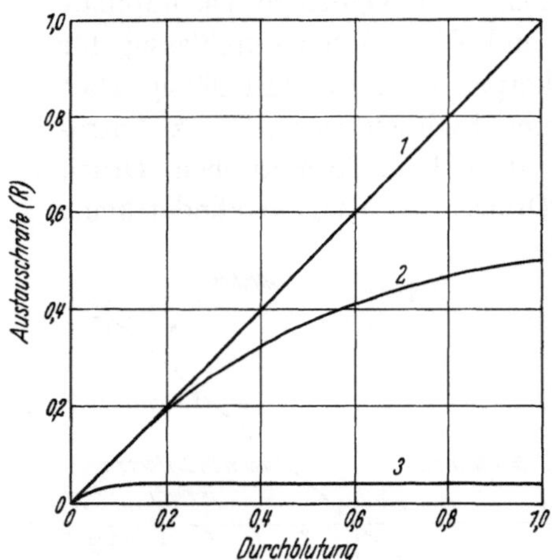

Abb. 8. Der Einfluß der Durchblutung auf die Austauschrate zwischen Blut und Gewebe. *Kurve 1:* Bei Stoffen mit großer Diffusionsgeschwindigkeit (lipoidlösliche und kleine lipoidunlösliche Moleküle) besteht eine lineare Abhängigkeit von der Durchblutung. *Kurve 2:* Bei mittelgroßen lipoidunlöslichen Molekülen (z. B. Rohrzucker) wird die Diffusionsgeschwindigkeit bei größeren Durchblutungen zum begrenzenden Faktor. *Kurve 3:* Bei sehr geringer Diffusionsgeschwindigkeit ist der Austausch von der Durchblutung praktisch unabhängig (z. B. Serumalbumin) (Nach RENKIN und PAPPENHEIMER)

Obwohl die transcapillare Diffusionsrate kleiner Moleküle sehr hoch ist, so liegt sie doch erheblich niedriger als auf Grund „freier" Diffusion zu erwarten wäre. Diese Beobachtung läßt sich mit der Annahme der „beschränkten" Diffusion erklären (s. S. 9). Beschränkte Diffusion wird dann gefunden, wenn bei gegebener

Filtrationsrate die Porengröße mit der Größe der durchtretenden Moleküle vergleichbar wird. Es kommt dann zu einer „molekularen Siebung", deren Ausmaß von der Filtrationsrate und der Porengröße der Membran abhängt. Bei den im Organismus vorkommenden Filtrationsraten wird eine wesentliche molekulare Siebung nur bei den Plasmaeiweißkörpern erreicht. Obwohl die Durchlässigkeit der Muskelcapillaren gegenüber Serumalbumin nur 1/10000 der Durchlässigkeit gegenüber Glucose ist, so reicht sie dennoch für den Durchtritt überraschend großer Mengen von Plasmaeiweiß aus. Man hat berechnet, daß in etwa 24 Std. die einmalige Passage der im Plasma enthaltenen Albuminmenge möglich ist. Das während der Filtration die Capillaren verlassende Eiweiß vereinigt sich mit dem Eiweiß-Pool der Lymphe und der extravasalen Flüssigkeit. Die Gesamteiweißmenge in diesem Pool entspricht etwa der des Plasmas. Eine wesentliche Funktion des Lymphgefäßsystems besteht darin, das abfiltrierte Eiweiß in den intravasalen Raum zurückzuführen.

b) Die Passage lipoidlöslicher Moleküle

Der Durchtritt von lipoidlöslichen Molekülen, wie z. B. den Atemgasen und Antipyrin geht auf anderen Wegen vonstatten. Die transcapillaren Diffusionsraten dieser Substanzen sind ganz wesentlich größer als die der lipoidunlöslichen Moleküle vergleichbarer Größe. Aus diesen und anderen Beobachtungen läßt sich folgern, daß *lipoidlösliche Moleküle die gesamte Oberfläche der Capillarwand zum Durchtritt benutzen* können. Der Widerstand, den die Capillarwand diesen Substanzen entgegensetzt, ist so niedrig, daß der Konzentrationsgradient zwischen Blut und Gewebe einerseits und die Durchblutung andererseits die wesentlichen Faktoren für die Transportraten zum Gewebe und aus dem Gewebe sind. Die Abb. 8 faßt die Abhängigkeit der Austauschraten von der Durchblutung für lipoidlösliche und lipoidunlösliche Moleküle unterschiedlicher Größe noch einmal zusammen.

2. Austauschvorgänge zwischen interstitiellem und intracellulärem Raum

Auch zwischen interstitiellem und intracellulärem Raum sind Nettovolumenverschiebungen infolge hydrodynamischer Strömung bei Einwirkung hydrostatischer und osmotischer Kräfte möglich und feststellbar. Bei einem Gleichgewicht der durch die Zellmembran hindurch wirksamen hydrostatischen und osmotischen Kräfte wird keine Flüssigkeitsverschiebung erfolgen. Bei Verschiebung zugunsten der extracellulären Flüssigkeit wird das intracelluläre Wasser abnehmen und umgekehrt. Der kolloidosmotische Druck der intracellulären Eiweißkörper ist dabei dem der Plasmaeiweißkörper zu vergleichen. Während letzterem durch den hydrostatischen Druck in den Capillaren die Waage gehalten wird, ist als Gegengewicht des ersteren die aktive Eliminierung von Natrium (Natriumpumpe) anzusehen. Gleichzeitig damit erfolgt auch eine Ausstoßung von Wasser. Es ist noch nicht zu übersehen, ob neben dieser zusammen mit Natrium erfolgenden Ausstoßung von Wasser noch eine selbständige Wasserpumpe existiert. Die Frage, ob die Anreicherung von Kalium in den Zellen eine passive Folge der Natriumeliminierung ist oder eigene aktive Zelleistungen voraussetzt, wurde schon oben besprochen. Sie ist zur Zeit ebenfalls noch nicht eindeutig zu entscheiden.

Diese Nettovolumenverschiebungen infolge hydrodynamischer Strömung dürften wegen ihrer Langsamkeit, ebenso wie bei dem Austausch zwischen intravasalem und interstitiellem Raum, auch hier für den Stofftransport nicht in Frage kommen. Man muß vielmehr als entscheidenden Mechanismus den *Austausch durch Diffusion* ansehen. Dabei dürften die lipoidunlöslichen kleinen Moleküle durch Poren in der Zellmembran passieren, während die lipoidlöslichen Moleküle größere Bezirke der Zelloberfläche für ihren Durchtritt nutzbar machen können. Über die Porengrößen verschiedener Zellmembranen liegen bisher noch keine ausreichenden Befunde vor.

3. Kapitel

Die Regulationsmechanismen des Wasser- und Natriumhaushalts

Schon alltägliche Beobachtungen, wie z. B. die Konstanz des Körpergewichts von Tag zu Tag, die Ausscheidung großer Harnmengen nach Zufuhr von Flüssigkeit und die Verminderung der Harnmenge nach Schwitzen legen nahe, daß sehr präzise Regulationsmechanismen für das gesamte Körperwasser existieren. Die Verknüpfungen mit dem Elektrolythaushalt, besonders mit den beiden wichtigsten Elektrolyten der extracellulären Flüssigkeit Natrium und Chlorid, sind dabei sehr eng. Immerhin wird eine gewisse Selbständigkeit in der Regulation des Wasserhaushalts einerseits und der des Natriumhaushalts andererseits beobachtet, so daß sich schon aus didaktischen Gründen eine getrennte Darstellung dieses sehr vielschichtigen Gebiets empfiehlt.

I. Die Regulation des Wasserhaushalts

Die Aufnahme von Wasser wird durch das Durstgefühl reguliert. Von den verschiedenen Möglichkeiten der Wasserabgabe durch Lunge, Haut, Schweißdrüsen, Magendarm-Kanal und Nieren kommen die extrarenalen Wege für Regulationsaufgaben kaum in Frage. Als Erfolgsorgan für die Regulation der Wasserabgabe ist vielmehr die Niere anzusehen. So wird es verständlich, daß die normale und gestörte Funktion der Niere ausführlicher Darstellung bedarf.

A. Die Regulation der Wasseraufnahme — Entstehung des Durstgefühls

Die Wasseraufnahme wird durch das Durstgefühl reguliert. Als *Durst* bezeichnet man das Bewußtwerden des Bedürfnisses zur Wasseraufnahme. Die für die Durstentstehung verantwortlichen Faktoren sind recht zahlreich und zum Teil noch nicht genügend erforscht.

1. Wassermangel

Es ist seit langem bekannt, daß Wassermangel Durst erzeugt. Wasserverlust führt sowohl zum Anstieg des osmotischen Drucks der extra- und intracellulären Flüssigkeit als auch zur Abnahme dieser Flüssigkeitsräume (s. S. 89). Beide Veränderungen könnten für die Erzeugung des Durstgefühls bedeutungsvoll sein. Eine Erhöhung des osmotischen Drucks in extra- und intracellulärer Flüssigkeit ohne Volumenänderung dieser Flüssigkeitsräume läßt sich durch die Verabfolgung von Harnstoff erzeugen. Harnstoff vermag alle Zellmembranen frei zu durchdringen, so daß keine sekundären Wasserverschiebungen resultieren (GILMAN; HOLMES und GREGERSEN). Am Menschen beobachtet man nach Harnstoffgaben erst dann Durst, wenn es zu einer Verminderung der Körperflüssigkeiten infolge der eintretenden Diurese kommt. Auch bei akuter und chronischer Niereninsuffizienz mit erheblichem Anstieg des Harnstoffs im Blut und damit auch in der interstitiellen und intracellulären Flüssigkeit ist Durst nicht regelmäßig vorhanden. Sein Auftreten kann bei diesen Krankheitsbildern durch andere Faktoren hinreichend erklärt werden (s. 12. Kap.). *Eine Erhöhung des osmotischen Drucks in intra- und extracellulärer Flüssigkeit zugleich hat also keine wesentliche Bedeutung für die Entstehung des Durstgefühls. Wassermangel kann deshalb nur durch die Abnahme der Flüssigkeitsräume selbst wirken.*

Mangel an extracellulärer Flüssigkeit. Er wird z. B. bei Blutungen und Durchfällen beobachtet. Unter diesen Umständen geht weitgehend isotonische Flüssigkeit verloren, so daß zunächst keine Änderung der Osmolalität eintritt. Das Auftreten von Durstgefühl ist bei den genannten Zuständen wohl bekannt. Da sich die intracelluläre Flüssigkeit, besonders bei Blutungen, zu Beginn kaum wesentlich vermindern dürfte, kommt hier also der *Abnahme der extracellulären Flüssigkeit, vor allem des intravasalen Anteils, für die Durstentstehung die entscheidende Bedeutung* zu. Es muß aber betont werden, daß eine gleichzeitige Herabsetzung der extracellulären Osmolalität die Verhältnisse sehr kompliziert (s. S. 30 unter „Salzmangel").

Mangel an intracellulärer Flüssigkeit. Erhöht man die extracelluläre Osmolalität durch Gabe hypertonischer Kochsalzlösung, so kommt es zu einem Einstrom intracellulärer Flüssigkeit in den extracellulären Raum. Diese *Verminderung der intracellulären Flüssigkeit geht immer mit erheblichem Durst einher.*

Auffälligerweise entsteht nach Infusionen hypertonischer Glucose- oder Galaktoselösung an Mensch und Tier (HOLMES und GREGERSEN 1947; 1950) nicht regelmäßig Durstgefühl bzw. Mehraufnahme von Flüssigkeit, obwohl auch dabei eine Verminderung des intracellulären mit Ausweitung des extracellulären Wassers eintritt. Diese Beobachtungen erinnern an die Befunde von VERNEY über die Wirkung einer Erhöhung des osmotischen Druckes auf die Wasserdiurese. Dabei war eine Steigerung der Osmolalität durch NaCl am wirksamsten, während Glucose geringer und Harnstoff gar nicht wirkte. VERNEY erklärte diese Beobachtungen mit der Annahme, daß die vermuteten Osmoreceptoren eine unterschiedliche Permeabilität für die erwähnten Substanzen besitzen (s. S. 44).

Aus den bisher aufgeführten Beobachtungen folgt, daß sowohl ein Mangel an intracellulärer als auch an extracellulärer Flüssigkeit Durstgefühl bewirkt, falls letzterer ohne Änderungen der Osmolalität einhergeht. Diese Änderungen der Flüssigkeitsräume scheinen über Osmo- und Volumenreceptoren im hypothalamischen Gebiet registriert zu werden und als Durstgefühl in das Bewußtsein zu treten. Für das volle Verständnis dieser Vorgänge ist allerdings die Kenntnis der späteren Ausführungen dieses Kapitels erforderlich.

2. Salzmangel

Ein Mangel an Salz, besonders an Natrium, kann auf verschiedene Weise entstehen. Im 5. Kapitel dieses Buches werden die verschiedenen mit Salzmangel einhergehenden Zustände ausführlich erörtert. Das klinische Bild ist dabei durch

eine Verminderung der extracellulären Flüssigkeit mit allen ihren Folge-
erscheinungen geprägt. Trotzdem scheint „echtes" Durstgefühl dabei nicht
regelmäßig vorzukommen. Einige Versuchspersonen von McCANCE, der auf
experimentellem Wege einen Salzmangel erzeugte, empfanden den auftretenden unangenehmen metallischen Geschmack als verwandt mit dem echten
Durstgefühl. McCANCE trennt jedoch dieses „falsche" Durstgefühl vom echten
Durstgefühl ab. Nach den Ausführungen auf S. 100 ist es zunächst überraschend, daß Salzmangel kein echtes Durstgefühl erzeugt, obwohl doch die
klinische Symptomatologie ganz überwiegend durch die Verminderung der
extracellulären Flüssigkeit geprägt ist. Die Erklärung liegt möglicherweise
darin, daß gleichzeitig die intracelluläre Flüssigkeit zunimmt: der gegenüber
dem extracellulären Raum nunmehr höhere intracelluläre osmotische Druck
führt zu einer Wasserverschiebung aus dem extracellulären in den intracellulären Raum.

3. Bedeutung der Speichelsekretion

Der lokalen Trockenheit von Mund- und Rachenschleimhaut scheint bei der
Entstehung und Aufrechterhaltung des Durstes eine nur geringfügige Rolle zuzukommen. Schon CLAUDE BERNARD u. Mitarb. fanden, daß Tiere mit Oesophagus-
und Magenfisteln ununterbrochen tranken, wobei sie sichtlich immer durstig
blieben. Dagegen beseitigte die Einführung von nur $^1/_2$ l Wasser durch die Magen-
sonde den Durst für Stunden.

Eine gewisse Bedeutung lokaler Faktoren wird allerdings durch folgende Beobachtung
nahegelegt. Wenn ein Hund mit einer Oesophagusfistel, aus der alles getrunkene Wasser wieder
ausfließt, etwa $2^1/_2$ mal soviel Wasser getrunken hat, als zur Befriedigung seines Durstes
erforderlich wäre, so ist sein Durst für kurze Zeit befriedigt. Diese vorübergehende Befriedigung muß den Zentren von der Pharynxschleimhaut oder Schluckmuskulatur aus vermittelt
werden. Eine dauerhafte Durststillung ist aber nur durch Einbringung von Wasser in den
Magen zu erzielen. Die Beobachtung, daß die Unterbindung der Ausführungsgänge der
Speicheldrüsen bei Hunden den Durst steigert (GREGERSEN, 1932), konnte von Nachuntersuchern nicht bestätigt werden (MONTGOMERY). Auch die durststillende Wirkung einer An-
aesthesierung der Rachenschleimhaut mit Kokain beim Diabetes insipidus ließ sich
von Nachuntersuchern nicht erhärten. Übrigens kommt auch beim Menschen in seltenen
Fällen eine kongenitale Aplasie der Speicheldrüsen vor, ohne daß vermehrt Durstgefühl
auftritt.

4. Faktoren der Durstbeendigung

Hier scheinen wesentliche Unterschiede zwischen verschiedenen Tierarten und dem
Menschen zu bestehen. Hunde, Katzen und junge Kaninchen trinken nach einer Durstperiode
so schnell wie möglich eine Wassermenge, die etwas größer ist als ihr Wasserbedarf. Die
„Abmessung" geschieht anscheinend mit Hilfe des Pharynx und der Schluckmuskulatur,
nicht mit Hilfe des Magens. Ganz anders verhalten sich Ratten, Meerschweinchen, Gold-
hamster, ausgewachsene Kaninchen und auch der Mensch. Nach einer Durstperiode trinken
diese Tiere und der Mensch langsam mit mehreren Pausen eine Wassermenge, die ungefähr
ihrem Wasserbedarf entspricht. Das Durstgefühl wird bei ihnen durch einen gewissen Span-
nungszustand der Magenwände aufgehoben. Dementsprechend gelingt es bei Ratten und
Meerschweinchen auch, den Durst vorübergehend durch Einführung von Salzwasser in den
Magen zu unterdrücken; die durstunterdrückende Wirkung hält so lange an, bis das Salzwasser resorbiert wird und durch seinen Salzgehalt neuen Durst auslöst. Auch das Einblasen
von Luft in den Magen führt zu einer partiellen Hemmung des Durstes und der Wasseraufnahme.

5. Zentralnervöse Integration

Aus Beobachtungen an Mensch und Tier muß man schließen, daß im Bereich des Hypothalamus, wahrscheinlich in nächster Nähe des supraoptico-hypophysären Systems, Areale für die Integration der vielfältigen dursterzeugenden Afferenzen liegen, die man als *Durstzentrum* bezeichnet.

So sind mehrere Patienten mit Diabetes insipidus bekannt geworden (ENGSTRÖM und LIEBMAN; WELT u. Mitarb., 1952), die eine Erhöhung der Serumosmolalität hatten, obwohl sie Flüssigkeit nach Belieben zu sich nehmen durften. Das bei dieser Krankheit in der Regel vorhandene Durstgefühl trat in den erwähnten Fällen nicht auf, so daß die Patienten die Flüssigkeitsaufnahme nicht der Flüssigkeitsausscheidung anpassen konnten.

Eine noch offene Frage ist, ob die für die Entstehung von Durstempfindung verantwortlichen Areale im Hypothalamus mit denen übereinstimmen, welche die komplizierte motorische Aktivität des Trinkens steuern und als *Trinkzentrum* bezeichnet werden. Wahrscheinlich muß man beide Areale voneinander trennen. Es lägen dann ähnliche Verhältnisse wie bei den Sprachzentren vor, wo das sensorische vom motorischen Sprachzentrum zu unterscheiden ist. Tierversuche sind für die Entscheidung dieser Frage kaum möglich, da eben nur der Mensch Durstgefühl äußern kann.

Bezüglich des Trinkzentrums sind neuere Tierversuche bemerkenswert. So führte die Reizung bestimmter Hypothalamus-Gebiete bei Ziege und Ratte zu heftigem Trinken und bei

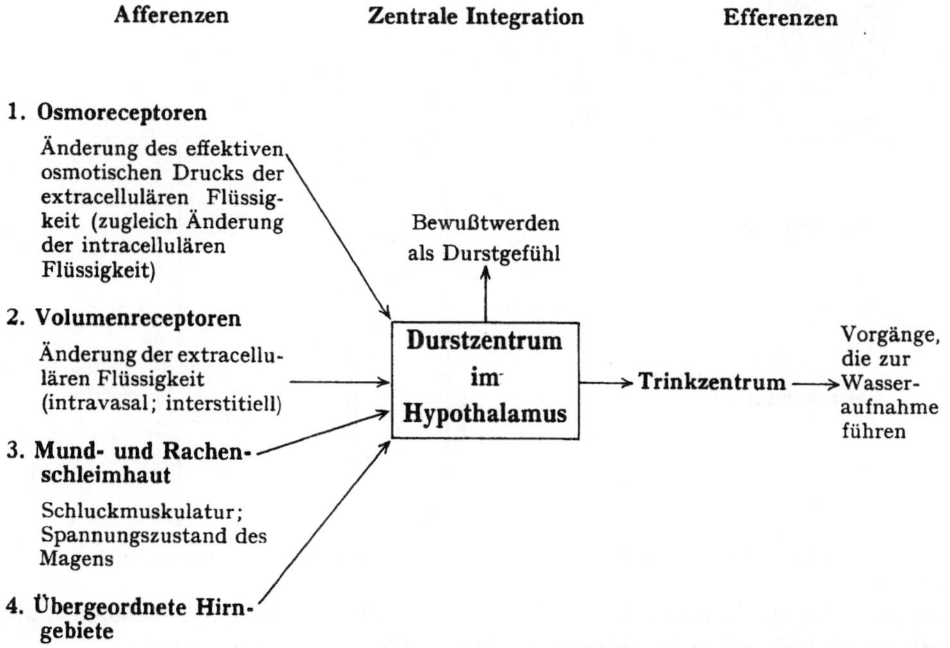

Abb. 9. Schematische Darstellung der für die Entstehung des Durstgefühls maßgebenden Faktoren

häufiger Wiederholung zur Polydipsie. Dabei konnte eine Läsion des Tractus supraopticohypophyseus mit Erzeugung eines Diabetes insipidus ursächlich ausgeschlossen werden (ANDERSSON, 1952, 1953; ANDERSSON und McCANN, 1955; GREER, 1955). ANDERSSON und McCANN (1956) konnten durch Zerstörung bestimmter Anteile des Hypothalamus am Hund eine fast völlige Unterdrückung des spontanen Wassertrinkens erzielen. Die Tiere tranken so wenig Wasser, daß sie innerhalb von 1—2 Wochen schwerste Exsiccose-Symptome aufwiesen und starben, falls nicht künstlich Wasser zugeführt wurde.

Die wesentlichen nach den heutigen Kenntnissen für die Entstehung von Durstgefühl verantwortlichen Faktoren sind in Abb. 9 in ihrer gegenseitigen Verknüpfung schematisch dargestellt. Auf die großen Ähnlichkeiten mit Abb. 17 u. 19 ist dabei hinzuweisen.

B. Die Bedeutung der Niere für die Wasserausscheidung

Die Niere spielt als Erfolgsorgan für die Regulation der Wasserausscheidung eine wichtige Rolle. So ist es verständlich, daß bei primären Störungen der Nierenfunktion auch der Wasserhaushalt betroffen wird. Ein klares Verständnis des komplizierten Zusammenspiels extrarenaler und renaler Faktoren ist aber nur möglich, wenn man mit den Grundtatsachen der Nierenfunktion unter normalen und pathologischen Zuständen vertraut ist. Sie werden in den folgenden Abschnitten und zum Teil (Harnsäuerung und ihre Störungen) im 4. Kapitel dargestellt.

1. Die Vorgänge im Nephron während der Harnbildung

Anatomische Gliederung des Nephrons. Wegen der vorerst noch geringen Kenntnisse über die funktionelle Bedeutung der verschiedenen histologisch

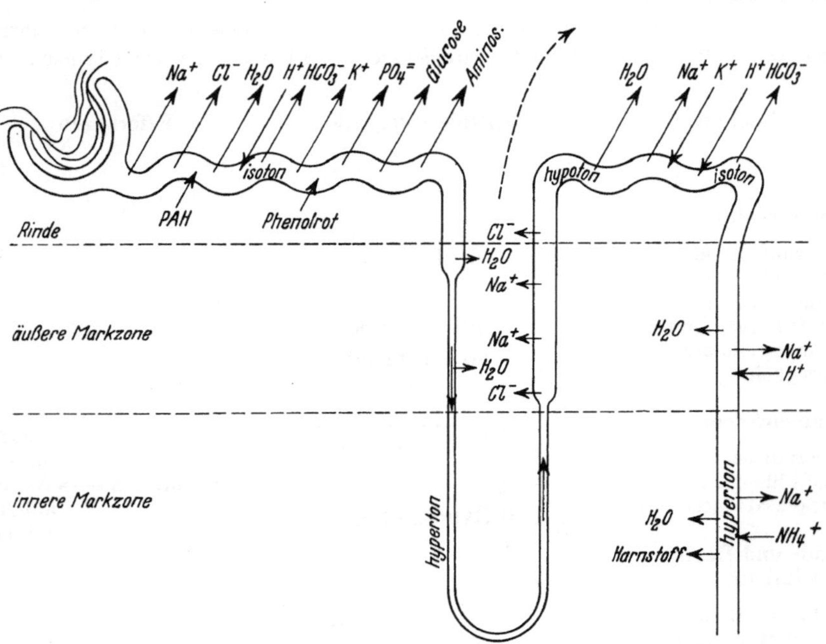

Abb. 10. Schematische Übersicht des Nephrons und der Vorgänge bei der Harnbildung (Nach ULLRICH)

unterscheidbaren Abschnitte des Nephrons wird in der Nierenphysiologie und Pathophysiologie folgende Einteilung (SMITH, 1956; Abb. 10) verwendet:

a) Glomerula;

b) Proximales Segment; es umfaßt die Konvolute der proximalen Tubulusabschnitte und den dicken Anteil des gestreckten absteigenden Schenkels der Henleschen Schleife.

c) Dünnes Segment; mit variabler Lage im Bereich der Henleschen Schleife.

d) Distales Segment; es umfaßt die dicken aufsteigenden Abschnitte der Henleschen Schleife und die distalen Konvolute. Glomerulum und diese drei Tubulusabschnitte bilden im strengen Wortsinn das Nephron.

e) Sammelröhren und Ausführungsgänge; sie haben eine eigene embryonale Entstehung und werden deshalb nicht im strengen Wortsinn zum Nephron gerechnet.

Übersicht über die Harnbildung. Es gilt heute als gesichert, daß in den Glomerula der Nieren ein weitgehend eiweißfreies Filtrat (Ultrafiltrat) des Blutplasmas gebildet wird, welches die im Plasma gelösten Stoffe in fast derselben Konzentration (Korrekturen für Plasmawasser und Donnan-Gleichgewicht) enthält. Da in 24 Std. etwa 160—180 l Glomerulumfiltrat gebildet werden, die endgültige Harnmenge aber kaum 1—1,5 l/Tag übersteigt, muß der weitaus größte Teil des Glomerulumfiltrats während der Passage durch die Tubuli rückresorbiert werden. Etwa 85% der Wasserrückresorption entfallen dabei auf das proximale und das dünne Segment, während die restlichen 15% der Rückresorption in dem distalen Segment und den Sammelröhren geleistet werden. Die proximale Wasserrückresorption ist als passiver Vorgang anzusehen insofern, als das Wasser den aktiv rückresorbierten Stoffen, besonders Natrium, nachfolgt. Ähnlich wie beim Wasser werden die großen Mengen von Natrium, die überwiegend als Chlorid und Bicarbonat den Tubuli angeboten werden, zu etwa 85% im proximalen und dünnen Segment und zu etwa 15% im Bereich der distalen Tubulusabschnitte aktiv rückresorbiert. Normalerweise werden weniger als 1% des im Glomerulumfiltrat enthaltenen Natriums im Urin ausgeschieden.

Nach unseren heutigen Kenntnissen beruht diese *mächtige Natriumrückresorption auf drei verschiedenen Mechanismen:* einmal wird Natrium zusammen mit Anionen, meist Chlorid rückresorbiert; außerdem findet ein Austausch von Natrium- und Wasserstoffionen und schließlich auch ein Austausch von Natrium- und Kaliumionen statt. Die Tab. 7 gibt eine Übersicht über das Ausmaß der einzelnen für die Natriumrückresorption verantwortlichen Reaktionen.

Die Rückresorption in den proximalen und distalen Tubulusabschnitten einschließlich der Sammelröhren wird von Regulationsvorgängen beeinflußt, die bisher nur zum Teil bekannt

Tabelle 7. *Die tubulären Rückresorptionsmechanismen für Natrium und ihre Größe* (Nach MUDGE)

Reaktion	μval/min
1. Rückresorption mit Anionen, meist Cl^- . . .	12 000
2. $Na^+ \rightarrow H^+$-Austausch	
a) $NaHCO_3$-Rückresorption	3 200
b) NH_4^+-Ausscheidung	20
c) Titrierbare Säure-Ausscheidung	30
d) freie H^+-Ionen-Ausscheidung	0,01
3. $Na^+ \rightarrow K^+$-Austausch	50

sind. Einige dieser Regulationsmechanismen werden später eingehend betrachtet werden. In Abb. 10 sind die bis jetzt besprochenen Vorgänge der Harnbildung dargestellt.

2. Der Mechanismus der Harnverdünnung und Konzentrierung

Die hierfür verantwortlichen Vorgänge sind erst in den letzten Jahren, vor allem durch die Arbeiten von WIRZ und ULLRICH, näher bekannt geworden. Aber auch jetzt ist eine abschließende Beurteilung noch nicht möglich. Die folgende Darstellung schließt sich eng an die Befunde und Interpretationen von WIRZ, ULLRICH sowie BERLINER mit Mitarb. an.

Das Glomerulumfiltrat ist mit dem Plasmawasser isosmotisch. Durch die aktive Rückresorption von gelösten Stoffen im proximalen Segment und die freie Wasserdurchlässigkeit dieses Abschnitts wird das Volumen des Primärharns erheblich vermindert. Der osmotische Druck bleibt dabei unverändert. Das konnte durch unmittelbare Untersuchung von Tubulusflüssigkeit aus dem proximalen Segment mit Hilfe der Mikropunktion (WIRZ) nachgewiesen werden. *Im Bereich des dicken Anteils der aufsteigenden Henleschen Schleife wird Natrium aktiv* aus *dem Tubulusharn herausgeholt und in die interstitielle Flüssigkeit der äußeren Markzone gepumpt.* Chlorid folgt sekundär dem Natrium nach. Da das Epithel in diesem Abschnitt für Wasser kaum oder gar nicht durchlässig ist, muß der Harn hypotonisch, die umgebende interstitielle Flüssigkeit des Marks jedoch hypertonisch werden. Durch die Blutgefäße des Nierenmarks, welche zusammen mit den Henleschen Schleifen ein Gegenstromsystem (WIRZ u. Mitarb.) bilden, wird die Hypertonicität der äußeren Markzone auch auf die innere Markzone übertragen. Aus den durch die äußere und innere Markzone verlaufenden dünnen Abschnitten der Henleschen Schleifen wird Wasser in die interstitielle Flüssigkeit gezogen, wodurch der Harn in diesen Abschnitten hypertonisch wird. In den dicken Anteilen der aufsteigenden Henleschen Schleifen wird dann Natrium und Chlorid, wie schon beschrieben, aus dem Tubulusharn in die interstitielle Flüssigkeit gepumpt. So wird der in diesen Abschnitten hyperton einfließende Harn hypoton gemacht. Bei *Abwesenheit von antidiuretischem Hormon des Hypophysen-Hinterlappens (ADH) sind die distalen Tubulussegmente und die Sammelrohre wasserundurchlässig.* Der in den dicken Abschnitten der aufsteigenden Henleschen Schleifen

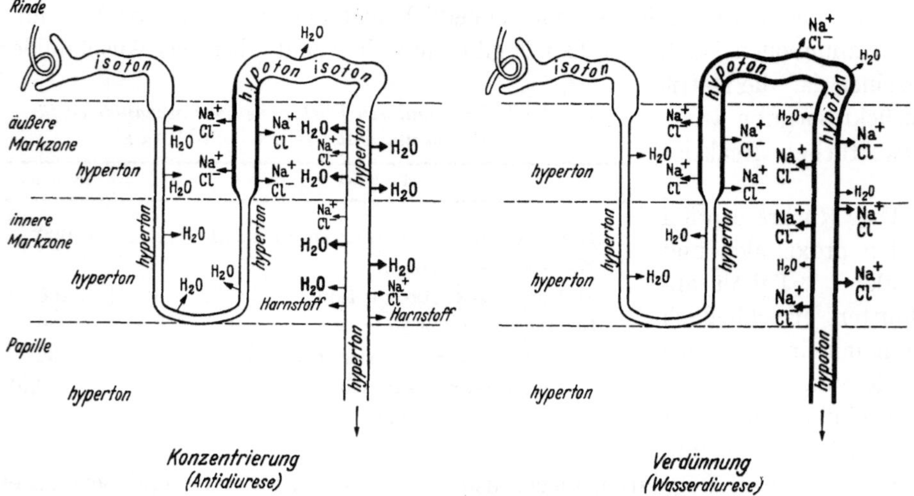

Abb. 11. Die Vorgänge im Nephron während Antidiurese und Wasserdiurese. Die verstärkt gezeichneten Abschnitte der Tubuli sind für Wasser undurchlässig

hypoton gewordene Harn bleibt also hypoton; er wird sogar während der weiteren Passage durch die Tubuli noch stärker verdünnt, da die Rückresorption von Natrium und Chlorid auch im distalen Segment und wahrscheinlich auch in den Sammelrohren weitergeht: *Harnverdünnung bzw. Wasserdiurese* (Abb. 11, rechte Hälfte).

Ist genügend ADH vorhanden, so werden die distalen Segmente und die Sammelrohre für Wasser durchlässig. Die Hypotonicität des in die distalen Segmente einfließenden Harns wird durch den Wasserabfluß in die isosmotische interstitielle Flüssigkeit der Nierenrinde beseitigt. Der so in seinem Volumen erheblich verminderte isotonische Harn tritt nunmehr wieder über die Sammelröhren in das Markgebiet ein. Hier erfolgt *sowohl im Bereich der äußeren als auch der inneren Markzone ein Abstrom von Wasser in die interstitielle hypertonische Flüssigkeit* hinein. Die Hypertonicität der interstitiellen Flüssigkeit wird dabei im Bereich der inneren Markzone durch Harnstoff verstärkt, der aus dem Tubulusharn in das Mark diffundiert und hier durch den geringen medullären Blutstrom konzentriert wird. *So kommt die Harnkonzentrierung (Antidiurese) zustande* (Abb. 11, linke Hälfte).

Aus diesen Darlegungen geht deutlich hervor, daß *der interstitiellen Flüssigkeit im Bereich der äußeren und inneren Markzone eine entscheidende Bedeutung zukommt.* Durch die Entfernung von Natrium und Chlorid aus dem Tubulusharn im Bereich des dicken Anteils der aufsteigenden Henleschen Schleifen wird die interstitielle Flüssigkeit des umgebenden Gebiets hypertonisch gemacht. Diese Hypertonicität wird durch die medulläre Blutströmung auch auf die innere Markzone ausgedehnt. Dabei ist die Hypertonicität im Zustand der Harnkonzentrierung stärker ausgeprägt als bei der Harnverdünnung. Für die Fixierung des in der äußeren Markzone aus den Henleschen Schleifen herausgepumpten Natriums spielt möglicherweise die Chondroitin-Schwefelsäure im Interstitium des Nierenmarks eine sehr wesentliche Rolle.

Durch diese Vorstellungen wird eine große Zahl neuer Probleme aufgeworfen. Vor allem ergibt sich die Frage, welche Regulationseinrichtungen den Pumpmechanismus in den dicken Anteilen der aufsteigenden Henleschen Schleifen beeinflussen. Es liegt nahe, an bestimmte Hormone der Nebennierenrinde (Cortisol) zu denken. Ferner muß die Durchblutung dieser medullären Gebiete und damit die Verteilung bzw. der Abtransport von Natrium und Chlorid während der Harnkonzentrierung und der Harnverdünnung unterschiedlich sein. In diesem Zusammenhang sind Befunde von KRAMER und THURAU von Interesse. Diese Autoren fanden die Durchblutung des Nierenmarks bei Diurese größer als bei Antidiurese. Es liegt nahe, denjenigen Stoffen, welche die Diurese beeinflussen (ADH; Hypertensin? [s. S. 67]) auch eine Wirkung auf die Durchblutung des Nierenmarks zuzusprechen. Alle diese Fragen harren aber bisher noch der experimentellen Bearbeitung.

3. Der renale Clearance-Begriff

Die Konzeption des Clearance-Begriffs geht auf VAN SLYKE u. Mitarb. zurück. Seine Weiterentwicklung hat zur wesentlichen Vertiefung physiologischer und pathophysiologischer Erkenntnisse geführt. Unter der renalen Clearance eines Stoffes (C) versteht man die im Harn während einer bestimmten Zeit (meist Minuten oder 24 Std.) ausgeschiedene Menge $(U \cdot V)$, bezogen auf die Plasmakonzentration (P) des Stoffes. Man erhält also die Formel:

$$C = \frac{U \cdot V}{P} \, ;$$

U ist die Konzentration des Stoffes im Harn, V die in der Zeiteinheit erhaltene Harnmenge. C wird auch als *Plasmaclearance* bezeichnet, da die Ausscheidung des
Stoffes zu einer, meist allerdings unvollständigen, Entfernung aus dem Plasma
führt.

Erscheint ein Stoff überhaupt nicht im endgültigen Harn, dann ist sein Clearancewert = 0. Erfüllt ein Stoff die Voraussetzung, daß er in den Glomerula
filtriert, in den Tubuli aber weder rückresorbiert noch sezerniert wird, dann ist
sein Clearancewert mit dem *Glomerulumfiltrat* identisch. Das ist leicht zu verstehen, wenn man bedenkt, daß die unter diesen Bedingungen ausgeschiedene
Stoffmenge im Harn mit der im Glomerulum filtrierten Menge identisch sein
muß:

$$U \cdot V_{Harn} = P \cdot V_{Filtrat}.$$

Da die Konzentration im Glomerulumfiltrat mit der des Plasmas praktisch identisch ist, erhält man also bei Auflösung der Gleichung nach $V_{Filtrat}$ das Volumen
des Glomerulumfiltrats. Für diese Bestimmung geeignete Stoffe sind z. B. Inulin
und endogenes Kreatinin. Am Menschen wird das endogene Kreatinin beim Vorliegen von Nierenkrankheiten allerdings zusätzlich in den Tubuli sezerniert. Unter
diesen Bedingungen sind die erhaltenen Werte nicht mehr mit dem Glomerulumfiltrat identisch. Doch ist diese Abweichung für viele praktisch-klinische Fragen
ohne großen Nachteil.

Erfüllt ein Stoff die Voraussetzung, daß er bei einer einzigen Nierenpassage
total ausgeschieden wird, das abfließende Nierenvenenblut also völlig von dem
Stoff befreit ist, dann ist sein Clearancewert mit dem *Nierenplasmafluß* identisch.
Das wird wiederum leicht verständlich, wenn man bedenkt, daß die unter diesen
Bedingungen im Harn ausgeschie-
dene Stoffmenge der mit dem Plasma
antransportierten Stoffmenge entsprechen muß:

$$U \cdot V_{Harn} = P \cdot V_{Plasma}.$$

Die Auflösung der Gleichung nach
V_{Plasma} ergibt also den renalen
Plasmafluß. Stoffe, die diese Bedingungen erfüllen, sind z. B. Pera-
brodil (Diodrast) und Paraaminohippursäure. In Abb. 12 sind diese
Verhältnisse noch einmal schematisch dargestellt.

Findet man Clearancewerte zwischen 0 und dem Glomerulumfiltrat,
so kann man schließen, daß die
betreffenden Stoffe zwar in den
Glomerula filtriert, aber während
der Passage durch die Tubuli zum Teil wieder rückresorbiert werden. Liegen
die Clearancewerte bestimmter Stoffe zwischen den Werten für das Glomerulumfiltrat und den Nierenplasmafluß, dann muß man Filtration und gleichzeitige Sekretion durch die Tubuli annehmen.

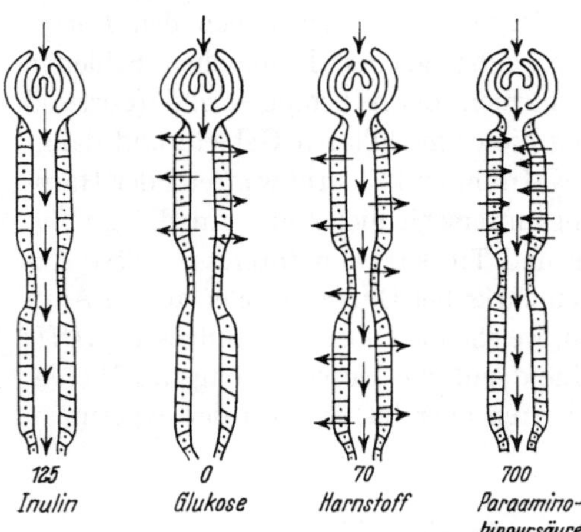

Abb. 12. Die Clearancewerte
$$\left(\frac{\text{Harnkonzentration} \times \text{Harnvolumen}}{\text{Plasmakonzentration}} \right)$$
von Inulin, Glucose, Harnstoff und Paraaminohippursäure
(Nach GAMBLE)

Für die bei der Harnkonzentration und Harnverdünnung auftretenden Probleme sind noch folgende Clearancewerte von Bedeutung (SMITH 1956).

Osmolale Clearance (C_{osm}). Damit bezeichnet man dasjenige Wasservolumen, welches die im Harn gelösten Stoffe in isotonischer Lösung enthalten würde. Die osmolale Clearance ist entsprechend dem Clearance-Formalismus durch folgende Gleichung gegeben:

$$C_{osm} = \frac{U_{osm} \cdot V}{P_{osm}} \; ;$$

dabei ist U_{osm} die Konzentration des Harns in mosmol/ml, P_{osm} die Plasmawasserkonzentration in mosmol/ml und V das Harnvolumen.

Clearance des freien Wassers (C_{H_2O}). Darunter versteht man die Differenz zwischen dem Harnvolumen und der osmolalen Clearance. Die Clearance des freien Wassers wird durch folgende Gleichung wiedergegeben: $C_{H_2O} = V - C_{osm}$. Wird, wie z. B. bei der Wasserdiurese, freies Wasser ausgeschieden, so ist der Harn mehr verdünnt als das Plasma. Da V dann größer wird als C_{osm}, bekommt man für C_{H_2O} einen positiven Wert. Ist der Harn mehr konzentriert als das Plasma, so ergibt sich für C_{H_2O} ein negativer Wert. Er gibt das Volumen Wasser pro Zeiteinheit an, welches der isotonischen Tubulusflüssigkeit entzogen worden ist.

4. Primär renale Ursachen mangelhafter Regulationsfähigkeit

a) Die Größe des Glomerulumfiltrats

Es wird allgemein angenommen, daß die Filtration in den Glomerula die einzige Quelle des Wassers im Harn ist. Eine Sekretion von Wasser durch die Tubuluszellen, die von BRODSKY und RAPOPORT (1951) sowie WEST u. Mitarb. (1952) vertreten wurde, kommt dagegen nicht vor. Daraus folgt, daß Änderungen des Glomerulumfiltrats als Ursache von Diureseänderungen stets in Betracht gezogen werden müssen. Meist handelt es sich um die Frage, ob eine Verminderung der Diurese auf eine verstärkte Wasserrückresorption in den Tubuli oder auf eine Verminderung des Glomerulumfiltrats zu beziehen ist. Ohne die Kenntnis des Glomerulumfiltrats kann diese Frage oft nicht beantwortet werden.

b) Die Abhängigkeit des Harnvolumens vom Angebot harnpflichtiger Substanzen

Ein weiterer limitierender Faktor der renalen Regulation des Körperwassers ist die Menge der anfallenden harnpflichtigen Stoffe. Die Ausscheidung harnpflichtiger Substanzen beträgt bei gemischter Ernährung etwa 1200 mosmol/24Std. Enthält die Kost wenig Eiweiß und Salz bei reichlichem Kohlenhydratgehalt, so kann die Ausscheidung an harnpflichtigen Stoffen auf 200 mosmol absinken. Die Abb. 13 zeigt die Harnvolumina an, welche bei einer gegebenen Menge harnpflichtiger Stoffe und einer gegebenen Konzentration erforderlich sind. Die mittlere maximale Harnkonzentration liegt bei etwa 1400 mosmol/l. Sie wird aber nur dann beobachtet, wenn die Menge der harnpflichtigen Stoffe und das Harnvolumen relativ niedrig liegen. Steigt dagegen das Angebot an gelösten Substanzen an, dann nimmt auch bei maximaler ADH-Aktivität (Hydropenie oder Gaben von Pitressin) die Osmolalität des Harns zunehmend ab, die Harnvolumina steigen an und die Osmolalität nähert sich asymptotisch derjenigen des

Plasmas: Abb. 14. Man spricht in diesen Fällen von *osmotischer Diurese*. Die mit Steigerung der Harnvolumina einsetzende Abnahme der Konzentrationsfähigkeit läßt sich wohl zwanglos auf folgende Weise erklären. Kommen große Harnmengen in das Gegenstromsystem des Nierenmarks, so wird der Konzentrationsmechanismus gewissermaßen „überfahren". Je mehr Tubulusharn anfällt, um so weniger wird sich eine Konzentrierung bemerkbar machen können. Es wird also eine zunehmende *Hyposthenurie* beobachtet, die schließlich in eine *Isosthenurie* übergeht.

Die untere Grenze der Harnosmolalität wird dann erreicht, wenn ein Minimum an gelösten Substanzen mit einer maximalen Wasserausscheidung zusammentrifft. Bei gesunden Versuchspersonen im Zustand der Wasserdiurese sinkt die Konzentration bis auf 40 mosmol/l ab (STRAUSS 1957), bei Patienten mit Lebercirrhosen und sehr niedriger Ausscheidung an harnpflichtigen Stoffen wurden sogar 20 mosmol/l beobachtet.

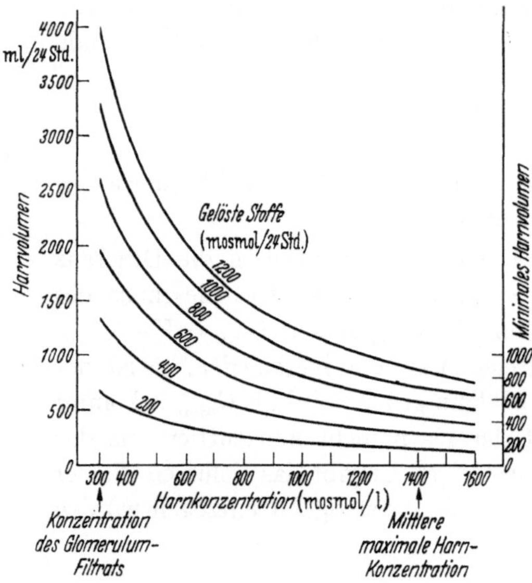

Abb. 13. Die Beziehungen zwischen Harnkonzentration, Harnvolumen und Menge der auszuscheidenden harnpflichtigen Stoffe (Nach GAMBLE)

c) Die Masse an funktionierendem Nierenparenchym und die Leistungsfähigkeit des Tubulusepithels

Ein dritter limitierender Faktor bei den regulativen Funktionen der Niere für die Erhaltung des Körperwassers ist die Gesamtmasse an funktionstüchtigem Nierengewebe und die anatomische und funktionelle Unversehrtheit der einzelnen Abschnitte des Tubulusepithels.

Eine *Hyposthenurie* wurde von HAYMAN u. Mitarb. (1939) im Tierversuch auf folgende Weise erzeugt. Sie entfernten bei Hunden die eine Niere vollständig und

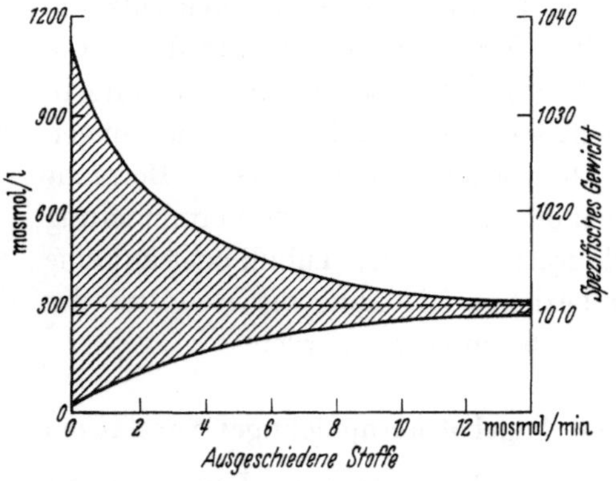

Abb. 14. Die Beziehungen zwischen Harnkonzentration und Harnvolumen bei osmotischer Diurese (Nach BULL)

zusätzlich einen Teil der zweiten Niere. Sie beobachteten dabei die Ausscheidung eines vermehrten, aber mangelhaft konzentrierten Harns. Weder Dehydration noch Pitressinanwendung stellten die vor der Operation erreichte Harnkonzentration wieder her. Wurde das Glomerulumfiltrat durch Verminderung des Filtrationsdrucks (Erhöhung des kolloidosmotischen Drucks der Plasmaeiweißkörper oder Verminderung des arteriellen Blutdrucks) herabgesetzt, so trat eine Normalisierung der Harnkonzentration ein. Es ist sehr wahrscheinlich, daß diese experimentell erzeugte Hyposthenurie dieselben Ursachen hat, wie die Abnahme der Harnkonzentration unter osmotischer Diurese am gesunden Menschen. Im letzteren Fall ist die Masse an funktionierendem Nierenparenchym normal, aber das Angebot harnpflichtiger Stoffe stark erhöht, in ersterem Fall ist das Angebot normal, aber das funktionstüchtige Nierenparenchym reduziert. Durch die Verminderung des Glomerulumfiltrats wird im letzteren Fall das Angebot an harnpflichtigen Substanzen der reduzierten Nierenmasse angepaßt. Diese Befunde sind für die Erklärung der Polyurie bei verschiedenen Krankheiten mit Verminderung der funktionstüchtigen Nierenmasse von großer Bedeutung (s. 12. Kap.).

Eine *Hyposthenurie* kann aber auch *bei erhaltener Gesamtmasse an Nierenparenchym durch spezifische Schäden derjenigen Teile des Nephrons entstehen, welche für die Konzentration des Harns verantwortlich sind.* So beobachtet man bei Zuständen von Kaliumverarmung (experimentell, Conn-Syndrom), im Verlauf tubulärer Nekrosen sowie bei Pyelonephritiden nicht selten Schädigungen besonders im Bereich der distalen Tubuli und der Sammelrohre. Alle diese Schäden gehen mit einer Störung der normalen Konzentrierungsfähigkeit des Harns einher.

Die Fähigkeit zur Bildung eines gegenüber dem Plasma hypotonischen Harns ist experimentell weniger gut untersucht. Es konnte aber bei Überlagerung von Wasserdiuresen mit osmotischen Diuresen an Mensch und Hund ein Anstieg der Harnosmolalität gefunden werden. Ähnliche Beobachtungen wurden bei Überlagerung einer Wasserdiurese mit einer Quecksilberdiurese gemacht. Man wird daraus den Schluß ziehen dürfen, daß die mangelhafte Verdünnungsfähigkeit bei Krankheiten mit erheblicher Verminderung an funktionierendem Nierenparenchym ebenfalls auf das Mißverhältnis zwischen Angebot harnpflichtiger Stoffe und vorhandener Masse an Nierenparenchym zurückgeführt werden muß.

C. Die Bedeutung der Nebennierenrinde für die Regulation des Wasserhaushalts

Es ist seit langem bekannt, daß beim Vorliegen einer Nebennierenrinden-Insuffizienz eine Wasserbelastung nur sehr verzögert ausgeschieden wird. Diese Tatsache liegt dem Robinson-Power-Kepler-Test zugrunde.

Als *renale Ursachen* dieser verzögerten Wasserausscheidung kommen eine Verminderung des Glomerulumfiltrats und eine fehlende Abnahme der Wasserrückresorption in Frage. Nun wird zwar bei Nebennierenrinden-Insuffizienz eine Herabsetzung des Glomerulumfiltrats beobachtet; doch kann hierin nicht die Erklärung der verminderten Wasserausscheidung gesucht werden, da Aldosteron und Cortexon (Nomenklatur s. S. 54) das herabgesetzte Glomerulumfiltrat erhöhen, die verzögerte Wasserausscheidung aber nicht normalisieren (GROSS). Es kann sich demnach nur um eine tubuläre Störung handeln. Cortison oder Cortisol stellen die prompte Wasserausscheidung sehr schnell wieder her. Die Unfähigkeit zur Bildung eines hypotonen Harns kann auch nicht auf die Fortdauer der ADH-Freisetzung bezogen werden. LAMDIN u. Mitarb. (1956) fanden nämlich, daß trotz Gaben von Äthylalkohol — kräftiger Inhibitor der ADH-Freisetzung — Addison-Kranke nach Wasserbelastung keinen hypotonen Harn produzieren können. *Eine für das Zustandekommen einer Wasserdiurese geeignete Tubulusfunktion ist demnach ohne Cortisol nicht möglich.*

Möglicherweise sind an der unzureichenden Wasserausscheidung auch *extrarenale Faktoren* beteiligt. Im Zustande der Nebennierenrinden-Insuffizienz

enthalten nämlich die Körperzellen vermehrt Wasser (s. 17. Kap.). Es ist denkbar,
daß zugeführtes Wasser vermehrt in die Körperzellen abfließt. Der entscheidende
Faktor scheint aber in der veränderten Tubulusfunktion zu liegen.

Die große Bedeutung der Nebennierenrinden-Hormone für die Regulation des
Natriumhaushalts und die daraus resultierende sekundäre Beeinflussung des
Wasserhaushalts wird auf S. 54 beschrieben.

D. Die Bedeutung der Schilddrüse für die Regulation des Wasserhaushalts

Verschiedentlich wurde bei Patienten mit Myxödem eine verzögerte Wasserausscheidung nach Wasserbelastung beobachtet. Soweit es sich dabei um sekundäre Myxödeme im Gefolge einer Hypophysenvorderlappen-Insuffizienz handelte,
dürfte der gleichzeitig vorliegende Mangel an Nebennierenrinden-Hormonen,
besonders Cortisol, als Erklärung ausreichen. Beim primären Myxödem scheint
aber kein Mangel an Nebennierenrinden-Hormonen vorzuliegen. Auch konnten
CRISPELL u. Mitarb. den abnormen Robinson-Power-Kepler-Test durch Cortison-
Gaben nur in Ausnahmefällen normalisieren. Die Verhältnisse beim Myxödem sind
deshalb schwer zu übersehen, weil das Glomerulumfiltrat oft erniedrigt ist. Ohne
weitere ausgedehnte Untersuchungen sind keine sicheren Aussagen über die
Bedeutung der Schilddrüse für eine ungestörte tubuläre Funktion möglich.

E. Das hypothalamisch-hypophysäre System und seine Bedeutung für die Regulation des Wasserhaushalts

Die Regulation des Wasserhaushalts hängt in entscheidender Weise von der
Funktion dieses Systems ab, welches über die Bildung und Freisetzung von

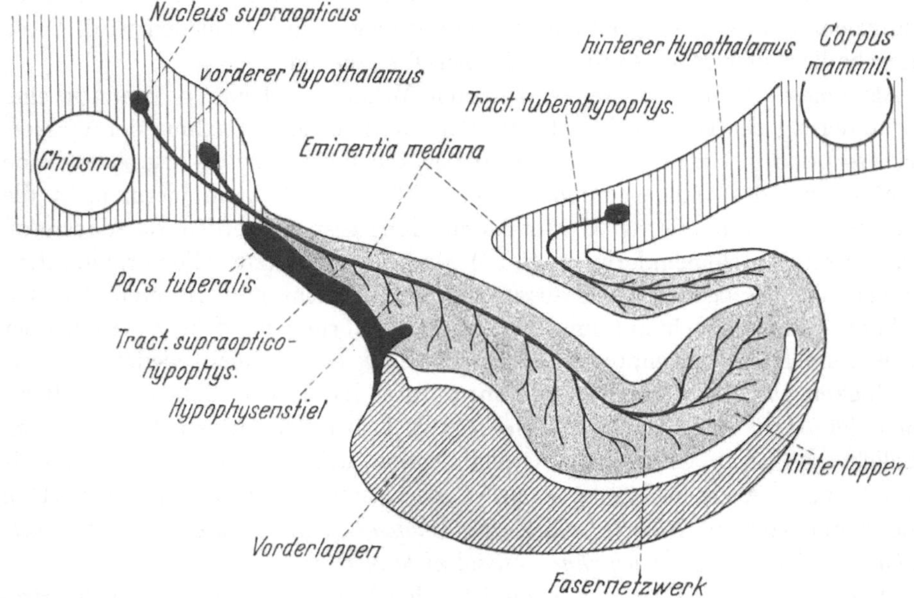

Abb. 15. Anatomische Verhältnisse des hypothalamisch-hypophysären Systems (Nach FISCHER, INGRAM und RANSON)

antidiuretischem Hormon (ADH) die Wasserrückresorption in den Nierentubuli beeinflußt.

1. Anatomische Vorbemerkungen

Die anatomischen Kenntnisse über das hypothalamisch-hypophysäre System wurden besonders durch Arbeiten von RANSON u. Mitarb. gefördert. Eine Übersicht über die anatomischen Verhältnisse gibt die Abb. 15. Der dritte Ventrikel erstreckt sich durch das Infundibulum bis in die Pars nervosa der Hypophyse hinein. Die Eminentia mediana bildet einen großen Teil des Bodens des dritten Ventrikels. Etwa 100000 Nervenfasern ziehen von ihren Zellen im hypothalamischen Gebiet in die Pars nervosa hinein. Man unterscheidet den Tractus supraoptico-hypophyseus und den kleineren Tractus tubero-hypophyseus. Ersterer bekommt wahrscheinlich noch Fasern von den paraventrikulären Kernen.

Die Hypophyse gliedert sich anatomisch in folgender Weise:

Adenohypophyse
    1. Pars distalis (Vorderlappen)
    2. Pars tuberalis
    3. Pars intermedia

Neurohypophyse   } Hinterlappen
    1. Pars nervosa (Processus infundibularis)
    2. Hypophysenstiel
    3. Eminentia mediana (Tuber cinereum) } Infundibulum

2. Die Bildung und Wirkungsweise von ADH

Man nimmt heute an, daß *ADH in den Kernen des Nucleus supraopticus gebildet und zusammen mit einer Transportsubstanz entlang den Nervenfasern in den Hypophysen-Hinterlappen transportiert wird* (BARGMANN, SCHARRER, HILD, ZETLER, HARRIS). Weil ADH in höheren Dosen auch einen pressorischen Einfluß auf den Blutdruck ausübt, wird es häufig als Vasopressin bezeichnet. Da man aus dem Hypophysen-Hinterlappen neben dem die Diurese und den Blutdruck beeinflußenden Faktor eine uterusanregende und milchsekretionsfördernde Komponente (*Oxytocin*) erhält, erhob sich die Frage, ob es neben ADH (Vasopressin) noch ein zweites Hormon gibt, welches vom Hypophysen-Hinterlappen abgegeben wird. Für diese Auffassung sprechen folgende Befunde: a) Das Verhältnis von vasopressorischer und oxytocischer Wirksamkeit liegt im Hypophysen-Hinterlappen zwar vielfach um 1, weicht aber während des Wachstums von Ratten erheblich von 1 ab. Daraus kann man schließen, daß zuerst Adiuretin (Vasopressin), erst später Oxytocin gebildet wird. b) Die Messungen vasopressorischer und oxytocischer Wirkung im Jugularvenenblut verschiedener Tierarten, zuletzt auch beim Menschen (BISSET u. Mitarb.) ergaben über 100mal mehr Oxytocin als Vasopressin. c) Das Verhältnis von vasopressorischer zu oxytocischer Wirksamkeit ändert sich auf dem Weg vom Bildungsort in den paraventrikulären und supraoptischen Kernen zum Hypophysen-Hinterlappen (M. VOGT).

Durch Fortschritte auf dem Gebiete der Chemie dieser Wirkstoffe ist die Frage inzwischen endgültig entschieden. In den letzten Jahren haben DU VIGNEAUD u. Mitarb. sowie gleichzeitig TUPPY die chemische Konstitution von zwei Wirkstoffen aus Rinder- und Schweinehypophyse aufgeklärt und beide als synthetische Polypeptide gewinnen können. Von den beiden isolierten Hormonen ist Adiuretin (Vasopressin) für die diuresehemmende und die pressorische Wirkung von Hypophysen-Hinterlappenextrakten, Oxytocin für die uterusanregende und milchsekretionsfördernde Wirkung verantwortlich.

Die Abb. 16 zeigt die chemische Struktur von ADH aus Rinderhypophysen-Hinterlappen. ADH aus Schweinehypophysen-Hinterlappen enthält an Stelle von Arginin Lysin.

Wirkung von ADH auf die Niere. Injiziert man einem gesunden Menschen im Zustand der Wasserdiurese oder einem Patienten mit Diabetes insipidus ADH, so beobachtet man weder eine Änderung der Glomerulumfiltration noch eine Änderung in der Ausscheidung gelöster Stoffe. Das Harnvolumen vermindert sich jedoch erheblich als Folge einer *verstärkten Wasserrückresorption*. Bei Abwesenheit von ADH, entweder infolge einer Läsion im Bereich des hypothalamisch-hypophysären Systems oder als Folge einer Hemmung seiner Freisetzung durch normale Reize, tritt das Umgekehrte ein: der Harnfluß steigt ohne Änderung der Glomerulumfiltration in-

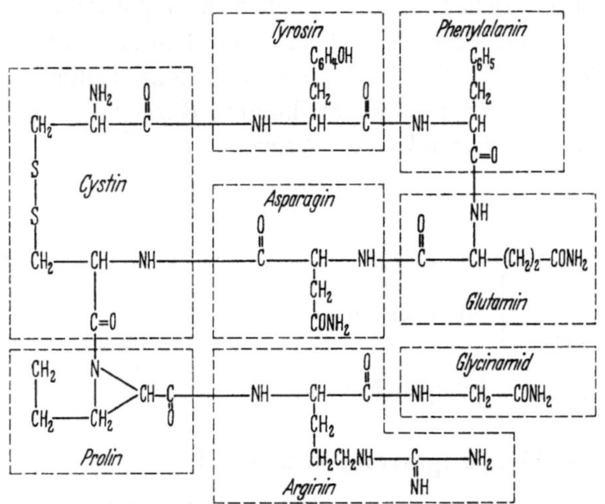

Abb. 16. Strukturformel von ADH (Nach DU VIGNEAUD u. Mitarb.)

folge verminderter Wasserrückresorption an, die Konzentration an gelösten Stoffen fällt ab. Diese Beobachtungen werden z. Z. am besten wie folgt gedeutet. In Abwesenheit von ADH kann das durch Rückresorption von Natrium und Chlorid in den Henleschen Schleifen, den distalen Tubuli und den Sammelrohren nunmehr osmotisch freigewordene Wasser die Zellen dieser Gebiete nicht passieren (Abb. 11). So kommt es zur Ausscheidung eines gegenüber dem Plasma und Glomerulumfiltrat hypotonen Harns. Bei Anwesenheit von ADH vermag Wasser dagegen die Zellen der distalen Tubuli und der Sammelrohre zu durchdringen und in die hypertonische interstitielle Medullarflüssigkeit überzutreten (s. S. 34 und Abb. 11).

Über den Mechanismus, welcher bei Anwesenheit von ADH den Durchtritt von Wasser gestattet, sind z. Z. nur Vermutungen möglich. Man denkt an die *Vergrößerung der in den Tubuluszellen vorhandenen Poren oder an die Eröffnung neuer Poren*. Diese Annahme wird durch die Arbeiten von USSING (1952, 1954) sowie KØEFOED-JOHNSEN und USSING (1953) an der Froschhaut nahegelegt. Sie fanden die Permeabilität der Froschhaut gegenüber hydrodynamischer Strömung unter dem Einfluß von Hypophysen-Hinterlappenhormon um das 2—3fache gesteigert, während die Permeabilität gegenüber der Diffusion von D_2O gleich blieb. Diffusion ist nun bei einer gegebenen Porenfläche vom Porenradius unabhängig, wogegen sich die hydrodynamische Strömung in Abhängigkeit vom Quadrat des Porenradius ändert.

Nach HERKEN soll ADH nur dann eine antidiuretische Wirkung ausüben, wenn reines Wasser oder hypotonische Lösungen zugeführt werden. Bei der Infusion isotonischer Salzlösungen beobachteten HERKEN u. Mitarb. dagegen einen Verlust des wasserretinierenden Effekts, es trat sogar eine Zunahme der Natriumausscheidung im Harn auf, die anscheinend besonders durch einen Anstieg von Natrium im Plasma gefördert wurde. Inwieweit diese Befunde die Annahme weiterer bisher kaum bekannter ADH-Wirkungen erforderlich machen oder auch auf andere Weise befriedigend interpretiert werden können, bleibt abzuwarten.

Nachweismethoden für ADH. Bisher ist eine chemische Nachweismethodik nicht bekannt geworden. So ist man auf den Tierversuch angewiesen. Dabei ist zu bedenken, daß bei einem unzerstörten hypothalamisch-hypophysären System der verwendeten Testtiere die Entscheidung sehr schwierig sein kann, ob die veränderte Harnausscheidung auf die zu testenden applizierten Flüssigkeiten oder auf eine Veränderung infolge körpereigener ADH-Aktivität zurückzuführen ist. Eine Übersicht über die vorhandenen Nachweismethoden findet der Interessierte bei VAN DYKE u. Mitarb. (1955) und BUCHBORN (1955).

Ohne den unmittelbaren Nachweis von ADH kann man aus den in Tab. 8 aufgeführten Veränderungen von Harnfluß und Harnkonzentration auf An- bzw. Abwesenheit von ADH schließen. Dabei müssen allerdings einige Täuschungsmöglichkeiten ausgeschlossen werden: a) eine Zunahme oder Abnahme des Harnflusses ohne Änderung der Harnkonzentration kann die Folge einer Zunahme oder Abnahme des Glomerulumfiltrats sein, besonders bei einem Menschen, dessen ADH-Aktivität infolge Wasserbelastung fehlt. b) Ein Anstieg des Harnflusses mit einem Abfall der Konzentration, die allerdings gegenüber dem Plasma hypertonisch ist, kann von einer osmotischen oder Quecksilber-Diurese bei gleichzeitiger Hydropenie herrühren. c) Ein Absinken des Harnflusses mit Anstieg der Konzentration, die allerdings unter der des Plasmas bleibt, kann durch die Überlagerung einer osmotischen oder Quecksilber-Diurese mit einer Wasserdiurese entstehen.

Tabelle 8. *Der Einfluß unterschiedlicher ADH-Aktivität auf Harnvolumen, Harnkonzentration, osmolale Clearance, Clearance des freien Wassers und Glomerulumfiltrat* (Nach STRAUSS) ↑ Anstieg; ↓ Abfall; ∅ keine Veränderung

	Harn				Glomerulum-filtrat
	Volumen	Konzentration	c_{H_2O}	c_{osm}	
ADH ↑	↓	↑	↓	∅ ; ↓	∅ ; ↓
ADH ↓	↑	↓	↑	∅ ; ↑	∅ ; ↑

3. Fördernde Einflüsse auf die ADH-Freisetzung

a) Der Einfluß des osmotischen Drucks der extracellulären Flüssigkeit und die Osmoreceptoren

VERNEY u. Mitarb. fanden nach Injektion hypertonischer NaCl-Lösung in die vorgelagerte A. carotis int. beim Hund eine Hemmung der Wasserdiurese, die von der Konzentration der NaCl-Lösung und der Infusionsgeschwindigkeit abhing. Da hypertonische Lösungen von Na_2SO_4 und Rohrzucker diesen Effekt ebenfalls zeigten, war die Frage, ob es sich um einen spezifischen Effekt von Natrium bzw. Chlorid oder um eine osmotische Wirkung handelte, in letzterem Sinne entschieden. VERNEY fand bereits eine Osmolalitätsänderung des Blutes von 1% für eine Hemmung der Wasserdiurese ausreichend. Diese Hemmung hatte große Ähnlichkeit mit der nach Gabe von Hypophysen-Hinterlappenextrakt auftretenden Antidiurese; sie wurde nach Entfernung der Neurohypophyse nicht mehr beobachtet. Sie mußte also auf die Freisetzung von ADH bezogen werden. Die Receptoren für diesen Mechanismus konnten in das Ausbreitungsgebiet der A. carotis int. lokalisiert werden, ohne daß bisher eine genaue anatomische Lokalisierung möglich ist. VERNEY nannte sie *Osmoreceptoren.*

Bei Gaben hypertonischer Lösungen von Glucose und Harnstoff, welche bezüglich des osmotischen Drucks mit NaCl-Lösungen übereinstimmten, fand sich eine geringere (Glucose) oder überhaupt keine Wirkung (Harnstoff) auf die Wasserdiurese. Diese Beobachtungen lassen sich zwanglos wie folgt erklären: Harnstoff unterscheidet sich von NaCl insofern, als er in alle Zellen frei eindringen kann und so keine osmotischen Gradienten zwischen extra- und intracellulärer Flüssigkeit erzeugt. Glucose dringt zwar ebenfalls in die Zellen ein, aber doch nicht so leicht wie Harnstoff. NaCl bleibt dagegen, wenigstens in kurzfristigen Versuchen, außerhalb der Zellen. Man kann annehmen, daß diese Unterschiede bezüglich des Eindringens der genannten Stoffe auch für die als Osmoreceptoren dienenden Zellen gelten. Es kommt also auf die *Änderungen des effektiven osmotischen Drucks, nicht auf den gesamten osmotischen Druck an* (s. S. 5).

b) Volumenänderungen der Flüssigkeitsräume

In den letzten Jahren sind zahlreiche Einflüsse auf die ADH-Freisetzung bekannt geworden, die unabhängig von Änderungen des effektiven osmotischen Drucks wirksam werden und anscheinend mit Volumenänderungen der Flüssigkeitsräume zusammenhängen. Durch diese Beobachtungen wird die Frage der Volumenregulation der Körperflüssigkeiten aufgeworfen, die z. Z. im Mittelpunkt des pathophysiologischen und klinischen Interesses steht.

Blutverlust. Bei Entzug oder Verlust von Blut kommt es zunächst zu einer *Verminderung der intravasalen Flüssigkeit.* Durch das Absinken des hydrostatischen Capillardrucks strömt in der Folgezeit interstitielle Flüssigkeit in das intravasale Gebiet ein; dadurch wird die *interstitielle Flüssigkeit* vermindert. Dagegen dürfte bei nicht allzu großem Blutverlust die intracelluläre Flüssigkeit weitgehend unverändert sein. RYDEN und VERNEY fanden bei Hunden im Anschluß an Blutentzug eine Antidiurese, die auf vermehrte ADH-Freisetzung bezogen werden mußte. Am Menschen liegen bisher noch keine so eindeutigen Befunde vor. Wohl wurden mehrfach Beobachtungen mitgeteilt, die eine vermehrte ADH-Freisetzung möglich erscheinen lassen (LOMBARDO u. Mitarb.). Doch fallen die Ergebnisse durch zusätzliche einflußnehmende Faktoren unterschiedlich aus. Vor allem spielt der *Hydrationszustand vor dem Blutverlust eine bedeutungsvolle Rolle.* BRUN u. Mitarb. fanden bei Aderlässen von 175—450 ml und LEWIS bei Blutentzug von 500 ml keine wesentliche Verminderung einer Wasserdiurese, die durch Zufuhr von Flüssigkeit erzeugt war. Es mag sein, daß unter diesen Bedingungen ein Aderlaß der erwähnten Größe noch keine wesentliche Verminderung des vorher erhöhten intravasalen Volumens bewirkt.

Alleinige **Verminderung der interstitiellen oder intracellulären Flüssigkeit** ohne gleichzeitige Änderung der Osmolalität dieser Räume läßt sich im Experiment nicht erzeugen, und wird auch klinisch nicht beobachtet. So muß die Frage offenbleiben, ob eine Verminderung der interstitiellen und intracellulären Flüssigkeit an sich für die ADH-Freisetzung von Bedeutung ist.

Änderungen der Blutverteilung. Zwischen den Verhältnissen bei Blutverlust und den Änderungen der Blutverteilung durch Orthostase, Venenocclusion und Überdruckatmung bestehen in vieler Hinsicht Beziehungen. Bei *Orthostase* infolge aufrechter Körperhaltung oder Neigung von 60—80° auf dem Kipptisch werden beträchtliche Blutmengen in die unteren Extremitäten verschoben; das venöse Angebot an das Herz und damit das Herzminutenvolumen sinken ab. Unter diesen Bedingungen tritt eine *Antidiurese* auf, die auf *ADH-Freisetzung beruht* (BRUN u. Mitarb.). Die Angaben von HARRISON u. Mitarb., wonach eine mäßige Stauung des Blutabflusses aus dem Kopfgebiet unter diesen Bedingungen eine Antidiurese verhindert, wurden von mehreren Nachuntersuchern nicht bestätigt (Netravisesh; BARBOUR u. Mitarb.).

Ein *Verschluß größerer Venen* führt, ähnlich den hämodynamischen Veränderungen bei Orthostase, zu einer Verminderung des venösen Rückstroms und einem Abfall des Herzminutenvolumens. Auch unter diesen Bedingungen tritt Antidiurese auf. WILKINS u. Mitarb. sperrten den Blutabfluß aus beiden Beinen und einem Arm mit Blutdruckmanschetten ab und beobachteten eine Antidiurese, welche durch Alkohol aufhebbar war und deshalb mit großer Wahrscheinlichkeit auf ADH zurückgeführt werden muß. Bei partieller Occlusion der V. cava caud. mit einer Ballonsonde wurde eine Verminderung des Harnflusses gefunden (FARBER u. Mitarb.). Dabei war es ohne Bedeutung, ob die Occlusion der V. cava oberhalb oder unterhalb der Einmündung der Nierenvene stattfand. Hieraus läßt sich ableiten, daß die Erhöhung des renalen Venendrucks für die vorliegende Frage ohne Bedeutung ist. Die bei dieser Versuchsanordnung außerdem auftretende Änderung der Elektrolytausscheidung wird später besprochen werden.

Überdruckatmung. DRURY u. Mitarb. (1947) fanden, von luftfahrtmedizinischen Beobachtungen herkommend, eine erhebliche Antidiurese bei Atmung gegen Drucke von 10—40 mm Hg. Sie deuteten ihre Beobachtungen als Folge der Kreislaufbelastung, die während Überdruckatmung eintritt. Es kommt dabei zu einer Verminderung des venösen Rückstroms und des Herzminutenvolumens. Diese Beobachtungen wurden zum Ausgangspunkt weiterer Untersuchungen, die schließlich unerwartete Ergebnisse bezüglich der Entstehung dieser Antidiurese und des Sitzes von Volumenreceptoren erbrachten. Die weitere Besprechung dieser Fragen findet sich auf S. 48.

Zusammenfassend soll vorerst festgestellt werden, daß bei verschiedenen Kreislaufveränderungen mit dem gemeinsamen Kennzeichen einer Verminderung des venösen Rückflusses eine Antidiurese beobachtet wird. Diese ist auf eine ADH-Freisetzung zu beziehen, die anscheinend über Volumenreceptoren zustande kommt.

c) Einflüsse mit zentralem Wirkungsmechanismus

Die bisher besprochenen Einflüsse auf die ADH-Freisetzung kamen über Receptoren — Osmoreceptoren, Volumenreceptoren — zustande, welche ihrerseits die im hypothalamischen Gebiet liegenden Zentren beeinflußten. Nunmehr sollen Vorgänge besprochen werden, die anscheinend unmittelbar an den zentralen für die Integration verantwortlichen Gebieten angreifen und eine ADH-Freisetzung bewirken.

Emotional bedingte ADH-Freisetzung. Am Hund konnten nach emotionellen Reizen zwei Formen von Antidiurese beobachtet werden [O'CONNOR und VERNEY (1947/48)]. Die zeitlich zuerst auftretende Antidiurese war nur von kurzer Dauer; sie ließ sich durch Splanchnicusdurchtrennung oder Denervierung von Nieren und Nebennieren unterdrücken. Sie muß auf Adrenalin und Noradrenalin bezogen werden, welche eine Minderung der Nierendurchblutung bewirken *(Adrenalin-Typ)*. Die später einsetzende Hemmung der Wasserdiurese ist von längerer Dauer; sie muß auf ADH zurückgeführt werden *(ADH-Typ)*. Als *zentraler Überträgerstoff* dieser emotional ausgelösten ADH-Freisetzung scheint *Acetylcholin* zu wirken. So überrascht es nicht, daß bei unmittelbarer Injektion von Acetylcholin in die A. carotis eine Wasserdiurese prompt unterbrochen wird (ABRAHAMS und PICKFORD, 1956). Diese zentrale Acetylcholin-Wirkung kann durch Adrenalin gehemmt werden.

Am Menschen sind die Ergebnisse analoger Untersuchungen keineswegs so eindeutig wie im Tierversuch (SMYTHE u. Mitarb.; NICKEL u. Mitarb.). Bei der Vielzahl einflußnehmender Faktoren, die am Menschen sehr viel schwieriger als im Tierversuch übersehen und experimentell ausgeschaltet werden können, ist das nicht verwunderlich.

Medikamentös bedingte ADH-Freisetzung. *Nikotin* verursacht eine sehr nachhaltige Antidiurese, die bei den bekannten synaptischen Angriffspunkten von Nikotin wahrscheinlich auf eine zentrale Einflußnahme bezogen werden muß.

Nach BURN entspricht das Rauchen von 1—3 Zigaretten der Applikation von 0,3—1 mg Nikotin (als freie Base). Nichtraucher reagieren bedeutend empfindlicher als Raucher.

Barbiturate und *Sedativa* verwandter Art scheinen ebenfalls Antidiurese bewirken zu können, ohne daß bisher der endgültige Beweis für ein Zustandekommen über das hypothalamisch-hypophysäre System gesichert ist.

Anaesthetica einschließlich des für die Prämedikation oft verwendeten *Morphins* bewirken eine vermehrte Freisetzung von ADH. Dabei ist allerdings fraglich, ob die am Menschen üblichen Morphin-Dosen von 10—20 mg schon ausreichen. Bei der im Anschluß an Operationen auftretenden Antidiurese sind neben der Anaesthesie auch der chirurgische Eingriff selbst mit den dabei vorkommenden Verlusten von Blut von Bedeutung.

4. Hemmende Einflüsse auf die ADH-Freisetzung

a) Der osmotische Druck

In Analogie zu dem Auftreten einer Antidiurese bei Zunahme des effektiven osmotischen Drucks darf man bei Abnahme desselben mit einer vermehrten Wasserausscheidung rechnen. Der unmittelbare Nachweis ist aber, wie schon VERNEY betonte, mit den z. Z. verfügbaren Methoden kaum zu erbringen.

Auf experimentellem Wege erzeugte oder bei klinischen Krankheitsbildern beobachtete akute Verminderungen des osmotischen Drucks sind fast immer mit Änderungen der Flüssigkeitsräume selbst verknüpft, die ihrerseits einen Einfluß auf die ADH-Freisetzung nehmen können. Eine akute Abnahme des osmotischen Drucks ist meist die Folge einer Wasserzufuhr mit Vergrößerung des extra- und intracellulären Raums. Die dann einsetzende Wasserdiurese dient der Wiederherstellung der normalen Volumenverhältnisse, sie kann nicht auf das Absinken des osmotischen Druckes selbst bezogen werden. Handelt es sich um eine Abnahme des osmotischen Drucks ohne gleichzeitige übernormale Ausdehnung der Flüssigkeitsräume, so wird keine Diurese beobachtet. Meist liegt in diesen Fällen eine Verminderung der Körperflüssigkeit vor: z. B. im Reparationsstadium einer Dehydration, bei chronischer Salzverarmung und bei bestimmten Formen von Hyponatriämie. So ersetzen Tiere im Zustand der Dehydration ihr Wasserdefizit, indem sie so schnell wie möglich die fehlende Flüssigkeitsmenge aufnehmen. Dabei kommt es zu einem beträchtlichen Abfall der Serumosmolalität, ohne daß eine Wasserdiurese beobachtet wird (ADOLPH). Entsprechende Beobachtungen liegen auch am Menschen vor (STRAUSS). In allen diesen Fällen spielt die Osmoregulation gegenüber der Volumenregulation eine untergeordnete Rolle.

b) Volumenänderungen der Flüssigkeitsräume und das Problem der Volumenreceptoren bei der Regulation der ADH-Freisetzung

Auf S. 45 wurde zusammenfassend festgestellt, daß verschiedene Kreislaufänderungen mit dem gemeinsamen Kennzeichen einer Verminderung des venösen Rückflusses Antidiurese erzeugen, wobei die anzunehmende ADH-Freisetzung über die Volumenreceptoren zustande kommen dürfte. Im folgenden soll, ausgehend von den bei Ausdehnung der verschiedenen Flüssigkeitsräume beobachteten Diureseänderungen, das *Problem der Volumenreceptoren und ihrer Bedeutung für die Regulierung der ADH-Freisetzung ausführlich behandelt werden.*

Vermehrung der intravasalen Flüssigkeit. Bei Versuchen über den Einfluß einer Vermehrung der intravasalen Flüssigkeit tritt folgende experimentelle Schwierigkeit auf: Verwendet man *hyperonkotische Lösungen, so nimmt zwar das intravasale Volumen zu, gleichzeitig aber das interstitielle ab. Bei hypoonkotischen Lösungen* tritt eine *Vermehrung sowohl der intravasalen als auch der interstitiellen Flüssigkeit* ein. Eine mit dem Plasma *isoonkotische Lösung* führt ebenfalls zu einer Vermehrung beider Flüssigkeiten. Die Verhältnisse liegen in diesem Fall umgekehrt wie bei einem Blutverlust, der infolge Absinkens des hydrostatischen Capillardrucks von einem Einstrom aus dem interstitiellen Raum gefolgt ist und somit einer Verminderung der interstitiellen Flüssigkeit bewirkt. Die isoonkotische Ausdehnung des intravasalen Raums führt zu einem Anstieg des hydrostatischen Capillardrucks und dadurch zu einer Vermehrung der interstitiellen Flüssigkeit. *Eine Lösung, welche ohne Rückwirkung auf die interstitielle Flüssigkeit allein das intravasale Volumen vergrößern soll, darf also nur um den Betrag hyperonkotisch sein, als der hydrostatische Capillardruck zunimmt.* Die praktische Verwirklichung ist nicht ohne weiteres möglich.

Isoonkotische Albuminlösungen. WELT und ORLOFF (1951) konnten durch die Infusion von 2 l 4—6%iger Albumin- in isotonischer NaCl-Lösung am nicht hydrierten Menschen eine erhebliche Diurese erzeugen, die durch Pitressin zu blockieren war. Nach dem oben Gesagten muß man annehmen, daß diese Lösung nicht nur eine Vermehrung der intravasalen, sondern auch der interstitiellen Flüssigkeit bewirkte.

Hyperonkotische Albuminlösungen führen ebenfalls zu einer Vermehrung der intravasalen, gleichzeitig aber zu einer Verminderung der interstitiellen Flüssigkeit. GOODYER u. Mitarb. sowie WELT u. Mitarb. erzielten damit am normalen Menschen im Zustand der Wasserdiurese oder bei Patienten mit Diabetes insipidus eine Verminderung der Wasserausscheidung. Da gleichzeitig auch die Natriumausscheidung abnimmt, ist schwer zu entscheiden, ob die Antidiurese eine Folge der verminderten Natriumausscheidung oder davon unabhängige Folge einer vermehrten ADH-Aktivität ist. Diese Versuche werden später bei der Besprechung der Regulation der Natriumausscheidung noch ausführlich erörtert werden (s. S. 60).

Zusammenfassend kann festgestellt werden, daß eine *Vermehrung des intravasalen Volumens, die allerdings gleichzeitig zu einer Zunahme der interstitiellen Flüssigkeit führt, eine Diurese bewirkt.*

Vermehrung der extracellulären Flüssigkeit. Sie kann durch Zufuhr von isotonischer Salzlösung erzeugt werden. Es kommt dabei zu einer Vermehrung sowohl der intravasalen als auch der interstitiellen Flüssigkeit, wobei, absolut gesehen, die Vermehrung der letzteren weit überwiegt. Von verschiedenen Arbeitsgruppen (BLOMHERT u. Mitarb.; STRAUSS u. Mitarb.; MURPHY und STEAD) wurde unter diesen Bedingungen eine Zunahme der Wasserausscheidung gefunden, die der Diurese nach Zufuhr von Wasser oder Alkohol weitgehend glich. Abweichend hiervon trat aber noch eine verstärkte Natriumausscheidung auf. Da die Zunahme der Wasserausscheidung die Natriurese oft übertraf, ist erstere wohl doch auf eine verminderte ADH-Aktivität, nicht nur auf die vermehrte Natriumausscheidung zurückzuführen. Diese *Diurese nach Zufuhr isotonischer Salzlösung tritt im Unterschied zu dem Verhalten bei Aufnahme reinen Wassers nur in liegender, nicht in sitzender Stellung ein* (STRAUSS u. Mitarb.). Die Erklärung hierfür scheint in der *unterschiedlichen Verteilung* von reinem Wasser und isotonischer Salzlösung zu liegen.

Reines Wasser verteilt sich relativ gleichmäßig über die Körperzellen. Etwa $2/3$ treten entsprechend dem osmotischen Gradienten in die Zellen ein, $1/3$ bleibt extracellulär. Demgegenüber bleibt isotonische NaCl-Lösung ganz überwiegend im extracellulären Raum. Auf ihre Verteilung hat die Schwerkraft beträchtlichen Einfluß insofern, als im Sitzen eine nicht unerhebliche Flüssigkeitsmenge in die unteren Extremitäten verschoben wird. Diese unterschiedlichen Verteilungsverhältnisse sind wahrscheinlich für das Fehlen der Diurese nach Zufuhr isotonischer NaCl-Lösung in sitzender Stellung von Bedeutung. Wurde in den erwähnten Versuchen ein Teil der isotonischen NaCl-Lösung am Tage vorher gegeben, so stellte sich am Versuchstag auch in sitzender Stellung prompte Diurese ein, weil anscheinend eine gleichmäßigere Verteilung entstanden war.

Unterdruckatmung. Die Arbeitsgruppe von GAUER, HENRY und SIEKER (1954) fand im Hundeversuch und am Menschen bei kontinuierlicher Unterdruckatmung eine Zunahme des Harnflusses, die später mehrfach bestätigt wurde (SURTSHIN u. Mitarb., BOYLAN und ANTKOWIAK). In weiteren Untersuchungen befaßten sich GAUER u. Mitarb. mit den hämodynamischen Folgen der Unterdruckatmung. Dabei wurden sehr wichtige Einsichten gewonnen, die für die Frage der Volumenregulation und des Einflusses von Volumenreceptoren auf das hypothalamisch-hypophysäre System von entscheidender Bedeutung sind.

Das Problem der Volumenreceptoren

GAUER und HENRY brachten die bei Unterdruckatmung auftretende Diurese mit einer *Vermehrung des intrathorakalen Blutvolumens* in Zusammenhang.

In den letzten Jahren konnte SJÖSTRAND mit einer Kombination spirometrischer und plethysmographischer Methoden zeigen, daß der intrathorakale Kreislaufabschnitt als ein sehr wirksames Ausgleichsgebiet bei großen Blutverschiebungen fungiert. Unter extremen Bedingungen können z. B. im Stehen bei gleichzeitiger venöser Stauung bis zu 10% des gesamten Blutvolumens in den Beinvenen gespeichert werden. Nach Aufhebung der venösen Stauung und Einnahme der Rückenlage konnten 80% der vorher in den unteren Extremitäten festgehaltenen Blutmenge im intrathorakalen Kreislaufgebiet nachgewiesen werden. Von den fehlenden 20% fanden sich nur 2% im Bauchraum. Unter weniger eingreifenden Bedingungen, z. B. bei Aderlässen von nicht mehr als 400 ml in liegender Stellung, entstammt die Hälfte der entnommenen Blutmenge dem intrathorakalen Gefäßgebiet (GLASER und MCMICHAEL). Dabei entfällt wiederum der größere Teil auf die venöse Seite des Lungenkreislaufs. Änderungen des intrathorakalen Blutvolumens werden also vor allem *Füllungsänderungen im Gebiet der Lungenvenen und des linken Vorhofs* bewirken.

Zur weiteren Aufklärung führten GAUER, HENRY und REEVES Experimente mit partieller Stauung des Lungenkreislaufs durch, die einmal nur die Pulmonalarterien, dann zusätzlich die Lungenvenen und schließlich auch den linken Vorhof mit einbezog. Sie fanden *nur dann eine Diurese, wenn die Stauung auch den linken Vorhof betraf.* Dagegen ist eine *Dehnung des rechten Vorhofs,* wie sie bei der Unterdruckatmung zusätzlich vorliegt, *anscheinend ohne Bedeutung.* HENRY und PEARCE konnten außerdem von Einzelfasern des linken Vagus Impulse ableiten, deren Frequenz unter den Bedingungen vermehrter intrathorakaler Blutfüllung (Unterdruckatmung, Transfusion, Ballonsonde im linken Vorhof) erheblich zunahm.

Aus diesen Befunden zogen GAUER u. Mitarb. den Schluß, daß im *Bereich des linken Vorhofs Receptoren liegen, welche Volumenänderungen registrieren.* Die hier entspringenden Afferenzen werden dem hypothalamisch-hypophysären System zugeleitet und beeinflussen so die ADH-Freisetzung.

Überblickt man, im Besitz dieser Kenntnisse, noch einmal zusammenfassend die erwähnten Versuchsanordnungen und klinischen Zustände (Tab. 9), bei denen Änderungen des Volumens mit Änderungen der Diurese in Zusammenhang gebracht werden können, dann läßt sich fast in allen Fällen nunmehr eine befriedigende Erklärung geben.

Tabelle 9. *Der Einfluß verschiedener Maßnahmen auf Urinausscheidung, intrathorakales und extrathorakales Blutvolumen sowie Nierenvenendruck* (Nach GAUER und HENRY)

Maßnahme	Urin-ausscheidung	Gefäßfüllung innerhalb Thorax	Gefäßfüllung außerhalb Thorax	Nieren-venendruck
Blutverlust	↓	↓	↓	↓
Überdruckatmung, Mensch	↓	↓	↑	↑
Überdruckatmung, narkot. Hund	↓	↓	↑	↑
Ballonsonde in unterer Hohlvene, proximal der Nierenvenen	↓	↓	↑	↑
Ballonsonde in unterer Hohlvene, distal der Nierenvenen	↓	↓	↑	↓
Orthostase	↓	↓	↑	↑
Blutstauung in Extr. (Manschette)	↓	↓	↑	↓
Blutstauung in Extr. (Manschette) gleichzeitig Bluttransf. 1500 cm³	normal	> normal ?	↑	> normal ?
Transfusion Vollblut, Plasma oder Erythrocyten	↑	↑	↑	↑
Unterdruckatmung, Mensch	↑	↑	↓	↓
Unterdruckatmung, narkot. Hund	↑	↑	↓	↓
Kopftieflagerung	↑	↑	↓	↓
Warmes Vollbad	↑	↑	↓	↑
Kälteeinwirkung	↑	↑	↓	↑

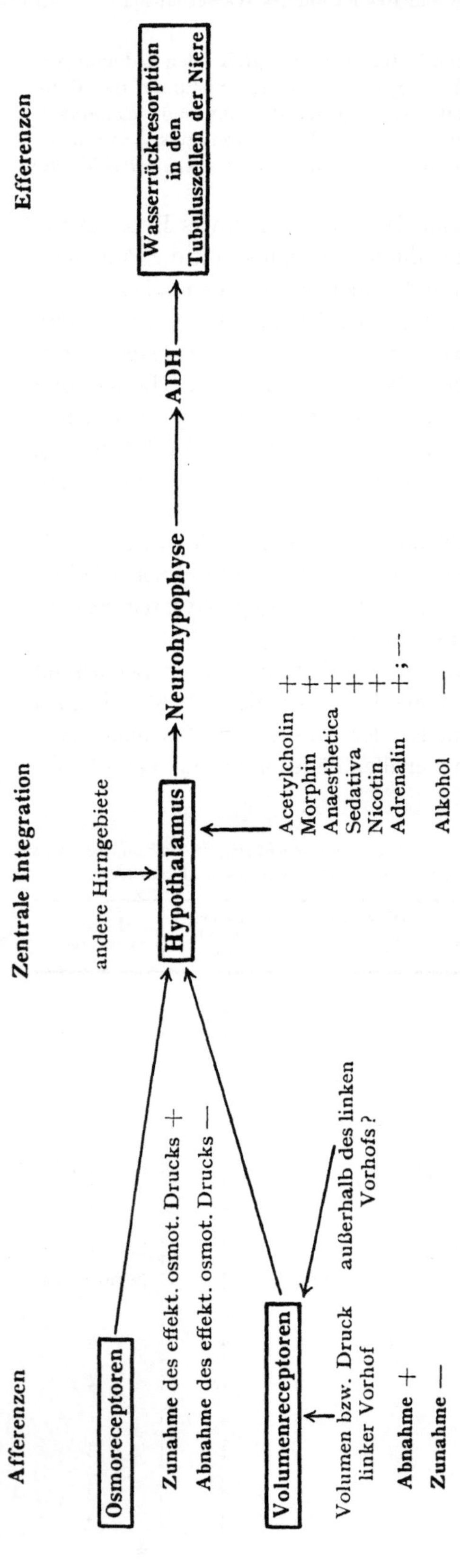

Abb. 17. Schematische Darstellung der für die Regulation des Wasserhaushalts wichtigen Faktoren
+ : Antidiurese; − : Diurese

Eine **Zunahme von Volumen und Druck im linken Vorhof** tritt bei Unterdruckatmung, Zufuhr isotonischer Salz- und isoonkotischer Albuminlösung auf. In diesen Fällen wird eine Diurese beobachtet, die über die Volumenreceptoren des linken Vorhofs befriedigend erklärt werden kann.

Der Hinweis auf die verminderte Wasserausscheidung nach hyperonkotischer Albuminlösung ist wahrscheinlich kein Gegenargument, da die gleichzeitige Natriumretention für die Antidiurese verantwortlich gemacht werden kann.

Voraussichtlich kann auch die *Diurese nach CO₂-Inhalation* (BARBOUR u. Mitarb.) und *bei Kälteeinwirkung* (BADER u. Mitarb.) über die Volumenreceptoren erklärt werden. Bei Abkühlung des Körpers kommt es zu einer Engstellung der peripheren Gefäße mit Blutverschiebungen nach dem intrathorakalen Gebiet, so daß sehr wohl eine Volumenzunahme des linken Vorhofs auftreten kann.

Alle genannten Diureseformen lassen sich *durch aufrechte Körperhaltung ganz oder doch weitgehend aufheben.* Das läßt sich mit der dabei auftretenden Verminderung des intrathorakalen und damit auch des Blutvolumens im linken Vorhof befriedigend erklären.

Umgekehrt führen ein Verlust an intravasaler Flüssigkeit, Orthostase, Venenokklusion und Überdruckatmung zu einer Verminderung des intrathorakalen Blutvolumens mit **Abnahme von Volumen und Druck im linken Vorhof.** Die einsetzende Antidiurese läßt sich also auch hier über die Volumenreceptoren gut erklären.

Abschließend ist zu betonen, daß *alleinige Änderungen der interstitiellen Flüssigkeit durch die Volumenreceptoren des linken Vorhofs nicht erfaßt* werden können. Treten dabei Änderungen des osmotischen Drucks auf, so kommen die Osmoreceptoren ins Spiel, so daß eine Beeinflussung der ADH-Freisetzung von dieser Seite her möglich wird.

c) Einflüsse mit zentralem Wirkungsmechanismus

Alkoholdiurese. Alkohol führt zu einer Steigerung des Harnflusses, welche in vieler Hinsicht der Diurese nach Wasseraufnahme gleicht. Diese Beobachtungen wurden an Mensch (STRAUSS u. Mitarb., 1950) und Tier (VAN DYKE und AMES, 1951) gemacht und inzwischen vielfach bestätigt. VAN DYKE und AMES verglichen dabei die intravenöse Applikation mit der Injektion in die vorgelagert A. carotis. In letzterem Fall fanden sie 1/5 der bei intravenöser Zufuhr erforderlichen Dosis wirksam. Sie konnten mit dieser Versuchsanordnung, die wirkungsmäßig eine Umkehr der Verneyschen Anordnung darstellt, weiter zeigen, daß nach hinreichender Alkoholdosis weder hypertonische NaCl-Lösung noch Acetylcholin-Gaben eine Antidiurese verursachten. Auch am Menschen liegen Beobachtungen vor, wonach sonst über die Osmo- und Volumenreceptoren antidiuretisch wirkende Reize nach Alkoholgaben erfolglos bleiben (KLEEMANN u. Mitarb.). Aus diesen Beobachtungen darf man den Schluß ziehen, daß der Angriffspunkt von Alkohol an den hypothalamischen Gebieten selbst, möglicherweise im Bereich des Nucl. supraopticus liegt.

Hypnose. HEILIG und HOFF (1925) sowie MARX (1926) beobachteten als erste, daß durch Hypnose eine Zunahme des Harnflusses erzeugt werden kann. In den Versuchen von MARX sank dabei das spezifische Gewicht bis 1002 ab, woraus auf eine verminderte ADH-Freisetzung geschlossen werden kann. In den folgenden Jahren wurden noch weitere ähnliche Beobachtungen mitgeteilt. Bei der Lückenhaftigkeit der Befunde läßt sich aber meist nicht mit Sicherheit auf eine verminderte ADH-Aktivität schließen.

Emotionelle Reize und Stressituationen können ebenfalls zu einer Diurese führen, ohne daß bei den z. Z. vorliegenden Befunden eine verminderte ADH-Aktivität von anderen möglichen Faktoren wie Änderung der Flüssigkeitsaufnahme und der renalen Hämodynamik abgetrennt werden kann.

Die *vielfältigen Einflüsse auf die ADH-Freisetzung sind in der Abb. 17 schematisch zusammengefaßt.* Es soll abschließend noch einmal betont werden, daß enge Zusammenhänge des Wasserhaushalts mit dem Natriumhaushalt bestehen, die hier aus Gründen der Übersichtlichkeit vorerst nicht berücksichtigt sind. Es wird in diesem Zusammenhang auf die folgende Darstellung des Natriumhaushalts und seine Regulation sowie auf das 5. Kapitel hingewiesen.

II. Die Regulation des Natriumhaushalts

Natrium und die entsprechenden Anionen, im wesentlichen Chlorid und Bicarbonat, stellen den weitaus größten Teil der Elektrolyte in der extracellulären Flüssigkeit dar. Ihre Konzentration bestimmt deshalb den effektiven osmotischen Druck dieser Flüssigkeit. Dabei kommt dem Natrium die führende Rolle zu (s. S. 89). Die folgenden Darlegungen befassen sich deshalb ganz überwiegend mit dem Natriumion.

4*

Eine ausgeglichene Natriumbilanz kann unter sehr unterschiedlichen Zufuhrbedingungen aufrecht erhalten werden. Die üblicherweise aufgenommene Nahrung enthält stets eine bestimmte Menge Natrium und Chlorid. Trotzdem fügen die meisten Völker ihrer Ernährung zusätzlich NaCl zu. Es erhebt sich die Frage, ob darin mehr als eine aus geschmacklichen Gründen vorgenommene Korrektur zu erblicken ist. Bunge stellte schon 1873 fest, daß die Zufuhr von Kalium die Ausscheidung von Natrium und Chlorid im Harn erhöht. Damit steigt auch der Bedarf an Natrium und Chlorid. Deshalb ist bei vorwiegend vegetabilischer Ernährung mit hohem Kaliumgehalt eine zusätzliche Zufuhr von NaCl notwendig. Fleischnahrung enthält dagegen bei reichlichem Kaliumgehalt soviel Natrium, daß eine gesonderte Zufuhr nicht mehr erforderlich ist. Auch die ethnologische Literatur zeigt deutlich, daß Jäger, Nomaden und Hirten, welche von Erträgnissen der Jagd und von Milchprodukten leben, kein Bedürfnis nach Salz haben, wohl aber Ackerbau treibende Völker, die hauptsächlich von pflanzlicher Nahrung leben. So ist der Ausspruch Bunges verständlich: „Der Salzgenuß ermöglicht es uns, den Kreis unserer Nahrungsmittel zu erweitern".

Beim gesunden, nichtschwitzenden Menschen ist der extrarenale Natriumverlust zu vernachlässigen. Hieraus folgt, daß die Niere als wesentliches Regulationsorgan für den Natriumhaushalt anzusprechen ist.

A. Die Bedeutung der Niere für die Natriumausscheidung

In den letzten Jahren sind zahlreiche Beobachtungen über Änderungen der renalen Natriumausscheidung unter physiologischen und pathologischen Umständen bekannt geworden. Sie können grundsätzlich entweder durch eine Änderung der Glomerulumfiltration oder eine Änderung der tubulären Rückresorption zustande kommen. In den Glomerula der menschlichen Niere werden etwa 25000 mval Natrium in 24 Std. filtriert. Da die tägliche Ausscheidung nur etwa 100—250 mval beträgt, werden also mehr als 99,5% während der Passage durch die Tubuli rückresorbiert. Dabei entfallen 7/8 der Rückresorption auf die proximalen, 1/8 auf die distalen Tubulusabschnitte einschließlich der Sammelrohre. In den proximalen Abschnitten ist damit gleichzeitig eine Rückresorption von Wasser verbunden, in den distalen Abschnitten können Wasser und Natrium jedoch unabhängig voneinander rückresorbiert werden.

1. Glomerulumfiltrat

In Übereinstimmung mit der Ausscheidung des Wassers ist festzustellen, daß das gesamte Natrium in den Glomerula filtriert wird. Für eine Sekretion im Bereich der Tubuli liegen keine Anhaltspunkte vor. Hieraus folgt, daß Veränderungen der Glomerulumfiltration von Bedeutung für die Natriumausscheidung sein müssen. Praktisch werden vorwiegend Verminderungen des Glomerulumfiltrats, kaum Erhöhungen beobachtet. Eine *akute Herabsetzung* bewirkt eine Verminderung der Natrium- und Wasserausscheidung. Sie wird z. B. unter folgenden Umständen gefunden: Verlust intravasaler Flüssigkeit, Orthostase, Venenokklusion. Diese Vorgänge bewirken sämtlich eine Verminderung des venösen Rückflusses und ein Absinken des Herzminutenvolumens. Es soll aber schon hier festgestellt werden, daß diese Vorgänge die Natriumausscheidung nicht nur über eine Verminderung des Glomerulumfiltrats, sondern vor allem über eine Steigerung der tubulären Rückresorption beeinflussen. *Länger anhaltende Herabsetzung des Glomerulumfiltrats wird oft durch eine Verminderung der tubulären Rückresorption ausgeglichen.*

Abschließend ist zu betonen, daß die *Regulation* der renalen Natriumausscheidung nicht durch Änderungen der Glomerulumfiltration, sondern durch solche der tubulären Rückresorption geleistet wird. Sie werden auf S. 59 ff. besprochen.

2. Die Abhängigkeit der renalen Natriumausscheidung vom Angebot harnpflichtiger Substanzen

Eine Vielzahl im Harn gelöster, nicht ionisierter Substanzen hat die Eigenschaft, bei entsprechendem Angebot eine verstärkte Ausscheidung von Natrium und Chlorid sowie von Wasser (s. S. 37) zu bewirken (*osmotische Diurese*). Hierzu gehören z. B. Harnstoff, Mannit und andere schwer resorbierbare Zucker. Dasselbe gilt für Glucose, wenn die Plasmakonzentration durch Infusion von Glucose oder im Rahmen eines Diabetes mellitus erhöht ist. Daß diese vermehrte Ausscheidung von Natrium und Chlorid bei osmotischer Diurese zu einem großen Teil auf eine unmittelbare Beeinflussung der Nierentubuli zurückzuführen ist, zeigen Versuche von GOODYER und GLENN (1952). Sie fanden bei unmittelbarer Applikation dieser Substanzen in eine Nierenarterie auf derselben Seite eine vermehrte Natrium- und Chloridausscheidung bei normaler Ausscheidung auf der anderen Seite.

Da mit Ausnahme von Harnstoff die meisten bisher untersuchten Substanzen eine Ausdehnung des extracellulären auf Kosten des intracellulären Flüssigkeitsraums verursachen, kann allerdings auch dadurch die Natriumausscheidung beeinflußt werden (s. S. 61).

Auch bei Zufuhr ionisierter Substanzen, im wesentlichen *Anionen*, kann es zu einer vermehrten Ausscheidung von Natrium kommen. Die Zufuhr von Anionen erfolgt dabei zusammen mit Kationen, die im Stoffwechsel leicht um- oder abgebaut werden können, z. B. Ammoniumchlorid. NH_4Cl verursacht einen vermehrten Anfall von H^+- und Cl^--Ionen, während NH_3 in Harnstoff umgebaut wird. Da die Ausscheidung von H^+-Ionen im Harn begrenzt ist — das Harn-p_H kann nicht saurer als 4,5 werden —, müssen zur Bewahrung der Elektroneutralität des Harns vermehrt Natrium, ferner Kalium, Calcium und Magnesium ausgeschieden werden. In einigen Tagen steigt die renale NH_4^+-Produktion allerdings stark an, so daß nunmehr NH_4^+ an die Stelle von Natrium tritt.

Ist die renale Bildung von H^+- und NH_4^+-Ionen gestört, so muß auch ohne vermehrte Zufuhr von Anionen die Ausscheidung an Natrium, Kalium, Calcium und Magnesium zur Aufrechterhaltung der Elektroneutralität des Harns ansteigen. Es hängt dann von weiteren Faktoren ab, welches der genannten Ionen vorzugsweise im Harn erscheint.

3. Die Funktionstüchtigkeit des Tubulusepithels

Die anatomische und funktionelle Unversehrtheit des Tubulusepithels ist für die Konservierung von Natrium und Chlorid in gleicher Weise von Bedeutung, wie es für Wasser bereits geschildert wurde (s. S. 38). Stoffe, welche die mächtige tubuläre Rückresorption in den proximalen oder distalen Tubulusabschnitten beeinträchtigen, müssen so zu einer vermehrten Ausscheidung von Natrium und meist auch Chlorid führen. Es wird in diesem Zusammenhang auf die Diuretica hingewiesen. Auch pathologische Prozesse können in derselben Weise wirken. So ist in der Heilungsphase der akuten Tubulusnekrose eine Unfähigkeit zur Konservierung von Natrium und Chlorid gut bekannt. Bei chronischen Nierenkrankheiten wird diese Beobachtung seltener gemacht.

Zur vollen funktionellen Leistungsfähigkeit des Tubulusepithels sind zahlreiche Faktoren erforderlich, die bisher nur z. T. bekannt sind. Von besonderer Bedeutung sind die Hormone der Nebennierenrinde, die gegenwärtig im Mittelpunkt pathophysiologischen Interesses stehen.

B. Die Bedeutung der endokrinen Drüsen für die Regulation des Natriumhaushalts

In den letzten Jahren haben unsere Kenntnisse über die Beeinflussung des Natriumhaushalts durch Hormone erheblich zugenommen. Doch handelt es sich dabei ganz überwiegend um klinische und pathophysiologische Erkenntnisse. Die physiologischen Grundmechanismen und ihre Beeinflussung durch Hormone sind noch weitgehend unbekannt. Man kann vorerst nur soviel sagen, daß bestimmte Hormone, besonders diejenigen der Nebennierenrinde, für die funktionelle Leistungsfähigkeit der Tubulusepithelien erforderlich sind. Wegen der großen Bedeutung, die die Nebennierenrinde für den Wasser- und Natriumstoffwechsel besitzt, sollen ihre Hormone in den Mittelpunkt der Besprechung gestellt werden.

1. Die Hormone der Nebennierenrinde

Einige Wirkungen, welche für die Regulation des Wasserhaushalts im engeren Sinn bedeutungsvoll sind, wurden bereits auf S. 39 besprochen. Im folgenden sollen nur diejenigen Wirkungen Berücksichtigung finden, die durch primären Angriff am Natriumhaushalt zustande kommen.

Nach unseren heutigen Kenntnissen (GROSS) werden von der Nebennierenrinde normalerweise folgende Steroide sezerniert: Aldosteron, Cortisol, Corticosteron und Androgene. Die Abb. 18 enthält die Strukturformeln der genannten Hormone; zusätzlich sind noch einige Wirkstoffe aufgeführt, die normalerweise von der Nebennierenrinde nicht abgesondert werden, sondern als Vorstufen oder Metabolite aufzufassen sind: z. B. Cortexon und Cortison.

Sehr wesentliche Kenntnisse über die Funktion der einzelnen Nebennierenrinden-Hormone wurden durch Untersuchungen an adrenalektomierten Tieren und Menschen sowie an Patienten mit Morbus Addison gewonnen. Die auftretenden Ausfallserscheinungen und ihre eventuelle Beseitigung durch die einzelnen Hormone brachten aufschlußreiche Ergebnisse.

a) Die Wirkung der Nebennierenrinden-Hormone am nebennierenlosen Organismus

Beim Fehlen von Nebennierenrinden-Hormonen (Morbus Addison, Adrenalektomie) tritt ein Verlust von Natrium, Chlorid und Bicarbonat in der extracellulären Flüssigkeit mit Absinken ihrer Konzentrationen auf, während Kalium ansteigt. Etwa ein Drittel des fehlenden Natriums und Chlorids wird dabei durch die Niere ausgeschieden (FLANAGAN u. Mitarb., STERN u. Mitarb.). Diese vermehrte renale Ausscheidung ist auf eine verminderte tubuläre Rückresorption zurückzuführen. Auch die extrarenalen Verluste durch Speichel und Schweiß steigen an. Schließlich wandern Natrium und Chlorid auch in bestimmte Körperzellen ein, z. B. die Leberzellen (GÜNTHER u. Mitarb., 1958). Die Muskulatur scheint unter diesen Bedingungen zwar relativ viel Chlorid, aber kein Natrium zu enthalten.

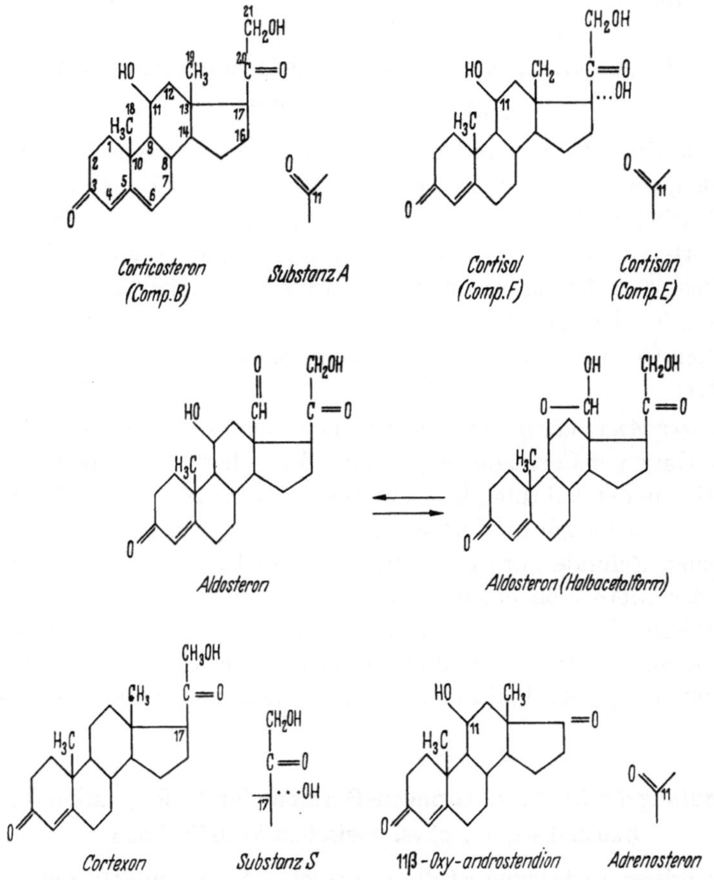

Abb. 18. Die physiologisch vorkommenden Hormone der Nebennierenrinde (Nach GROSS)

Anscheinend verhalten sich die einzelnen Organe in dieser Hinsicht recht unterschiedlich. Die Anreicherung von Kalium in der extracellulären Flüssigkeit ist auf eine verminderte renale Ausscheidung durch Abnahme der tubulären Kaliumsekretion zu beziehen. Dabei scheint Kalium in der Haut, nicht in der Leber oder Muskulatur sich anzureichern (GÜNTHER u. Mitarb.).

Dieser *Natriumverlust des nebennierenlosen Organismus läßt sich durch sehr geringe Dosen Aldosteron ausgleichen.* Auch mit Cortexon, Corticosteron und hohen Dosen von Cortisol kann eine Natriumretention erreicht werden; doch beträgt die Wirksamkeit von Cortexon nur etwa 1/25 derjenigen von Aldosteron, die Wirksamkeit von Corticosteron nur etwa 1/7 derjenigen von Cortexon. Bei Cortison fanden ROBERTS und PITTS am adrenalektomierten Hund 20 mg Cortison mit 1 mg Cortexon wirkungsgleich.

Der *nebennierenlose Organismus* ist ferner *nicht in der Lage, eine NaCl-Belastung mit hinreichender Schnelligkeit auszuscheiden.* Die Zufuhr von Cortexon oder

Aldosteron, welche zu einer ausreichenden Kompensation des ursprünglichen Natriumverlustes führt, vermag die Ausscheidung einer NaCl-Belastung nicht zu normalisieren. Auch Cortison und Cortisol können diese Fähigkeit nicht voll wieder herstellen. Möglicherweise ist dazu das *natriumeliminierende Hormon der Nebennierenrinde* erforderlich, welches kürzlich von NEHER u. Mitarb. (1958) gefunden wurde.

b) Die Wirkung der Nebennierenrinden-Hormone am gesunden Organismus

Im *akuten Versuch* kann mit Aldosteron und Cortexon eine Natriumretention erzielt werden, wobei durch Aldosteron die Kaliumausscheidung nur gering, durch Cortexon deutlich gesteigert wird. Dabei ist Aldosteron etwa 40—70 mal so wirksam wie Cortexon. Cortison und Cortisol führen am gesunden Menschen bei niedriger Dosierung häufig zu einer Natriurese, während bei hohen Dosen eine Natriumretention beobachtet wird. Unter pathologischen Umständen, z. B. bei generalisierten Ödemen verschiedener Genese, sind diese Verhältnisse bedeutend komplizierter.

Bei *längerer Anwendung* sind die Befunde nicht so einheitlich. So führt die fortgesetzte Gabe von Cortexon am gesunden Menschen, unabhängig von etwaiger Salzrestriktion in der Nahrung, keineswegs regelmäßig zu positiver Natriumbilanz und Ödemen. Dasselbe gilt für Cortison (STRAUSS). Möglicherweise lassen sich diese uneinheitlichen Befunde mit dem natriuretischen Hormon erklären. Eine durch Cortexon oder Aldosteron erzeugte Natriumretention wird voraussichtlich eine kompensatorische Mehrbildung und Freisetzung von natriuretischem Hormon zur Folge haben. Das Ausmaß und die zeitliche Dauer dieser Kompensation wird für die Entstehung oder Verhinderung einer Natriumretention von Bedeutung sein müssen.

c) Die Bedeutung der Nebennierenrinden-Hormone für die Regulation des Natriumhaushalts unter physiologischen Verhältnissen

Von besonderer Bedeutung ist die Frage, ob die Nebennierenrinden-Hormone für die normale Regulation des Natriumhaushalts verantwortlich sind. Hier muß auf Untersuchungen von ROSENBAUM u. Mitarb. (1955) sowie EPSTEIN (1957) an Patienten mit Morbus Addison bzw. Adrenalektomie verwiesen werden. Wurden die Patienten mit Cortisol und Cortexon im kompensierten Zustand gehalten, so reagierten sie bei Änderung der Körperlage, Stauung der unteren Extremitäten sowie hypotoner Ausdehnung der extracellulären Flüssigkeit mit den vom Gesunden her bekannten Änderungen der Natriumausscheidung. Bei alleiniger Gabe von Cortexon blieben diese Änderungen dagegen aus. Man muß daraus schließen, daß Cortison (bzw. Cortisol) zur Aufrechterhaltung der funktionellen Leistungsfähigkeit der Tubuli notwendig ist, aber ebenso wenig wie Cortexon als Ursache der akuten Änderungen der Natriumausscheidung anzusehen ist. So scheint, nach dem augenblicklichen Wissensstand, die Bedeutung der Nebennierenrinden-Hormone darin zu liegen, daß sie die für die Natriumrückresorption verantwortlichen Basismechanismen beeinflussen, ohne selbst der regulierende Faktor zu sein („permissive action" nach INGLE).

Unter pathologischen Bedingungen scheint den Nebennierenrinden-Hormonen, besonders Aldosteron, jedoch eine unmittelbare Bedeutung zuzukommen. Diese Fragen werden im 5., 10., 11. und 17. Kapitel besprochen.

Es muß noch kurz die Frage aufgeworfen werden, welche Basismechanismen der Natriumrückresorption von den einzelnen Nebennierenrinden-Hormonen beeinflußt werden. Leider stehen bisher beweisende experimentelle Untersuchungen noch aus. Doch erlauben klinisch-pathophysiologische Beobachtungen gewisse Rückschlüsse. Auf S. 33 wurde dargestellt, daß *für die Rückresorption von Natrium 3 Grundreaktionen verantwortlich sind:* Die *Rückresorption* zusammen *mit Anionen, besonders Chlorid,* und die *Austauschreaktionen von Natrium- gegen H+-Ionen einerseits und Kalium-Ionen andererseits.* Die ausreichende *Rückresorption von Natrium und Chlorid* ist nun anscheinend ohne *Cortisol* nicht möglich. Dafür spricht die Beobachtung, daß die mangelhafte Wasserdiurese bei Nebennierenrinden-Insuffizienz nur durch Cortisol, aber nicht durch Aldosteron oder Cortexon zu beseitigen ist. Auf S. 42 wurde ja dargelegt, daß ADH lediglich die Permeabilität der Tubuluszellen für Wasser steigert. Eine mangelhafte Wasserdiurese bei fehlendem ADH könnte mit der Annahme ungenügender Rückresorption von Natrium und Chlorid gut erklärt werden.

Der *Austausch von Natrium gegen* H+-*Ionen* wird voraussichtlich *von Aldosteron beeinflußt* (MOREL).

Der *Austausch von Natrium gegen Kalium scheint* schließlich *von Corticosteron* sehr wesentlich *abhängig* zu sein. Hierfür spricht die Tatsache, daß von den drei genannten Nebennierenrinden-Hormonen Corticosteron für eine gegebene Natriumretention die stärkste Wirkung auf die Kaliumausscheidung besitzt (s. 17. Kap.).

2. Hormone des Nebennierenmarks

SMITHE, NICKEL und BRADLEY (1952) untersuchten die Wirkung einer i.v. Infusion von L-Noradrenalin, L-Adrenalin und Adrenalin auf die renale Hämodynamik und die Ausscheidung von Elektrolyten am normalen Menschen. Bei den verwendeten Dosen lag der mittlere arterielle Blutdruck um etwa 25—50 mm Hg über dem Kontrollwert. Das Glomerulumfiltrat blieb unter diesen Bedingungen unverändert, während der renale Plasmafluß abnahm, so daß die Filtrationsfraktion anstieg. Die Ausscheidung von Natrium und Kalium war während der Infusion vermindert. Bei dem unveränderten Glomerulumfiltrat muß als Erklärung eine verstärkte Rückresorption angenommen werden. Damit übereinstimmende Befunde ergaben sich bei gleichzeitigem Fehlen der Nebennierenrinden-Hormone, z. B. bei Morbus Addison oder Adrenalektomie. Die Wirkungen von Noradrenalin und Adrenalin kommen also unabhängig von einer eventuellen Beeinflussung der Nebennierenrinde zustande. Ob sie für die normale Regulation der Natriumausscheidung eine Bedeutung haben, ist noch nicht zu übersehen.

3. Schilddrüsenhormon

Bei Mangel an Schilddrüsenhormon, z. B. beim Myxödem, liegen die Plasmaelektrolyte im Bereich der Norm. Dabei ist das extracelluläre Flüssigkeitsvolumen vermehrt. Gabe von Schilddrüsenhormon führt unter diesen Bedingungen zu einer vermehrten Ausscheidung von Wasser, Natrium und Chlorid und so zu einer Verminderung der extracellulären Flüssigkeit. Am gesunden Menschen sieht man dagegen kaum Veränderungen dieser Größen (BYROM). Für die physiologische Regulation spielt das Schilddrüsenhormon aber sicher keine Rolle.

4. Keimdrüsenhormone

Die exogene Zufuhr sowohl von *Testosteron* (KENYON u. Mitarb.) als auch von *Oestrogen* (KNOWLTON u. Mitarb.; PREEDY und AITKEN) bewirkt eine Verminderung der Natrium-, Chlorid- und Wasserausscheidung, die auf eine gesteigerte tubuläre Rückresorption zurückgeführt werden muß. Hieraus kann man schließen, daß auch die endogene Sekretion dieser Hormone eine entsprechende Wirkung besitzt. Die bei vielen Frauen prämenstruell beobachtete Gewichtszunahme beruht auf einer Salz- und Wasserretention, die manchmal bis zum manifesten Ödem gehen kann. Sie wird auf die vermehrte endogene Oestrogen-Freisetzung in dieser Phase des mensuellen Cyclus zurückgeführt. Demgegenüber soll *Progesteron* eine vermehrte Natriumausscheidung bewirken   (LANDAU u. Mitarb.; KOCZOREK u. Mitarb.).

Trotz dieser zweifellos vorhandenen Wirkungen ist es unwahrscheinlich, daß die Keimdrüsenhormone für die normale Regulation des Volumens und der Zusammensetzung der einzelnen Flüssigkeitsräume wesentliche Bedeutung besitzen. Dagegen lassen sich manche unter pathologischen Umständen vorkommende Veränderungen auf diese Weise erklären (s. 20. Kap.).

C. Nierennerven

Bei einem Zwillingspaar wurden beide Nieren des einen Zwillingsbruders wegen hochgradiger Funktionseinschränkung bei maligner Hypertension operativ entfernt und durch eine Niere des gesunden Zwillingsbruders ersetzt. Diese transplantierte Niere war also mit Sicherheit ohne nervöse Versorgung. Während des 37 Tage dauernden Krankenhausaufenthaltes war die überpflanzte Niere in der Lage, normale Elektrolytkonzentrationen in der extracellulären Flüssigkeit bei ungestörter Bilanz aufrecht zu erhalten (MERRIL u. Mitarb.). Dabei wurde keine salzbeschränkte Diät gegeben. Nach etwa 6 Monaten wurde eine eingehende Nachuntersuchung bei Spender und Empfänger durchgeführt. Die Inulinclearance fand sich bei beiden Nieren etwa gleich hoch, so daß der Gesamtwert dem vor der Operation beim Spender gefundenen Glomerulumfiltrat entsprach. Die transplantierte Niere konnte den Harn konzentrieren, verdünnen, ansäuern und alkalisieren. Sie reagierte auf Reize, welche zu einer Änderung des Glomerulumfiltrats führten, auf Diuretica sowie auf Cortisol in normaler Weise. Isotonische Ausdehnung der Körperflüssigkeit führte zur Diurese; Orthostase, Venenokklusion, Wassermangel und Pitressin zur Antidiurese. Die akute Vermehrung des extracellulären Flüssigkeitsvolumens bewirkte jedoch bei der transplantierten Niere nicht die sonst eintretende Erhöhung der Natriumausscheidung. Man könnte daraus den Schluß ziehen, daß die schnelle Anpassung der Natriumausscheidung an Veränderungen des extracellulären Volumens ohne Nierennerven nicht möglich ist. Da die transplantierte Niere aber während der Operation etwa 90 min ohne Blutversorgung war, sind hierbei entstandene Schädigungen nicht ohne weiteres auszuschließen. Man wird also für die endgültige Entscheidung weitere Untersuchungen abwarten müssen.

Entsprechende *Tierversuche* sind sehr widerspruchsvoll (SELKURT, 1954). Wird keine Anaesthesie verwendet, so scheinen zwischen entnervter und nervenhaltiger Hundeniere bezüglich Glomerulumfiltrat, Nierenplasmafluß und Ausscheidung von Natrium, Kalium, Chlorid und Wasser keine Unterschiede zu bestehen.

D. Zentral-nervöse Einflüsse

PETERS u. Mitarb. (1950) sowie WELT u. Mitarb. (1952) beobachteten bei diffuser Encephalitis, bulbärer Poliomyelitis, Gefäßleiden des Gehirns und Tumoren in der Region des 4. Ventrikels eine hochgradige Salzverarmung. Trotz Erniedrigung von Natrium und Chlorid im Plasma enthielt der Harn reichlich Natrium und Chlorid. Die Patienten boten das klinische Bild schwerer Salzverarmung (s. S. 100), die durch Zufuhr großer NaCl-Mengen erheblich gebessert werden konnte. Bei einigen Patienten ließen sich Defizite nur dann vermeiden, wenn 25—50 g Salz täglich zugeführt wurden (WELT, 1955). Nach ACTH-Anwendung kam es zwar zu einer vermehrten Ausscheidung von 17-Ketosteroiden, aber nicht zu einer Retention von Natrium, vielmehr zu hochgradiger Kaliumverarmung mit Absinken des Plasmakaliums. WELT u. Mitarb. nahmen als Erklärung eine Schädigung der Natriumrückresorption in den proximalen Tubulusabschnitten an. Für die weitere Diskussion dieses cerebralen Salzverlust-Syndroms wird auf S. 103 verwiesen.

CORT (1954) beobachtete eine Frau mit einem Gliom in den hinteren Abschnitten des rechten Thalamus, die trotz Einschränkung der Natriumzufuhr auf 2,5 mval/Tag 60—70 mval Natrium täglich im Harn ausschied. Das Plasmanatrium fiel von 128 auf 108 mval/l ab. Die Steroidausscheidung war normal. Der Salzverlust ließ sich weder durch ACTH noch durch Cortexon beseitigen. Bei der Autopsie fand sich kein Anhalt für eine Nebennierenrinden-Erkrankung.

WISE (1956) konnte im Hundeversuch durch Reizung caudaler Gebiete des Bodens des 4. Ventrikels eine vermehrte Ausscheidung von Natrium, Chlorid, Kalium und Wasser erzielen.

Diese wenigen Beobachtungen legen nahe, daß der Natriumhaushalt in Analogie zu den Verhältnissen des Wasserhaushaltes *zentrale Integrationsgebiete* besitzt, deren Läsion zu schwerster Störung führt. Über ihre nähere Abgrenzung und die von hier ausgehenden efferenten Beziehungen sind bisher nur Vermutungen möglich. Es wird in diesem Zusammenhang auch auf das 5. und 16. Kapitel verwiesen.

E. Der Einfluß von Volumenänderungen der Flüssigkeitsräume auf die Natriumausscheidung

Beim Wasserhaushalt und seiner Beeinflussung wurde bereits die große Bedeutung von Volumenänderungen der Flüssigkeitsräume, besonders des intrathorakalen Blutvolumens mit seinen Einflüssen auf die Volumenreceptoren des linken Vorhofs besprochen. Nunmehr sollen die analogen Probleme bei der Beeinflussung der Natriumausscheidung behandelt werden. Dabei wird sich ergeben, daß die augenblicklichen Kenntnisse noch recht lückenhaft sind. Die Darstellung wird sich deshalb mehr, als es bei der Regulation des Wasserhaushalts der Fall war, auch mit vorläufigen Befunden und Hypothesen befassen müssen.

1. Intravasales Flüssigkeitsvolumen

Vermehrung der intravasalen Flüssigkeit. Sie kann durch hyper-, iso- und hypoonkotische Albuminlösungen erzielt werden. Hyperonkotische Lösungen führen gleichzeitig zu einer Verminderung, iso- und hypoonkotische zu einer

Vermehrung der interstitiellen Flüssigkeit (s. S. 47). WELT und ORLOFF (1951) konnten mit hypo- und isoonkotischen Albuminlösungen am Menschen keine Vermehrung der Natrium- und Chloridausscheidung erzielen, mit hyperonkotischen Lösungen trat sogar eine Verminderung der Natrium- und Chloridausscheidung ein, was mit Beobachtungen von GOODYER u. Mitarb. (1949) übereinstimmt. Während also *eine Vermehrung der intravasalen Flüssigkeit über eine Volumen- und Druckzunahme des linken Vorhofs zur Wasserdiurese führt, findet man im gleichen Fall keine Verstärkung der Natrium- und Chloridausscheidung!* Die Erklärung dafür mag in der gleichzeitigen Beeinflussung der interstitiellen Flüssigkeit zu suchen sein, wie später noch näher ausgeführt wird.

Verminderung der intravasalen Flüssigkeit. Sie kann durch Blutentzug herbeigeführt werden. Schon geringe Aderlässe (2,5 ml/kg Körpergewicht) führen am sitzenden Menschen zu einer Abnahme der Natriumausscheidung, ohne daß gleichzeitig eine Veränderung des Herzminutenvolumens und des Glomerulumfiltrats eintritt (LOMBARDO u. Mitarb., 1951). Bei stärkerem Blutentzug (9 ml/kg) im Liegen wurde eine ausgeprägte Natriumretention beobachtet, die auch nach Wiederherstellung des abgesunkenen Glomerulumfiltrats anhielt. Bei der Interpretation dieser Versuche ist allerdings zu berücksichtigen, daß bei Blutentzug gleichzeitig eine Abnahme der interstitiellen Flüssigkeit eintritt. Die *Verminderung der Natriumausscheidung* könnte also *sowohl von der Abnahme der intravasalen als auch der interstitiellen Flüssigkeit oder auch beiden Veränderungen zugleich* herrühren. Nur bei gleichzeitiger Zufuhr isotonischer Salzlösung ließe sich eine Entscheidung treffen. Derartige Versuche sind bisher nicht bekannt geworden.

2. Änderung der Blutverteilung

Sie kann z. B. durch *aufrechte Körperhaltung* (KATTUS u. Mitarb., PEARCE und NEWMAN) und *Venenokklusion* im Bereich der unteren Extremitäten (Stauung mit Blutdruckmanschette: FITZHUGH u. Mitarb.) oder der Hohlvenen (FARBER u. Mitarb.) erzeugt werden. In allen erwähnten Fällen wird eine verminderte Natrium- und Chloridausscheidung beobachtet, ohne daß die verminderte Glomerulumfiltration als Erklärung herangezogen werden kann. Die Einschränkung der renalen Salzausscheidung dauert noch an, wenn die Glomerulumfiltration wieder normal geworden ist. Sie muß also auf eine verstärkte Rückresorption bezogen werden.

Nach EPSTEIN u. Mitarb. kann die Antinatriurese bei Orthostase durch die Infusion von 750 ml 4%iger oder 300 ml 25%iger Albuminlösung nicht voll ausgeglichen werden, jedoch mit 400 ml 6%iger NaCl-Lösung. Es soll dabei nochmals betont werden, daß die Salzlösung überwiegend zu einer Vermehrung der interstitiellen, die 4%ige Albuminlösung zu einer Vermehrung der intravasalen bei geringer Steigerung der interstitiellen und die 25%ige Albuminlösung zu einer Vermehrung der intravasalen bei Verminderung der interstitiellen Flüssigkeit führt.

Zusammenfassend läßt sich folgendes feststellen. *Änderungen der Blutverteilung der Art, daß venöser Rückfluß, intrathorakales Blutvolumen und Herzminutenvolumen abnehmen, führen zur Antinatriurese. Zu ihrer Aufhebung ist weniger eine Vermehrung der intravasalen als eine solche der interstitiellen Flüssigkeit erforderlich, die unter diesen Bedingungen gleichzeitig vermindert ist.*

3. Extracelluläres Flüssigkeitsvolumen

Die bisher beschriebenen Versuchsanordnungen führten zu Änderungen besonders der intravasalen, in geringem Umfange auch der interstitiellen Flüssigkeit. Die jetzt zu besprechenden Versuche betreffen die Zufuhr oder Entfernung salzhaltiger Flüssigkeit. Dabei werden beide Flüssigkeitsräume etwa in demselben Verhältnis erfaßt, wenn auch, absolut gesehen, die Veränderungen des interstitiellen Anteils im Vordergrund stehen.

Vermehrung der extracellulären Flüssigkeit durch isotonische und hypertonische NaCl-Lösungen führt zu einer Steigerung der Natrium- und Chloridausscheidung (STRAUSS).

Derartige Lösungen erhöhen allerdings die Chloridkonzentration des Plasmas über den normalen Wert hinaus, da sie Natrium- und Chloridionen in gleicher Konzentration enthalten. Dadurch entsteht ein vergrößertes Angebot an Chloridionen für die Tubuluszellen, was zur Mehrausscheidung von Natrium führt (s. S. 53). STRAUSS u. Mitarb. (1952) sowie PAPPER u. Mitarb. (1956) verwendeten deshalb Lösungen von Natrium, Chlorid und Bicarbonat in jeweils solchen Konzentrationen, daß Störungen der Elektrolytzusammensetzung des Plasmas und damit ein erhöhtes Angebot von Chlorid für die Tubuluszellen vermieden wurden. Auch dann trat eine, allerdings geringere Mehrausscheidung von Natrium und Chlorid ein, die nur durch eine Minderung der tubulären Rückresorption erklärbar war.

Verminderung der extracellulären Flüssigkeit. Wenn die Salzaufnahme mit der Nahrung stark eingeschränkt wird, kommt es in den ersten Tagen zu einem Verlust von 1—2 kg Gewicht infolge Ausscheidung von Natrium, Chlorid und Wasser im Verhältnis der extracellulären Flüssigkeit. Das Plasmanatrium fällt dabei nur unwesentlich ab. Nach einigen Tagen tritt dann eine hochgradige Einschränkung der renalen Natrium- und Chloridausscheidung auf, die auf eine gesteigerte Rückresorption zurückgeführt werden muß (BLACK u. Mitarb., 1950). Sie kann am besten mit der Annahme erklärt werden, daß die eingetretene Verminderung des extracellulären Flüssigkeitsvolumens die Antinatriurese bewirkt.

Zusammenfassend läßt sich also feststellen, daß eine Vermehrung der extracellulären Flüssigkeit zu Natriurese, eine Verminderung zu Antinatriurese führt.

4. Gesamtkörperwasser

Vermehrung des Gesamtkörperwassers. Die Aufnahme von reinem Wasser in größeren Mengen müßte zu einer Vergrößerung aller drei Flüssigkeitsräume führen, wenn nicht die einsetzende Wasserdiurese diese Volumenänderungen rückgängig machte bzw. gar nicht entstehen ließe. Die Wirkung einer Vermehrung des gesamten Körperwassers läßt sich aber dann studieren, wenn durch Gabe von Pitressin das Zustandekommen einer Wasserdiurese verhindert wird. Unter diesen Versuchsbedingungen wird trotz erheblichen Absinkens der Natriumkonzentration eine Natriurese beobachtet (STRAUSS u. Mitarb.; LEAF u. Mitarb., 1953). Daß die Vermehrung der intracellulären Flüssigkeit dabei nicht entscheidend sein kann, geht aus den Versuchen von McCANCE (1936) hervor, wonach eine Salzverarmung der extracellulären Flüssigkeit einen Abstrom von extracellulärem Wasser in den intracellulären Raum bewirkt, ohne daß eine Natriurese zustande kommt.

Verminderung des Gesamtkörperwassers. Dehydration führt zunächst zu einer Verminderung des extracellulären Wassers mit einem Anstieg der Natriumkonzentration. Später liefern die Zellen den überwiegenden Teil des zu Verlust gehenden

Wassers. Die renale Ausscheidung von Natrium und Chlorid wird dabei hochgradig eingeschränkt. PETERS (1950) bezeichnete diese Konstellation als Dehydrationsreaktion.

Zusammenfassend kann also festgestellt werden, daß eine *Vermehrung des gesamten Körperwassers zu Natriurese*, eine *Verminderung zu Antinatriurese* führt. Von den dabei auftretenden Volumenänderungen der drei Flüssigkeitsräume scheinen ganz überwiegend die *Veränderungen des interstitiellen Flüssigkeitsvolumens von Bedeutung* zu sein.

F. Das Problem der Volumenreceptoren und ihrer Lokalisation für die Regulation der Natriumausscheidung

Die besprochenen Beobachtungen lassen die Frage entstehen, auf welche Weise Änderungen der Flüssigkeitsräume, besonders des interstitiellen Flüssigkeitsvolumens, auf die renale Natrium- und Chloridausscheidung Einfluß nehmen. Bei der Regulation des Wasserhaushalts spielen Volumenreceptoren im Bereich des linken Vorhofs eine wesentliche Rolle, welche die Änderungen des intrathorakalen Blutvolumens abtasten und über die Beeinflussung des hypothalamisch-hypophysären Systems Änderungen der ADH-Freisetzung bewirken. *Müssen auch für die Regulation des Natriumhaushalts, besonders der renalen Natriumausscheidung, Volumenreceptoren angenommen werden, und in welche Gebiete sind sie zu lokalisieren?* Nach den bisherigen Darlegungen denkt man in erster Linie an eine Lokalisation im interstitiellen Raum, weniger im Bereich des Gefäßsystems. Trotzdem sollen zunächst verschiedene Abschnitte des Gefäßsystems bezüglich der Lokalisierung von Volumenreceptoren betrachtet werden.

1. Intrathorakales Gefäßgebiet

Es wurde schon dargelegt, daß überwiegend Änderungen der interstitiellen, nicht solche der intravasalen oder intracellulären Flüssigkeit von Bedeutung sind. Ferner beobachtet man bei *Unterdruckatmung*, dem klassischen Versuch zur Vermehrung des intrathorakalen Blutvolumens, wohl eine Vermehrung der Wasser-, aber *keine Vermehrung der Natriumausscheidung.* Dasselbe gilt für die Diurese bei CO_2-Inhalation, die nur zu einer Steigerung der Wasser-, nicht der Natriumausscheidung führt. Diese Befunde sprechen gegen die Annahme, daß Volumenreceptoren für die Natriurese im intrathorakalen Gefäßgebiet liegen.

2. Venöses Gefäßsystem

Die Füllung des venösen Systems ist unter verschiedenen Umständen recht variabel und zeigt keinen Zusammenhang mit der Natriumausscheidung.

Versuchsbedingungen, welche zu einem Kollaps der peripheren Venen führen, z. B. Einwickeln der Beine in liegender Körperstellung (LUSK u. Mitarb., 1952) und Kopftieflagerung (CATHCART und WILLIAMS, 1955) zeigen keinen Einfluß auf die Natriumausscheidung. Blutentzug stärkeren Grades, der zu einer verminderten Füllung des venösen Systems führt; Orthostase, welche mit vermehrter Füllung der Venen unterhalb des Herzens einhergeht; venöse Stauung an den Oberschenkeln — alle diese Vorgänge führen zu einer Antinatriurese, obwohl sich die Venenfüllung sehr unterschiedlich verhält.

Daraus läßt sich schließen, daß das venöse System als Sitz von Volumenreceptoren ausscheidet.

3. Arterielles Gefäßsystem

Eine intraarterielle Lage von Receptoren wurde von PETERS, BORST und besonders EPSTEIN u. Mitarb. (1953) diskutiert. Letztere brachten die Änderungen der Natriumausscheidung mit dem Füllungszustand bestimmter Abschnitte des arteriellen Gefäßsystems in Zusammenhang. Diese Hypothese könnte die Antinatriurese bei Blutungen, Orthostase und Venenokklusion durchaus erklären, denn in allen diesen Fällen liegt eine verminderte Füllung des arteriellen Gefäßsystems, vorwiegend durch die Abnahme des Herzminutenvolumens, vor.

Gegen diese Hypothese könnten folgende Befunde sprechen (SMITH):

a) Die Zufuhr isoonkotischer Albuminlösung läßt die Natriumausscheidung unbeeinflußt, während hyperonkotische Lösung sogar eine Antinatriurese bewirkt; unter beiden Bedingungen darf man aber eine Erhöhung des Herzminutenvolumens und eine vermehrte Füllung des arteriellen Gefäßsystems annehmen.

b) Die Zufuhr isotonischer oder hypertonischer Salzlösung bewirkt eine Natriurese, ohne daß dabei eine vermehrte Füllung arterieller Gefäßabschnitte vorliegen dürfte.

Zu a) Die Gabe isoonkotischer Albuminlösung bewirkt nicht nur eine Vermehrung des intravasalen, sondern auch des interstitiellen Volumens. Die Ausdehnung der interstitiellen Flüssigkeit führt aber zu einer Steigerung der Natriumausscheidung. So könnte die an sich auf Grund der arteriellen Hypothese zu erwartende Antinatriurese durch die gleichzeitige Veränderung des interstitiellen Raums gerade aufgehoben werden. Die Zufuhr hyperonkotischer Lösung führt zwar zu einer Vermehrung der intravasalen Flüssigkeit und wohl auch zu einer Füllungszunahme des arteriellen Gefäßgebietes, doch tritt gleichzeitig eine Verminderung der interstitiellen Flüssigkeit auf, welche mit Antinatriurese verbunden ist. Man müßte zur Erklärung der verminderten Natriumausscheidung nach hyperonkotischer Lösung also annehmen, daß für den Endeffekt die Verminderung der interstitiellen Flüssigkeit eine größere Bedeutung besitzt als die anzunehmende Füllungszunahme des arteriellen Systems.

Zu b) Diese Beobachtung kann mit der arteriellen Hypothese allein nicht befriedigend erklärt werden. Sie erscheint aber, besonders im Hinblick auf die Erörterungen unter a), verständlich, wenn man sowohl eine interstitielle als auch eine arterielle Lokalisation annimmt. Die unter a) und b) aufgeführten Befunde können also nicht als zwingende Argumente gegen die arterielle Hypothese gelten.

4. Interstitieller Raum

STRAUSS u. Mitarb. (1952) dachten als erste an Volumenreceptoren extravasculär im interstitiellen Raum. Dabei sprachen die bei Orthostase gemachten Beobachtungen für eine *Lokalisation* oberhalb des Thorax, *in kopfwärts gelegenen Abschnitten des interstitiellen Raums.*

Orthostase führt in den distal vom Herzen gelegenen Gefäßabschnitten zu einer Vermehrung von Füllung und Druck, in den proximal davon liegenden zu einer Verminderung dieser Größen. Infolge der gegensätzlichen Änderung des hydrostatischen Capillardrucks tritt in den proximalen Gebieten eine Verminderung, in den distalen eine Vermehrung der interstitiellen Flüssigkeit auf. Ähnliches gilt für eine *Venenokklusion,* bei der distal von der Okklusionsstelle ein Anstieg von Venendruck und Venenfüllung mit Vermehrung der interstitiellen Flüssigkeit, in den proximal davon gelegenen Abschnitten eine Verminderung dieser Größen stattfindet.

Die Antinatriurese bei Orthostase und Venenokklusion läßt sich mit dieser Hypothese also ohne Schwierigkeit erklären.

Da sowohl Blutverlust als auch hyperonkotische Albuminlösungen eine Verminderung der interstitiellen Flüssigkeit hervorrufen, wäre auch die hierbei auftretende Antinatriurese verständlich.

Schließlich wäre mit dieser Hypothese auch die unterschiedliche Wirkung von Salzlösungen bei liegender und aufrechter Körperhaltung verständlich, da ihre Verteilung innerhalb des interstitiellen Raumes von der Schwerkraft in dem Sinne beeinflußt wird, daß eine vorzugsweise Ansammlung in den distalen Körperregionen eintritt, bei aufrechter Körperhaltung also in den unteren Extremitäten.

Umgekehrt führt die Zufuhr hypo-, iso- und hypertonischer Salzlösung zu einer Ausweitung des extracellulären Raumes, so daß die eintretende Natriurese verständlich ist.

Es erhebt sich die weitere Frage, ob die bisher in die kopfwärts gelegenen Abschnitte der interstitiellen Flüssigkeit vorgenommene Lokalisierung auf eine *intrakranielle Lage* eingeengt werden kann. Das scheint nach den Befunden von EPSTEIN nicht möglich zu sein. Er fand bei Infusion hyperonkotischer Albuminlösungen in die A. carotis beim Hund keine Änderung der Natriumausscheidung, obwohl eine Verminderung der interstitiellen intrakraniellen Flüssigkeit entsteht. Im gleichen Sinne spricht, daß auch eine Erhöhung des Hirnvenen- und des Liquordruckes ohne Einfluß auf die Natriumausscheidung ist.

Die bisherigen Ausführungen lassen sich wie folgt zusammenfassen:

Die Existenz von Volumenreceptoren ist auch für die Regulierung der renalen Natriumausscheidung sehr wahrscheinlich. Im Gegensatz zu den von GAUER u. Mitarb. im Bereich des linken Vorhofs nachgewiesenen Receptoren zur Regulation des Wasserhaushalts ist die Lokalisation der Volumenreceptoren für die Natriumausscheidung noch nicht hinreichend genau möglich. Viele Beobachtungen sprechen für eine Lage im interstitiellen kopfwärts gelegenen Gebiet, manche Beobachtungen können auch mit einer intraarteriellen Lage befriedigend erklärt werden. Für die letztere Lokalisation lassen sich außerdem Beobachtungen bei generalisierter Ödembildung heranziehen, die später ausführlich besprochen werden.

G. Die Bedeutung von Aldosteron und anderen efferenten Faktoren für die Regulation der Natriumausscheidung

Die bisherigen Darlegungen befaßten sich mit den Afferenzen und der zentralen Integration bei der Regulation der Natriumausscheidung. Nunmehr sollen abschließend die Efferenzen betrachtet werden, die durch die Beeinflussung der tubulären Rückresorption die renale Natriumausscheidung regulieren.

Unter dem Eindruck der zahlreichen neuen Erkenntnisse in den letzten Jahren könnte die Auffassung entstehen, daß Aldosteron als entscheidender efferenter Faktor angesehen werden muß. Aldosteron würde dann bei der Regulation des Natriumhaushaltes den Platz einnehmen, der im Rahmen des Wasserhaushalts dem ADH zukommt. Mit dieser Auffassung stehen aber zahlreiche Befunde im Widerspruch. Immerhin sind die Parallelen zwischen Änderung der Natrium- und der Aldosteronausscheidung zahlreich; sie sollen zunächst besprochen werden.

Aldosteron ist das Nebennierenrinden-Hormon mit der stärksten natriumretinierenden Wirkung. Es wird in der Zona glomerulosa gebildet und ist weitgehend unabhängig von ACTH des Hypophysenvorderlappens. Dagegen scheinen

Areale im hypothalamischen Gebiet für die Aldosteronbildung wichtig zu sein (RAUSCHKOLB und FARRELL; FARRELL). FARRELL spricht von einem "glomerulotropic hormone" (GTH). Es soll im hypothalamischen Gebiet gebildet werden und einen trophischen Einfluß auf die Zona glomerulosa der Nebennierenrinde ausüben. Dadurch würde verständlich, daß nach Hypophysektomie keine Atrophie der Zona glomerulosa eintritt. Ob außerdem ein weiterer hypothalamischer Wirkstoff für die *Freisetzung* von Aldosteron erforderlich ist, der unmittelbar an der Nebennierenrinde oder über die Hypophyse wirksam wird, ist noch ungewiß.

Die Regulation der Aldosteronfreisetzung. Es sind heute bereits zahlreiche Bedingungen bekannt, unter denen Änderungen der Aldosteronfreisetzung eintreten (Literaturübersicht bei FARRELL). Im Rahmen des vorliegenden Themas sollen nur die Faktoren Natriumzufuhr, Kaliumzufuhr und Änderungen der Flüssigkeitsräume betrachtet werden.

Natriumzufuhr. Eine Einschränkung der Natriumzufuhr ist ein starker Reiz für die Aldosteronfreisetzung. Jedoch kann Natriummangel nicht die einzige Ursache sein, da sich erhebliche Änderungen der Aldosteronsekretion auch ohne Natriummangel finden. Es wurde deshalb angenommen, daß die bei Natriumrestriktion eintretende Verminderung der extracellulären Flüssigkeit als Reiz in Frage käme.

Kaliumzufuhr. Sie bewirkt eine Steigerung, Kaliummangel ein Absinken der Aldosteronausscheidung. Die Genese dieser Veränderungen ist noch nicht geklärt. Da Kaliumzufuhr eine vermehrte Ausscheidung von Natrium, Kaliummangel eine verminderte Ausscheidung bewirkt, könnten die Veränderungen der Aldosteronsekretion über den Natriumhaushalt zustande kommen. Der Kaliumspiegel im Plasma ist ohne Bedeutung.

Änderungen der Flüssigkeitsräume. Wassermangel, der in erster Linie eine Verminderung der intracellulären, nur in mäßigen Grenzen auch der interstitiellen und intravasalen Flüssigkeit bewirkt, geht nur mit unwesentlicher Steigerung der Aldosteronausscheidung einher (BARTTER u. Mitarb.). MULLER u. Mitarb. konnten unter diesen Bedingungen erst dann eine Steigerung finden, wenn zusätzlich körperliche Arbeit geleistet wurde und Schwitzen eintrat. Dagegen findet sich ein deutlicher Anstieg dann, wenn vorher Salzmangel vorlag oder experimentell erzeugt wurde.

Änderungen der extracellulären Flüssigkeit gehen mit deutlichen Änderungen der Aldosteronausscheidung einher. Eine Vermehrung der extracellulären Flüssigkeit geht mit einem Absinken, eine Verminderung mit einer Zunahme der Aldosteronausscheidung parallel.

Neuerdings glaubt BARTTER, dem intravasalen Volumen die Hauptbedeutung zusprechen zu müssen. Bei Verminderung durch Blutentzug sah er eine vermehrte Aldosteronausscheidung, bei Reinfusion der Erythrocyten sowie Auffüllung des Gefäßsystems mit Albuminlösung ein Absinken. Ähnliche Befunde wurden von WOLFF u. Mitarb. erhoben. Da sowohl Blutentzug als auch Auffüllung des Gefäßsystems mit Erythrocyten oder Albuminlösung zusätzlich Änderungen der interstitiellen Flüssigkeit bewirken, läßt sich nicht ohne weiteres sagen, ob diese oder die intravasale Flüssigkeit der entscheidende Faktor sind. Ferner wäre

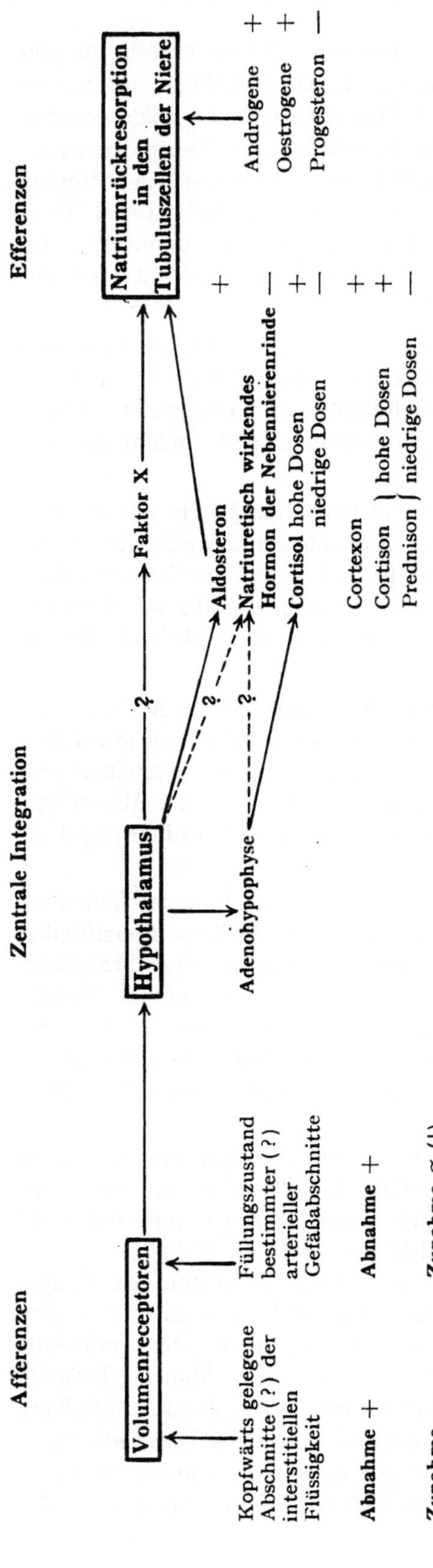

Abb. 19. Schematische Darstellung der für die Regulation des Natriumhaushalts wichtigen Faktoren
+: Antinatriurese; —: Natriurese

zu diskutieren, in welchen Gefäßabschnitten (venöses System, arterielles System) Änderungen eintreten müssen, um die Aldosteronsekretion zu beeinflussen. Es sind in diesem Zusammenhang analoge Überlegungen anzustellen, wie sie auf S. 59 ff. für die Änderung der Natriumausscheidung dargelegt wurden.

Faßt man diese Befunde zusammen, so finden sich tatsächlich viele Parallelen zwischen Steigerung der Aldosteronausscheidung und Antinatriurese einerseits sowie Abnahme der Aldosteronausscheidung und Natriurese andererseits. Es ist deshalb die Frage berechtigt, ob unter den geschilderten Bedingungen Aldosteron der für die Änderungen der Natriumausscheidung unmittelbar verantwortliche Faktor ist. Diese Frage kann vorerst nicht in positivem Sinne beantwortet werden. Folgende *Gegenargumente* liegen vor:

a) Die Antinatriurese bei Blutverlust und Änderung der Blutverteilung (Orthostase, Venenokklusion) tritt schnell ein. Injiziert man jedoch Aldosteron unmittelbar in die Nierenarterie eines gesunden Hundes, dann beobachtet man erst nach einer Stunde eine geringe Mehrausscheidung von Kalium ohne Veränderungen der Natriurese. Diese *Unterschiede im zeitlichen Ablauf der Wirkung* sprechen gegen das Zustandekommen schneller Änderungen der Natriumausscheidung über den Aldosteronmechanismus.

b) Die vom Gesunden her bekannte Änderung der Natriurese bei Lagewechsel und Volumenänderung der Körperflüssigkeiten tritt auch beim Addison-Kranken und doppelseitig Adrenalektomierten dann auf, wenn die Patienten unter einer Substitutionsbehandlung mit Cortexon und Cortison stehen. Hieraus folgt, daß diese Hormone — für Cortexon kann auch Aldosteron verwendet werden — für die ungestörte Tubulusfunktion zwar notwendig sind, daß die akuten Änderungen der Natriurese jedoch ohne Mitwirkung der Nebennierenrinde zustande kommen. SMITH äußerte deshalb die Vermutung, daß ein bisher *unbekannter humoraler Faktor (X)* hierfür verantwortlich ist. Dieser Faktor X könnte im hypothalamischen Gebiet gebildet werden. Es bestünde dann weitgehende Ähnlichkeit mit der Regulation des Wasserhaushaltes.

Die gesteigerte Aldosteronsekretion bei Zuständen mit Antinatriurese könnte man dann auch auf folgende Weise erklären. Die Nebennierenrinden-Hormone sind für eine ungestörte Tubulusfunktion erforderlich. Eine verstärkte Inanspruchnahme der tubulären Grundmechanismen ließe eine gesteigerte Aldosteronsekretion verständlich erscheinen.

Auf der Suche nach den eigentlichen Regulatoren der tubulären Natriumrückresorption verdienen folgende Befunde allgemeines Interesse. *Hypertensin* bewirkt am Menschen bereits in Dosen von 10^{-9} g/kg/min eine Verminderung der Wasser-, Natrium- und Chloridausscheidung (K. D. BOCK u. Mitarb.). Dabei spricht die bei niedrigen Dosen nur geringe und kurzdauernde Verminderung des Gomerulumfiltrats dafür, daß die Antinatriurese und Antidiurese durch gesteigerte Rückresorption zustande kommen. Diese Wirkungen konnten bereits mit Hypertensin-Dosen erzielt werden, welche noch kaum einen pressorischen Einfluß auf den Blutdruck ausübten.

c) Schließlich müssen auch noch Wirkungen des neuerdings gefundenen *natriuretischen Hormons der Nebennierenrinde* berücksichtigt werden. Über seine Bedeutung für die normale Regulation des Natriumhaushalts ist allerdings vorerst kaum etwas bekannt. Unter pathologischen Bedingungen, z. B. bei der Bildung generalisierter Ödeme und der Entstehung von Salzverlusten beim kongenitalen adrenogenitalen Syndrom, ist seine Mitwirkung sehr wahrscheinlich.

Abschließend soll in einer schematischen Übersicht (Abb. 19) die Regulation des Natriumhaushalts zusammengefaßt werden. Bei der Unvollständigkeit unserer derzeitigen Kenntnisse erschien es zweckmäßig, in diesem Schema auch vorläufige Befunde und Hypothesen mit heuristischem Wert zu berücksichtigen.

4. Kapitel

Der Säure-Basen-Stoffwechsel

Die extracelluläre Flüssigkeit hat eine Reaktion von p_H 7,4, ist also gering alkalisch. Die Endprodukte des Gewebsstoffwechsels sind vorwiegend sauer. Sie umfassen die schwache Säure H_2CO_3 und die starken Säuren H_3PO_4 und H_2SO_4. Außerdem finden sich Säuren als Zwischenprodukte des Kohlenhydrat- (z. B. Milchsäure, Brenztraubensäure) und des Fettstoffwechsels (Acetessigsäure, β-Oxybuttersäure). Diese sauren Stoffwechselprodukte müssen von den Geweben nach den Orten der Ausscheidung, vornehmlich Lunge und Nieren, transportiert werden. Dabei soll nach Möglichkeit die Reaktion der extracellulären Flüssigkeit unverändert bleiben. Als Mittel zur Aufrechterhaltung der aktuellen Reaktion dienen einmal die chemische Grundstruktur der Körperflüssigkeiten, ferner Regulationsvorgänge von seiten der Lungen und der Nieren sowie schließlich Austauschvorgänge zwischen extra- und intracellulärem Raum.

5*

Sowohl die extra- als auch die intracelluläre Flüssigkeit sind gut *gepufferte Lösungen*, d. h. sie können erhebliche Mengen von H^+-Ionen bei nur geringer Reaktionsänderung aufnehmen. Die Wirksamkeit dieser Pufferung läßt sich durch folgende Schätzung anschaulich machen. Nimmt man als Grenzen der mit dem Leben noch verträglichen p_H-Werte 7,0 und 7,8 an, so können die in 6 l Blut vorhandenen Puffersysteme etwa 128 ml 1 normale Salzsäure mit einer p_H-Änderung von 7,4 auf 7,0 neutralisieren. In Wirklichkeit könnte man jedoch eine vielfach größere Menge 1 normale Salzsäure zuführen, bevor das Blut-p_H auf 7,0 absänke. Der Grund dafür liegt darin, daß die infundierte Säure sich nicht nur auf das intravasale, sondern auch auf das interstitielle und intracelluläre Flüssigkeitsvolumen verteilt. So kommen auch die hier lokalisierten Puffergemische zur Wirkung. In analoger Weise lassen sich große Mengen Basen intravenös zuführen, bevor es zu Reaktionsänderungen kommt, die mit dem Leben nicht mehr zu vereinbaren sind.

Außer diesen in der chemischen Grundstruktur von intravasaler, interstitieller und intracellulärer Flüssigkeit liegenden Puffermechanismen spielen *Regulationsvorgänge von seiten der Lungenbelüftung und der Nierenfunktion sowie Austauschvorgänge zwischen extra- und intracellulärem Raum* für die Aufrechterhaltung eines konstanten p_H-Werts eine entscheidende Rolle. Letzten Endes besitzt aber *nur die Niere die Fähigkeit, H^+-Ionen auszuscheiden und normale Konzentrationen wichtiger Puffersysteme wieder herzustellen.*

I. Die Puffersysteme des Organismus

Folgende Puffersysteme liegen im Organismus vor:
1. Das System Kohlensäure/Bicarbonat,
2. das System primäres Phosphat/sekundäres Phosphat,
3. die Eiweißkörper (unter Ausschluß des Hämoglobins),
4. das Hämoglobin.

Die unter 3. und 4. genannten Stoffe liegen ebenfalls als Gemische von Säuren und ihren Salzen, also den mit Kationen neutralisierten Basen vor.

Zu 1. Das System Kohlensäure/Bicarbonat.

Dieses System ist vorzugsweise in der extracellulären, nur in geringer Konzentration auch in der intracellulären Flüssigkeit enthalten. Im arteriellen Plasma findet man für Bicarbonat etwa 25 mval/l, für H_2CO_3 1,25 mmol/l. HCO_3^- kann bei den im Organismus vorliegenden p_H-Werten keine Protonen abgeben, sondern nurmehr aufnehmen. Es ist deshalb im Brønstedschen Sinn als Base zu bezeichnen. Trotz der relativ großen Konzentration ist die *Pufferwirkung* dieses Systems, *vom chemischen Standpunkt aus betrachtet*, nur *bescheiden*. Auf S. 8 wurde ausgeführt, daß die Pufferwirkung dann am besten ist, wenn der p_H-Wert der Lösung sich nicht mehr als ± 1 p_H von pK' unterscheidet. pK' von H_2CO_3 beträgt im Plasma etwa 6,1 und liegt damit schon beträchtlich weit von 7,41, dem normalen p_H-Wert des Blutes, entfernt. Diese Verhältnisse gehen aus Abb. 2 und 24 deutlich hervor. *Unter den Bedingungen des Organismus ist das System Kohlensäure/Bicarbonat jedoch sehr gut wirksam.* Das zeigt am besten die Abb. 20. Normalerweise beträgt das Blut-p_H 7,41. Werden in ein geschlossenes System von H_2CO_3/HCO_3^-, aus welchem CO_2 nicht entweichen kann, H^+-Ionen eingebracht, so wird HCO_3^- infolge

Bildung von H_2CO_3 vermindert. Diese Verminderung beträgt im vorliegenden Beispiel 12,5 mval/l, also die Hälfte des normalen Ausgangswertes von 25 mval/l. H_2CO_3 steigt dabei auf 14 mmol/l an, p_H fällt auf 6,0 ab. Da die freigesetzte H_2CO_3 nach Umwandlung in CO_2 und H_2O jedoch durch die Lunge entweichen kann, beträgt der p_H-Wert nur 7,1. Dieser Anstieg von $[H^+]$ wirkt als Atemreiz. Durch die Erhöhung der alveolaren Ventilation werden CO_2-Druck und damit auch $[H_2CO_3]$ im Plasma weiter vermindert. Der endgültig sich einstellende Blut-p_H-Wert kann dann im Normalbereich liegen. Das System Kohlensäure/Bicarbonat ist also, rein chemisch betrachtet, wenig wirksam; unter den Bedingungen des Organismus mit der Möglichkeit der CO_2-Abgabe durch die Lungen und der alveolaren Ventilationssteigerung ist es aber ein ausgezeichnetes Puffersystem.

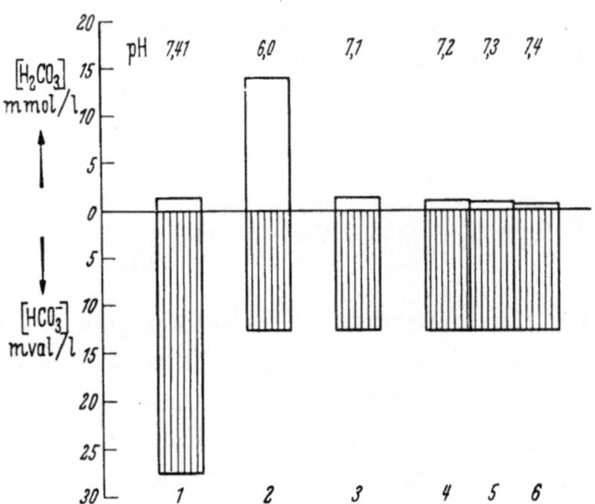

Abb. 20. Das Puffersystem Kohlensäure/Bicarbonat unter den Bedingungen des Organismus (Nach GAMBLE, modifiziert.) Einzelheiten s. Text

Zu 2. Das System primäres Phosphat/sekundäres Phosphat.

Phosphat liegt in der intracellulären Flüssigkeit in hoher, in der extracellulären jedoch nur in geringer Konzentration vor. Es ist daher *neben den Eiweißkörpern das wesentliche intracelluläre Puffersystem*, während es in der extracellulären Flüssigkeit unwesentliche Bedeutung besitzt. Bei den im Organismus vorkommenden p_H-Werten ist die saure Form von Phosphat nicht H_3PO_4, sondern $H_2PO_4^-$ (primäres Phosphat; monobasisches Phosphat), dessen Salzform HPO_4^{--} (sekundäres Phosphat; dibasisches Phosphat). Beide müssen als Anionen durch Kationen neutralisiert sein. Dazu dienen in der extracellulären Flüssigkeit vorwiegend Natriumionen. $H_2PO_4^-$ ist unter den Bedingungen des Organismus eine *schwache Säure*, da es Protonen abgeben kann, HPO_4^{--} jedoch *eine Base*, da es bei den vorkommenden p_H-Werten nur mehr H^+-Ionen aufnehmen kann. pK' von $H_2PO_4^-$ ist 6,8, liegt also nur 0,6 p_H vom p_H-Wert des Blutes entfernt. Daraus folgt, daß das Phosphatsystem, rein chemisch betrachtet, unter den Bedingungen des Organismus gute Puffereigenschaften besitzen muß. Doch ist seine Konzentration in der extracellulären Flüssigkeit mit 2 mval/l zu gering, um eine wesentliche Bedeutung für die Pufferungsvorgänge im extracellulären Raum zu besitzen.

Zu 3. Die Proteine (mit Ausschluß von Hämoglobin).

Sie besitzen eine größere Zahl von Gruppen, welche bei bestimmten p_H-Werten Protonen abgeben und aufnehmen können: COOH-, NH_2-, Imidazol- und Phenolgruppen. Jede Gruppe dissoziiert bzw. bindet H^+-Ionen nur in einem beschränkten p_H-Bereich in der Umgebung ihres pK'-Wertes. Da die pK'-Werte über die ganze p_H-Skala verteilt sind, überschneiden sich diese Bereiche. Im physiologischen p_H-Bereich dissoziieren die *Imidazolgruppen des Histidins und gewisse α-Aminogruppen. Sie sind für die Pufferwirkung der Proteine bei den p_H-Werten von Blut und*

Gewebe verantwortlich. In quantitativer Hinsicht spielen die Eiweißkörper *in den Zellen als Puffersysteme eine wesentliche Rolle.* Die Plasmaeiweißkörper sind dagegen nur wenig an den Pufferungsvorgängen im Blut beteiligt.

Zu 4. Das Hämoglobin.

Hämoglobin wirkt deshalb als Puffer, weil es als Protein eine größere Zahl von Gruppen besitzt, welche Protonen abgeben und aufnehmen können. Da es sehr histidinreich ist, wirkt in den physiologischen p_H-Bereichen vor allem seine Imidazolgruppe als Puffer:

$$
\underset{HC}{\overset{H}{\underset{\displaystyle N}{\overset{\displaystyle C}{}}}} \cdots N^- \quad + \; H^+ \;\rightarrow\; \text{(Imidazol–NH)} \cdots \text{Hb}
$$

Die *Dissoziation dieser Imidazolgruppe* wird *von der Bindung des Sauerstoffs an das benachbarte Eisenatom des Hämoglobinmoleküls beeinflußt:* Oxygeniertes Hämoglobin dissoziiert mehr Protonen aus der Imidazol-Gruppe ab als reduziertes Hämoglobin; oxygeniertes Hämoglobin ist deshalb eine stärkere, reduziertes eine schwächere Säure; reduziertes Hämoglobin vermag die vom oxygenierten Hämoglobin abdissoziierten Protonen aus der umgebenden Lösung wieder aufzunehmen. Die Bedeutung dieser Vorgänge geht aus folgenden Beispielen hervor (DAVENPORT). Eine Blutprobe soll 15 g Hämoglobin/100 ml Blut (15 g-%) enthalten. Das entspricht etwa 9 mmol/l Blut. Nimmt man eine arterielle O_2-Sättigung des Hämoglobins von 90% und eine venöse von 45% an, dann enthält arterielles Blut 8,1 mmol, venöses Blut 4,1 mmol Oxy-Hämoglobin. 4 mmol Oxy-Hämoglobin werden also während des Blutdurchflusses durch das Gewebe reduziert. Für jedes mmol Hämoglobin, welches reduziert wird, können 0,7 mmol H^+-Ionen aufgenommen werden: $4,0 \times 0,7 = 2,8$ mmol H^+-Ionen können also von 1 l Blut aus dem Gewebe aufgenommen werden.

Normalerweise beträgt der respiratorische Quotient $\left(\dfrac{CO_2\text{-Produktion}}{O_2\text{-Verbrauch}}\right)$ 0,82, er schwankt zwischen 0,7 und 1,0. Beträgt er 0,7, so werden pro mmol verbrauchten Sauerstoffs 0,7 mmol CO_2 produziert. Wird diese CO_2-Menge in H_2CO_3 umgewandelt, so fallen 0,7 mmol H^+-Ionen an. Alle diese H^+-Ionen können von dem reduzierten Hämoblobin aufgenommen werden, ohne daß eine Änderung der aktuellen Reaktion entsteht: *Isohydrische Bindung.* Beträgt der respiratorische Quotient 0,82, dann müssen $0,82-0,7 = 0,12$ mmol H^+-Ionen pro mmol verbrauchten Sauerstoffs auf andere Weise abgepuffert werden. Auch bei der Abpufferung dieses Anteils ist Hämoglobin beteiligt. Denn unabhängig von seiner Aufnahmefähigkeit für Protonen beim Übergang in den reduzierten Zustand wird die Dissoziation der Imidazol-Gruppe bei Zusatz von H^+-Ionen weiter zurückgedrängt. Die von Hämoglobin nicht abgepufferten H^+-Ionen werden schließlich von den Puffersystemen Kohlensäure/Bicarbonat und primäres Phosphat/sekundäres Phosphat aufgenommen. Die Plasmaeiweißkörper nehmen dagegen unter normalen Bedingungen nur unwesentlich an den Pufferungsvorgängen teil. Dieses Beispiel läßt die große Bedeutung des Hämoglobins für die Pufferungsvorgänge erkennen.

II. Acidose und Alkalose — Begriff und Einteilung

Nach BRØNSTEDs Definition sind Säuren durch die Abgabe von H^+-Ionen (Protonen), Basen durch die Aufnahme von H^+-Ionen gekennzeichnet. Dieser Definition steht eine andere, in der klinischen Chemie häufig geübte Bezeichnungsweise gegenüber. Hier werden die Kationen als Basen, die Anionen als Säuren bezeichnet. Dadurch entsteht eine große Verwirrung, die nicht nur terminologische, sondern auch sachliche Schwierigkeiten bereitet. Die Zusammenhänge zwischen Säure-Basen-Stoffwechsel einerseits und Elektrolytstoffwechsel andererseits lassen sich nur dann verstehen, wenn die Brønstedsche Definition von Säuren und Basen zugrunde gelegt wird. Darauf wurde in den letzten Jahren mehrfach hingewiesen (RELMAN; CHRISTENSEN; KAUFMAN und ROSEN; ASTRUP).

Betrachtet man die in den Körperflüssigkeiten vorkommenden Kationen und Anionen im Lichte der Brønstedschen Definition, dann ergibt sich folgendes: Weder Natrium, noch Kalium, Calcium oder Magnesium, also keines der Kationen, ist in der Lage, H^+-Ionen aufzunehmen. Infolgedessen dürfen die Kationen auch nicht als Basen bezeichnet werden. Bei den Anionen sind die Verhältnisse komplizierter. Bei den im Körper vorkommenden p_H-Werten können Bicarbonat, sekundäres Phosphat und Proteinat (Hämoglobin und Eiweißkörper nach Abdissoziation von H^+-Ionen) Protonen aufnehmen; sie sind demnach als Basen zu bezeichnen. Chlorid, Sulfat sowie die Anionen der organischen Säuren sind unter diesen Bedingungen nicht in der Lage, H^+-Ionen aufzunehmen. Sie sind also weder Säuren noch Basen. Treten diese Anionen allerdings zusammen mit Protonen als Salzsäure, Milchsäure, β-Oxybuttersäure usw. auf, so handelt es sich natürlich wegen der Fähigkeit zur Abgabe von H^+-Ionen um Säuren im Brønstedschen Sinn. Da Bicarbonat, sekundäres Phosphat und Proteinat für Pufferungszwecke herangezogen werden können, nennt man diese Anionen auch *Pufferanionen* oder *Pufferbasen*.

SINGER und HASTINGS bezeichnen die den Pufferanionen äquivalente Konzentration an Kationen als Pufferbasen. Im Hinblick auf die Brønstedsche Definition sollte diese Bezeichnung aber nur für die Pufferanionen benutzt werden.

Aus BRØNSTEDs Säure-Basen-Definition ergibt sich folgerichtig, daß die Bestimmung der H^+-Ionenkonzentration des Blutes erkennen läßt, ob das Verhältnis von Säuren zu Basen normal ist, oder ob eine Anhäufung von Säuren bzw. von Basen vorliegt. Normalerweise ist das Gleichgewicht zwischen Säuren und Basen so eingestellt, daß im arteriellen Blut ein p_H-Wert von 7,41 resultiert. Die normale Schwankungsbreite ist dabei mit 7,38—7,44 sehr eng begrenzt. Liegt eine *Anhäufung von Säuren* vor, so *sinkt das Blut-p_H* ab, liegt eine *Anhäufung von Basen* vor, so *steigt das Blut-p_H* an. *Ersteren Zustand nennt man Acidose, letzteren Alkalose.*

Im Hinblick darauf, daß sonst in der physikalischen Chemie p_H-Werte über 7,0 als alkalische Reaktion, p_H-Werte unter 7,0 als saure Reaktion bezeichnet werden, ist zu betonen, daß hier das normale Blut-p_H als Ausgangswert benutzt wird.

Eine so definierte und meßtechnisch durch den p_H-Wert des Blutes erfaßbare Acidose erlaubt noch keine Unterscheidung, ob die Säureanhäufung auf der leicht flüchtigen Kohlensäure (Fall A), auf nicht flüchtigen, meist im Stoffwechsel vermehrt gebildeten oder durch die Niere unzureichend ausgeschiedenen (sog.

fixen) Säuren (Fall B) oder schließlich auf einem Mangel an Basen (Fall C) beruht. Die Unterscheidung ist auf folgende Weise möglich.

Die Dissoziationsgleichung der Kohlensäure lautet:

$$[\text{H}^+] = K' \cdot \frac{[\text{H}_2\text{CO}_3]}{[\text{HCO}_3]} \; .$$

$[\text{H}_2\text{CO}_3]$ ist durch den CO_2-Druck (P_{CO_2}) und die Löslichkeit für CO_2 (α_{CO_2}) gegeben: $[\text{H}_2\text{CO}_3] = P_{CO_2} \cdot \alpha_{CO_2}$. Der CO_2-Druck und damit auch $[\text{H}_2\text{CO}_3]$ werden durch die Lungenbelüftung und den Energieumsatz in folgender Weise beeinflußt:

$$P_{CO_2} = \frac{\dot{V}_{CO_2}}{\dot{V}_A} \cdot 863; \qquad \dot{V}_{CO_2} : CO_2\text{-Produktion}$$
$$\dot{V}_A \;\; : \text{alveolare Belüftung}$$

Aus dieser Beziehung ergibt sich, daß der CO_2-Druck der alveolaren Belüftung umgekehrt proportional ist.

Fall A. Eine Verminderung der alveolaren Belüftung wird also zu einem Anstieg des CO_2-Drucks und einer Anhäufung von Kohlensäure führen. Es ist daher verständlich, daß ein *Anstieg von* $[\text{H}^+]$ *infolge Anstiegs von* $[\text{H}_2\text{CO}_3]$ *als respiratorische Acidose bezeichnet* wird.

Fall B. Das Auftreten von Säuren, also H^+-Ionen in den Körperflüssigkeiten, sei es durch vermehrte Bildung (z. B. Milchsäureanstieg bei schwerer Hypoxie, Ketonkörperanstieg bei acidotischem Diabetes mellitus) oder durch verminderte renale Ausscheidung (z. B. Niereninsuffizienz) führt zu einer weitgehenden Bindung der H^+-Ionen an die Puffersysteme des Blutes. Aus HCO_3^- entstehen dabei H_2O und CO_2; die Konzentration an Bicarbonat nimmt infolgedessen ab. Es stellt sich dann ein neues Gleichgewicht ein, wobei $[\text{H}^+]$ mehr oder weniger ansteigt. Für diesen *Anstieg von* $[\text{H}^+]$ *infolge Abfalls von* $[\text{HCO}_3^-]$ *hat sich die Bezeichnung metabolische Acidose eingeführt.*

Fall C. In vieler Hinsicht mit Fall B übereinstimmende Veränderungen ergeben sich dann, wenn es zu einem *primären Verlust an Basen*, z. B. einer gesteigerten Bicarbonatausscheidung durch die Niere kommt. *Auch dann* bezeichnet man den Anstieg von $[\text{H}^+]$ infolge Abfalls von $[\text{HCO}_3^-]$ als *metabolische Acidose*. Die Unterscheidung, ob es sich um eine metabolische Acidose durch primären Anstieg der Säuren (Fall B) oder primären Verlust an Basen (Fall C) handelt, kann nur durch weitere Untersuchungen getroffen werden. Man benötigt z. B. die Kenntnis der klinischen Situation, der organischen Säuren in Plasma und Harn, des p_H-Werts, der Titrationsacidität, von NH_3 und Bicarbonat im Harn usw.

In Analogie zu den eben für die Acidose geschilderten Vorgängen bezeichnet man umgekehrt eine *Verminderung von* $[\text{H}^+]$ *durch Mangel an Kohlensäure als respiratorische Alkalose, durch Mangel an fixen Säuren bzw. einen primären Überschuß an Basen* — in beiden Fällen steigt $[\text{HCO}_3^-]$ an — als *metabolische Alkalose.*

Zusammenfassend ist festzustellen, daß die respiratorischen und metabolischen Störungen des Säuren-Basen-Gleichgewichts charakteristische Veränderungen der einzelnen Glieder in der Dissoziationsgleichung der Kohlensäure verursachen.

In den meisten Fällen werden die Verhältnisse dadurch kompliziert, daß sekundäre, als Regulation zu wertende Änderungen der Lungenbelüftung und der Nierenfunktion auftreten, die den ursprünglichen Störungen entgegengerichtet sind. So erzeugen die beim Diabetes mellitus vermehrt auftretende β-Oxybuttersäure und Acetessigsäure eine metabolische Acidose. Diese wirkt als Atemreiz und verursacht eine Steigerung der alveolaren Belüftung mit einem Absinken des CO_2-Drucks. Aus der Dissoziationsgleichung der Kohlensäure folgt, daß dadurch die zu erwartende Verschiebung von $[H^+]$ mehr oder weniger kompensiert wird. Der Blut-p_H-Wert kann sogar im normalen Schwankungsbereich liegen. Ist sein Ausgangswert allerdings bekannt, so wird man stets eine wenigstens geringe Verschiebung feststellen können. Man spricht daher neuerdings *auch dann von respiratorischer Acidose bzw. Alkalose, wenn eine Anhäufung bzw. Verarmung an Kohlensäure vorliegt, ohne daß der Blut-p_H-Wert wesentlich verändert ist.* In gleicher Weise bezeichnet man eine *Basenanhäufung als metabolische Alkalose, eine Basenverminderung als metabolische Acidose, ohne daß dabei gleichzeitig eine wesentliche Veränderung des p_H-Werts vorzuliegen braucht.* Diese Bezeichnungsweise hat sich in den angelsächsischen Ländern weitgehend durchgesetzt (SINGER und HASTINGS, DAVENPORT).

Nun werden diese Bezeichnungen von den genannten Autoren sowohl zur Kennzeichnung der primären Störungen als auch der sekundären als Regulation zu wertenden Reaktionen in gleicher Weise benutzt. Man spricht z. B. von primärer respiratorischer Acidose mit sekundärer metabolischer Alkalose. Im Interesse möglichster Klarheit ist es jedoch zweckmäßig, *primäre Störungen und sekundäre Reaktionen durch unterschiedliche Bezeichnung voneinander zu trennen.* So sollte man die *kompensatorischen Veränderungen der Lungenbelüftung* mit „*Hyperventilation*" (CO_2-Druck erniedrigt) bzw. „*Hypoventilation*" (CO_2-Druck erhöht), die *kompensatorischen Veränderungen der Basen-Ausscheidung der Nieren* mit „*Basenretention*" (Bicarbonat erhöht) bzw. „*Basenverminderung*" (Bicarbonat erniedrigt) bezeichnen.

Auf dieser Grundlage lassen sich die Störungen des Säuren-Basen-Stoffwechsels in folgender Weise einteilen.

1. Einfache Störungen

α) respiratorische Acidose,
β) respiratorische Alkalose,
γ) metabolische Acidose,
δ) metabolische Alkalose.

Diese Störungen sind durch *eindeutige Verschiebungen des Blut-p_H-Werts* gekennzeichnet. Sekundäre Veränderungen der Lungenbelüftung oder der Nierenfunktion sind noch nicht nachweisbar. Man kann daher von *unkompensierten Störungen* sprechen. Sie sind in dieser reinen Form allerdings selten, da bei längerem Bestehen und ungestörter (!) Funktion von Lungen und Nieren kompensatorische Veränderungen der Lungenbelüftung und der Säure-Basen-Ausscheidung der Niere auftreten.

2. Gemischte Störungen

a) (Partiell) kompensierte Störungen

α) Primäre respiratorische Acidose mit sekundärer (kompensatorischer) Basenretention. Beispiel: Lungenemphysem mit CO_2-Retention.

β) Primäre respiratorische Alkalose mit sekundärer (kompensatorischer) Basenverminderung; Beispiel: Schwangerschaft, Herzinsuffizienz.

γ) Primäre metabolische Acidose mit sekundärer (kompensatorischer) Hyperventilation. Beispiel: Acidotischer Diabetes mellitus.

δ) Primäre metabolische Alkalose mit sekundärer (kompensatorischer) Hypoventilation. Beispiel: Morbus Cushing.

Diese unter a) α—δ aufgeführten Formen sind dadurch gekennzeichnet, daß die *ursprüngliche Störung in ihrem Einfluß auf den Blut*-p_H-*Wert* infolge der regulatorischen Änderungen der Lungen- und Nierenfunktion *mehr oder weniger kompensiert* wird. Eine vollständige Kompensation tritt allerdings nicht ein. Dabei ist darauf hinzuweisen, daß die Kompensation nur dem p_H-Wert, nicht dem CO_2-Druck oder Bicarbonat zugute kommt. Deshalb ziehen SINGER und HASTINGS die Bezeichnungen ,,primär" und ,,sekundär" vor.

b) Voneinander unabhängige Veränderungen respiratorischer und metabolischer Art

α) Primäre respiratorische Acidose (meist mit kompensatorischer Basenretention) und primäre metabolische Acidose (meist mit kompensatorischer Hyperventilation). Beispiel: Lungenemphysem mit CO_2-Retention und gleichzeitiger Diamoxbehandlung.

β) Primäre respiratorische Alkalose (meist mit kompensatorischer Basenverminderung) und primäre metabolische Alkalose (oft mit kompensatorischer Hypoventilation). Beispiel: Herzinsuffizienz und Quecksilberdiureticum.

γ) Primäre respiratorische Acidose (meist mit kompensatorischer Basenretention) und primäre metabolische Alkalose (oft mit kompensatorischer Hypoventilation). Beispiel: Lungenemphysem mit CO_2-Retention und Quecksilberdiureticum.

δ) Primäre respiratorische Alkalose (meist mit kompensatorischer Basenverminderung) und primäre metabolische Acidose (meist mit kompensatorischer Hyperventilation); Beispiel: Herzinsuffizienz und Diamoxbehandlung.

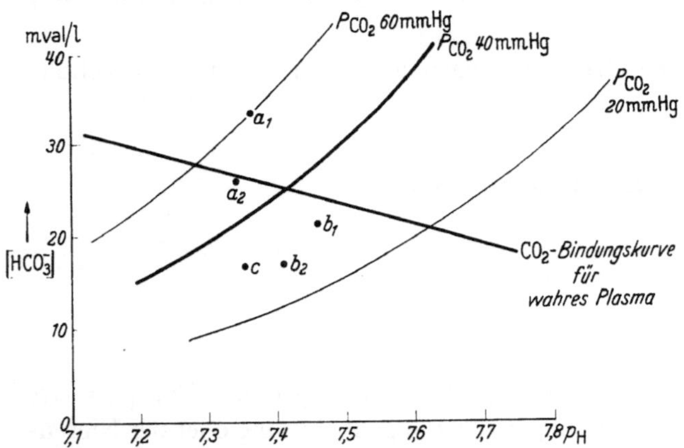

Abb. 21. Die Störungen des Säure-Basen-Gleichgewichts im p_H-Bicarbonat-Diagramm. (Nach DAVENPORT.) Beispiele: a_1 Respiratorische Acidose mit kompensatorischer Basenerhöhung (Lungenemphysem mit CO_2-Retention); a_2 dasselbe unter Diamoxbehandlung: zusätzliche metabolische Acidose mit kompensatorischer Atmungssteigerung; b_1 respiratorische Alkalose mit kompensatorischer Basenverminderung (Herzinsuffizienz); b_2 dasselbe unter Diamoxbehandlung: zusätzliche metabolische Acidose mit kompensatorischer Atmungssteigerung; c metabolische Acidose mit kompensatorischer Hyperventilation (acidotischer Diabetes mellitus)

Obwohl in den Fällen b) α und β die primären Störungen in die gleiche Richtung gehen, beobachtet man doch nur geringe Veränderungen des Blut-p_H-Werts, falls die regulatorischen Funktionen von Lungen und Niere intakt sind. In den Fällen b) γ und δ hängt die endgültige p_H-Einstellung davon ab, welche der beiden primären Störungen im Vordergrund steht. Sind beide gleich stark ausgeprägt, so bleibt der Blut-p_H-Wert normal.

Man kann die bis jetzt besprochenen Vorgänge sehr gut an Hand des von DAVENPORT benutzten p_H-Bicarbonat-Diagramms demonstrieren: Abb. 21. Die CO_2-Bindungskurve des Plasmas trennt einen Bereich hoher Bicarbonatwerte — metabolische Alkalose bzw. Basenretention — von einem solchen niedriger Bicarbonatwerte ab — metabolische Acidose bzw. Basenverminderung. Entsprechend scheidet die CO_2-Isobare von 40 mm Hg einen Bereich hohen CO_2-Drucks — respiratorische Acidose bzw. Hypoventilation — von einem Bereich niedrigen CO_2-Drucks — respiratorische Alkalose bzw. Hyperventilation.

Damit ist eine vollständige Übersicht der insgesamt möglichen Störungen des Säuren-Basen-Stoffwechsels gegeben. Es ist allerdings zu betonen, daß *diese Einteilung nur die Verhältnisse in der extracellulären Flüssigkeit bzw. im Blut wiedergibt*. In den Zellen der Organe können die p_H-Verschiebungen dabei in dieselbe, aber auch in entgegengesetzte Richtung gehen. Die Veränderungen in den Zellen sind bisher nur z. T. bekannt (ROBERTS). Sie werden auf S. 85 näher besprochen.

Für manche Fragen ist die *Berücksichtigung aller Puffersysteme des Blutes* — Hämoglobin, Bicarbonat, Phosphat, Plasmaproteine — von Bedeutung. Sie können mit Hilfe des Nomogramms von SINGER und HASTINGS aus CO_2-Gehalt, p_H bzw. P_{CO_2} und Hämatokrit bestimmt werden.

III. Regulationsmechanismen bei Störungen des Säure-Basen-Stoffwechsel

A. Die Bedeutung der Lungenbelüftung für den Säure-Basen-Stoffwechsel

1. Die normale Atmungsregulation

Normalerweise ist die Lungenbelüftung so eingestellt, daß der alveolare CO_2-Druck etwa 40 mm Hg beträgt. Von der gesamten Lungenbelüftung ist dabei nur der auf die Alveolen entfallende Anteil, die sog. alveolare Ventilation, bedeutungsvoll; die Totraumventilation liefert dagegen keinen Beitrag zum Gasaustausch. Entsprechend der schon auf S. 72 besprochenen Beziehung $P_{CO_2} = \dfrac{\dot{V}_{CO_2}}{\dot{V}_A} \cdot 863$ ist der *CO_2-Druck ein Maß für die alveolare Belüftung im Verhältnis zum Stoffwechsel*. Da alveolarer und arterieller CO_2-Druck miteinander identisch sind und letzterer mit $[H_2CO_3]$ im Gleichgewicht steht, so gewinnt die alveolare Ventilation Einfluß auf $[H_2CO_3]$ und damit den Blut-p_H-Wert. Es wird so deutlich, auf welche Weise die Lungenbelüftung in Beziehung zum Säure-Basen-Stoffwechsel tritt.

Ein **Anstieg des CO_2-Druckes** im arteriellen Blut führt infolge der dadurch gegebenen Erhöhung von P_{CO_2} im Atemzentrum selbst zu einer Steigerung, ein **Abfall des CO_2-Druckes** zu einer Senkung der alveolaren Belüftung. Unterhalb einer Schwelle von etwa 36 mm Hg scheint CO_2 jedoch wirkungslos zu sein (NIELSEN und SMITH). Die Vorstellung von GRAY, wo nach der CO_2-Druck beim Absinken unter den Normalwert die Atmung hemmt, kann nicht mehr aufrechterhalten werden.

Der Anstieg des CO_2-Drucks am Atemzentrum selbst ist oft keineswegs so groß, wie der Anstieg des arteriellen CO_2-Drucks. Vielmehr spielen für den am Atemzentrum sich einstellenden P_{CO_2} noch folgende Faktoren eine wichtige modifizierende Rolle: Hirndurchblutung, lokaler Gehirnstoffwechsel und Pufferungsfähigkeit des Blutes. So bewirkt zum Beispiel eine Zunahme der Hirndurchblutung eine Verbesserung des CO_2-Abtransports und damit auch eine Verminderung des nach dem arteriellen CO_2-Druck an sich zu erwartenden zentralen P_{CO_2}.

Ein Anstieg von $[H^+]$ **im arteriellen Blut führt über eine Erhöhung am Atemzentrum selbst zu einer Steigerung der alveolaren Belüftung.**

Wie schon bei CO_2 diskutiert wurde, kommt es auch bei $[H^+]$ letzten Endes auf die Konzentration am Atemzentrum selbst an. Hierfür ist neben der arteriellen $[H^+]$ der lokale Stoffwechsel des Gehirns sowie die Hirndurchblutung und die Pufferungsfähigkeit des Blutes von Bedeutung. Es treffen deshalb dieselben Überlegungen wie bei CO_2 zu.

GRAY nimmt auch für $[H^+]$ an, daß ein Abfall unter den Normalwert eine hemmende Wirkung auf die Atmung erzeugt. Ob diese Annahme zutrifft, ist experimentell noch nicht hinreichend bewiesen.

Sowohl CO_2 wie $[H^+]$ greifen außerdem an den Chemoreceptoren an. Doch sind hierfür erheblich größere Konzentrationen nötig als bei der Beeinflussung des Atemzentrums selbst. Für praktische Belange kann deshalb der Einfluß auf die Chemoreceptoren außer Betracht bleiben.

Der alveolare Sauerstoff (O_2)-Druck beträgt bei normaler alveolarer Ventilation etwa 100 mm, der arterielle O_2-Druck aber nur 90—95 mm Hg. Diese alveolararterielle O_2-Druckdifferenz ist auf eine Beimischung von venösem und nicht voll arterialisiertem Blut zum Lungencapillarblut zurückzuführen. Für den CO_2-Druck ist diese Beimischung dagegen bedeutungslos. Schon bei dem normalen O_2-Druck von 90—95 mm Hg im arteriellen Blut senden die Chemoreceptoren Impulse aus. Nach LOESCHCKE entfallen etwa 15% der Ruheatmung auf Antriebe durch die Chemoreceptoren. Eine Erhöhung des arteriellen O_2-Drucks über den normalen Wert hinaus führt deshalb zu einer geringen Verminderung der Atmung. Durch verschiedene überlagernde Effekte ist diese Wirkung experimentell nur schwer nachweisbar (G. E. LOESCHCKE). Sie soll hier nicht weiter verfolgt werden. **Eine Verminderung des O_2-Drucks** im **arteriellen Blut** führt zu einer Steigerung der alveolaren Ventilation. Unter bestimmten Bedingungen, z. B. beim schweren Lungenemphysem mit chronischer alveolarer Unterbelüftung, stellen die O_2-Mangelimpulse der Chemoreceptoren die wesentlichen Antriebe der Atmung dar. Eine erhebliche Herabsetzung des O_2-Drucks wirkt ferner am Atemzentrum selbst hemmend. Im Endeffekt ergibt sich dann eine Resultante aus beiden Wirkungen, wobei jedoch die antreibende Wirkung von den Chemoreceptoren aus bei weitem überwiegt.

Diese bisher besprochenen Faktoren (CO_2-Druck, $[H^+]$ und O_2-Druck) werden als sog. *chemische Antriebe* der Atmung zusammengefaßt und den *nervösen Antrieben* (Dehnungsreceptoren der Lunge, nervöse Antriebe von der Haut, den Gelenken und Muskeln, Antriebe aus anderen Hirngebieten) gegenübergestellt.

Gleichzeitige Änderungen von CO_2- und O_2-Druck sowie $[H^+]$ führen zu einem *Ventilationserfolg, welcher sich als Summe der Einzelwirkungen* ergibt. So bewirkt z. B. die Abnahme des arteriellen und damit auch des zentralen CO_2-Drucks bei acidotisch bedingter Ventilationssteigerung einen geringeren Effekt, als die vorliegende p_H-Verschiebung bei konstantem CO_2-Druck erzeugen würde.

2. Die regulatorischen Änderungen der Lungenbelüftung

Nach diesen Ausführungen über die normale Atmungsregulation werden die regulatorischen Änderungen der Lungenbelüftung bei Störungen des Säure-Basen-Stoffwechsels verständlich. Man beobachtet sie als Kompensationsmechanismus bei primären metabolischen Störungen, also bei metabolischen Acidosen und Alkalosen.

Die Erhöhung von [H^+] bei *metabolischer Acidose*, sei es durch vermehrte Bildung von H^+-Ionen oder verminderte Ausscheidung, stellt nach dem oben Gesagten einen Atemreiz dar. Sie führt zu einer Erhöhung der alveolaren Ventilation und dadurch zu einem Absinken des CO_2-Drucks in Alveolarluft und arteriellem Blut. Damit kommt es auch zu einer Abnahme von [H_2CO_3] und [H^+]. Die an sich zu erwartende Zunahme von [H^+] wird somit weitgehend kompensiert. Die alveolare Belüftung steigt aber nicht so stark an, daß eine volle Kompensation eintritt. Das Blut-p_H wird also, gegenüber dem Ausgangswert, immer mehr oder weniger nach dem sauren Bereich hin verschoben. Bei geringer Verschiebung kann es noch im Normalbereich liegen. Ist unter diesen Umständen der Ausgangswert nicht bekannt, so kann der Eindruck einer vollständigen Kompensation entstehen. Die kompensatorische Steigerung der Lungenbelüftung ist aber nur dann zu erwarten, wenn der periphere Atmungsapparat die vermehrten Antriebe der Atmung in eine Steigerung der Ventilation umsetzen kann. Bei Krankheiten der Atemwege und der Lungen, z. B. Lungenemphysem, Asthma bronchiale, Bronchiektasen usw., ist das oft nicht der Fall. Für die klinische Beurteilung der Kompensationsfähigkeit, z. B. eines acidotischen Diabetes mellitus, ist diese Einsicht von großer Bedeutung.

Bei *metabolischer Alkalose* wird umgekehrt eine verminderte alveolare Belüftung mit einem Anstieg von alveolarem und arteriellem CO_2-Druck beobachtet. Infolgedessen sind auch [H_2CO_3] und [H^+] erhöht. Die an sich zu erwartende [H^+]-Abnahme wird dadurch weitgehend ausgeglichen. Interessanterweise sind bei metabolischer Alkalose die Kompensationsvorgänge von seiten der Lungenbelüftung weniger stark ausgeprägt als bei metabolischen Acidosen (ROBERTS).

Entsprechend den terminologischen Ausführungen auf S. 73 sollten diese regulatorischen Veränderungen der Lungenbelüftung nicht als respiratorische Acidose und Alkalose, sondern als Hyper- bzw. Hypoventilation bezeichnet werden. Sie sind damit eindeutig als kompensatorische Mechanismen gekennzeichnet.

3. Änderungen der Lungenbelüftung als Störungsursache

Die Lunge kann nicht nur durch Anpassung der alveolaren Belüftung primäre Störungen des Säure-Basen-Stoffwechsels kompensieren, sondern sie kann auch selbst zur Störungsursache werden. So führt die alveolare Hypoventilation zu einem Anstieg des CO_2-Drucks in Alveolarluft und arteriellem Blut mit Erhöhung von [H_2CO_3] und [H^+]: respiratorische Acidose. Auch die respiratorische Alkalose als primäre Störung von seiten der Lungenbelüftung ist nicht selten. Infolge psychogener Störungen, Schmerz, Temperatursteigerung, Stimulation des Atemzentrums durch entzündliche oder neoplastische Prozesse kommt es zu einer Steigerung der alveolaren Ventilation mit einem Absinken von alveolarem und arteriellem CO_2-Druck und infolgedessen einem Absinken von [H^+].

Abschließend soll noch einmal betont werden, daß die Lungen sowohl vorhandene Störungen des Säure-Basen-Stoffwechsels kompensieren als auch selbst zur Störungsursache werden können.

B. Die Bedeutung der Niere für den Säure-Basen-Stoffwechsel

Bei normaler Blutreaktion bildet die Niere einen mäßig sauren Harn mit einem p_H von etwa 5,5—6,0. Tritt eine Alkalose im Blut auf, ändert sich die aktuelle Reaktion des Harns, sie kann unter diesen Umständen bis zu einem p_H von 7,8 ansteigen. Bei Acidose verschiebt sich das Harn-p_H dagegen nach der sauren Seite, es kann bis p_H 4,5 absinken. Ein weiteres Absinken der aktuellen Reaktion des Harns ist jedoch nicht möglich. Das Verständnis dieser renalen Kompensationsmechanismen und ihrer Beschränkung erfordert zunächst eine Besprechung der normalen Harnsäuerung.

1. Der Mechanismus der Harnsäuerung

Der p_H-Wert des Glomerulumfiltrats stimmt mit dem des Blutes überein; er beträgt normalerweise etwa 7,4. Während der Passage des Primärharns durch die Tubuli tritt eine Säuerung ein, die an der Amphibienniere auf das distale Segment (MONTGOMERY und PIERCE) lokalisiert werden konnte. Grundsätzlich könnte diese Säuerung dadurch entstehen, daß Basen aus dem Primärharn entfernt oder Säuren in den Primärharn hineingegeben werden. Es wird heute allgemein angenommen, daß die *Tubuluszellen der Niere H^+-Ionen im Austausch gegen Natrium in den Primärharn hineingeben* (PITTS und Mitarb., BERLINER u. Mitarb., BRAZEAU und GILMAN). Als Quelle der H^+-Ionen ist H_2CO_3 anzusehen, welche in den Tubuluszellen aus CO_2 und H_2O entsteht:

$$CO_2 + H_2O \;\rightleftharpoons\; H_2CO_3 \;\rightleftharpoons\; H^+ + HCO_3^-.$$

Diese Reaktion wird durch das *Ferment Carboanhydrase* beschleunigt. Fällt dieses Ferment durch pathologische Prozesse oder medikamentöse Eingriffe aus, so tritt eine Verminderung der Protonenproduktion ein. Es soll aber schon hier betont werden, daß unter bestimmten Umständen auch ohne die Wirkung der Carboanhydrase H^+-Ionen in ausreichender Menge vorhanden sein können.

Die von den Tubuluszellen produzierten und in den Tubulusharn hinein sezernierten H^+-Ionen bewirken hier folgende Vorgänge:

a) Umwandlung der Puffersalze des Tubulusharns — Na_2HPO_4, $NaHCO_3$ und Salze der organischen Säuren — in die saure Form.

b) Bildung von NH_4^+ nach folgendem Schema: $NH_3 + H^+ = NH_4^+$.

c) Verminderung der Kaliumausscheidung.

Zu a). Es sollen zunächst diejenigen Vorgänge besprochen werden, welche mit der Umwandlung der Puffersalze des Primärharns in die entsprechenden schwachen Säuren verbunden sind.

Bicarbonat. Durch Zufuhr von H^+-Ionen wird HCO_3^- in H_2CO_3 übergeführt. Dabei wird das zur Neutralisation von HCO_3^- dienende Kation, im allgemeinen Natrium, frei. Diese gegen H^+-ausgetauschten Na^+-Ionen treten zusammen mit den nach der Protonenabgabe verfügbaren Bicarbonationen als $NaHCO_3$ in das peritubuläre Capillarblut über. *Auf diese Weise wird sowohl der Natrium- als auch* *der Bicarbonatbestand des Organismus bewahrt.* Die im Tubulusharn befindliche H_2CO_3 zerfällt in H_2O und CO_2. CO_2 tritt zum größten Teil in die Tubuluszellen ein und wird hier entweder erneut in den Mechanismus der Protonenproduktion eingeschaltet oder es tritt in das peritubuläre Capillarblut über. Ein geringer Teil von CO_2 wird mit dem Harn ausgeschieden. Die Abb. 22 gibt die Verhältnisse noch einmal schematisch wieder.

Früher wurde angenommen, daß diese auf einem Austausch von H^+-Ionen gegen Na^+-Ionen beruhende Bicarbonat-Rückresorption auf die distalen Tubulusabschnitte beschränkt ist. Es wurden hierfür etwa 20% der gesamten Rückresorption angenommen. 80% der Rückresorption sollten dagegen in den proximalen Segmenten, unabhängig von dem erwähnten Protonenaustausch, zustande kommen. Neuerdings wird die Anschauung vertreten, daß dieser

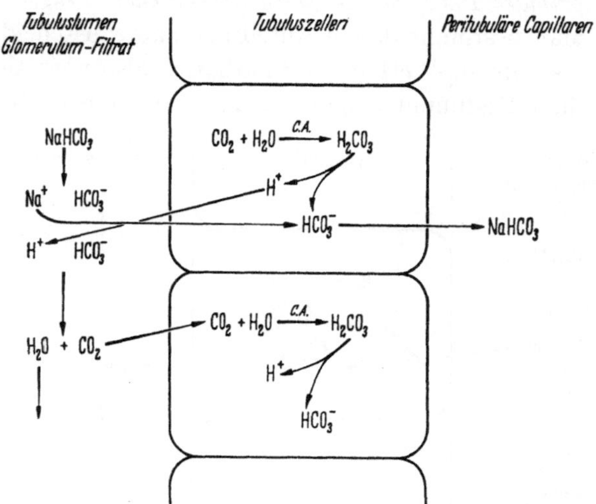

Abb. 22. Die Rückresorption von Bicarbonat (als CO_2) durch den Austausch von H^+- gegen Na^+-Ionen. NB. 1. Mit jedem gebildeten H^+-Ion entsteht auch ein HCO_3^--Ion, welches der extracellulären Flüssigkeit zugeführt wird. 2. Na^+ bleibt der extracellulären Flüssigkeit erhalten

Mechanismus für die gesamte, also auch im proximalen Segment vor sich gehende Rückresorption, verantwortlich ist (DORMAN u. Mitarb.; BERLINER; BRAZEAU und GILMAN).

Regulation der Bicarbonatausscheidung. Bei einem normalen Harn-p_H von 5,5—6,0 wird das gesamte in den Glomerula filtrierte Bicarbonat rückresorbiert; nur etwa 1—2 mmol erscheinen als CO_2 und H_2CO_3 im endgültigen Harn. Es gibt aber verschiedene Zustände, bei denen eine abnorm hohe Bicarbonatausscheidung vorkommt. Zahlreiche Untersuchungen der letzten Jahre haben die dafür maßgebenen Faktoren aufgedeckt (ROBERTS). Ein *Anstieg des CO_2-Drucks im Plasma* sowie eine *Verminderung des Kaliumgehalts der Tubuluszellen verstärkt die Rückresorption von Bicarbonat*; ein *Abfall des CO_2-Drucks* bzw. *ein Anstieg des Kaliumgehalts der Tubuluszellen vermindert die Rückresorption*. Ferner kann eine *Blokkierung des Fermentes Carboanhydrase zu einer gesteigerten Bicarbonatausscheidung* führen. Wahrscheinlich ist die gemeinsame Ursache dieser Faktoren in einer Veränderung des p_H-Wertes der Tubuluszellen selbst zu suchen. Die Rückresorption von Bicarbonat würde damit von dem interacellulären p_H reguliert, der Bicarbonatspiegel des Plasmas hinge von den intracellulären Verhältnissen der Tubuluszellen ab. Unter vielen pathologischen Umständen gewinnen diese Zusammenhänge große Bedeutung. Es sei hier nur auf die Vorgänge beim Kaliummangel sowie bei der respiratorischen Acidose hingewiesen.

Phosphat. Die Produktion von H^+-Ionen in den Tubuluszellen dient nicht nur der Rückresorption von Bicarbonat, sondern auch der Umwandlung des sekundären (HPO_4^{--}) in das primäre ($H_2PO_4^-$) Phosphat. Wie im Falle des Bicarbonats wird auch hier jeweils 1 Kation, im allgemeinen Natrium, durch den Austausch von H^+-Ionen frei. Es tritt zusammen mit dem nach der Protonenabgabe verfügbaren Bicarbonat in das peritubuläre Capillarblut über. Beide Vorgänge tragen damit zur Bewahrung des Natrium- und Bicarbonatbestandes der extracellulären Flüssigkeit bei. Die Abb. 23 zeigt noch einmal die Verhältnisse auf.

Durch den Austausch von Natrium gegen H^+-Ionen wird das entstehende *primäre Phosphat zu einem wesentlichen Träger der Säureausscheidung im Harn.* Man bestimmt diesen Anteil der Säureausscheidung durch Titration mit NaOH bis zum p_H-Wert des Primärharns, also normalerweise p_H 7,4. Im Hinblick auf diese Bestimmung spricht man auch von *titrierbarer Säure* oder *Titrationsacidität*.

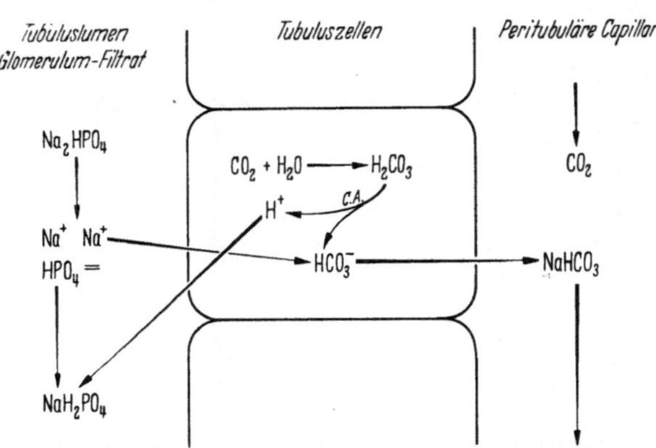

Abb. 23. Die Umwandlung von sekundärem Phosphat in primäres Phosphat durch den Austausch von H^+- gegen Na^+-Ionen

Im Unterschied zum p_H-Wert einer Urinprobe, welcher die aktuelle, im Augenblick vorliegende $[H^+]$ wiedergibt, umfaßt die Titrationsacidität alle bis zum p_H 7,4 abdissoziierbaren H^+-Ionen!

Die Eignung des primären Phosphats zum wesentlichen Träger der Ausscheidung von titrierbarer Säure erklärt sich auf folgende Weise. Auf S. 8 wurde ausgeführt, daß ein Puffer dann besonders wirksam ist, also viele H^+-Ionen bei geringer Reaktionsänderung aufnehmen kann, wenn (a) das p_H der Lösung sich nicht mehr als etwa ± 1 p_H von dem pK' des Puffers entfernt und wenn (b) der Puffer in genügend hoher Konzentration vorhanden ist. pK' von HPO_4^{--} liegt bei 6,8, das normale Harn-p_H zwischen 5,5 und 6,0. Bei einer p_H-Verschiebung von ursprünglich 7,4 — p_H-Wert des Primärharns — auf etwa 5,8 — p_H-Wert des endgültigen Harns — muß der Phosphatpuffer also sehr wirksam sein, d. h. sehr

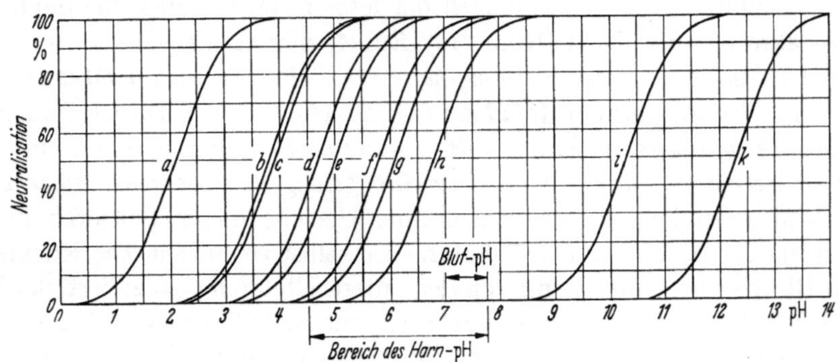

Abb. 24. Dissoziationskurven einiger physiologisch und pathophysiologisch wichtiger Säuren
a H_3PO_4 pK' 2,1, *b* Acetessigsäure pK' 3,8, *c* Milchsäure pK' 3,9, *d* Essigsäure pK' 4,7, *e* β-Oxybuttersäure pK' 5,0, *f* Harnsäure pK' 5,8, *g* H_2CO_3 pK' 6,1[1], *h* H_2PO_4 pK' 6,8[1], *i* HCO_3 pK' 10,3, *k* HPO_4 pK' 12,3

[1] Gültig für Plasma bei Körpertemperatur

viele H^+-Ionen aufnehmen können. Außerdem ist er im Harn, im Unterschied zur extracellulären Flüssigkeit, in hoher Konzentration vorhanden. Betrachtet man andere in Blut und Harn vorkommende Säuren auf ihre Eignung zum Protonen-Transport, so kommen grundsätzlich nur noch H_2CO_3 und Harnsäure in Frage. Das geht aus Abb. 24 hervor, welche einige wichtige im Blut und Harn vorkommende Säuren mit ihren pK'-Werten enthält. H_2CO_3 wird aber unter normalen Verhältnissen, also bei saurem Harn, fast völlig rückresorbiert und scheidet deshalb aus. Harnsäure wäre bezüglich ihres pK'-Wertes durchaus geeignet, wird aber in zu geringer Konzentration ausgeschieden. *So bleibt nur $H_2PO_4^-$ als wesentlicher Träger der Ausscheidung von titrierbarer Säure übrig.*

Die relativ starken Säuren Milchsäure, β-Oxybuttersäure usw. kommen deshalb nicht in Frage, weil bei ihrem niedrigen pK' schon eine geringe Menge sezernierter H^+-Ionen des Harn-p_H bis zum Grenzwert von 4,5 erniedrigt. Da ein weiteres Absinken des Harn-p_H nicht möglich ist, kann mit diesen Säuren nur eine beschränkte Protonenausfuhr in Form von titrierbarer Säure stattfinden.

Es ist nun noch die Frage zu besprechen, warum die Harnsäuerung erst in den distalen Tubulusabschnitten stattfindet, obwohl der Protonen-Austauschmechanismus in allen Tubulusabschnitten einschließlich der Sammelrohre (ULLRICH u. Mitarb.) vorkommt. Die Bicarbonatrückresorption findet zu einem größeren Teil in den proximalen, zum kleineren Teil in den distalen Tubulusabschnitten statt. Solange der Tubulusharn noch Bicarbonat enthält, führt anscheinend die Sekretion von H^+-Ionen zur Bildung von H_2CO_3, welches wieder in H_2O und CO_2 zerfällt. Ist aber Bicarbonat aus dem Tubulusharn entfernt — das scheint in den distalen Abschnitten der Fall zu sein —, dann wandeln die sezernierten H^+-Ionen sekundäres Phosphat in primäres Phosphat, also in titrierbare Säure um.

Zu b). In den Tubuluszellen der Niere wird aus den Aminosäuren durch oxydative Desaminierung mit Hilfe von Aminosäure-Oxydase und aus Glutamin durch Hydrolyse mit Hilfe des Fermentes Glutaminase NH_3 gebildet. Durch die Aufnahme von jeweils einem Proton entsteht die schwache Säure NH_4^+. Es ist noch nicht geklärt, ob die Vereinigung von NH_3 mit einem Proton zu NH_4^+ schon in den Tubuluszellen oder erst im Tubulusharn stattfindet. *NH_4^+ ist neben $H_2PO_4^-$ der zweite wesentliche Träger der H^+-Ionen-Ausscheidung. Die gesamte Ausscheidung an H^+-Ionen ergibt sich demnach als Summe von titrierbarer Säure (im wesentlichen primäres Phosphat) und NH_4^+.*

In Fällen von Acidose steigen die Synthese von NH_3 und die Ausscheidung in Form von NH_4^+ mehr oder weniger stark an. Man findet dann die erwähnten Fermente vermehrt (MILNE u. Mitarb.). Aber auch bei bestimmten Fällen von metabolischer Alkalose, nämlich bei Zuständen von Kaliummangel, wird ein Anstieg der NH_4^+-Ausscheidung im Harn beobachtet. Unter diesen Bedingungen ist die aktuelle Reaktion des Harns nur schwach sauer, neutral oder sogar alkalisch (Einzelheiten s. S. 82).

Zu c). Zwischen der auf S. 125 ausführlich besprochenen tubulären Kaliumausscheidung und der Protonenausscheidung bestehen enge Zusammenhänge: werden viele H^+-Ionen sezerniert, so wird im allgemeinen wenig Kalium ausgeschieden und umgekehrt. BERLINER u. Mitarb. postulierten eine Konkurrenz ("Competition") zwischen Kalium- und H^+-Ionen. Wenn beim Austausch gegenüber Natrium Protonen in zu geringer Menge vorhanden sind, so sollte Kalium an ihre Stelle treten und gegen Natrium ausgetauscht werden; bei ausreichendem Gehalt an H^+-Ionen sollte Kalium dagegen als Austauschpartner zurücktreten. Eine andere Erklärungsmöglichkeit für die zwischen Kalium- und H^+-Ionen-Ausscheidung beobachteten Verhältnisse ist folgende. Bei Kaliummangel kommt es zu einem Eintritt von H^+-Ionen in die Zellen, auch in die Tubuluszellen der Niere. Es erscheint so verständlich, daß unter diesen Umständen auch vermehrt H^+-Ionen in den Harn ausgeschieden werden (ROBERTS u. Mitarb.). Während aber normalerweise die ausgeschiedenen Protonen etwa zur Hälfte auf titrierbare Säure und zur anderen Hälfte auf NH_4^+ entfallen, beobachtet man bei Kaliummangel eine Vergrößerung des NH_4^+-Anteils bis zu 80% bei entsprechendem Abfall an titrierbarer Säure (SCHWARTZ und RELMAN; MILNE u. Mitarb.). Ist der *Kaliummangel infolge ungenügender exogener Zufuhr oder durch vermehrte extrarenale Ausscheidung* entstanden, so sind die p_H-*Werte des Harns sauer*. Man spricht in diesen Fällen von *paradoxer Acidurie*, da Kaliummangelzustände in der extracellulären Flüssigkeit oft mit metabolischer Alkalose einhergehen, das Verhalten des Harns also im Gegensatz dazu steht. Kommt der *Kaliumverlust auf renalem Wege* zustande, so werden *neutrale oder leicht alkalische* p_H-*Werte im Harn* beobachtet (KRÜCK).

Abschließend sollen einige Zusammenhänge, die für pathophysiologische Fragen von besonderer Bedeutung sind, noch einmal zusammengefaßt werden.

Die Menge der von den Tubuluszellen sezernierten H^+-Ionen ergibt sich als Summe von titrierbarer Säure und NH_4^+. Die Ausscheidung titrierbarer Säure erfolgt ganz überwiegend in Form von primärem Phosphat. Treten Säuren mit einem niedrigen pK' auf (Milchsäure, Acetessigsäure, β-Oxybuttersäure), so führt die Titration dieser in Blut und Primärharn praktisch völlig neutralisiert vorliegenden Säuren mit den Protonen der Tubuluszellen sehr bald zu einem p_H-Abfall auf etwa 4,5, dem Grenzwert des Harn-p_H. Bei diesem p_H ist ein großer Teil dieser Säuren nicht in freier, sondern in neutralisierter Form vorhanden. In welchem Umfang sie frei bzw. neutralisiert vorliegen, läßt sich aus Abb. 24 ablesen. Als Neutralisationspartner dienen immer dann, wenn die Tubuluszellen der Niere NH_4^+ nicht in ausreichendem Maße zur Verfügung stellen können, Kationen der extracellulären Flüssigkeit: Natrium, Kalium, Calcium und Magnesium. So besteht *bei der Ausscheidung von stärkeren Säuren die Gefahr des Kationenverlustes.*

Neutral oder alkalisch reagierender Harn enthält viel Bicarbonat; seine Titrationsacidität ist gering oder sogar negativ, falls das Harn-p_H über dem des Blutes liegt. Meist ist neutral oder alkalisch reagierender Harn mit einer geringen NH_4^+-Ausscheidung verbunden. Als Neutralisationspartner für das in großen Mengen ausgeschiedene Bicarbonat müssen dann Kationen der extracellulären Flüssigkeit dienen: Natrium, Kalium, Calcium, Magnesium. Hieraus ergibt sich, daß *nicht nur die Ausscheidung stärkerer Säuren, sondern auch die eines neutralen oder alkalisch reagierenden Harns mit viel Bicarbonat die Gefahr eines Kationenverlustes* bewirkt.

Unter bestimmten Umständen kann neutral oder leicht alkalischer Harn eine erhebliche Menge von Protonen in Form von NH_4^+ enthalten. Das kommt dann vor, wenn der p_H-Wert der Tubuluszellen nach dem sauren Bereich hin verschoben ist, besonders bei Kaliummangel sowie Carboanhydrasehemmung über längere Zeit.

2. Die regulatorische Funktion der Niere bei Störungen des Säure-Basen-Stoffwechsels

Nach diesen Ausführungen fällt es nicht schwer, die renalen Regulationen bei Acidosen und Alkalosen zu verstehen.

a) Acidosen

Bei den Acidose-Formen, die nicht durch primäre Störungen der Nierenfunktion zustande kommen, scheidet die Niere kompensatorisch vermehrt H^+-Ionen als titrierbare Säure und als NH_4^+ aus. Das Harn-p_H sinkt deshalb ab, die Rückresorption von Bicarbonat ist praktisch vollständig. Gleichzeitig steht nach der Protonenabgabe in den Tubulusharn Bicarbonat in den Tubuluszellen zur Verfügung, welches in das peritubuläre Capillarblut übertritt und so den Bicarbonatbestand der extracellulären Flüssigkeit erhöht. Bei *metabolischer Acidose* durch primäre Vermehrung von H^+-Ionen wird $[HCO_3^-]$ allerdings immer wieder durch die anfallenden Protonen in H_2O und CO_2 umgewandelt, $[HCO_3^-]$ sinkt also ab. Es stellt sich dann ein neues Gleichgewicht bei mehr oder weniger erniedrigter $[HCO_3^-]$ ein.

Bei *respiratorischer Acidose* scheidet die Niere ebenfalls vermehrt H^+-Ionen aus. Das in den Tubuluszellen nach der Protonenabgabe zur Verfügung stehende Bicarbonat wird wiederum in die extracelluläre Flüssigkeit abgegeben und erhöht hier den Bestand an $[HCO_3^-]$. Während aber bei metabolischer Acidose die anfallenden H^+-Ionen immer wieder eine Verminderung von Bicarbonat erzeugen, ist H_2CO_3 im Falle der respiratorischen Acidose dazu nicht in der Lage. So kommt es zu einem *Anstieg von Bicarbonat in der extracellulären Flüssigkeit*. Diese Erhöhung kann nur dadurch aufrechterhalten bleiben, daß auch die Rückresorption des nunmehr vermehrt filtrierten Bicarbonats zunimmt. Das ist tatsächlich der Fall. Alle diese Vorgänge führen dazu, daß die primär vorhandene Erhöhung von H_2CO_3 über den regulatorischen Anstieg von $[HCO_3^-]$ ohne wesentliche Auswirkungen auf den Blut-p_H-Wert bleibt.

Die Acidose-Formen, welche durch eine primäre Störung der Nierenfunktion entstehen, müssen hier außer Betracht bleiben. Sie werden auf S. 135 besprochen.

b) Alkalosen

Bei den meisten Formen von Alkalosen, die in der Klinik beobachtet werden, scheidet die Niere einen alkalisch reagierenden Harn mit geringer Titrationsacidität, wenig NH_4^+ und reichlich Bicarbonat aus. Übersteigt der p_H-Wert des Harns den des Blutes, dann wird die Titrationsacidität negativ, d. h., es tritt eine Titrationsalkalinität auf. Das Harn-p_H kann bis 7,8 ansteigen. Das gilt sowohl für metabolische als auch respiratorische Alkalosen.

Besondere Verhältnisse liegen bei den *metabolischen Alkalosen* vor, die sich *als Folge eines Kaliummangels* einstellen. Hier zeigt der Harn eine sog. *paradoxe Acidurie*, falls der Kaliummangel durch ungenügende Zufuhr oder extrarenale Verluste entsteht. Tritt er durch vermehrte renale Kaliumausscheidung ein — das ist z. B. beim Conn-Syndrom der Fall —, dann beobachtet man einen neutralen oder sogar schwach alkalischen Harn. In beiden Fällen ist die gesamte Protonenausscheidung keineswegs vermindert, oft sogar erhöht. Sie erfolgt unter diesen Bedingungen aber *vorwiegend in Form von NH_4^+, während die titrierbare Säure abfällt.*

Eine *paradoxe Acidurie* wird ferner dann beobachtet, wenn zu einer metabolischen Alkalose durch Verlust von saurem und chloridhaltigem Magensaft eine *Dehydration* hinzutritt (GAMBLE). Wahrscheinlich führt der Zwang zur Konservierung von Natrium einerseits und die Notwendigkeit zur Bewahrung der

6*

Elektroneutralität andererseits zur vermehrten Ausscheidung von titrierbarer Säure, NH_4^+ und Kalium (SCHWARTZ u. Mitarb., 1955). Die Abb. 25 soll diese Verhältnisse erläutern. Sie zeigt die normale Ionenausscheidung des Harns in 24 Std. Man erkennt, daß H^+-Ionen in Form von titrierbarer Säure und NH_4^+ als Neutralisationspartner von Anionen erheblich ins Gewicht fallen. Es ist deshalb gut vorstellbar, daß ein Zwang zur Natriumretention bei unverminderter Anionenausscheidung nur durch eine kompensatorische Mehrausscheidung der anderen Kationen, also besonders Kalium, NH_4^+ und titrierbare Säure ausgeglichen werden kann.

Die Tab. 10 enthält eine Übersicht über das Verhalten des Harns bei Acidosen und Alkalosen.

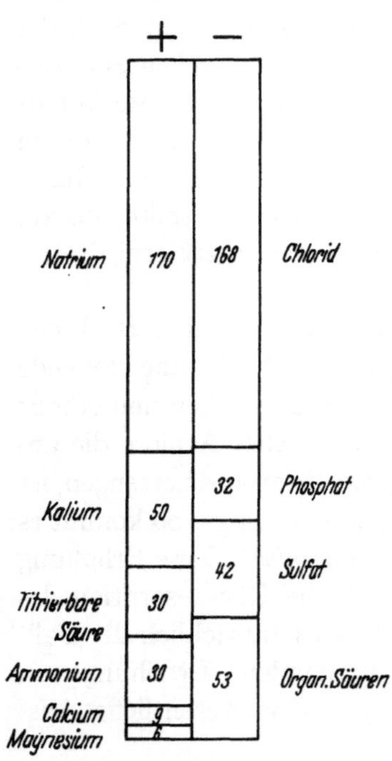

Abb. 25. Durchschnittliche Ausscheidung von Kationen und Anionen im 24 Std.-Harn (mval/24 Std.) bei einem Harn-p_H von $p_H = 5,8$

3. Die Niere als Störungsursache des Säure-Basen-Stoffwechsels

Die Niere kann nicht nur kompensatorische Funktionen ausüben, sondern auch selbst zur Störungsursache werden. Man kann *zwei Acidose-Formen bei Nierenkrankheiten* unterscheiden. Einmal wird eine *renale Acidose bei* allen jenen *Nierenkrankheiten* beobachtet, die zu einer erheblichen *Verminderung an Nierenparenchym* führen, also den sog. Schrumpfnieren. Die hierbei auftretende Acidose wird oft in folgender Weise erklärt. Infolge der Verminderung des Glomerulumfiltrats kommt es zu einem Anstieg von Phosphat und Sulfat. Beide Anionen sollen zu einer „Verdrängung" von Bicarbonat führen. Gegen diese Interpretation ist einzuwenden, daß eine Verdrängung von Bicarbonat durch Phosphat und Sulfat nur dann eintreten könnte, wenn diese beiden Anionen weiter H^+-Ionen abgeben

Tabelle 10. *Veränderungen des Harns bei Acidosen und Alkalosen*
In dieser und den folgenden Tabellen bedeuten: ↓ Abfall, ↑ Anstieg, N normal

	p_H	HCO_3^-	Titrierbare Säure	NH_4^+
Acidosen metabolische (außer renale tubuläre Formen) und respiratorische Acidosen	sauer	fehlt	↑	↑
renale tubuläre Acidose	schwach sauer, neutral oder alkalisch	abhängig von Harn-p_H: wenig-viel	↓	↓; N
Alkalosen metabolische und respiratorische Alkalosen	alkalisch	viel	↓	↓
metabolische Alkalose bei Kaliummangel oder Dehydration	neutral oder schwach sauer	wenig	↓	↑

und HCO_3^- in CO_2 und H_2O umwandeln könnten. Diese Möglichkeit ist aber nicht gegeben. Man muß für die Entstehung dieser Acidose-Form vielmehr eine mit dem Parenchymschwund parallellaufende Reduktion an Tubuli und der hier lokalisierten Funktionen anschuldigen. *Die Acidose ist also auch bei diesen mit einer Herabsetzung des Glomerulumfiltrats einhergehenden Formen eine primär tubuläre.*

Hiervon sind jene Formen renaler Acidosen abzutrennen, die ohne Herabsetzung des Glomerulumfiltrats und infolgedessen auch ohne Anstieg von Rest-N, Phosphat und Sulfat beobachtet werden. Dabei handelt es sich um eine *isolierte Schädigung der Tubulusfunktion mit Ausfall der Bildung von H^+- und Bicarbonationen.* Nach den obigen Ausführungen handelt es sich freilich nicht um einen grundsätzlichen Unterschied.

C. Die Austauschvorgänge zwischen extra- und intracellulärem Raum

Die Kompensationsvorgänge beschränken sich nicht nur auf Änderungen der Lungen- und Nierenfunktion, sondern betreffen auch die Verteilung von H^+-Ionen und Elektrolyten zwischen dem extra- und intracellulären Raum.

1. Acidosen

Bei den *metabolischen Acidosen* treten die vermehrt anfallenden H^+-Ionen auch in die intracelluläre Flüssigkeit ein. Dafür wandern Kalium und Natrium, das in geringer Konzentration ja auch intracellulär liegt, aus den Zellen aus. Bei den Formen, welche mit einer Hyperchlorämie einhergehen, wird voraussichtlich auch Chlorid in die Zellen eintreten. Phosphat verläßt die Zellen, da es vermehrt im Harn als primäres Phosphat ausgeschieden wird und so der wesentliche Träger der Titrationsacidität ist. Diese Veränderungen der intracellulären Elektrolyte müssen auch therapeutisch berücksichtigt werden (s. 15. Kap.).

Bei der *respiratorischen Acidose* ist neben dem Eintritt von H^+-Ionen in den intracellulären und Austritt von Kalium und Natrium in den extracellulären Raum besonders die Verschiebung von Chlorid in den intracellulären Raum erwähnenswert. Auf diese Weise wird, neben der vermehrten Chlorid-Ausscheidung im Harn, die extracelluläre $[Cl^-]$ vermindert. So kann für einen Anstieg von $[HCO_3^-]$ Platz geschaffen werden. Phosphat verläßt, z. T. wegen des Eintritts von Chlorid, z. T. wegen der vermehrten Ausscheidung im Harn in Form von titrierbarer Säure, den intracellulären Raum.

2. Alkalosen

Metabolische Alkalosen der extracellulären Flüssigkeit können entweder mit einer Alkalose oder mit einer Acidose der intracellulären Flüssigkeit einhergehen. Letzteres kommt bei Kaliummangel-Zuständen vor. Bei allen Kaliummangel-Zuständen überwiegt die Kalium-Ausscheidung (extrarenal oder renal) die Zufuhr. Infolgedessen muß Kalium aus den Zellen austreten. Dieser Austritt von Kalium wird von einem Eintritt von H^+- und Natrium-Ionen begleitet. Auf diese Weise entsteht extracellulär eine metabolische Alkalose, intracellulär eine Acidose.

Die *respiratorische Alkalose* führt zu einer Erniedrigung des CO_2-Drucks in extra- und intracellulärer Flüssigkeit und damit auch zu einer Verminderung von $[H^+]$ in den Zellen. Dieser Anstieg des intracellulären p_H-Wertes wird auf folgenden Wegen kompensiert: es tritt zusätzlich Bicarbonat aus den Zellen aus; auch Kalium wandert aus und wird z. T. von extracellulären H^+-Ionen ersetzt. Im Spätstadium der respiratorischen Alkalose kommt es schließlich zur Glykolyse mit Bildung von Milchsäure, also zu einer Überlagerung mit metabolischer Acidose (s. S. 144).

IV. Die methodischen Möglichkeiten zur Erfassung von Störungen des Säure-Basen-Stoffwechsels

Die auf S. 72 gegebene Einteilung läßt erkennen, daß die einzelnen Glieder in der Dissoziationsgleichung der Kohlensäure, also p_H, CO_2-Druck und Bicarbonat, die wesentlichen Größen zur Diagnose von Störungen des Säure-Basen-Stoffwechsels darstellen. Die Gleichung

$$[H^+] = K' \cdot \frac{[H_2CO_3]}{[HCO_3^-]}$$

zeigt, daß man bei Kenntnis von zwei Größen die dritte ausrechnen kann. Aus methodischen Gründen werden im allgemeinen p_H und Bicarbonat gemessen und der CO_2-Druck berechnet. Wegen der methodischen Einzelheiten wird auf die zusammenfassende Darstellung bei BARTELS, BÜCHERL, HERTZ, RODEWALD und SCHWAB verwiesen. Der Informationswert der einzelnen Meßgrößen läßt sich in folgender Weise zusammenfassen.

1. Werden die *genannten Größen aus dem arteriellen Blut bestimmt*, dann sind *sowohl die respiratorischen als auch die metabolischen Verhältnisse eindeutig erkennbar*. Besonders in komplizierten Fällen ist deshalb die Bestimmung des p_H-Wertes und des CO_2-Drucks aus dem arteriellen Blut dringend zu empfehlen. Ist ausnahmsweise arterielles Blut nicht zu erhalten, so sind bei ausgeprägteren Störungen auch aus Bicarbonat und p_H-Wert bzw. CO_2-Druck des venösen Blutes hinreichende Aufschlüsse zu gewinnen. Denn in den meisten Fällen liegt der CO_2-Druck im venösen Blut um einige mm Hg, Bicarbonat um wenige mval/l höher, der p_H-Wert um 0,03—0,06 niedriger als im arteriellen Blut.

2. Die heute noch am häufigsten verwendete Methode für die Erkennung von Störungen des Säure-Basen-Stoffwechsels ist die alleinige Bestimmung von CO_2 bzw. Bicarbonat in Blut oder Plasma. Wird die Blutprobe vorher unter definierte Bedingungen gebracht, nämlich mit einem Gasgemisch von 40 mm Hg CO_2-Druck und einem zu voller Sättigung des Hämoglobins ausreichenden O_2-Druck bei 37° C äquilibriert, so bezeichnet man den erhaltenen Bicarbonatwert als *Alkalireserve*. ASTRUP empfiehlt neuerdings dafür die Bezeichnung *Standardbicarbonat*. Zweifellos verdient diese Benennung den Vorzug. Sie bringt einmal zum Ausdruck, daß es sich um eine Messung von Bicarbonat unter standardisierten Bedingungen handelt. Ferner ist die Bezeichnung unabhängig von den Kationen, die auf Grund der heute üblichen physikalisch-chemischen Definition von Säuren und Basen nicht mehr als Basen (Alkali) bezeichnet werden dürfen.

Entsprechend den vorgeschriebenen Meßbedingungen, bei denen die respiratorische Seite konstant gehalten wird (CO_2-Druck $= 40$ mm Hg!), spiegelt *Standardbicarbonat nur metabolische, nicht respiratorische Abweichungen* wider. Ferner ist eine *Unterscheidung von primär metabolischen Störungen und sekundären Reaktionen nicht möglich.* Der Informationswert von Standardbicarbonat ist also beschränkt. Natürlich kann eine genaue Kenntnis der klinischen Situation diesen Mangel mehr oder weniger ausgleichen. Auch ist für viele praktisch-klinische Fragen die metabolische Seite einer Störung von größerer Bedeutung als die respiratorische. Immerhin gibt es nicht selten Krankheitsbilder, bei denen die Bestimmung von Standardbicarbonat allein nicht genügt, sondern zusätzlich der p_H- und Bicarbonatwert sowie der CO_2-Druck des arteriellen Blutes erforderlich sind.

3. Die *alleinige Kenntnis des Bicarbonatwertes* des *arteriellen Blutes* ist häufig, besonders bei Werten in Normalbereich, *auch ungenügend.* Findet man z. B. einen normalen Wert von 25 mval/l, so spricht dieser nur dann für normale metabolische Verhältnisse, wenn auch der CO_2-Druck im Bereich der Norm liegt. Das läßt sich aus Abb. 21 leicht erkennen. Ist der CO_2-Druck jedoch erhöht, müßte auch Bicarbonat entsprechend der Bindungskurve für wahres Plasma (wahres Plasma = Plasma, welches mit den Erythrocyten in physikalisch-chemischem Gleichgewicht steht) ansteigen. Der Wert von 25 mval/l würde also für eine zusätzliche metabolische Acidose sprechen. Wäre der CO_2-Druck jedoch erniedrigt, so könnte ein normaler Bicarbonatwert nur dann gefunden werden, wenn gleichzeitig eine metabolische Alkalose vorliegt. Der Bicarbonatgehalt des arteriellen Blutes ist also, besonders im Normalbereich, vieldeutig. *Diese Vieldeutigkeit wird eingeschränkt, je weiter die gefundenen Werte vom Normalbereich entfernt*, also je höher bzw. tiefer sie *liegen.* Im ersteren Fall wird eine metabolische Alkalose bzw. sekundäre Basenretention, im letzteren eine metabolische Acidose oder sekundäre Basenverminderung immer wahrscheinlicher.

Solche ausgeprägten Veränderungen des aktuellen Bicarbonatgehalts findet man besonders bei den auf S. 73 besprochenen partiell kompensierten respiratorischen und metabolischen Acidosen. Die Ursache dafür liegt darin, daß bei diesen Fällen sowohl die metabolischen als auch die respiratorischen Störungen Veränderungen von $[HCO_3^-]$ in derselben Richtung bewirken. So wird Bicarbonat z. B. bei der kompensierten respiratorischen Acidose sowohl durch die „Titration mit CO_2" bis zu dem erhöhten P_{CO_2} hin *(respiratorisch)* als auch durch die renal bedingte kompensatorische Retention *(metabolisch)* über den Normalbereich hinaus gesteigert. Liegt außerdem noch eine arterielle Hypoxämie vor — das ist beim schweren obstruktiven Lungenemphysem z. B. der Fall — so wird noch zusätzlich die Aufnahmefähigkeit des Blutes für CO_2 gesteigert. In entsprechender Weise wird $[HCO_3^-]$ z. B. bei der diabetischen Acidose einmal durch die Freisetzung von CO_2 infolge vermehrt auftretender, aus den Ketonkörpern stammender H^+-Ionen *(metabolisch)* vermindert; ferner sinkt es infolge der kompensatorischen Hyperventilation entlang der nunmehr geltenden Pufferlinie bis zu dem erniedrigten P_{CO_2} hin *(respiratorisch)* ab. *Der aktuelle Bicarbonatgehalt zeigt in diesen Fällen also deutlichere Veränderungen und damit größere diagnostische Leistungsfähigkeit als Standardbicarbonat, das nur den metabolischen, nicht den respiratorischen Anteil der Störung widerspiegeln kann.*

Die Tab. 11 gibt eine Übersicht über die Veränderungen der einzelnen Meßgrößen bei den insgesamt möglichen Störungen des Säure-Basen-Stoffwechsels. Man erkennt, daß z. B. die Unterscheidung einer partiell kompensierten metabolischen Acidose von einer partiell kompensierten respiratorischen Alkalose selbst bei Kenntnis des Blut-p_H-Wertes sehr schwierig sein kann, falls die Verschiebung des Blut-p_H gering ist und die Ausgangswerte nicht bekannt sind. In solchen Fällen ist neben der Kenntnis der klinischen Situation vor allem die Untersuchung weiterer Größen erforderlich: z. B. organische Säuren und Phosphat im Plasma, Titrationsacidität, NH_4 und p_H im Harn.

Tabelle 11. *Veränderungen der wichtigsten Meßgrößen des Säure-Basen-Stoffwechsels bei Acidosen und Alkalosen*

Zeichenerklärung: $^+$ Normalwerte als Mittelwert $\pm$ 2 σ; $^\times$ Die Normalwerte liegen, abhängig vom vorliegenden CO_2-Druck, auf der Bindungskurve für wahres Plasma. In dieser Spalte bedeutet ↓ unterhalb der Bindungskurve; ↑ oberhalb der Bindungskurve; N auf der Bindungskurve

	Im arteriellen Blut			Standard-bicarbonat mval/l Plasma 25$^+$ (22—28)
	p_H 7,41$^+$ (7,38—7,44)	CO_2-Druck mm Hg 40$^+$ (36—45)	Bicarbonat mval/l Plasma Werte a. d. Bindungskurve f. wahres Plasma $^\times$	
Metabolische Acidose unkompensiert	↓ ↓	N	↓	↓
(partiell) kompensiert	(↓) ; ↓	↓	↓	↓
Respiratorische Acidose unkompensiert	↓ ↓	↑	N	N
(partiell) kompensiert	(↓) ; ↓	↑	↑	↑
Metabolische Alkalose unkompensiert	↑ ↑	N	↑	↑
(partiell) kompensiert	(↑) ; ↑	↑	↑	↑
Respiratorische Alkalose unkompensiert	↑ ↑	↓	N	N
(partiell) kompensiert	(↑) ; ↑	↓	↓	↓
Metabolische Acidose (meist partiell kompensiert) und *respiratorische Acidose* (meist partiell kompensiert) .	↓	N ; ↑ ; ↓	N ; ↑ ; ↓	N ; ↑ ; ↓
Metabolische Alkalose (oft partiell kompensiert) und *respiratorische Alkalose* (meist partiell kompensiert) .	↑	↓ ; N ; (↑)	N ; ↑ ; ↓	N ; ↑ ; ↓
Metabolische Acidose (meist partiell kompensiert) und *respiratorische Alkalose* (meist partiell kompensiert) .	N ; ↓ ; ↑	↓ ↓	↓ ↓	↓
Metabolische Alkalose (oft partiell kompensiert) und *respiratorische Acidose* (meist partiell kompensiert) .	N ; ↑ ; ↓	↑	↑ ↑	↑

Zweiter Teil

5. Kapitel

Die Störungen des Wasser- und Natriumstoffwechsels

1947 wies MARRIOTT auf die praktisch so wichtige Unterscheidung zwischen überwiegendem Salzmangel und überwiegendem Wassermangel hin. Nach unseren heutigen Kenntnissen sollte jedoch die *Bezeichnung „Salzmangel" durch „Natriummangel" ersetzt* werden. Dafür sprechen folgende Gründe.

Über 95% des osmotischen Druckes der Körperflüssigkeiten entfallen auf Elektrolyte, der Rest auf Nichtelektrolyte. Unter den Elektrolyten kommt nun dem Natriumion die wesentliche Bedeutung zu. Natrium nimmt unter den Kationen vor allem deshalb eine bevorzugte Stellung ein, weil es in der höchsten Konzentration vorliegt. In dieser Hinsicht spielen die anderen Kationen, nämlich Kalium, Calcium und Magnesium eine unbedeutende Rolle. Vor allem kommen sie für einen kompensatorischen Ausgleich bei Änderungen der Natriumkonzentration nicht in Betracht. Ein Anstieg bzw. Abfall von $[Na^+]$ bedeutet stets einen Anstieg bzw. Abfall der gesamten Kationenkonzentration. Aus Gründen der Elektroneutralität muß auch die Anionenseite nachfolgen. So bewirkt also eine *Änderung von $[Na^+]$ eine entsprechende Änderung des effektiven osmotischen Drucks. Von der Anionenseite her kann der osmotische Druck dagegen schwer verändert werden.* Die hier in höchster Konzentration vorhandenen Ionen sind Chlorid und Bicarbonat. Änderungen von Chlorid werden meist durch entgegengesetzte Änderungen von Bicarbonat ausgeglichen. Der Mechanismus dieses Kompensationsvorgangs, an dem die Niere wesentlich beteiligt ist, ist noch weitgehend unbekannt. Damit bleibt die gesamte Anionenkonzentration unverändert. Infolgedessen entfällt auch eine Änderung des osmotischen Drucks. Diese Zusammenhänge zeigen die entscheidende Bedeutung des Natriumions für die Aufrechterhaltung des osmotischen Drucks und damit auch seinen großen Anteil an der Aufrechterhaltung des extracellulären Flüssigkeitsvolumens. Hier liegt auch die *Erklärung für die sog. hydropigene Wirkung von Natrium im Unterschied zum Chlorid.* Für das Verständnis der Ödempathogenese und der Bedeutung von Natrium bei der Bildung von generalisierten Ödemen spielen diese Zusammenhänge eine wichtige Rolle.

I. Die Einteilung der Störungen des Wasser- und Natriumstoffwechsels

Die im folgenden zu besprechenden Störungen können überwiegend den Wasserhaushalt oder überwiegend den Natriumhaushalt betreffen. Schließlich können auch beide in etwa gleicher Weise beteiligt sein. Alleinige Zufuhr bzw. Retention von Wasser bewirkt eine proportionale Zunahme aller Flüssigkeitsräume, da die

Zellmembranen der Diffusion von Wasser kein Hindernis entgegensetzen. Eine Folge davon ist das Absinken der Osmolalität, wobei der osmotische Druck sowohl im extracellulären als auch im intracellulären Raum abnimmt. [Na$^+$] in der extracellulären Flüssigkeit ist vermindert. Die Zunahme der intravasalen Flüssigkeit führt zu einer Abnahme des Hämoglobin- und Proteingehalts. Auch der Hämatokrit sinkt ab, allerdings nicht in demselben Ausmaß wie die eben genannten Meßgrößen (s. S. 92). So wird verständlich, daß man eine Ausweitung der Flüssigkeitsräume durch Zufuhr von Wasser als *hypotone Hyperhydration* bezeichnet (Abb. 26). Werden dadurch schwere klinische Symptome verursacht, so ist die Bezeichnung „*Wasservergiftung*" üblich.

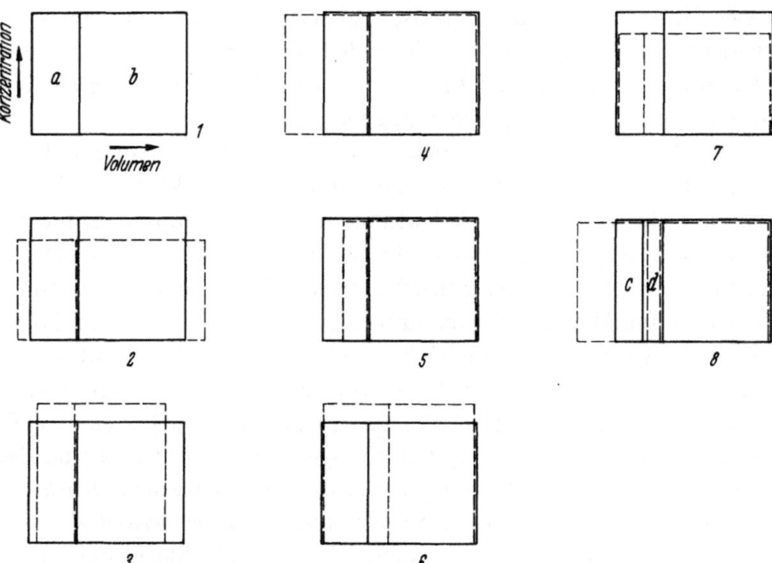

Abb. 26. Schematische Darstellung der häufigsten Störungen des Wasser- und Natriumstoffwechsels (Darrow-Yannet-Diagramme) *1* Normalzustand, *2* hypotone Hyperhydration, *3* hypertone Dehydration, *4* isotone Hyperhydration (isotones Ödem), *5* isotone Dehydration, *6* hypertone Hyperhydration, *7* hypotone Dehydration, *8* nephrotisches Ödem; *a* extracelluläre Flüssigkeit, *b* intracelluläre Flüssigkeit, *c* interstitielle Flüssigkeit, *d* intravasale Flüssigkeit

Umgekehrt wird sich ein Verlust von Wasser in einer proportionalen Verminderung der extra- und intracellulären Flüssigkeit mit einem Anstieg der Osmolalität in diesen Räumen äußern. [Na$^+$] steigt deshalb an, ebenso der Hämoglobin- und Proteingehalt, während der Anstieg des Hämatokrits infolge der begleitenden Hyperosmolalität mit ihrer Verminderung des Erythrocyten-Volumens nur gering ausgeprägt ist. Man nennt diesen Zustand *hypertone Dehydration* (Abb. 26).

Wird Flüssigkeit mit einer der extracellulären Flüssigkeit weitgehend ähnlichen Zusammensetzung zugeführt oder retiniert, so kommt es zu einer Ausweitung des extracellulären Raums. Der effektive osmotische Druck ändert sich dabei nicht; infolgedessen bleibt das intracelluläre Volumen unverändert. In diesen Fällen bleibt [Na$^+$] im Plasma normal, während Hämoglobin- und Proteingehalt sowie Hämatokrit absinken. Man spricht deshalb von einer *isotonen Hyperhydration*. Es soll noch einmal betont werden, daß sich diese *ganz überwiegend auf den extracellulären Raum erstreckt*. Ist diese Zunahme der extracellulären Flüssigkeit so ausgeprägt, daß sie sich klinisch durch die bekannten Zeichen (s. Tab. 19) zu erkennen gibt, so spricht man von *generalisiertem Ödem*.

Umgekehrt führt ein Verlust von Wasser und Natrium in etwa gleichem Verhältnis zu einer Abnahme der extracellulären Flüssigkeit ohne wesentliche Beeinträchtigung des intracellulären Raums: *isotone Dehydration*. Dabei nehmen sowohl der intravasale als auch der interstitielle Anteil ab, so daß der Hämoglobin- und Proteingehalt sowie der Hämatokrit ansteigen. Das Plasmanatrium bleibt normal.

Die Zufuhr bzw. Retention von mehr Natrium als Wasser steigert den effektiven osmotischen Druck im extracellulären Raum, so daß es zu einem Einstrom intracellulärer Flüssigkeit bis zum Ausgleich der Osmolalitäten in beiden Räumen kommt. $[Na^+]$ wird dabei erhöht gefunden, Hämoglobin- und Proteingehalt sowie Hämatokrit nehmen ab. Man spricht von *hypertoner Hyperhydration* (Abb. 26). Sie ist also durch eine *Vergrößerung des extracellulären bei Verkleinerung des intracellulären Volumens* gekennzeichnet.

Geht mehr Natrium als Wasser verloren, dann kommt es einmal zu einem Absinken der Osmolalität im extracellulären Raum, außerdem aber auch zu einer Verminderung des extracellulären Volumens. Infolge der Abnahme des effektiven osmotischen Drucks wird Wasser aus dem extracellulären in den intracellulären Raum verschoben. Schließlich stellt sich ein neues Gleichgewicht ein, wobei extra- und intracelluläre Osmolalität untereinander gleich sind, jedoch unter dem normalen Wert liegen. $[Na^+]$ ist deshalb erniedrigt, Hämoglobin-, Proteingehalt und Hämatokrit nehmen zu. Man spricht von *hypotoner Dehydration* (Abb. 26).

Tabelle 12. *Einteilung der Störungen des Wasser- und Natriumstoffwechsels*

			Flüssigkeitsräume			Osmolalität		Meßgrößen				
Ursache	Bezeichnung	Klinische Beispiele	intracellul. Raum	extracellul. Raum	intravasal. Raum	intracellulär	extracellulär	Na⁺	Prot	Hb	Hämatokrit	Mittl. Ery-Vol.
Zufuhr bzw. Retention von mehr Wasser als Natrium	hypotone Hyperhydration, „Wasservergiftung"	Glucoseinfusionen postoperativ; Zufuhr großer Mengen rein. Wassers	↑	↑	↑	↓	↓	↓	↓	↓	(↓)	↑
Entzug von mehr Wasser als Natrium	hypertone Dehydration	fehlende Wasserzufuhr; Diabetes insipidus bei beschränkt. Wasserzufuhr	↓	↓	↓	↑	↑	↑	↑	↑	(↑)	↓
Zufuhr bzw. Retention v. Wasser u. Natrium in isotonischem Verhältnis	isotone Hyperhydration (Ödem)	generalisierte Ödeme bei Herzinsuffizienz, nephrotischem Syndrom, Lebercirrhose	N	↑	↑	N	N	N	↓	↓	↓	N
Entzug von Wasser u. Natrium i. isotonischem Verhältnis	isotone Dehydration	Diarrhöen; Verluste v. Darmsekreten durch Fisteln	N	↓	↓	N	N	N	↑	↑	↑	N
Zufuhr bzw. Retention v. mehr Natrium als Wasser	hypertone Hyperhydration	Zufuhr hypertoner Salzlösungen	↓	↑	↑	↑	↑	↑	↓	↓	↓	↓
Entzug v. mehr Natrium als Wasser	hypotone Dehydration	Nebennierenrinden-Insuffizienz	↑	↓	↓	↓	↓	↓	↑	↑	↑	↑

Die bisher besprochenen Verhältnisse sind in Tab. 12 zusammengestellt.

Abschließend soll Folgendes noch einmal betont werden. Bei einer *hypertonen Dehydration* wird, absolut gesehen, ganz *überwiegend der intracelluläre Raum* vermindert. Eine *isotone Dehydration* betrifft dagegen *allein die extracelluläre Flüssigkeit*. Bei einer *hypotonen Dehydration* wird die *extracelluläre Flüssigkeit* nicht nur durch einen Verlust nach außen, sondern auch durch das Abwandern in den intracellulären Raum hinein vermindert. Einen Anhalt für die Veränderungen der intracellulären Flüssigkeit kann man aus der Bestimmung des mittleren Erythrocyten-Volumens gewinnen (Tab. 12). Man sollte davon häufig Gebrauch machen, zumal für die Bestimmung des mittleren Erythrocyten-Volumens nur der Hämoglobingehalt und Hämatokrit erforderlich sind (s. S. 93).

II. Die wichtigsten Meßgrößen zur Erkennung von Störungen des Wasser- und Natriumstoffwechsels

Leider existieren keine direkten Methoden hinreichender Genauigkeit zur Bestimmung der einzelnen Flüssigkeitsräume, besonders in den pathologischen Fällen. Bei der grundsätzlichen Schwierigkeit in der Messung der extracellulären Flüssigkeit ist auch in Zukunft kein methodischer Fortschritt zu erwarten (s. S. 16). So scheiden unmittelbare Messungen der Flüssigkeitsräume aus. Man muß deshalb versuchen, mit Hilfe anderer Meßgrößen über die vorliegenden Störungen Auskunft zu erhalten.

1. Hämatokrit, Hämoglobin- und Proteingehalt, mittleres Erythrocyten-Volumen

Diese Meßgrößen sind von großer Bedeutung für die Abschätzung des eingetretenen Verlustes an intravasaler Flüssigkeit. Da das intravasale Volumen — von Blut- und Plasmaverlusten sei abgesehen — sich meist proportional den Änderungen der gesamten extracellulären Flüssigkeit verändert, lassen diese Meßgrößen Schlüsse auf den extracellulären Flüssigkeitsraum zu. Ungünstig ist allerdings, daß sich nur *Änderungen, keine absoluten Werte erfassen lassen*. Oft sind auch die Ausgangswerte nicht bekannt, so daß die Bewertung der im aktuellen Fall erhobenen Befunde mit Kritik erfolgen muß.

Hämatokrit. Bei isotoner Hyperhydration oder Dehydration, also bei alleinigen Änderungen des extracellulären Volumens ohne begleitende Änderungen der Osmolalität, wird der Hämatokrit Zunahme oder Abnahme des intravasalen Volumens gut widerspiegeln. Liegen gleichzeitig Änderungen der Osmolalität vor, dann gewinnen auch diese über eine Beeinflussung des Erythrocyten-Volumens Einfluß auf den Hämatokrit. So wird eine hypertone Dehydration durch die Abnahme der intravasalen Flüssigkeit einen Anstieg, durch die Hyperosmolalität jedoch eine Abnahme des Hämatokrits bewirken. Es stellt sich dann eine Resultante aus beiden Veränderungen ein, wobei meist die Hämatokrit-Zunahme infolge Abnahme der intravasalen Flüssigkeit überwiegt. Besonders ausgeprägt werden Hämatokritveränderungen bei hypertoner Hyperhydration und hypotoner Dehydration sein, da in diesen Fällen sowohl die Veränderung des Volumens als auch der Osmolalität den Hämatokrit gleichsinnig beeinflussen. Dieser Zusammenhänge muß man sich stets bewußt sein, wenn erhobene Befunde richtig gedeutet werden sollen.

Hämoglobin- und Proteingehalt. Beide werden bei Abnahme der intravasalen Flüssigkeit ansteigen, bei Zunahme dagegen abfallen. In den Fällen, da schon von vornherein eine Anämie und Hypoproteinämie vorliegen, werden die aktuell erhobenen Werte irreführen können. Man muß deshalb stets die Möglichkeit vorbestehender Grundkrankheiten bedenken und die erhobenen Befunde mit Kritik bewerten.

Mittleres Erythrocyten-Volumen. Eine Änderung der Osmolalität im extracellulären Raum beeinflußt das mittlere Erythrocyten-Volumen. So bewirkt ein Anstieg der Osmolalität einen Wasserabstrom und damit eine Verkleinerung, ein Abfall der Osmolalität einen Flüssigkeitseinstrom und damit eine Vergrößerung des Erythrocyten-Volumens.

Das gilt uneingeschränkt allerdings nur für akute Störungen. Bei chronischen Zuständen fand Riecker an Erythrocyten Veränderungen, die durch die extracelluläre Osmolalität allein nicht erklärt werden konnten. Unter diesen Bedingungen kommt es zu einem sehr komplizierten Zusammenwirken von osmotischen Einflüssen, Diffusion und aktiven Zelleistungen (s. S. 23).

Für die Bestimmung des mittleren Erythrocyten-Volumens sind lediglich der Hämatokrit und die Erythrocyten-Zahl notwendig. Sie erfolgt nach folgender Beziehung:

$$\frac{\text{Hämatokrit (cm}^3 \text{ Erythrocyten-Volumen/100 cm}^3 \text{ Blut)} \cdot 10}{\text{Erythrocyten-Zahl (Millionen/mm}^3 \text{ Blut)}}$$

$$= \text{mittleres Erythrocyten-Volumen in } \mu\text{m}^3.$$

Normalerweise beträgt das mittlere Erythrocyten-Volumen 85 μm³ mit einer Schwankungsbreite von 78—92. Aus Tab. 12 geht hervor, daß die *Veränderungen des mittleren Erythrocyten-Volumens denjenigen des intracellulären Raums parallellaufen.*

Praktisch dieselbe Auskunft ergibt die **mittlere Hämoglobin-Konzentration der Erythrocyten.** Sie wird bei Entzug von Flüssigkeit aus den Erythrocyten, also bei Hyperosmolalität, einen Anstieg, bei Einstrom von Flüssigkeit, also bei Hypoosmolalität, einen Abfall zeigen. Sie ändert sich also umgekehrt wie das mittlere Erythrocyten-Volumen. Für ihre Bestimmung sind der Hämoglobingehalt und der Hämatokrit erforderlich. Es gilt dann folgende Beziehung:

$$\frac{\text{Hämoglobin (g/100 ml Blut)} \cdot 100}{\text{Hämatokrit (ml Erythrocyten-Volumen/100 ml Blut)} \cdot 100}$$

$$= \text{mittlere Hb-Konzentration der Erythrocyten}$$
$$\text{in g/100 ml Erythrocyten-Volumen}$$

Die normale mittlere Hämoglobinkonzentration der Erythrocyten beträgt 33,5 g pro 100 ml Erythrocyten-Volumen mit einer Schwankungsbreite von 31,5—35,5.

Aus beiden Meßgrößen erhält man dieselbe Information. *Diese Meßgrößen sind* dann *besonders wichtig,* wenn der Hämatokrit wegen gleichzeitiger Änderung des Flüssigkeitsvolumens und der Osmolalität in jeweils entgegengesetzter Richtung beeinflußt wird, also besonders *bei hypotoner Hyperhydration und hypertoner Dehydration.* Dagegen ist der *Hämatokrit die überlegene Meßgröße,* wenn die Änderungen der Flüssigkeitsräume und der Osmolalität den Hämatokrit jeweils in gleicher Weise beeinflussen, so daß sich ihre Wirkungen addieren. Das ist *bei hypotoner Dehydration und hypertoner Hyperhydration* der Fall.

2. Plasmaelektrolyte und Rest-N

Natrium. Von den Plasmaelektrolyten interessiert vor allem [Na⁺]. Immer dann, wenn [Na⁺] höher oder niedriger liegt als normal, kann man schließen, daß Wasser und Natrium nicht im isotonischen Verhältnis verlorengegangen oder hinzugefügt worden sind. Stets sollte man sich bewußt sein, daß [Na⁺] ein Konzentrationsmaß ist, also nichts über die gesamte im Körper vorhandene Natriummenge aussagt. Hyponatriämie kann daher sowohl bei normalem als auch bei erhöhtem oder erniedrigtem Natriumbestand vorkommen. Analoges gilt für die Hypernatriämie.

Findet man niedrige Werte für [Na⁺] bei gleichzeitiger Hyperproteinämie und/oder Hyperlipidämie, dann ist folgendes zu bedenken. Sowohl die Eiweißkörper als auch die Lipoide besitzen ein hohes spezifisches Volumen. Sie beanspruchen also Lösungsraum. Bezieht man in solchen Fällen [Na⁺] auf Plasmawasser, so erhält man oft normale Werte (s. S. 3). Die Hyponatriämie bei diabetischer Acidose ist zum großen Teil auf diese Weise zu erklären.

Kalium. Sehr oft sind die Störungen des Wasser- und Natriumhaushalts auch mit Störungen des Kaliumstoffwechsels (s. 6. Kapitel) vergesellschaftet. Deshalb ist die Bestimmung von [K⁺] zweckmäßig. Findet man im Plasma erniedrigte Werte, dann kann man einen Kaliummangel annehmen. Nicht ganz selten liegt aber trotz normaler oder sogar erhöhter Kaliumwerte im Plasma ein Kaliummangel vor. Die Zusammenhänge sind unschwer zu verstehen, wenn man folgendes bedenkt. Im extracellulären Raum beträgt der Kaliumbestand etwa 55—65 mval. Diese gegenüber dem intracellulären Kaliumbestand sehr geringe Menge kann, vor allem durch Verschiebungen aus dem intracellulären Raum, aber auch bei Verminderung der extracellulären Flüssigkeit, sehr schnell Änderungen von [K⁺] im Plasma ergeben, ohne daß diese mit dem Gesamtbestand an Kalium parallellaufen. Erfahrungsgemäß liegen *trotz Kaliummangels in den Zellen bei Dehydration, Acidose und Nierenfunktions-Störungen oft normale oder sogar erhöhte Kaliumwerte im Plasma vor.* Dagegen läßt eine Alkalose einen Kaliummangel sehr viel deutlicher auch am Plasmakalium in Erscheinung treten.

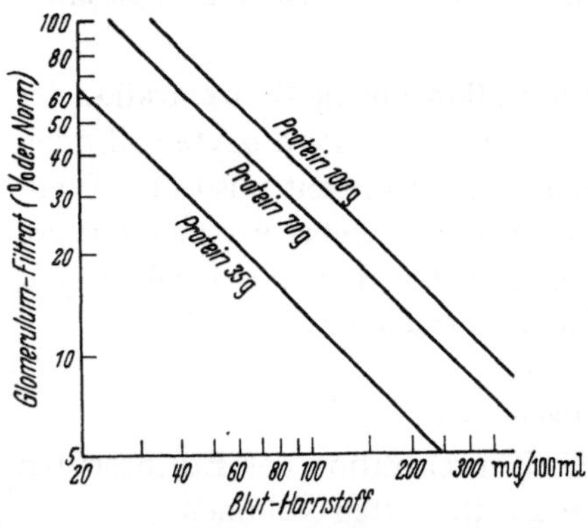

Abb. 27. Die Beziehungen zwischen Glomerulumfiltrat und Blutharnstoffspiegel bei unterschiedlicher Eiweißzufuhr (Nach BULL)

Rest-N. Von den Stoffen, welche den Rest-N ausmachen, ist Harnstoff der wichtigste. Harnstoff ist zur Hälfte bis zu zwei Dritteln am Rest-N beteiligt. Bei Erhöhung des Rest-N wird der Anteil an Harnstoff noch größer. Deshalb können sich die folgenden Betrachtungen auf den Harnstoff beschränken. Seine Höhe im Plasma ist abhängig von dem Anfall an Harnstoff und der Ausscheidung. Letztere erfolgt durch glomeruläre Filtration, wobei allerdings ein Teil des filtrierten Harnstoffs während der weiteren Passage durch die Tubuluszellen wieder zurück diffundiert. Sowohl eine Abnahme des Glomerulumfiltrats als auch eine vermehrte Rückdiffusion werden also zur Erhöhung des Harnstoffs und damit des Rest-N im

Plasma beitragen können. Bei überwiegendem Wassermangel bleibt das Glomerulumfiltrat anfangs erhalten. Die ausgeprägte Oligurie bietet dagegen für eine verstärkte Rückdiffusion von Harnstoff sehr günstige Bedingungen. Am ausgeprägtesten wird die Rest-N-Erhöhung im Plasma sein, wenn sowohl der Harnstoffanfall durch einen verstärkten Eiweißabbau vermehrt ist, als auch die glomeruläre Filtration absinkt und die Rückdiffusion wegen gleichzeitiger Oligurie zunimmt. Die Abhängigkeit des Harnstoffspiegels im Blut von der Größe des Glomerulumfiltrats und der Proteinzufuhr (Harnstoffangebot) gibt die Abb. 27 wieder.

3. Harn

Die Untersuchung des Harns kann sehr wichtige Aufschlüsse vermitteln. Bei *überwiegendem Wassermangel* findet man ein *geringes Harnvolumen mit hohem spezifischem Gewicht*; dabei ist *Natrium und Chlorid im Harn*, allerdings in geringen Mengen, *enthalten*. Es gibt aber nicht selten Ausnahmen von dieser Faustregel, die

Tabelle 13. *Ursachen für Oligurie*

1. Bei Wassermangel
2. Ohne Wassermangel
    a) 1—2 Tage postoperativ
    b) arterielle Hypotension mit mangelhafter Filtration
    c) Krankheiten der Nieren und ableitenden Harnwege:
        oligurisches Stadium der akuten tubulären Nekrose
        akute Glomerulonephritis
        Schrumpfniere (Endstadium)
        Verlegung der Harnwege
    d) während der Entwicklung generalisierter Ödeme

bekannt sein müssen, wenn Fehlinterpretationen vermieden werden sollen. So kann eine Oligurie auch ohne Vorliegen eines Wassermangels auftreten; die Tab. 13 enthält die häufigsten Ursachen. Ferner kann trotz bestehenden Wassermangels keine Oligurie nachweisbar sein, manchmal kann sogar eine Polyurie bestehen. Die häufigsten hierfür maßgebenden Ursachen sind in Tab. 14 zusammengestellt. Bei überwiegendem Wassermangel enthält der Harn oft Eiweiß, Erythrocyten und Cylinder.

Tabelle 14. *Vorkommen von Wassermangel ohne gleichzeitige Oligurie*

1. Störung der endokrinen Regulation
        Diabetes insipidus
2. Störung der Nierenfunktion
    a) osmotische Diurese bei chronischer Nieren-Insuffizienz
    b) gestörte Harnkonzentrierung
        Säuglingsalter, hohes Lebensalter
        diuretische Phase der akuten tubulären Nekrose
        vorübergehend nach arterieller Hypotension
        Pyelonephritis
        Kaliummangel-Zustände
        Hyperparathyreoidismus u. a. mit Hypercalcämie einhergehende
            Störungen

Bei *überwiegendem Natriummangel* findet man anfangs *oft* ein *normales Harnvolumen*. Dabei ist aber die Ausscheidung von Natrium und Chlorid hochgradig herabgesetzt. Auch hier kann es vorkommen, daß Zustände von Natriummangel

Tabelle 15. *Natriummangel-Zustände mit normaler oder gesteigerter Natriumausscheidung im Harn*

1. Störung der endokrinen Regulation
    a) Nebennierenrinden-Insuffizienz
    b) cerebrales Salzverlust-Syndrom
    c) Natriumverlust infolge Hyperhydration durch vermehrte ADH-Freisetzung
2. Störung der Nierenfunktion
    a) osmotische Diurese bei chronischer Nieren-Insuffizienz
    b) gestörte Natriumrückresorption
        diuretische Phase der akuten tubulären Nekrose
        Pyelonephritis
        Kaliummangel-Zustände
        Hyperparathyreoidismus und andere mit Hypercalcämie einhergehende Störungen
        renale tubuläre Acidose

mit einer normalen oder sogar gesteigerten Natriumausscheidung im Harn einhergehen. Die häufigsten Ursachen dieses Verhaltens sind in Tab. 15 zusammengestellt. Schließlich muß auch bedacht werden, daß eine verminderte Ausscheidung von Natrium vorliegen kann, ohne daß es sich um einen Natriummangel handelt. Das findet man in den auf Tab. 16 zusammengestellten Fällen.

Tabelle 16. *Verminderte Natriumausscheidung im Harn ohne Vorliegen eines Natriummangel-Zustandes*

1. In der ersten Woche nach Traumen und Operationen
2. Während der Entwicklung eines generalisierten Ödems
3. Bei Behandlung mit ACTH, Nebennierenrinden-Steroiden, Androgenen, Oestrogenen, Reserpin

Im allgemeinen läuft die *Ausscheidung von Chlorid derjenigen von Natrium parallel*. Man kann also auch durch die Bestimmung des Harn-Chlorids wichtige Aufschlüsse erhalten. Unter *bestimmten Bedingungen* verhalten sich jedoch *Natrium und Chlorid gegensätzlich*. Wenn Natrium auf extrarenalem Wege im Überschuß gegenüber Chlorid verlorengeht (z. B. Pankreasfisteln), so wird Chlorid weiter mit dem Harn in Form von KCl und NH_4Cl ausgeschieden. Dasselbe gilt dann, wenn Natrium tubulär weitgehend rückresorbiert wird, dafür aber Kalium zur Ausscheidung kommt. Auch hierbei dient Chlorid als Anion.

III. Klinisch wichtige Zustände von Dehydration

Die in der Klinik beobachteten Zustände von Dehydration können ohne Änderung der Osmolalität, aber auch mit einer Erhöhung oder einer Erniedrigung der Osmolalität im extra- und intracellulären Raum einhergehen. Sie sollen daher getrennt besprochen werden.

A. Hypertone Dehydration — vorwiegender Wassermangel

Bevor die wichtigsten Formen hypertoner Dehydration abgehandelt werden, ist zunächst das klinische Bild des vorwiegenden Wassermangels zu besprechen. Nach MARRIOTT läßt sich eine Symptomatologie vorwiegenden Wassermangels von einer solchen vorwiegenden Natriummangels unterscheiden.

1. Klinisches Bild des vorwiegenden Wassermangels

MARRIOTT (1947) teilte das Wassermangel-Syndrom in drei Schweregrade ein. Bei *leichter Wasserverarmung* von 2% des Körpergewichts (= 1,5 l Wasserdefizit bei einer 75 kg schweren Person) steht der Durst im Vordergrund der Beschwerden. Der Speichelfluß ist vermindert, das Schlucken erschwert, die Zunge ist trocken. Im Gegensatz zum Natriummangel bestehen weder Tachykardie noch Blutdruckerniedrigung und Kollaps der Venen. Der Gewebsturgor ist weitgehend erhalten.

Erst bei *mäßiger Wasserverarmung* (bis zu 6% des Körpergewichts = 4,5 l Wasserverlust) beginnt der Blutdruck abzusinken, das Herzminutenvolumen geht trotz Ansteigens der Pulsfrequenz zurück. Leichte Temperatursteigerungen sind häufig. Der Kranke fühlt sich schwach und apathisch.

Das Bild des *schweren Wassermangels* ist gekennzeichnet durch eine erhebliche Verstärkung der zuletzt genannten Symptome. Cerebrale Erscheinungen wie Unruhe, Delirium und Koma treten hinzu. Ein Verlust von mehr als 40% des Körperwassers (= 25% des Körpergewichts) ist mit dem Leben nicht mehr vereinbar. Eine eingehende Symptomatologie gibt die Tab. 17. Hier ist aus Vergleichsgründen das klinische Bild des vorwiegenden Natriummangels ebenfalls aufgeführt.

Im Plasma steigen die Elektrolytkonzentrationen an. Der Rest-N ist erhöht. Dabei liegt anfangs die Ursache dafür in der Oligurie mit verstärkter Rückdiffusion von Harnstoff, erst später kommt das Absinken des Glomerulumfiltrats hinzu. Der Hämatokrit steigt nicht in dem Ausmaß an, wie man es erwarten sollte. Der erhöhte osmotische Druck läßt Wasser aus den Erythrocyten austreten und so ihr Volumen schrumpfen. Dieser Vorgang wirkt dem Anstieg des Hämatokrits entgegen. Im Harn tritt eine Oligurie mit hohem spezifischen Gewicht und oft Eiweiß, Erythrocyten und Cylindern auf.

Die *Behandlung* muß in Zufuhr von Wasser per os, in schweren Fällen mit Bewußtseinsstörung in Form von isotonischer Glucoselösung i. v. bestehen. Die einzelnen bei der Behandlung zu beachtenden Gesichtspunkte sind im 10. Kapitel auseinandergesetzt. Ist der Flüssigkeitsverlust ersetzt, dann ist auch an die Zufuhr der bei längerer Wasserverarmung mit verlorengegangenen Ionen, besonders Kalium und Phosphat, zu denken.

2. Klinisch wichtige Formen überwiegenden Wassermangels

a) Mangelhafte Wasserzufuhr

Eine mangelhafte Zufuhr von Wasser ist der häufigste Grund von hypertoner Dehydration. Sie wird meist bei Patienten beobachtet, die so schwach und hinfällig sind, daß sie sich Wasser zum Trinken nicht ausreichend beschaffen können, z. B. zu Hause ohne entsprechende Pflege. Aber auch im Krankenhaus kann infolge ungenügender Wasserzufuhr ein Dehydrationszustand entstehen. Bei schweren Krankheitsbildern sind Arzt und Pflegepersonal durch andere Aspekte der Krankheit oft so in Anspruch genommen, daß auf eine genügende Flüssigkeitszufuhr nicht geachtet wird. Besonders leicht kann dies bei Patienten vorkommen, die wegen Bewußtseinsstörungen oder Koma Durstgefühl nicht äußern können. Unter diesen Umständen kann selbst dann, wenn keine außergewöhnlichen Flüssigkeitsverluste (Durchfälle, Schweißausbrüche, Fieber, Erbrechen) vorliegen, ein erheblicher Wassermangel entstehen.

Tabelle 17. *Klinische Symptomatologie des vorwiegenden Wassermangels und vorwiegenden Natriummangels*

Symptome	Hypertone Dehydration — vorwiegender Wassermangel	Hypotone Dehydration — vorwiegender Natriummangel
Bewußtsein	erst in fortgeschrittenen Stadien gestört	bei schwerem Schock gestört
Apathie, Schwäche	erst in fortgeschrittenen Stadien	sehr ausgeprägt, wenig Anteilnahme an Umgebung
Durst	stark ausgeprägt; Leitsymptom	nicht typisch; falsches Durstgefühl möglich (s. S. 30)
Sprechen	erschwert infolge Trockenheit der Schleimhäute	wenn Bewußtsein vorhanden, ungestört
Zunge	kann oft nicht herausgestreckt werden; manchmal rot und geschwollen	longitudinale Faltenbildung
Speichelbildung	fehlt	vorhanden
Erbrechen	fehlt	oft vorhanden
Kopfschmerzen	fehlen	vorhanden
Körpertemperatur	oft erhöht	oft herabgesetzt, falls nicht Infektionen vorliegen
Atmung	in fortgeschrittenem Zustand: Tachypnoe; Tod oft an Atemstillstand	in fortgeschrittenen Stadien: Tachypnoe
Muskelkrämpfe	fehlen	vorhanden
Haut	trocken, oft gerötet	kalt an den Extremitäten, oft cyanotisch; abgehobene Falten verstreichen nur langsam
Schweißbildung	fehlt, trockene Axillen	Schweißausbruch prognostisch ungünstig
Herzfrequenz	erst in fortgeschrittenen Stadien Tachykardie	Tachykardie; Leitsymptom
Blutdruck	erst in fortgeschrittenen Stadien erniedrigt	erniedrigt; Leitsymptom
Schwindel und Kollaps bei aufrechter Körperhaltung	erst in fortgeschrittenen Stadien	ausgeprägt vorhanden; Leitsymptom
Venen	erst in fortgeschrittenen Stadien verzögerte Wiederauffüllung der Handvenen	verzögerte Wiederauffüllung der Handvenen
Harn	Oligurie mit hohem spez. Gewicht, Natrium und Chlorid vorhanden; oft Eiweiß, Erythrocyten und Cylinder	erst spät Oligurie mit oft niedrigem spez. Gewicht; außer bei renalem Salzverlust nur wenig Natrium und Chlorid
Blut	Hämoglobin- und Proteingehalt, Erythrocyten-Zahl, Hämatokrit wenig erhöht, Rest-N mäßig erhöht, $[Na^+]$, $[Cl^-]$ erhöht	Hämoglobin- und Proteingehalt, Erythrocyten-Zahl, Hämatokrit stark erhöht, Rest-N stark erhöht, $[Na^+]$, $[Cl^-]$ erniedrigt

b) Erhöhter Wasserbedarf bei Ausscheidung großer Mengen harnpflichtiger Substanzen

Das wird besonders dann beobachtet, wenn schwerkranke Patienten durch Magen- oder Darmsonden künstlich ernährt werden. Die verwendeten Nahrungsgemische sind meist reich an Eiweiß und Glucose bei geringem Flüssigkeitsgehalt. So entsteht eine osmotische Diurese, besonders dann, wenn die Fähigkeit zur Harnkonzentrierung durch Alter oder Krankheit eingeschränkt ist. Solche Patienten scheiden relativ große Harnmengen aus. Dadurch kann die Fehldeutung ausreichender Wasserversorgung entstehen. Normalerweise werden solche Patienten Durst äußern und infolgedessen Flüssigkeit zugeführt bekommen. Bei Störungen des Bewußtseins oder im Koma kann dagegen wegen des Wegfalls des Durstgefühls ein erheblicher Wassermangel mit Hyperosmolalität auftreten.

Ein ähnliches Syndrom kann bei *Säuglingen* beobachtet werden, die mit *ungenügend verdünnter Kuhmilch* ernährt werden. Auch Patienten mit *Magendarm-Blutungen* infolge Ulcera des Magens und Duodenums, die *mit Milch und Rahm ohne* entsprechende *Flüssigkeitszufuhr ernährt* werden, können eine schwere hypertone Dehydration bekommen, zumal die Nierenfunktion durch den vorausgegangenen Blutdruckabfall oft geschädigt ist.

c) Diabetes insipidus

Ähnliche Verhältnisse liegen beim Diabetes insipidus vor. Hierbei spielt jedoch nicht die Ausscheidung besonders großer Mengen harnpflichtiger Substanzen, sondern die mangelhafte Konzentrierungsfähigkeit die entscheidende Rolle. Einzelheiten werden im 16. Kap. besprochen.

d) Schwitzen

Aus Tab. 39 geht hervor, daß Schweiß einen geringeren Natriumgehalt besitzt als Plasma. Reichlicher Schweißverlust ist deshalb stets ein Verlust von mehr Wasser als Natrium. Der Verlust kann so stark sein, daß eine erhebliche Dehydration zustande kommt. Häufig trinken die Betroffenen große Mengen von salzfreier Flüssigkeit. Deckt die Flüssigkeitszufuhr nur den Wasserverlust, so bleibt [Na$^+$] normal: man findet eine isotone Dehydration. Oft wird aber soviel Wasser aufgenommen, daß eine hypotone Dehydration eintritt. Dieses Beispiel zeigt sehr deutlich, daß der endgültig resultierende Zustand keineswegs nur von dem ursprünglichen Verlust geprägt ist, sondern sekundäre Umstände die führende Rolle übernehmen können.

Die bisher besprochenen Fälle zeichnen sich dadurch aus, daß *mehr Wasser als Salz* verloren wird. Als Folge davon beobachtet man Veränderungen, die auf S. 96 ausführlich beschrieben wurden. Sie sollen hier noch einmal kurz zusammengefaßt werden:

1. Es wird Zellwasser in den extracellulären Raum hinein verschoben, so daß sich die Osmolalitäten im extra- und intracellulären Raum einander angleichen; sie liegen dabei über der Norm.

2. Die Erhöhung des effektiven osmotischen Druckes führt einerseits zu einer Reizung der Osmoreceptoren mit vermehrter Freisetzung von ADH, andererseits zur Erzeugung von Durstgefühl. Die ADH-Freisetzung bewirkt eine verstärkte Wasserrückresorption mit Ausscheidung von wenig Harn mit hohem spezifischen Gewicht.

3. Es kommt zu einem verminderten extrarenalen Wasserverlust, wodurch die sog. physikalische Thermoregulation leidet. So erklärt sich das nicht selten auftretende Fieber.

7*

4. Trotz der bestehenden Hypernatriämie beobachtet man nur eine geringe Natriurese, da die Rückresorption von Natrium gesteigert ist. Die Ursache liegt wahrscheinlich in der Abnahme der interstitiellen Flüssigkeit, später auch der verminderten Füllung des arteriellen Systems.

B. Hypotone Dehydration — vorwiegender Natriummangel

Nunmehr sollen die Zustände besprochen werden, die mit einem vorwiegenden Verlust an Natrium einhergehen.

1. Klinisches Bild des vorwiegenden Natriummangels

Es ist durch die Verminderung der extracellulären Flüssigkeit mit allen ihren Folgen geprägt. MARRIOTT hat den vorwiegenden Natriummangel in drei Phasen eingeteilt.

Geringe bis mäßige Natriumverarmung. Der Patient ist apathisch und ohne Interesse für seine Umgebung. Beim Aufrichten des Körpers treten Schwindel und Kollapsneigung auf. Dieses Darniederliegen des Kreislaufs ist auf ein Absinken des Herzminutenvolumens infolge Verminderung der intravasalen Flüssigkeit zurückzuführen. Der Gehalt des Urins an Natrium und Chlorid ist sehr niedrig. Bei dem bisher genannten Zustand beträgt das Defizit etwa 4 l isotonische Salzlösung.

Mäßige bis schwere Natriumverarmung. Der Patient ist sehr abgeschlagen, hat Schwindel und Kollapsneigung schon im Liegen; oft sind Übelkeit und Erbrechen vorhanden. Der Blutdruck fällt auf systolisch 100 mm Hg ab. Im Urin lassen sich Natrium und Chlorid nicht mehr nachweisen. Bei diesem Zustand kann man einen Mangel von 4—6 l isotonischer Salzlösung annehmen.

Schwere Natriumverarmung. Der Patient ist apathisch, bewußtseinsgetrübt, in schweren Fällen komatös. Übelkeit und Erbrechen sind häufig. Der Blutdruck sinkt unter 90 mm Hg ab. Im Urin findet man praktisch kein Natrium und Chlorid. In diesen Fällen wird das Defizit auf 6—10 l isotonischer Salzlösung, also etwa die Hälfte des normalerweise vorhandenen extracellulären Volumens geschätzt (s. S. 12).

Bei der Natriumverarmung wird *wenig Durst* geäußert (s. S. 29). Hierin besteht ein großer Unterschied gegenüber der vorwiegenden Wasserverarmung, wo schon sehr früh starker Durst als Leitsymptom auftritt. Müdigkeit, Teilnahmslosigkeit und Apathie sollten stets den Verdacht auf einen Natriummangel-Zustand richten. Appetitlosigkeit, Übelkeit und Erbrechen finden sich häufig. Besonders bei aufrechter Körperhaltung tritt die Neigung zu Schwindel und Kollapszuständen hervor. Tachykardie ist gewöhnlich vorhanden. Es bestehen Kopfschmerzen und Sehstörungen. Krämpfe der benützten Muskeln sind ein wichtiges Zeichen. Die Sehnenreflexe sind häufig herabgesetzt. Die Untersuchung der peripheren Venen ist von besonderer Wichtigkeit. Wenn die vorher leer gestrichenen Handvenen bei herabhängendem Arm mehr als 5 Sekunden zur Auffüllung benötigen, so kann ein erheblich reduziertes Blutvolumen angenommen werden. In den fortgeschrittenen Stadien werden die Herztöne sehr leise, besonders der zweite Aortenton ist schwer hörbar. Die Urinausscheidung ist meist normal, der Harn enthält aber kaum Natrium und Chlorid. Eine Zusammenstellung der klinischen Symptome enthält die Tab. 17. Diese Patienten können in wenigen Tagen erheblich an Gewicht abnehmen; 3—10 kg sind keine Seltenheit.

Die *pathogenetische Grundlage* dieses klinischen Bildes ist die *Verminderung des extracellulären Volumens*, besonders des intravasalen Anteils. Sie steht beim überwiegenden Natriummangel viel mehr im Vordergrund als beim vorwiegenden Wassermangel. Das Absinken der Osmolalität im extracellulären Raum wird anfangs mit entsprechender Mehrausscheidung von Wasser beantwortet. Hat das extracelluläre Volumen bis zu einem gewissen Grade abgenommen, so wird trotz weiteren Absinkens von [Na$^+$] nunmehr durch Reizung der Volumenreceptoren ADH freigesetzt und Wasser renal zurückgehalten. Da die Osmolalität im extracellulären Raum dadurch weiter absinkt, wird aber letzten Endes für den Organismus nicht viel gewonnen. Nunmehr strömt nämlich Flüssigkeit vom extracellulären nach dem intracellulären Raum ab und vermindert so weiter die extracelluläre Flüssigkeit. Man erkennt also, daß sich die *hypotone Dehydration ganz überwiegend am extracellulären Raum abspielt.*

2. Klinisch wichtige Formen des überwiegenden Natriummangels

a) Nebennierenrinden-Insuffizienz

Sie ist zwar nicht die häufigste Ursache eines vorwiegenden Natriummangels, jedoch ein klassisches Beispiel dafür. Einzelheiten werden im 17. Kap. dargelegt. Hier sollen nur die allgemeinen Grundlagen erwähnt werden. Patienten mit Nebennierenrinden-Insuffizienz können bezüglich des Wasser- und Salzhaushaltes längere Zeit ohne gröbere äußere Störungen leben. Voraussetzung dafür ist allerdings, daß besondere Belastungen fehlen und eine hinreichende Zufuhr von Salz mit der Nahrung stattfindet. Werden solche Patienten auf eine salzbeschränkte Kost gesetzt, so beobachtet man, daß im Harn mehr Natrium ausgeschieden als mit der Nahrung zugeführt wird. Als Folge davon fällt [Na$^+$] in der extracellulären Flüssigkeit ab. Daran ist außerdem eine vermehrte Natriumausscheidung durch Speichel und Schweiß und ein Abwandern von Natrium in bestimmte Organe beteiligt (s. S. 54). Zufuhr von Aldosteron und Cortexon vermag diese negative Natriumbilanz zu beseitigen. Alle Symptome werden aber oft erst durch Gabe von Cortisol zum Verschwinden gebracht (s. 17. Kap.).

b) Störungen der Nierenfunktion als Ursache des Natriumverlustes

Patienten mit *chronischer Niereninsuffizienz* — meist liegen Schrumpfnieren vor — können Natrium nicht mehr so gut rückresorbieren wie Gesunde; das ist hauptsächlich eine *Folge der osmotischen Diurese. Außerdem* mag auch die *verminderte Bildung von H$^+$-Ionen und ihr Austausch gegen Natrium* von Bedeutung sein. Dieser Salzverlust ist sehr unterschiedlich ausgeprägt. Er erreicht nur selten hohe Grade. Immerhin sollten diese Zusammenhänge vor der gedankenlosen Verordnung salzfreier Kost bei fortgeschrittenen Fällen von Schrumpfniere warnen.

Wird der Salzverlust zunächst durch eine entsprechende Wassermehrausscheidung ausgeglichen, so kommt es zur isotonen Dehydration mit Verminderung des extracellulären Volumens. Ist der Salzverlust größer als der Wasserverlust, dann beobachtet man im Plasma Hyponatriämie. Da auch eine Hyperkaliämie bestehen kann, liegt die Fehldeutung einer Nebennierenrinden-Insuffizienz nahe. Meist dürfte aber das klinische Bild vor dieser Verwechselung schützen.

In der *diuretischen Phase der akuten Tubulusnekrose* können ebenfalls beträchtliche Verluste an Natrium und Chlorid entstehen. Es wird auf das 18. Kap. verwiesen.

Auch die *renale tubuläre Acidose* vermag zu Mangel an Kationen, so auch an Natrium zu führen (s. 12. Kap.).

Schließlich kann der häufige Gebrauch *kräftig wirkender Diuretica* Verluste von Natrium und Chlorid erzeugen. Einzelheiten findet man im 8. Kapitel.

c) Cerebrales Salzverlust-Syndrom

Es ist durch die Ausscheidung großer Mengen von Natrium und Chlorid im Harn charakterisiert. Da die Störung meist nicht rechtzeitig erkannt wird, entwikkeln sich schwere Dehydrationszustände mit Hyponatriämie, die nur durch die Zufuhr großer Mengen von NaCl behoben werden können. In den von WELT und Mitarb. beobachteten Fällen waren tägliche Zufuhren von 25—50 g Salz erforderlich, um eine ausgeglichene Natriumbilanz zu erzeugen. Die Häufigkeit dieser Störung ist noch nicht bekannt. Sie wurde meist bei cerebralen Gefäßschäden, aber auch bei akuter Encephalitis, bulbärer Poliomyelitis und Gehirntumoren beobachtet (WELT und Mitarb.; CORT). Bei Besserung des Grundleidens ist die Störung rückbildungsfähig.

Die *Pathogenese* dieses cerebralen Salzverlust-Syndroms ist noch nicht geklärt. Auf Grund der heutigen Kenntnisse über die Regulation des Natriumhaushaltes (s. S. 66) könnte man die Ursache der Störung in einem Fehlen von Faktor X (SMITH), einer vermehrten Freisetzung von natriumeliminierendem Hormon der Nebennierenrinde oder einem Fehlen von Aldosteron vermuten. Gegen die Bedeutung der Nebennierenrinde sprechen aber wichtige Befunde. So konnte in den Fällen von WELT und Mitarb. mit Cortexon keine Normalisierung der Natriumbilanz erzielt werden. Auch wurden mit den damals zur Verfügung stehenden Methoden keine Funktionsstörungen von Hypophyse und Nebennierenrinde nachgewiesen.

In diesem Zusammenhang ist von Interesse, daß schon JUNGMANN und MEYER (1914) durch Läsionen im Bereich des Bodens des 4. Ventrikels eine vermehrte Salzausscheidung mit Polyurie im Tierversuch erzeugen konnten, die bei Verabreichung von salzarmer Kost zwar geringer wurde, aber nicht sistierte. Eine Denervierung beider Nieren führte ebenfalls zu einer vermehrten Salz- und Wasserausscheidung, ohne daß eine zusätzliche Läsion im Bereich des 4. Ventrikels eine Steigerung erbrachte. In der Folgezeit wurde noch mehrfach über Polyurie und vermehrte Salzausscheidung bei Denervierung der Niere berichtet. Deshalb wurde als Erklärung des cerebralen Salzverlust-Syndroms angenommen, daß direkte nervale Verbindungen zur Niere unterbrochen werden. Gegen diese Hypothese spricht aber die auf S. 58 eingehend geschilderte Beobachtung, wonach eine transplantierte Niere, die also sicher frei von nervösen Einflüssen ist, über lange Zeit normale Elektrolytkonzentrationen und normale Flüssigkeitsräume aufrechterhalten kann. So ist noch am besten die Annahme vertretbar, daß eine zu geringe Produktion von Faktor X im hypothalamischen Gebiet das cerebrale Salzverlust-Syndrom erzeugt. *Es würde sich dann um eine dem Diabetes insipidus vergleichbare Störung des Natriumstoffwechsels handeln.* Die Tab. 18 enthält eine schematische Übersicht der an der Entstehung des cerebralen Salzverlust-Syndroms beteiligten Faktoren.

C. Isotone Dehydration — Verlust von Natrium und Wasser in isotonischem Verhältnis

Isotone Dehydrationszustände entstehen meist durch Verlust von Sekreten des Magendarm-Kanals, die gegenüber den Körperflüssigkeiten isoton sind, also z. B. durch Erbrechen, Durchfälle, Verluste aus Fisteln usw. Bei Ileus können große Mengen isotonischer Flüssigkeit innerhalb des Magendarm-Kanals liegen, ohne daß dies nach außen hin in Erscheinung tritt.

1. Tritt die isotone Dehydration sehr schnell ein, dann kann es zum klinischen Bild des Schocks kommen. Das ist verständlich, da ein *Verlust isotoner Flüssigkeit vorwiegend den extracellulären Raum und damit auch das intravasale Volumen betrifft.* Die Abnahme der intravasalen Flüssigkeit steht ja im Mittelpunkt der Schockpathogenese (s. 18. Kap.). In der Schockphase sind Hämatokrit und Proteingehalt erhöht, die Plasmaelektrolyte aber zunächst normal (Abb. 28). Der Rest-N wird meist erhöht gefunden. Wird der Schock ohne Behandlung überlebt, dann kommt es zu Reparationsbestrebungen des Organismus. Endogenes, aus dem Abbau von Zellen und Fettgewebe freigesetztes Wasser strömt in den extracellulären Raum ein. Dieses *endogene Wasser ist natriumfrei.* Da die renale Ausscheidung von Wasser, Natrium und Chlorid erheblich gedrosselt ist, kommt es zu einer teilweisen Wiederauffüllung der extracellulären Flüssigkeit, die allerdings mit einem Absinken von [Na+] einhergeht. Häufig liegen *gleichzeitig Störungen des Säure-Basen-Stoffwechsels* vor. Handelt es sich, wie meist, um Verlust von basenreichem Darmsekret, dann beobachtet man eine metabolische Acidose. Sie kann durch zusätzliche Störungen der Nierenfunktion, Auftreten von Ketosäuren und vermehrten Eiweißabbau verstärkt werden. Nur bei Verlust von

Tabelle 18. *Entstehung des cerebralen Salzverlust-Syndroms*

Hypothalamusläsion
↓
Verminderte Freisetzung von Faktor X
↓
Vermehrte renale Natriumausscheidung
↓
Abnahme von [Na+]
↓
Verminderte ADH-Freisetzung
↓
Vermehrte Wasserausscheidung
↓
Weitere vermehrte renale Natriumausscheidung
↓
Hypotone Dehydration

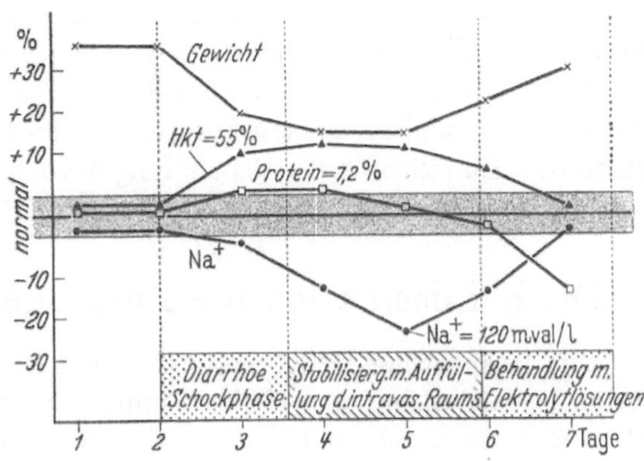

Abb. 28. Akute isotone Dehydration mit initialem Schock bei Diarrhoen. Gewicht und Proteinkonzentration sind von der Ordinate unabhängig (Nach Moore)

reichlich saurem Magensaft wird eine metabolische Alkalose beobachtet. Oft liegen *zusätzlich Kaliummangel-Zustände* vor.

Die *Behandlung* dieser Störung wird in der Zufuhr isotonischer Flüssigkeit, bei schwerem Schock in der Gabe von Plasma, Blut oder kolloidalen Lösungen bestehen müssen. Außerdem ist der Korrektur von Störungen des Säure-Basen-Gleichgewichts und einer eventuellen Kaliumsubstitution Rechnung zu tragen.

2. Hat der Patient während des Verlustes der gastrointestinalen Flüssigkeit weder Nahrung noch Wasser zu sich genommen, dann tritt wegen des obligatorischen renalen und extrarenalen Wasserverlustes eine *hypertone Dehydration* ein.

3. Geht der Verlust von isotoner gastrointestinaler Flüssigkeit langsam vor sich, dann kann die Auffüllung des extracellulären Raums mit den Verlusten etwa Schritt halten. Die Freisetzung von endogenem Wasser führt zusammen mit der bestehenden Oligurie zu einer weitgehenden Normalisierung des extracellulären Volumens bei allerdings stark herabgesetztem [Na$^+$]. *Im Vordergrund* steht also *bei diesen mehr chronischen Störungen eine Erniedrigung des osmotischen Drucks, nicht dagegen die Volumenverminderung* (Abb. 29). [K$^+$] ist oft normal oder leicht erhöht, bei gleichzeitiger Alkalose allerdings auch erniedrigt.

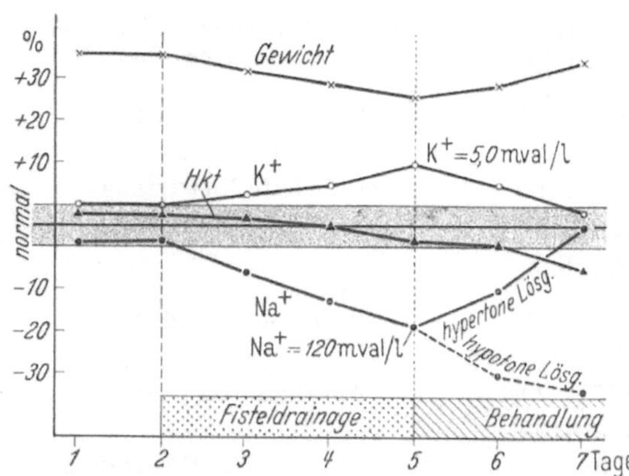

Abb. 29. Chronische hypotone Dehydration infolge Verlustes von Darmsekret durch Fisteldränage. Das Gewicht ist von der Ordinate unabhängig (Nach Moore)

Die *Behandlung* dieses mehr chronischen Zustandsbildes besteht in der Zufuhr hypertonischer Salzlösung. Dagegen führen hypotone Lösungen eine Verschlechterung herbei. Meist wird auch eine Kaliumsubstitution erforderlich sein.

Zusammenfassend soll festgestellt werden, daß trotz des ursprünglich isotonen Verlustes von Körperflüssigkeiten, je nach den gegebenen Umständen, Dehydrationszustände mit normalem, gesteigertem oder herabgesetztem Natriumspiegel im Plasma vorkommen können. Die oft empfohlenen Substitutionslösungen bei Verlust von Magensaft, Darmsaft usw. können dieser Vielfalt von Möglichkeiten keine Rechnung tragen. Deshalb sollte eine rationelle Behandlung mit wenigen Basislösungen und geeigneten Zusätzen die im Einzelfall angezeigte Substitution anstreben. Einzelheiten der Behandlung werden im 10. Kapitel besprochen.

IV. Klinisch wichtige Zustände mit Hyperhydration

Eine Vermehrung der Körperflüssigkeiten kann den extra- und intracellulären Raum jeweils alleine oder auch zusammen betreffen. Schließlich kommen noch Störungen vor, bei denen die extracelluläre Flüssigkeit vermindert, die intracelluläre jedoch vermehrt ist. Dieser Zustand liegt bei der hypotonen Dehydration vor, die auf S. 100 ausführlich besprochen wurde und hier außer acht bleiben soll.

A. Hypotone Hyperhydration — vorwiegender Wasserüberschuß

Der vorwiegende Wasserüberschuß geht mit einer Vergrößerung sowohl des extracellulären als auch des intracellulären Flüssigkeitsraums und entsprechender Herabsetzung der Osmolalität einher. Je nach dem, ob die Hyperhydration sehr schnell oder allmählich zustande kommt, werden unterschiedliche klinische Bilder beobachtet. Bei sehr schnellem Eintritt spricht man von Wasservergiftung. Die mehr chronischen Formen gehören in die Gruppe der sog. Hyponatriämien (Sodium dilution-Syndrom).

1. Wasservergiftung

Sie tritt nach übermäßiger Zufuhr von Trinkwasser oder i.v. Infusion salzfreier Flüssigkeit, meist in Form von Glucoselösung dann auf, wenn die schnelle Ausscheidung des zugeführten Wassers gestört ist. Eine mangelhafte Wasserausscheidung nach Wasserbelastung wird nicht selten beobachtet. Man trifft sie z. B. postoperativ, bei Nebennierenrinden-Insuffizienz, Nieren- und Leberkrankheiten, Zuständen von Unterernährung, bei Anämien, chronischen Darmkrankheiten (TAYLOR; MISK u. Mitarb.) sowie bei Herzinsuffizienz im Zustande der Hyponatriämie. Die Pathogenese dieser Störung ist noch nicht völlig geklärt. In manchen Fällen mag eine erhöhte ADH-Aktivität, in anderen ein Mangel an Cortisol (s. 11. Kap.) vorliegen.

Klinisches Bild (s. Tab. 19). Für das Zustandekommen der Wasservergiftung ist eine sehr schnelle Wasserzufuhr Voraussetzung. Man begegnet ihr daher am ehesten bei Patienten, die i. v. Infusionen elektrolytfreier Flüssigkeiten im Übermaß bekommen. Hohes Lebensalter und vorbestehende Störungen der Nierenfunktion disponieren zur Wasservergiftung. Das Symptomenbild entwickelt sich innerhalb von 1—2 Tagen. Es ist in den frühen Stadien durch Übelkeit, Schwäche und Apathie, später durch Erbrechen, Durchfälle, schnelle und angestrengte Atmung, Verwirrungszustände sowie Krampfanfälle und Bewußtlosigkeit gekennzeichnet. Neurologische Ausfallserscheinungen sind nur selten vorhanden. Das anfangs große Harnvolumen nimmt immer mehr ab; es kann Anurie entstehen. Ausgeprägtere Ödembildung wird im allgemeinen vermißt; am ehesten kann man noch eine Schwellung der Augenlider feststellen. Im fortgeschrittenen Zustand kann es zum Lungenödem kommen.

Die Plasmaelektrolyte sind sämtlich herabgesetzt, $[K^+]$ kann allerdings in Abhängigkeit von der Nierenfunktion auch erhöht sein. Hämatokrit, Protein- und Hämoglobingehalt sind erniedrigt.

Behandlung. Es sollten zunächst 50—100 ml hypertonische (5,85%, s. 10. Kap.) NaCl-Lösung i.v. gegeben werden. Die auf Zellquellung beruhenden schweren Symptome werden dadurch schnell rückgängig gemacht. Eine laufende Überwachung des Natriumspiegels ist erforderlich, um eine übermäßige Salzzufuhr zu vermeiden. Ist $[Na^+]$ auf etwa 130 mval/l angestiegen, so sollte die i.v. Zufuhr von NaCl abgebrochen werden. Sonst kann es zu erheblicher Ausweitung des extracellulären Raums mit der Gefahr des Lungenödems kommen. Die Zufuhr isotonischer Salzlösung ist bei der Wasservergiftung ohne Erfolg und kann den Zustand nur verschlimmern.

Tabelle 19. *Klinische Symptomatologie von Wasservergiftung und generalisierter Ödembildung*

Symptome	Hypotone Hyperhydration — „Wasservergiftung"	Hypertone bzw. isotone Hyperhydration — Ödem
Bewußtsein	oft gestört (Hirndruck-Zeichen!); generalisierte Krämpfe in fortgeschrittenen Stadien	nicht gestört
Apathie, Schwäche	frühzeitig vorhanden	vom Grundleiden abhängig
Durst	fehlt	vorhanden bei Hyperosmolalität im extracellulären Raum
Sprechen	ungestört, falls Bewußtsein normal	Heiserkeit
Speichelbildung	vermehrt	normal
Erbrechen	oft vorhanden (Hirndruck-Zeichen!)	oft vorhanden
Kopfschmerzen	frühzeitig vorhanden (Hirndruck-Zeichen!)	fehlen
Atmung	bei gesteigertem Hirndruck verlangsamt	Dyspnoe, Inspirationsstellung des Brustkorbs; abgeschwächtes Atemgeräusch, lauter 2. Pulmonalton
Muskelkrämpfe	vorhanden, besonders in den benutzten Muskeln	fehlen
Sehnen-Reflexe	anfangs gesteigert, später herabgesetzt	ungestört
Schweißbildung	nicht vermehrt	normal
Herzfrequenz	Bradykardie (Hirndruck-Zeichen!)	normal oder Tachykardie
Blutdruck	oft erhöht (Hirndruck-Zeichen!)	bei exogener Hyperhydration: oft erhöht, große Blutdruckamplitude
Venen	vermehrt gefüllt	vermehrt gefüllt; nur langsame Entleerung der Venen des Handrückens bei erhobener Hand
Ödembildung	meist nur angedeutet (Augenlider! Lungenödem)	vorhanden; bei starker Ausprägung Höhlenergüsse; Lungenödem
Harn	Oligurie → Anurie mit niedrigem spez. Gewicht und oft viel Natrium; Eiweiß, Erythrocyten, Cylinder sowie Ketokörper fehlen meist	abhängig vom Grundleiden
Blut	Hämoglobin- und Proteingehalt, Erythrocyten-Zahl und Hämatokrit erniedrigt, $[Na^+]$, $[Cl^-]$ erniedrigt, Rest-N erst spät erhöht	Hämoglobin- und Proteingehalt, Erythrocyten-Zahl und Hämatokrit erniedrigt, $[Na^+]$, $[Cl^-]$ normal, Rest-N normal oder erhöht

2. Das Sodium Dilution-Syndrom

Dieses Syndrom kommt durch eine im Verhältnis zu Natrium übermäßige Retention von Wasser zustande. Dabei ist der Natriumbestand des Organismus meist erhöht. Zusätzlich ist noch eine geänderte Verteilung zwischen intra- und extracellulärem Natrium von Bedeutung insofern, als Natrium aus dem extracellulären Raum in die Zellen abwandert. Im einzelnen werden diese Verhältnisse im Abschnitt V dieses Kapitels sowie im 11. und 12. Kapitel abgehandelt.

B. Hypertone Hyperhydration — vorwiegender Natriumüberschuß

Die Zufuhr oder Retention von mehr Salz als Wasser führt zu einer Erhöhung des effektiven osmotischen Drucks im extracellulären Raum. Als Folge davon kommt es zu einem Einstrom von Zellflüssigkeit, bis sich ein neues Gleichgewicht mit gegenüber der Norm erhöhter Osmolalität in beiden Räumen bei vermehrter extracellulärer und verminderter intracellulärer Flüssigkeit einstellt. In der klinischen Praxis werden diese Zustände nicht häufig beobachtet. Übermäßig große Infusionen hypertonischer Salzlösungen können dazu führen. Das klinische Bild stimmt weitgehend mit dem unter C geschilderten überein.

C. Isotone Hyperhydration — generalisierte Ödembildung

Diese Störung des Wasser- und Natriumstoffwechsels ist von großer klinischer Bedeutung. Generalisierte Ödeme werden bei sehr unterschiedlichen Krankheiten beobachtet: Herzinsuffizienz, nephrotischem Syndrom, Lebercirrhose, Schwangerschaftstoxikose und Anwendung von Steroid-Hormonen. Trotzdem sind die pathogenetischen Vorgänge in allen Fällen ähnlich.

1. Klinisches Bild

Die klinischen Symptome sind durch die Ausweitung des extracellulären Flüssigkeitsraums geprägt. Dabei können einige Liter Flüssigkeit — das Ausmaß hängt von der Verteilung auf den extracellulären Raum allein oder zusätzlich auch den intracellulären Raum ab — retiniert werden, ohne daß ein manifestes Ödem in Erscheinung tritt (*Präödem*). Auf die leichte Nachweisbarkeit in den abhängigen Partien (Unterschenkel, Kreuzbein, Rücken — je nach Körperlage) wird besonders hingewiesen. Es darf nicht vergessen werden, daß auch in den Körperhöhlen Ansammlungen freier Flüssigkeit vorkommen, besonders beim nephrotischen Syndrom und der Lebercirrhose. Zunehmende Atemnot kann durch Pleuraergüsse oder Lungenstauung bedingt sein. In den Fällen, die nicht mit einer Minderleistung des Herzens verbunden sind, ist der Befund an Herz und Kreislauf unauffällig. Der Blutdruck ist bei exogener Hyperhydration oft leicht erhöht, die Pulsamplitude vergrößert (s. Tab. 19).

2. Pathogenese generalisierter Ödeme

Ein Verständnis der pathogenetischen Vorgänge läßt sich am besten erreichen, wenn man von der klinischen Beobachtung ausgeht. Während der Ödementwicklung besteht eine gegenüber der Zufuhr verminderte Ausscheidung von Wasser und Natrium. Da die extrarenale Ausscheidung in diesem Zusammenhang ohne wesentliche Bedeutung ist, steht also die *Niere im Mittelpunkt des Geschehens*.

Die erste Frage lautet, wie die Verminderung der Wasser- und Natriumausscheidung durch die Niere zustande kommt. Sie kann grundsätzlich durch eine Verminderung der Filtration in den Glomerula, durch eine Steigerung der tubulären Rückresorption oder eine Kombination beider Vorgänge entstehen. Zweifellos ist das Glomerulumfiltrat bei vielen Fällen von Herzinsuffizienz und nephrotischem Syndrom, besonders den schweren, herabgesetzt. Insofern wird man die Möglichkeit eines Beitrags der herabgesetzten Filtration an der verminderten

Ausscheidung zugeben müssen. Trotzdem kommt der *gesteigerten tubulären Rückresorption die größere Bedeutung* zu. Dafür sprechen folgende Beobachtungen: nicht selten liegt Ödembildung auch bei weitgehend normalem Filtrat vor; während der Ödemausschwemmung bleibt ein erniedrigtes Glomerulumfiltrat oft unverändert; bei der Lebercirrhose ist das Filtrat anfangs oft gegenüber der Norm erhöht. Hier kann eine Retention von Wasser und Natrium also nur durch eine

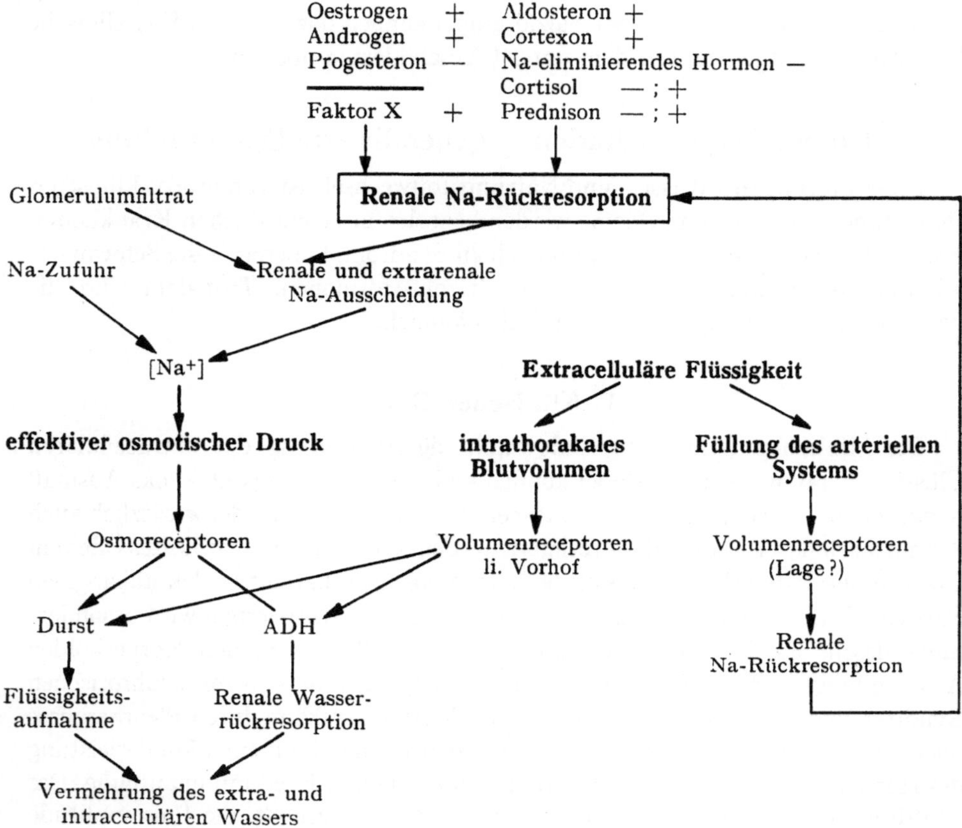

Abb. 30. Die Beziehungen zwischen Wasser- und Natriumstoffwechsel
+ : Antinatriurese;   — : Natriurese

gesteigerte Rückresorption erklärt werden. Zusammenfassend muß man feststellen, daß die *gesteigerte Rückresorption als wesentliche Ursache der Natrium- und Wasserretention angesehen werden muß.*

Die nächste Frage lautet, ob primär die Rückresorption von Natrium gesteigert ist und Wasser sekundär nachfolgt oder ob umgekehrt primär Wasser retiniert wird und Natrium nachfolgt oder ob schließlich sowohl die Rückresorption von Natrium als auch von Wasser gleichzeitig gesteigert ist. Bei der Beantwortung dieser Frage werden therapeutische Erfahrungen bezüglich der günstigen Wirkung des Natriumentzugs bei generalisierten Ödemen zu sehr in den Vordergrund gestellt. Daß die Erzeugung einer negativen Natriumbilanz oft zu Ödemausschwemmung führt, muß nicht unbedingt die führende pathogenetische Rolle des Natriums beweisen. Dieser Ablauf ist vielmehr eine Folge der über den effektiven osmotischen Druck bestehenden engen Verknüpfung von Natrium- und Wasserhaushalt. Diese Beziehungen sind in Abb. 30 schematisch dargestellt. Im einzelnen werden diese Fragen im 11. Kapitel (Herzinsuffizienz), im 12. Kapitel (nephrotisches Syndrom) und im 15. Kapitel (Lebercirrhose) diskutiert. Hier soll vorerst soviel gesagt werden, daß *beim kardialen Ödem* anscheinend *der Natriumretention die Führung zukommt,* während Wasser sekundär nachfolgt. Als Reiz für die vermehrte Natriumrückresorption kommt am ehesten eine verminderte Füllung auf der arteriellen Seite des Gefäßsystems in Frage (s. S. 63). Dagegen besteht keine Möglichkeit, das für die normalen Regulationsvorgänge so wichtige interstitielle Flüssigkeitsvolumen für die Natriumretention verantwortlich zu machen, ist letzteres doch bei allen Fällen mit generalisierter Ödembildung vermehrt.

Beim *nephrotischen Syndrom* und der *Lebercirrhose mit Ascites* scheint dagegen *sowohl die Rückresorption von Natrium als auch die von Wasser unabhängig voneinander gesteigert zu sein.* Bei diesen zuletzt genannten Störungen liegt sowohl ein Mangel an intravasaler Flüssigkeit als auch eine verminderte Füllung arterieller Gefäßabschnitte vor. Erstere führt über die *Volumenreceptoren des linken Vorhofs* (s. S. 48) zu *vermehrter ADH-Freisetzung mit Wasserretention, letztere* über die noch hypothetischen *Volumenreceptoren für die Regulation der Natriumausscheidung* (s. S. 62) *zu Natriumretention.*

In allen diesen Fällen scheint die Ödembildung in Kauf genommen zu werden, um über eine Vermehrung der intravasalen Flüssigkeit eine Steigerung des Herzminutenvolumens und damit eine bessere Füllung arterieller Gefäßabschnitte zu erzielen.

Es soll noch die Frage diskutiert werden, ob *Aldosteron als ursächlicher Faktor für die vermehrte Natriumrückresorption* in diesen Fällen *angesehen werden muß.* Bei allen Formen generalisierter Ödembildung wurde Aldosteron vermehrt im Harn nachgewiesen (Literaturübersicht bei GROSS, FARRELL). Abgesehen von der Lebercirrhose, wo ein gestörter Aldosteronabbau mit im Spiele sein mag, ist diese vermehrte Aldosteronausscheidung im Harn auf eine vermehrte Sekretion durch die Zona glomerulosa der Nebennierenrinde zurückzuführen. Auf S. 66 wurde dargelegt, daß die physiologischen Änderungen der Natriumausscheidung nicht durch Aldosteron unmittelbar bewirkt werden, daß Aldosteron hierbei aber eine "permissive action" (INGLE) ausübt, d. h. für die funktionelle Leistungsfähigkeit der Tubulusepithelien erforderlich ist. Wie steht es um die Bedeutung des Aldosterons unter den pathologischen Gegebenheiten der generalisierten Ödembildung? Grundsätzlich wird man vor einem abschließenden Urteil auch hier alle an der tubulären Natriumrückresorption angreifenden Faktoren in die Betrachtung einbeziehen müssen, also neben Aldosteron vor allem den Faktor X (SMITH) und das natriumeliminierende Hormon der Nebennierenrinde. Leider liegen bisher nur über Aldosteron Untersuchungen vor. Zweifellos kann eine vermehrte Aldosteronsekretion eine Natriumretention erzeugen. Diese negative Natriumbilanz kann aber nur dann über längere Zeit aufrechterhalten bleiben, wenn z. B. die Sekretion von natriumeliminierendem Hormon nicht entsprechend gesteigert wird; sonst käme es zu einer Aufhebung des natriumretinierenden Aldosteroneffektes. Schon diese Überlegung zeigt, daß eine *planmäßige Steuerung der verschiedenen an der Natriumrückresorption angreifenden Faktoren stattfinden muß, wenn eine*

Natriumretention und Ödembildung zustande kommen soll. Auch die unterschiedliche Symptomatologie des sog. primären und sekundären Hyperaldosteronismus — erster zeigt trotz Natriumretention praktisch keine Ödeme — läßt erkennen, daß die Ödempathogenese nicht zu einseitig unter dem Aspekt des Aldosterons gesehen werden darf. Die Verknüpfungen zwischen Wasser- und Natriumstoffwechsel mit den wichtigsten einflußnehmenden Faktoren sind in der schematischen Abb. 30 noch einmal zusammenfassend dargestellt.

Verteilung der retinierten Flüssigkeit. Die exogene Zufuhr isotonischer Salzlösung führt zu einer Ansammlung vorwiegend im extracellulären Raum bei kaum veränderter intracellulärer Flüssigkeit. Im Beginn einer Ödembildung handelt es sich bei den besprochenen Krankheiten um die Retention einer weitgehend isotonischen Flüssigkeit. Ihre Verteilung folgt denselben Regeln wie die exogen zugeführte Salzlösung. Dabei spielen die auf S. 25 ausführlich besprochenen Kräfte eine wesentliche Rolle: hydrostatischer Capillardruck und kolloidosmotischer Druck. Der hydrostatische Capillardruck ist bei Herzinsuffizienz universell, bei der Lebercirrhose mit portaler Hypertension im Bereich des Bauchraums erhöht. Außerdem ist der kolloidosmotische Druck beim nephrotischen Syndrom und bei der Lebercirrhose infolge der Hypoproteinämie erniedrigt. So ist es nicht verwunderlich, daß sich bei der Lebercirrhose vorwiegend im Bauchraum eine Ansammlung von Flüssigkeit ergibt.

Im weiteren Verlauf dieser Ödemkrankheiten werden die Verhältnisse zunehmend komplizierter. So beobachtet man sowohl beim kardialen Ödem als auch beim nephrotischen Syndrom und der Lebercirrhose nicht selten eine Hyponatriämie. Dabei handelt es sich oft nicht um einen echten Natriummangel, sondern um einen Wasserüberschuß bei normalem oder sogar erhöhtem Natriumbestand des Körpers. Diese Fragen werden im 11. und 12. Kap. ausführlich erörtert.

Behandlung. Unabhängig davon, ob die Natriumretention bei der Ödembildung der primäre Vorgang ist oder ob Natrium und Wasser voneinander unabhängig retiniert werden, kann man *in vielen Fällen generalisierter Ödeme durch die Erzeugung einer negativen Natriumbilanz eine Ödemausschwemmung erzielen.* Das gilt aber nur so lange, als eine Natriurese mit Absinken von [Na$^+$] im Plasma von einer Wasserausscheidung gefolgt ist. In späteren Stadien, besonders bei Ausbildung einer Hyponatriämie, ist das nicht mehr regelmäßig der Fall. Die daraus sich ergebenden schwierigen therapeutischen Fragen, besonders beim kardialen Ödem, werden im 11. Kapitel besprochen.

V. Hyponatriämie-Formen

In den vorausgehenden Abschnitten wurden bereits mehrfach Zustände besprochen, die mit Hyponatriämie einhergehen. In den letzten Jahren sind weitere Syndrome mit Hyponatriämie bekannt geworden, so daß eine zusammenfassende Darstellung dieses Gebiets gerechtfertigt ist.

Man kann Hyponatriämien bei vermindertem, bei normalem und bei erhöhtem Natriumbestand des Körpers finden (DANOWSKI u. Mitarb.). Aus [Na$^+$] darf also nicht ohne weiteres auf die vorhandene Gesamtmenge an Natrium geschlossen werden. Diese an sich selbstverständliche Tatsache wird leider oft vergessen.

Tabelle 20. *Einteilung der Hyponatriämie-Formen*

I. Bei herabgesetztem Natriumbestand des Organismus
(Natriumverlust-Syndrom)

A. Mit Dehydration

1. Verluste von Sekreten des Magen-Darm-Kanals
   a) Erbrechen
   b) Durchfälle
   c) Absaugen und Dränage von Magen-, Darm-, Gallen- oder Pankreassaft
   d) Kationen-Austauscher
2. Verluste durch die Haut
   a) Schwitzen bei Ersatz des Wasserverlustes
   b) Verbrennungen
   c) Hautwunden
   d) Exsudative und dermatologische Prozesse
3. Renale Verluste
   a) Diuretica
   b) Nierenkrankheiten
       osmotische Diurese
       diuretische Phase der akuten tubulären Nekrose
       renale tubuläre Acidose
   c) Metabolische Acidosen
       Diabetes mellitus (s. auch IV.)
       Hungerketose
   d) Endokrine Ursachen
       Nebennierenrinden-Insuffizienz
   e) Cerebral bedingte Verluste

B. Mit normalem Flüssigkeitsvolumen

1. Asymptomatische Hyponatriämie

C. Mit Hyperhydration

1. Erhöhte ADH-Aktivität bei intrathorakalen und cerebralen (?) Affektionen

II. Bei normalem Natriumbestand des Organismus

A. Mit Vermehrung des extracellulären Flüssigkeitsvolumens

1. Im Vergleich zur Wasserausscheidung übermäßige Zufuhr von Wasser oder Glucoselösung:
   a) Anurie bei akutem Nierenversagen
   b) postoperativ
   c) vorübergehend erhöhte ADH-Aktivität ⎫
   d) Mangel an Cortisol   ⎭ s. Text

Die unter 1. aufgeführten Störungen sind zusätzlich durch eine Vermehrung der intracellulären Flüssigkeit ausgezeichnet.
2. Extracelluläre Hyperosmolalität durch Glucose, Mannit, Sulfat

B. Verschiebung von Natrium aus dem extracellulären in den intracellulären Raum

1. Kaliummangel-Zustände
2. Verminderte Wirksamkeit der Natriumpumpe

III. Bei erhöhtem Natriumbestand des Organismus
Vorkommen möglich bei:

1. Kardialem Ödem
2. Nephrotischem Ödem
3. Lebercirrhose-Ödem

IV. Hyponatriämie — vorgetäuscht durch Verminderung des Plasmawassers
Bei Hyperproteinämie,
     Hyperlipidämie

In Tab. 20 sind alle bis heute bekannten Formen von Hyponatriämie zusammengestellt. Die nachfolgende Besprechung schließt sich eng an diese Tabelle an. Dabei sollen nur diejenigen Formen näher beschrieben werden, die bisher noch nicht genügend berücksichtigt wurden.

1. Hyponatriämie bei herabgesetztem Natriumbestand des Organismus

Soweit diese Formen *gleichzeitig mit Dehydration* verbunden sind, wurden sie bereits auf S. 100 besprochen. Es soll hier noch einmal betont werden, daß auch Verluste von mehr Wasser als Natrium dann zu einer Hyponatriämie führen können, wenn durch orale oder parenterale Zufuhr von Flüssigkeit ohne Natrium für einen Ersatz des Wassers, nicht aber des Natriums gesorgt wird.

Interessanterweise können aber auch *Natriumverlust-Zustände bei normalem oder sogar erhöhtem Flüssigkeitsvolumen vorkommen.*

Asymptomatische Hyponatriämie

WINKLER und CRANKSHAW beschrieben ein Syndrom, das durch die Ausscheidung von Natrium und Chlorid im Harn trotz Herabsetzung des Natrium- und Chloridspiegels im Plasma gekennzeichnet ist. Zwei der betreffenden Patienten hatten eine Lungentuberkulose, einer ein Bronchialcarcinom. In der Folgezeit wurden ähnliche Befunde bei einer größeren Zahl von Patienten erhoben, die an schweren konsumierenden Krankheiten, auch mit extrapulmonaler Lokalisation, litten. Keiner der Patienten zeigte klinisch einen Zustand von Dehydration. Die Nierenfunktion war ungestört oder altersgemäß eingeschränkt. Niedriger Blutdruck und allgemeine Schwäche konnten durch die Grundkrankheit erklärt werden. Eine Zufuhr von Natrium führte in keinem Fall zu einer Besserung der Symptome. Eine Störung der Nebennierenrinden-Tätigkeit ist unwahrscheinlich. Gaben von Cortexon führten zu einer Retention von Natrium. Bei einer Einschränkung der Natriumzufuhr konnte die Natriumausscheidung entsprechend vermindert werden. Aus diesen Befunden geht der Unterschied zu den Patienten mit Insuffizienz der Nebennierenrinden-Funktion hervor, die bei mangelhafter Zufuhr von Natrium weiterhin Natrium und Chlorid im Harn ausscheiden und nicht selten eine schwere Dehydration bekommen. Auch fanden sich ein normaler Kalium- und Rest-N-Wert.

Es sind mehrere *Erklärungsmöglichkeiten* gegeben.

WELT deutet die vorliegenden Befunde mit der Annahme einer herabgesetzten intracellulären Osmolalität, welcher die extracelluläre Osmolalität angepaßt wird. Das kann nur durch eine Herabsetzung von [Na$^+$] erreicht werden. Ein Beweis für diese Annahme steht aber bisher noch aus.

Es besteht auch die Möglichkeit, einige der hierher gehörenden Fälle, besonders diejenigen mit pulmonalen Prozessen, als Salzverlust-Syndrome bei verstärkter ADH-Freisetzung zu interpretieren. Es wird in diesem Zusammenhang auf S. 113 hingewiesen. Die dabei eintretende Hyperhydration scheint klinisch nicht so ausgeprägt zu sein, daß wesentliche Symptome entstehen. Es wäre deshalb verständlich, daß sie dem klinischen Untersucher nur als „Fehlen einer Dehydration" entgegentritt.

Als letzte Möglichkeit ist eine *Verschiebung von Natrium aus dem extracellulären in den intracellulären Raum* zu erwägen. Sie könnte als Folge eines Kaliummangels der Zellen auftreten, da in diesen Fällen Kalium durch Natrium (und H$^+$-Ionen) ersetzt wird. Es ist aber auch an eine mangelhafte Wirksamkeit der sog. Natriumpumpe in den Zellen zu denken. Sie benötigt zu ihrem Funktionieren einen ungestörten Energieumsatz. Es ist gut denkbar, daß bei schweren konsumierenden Krankheiten der Stoffwechsel in den Zellen und somit auch das reibungslose Funktionieren der Natriumpumpe notleidet.

Natriumverlust-Syndrom infolge vermehrter ADH-Freisetzung

Ein weiteres Natriumverlust-Syndrom ohne gleichzeitige Dehydration liegt in folgenden Fällen vor. SCHWARTZ u. Mitarb. beschrieben zwei Patienten mit Mediastinaltumoren, die eine ausgeprägte Hyponatriämie mit Natriumverlust im Harn aufwiesen. Trotz herabgesetzter Plasmaosmolalität blieb der Harn stets hypertonisch. Die Funktionen der Niere und Nebennieren waren völlig intakt. Auf Gabe von Cortexon oder Fluorcortisol wurde Natrium retiniert. Beschränkte Wasserzufuhr war von einer Normalisierung von [Na$^+$] im Plasma gefolgt, wobei die renale Natriumausscheidung abnahm. Die Autoren schlossen auf Grund des hypertonischen Harns bei normalem Glomerulumfiltrat auf eine kontinuierliche Produktion von ADH.

Tabelle 21. *Entstehung des Natriumverlust-Syndroms durch vermehrte ADH-Aktivität*

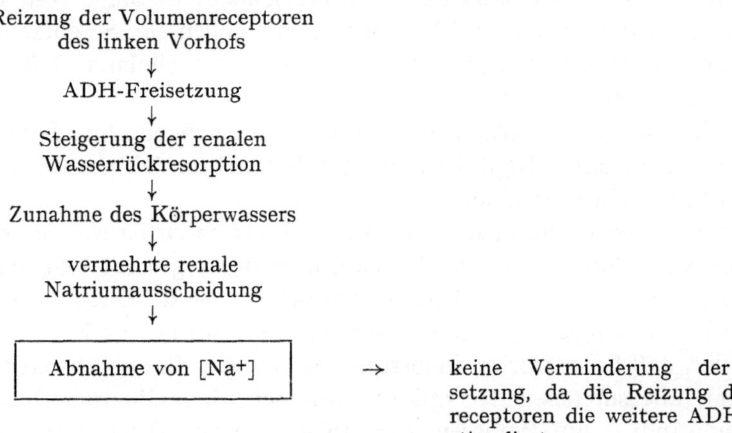

Folgende Deutung wird den beobachteten Veränderungen am ehesten gerecht: eine Reizung der Volumenreceptoren des linken Vorhofs oder der von hieraus durch das Mediastinum laufenden Nervenfasern könnte in der auf Tab. 21 angegebenen Folge zu vermehrter ADH-Freisetzung und Natriumausscheidung führen.

Ob auch cerebrale Salzverlust-Syndrome auf diesem Wege, also über eine erhöhte Freisetzung von ADH, entstehen können, ist noch nicht geklärt. Die von WELT u. Mitarb. beschriebenen Fälle (s. S. 102) können jedenfalls nicht so interpretiert werden, da sie mit schwerer Dehydration einhergingen. Voraussetzung des hier besprochenen Syndroms ist jedoch, daß eher eine Hyperhydration als eine Dehydration vorliegt.

2. Hyponatriämie bei normalem Natriumbestand des Körpers

Diese Form kann entweder durch eine Vermehrung des extracellulären Flüssigkeitsvolumens oder durch Verschiebung von Natrium aus dem extracellulären in den intracellulären Raum entstehen.

Die *Vergrößerung des extracellulären Flüssigkeitsvolumens* wird nicht selten bei übermäßiger Zufuhr von Wasser oder Glucoselösung angetroffen, wenn die Niere nicht mit einer Wasserdiurese antworten kann. Das ist z. B. postoperativ der Fall, wo infolge vermehrter ADH-Freisetzung eine Neigung zu Wasserretention besteht. Auch bei primären Nierenkrankheiten mit Oligurie oder gar Anurie wird das nicht selten beobachtet. In diesen Fällen kommt es ferner zu einer Ausweitung des intracellulären Raums.

Eine Vergrößerung des extracellulären Raums weitgehend auf Kosten des intracellulären liegt dann vor, wenn die Glucosekonzentration, z. B. beim Diabetes mellitus, ansteigt. Dann wird durch Erhöhung des osmotischen Drucks Wasser aus den Zellen in den extracellulären Raum hinein verschoben. So verwundert es nicht, daß [Na$^+$] im extracellulären Raum abnimmt. Ähnliche Verhältnisse liegen vor, wenn durch Mannit oder Sulfat eine Steigerung der Osmolalität im extracellulären Raum entsteht.

Die *Verschiebung von Natrium aus dem extracellulären Raum in die Zellen* wird bei Kaliummangel und verminderter Wirksamkeit der Natriumpumpe in den Zellen beobachtet. *Kaliummangelsituationen* sind durch eine Verminderung des Zellkaliums, besonders in der Muskulatur, ausgezeichnet. An Stelle von Kalium treten im allgemeinen Natrium- und H$^+$-Ionen in die Zellen ein. So entsteht eine Hyponatriämie mit metabolischer Alkalose in der extracellulären Flüssigkeit, während [H$^+$] in den Zellen ansteigt.

Eine Verschiebung von Natrium in die Zellen, anscheinend ohne Beteiligung von [H$^+$], wird auch unter Digitalisglykosiden beobachtet (KÜHNS u. Mitarb., SCHWAB u. Mitarb. 1954a, b; 1956).

Von besonderer Bedeutung ist eine *verminderte Wirksamkeit der Natriumpumpe*. Normalerweise wird durch zelleigene Mechanismen dafür gesorgt, daß das eingedrungene Natrium aus den Zellen herausgeschafft wird. Diese zelleigenen Leistungen sind abhängig von einem ungestörten Stoffwechsel. So nimmt es nicht wunder, daß bei gestörter Sauerstoffversorgung z. B. bei schwerer Herzinsuffizienz mit abgesunkenem Herzminutenvolumen, diese Pumpmechanismen nicht mehr einwandfrei funktionieren. Ein großer Teil von Hyponatriämien bei Herzinsuffizienz kann am besten auf diese Weise erklärt werden. Allerdings sind noch andere einflußnehmende Faktoren von Bedeutung (s. 11. Kapitel).

3. Hyponatriämie bei erhöhtem Natriumbestand des Körpers

Diese Formen werden bei generalisierten Ödemen, also besonders bei kardialem Ödem, nephrotischem Ödem und bei Lebercirrhose beobachtet. Pathogenetisch scheinen zwei Mechanismen von Bedeutung zu sein. Einmal kann bei diesen Krankheiten mehr Wasser als Natrium retiniert werden. Ferner kommt es zu einer Einwanderung von Natrium in die Körperzellen, so daß Verhältnisse vorliegen, die soeben unter 2. besprochen wurden. Einzelheiten werden im 11. und 12. Kapitel dargelegt.

4. Pseudo-Hyponatriämie

Schließlich ist noch eine Hyponatriämie-Form zu besprechen, die bei Anstieg des Protein- und/oder des Lipidgehalts im Serum vorkommt. Da die Proteine und Lipide ein hohes spezifisches Volumen besitzen, nehmen sie einen nicht unerheblichen Raum ein. Bezieht man in diesen Fällen [Na$^+$] nicht auf Plasma, sondern auf Plasmawasser, so erhält man beträchtlich höhere Natriumwerte. Es sollte stets auch diese Möglichkeit in Betracht gezogen werden. Von häufigen klinischen Krankheitsbildern, bei denen niedrige Natriumwerte wenigstens zum Teil so erklärt werden können, seien das Coma diabeticum, das nephrotische Syndrom und die Lebercirrhose genannt. Unabhängig davon kommen bei diesen Krankheiten aber auch echte Hyponatriämien vor.

6. Kapitel

Die Störungen des Kaliumstoffwechsels

In den vorstehenden Kapiteln wurde dargelegt, daß die für die Osmolalität und das p$_H$ des Blutes ausschlaggebende Konzentration der Natrium- und Chlorid-Ionen im Plasma durch eine maximale Ausscheidungs- und Reabsorptionshemmung in den Nierentubuli weitgehend konstant gehalten werden kann. Im Gegensatz dazu ist die tubuläre Steuerung der Kaliumausscheidung weit weniger in der Lage, die für die Osmolalität quantitativ nicht so bedeutsame Kaliumkonzentration im Plasma ([K$^+$] 4,4 mval/l, [Na$^+$] 142 mval/l) in engen Grenzen zu halten. Während Schwankungen des Natrium- und Chloridspiegels im Plasma um mehr als 10% eine Seltenheit sind, kommen Abweichungen des Kaliumspiegels im Plasma bis zu 50% und mehr bei einer Anzahl von Erkrankungen vor. Im gleichen Maße wird sich hierbei der Kalium-Konzentrationsgradient zwischen dem extracellulären Flüssigkeitsraum und den Zellen ändern, deren wichtigstes Kation das Kalium Ion ist. Besonders der Kontraktionsvorgang in der Muskulatur und die Reizbildung im Herzen sind aber von einem optimalen Kaliumkonzentrationsgradienten abhängig. Störungen im Kaliumstoffwechsel verlangen daher schon wegen der drohenden kardialen Komplikationen eine schnelle Erkennung und Behandlung.

Zur Orientierung über den Kaliumbestand des Körpers (etwa 3500 mval) reicht die einfach zu bestimmende Plasma-[K$^+$] (normal 3,4—5,4 mval/l) in den meisten Fällen aus. Es darf jedoch nicht übersehen werden, daß die Kaliumkonzentration im Plasma z. B. bei gleichzeitigem extracellulären Wasserverlust trotz stärkeren cellulären Kaliummangels normal sein kann. Die Gegenüberstellung von hypokaliämischen und hyperkaliämischen Zustandsbildern umfaßt somit nicht alle Störungen des Kaliumstoffwechsels, die man besser in Kaliummangel- und Kaliumüberschußzustände einteilt. Nach kausalen Gesichtspunkten ist noch eine Unterscheidung in primäre und sekundäre Störungen des K-Stoffwechsels möglich. Dabei sind unter primären Störungen solche zu verstehen, die durch eine abnorme Funktion der den Elektrolythaushalt regulierenden Zentren im Hypophysen-Nebennierenrindensystem ausgelöst werden und ein Leitsymptom des vorliegenden

8*

Krankheitsbildes darstellen. Typische Beispiele sind der primäre Hyperaldosteronismus (CONN), der Morbus Addison, der Morbus Cushing und die paroxysmale hypokaliämische Muskellähmung. Sekundäre Störungen im Kaliumstoffwechsel entwickeln sich im Verlauf anderer Grundleiden, z. B. bei Durchfallserkrankungen oder bei der Schrumpfniere. Bei diesen Erkrankungen entsteht ein Mißverhältnis zwischen Kaliumzufuhr mit der Nahrung sowie dem Kaliumaustritt aus den Körperzellen einerseits und dem Verlust an Kalium mit den Körpersekreten andererseits.

I. Kaliummangel

1. Ursachen des Kalium-Mangels

a) Hormonelle (adrenale) K-Regulationsstörungen

Überproduktion von Nebennierenrindensteroiden. Mit der Erwähnung der primären Störungen im Kaliumstoffwechsel wurden bereits einige Kaliummangelzustände angeführt, die durch eine Überproduktion von Nebennierenrindensteroiden bedingt sind. Die vermehrte Kaliumausscheidung beim primären, meistens durch NNR-Tumoren bedingten *Hyperaldosteronismus* (Conn-Syndrom, s. 17. Kap.) geht mit Hypernatriämie, Hypochlorämie und ausgeprägter Alkalose des Blutes einher. Wie beim sekundären Hyperaldosteronismus, der sich besonders bei hydropischen Erkrankungen, bei Herzinsuffizienz, Niereninsuffizienz und Lebercirrhose findet (vgl. 17. Kap.), ist das vermehrt gebildete Aldosteron die Ursache für den dauernden Kaliumverlust. Beim *Morbus Cushing* (s. 17. Kap.) dagegen beruht die Kaliummehrausscheidung vorwiegend auf einer Übersekretion von Cortisol und Cortison. In der zu Kaliumverlusten führenden postoperativen Stress-Phase (s. 18. Kap.) liegt ebenfalls eine Mehrproduktion von verschiedenen NNR-Steroiden vor.

Der durch die NNR-Hormone bewirkte Kaliumverlust kommt auf verschiedenen Wegen zustande, ohne daß man beim heutigen Stand der Kenntnis den Wirkungsanteil der einzelnen Corticoide mit Sicherheit bestimmen kann. Einmal ist ein direkter Einfluß der NNR-Steroide auf die Zellen mit Erhöhung der Permeabilität für Kalium zu vermuten. Auch der katabolische Effekt der NNR-Hormone und die Anregung der Gluconeogenese begünstigen den Zellaustritt von Kalium. Der wichtigste Faktor ist jedoch zweifellos die Beeinflussung der tubulären Rückresorption für Kalium. Wenn auch der Austausch von Kalium- und Wasserstoff-Ionen in den distalen Tubuli nach den Untersuchungen von BERLINER und PITTS als gesichert gelten kann, so ist es jedoch nicht geklärt, ob die Kaliummehrausscheidung unter der Einwirkung der NNR-Steroide nur eine sekundäre Folge der Natriumretention ist. Die großen Wirkungsunterschiede von Cortexon (DOCA) und Aldosteron gerade bezüglich der Kaliumausscheidung, die bei Aldosteron weit geringer ist als die Natriumretention, lassen erneut Zweifel an dieser Vorstellung aufkommen.

Familiäre paroxysmale Muskellähmung. Die bereits 1853 von CAVARÉ beschriebene Krankheit ist Folge einer plötzlich einsetzenden, in ihren Ursachen noch nicht geklärten Kaliumverschiebung aus dem extracellulären Raum in die intracelluläre Phase. Kaliumverluste nach außen oder in den Darm treten dabei nicht auf. Leitsymptom der seltenen Erkrankung ist die Hypokaliämie, wenn auch skandinavische Autoren einige Fälle von familiären periodischen Adynamien ohne sichere Hypokaliämie beschrieben haben. Betroffen sind meist jüngere Männer, oft der gleichen Familie. Das Symptomenbild ist durch eine langsam fortschreitende Lähmung besonders der proximalen Skeletmuskulatur gekennzeichnet. Kurze Prodromi mit Schwächegefühl und Muskelschmerzen können vorausgehen. Die Krise entwickelt sich in wenigen Stunden und führt unter Absinken des Kaliumspiegels im Plasma (bis zu 1,2 mval/l!) zu vollständiger motorischer Lähmung, wobei die Gesichts- und Zwerchfellmuskulatur in der Regel verschont bleiben. Der wegen der kardialen Komplikationen gefährliche Zustand kann Stunden oder Tage anhalten. Durch Zufuhr von reichlich Kohlenhydraten, Insulin, Adrenalin und Nebennierenrindenhormonen läßt er sich provozieren.

Wahrscheinlich liegt dem Krankheitsbild eine hereditäre Funktionsstörung der Muskelzellen zugrunde, die nach Untersuchungen von DANOWSKI u. Mitarb. vor dem Lähmungsanfall an Kalium verarmen. Spontan aus unbekannten Gründen oder provoziert durch reichliche Kohlenhydratzufuhr erfolgt dann plötzlich ein Einstrom von Kalium in die Zellen, der zu dem deletären Absinken der extracellulären Kaliumkonzentration führt. Durch gesteigerte Muskeltätigkeit läßt sich der Einstrom von Kalium und damit die Lähmung hintanhalten. Die Therapie der eingetretenen Muskelparalyse besteht in der Zufuhr von Kaliumsalzen, die je nach der Dringlichkeit intravenös oder per os zu geben sind.

b) Alimentäre und enterale Störungen

Verminderte Kaliumaufnahme. Der alimentäre Faktor bei der Entstehung eines Kaliummangels ist besonders bei der Anorexia mentalis und bei anderen *Hungerzuständen* zu berücksichtigen. Bei der psychogenen Magersucht kann der Kaliumspiegel im Plasma nach den Untersuchungen von ROSSIER u. Mitarb. und nach eigenen Erfahrungen unter 2 mval/l (!) erniedrigt sein. Infolge der in Ermangelung von K^+-Ionen vermehrten H^+-Ionen-Abgabe in den distalen Tubuli kommt es gleichzeitig zur Alkalose. Das bei diesen Patienten häufige Erbrechen verstärkt noch den Kaliummangel und die Alkalose. Myokardnekrosen, Tubulischäden und Darmatonien sind als Folgen des chronischen Kaliummangels bei Anorexia mentalis beschrieben worden, wenn auch Eiweißmangel und endokrine Störungen sicher zur Entstehung solcher Komplikationen beitragen. Das Ausmaß und die drohenden Komplikationen des Kaliummangels bei der psychogenen Magersucht erfordern eine gezielte Substitutionstherapie.

Die Gefahr der verminderten Kaliumaufnahme ist weiterhin dann gegeben, wenn aus diätetischen oder anderen Gründen eine vorwiegende Ernährung mit kaliumarmen Stärkeprodukten, mit Zucker, Fetten und poliertem Reis erfolgt. Besonders bei gleichzeitigen Kaliumverlusten infolge der unten zu besprechenden Erkrankungen genügt diese Ernährung nicht, um den schon beim Gesunden um 2 g K pro die liegenden Bedarf an Kalium zu decken. Gemüse, Kartoffeln und Fleisch sind als Kaliumträger (s. Tab. 43, 44) im Diätplan zu berücksichtigen.

Vermehrte Kaliumverluste. Neben dem selteneren Kaliummangelzustand durch verminderte K-Aufnahme haben enterale Kaliumverluste eine weit größere klinische Bedeutung. Wie aus der Abb. 31 und Tab. 39 hervorgeht, enthalten Speichel, Magen- und Darmsaft sowie die Gallenflüssigkeit Kalium in $1^1/_2$—3fach größerer Konzentration als im Plasma. Unter normalen Verhältnissen werden die in den oberen Abschnitten des Verdauungstraktes enthaltenen Kaliummengen im unteren Dünndarm und im oberen Colon weitgehend rückresorbiert, so daß nur ein geringer Teil, etwa 5% der gesamten K-Ausscheidung, im Stuhl erscheint (etwa 5 mval pro die ($\sim$ 0,2 g). Bei *häufigem Erbrechen* von Magensaft, der 10 bis 17 mval K im Liter enthält, bei Abfluß von Galle durch eine Fistel oder bei ständigem Verlust von Dünndarmsekreten (5—10 mval/l K) infolge von *Diarrhoen* oder Enterostomien können schnell erhebliche Kaliumverluste entstehen, die den gesamten Kaliumbestand des Körpers, etwa 3500 mval, gefährden.

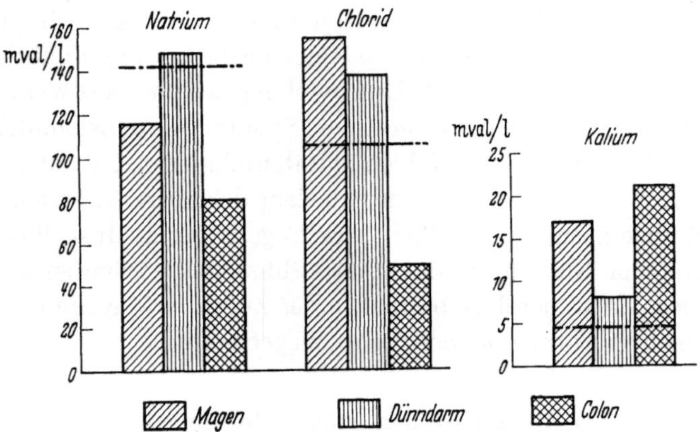

Abb. 31. Maximale Elektrolytkonzentrationen im Magen, Dünndarm und Dickdarm bei normaler Sekretion (vgl. Tab. 39). (--------------- = Plasmakonzentration der Elektrolyte)

c) Renale Störungen

Weniger akut und daher oft weniger bedacht und erkannt als die enteralen Elektrolytverluste, können renale Ausscheidungsstörungen erhebliche Kaliumverluste nach sich ziehen. Wie bereits im ersten Teil des Buches ausgeführt wurde, kann die renale Ausscheidung von Kalium im Gegensatz zum Natrium und zum Chlorid bei verminderter Kaliumzufuhr oder bei extrarenalen Kaliumverlusten nicht so hochgradig gedrosselt werden. In dieser Situation wird durch die anhaltende Kaliumausscheidung in den Nieren eine negative Kaliumbilanz entstehen. Die Größe der Kaliumausscheidung ist dabei in gewissem Maße von der Größe der Wasserzufuhr und -ausscheidung abhängig, da die bei einer Wasserdiurese notwendige Natriumretention eine Mehrabgabe von Kalium erfordert. So kann die Polyurie beim schweren Diabetes insipidus eine allmähliche Kaliumverarmung bewirken. Primär renale Kaliumverluste treten bei Verlaufsformen der chronischen Nephritis und der chronischen Pyelonephritis auf, die mit einer erheblichen Tubulusschädigung einhergehen. Nicht endgültig geklärt ist dabei die Frage, ob eine verminderte K-Reabsorption oder eine überschießende K-Sekretion im distalen Tubulus Ursache dieser sog. *"potassium losing nephritis"* ist. Die renalen Kaliumverluste beim *Lightwood-Albright-Syndrom* (renale Acidose) und beim *Fanconi-Syndrom* (renale Aminoacidurie) sind ebenfalls Folge einer Insuffizienz der Nierentubuli, die bei diesen Erkrankungen K^+-, Na^+- und Ca^{++}-Ionen anstatt von H^+ und NH^+_4-Ionen zur Abbindung der mangelhaft reabsorbierten

Phosphate ausscheiden. Auch das von HADORN beschriebene Syndrom: periodische Muskellähmungen durch Hypokaliämie, hypocalcämische Tetanie und Osteomalacie, ist dieser Krankheitsgruppe hinzuzurechnen.

d) Durch Medikamente und andere therapeutische Maßnahmen verursachter Kaliummangel

Bei der Einwirkung von Pharmaka auf den Stoffwechsel *eines* Elektrolyts wird es stets zu Reaktionen im gesamten Mineral- und Wasserhaushalt kommen. Dennoch erscheint eine kurze Darstellung auch an dieser Stelle berechtigt, da Störungen im Kaliumstoffwechsel im allgemeinen die schnellsten und bedrohlichsten Konsequenzen haben.

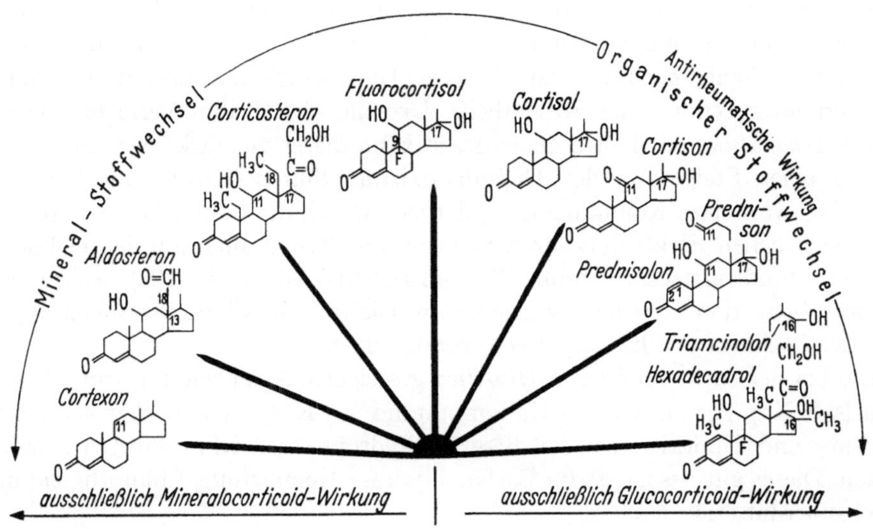

Abb. 32. Die Wirkung verschiedener Nebennierenrinden-Steroide auf den Mineral- und organischen Stoffwechsel (Nach JEANNERET und Mitarb.)

Wegen der erheblichen Ausweitung in der Anwendung von *Nebennierenrindensteroiden* bei den verschiedensten Erkrankungen seien jene an erster Stelle erwähnt. Im Prinzip haben alle Corticosteroide die gleiche Wirkungsrichtung auf den Wasser- und Mineralhaushalt, so daß die noch gebräuchliche Unterscheidung in Mineralo- und Glucocorticoide nur den quantitativen Schwerpunkt beider Wirkungskomponenten zum Ausdruck bringt. Die Mineralwirkung der Steroide besteht in einer erhöhten tubulären Natrium- und Chloridrückresorption mit sekundärer Wasserretention, die renale Kaliumausscheidung wird gesteigert (s. 17. Kap.). Die zunächst nur extracelluläre Kaliumverminderung kann einen cellulären Kaliumverlust nach sich ziehen. Die Glucocorticoid-Wirkung führt wegen ihres anti-anabolischen Effekts zum Eiweißabbau mit vermehrter Kalium- und Phosphatausscheidung, so daß bei verminderter Zellzahl kein intra- oder extracellulärer Konzentrationsverlust an Kalium auftritt. Unter den Corticosteroiden mit vorwiegender Wirkung auf den Mineralstoffwechsel (s. Abb. 32) verursacht Cortexon (DOCA) die stärkste Kaliumausscheidung. Eine unkontrollierte

Dauerbehandlung mit Doca (beim Addison) kann nach eigener Beobachtung zu schweren hypokaliämischen Herzkomplikationen und Muskellähmungen führen (KÜHNS, 1954). Das Mineralocorticoid Aldosteron hat die stärkste Na-retinierende Wirkung, ruft aber besonders beim sekundären Hyperaldosteronismus kaum Kaliummangel hervor. Eine Theorie besagt, daß unter Aldosteron die Na-Rückresorption im proximalen Tubulus so maximal ist, daß im distalen Tubulus kein Natrium mehr zum Austausch für eine erhöhte Kaliumsekretion zur Verfügung steht. Cortison hat wie Cortisol sowohl deutliche Mineralo- als auch Glucocorticoid-Eigenschaften und kann zu Kaliummangel führen. Bei der Anwendung der synthetischen Steroide Prednison und Prednisolon (Dehydrocortison und Dehydrocortisol) die fast ausschließlich Glucocorticoidwirkung aufweisen, besteht die Gefahr kaum. Den neueren synthetischen Cortisol- und Prednisolonderivaten verleihen die angelagerten Fluor-, Brom- und Methylgruppen dagegen wieder eine stärkere Mineralwirkung.

Neuere Untersuchungen haben ergeben, daß bei chronischer Herzinsuffizienz die Gefahr der Kaliumverarmung der Körperzellen im Organismus besteht (SCHWIEGK). Wahrscheinlich ist die bei Herzinsuffizienz erhöht gefundene Aldosteronproduktion eine wesentliche Ursache des Kaliumverlustes. Durch *Digitalisbehandlung* mit hohen Dauerdosen kann dieser verstärkt werden (LOWN) und zu einer Steigerung der Digitalistoxizität führen (KÜHNS und SCHOEN). Beim Nachweis eines Kaliummangels, der sich wegen der infolge Wasserretention unübersichtlichen Elektrolytkonzentrationen im Plasma auch auf den cellulären Kaliumbestand erstrecken muß (Kalium-Defizit-Test, s. S. 123), sollte eine Kaliumsubstitution versucht werden, um Digitalisintoxikationserscheinungen, besonders in Form von Extrasystolen, vorzubeugen.

Die bei der Anwendung von *Diuretica* gesteigerte Ausscheidung von Elektrolyten (s. 8. Kap.) gefährdet den Kaliumbestand des Körpers weit eher als den an Natrium- und Chlorid-Ionen, da diese bei hydropischen Erkrankungen retiniert werden. Dieses gilt besonders für Carboanhydrase-Hemmstoffe, Chlorothiazid und Quecksilberdiuretica.

Die therapeutisch erwünschte Eigenschaft von *Kationenaustauschern*, an ihren endständigen Carboxyl- oder Sulfosäurengruppen Na-Ionen zu binden und dadurch einer Wasserretention im Körper vorzubeugen, wird besonders bei längerer Verweildauer im Darm bei Obstipation durch eine vermehrte Kaliumbindung gefährdet, die einer Kaliumverarmung des Organismus Vorschub leistet. Die primäre Beladung der heute verwendeten Kationenaustauscher mit Kalium kann den K-Verlust nicht immer ausgleichen. An einen therapeutisch ausgelösten enteralen Kaliumverlust ist auch bei der Verordnung von stark wirkenden Abführmitteln, von Darmspülungen und ständigen Einläufen zu denken.

Mit besonderem Nachdruck sei hier auf die Gefahr des *iatrogenen Kaliummangels durch Dauer-Infusionen* hingewiesen. Die bei vielen Erkrankungen unumgängliche parenterale Zufuhr von Flüssigkeit, Kalorien, Salzen und Medikamenten hat zu einer weitverbreiteten Anwendung von Tropfinfusionen Anlaß gegeben, die bei unkritischem Gebrauch von fabrikfertigen Salzmischungen Störungen im Elektrolyt- und Wasserhaushalt hervorrufen können (vgl. auch 10. Kap.). Die Gefahr einer übermäßigen Kaliumzufuhr ist bei den heute verfügbaren kombinierten Elektrolylösungen, die selbst zur Kaliumsubstitution in der Regel nicht mehr als 40 mval/l K = ~1,55 g K, meist jedoch weit weniger enthalten

(s. Tab. 40), kaum gegeben. Dagegen bringen die Zufuhr von Na^{++}-Ionen, die im Übermaß gegeben sogar Kalium teilweise aus den Körperzellen verdrängen können, und die Steigerung der Wasserausscheidung die Gefahr der Manifestierung eines oft vorbestehenden latenten Kaliummangels mit sich. Ein Musterbeispiel sind die noch vielfach geübten Infusionen von großen Mengen „physiologischer" Kochsalzlösung bei chronischem Erbrechen (Pylorusstenose!) und bei hartnäckigen Durchfällen, bei denen ein meist wegen des Wasserverlustes maskierter, d. h. mit normokaliämischen Plasmawerten einhergehender Kaliummangel vorliegt. Fehlgedeutete Herzkomplikationen, Muskellähmungen und Darmatonien sind die Folgen dieser einseitigen Behandlung. Zu ebenso bedrohlichen und nicht selten tödlich auslaufenden Komplikationen führten die bei Meningitis tbc. üblichen Na-PAS-Dauerinfusionen, bis auch hier die Gefahren der Kaliumausschwemmung erkannt wurden. Die ständige Kontrolle der Plasmaelektrolyte und bei unklarer Situation des cellulären Kaliumbestandes und eine sich gegebenenfalls daraus ergebende Kaliumsubstitution muß heute bei jeder länger liegenden Tropfinfusion gefordert werden. Die Ursachen des Kaliummangels sind in Tab. 22 noch einmal zusammengestellt.

2. Klinisches Bild des Kaliummangels

Es wurde bereits darauf hingewiesen, daß ein Kaliummangel des Organismus bei Wasserverlusten nicht immer in einer Hypokaliämie seinen Ausdruck findet. Umgekehrt kann bei plötzlicher Ausweitung des extracellulären Flüssigkeitsraumes eine erniedrigte Plasmakonzentration von Kalium entstehen, ohne daß ein allgemeiner K-Mangel vorliegt. Durch Abgabe von Kalium aus den an diesem Kation reichen Leber- und Muskelzellen wird jedoch weitgehend ein zu starkes Absinken der Plasma $[K^+]$ verhindert. Die Muskulatur des linken Herzventrikels scheint dabei die celluläre Kaliumabgabe am längsten verzögern zu können (KÜHNS und ALBRECHT, KÜHNS (1959)). Für das Auftreten klinischer Symptome des Kaliummangels gibt es keine sicheren Grenzwerte der Plasma $[K^+]$ oder des schwer bestimmbaren gesamten Kaliumbestandes. Ähnlich wie beim Blutzucker spielt die Geschwindigkeit des eintretenden Kaliummangels eine Rolle. Das schnelle Absinken der Plasma $[K^+]$ bei der paroxysmalen Muskellähmung oder nach der Insulin- und Flüssigkeitszufuhr im diabetischen Koma kann hochgradige Muskellähmungen und andere K-Mangelsymptome auslösen, während z. B. ebenso ausgeprägte Hypokaliämien (bis zu 2 mval/l K) infolge chronischen Erbrechens bei Anorexia mentalis ohne Erscheinungen bleiben können. Bei einem Wert unter 3 mval/l K im Plasma ist in jedem Fall auf Kaliummangel-Symptome zu achten.

Eine *Schwäche der Extremitätenmuskulatur* mit Reflexausfällen ist oft das erste Anzeichen. In ausgeprägten Fällen steigert sie sich bis zur vollständigen Lähmung, nicht selten vom Landryschen Typ mit bulbären Symptomen. Die Mitbeteiligung der Zwerchfell- und Intercostalmuskulatur bedingt eine gleichzeitige *Dyspnoe*. Mit offenem Mund und vorgestreckter Zunge bietet der Patient das Bild der sog. *Fischmaulatmung*. Neben der Muskellähmung ist die geistige *Apathie* des Kranken, der sich besonders im höheren Alter delirante Züge beimischen können, charakteristisch. Bei gleichzeitigem Calciummangel können besonders bei therapeutischer Kaliumzufuhr tetanische Erscheinungen auftreten.

Als drittes Hauptsymptom des schweren Kaliummangels sind *kardiovasculäre Störungen* zu werten. Die Herzfrequenz ist erhöht, der diastolische Blutdruck sinkt ab. Im Elektrokardiogramm finden sich Veränderungen, die zwar nicht streng spezifisch für den Kaliummangel aber doch von hohem diagnostischen Wert sind. Fast pathognomonische Bedeutung hat die QT-Verlängerung mit einer im Gegensatz zum Hypocalcämie-EKG breiten T-Welle, in die oft eine

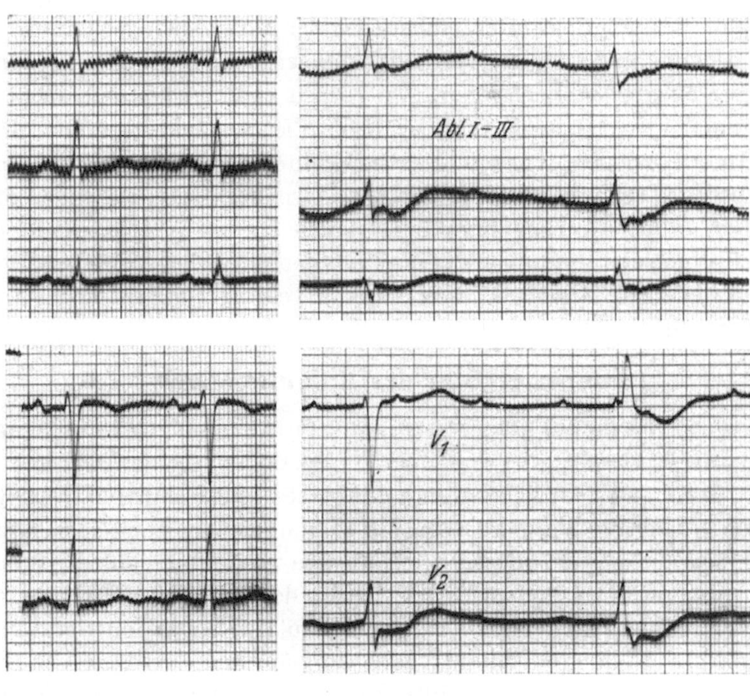

a   Abb. 33 A   b

Abb. 33 A—C. Kaliummangel-EKG. A vor (a) und während (b) Na-PAS-Infusion (Meningitis tbc.), B bei Pylorusstenose, C bei Gallenblasen-Colon-Fistel (Nach KÜHNS und WEBER)

verstärkte positive U-Welle einbezogen ist. Zusammen mit dem vorzeitigen Einfall des 2. Herztones (> 0,03″ vor dem normalen Ende von T) bildet die QT-Verlängerung das bei Kaliummangel häufige aber nicht obligate *Hegglin-Syndrom.* Die ST-Strecken sind gesenkt. Oft treten Arrhythmien in Form von Sinustachykardien, ventrikulären und supraventrikulären Extrasystolen und av-Blockierungen auf (s. Abb. 33).

Unter den bei Kaliummangel vorkommenden *intestinalen Störungen* ist neben Schluckbeschwerden, Magenatonie und Obstipation besonders auf das Auftreten eines paralytischen Ileus zu achten, da hier die kausalen Zusammenhänge besonders bei Magen-Darmerkrankungen, die den Kaliummangel primär herbeiführten, leicht fehlgedeutet werden können.

3. Diagnostische und therapeutische Überlegungen

Die regelmäßige Kontrolle der Plasma-Elektrolyte bei allen zu Mineralverschiebungen neigenden Erkrankungen ist für die frühzeitige Erkennung eines Kaliummangels unumgänglich. Da die Kenntnis der Plasma [K⁺] allein bei stärkerer Zu- oder Abnahme der extracellulären Flüssigkeitsmenge keine ausreichende Beurteilung des cellulären Kaliumbestandes erlaubt, ist in diesen Fällen ein *Kalium-Defizit-Test* (KÜHNS und HOSPES) auszuführen.

Nach der Gabe von 6 g Kalium als Kaliumphosphat oder Diucal-T per os oder als KCl intravenös steigt beim Normalen die 24 Std.-Ausscheidung von Kalium im Urin auf 6—8 g an (s. Abb. 34). Eine Ausscheidung von weniger als 5 g/24 Std. weist auf einen cellulären K-Mangel des Körpers hin, der das zugeführte Kalium retiniert. Eine zusätzliche K-Zufuhr ist

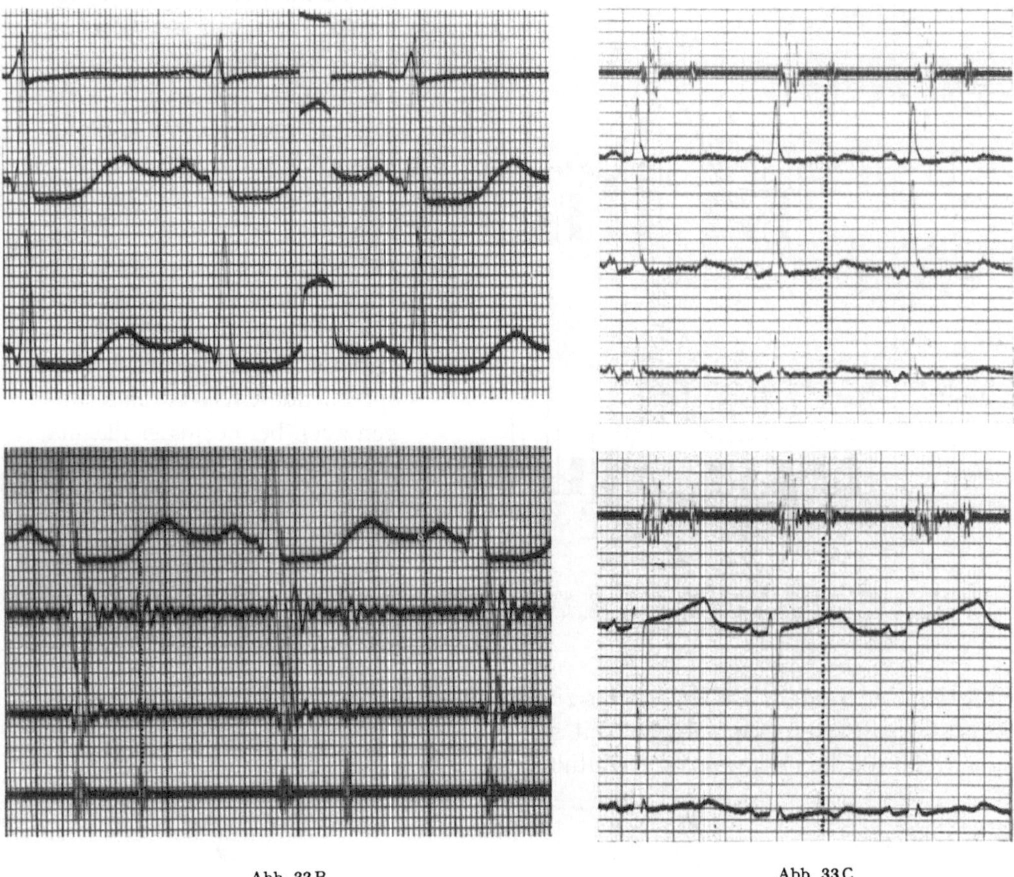

<table>
<tr><td align="center">Abb. 33 B</td><td align="center">Abb. 33 C</td></tr>
</table>

hier — eine normale Nierenfunktion vorausgesetzt! — selbst bei normaler Plasma [K] erforderlich. Der Test selbst darf erst nach Ausschluß einer renalen Ausscheidungsstörung für K durchgeführt werden.

Die Einnahme des Kaliums erfolgt morgens nach dem Frühstück innerhalb von 2 Std. in gesüßtem schwarzen Tee. Man verwendet dazu am besten die auf 6 g K standardisierten Diukal-T-Ampullen oder receptiert eine Lösung von 10,4 g KH_2PO_4 + 13,7 g K_2HPO_4 auf 200.0 Aqua dest., die ebenfalls 6 g Kalium enthält. Die bei Bewußtlosen oder Inappetenten unvermeidliche intravenöse Kaliumzufuhr muß sehr langsam erfolgen. Eine 6 g K enthaltende Lösung von 11,44 g KCl auf 100,0 Aqua dest. wird in 21 Infusions-(Glucose-)Lösung über mindestens 12 Std. infundiert. Diese hohe intravenöse Dosis von Kalium sollte wegen der Gefahr einer Hyperkaliämie und einer lokalen Venenreizung nur bei ausgeprägtem Kaliummangel zugeführt werden. Dann ist sie allerdings auch von therapeutischem Wert, da bei hochgradigem K-Mangel das Defizit bis zu 50%, das sind etwa 1750 mval = 68 g K, des Gesamtkaliums betragen kann. Die wiederholte Kontrolle des Kalium-Defizit-Tests ist besonders bei wochenlangen Tropfinfusionen von Nutzen (z. B. beim Na-PAS-Dauertropf), bei denen trotz täglicher K-Zufuhr oft ein zunehmender K-Mangel eintritt (s. Abb. 35).

Der früher gemachte Vorschlag, die EKG-Veränderungen als Gradmesser des Kaliummangels zu benutzen, kann nicht ohne wesentliche Einschränkung empfohlen werden. Auf Grund experimenteller Untersuchungen ist das Auftreten von EKG-Symptomen mehr vom Konzentrationsgradienten des Kaliums zwischen intra- und extracellulärer [K$^+$] im Herzmuskel als von der Plasma [K$^+$] bzw. der intracellulären [K$^+$] allein abhängig (LENZI und CANIGGIA; KÜHNS, 1955). Das erklärt die klinische Beobachtung, daß einerseits bei ausgeprägter Hypokaliämie typische EKG-Veränderungen fehlen können (LJUNGGREN et al.), während andererseits bei sicheren Kaliumverlusten entsprechende EKG-Veränderungen auch bei normaler Plasma [K$^+$] auftreten. (MARTIN und WERTMAN).

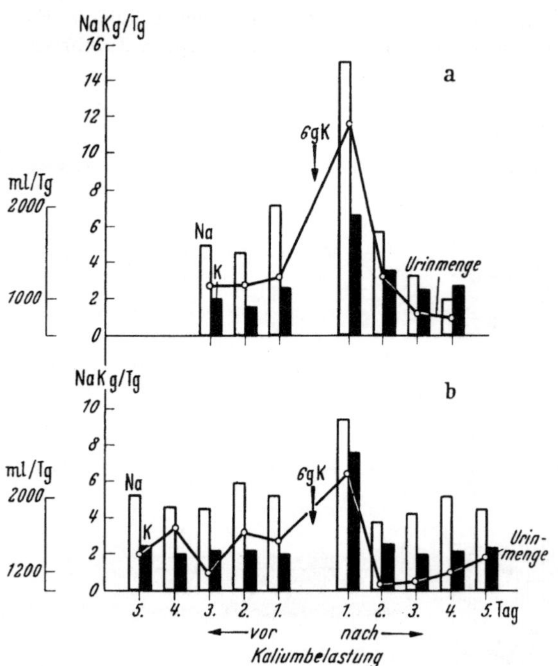

Abb. 34. Normaler Kalium-Defizit-Test. Mittlere K- und Na-Ausscheidung vor und nach K-Belastung. a) Intravenös, b) per os (Nach KÜHNS und HOSPES)

Bei der Behandlung des Kaliummangels kann bei normaler extracellulärer Flüssigkeit (normaler Hämatokrit) die Plasma [K$^+$] als Richtschnur dienen, anderenfalls ist Kalium bis zum regelrechten Ausfall des Kalium-Defizit-Testes zuzuführen. Nach Möglichkeit sollte dieses mit der Nahrung geschehen, um die Gefahren der intravenösen K-Zufuhr besonders bei Nierenschädigung zu vermei-

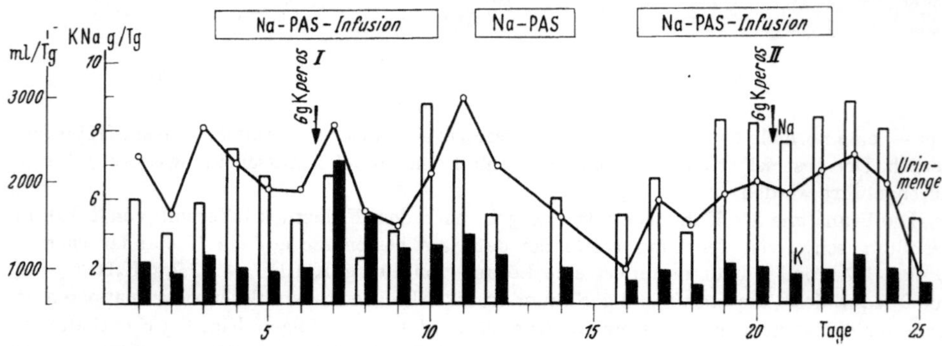

Abb. 35. Kalium-Defizit-Test bei NA-PAS-Infusion (Meningitis tbc.). I Zu Beginn der Infusion: normal, II nach 18 Tagen Infusion: pathologisch (Nach KÜHNS und WEBER)

den. Obstsäfte, Gemüse, Roggenmehl und Fleisch sind die Hauptkaliumträger (s. Tab. 44). Besonders reich an Kalium sind getrocknete Feigen, Aprikosen, Erbsen und Bohnen, weiterhin Artischocken, Kartoffelships, Erdnüsse, Kalbsleber und Heilbutt, aber auch Pfeffer, Paprika, Kakao, Tee und Kaffee. Ein

Beispiel für eine kaliumreiche Tagesdiät zeigt die Tab. 43. Für die bei schwereren Fällen unumgängliche medikamentöse Kaliumzufuhr ist auf die oben angegebenen Kaliumsalze bzw. auf Handelspräparate wie Diukal, Kaliumeffervetten-Hausmann (Kaliumcitrat-Brausetabletten) oder Diathen zurückzugreifen, die in einer Dosis entsprechend 1,5—4,5 g Kalium pro die je nach Ausprägung des Kaliummangels zu geben sind.

II. Kaliumüberschuß

Die große Gefahr der im Vergleich zum Kaliummangel sehr viel selteneren Kaliumüberschußzustände liegt wiederum in der Bedrohung der Herztätigkeit und der Muskelfunktion. Es handelt sich weit häufiger um eine Zunahme der extracellulären $[K^+]$, die bei akuten Zuständen ohne Zunahme der intracellulären $[K^+]$ oder sogar bei cellulärem Kaliummangel vorkommen kann, als um eine echte Zunahme des Gesamtkaliums im Körper. Der Plasma $[K^+]$ kommt somit ein weit größerer Aussagewert zu als beim Kaliummangel, wenn auch hier die Veränderung des extracellulären Flüssigkeitsvolumens als Ursache einer Konzentrationsänderung ausgeschlossen werden muß. Die Verkleinerung des extracellulären Flüssigkeitsvolumens allein führt schon zur Hyperkaliämie.

1. Ursachen des Kaliumüberschusses

a) Hormonelle (adrenale) K-Regulationsstörungen

Während der schon erwähnten hyperkaliämischen Muskellähmung (s. S. 117) wegen ihrer Seltenheit kaum differential-diagnostische Bedeutung zukommt, ist die Kaliumretention bei *Unterfunktion der Nebennierenrinde* ein wichtiger diagnostischer Hinweis. Das klinische Paradigma der NNR-Unterfunktion ist der *Morbus Addison*. Die verminderte Einwirkung von NNR-Hormonen auf die Tubuli der Nieren bedingt eine verminderte Rückresorption von Natrium, Chlorid und damit Wasser. Kalium wird retiniert. Die Hyperkaliämie übersteigt allerdings nur selten einen Wert von 7,5 mval/l. Die gleichzeitige Natriumverarmung bedingt jedoch einen Verlust an inhibitorischer Wirkung auf das Kalium-Ion, so daß Addisonkranke gegen eine Kaliumzufuhr besonders empfindlich sind und dadurch in eine Krise hineingeraten können. Vollständige Muskellähmungen durch Hyperkaliämie und entsprechende EKG-Veränderungen sind dabei beschrieben worden. Beim *adrenogenitalen Syndrom*, welches durch eine Überfunktion corticotroper HVL- und androgener NNR-Hormone erklärt wird, führt die sekundäre Hemmung der Mineralocorticoide ebenfalls zum Bild einer NNR-Insuffizienz mit Kalium-Retention.

Auch die Möglichkeit eines primären *Hypo-Aldosteronismus* scheint nach einer Mitteilung von RELMAN (zit. nach BLACK) gegeben zu sein. In dem beschriebenen Fall traten intermittierende Anfälle von Herzstillstand auf, die mit ausgeprägter Hyperkaliämie einhergingen. Bei ungestörter Cortisol-Produktion konnte Aldosteron im Harn nicht nachgewiesen werden.

b) Renale Ausscheidungsstörungen

Durch die Fähigkeit der distalen Tubulusabschnitte, Kalium aktiv zu sezernieren, erklärt sich die starke Variation der Plasma $[K^+]$ bei Nierenerkrankungen.

Bei verminderter Kaliumfiltration im Glomerulum (a) infolge akuter oder chronischer Nephritis wird eine noch intakte, also relativ vermehrte Kaliumrückresorption (b) in den proximalen Tubuli durch eine gesteigerte Kaliumsekretion (c) ausgeglichen: die Plasma [K^+] und die Urinausscheidung von K bleiben unverändert (s. Abb. 36).

Beim Hinzutreten einer tubulären Schädigung kann durch verminderte tubuläre Rückresorption oder durch vermehrte Sekretion von Kalium eine Kaliummehrausscheidung im Urin auftreten, die zum Kaliummangel bei der oben besprochenen "potassium losing nephritis", bei der renalen Acidose und bei vielen Fällen kindlicher Nephrose führt.

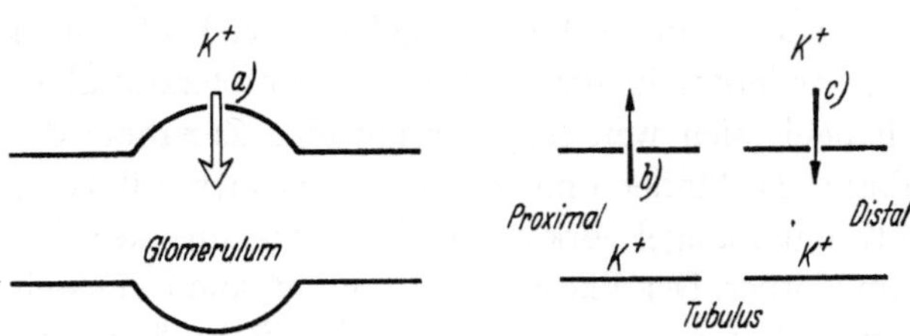

Abb. 36. Renale Filtration, Reabsorption und Sekretion von Kalium (s. Text)

Versagt bei chronischer Nephritis die tubuläre Kaliumsekretion bei vermindertem Glomerulumfiltrat oder führt eine schwerste Nierenschädigung (z. B. beim Crush oder durch Hg-Intoxikation) zum Funktionsausfall des gesamten Tubulusapparates mit passiver Rückresorption des ganzen Filtrats und damit zur Oligurie oder Anurie (akute tubuläre Insuffizienz bzw. akutes Nierenversagen), dann sinkt die Kaliumausscheidung im Urin ab oder sistiert ganz: die Plasma [K^+] steigt an und entscheidet bei Werten über 7 mval/l durch Herzstillstand oder Kammerflimmern den tödlichen Ausgang des Nierenleidens. Die Acidose und der vermehrte Zelluntergang während der Urämie begünstigen das Auftreten einer Hyperkaliämie. Wegen der deletären kardialen Rückwirkungen ist die Kontrolle des Kaliumstoffwechsels daher bei jeder Niereninsuffizienz von großer Wichtigkeit.

c) Hyperkaliämie Schock, Crush, Hämolyse und ärztliche Maßnahmen

Bei den genannten Zustandsbildern ist ein plötzlich im Plasmaraum auftretendes Überangebot von Kalium aus den Körperzellen oder von intravenös zugeführtem Kalium meist in Verbindung mit einer renalen Ausscheidungsstörung die Ursache der Hyperkaliämie. Im Schock, bei Verbrennungen und bei schweren Muskelzertrümmerungen geht der Abstrom von Na-reicher Flüssigkeit ins Interstitium bzw. in die traumatisierten Gewebsteile mit einer Hämokonzentration einher. Durch Absinken des Blutdrucks vermindert sich das Glomerulumfiltrat. Zu diesen Faktoren kommt beim Schock die Acidose und beim Crush die Zerstörung von Muskelzellen mit einem Austritt von Zellkalium und bei beiden Zuständen eine tubuläre Insuffizienz. Bei der Hämolye infolge von Blutgiften, beim hämolytischen Ikterus oder nach Transfusionen gruppenungleichen Blutes wird ebenfalls Zellkalium frei. Von dem Ausmaß der Nierenfunktionsstörung bei diesen akuten Ereignissen ist es abhängig, ob die resultierende Hyperkaliämie vorübergehend und komplikationslos bleibt oder ob sie bedrohliche Ausmaße annimmt.

Erhebliche Hyperkaliämien durch perorales Überangebot an Kaliumsalzen oder K-reicher Diät zwecks Behandlung eines festgestellten cellulären Kaliummangels (s. S. 124) sind nur bei einer renalen Ausscheidungsstörung für Kalium zu befürchten. Bei intravenösen Kaliumsalz-Infusionen dagegen besteht immer die Gefahr einer Kaliumintoxikation. Auch bei normaler Nierenfunktion sollten daher aus therapeutischen und diagnostischen Gründen (K-Defizit-Test) maximal 12,5 mval = ~ 0,5 g K pro Std. (in etwa 200 ml Flüssigkeit) bei einer Tageszufuhr von maximal 150 mval ~ 6 g K infundiert werden. Selbst bei ausgeprägtem Kaliummangel sind meistens Tagesdosen von 40—80 mval K zur Verhinderung bedrohlicher Kaliummangelsymptome ausreichend.

Die Ursachen des Kaliumüberschusses sind in Tab. 22 noch einmal zusammengestellt.

Tabelle 22. *Ursachen von Kaliummangel und Kaliumüberschuß*

Ursachen	Kaliummangel (Hypokaliämie)	Kaliumüberschuß (Hyperkaliämie)
Hormonelle (adrenale) K-Regulationsstörungen	Paroxysmale Hypokaliämie Conn-Syndrom (Primärer Hyperaldosteronismus) Sekundärer Hyperaldosteronismus bei hydropischen Erkrankungen Morbus Cushing Postoperative Phase Meningitis Anorexia mentalis	Paroxysmale Hyperkaliämie (Hypoaldosteronismus, RELMAN) Morbus Addison Adrenogenitales Syndrom
Enterale Störungen	Chronisches Erbrechen (Pylorusstenose) Diarrhoen Enterostomie, Gallenfistel Leberinsuffizienz	
Renale Störungen	Chron. Glom. Nephritis (potassium losing nephritis) Nephrose Lightwood-Albright-Syndrom Fanconi-Syndrom Hadorn-Syndrom	Chron. Niereninsuffizienz Akute Niereninsuffizienz, (tubuläre Insuffizienz) (Schock-, Crush-, Sublimat-Niere) (Hämolyse)
Therapeutische Nebenwirkungen	NNR-Steroide (Mineralocorticoide) Diuretica (Carboanhydrasehemmer Quecksilber, NH_4Cl, Chlorothiazide) Digitalisdauerbehandlung Kationenaustauscher Dauerinfusionen (NaCl, PAS) Darmspülungen, Dialyse	Überdosierte i.v. K-Zufuhr K-reiche Kost bei renaler K-Ausscheidungsstörung Hämolyse nach Transfusion

2. Klinisches Bild des Kaliumüberschusses

Entsprechend den Verhältnissen bei einer Hypokaliämie kann kein feststehender Grenzwert der Plasma $[K^+]$ angegeben werden, bei dessen Überschreiten mit klinischen Symptomen eines Kaliumüberschusses zu rechnen ist. Bei einer Verminderung der antagonistisch wirkenden Na- und Ca-Ionen in der extracellulären Flüssigkeit werden Störungen der Herztätigkeit und der Muskelfunktion durch Zunahme der $[K^+]$ im Plasma besonders früh auftreten können. Werte über 6,5 mval/l K im Plasma sind in jedem Fall als bedrohlich anzusehen, Werte über 10—12 mval/l führen zum Tod.

Die frühsten Symptome finden sich im Elektrokardiogramm, das bereits bei einer Plasma $[K^+]$ um 7 mval/l eine spitzzeltförmige symmetrische Umgestaltung einer erhöhten T-Welle erkennen läßt. Als Ausdruck einer Verzögerung der intraventrikulären Erregungsausbreitung im Herzen nimmt dann die QRS-Dauer zu. Die Verplumpung des QRS-Komplexes ist bei etwa 9 mval/l K im Plasma zu erwarten. Gleichzeitig treten ST-Senkungen, Abflachung von P und ventrikuläre Extrasystolen auf. Weitergehende Veränderungen sind Vorhofstillstand, QRS-Verbreiterung bis zum Schenkelblockbild, Auftreten eines Kammereigenrhythmus und schließlich Kammerflimmern oder Herzstillstand. Die genannte Reihenfolge ist nicht obligat, sie geht auch der Zunahme der Hyperkaliämie nicht streng parallel. Wie beim Kaliummangel ist der Konzentrationsgradient zwischen der intra- und extracellulären Kaliumkonzentration am Herzen entscheidend für das Auftreten der EKG-Veränderungen.

Im klinischen Bild stehen die Herzerscheinungen ebenfalls im Vordergrund, wenn auch Paresen der Skeletmuskulatur vorkommen. Auf einer Vasokonstriktion beruhende Paraesthesien an den Extremitäten sind selten. Der Puls ist zunächst verlangsamt, später arrhythmisch, der Blutdruck ist erhöht. Der Tod erfolgt durch diastolischen Herzstillstand, oft nach vorausgehendem Kammerflimmern.

3. Therapie des Kaliumüberschusses

Die Erkennung einer Hyperkaliämie über 6,5 mval/l verlangt wegen der drohenden Herzschädigung sofortige therapeutische Maßnahmen. Durch Zufuhr der sich antagonistisch verhaltenden Na^+- und Ca^{++}-Ionen, die zudem bei renaler Insuffizienz oft vermindert sind, kann die ungünstige Herzwirkung der Hyperkaliämie bis zu einem gewissen Grade inhibiert werden. Wiederholte Injektionen von 10—20%igem Calciumgluconat oder 5%iger NaCl-Lösung (je 20 ml) erfüllen diesen Zweck. Der Eigenschaft des Insulins und der Glucose, einen Übertritt von Kalium-Ionen aus dem extra- in den intracellulären Raum zu bewirken, kann man sich ebenfalls mit Erfolg bedienen. MERONEY und HERNDON geben bei bedrohlicher Hyperkaliämie durch Anurie eine Infusionslösung an, von der unter Elektrolyt- und Blutzuckerkontrolle 25—100 ml/l pro Stunde gegeben werden können und die folgende Bestandteile enthält:

Calciumgluconat	(10%)	. . . . 100 ml
Natrium-Bicarbonat(-lactat)	(7,5%)	. . . . 50 ml
Dextroselösung	(5%)	. . . . 400 ml
Insulin . . . . 25—50 Einheiten		

Läßt sich die anurische Phase beim akuten Nierenversagen infolge Schock, Crush oder Intoxikationen nicht bald beseitigen, zwingt u. a. die Hyperkaliämie zur Anwendung der künstlichen Niere oder der intestinalen bzw. peritonealen Dialyse.

In der Behandlung der Kaliumretention bei chronischer Niereninsuffizienz ist besonders auf den Entzug kaliumreicher Nahrungsbestandteile (s. Diätschema und Tab. 43—47) zu achten. Bei Wasser- und Na-Verlust kann allein die Wiederherstellung des extracellulären Flüssigkeitsvolumens und der normalen Na-Konzentration die Hyperkaliämie beseitigen. Glucose-Infusionen bewirken nicht nur einen Übertritt von Kalium in die Zellen und vermindern dadurch die Hyperkaliämie, sondern verhindern auch den Eiweißabbau, der mit einem Kaliumaustritt aus den Zellen einhergeht.

Anhang

Der Magnesiumstoffwechsel und seine Störungen

Über die tägliche Aufnahme von Magnesium, seine Verteilung im Organismus und seine Beeinflussung bei Stoffwechselstörungen ist noch wenig bekannt. Der Hauptgrund für diese im Vergleich zu anderen Elektrolyten geringen Kenntnisse liegt in der schwierigen Bestimmbarkeit des Magnesiums. Erst in den letzten Jahren wurden relativ zuverlässige und nicht allzu schwer durchführbare Methoden der flammenphotometrischen Messung in Körperflüssigkeiten und Geweben ausgearbeitet. Man wird deshalb in den nächsten Jahren mit einer wesentlichen Erweiterung unserer Kenntnisse auf diesem bisher noch wenig bekannten Gebiet rechnen können.

Bei normaler Ernährung werden täglich etwa 30 mval Magnesium zugeführt. Die Hauptquellen des Magnesiums sind dabei grüne Gemüse, da Chlorophyll magnesiumhaltig ist. Über die täglich vom Menschen benötigte Magnesiummenge besteht noch keine Klarheit. Sie wird von einigen Autoren auf 15—20 mval pro Tag geschätzt (BLAND). Für die Resorption im Magendarm-Kanal scheinen dieselben Bedingungen maßgebend zu sein wie beim Calcium (13. Kapitel).

Im *Plasma* findet man *Magnesiumwerte zwischen 1,5 und 2 mval/l*. Dabei sind anscheinend 20—30% des Magnesiums an Eiweiß gebunden, der Rest frei und ionisiert. In den Körperzellen liegen die Magnesiumkonzentrationen beträchtlich höher als in der extracellulären Flüssigkeit. So wurden in den Erythrocyten etwa 8 mval/l Wasser, in der Muskulatur sogar 20 mval/l Wasser gefunden (HOFFMANN). Die Hauptmenge des Magnesiums ist im Skelet abgelagert.

Die *Ausscheidung* erfolgt im Harn und mit dem Stuhl. Dabei ist aber noch nicht geklärt, ob das im Stuhl nachweisbare Magnesium den im Magendarm-Kanal nicht resorbierten Mengen entspricht oder ob zusätzlich eine echte Ausscheidung durch die Darmschleimhaut vorkommt. Die renale Ausscheidung kann anscheinend durch die Nebennierenrinde reguliert werden. Näheres über diese für Klinik und Pathophysiologie sehr wichtige Frage ist aber noch nicht bekannt.

1. Magnesiummangel-Zustände

Acidosen. Während der Entwicklung der *diabetischen Acidose* tritt Magnesium aus den Zellen, besonders der Muskulatur, sowie aus dem Skelet aus und wird vermehrt im Harn ausgeschieden. Während der Restitutionsphase kann es dann zu *Hypomagnesiämie* beträchtlichen Ausmaßes kommen. Daran ist die Normalisierung des extracellulären Flüssigkeitsvolumens und der Eintritt von Magnesium aus der extracellulären in die intracelluläre Flüssigkeit ursächlich beteiligt. Es bestehen also ganz ähnliche Verhältnisse wie beim Kalium. Auch *andere acidotische Zustände* (z. B. NH_4Cl-Acidose) führen zu einer vermehrten Freisetzung von Magnesium und seiner Ausscheidung im Harn.

Relativ häufig scheint eine Hypomagnesiämie auch bei *chronischem Alkoholismus* und bei *parenteraler Flüssigkeitstherapie* mit magnesiumfreien Lösungen zu sein (FLINK u. Mitarb.).

Schließlich können *lang anhaltende Diuresen*, z. B. im Verlauf der akuten Tubulusnekrose, zu Mangelzuständen von Magnesium führen.

Es ist bisher noch nicht möglich, dem Magnesiummangel bestimmte klinische Symptome zuzuordnen. Von manchen Autoren werden Tremor, Muskelzuckungen choreatischer und athetotischer Art, Bewußtseinsstörungen, Verwirrungszustände und Koma darauf bezogen. Da Magnesiummangel aber stets mit anderen sehr eingreifenden Stoffwechselstörungen verbunden vorkommt, ist die Zuordnung dieser Symptome zu einem Mangel an Magnesium bisher kaum möglich.

2. Magnesiumüberschuß

Bei akuter und chronischer *Niereninsuffizienz* sind mit großer Regelmäßigkeit erhöhte Magnesiumwerte im Plasma gefunden worden (BECHER und AMANN). WACKER und VALLEE fanden unter 11 Fällen akuter Niereninsuffizienz 10 mal eine Erhöhung des Magnesiumspiegels und in gleicher Weise auch des Kaliumspiegels. In diesen Fällen ließ sich nicht entscheiden, inwieweit klinische Symptomatologie und EKG-Veränderungen (spitzes T, Verlängerung der Überleitungszeit und QRS-Verbreiterung) durch Kalium oder Magnesium bedingt waren. Im 11. Fall war dagegen der Magnesiumwert im Plasma sehr viel stärker erhöht als der Kaliumwert. Die Autoren sind daher geneigt, in diesem Fall die Magnesiumerhöhung für die EKG-Veränderungen verantwortlich zu machen. Mehrfach wurden in Fällen von chronischer Nephritis nach Magnesiumsulfat-Gabe zum Zwecke des Abführens Erhöhungen des Magnesiumspiegels im Plasma und gleichzeitig das Auftreten von typischen urämischen Symptomen beobachtet. In diesen Fällen sollte also Magnesiumsulfat als Abführmittel nicht gegeben werden.

Bei *Hyperthyreose* scheint der an Eiweiß gebundene Anteil, anscheinend ohne Steigerung des übrigen Magnesiums, erhöht zu sein. Entsprechend kommt bei Hypothyreosen eine Verminderung dieses eiweißgebundenen Anteils vor (BISSEL).

Die *pharmakologischen Wirkungen* zugeführten Magnesiums sind durch eine Herabsetzung der Erregbarbeit der quergestreiften Muskulatur und eine Hemmung aller Funktionen des Zentralnerven-Systems ausgezeichnet. Bei höheren Dosen werden Lähmungen und Narkose beobachtet. In diesem Zusammenhang interessiert, daß beim Rind eine sog. „Grastetanie" mit Hypomagnesiämie bekannt ist.

7. Kapitel

Die Störungen des Säure-Basen-Stoffwechsels

Im 5. Kapitel wurden die Grundlagen des Säure-Basen-Stoffwechsels und seiner Regulation durch Lungen, Nieren und Austauschvorgänge zwischen extra- und intracellulärem Raum besprochen. Auf die dort gebrachte Einteilung wird verwiesen. Im folgenden sollen die klinisch zur Beobachtung kommenden Störungen mit ihren vielfältigen Verknüpfungen zum Elektrolytstoffwechsel zusammenfassend dargestellt werden.

I. Acidosen

1. Metabolische Acidosen

Auf S. 72 wurde dargestellt, daß metabolische Acidosen grundsätzlich in folgender Weise entstehen können: durch Anhäufung von sog. fixen (gegenüber der „flüchtigen" Kohlensäure!) Säuren oder einen Verlust von Basen; dabei handelt es sich fast stets um Bicarbonat. Die in der Klinik vorkommenden metabolischen Acidosen und ihr Entstehungsmechanismus sind in Tab. 23 aufgeführt. Einige dieser Störungen sollen näher besprochen werden.

Tabelle 23. *Entstehungsmechanismus und Vorkommen metabolischer Acidosen*

Entstehungsmechanismus	*Vorkommen in der Klinik*
I. *Anhäufung fixer Säuren*	
1. Zufuhr von H^+-Ionen durch fixe Säuren	
HCl, NH_4Cl;	→ Ammoniumchlorid-Acidose
H^+-Ionen-Zufuhr durch Kationenaustauscher	→ Acidose durch Kationenaustauscher
2. Endogene Mehrbildung von fixen Säuren	
β-Oxybuttersäure, Acetessigsäure	→ Diabetes mellitus, Hunger
Milchsäure	→ schwere Hypoxie
H_3PO_4 $\}$	
H_2SO_4 $\}$	→ bei verstärktem Eiweißabbau
3. Verminderte renale Ausscheidung von H^+-Ionen	
a) Mit Herabsetzung des Glomerulumfiltrats	→ Niereninsuffizienz mit Reduktion von Nierenparenchym: Schrumpfniere ohne Reduktion von Nierenparenchym
b) Ohne Herabsetzung des Glomerulumfiltrats	→ Tubulusschäden (sog. renale tubuläre Acidose), Carboanhydrasehemmung
II. *Verlust von Basen, besonders Bicarbonat*	
1. Extrarenale Verluste:	
Verluste von bicarbonatreichem Dünndarm-, Gallen-, Pankreassekret	→ Diarrhoe, Gallenfistel, Pankreasfistel, Colitis ulcerosa
2. Renale Verluste:	
Mangelhafte Rückresorption und Bildung von Bicarbonat (kombiniert mit I 3 b)	→ Tubulusschäden (renale tubuläre Acidose), Carboanhydrasehemmung

a) Ammoniumchlorid-Acidose

NH_4Cl wird zur Verstärkung der Quecksilberdiurese häufig verwendet (s. S. 156). Die Acidose durch NH_4Cl kommt auf folgenden Wegen zustande. Aus NH_4Cl wird durch die Leber NH_3 für die Harnstoffsynthese entnommen. Es bleiben dann H^+- und Cl^--Ionen übrig, die auf zwei Wegen eine metabolische Acidose bewirken: durch unmittelbare Zuführung von H^+-Ionen und durch die Erhöhung von $[Cl^-]$ im Plasma. Die H^+-Ionen werden von den Puffersystemen des Blutes und der extracellulären Flüssigkeit weitgehend gebunden. Dabei entsteht aus HCO_3^- H_2CO_3; die Konzentration an Bicarbonat nimmt ab. Unter Steigerung der alveolaren Belüftung stellt sich dann ein neues Gleichgewicht mit einer nur wenig gesteigerten $[H^+]$ ein. Die Chloridzufuhr ihrerseits bewirkt einen Anstieg von $[Cl^-]$ im Plasma. Die Folge ist eine kompensatorische Verminderung von Bicarbonat, welche auf dem soeben beschriebenen Wege zu einem Anstieg von $[H^+]$ mit Steigerung der alveolaren Ventilation führt. Ferner sinkt $[Na^+]$ im Plasma ab (SCHWAB u. Mitarb. 1954c), da während der ersten Tage sehr viel Natrium im Harn ausgeschieden wird.

Diesen Veränderungen der extracellulären Flüssigkeit entsprechen folgende Änderungen der Nierenfunktion. Die erhöhte Chloridzufuhr führt zu einer verstärkten Chloridausscheidung im Harn. Aus Gründen der Elektroneutralität muß

Chlorid mit Kationen zusammen ausgeschieden werden. Als Neutralisationspartner wirken während der ersten Tage vor allem Natrium und Kalium; erst vom 3. Tage an nimmt die NH_4^+-Ausscheidung so stark zu, daß Natrium und Kalium eingespart werden können (SARTORIUS u. Mitarb.). *Nur während der Zeit der vermehrten Natriurese wird auch eine Zunahme der Wasserausscheidung beobachtet.* Hieraus folgt, daß NH_4Cl an sich nur während der ersten Tage zu einer Mobilisierung von Ödemflüssigkeit führen kann.

An den Kompensationsvorgängen beteiligen sich nicht nur Lungen und Nieren, sondern auch der intracelluläre Raum. So treten H^+-Ionen und wahrscheinlich auch Chlorid in die Zellen ein, Natrium und Kalium sowie Magnesium treten aus. Schließlich nimmt auch das *Knochensystem* an den Stoffwechselvorgängen teil, es *entläßt Natrium und Calcium* (BERGSTROM).

Gefahren der NH_4Cl-Acidose. Aus dem bisher Gesagten läßt sich erkennen, daß die entstehende Acidose in ihrem Ausmaß weitgehend von der kompensatorischen Steigerung der alveolaren Belüftung und der renalen H^+-Ionen-Ausscheidung in Form von NH_4^+ und titrierbarer Säure sowie der Bicarbonat-Produktion der Niere abhängt. Sind die Voraussetzungen für eine Hyperventilation und eine gesteigerte H^+-Ionenproduktion durch die Niere nicht gegeben, dann können schwere metabolische Acidosen entstehen. So wird z. B. nicht selten ein obstruktives Lungenemphysem vorliegen, das eine hinreichende Steigerung der alveolaren Belüftung unmöglich macht. Auch Störungen der Nierenfunktion, etwa infolge Pyelonephritis, Gefäßleiden, Prostatahypertrophie sind, besonders bei älteren Patienten, recht häufig. In diesen zuletzt genannten Fällen wird es nicht nur zu schwerer metabolischer Acidose, sondern auch zu Verlust von extracellulären Kationen, besonders Natrium, mit Wasserverlust kommen. So kann eine schwere Dehydration mit Beeinträchtigung von Kreislauf und Nierenfunktion (Rest-N-Anstieg) entstehen. Die *Verordnung von NH_4Cl sollte deshalb bei allen Patienten mit Krankheiten der Atmungsorgane und der Nieren vermieden* oder doch nur mit äußerster Vorsicht durchgeführt werden.

b) Diabetische Acidose

Sie entsteht durch das vermehrte Auftreten von β-Oxybuttersäure und Acetessigsäure. Die damit in der extracellulären Flüssigkeit auftretenden H^+-Ionen führen zu einer Verminderung von Bicarbonat in der schon mehrfach dargestellten Weise. Durch eine gesteigerte alveolare Ventilation wird der p_H-Wert des Blutes oft nur wenig nach der sauren Seite hin verschoben gefunden: *partiell kompensierte metabolische Acidose.*

β-Oxybuttersäure und Acetessigsäure werden auch im Harn vermehrt ausgeschieden. Da ihr pK' (s. S. 80) bei 5,0 bzw. 3,8 liegt, das Harn-p_H aber nur bis höchstens 4,4 absinken kann, muß β-Oxybuttersäure zum kleineren Teil, Acetessigsäure zum größeren Teil mit Kationen neutralisiert ausgeschieden werden. Einen quantitativen Überblick dieser Verhältnisse kann man aus Abb. 24 entnehmen. In Übereinstimmung mit der NH_4Cl-Acidose werden zunächst Kationen der extracellulären Flüssigkeit, besonders Natrium hierfür herangezogen. Allmählich kommt es aber dann zu einer Mehrbildung von H^+-Ionen und NH_3 durch die Niere, die als titrierbare Säure und vor allem NH_4^+ ausgeschieden werden. Nunmehr können die Kationen der extracellulären Flüssigkeit, besonders

Natrium, dem Körper bewahrt werden. Hieraus geht hervor, daß *bei Störungen der Nierenfunktion die Ausprägung der metabolischen Acidose und auch der Verlust an extracellulären Kationen sehr viel stärker* sein muß als bei guter Nierenfunktion. Gerade bei älteren Diabetikern liegen oft komplizierende Nierenkrankheiten wie z. B. Pyelonephritis, Nephrosklerose und Glomerulosklerose vor. Diese Patienten sind durch eine auftretende Acidose deshalb besonders gefährdet.

Die bisher beschriebenen Veränderungen betrafen den Säure-Basen-Haushalt im engeren Sinn. Außerdem liegen aber noch *Störungen des Wasser- und Elektrolytstoffwechsels* vor, die für das klinische Bild und die Behandlung der diabetischen Acidose von großer Wichtigkeit sind. Die Glucosekonzentration in der extracellulären Flüssigkeit ist erhöht. Während normalerweise die Nichtelektrolyte für den effektiven osmotischen Druck kaum ins Gewicht fallen, ist das bei erhöhten Blutzuckerwerten nicht mehr der Fall. Bleibt der Beitrag der Elektrolyte gegenüber vorher unverändert, so resultiert eine Hyperosmolalität im extracellulären Raum. Sie hat einen Abstrom von Zellflüssigkeit nach dem extracellulären Raum hin zur Folge, so daß im Beginn eine Vermehrung der extracellulären Flüssigkeit vorliegen mag. Sehr bald kommt es jedoch infolge der osmotischen Diurese und der renalen Natriumverluste zu einer Dehydration, welche das klinische Bild sehr weitgehend beherrscht. Aber auch dann ist die extracelluläre Flüssigkeit meist hyperton (WELT).

[Na$^+$] im Plasma wird oft vermindert gefunden. Aus den von ELKINTON und DANOWSKI mitgeteilten Werten (Abb. 37) kann man entnehmen, daß [Na$^+$] im Mittel bei etwa 130 mval/l Plasma liegt. Nun ist aber zu berücksichtigen, daß die diabetische Acidose durch eine ausgeprägte Lipämie und Lipidämie gekennzeichnet ist. Die Lipide besitzen ein großes spezifisches Volumen und nehmen daher beträchtlichen Lösungsraum ein. Während normalerweise 100 ml Plasma etwa 93 g Wasser enthalten, muß man unter diesen Umständen eine Verminderung des Plasmawassergehalts auf 85 g und weniger annehmen. *Berechnet man nun [Na$^+$] für Plasmawasser, dann findet man ganz normale Werte.* Man kann daraus schließen, daß in den meisten Fällen [Na$^+$] in der extracellulären Flüssigkeit nicht erniedrigt ist. Durch weitere Störungen, z. B. Erbrechen, Störungen der Nierenfunktion usw. können allerdings zusätzliche Verluste an Natrium entstehen, so daß *auch echte Hyponatriämien* vorkommen können.

Hieraus folgt, daß die *Substitutionsbehandlung eher mit hypotonen als mit hypertonen Lösungen* vorgenommen werden soll. Einzelheiten der vielfältigen therapeutischen Probleme werden im 15. Kapitel abgehandelt.

Die Verluste an extracellulärer Flüssigkeit führen zu einer Verminderung des Plasmavolumens mit Herabsetzung des Herzminutenvolumens und der Nierendurchblutung. In schweren Fällen kann es zu einem ausgeprägten Schockzustand mit Erhöhung von Hämatokrit und Proteinkonzentration kommen. Als weitere Folge tritt eine Verminderung der Glomerulumfiltration mit Rest-N-Anstieg ein. An letzterem ist zusätzlich der gesteigerte endogene Eiweißzerfall beteiligt. Alle diese Vorgänge führen zur weiteren *Verstärkung der metabolischen Acidose:* infolge des danniederliegenden Kreislaufs kommt es zu vermehrter *Milchsäurebildung;* der vermehrte Eiweißzerfall bedeutet *zusätzliches Angebot an H_2SO_4 und H_3PO_4;* die darniederliegende Nierenfunktion schließlich macht ein regulatorisches Eingreifen der Niere durch vermehrte Ausscheidung von H$^+$-Ionen und vermehrte Bildung von Bicarbonationen mehr oder weniger zunichte. Gelingt es nicht, durch rechtzeitige und intensive Behandlung diesen Circulus vitiosus zu durchbrechen, so kommt es unweigerlich zum Zusammenbruch aller Stoffwechselprozesse.

Schließlich spielen noch die *Veränderungen des Kaliumstoffwechsels*, besonders bei der Behandlungsphase, eine große Rolle. Während der Ausbildung der diabetischen Acidose tritt Kalium aus dem intracellulären in den extracellulären Raum über. Trotz einer gesteigerten Kaliumausscheidung wird deshalb [K^+] oft erhöht gefunden. Ursächlich sind für diesen Austritt von Kalium mehrere Faktoren verantwortlich zu machen (Kühns und Weber). Die metabolische Acidose

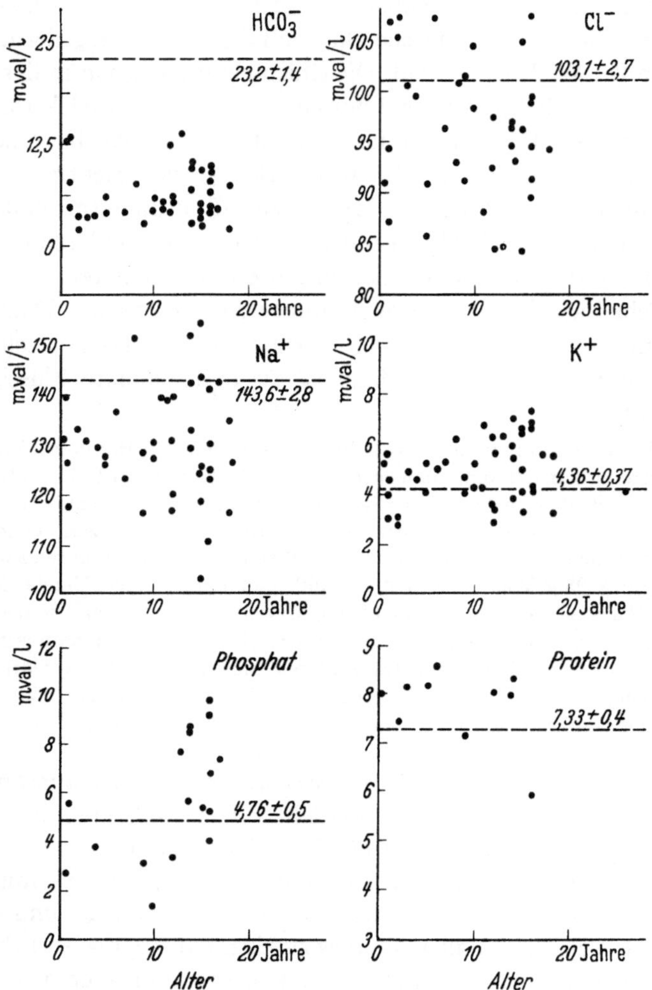

Abb. 37. Plasmaelektrolyte und Proteinkonzentration bei diabetischer Acidose und Coma diabeticum vor der Behandlung. Die Normalwerte (————) sind als Mittelwerte ± 2σ (Standardabweichung) wiedergegeben. Die Untersuchungen wurden an Kindern durchgeführt (deshalb hohe Normalwerte für Phosphat!) (Nach Elkinton und Danowski)

selbst, die Glykogenverarmung der Zellen und der in späteren Stadien auch gesteigerte Eiweißabbau sind daran beteiligt. Im Reparationsstadium sind alle diese Veränderungen rückläufig. Nunmehr wird Kalium in die Zellen aufgenommen. So können *schwere hypokaliämische Zustände* auftreten, die für das Kreislaufversagen nach Überwindung der Acidose als Hauptursache in Frage kommen (s. 15. Kap.).

c) Acidosen bei Störungen der Nierenfunktion

Folgende Überlegungen sollen der Erörterung dieser Acidoseformen vorausgeschickt werden.

Der tägliche Überschuß an Säuren wird von der Niere in Form von titrierbarer Säure und NH_4^+ ausgeschieden. Beide zusammen betragen in 24 Std. etwa 50 bis 80 mval. Diese Ausscheidung wird ermöglicht durch die Erzeugung von H^+-Ionen in den Tubuluszellen:

$$H_2O + CO_2 \rightleftharpoons H_2CO_3 \rightleftharpoons H^+ + HCO_3^-.$$

Für jedes H^+-Ionen entsteht dabei gleichzeitig ein Bicarbonation. Der Protonenausscheidung von 50—80 mval/Tag entspricht demnach eine Bicarbonatbildung in derselben Größe. Diese Bicarbonatmenge wird von der Niere in das peritubuläre Capillarblut und damit in die extracelluläre Flüssigkeit hineingegeben. Die Bicarbonatkonzentration im Blut müßte infolgedessen ansteigen, wenn nicht H^+-Ionen aus dem Stoffwechsel für eine Umwandlung von HCO_3^- in CO_2 und H_2O sorgen würden. Der von Tag zu Tag praktisch konstante Bicarbonatspiegel zeigt, daß Zuwachs und Verminderung sich gerade die Waage halten. Die *Niere greift also in zweierlei Weise in den Säure-Basen-Stoffwechsel ein: sie entfernt H^+-Ionen und erzeugt Bicarbonationen.*

Hiervon ist die sog. *Rückresorption von glomerulär filtriertem Bicarbonat* zu trennen. Auch sie erfordert, wie auf S. 78 dargelegt wurde, Protonen, die gegen Natrium ausgetauscht werden: aus $NaHCO_3$ entsteht dabei H_2CO_3, welches in CO_2 und H_2O zerfällt. Für jedes in den Tubuluszellen gebildete Proton entsteht ein Bicarbonation, welches in das peritubuläre Capillarblut übertritt und so gewissermaßen an die Stelle des in Form von CO_2 (und H_2O) „verlorengegangenen" Bicarbonations des Primärharns tritt. Dem peritubulären Blut und der extracellulären Flüssigkeit wird *durch die Zuführung dieser Bicarbonationen nur der vorher durch Abfiltration entstandene Verlust ersetzt.* Insofern kann man von Bicarbonat-Rückresorption sprechen; man soll dabei aber bedenken, daß es sich, streng genommen, um eine Neubildung handelt. Es entsteht dadurch kein echter Zuwachs an Bicarbonat, wie es soeben für die der Protonenausscheidung in Form von titrierbarer Säure und NH_4^+ äquivalente Bicarbonatmenge geschildert wurde.

Nur bei Beachtung dieser Zusammenhänge lassen sich die Acidoseformen bei Nierenkrankheiten verstehen. Man teilt sie üblicherweise in zwei Gruppen ein: Acidosen bei Nierenkrankheiten mit herabgesetztem Glomerulumfiltrat und solche bei normalem Glomerulumfiltrat; letztere werden auch als renale tubuläre Acidose bezeichnet.

Acidosen bei herabgesetztem Glomerulumfiltrat. Hierher gehören vor allem die Fälle von chronischer Niereninsuffizienz bei den verschiedenen Formen von Schrumpfnieren. Der hierbei vorhandene Parenchymschwund trifft sowohl die Glomerula als auch die Tubuli. Der Schwund der Glomerula führt zu einer Erniedrigung des Glomerulumfiltrats. Dadurch kommt es zum Anstieg von Rest-N-Substanzen, Phosphat und Sulfat. Während der Anstieg der Rest-N-Substanzen für die Entstehung der Acidose belanglos ist, hat man die Vermehrung von Phosphat und Sulfat ursächlich angeschuldigt. Beide Anionen sollen Bicarbonat „verdrängen". Phosphat und Sulfat sind jedoch, wie bereits auf S. 84 ausgeführt wurde, zu einer Verdrängung von Bicarbonat nicht in der Lage, da sie die hierfür notwendigen H^+-Ionen nicht abgeben können. Die *Acidose bei chronischer Niereninsuffizienz kann also nicht auf eine Vermehrung von Phosphat und Sulfat zurückgeführt werden.* Folgende Vorstellungen bieten dagegen eine befriedigende Erklärung.

Durch den Schwund an Nierenparenchym nimmt nicht nur die Zahl der Glomerula, sondern auch die der Tubuli ab. Da letztere das anatomische Substrat der Protonen-und Bicarbonatbildung darstellen, läßt sich deren verminderte Produktion gut verstehen. Dabei sinkt zunächst die NH_4^+-Ausscheidung, erst spät die titrierbare Säure im Harn ab (VAN SLYKE, LINDER u. Mitarb.). Normalerweise liegt der Quotient NH_4^+/titrierbare Säure zwischen 1 und 1,5. Bei den erwähnten Nierenkrankheiten fällt er dagegen auf Werte unter 1 ab. Entsprechend der geringeren Bildung von H^+-Ionen entstehen auch weniger Bicarbonationen in den Tubuluszellen, so daß die extracelluläre Flüssigkeit weniger Bicarbonat zugeführt bekommt.

Ähnliche Verhältnisse liegen auch dann vor, wenn ohne weitgehende Reduktion an Nierenparenchym (Schrumpfnieren) Glomerula in erheblichem Ausmaß für die Filtratbildung ausfallen. Dann muß in den zugehörigen Nephronen der Mechanismus der Harnsäuerung ebenfalls „leer laufen", selbst dann, wenn die anatomischen Strukturen noch intakt sind. Das wird bei akuter Glomerulonephritis und bei akuten Niereninsuffizienzen beobachtet.

Acidosen ohne Herabsetzung des Glomerulumfiltrats. Sie sind lediglich durch eine Störung der Tubulusfunktion ausgezeichnet. Bei dem normalen oder nur unwesentlich herabgesetzten Filtrat verwundert es nicht, daß die Konzentrationen an Rest-N, Phosphat und Sulfat normal sind. Die Störung der Tubulusfunktion betrifft wieder die Bildung von H^+- und Bicarbonationen. Die Ausscheidung von titrierbarer Säure und NH_4^+ nimmt ab, die extracelluläre Flüssigkeit erhält weniger Bicarbonat zugeführt. Die Bildung von Bicarbonat in den Tubuluszellen und die Rückresorption des glomerulär filtrierten Bicarbonats (als CO_2) laufen stets parallel. So wird auch wenig Bicarbonat rückresorbiert: der neutrale oder alkalische Harn enthält zunehmende Mengen von Bicarbonat.

Die Verminderung von Bicarbonat im Plasma wird immer dann, wenn sich die Kationenkonzentration, also im wesentlichen [Na^+], nicht ändert, durch einen Anstieg von Chlorid ausgeglichen. Man beobachtet also eine *Hyperchlorämie*, so daß die Bezeichnung *hyperchlorämische renale tubuläre Acidose* verständlich wird.

Diese *Hyperchlorämie ist übrigens nicht an das Vorhandensein einer Acidose gebunden.* Sie tritt z. B. auch bei der respiratorischen Alkalose auf, wo Bicarbonat aus regulatorischen Gründen erniedrigt ist. Sie entsteht durch eine verstärkte Rückresorption von Chlorid, ohne daß bisher Näheres über diese kompensatorische Leistung der Niere bekannt ist.

In den *Fällen mit Hypoproteinämie* (nephrotisches Syndrom) kann ein Teil der Chloriderhöhung rein physikalisch-chemisch mit einem geringeren Einfluß des Donnaneffekts erklärt werden. Da dieser Bicarbonat in gleicher Weise beeinflußt, müßte man — ein Fehlen biologisch verursachter Abnahme von [HCO_3^-] vorausgesetzt — normale oder wenig erhöhte Bicarbonatwerte erwarten. Man findet aber oft eine metabolische Acidose, woraus auf das *Prävalieren biologischer Einflüsse auch für die Genese der Hyperchlorämie* geschlossen werden kann.

Das vermehrt ausgeschiedene Bicarbonat benötigt als Anion einen Neutralisationspartner. Grundsätzlich kommen bei der gestörten Bildung von H^+-Ionen — titrierbare Säure und NH_4^+ werden vermindert im Harn ausgeschieden — nurmehr Natrium, Kalium, Calcium und Magnesium in Frage. Wenn durch besondere Umstände (z. B. Erhaltung der extracellulären Flüssigkeit) die Natriumausscheidung gedrosselt wird, so werden vor allem Kalium und Calcium zur Neutralisation herangezogen. Es entstehen Mangelzustände an Kalium und Calcium, die das klinische Bild beherrschen können: *renal bedingte Formen von Osteomalacie und Hypokaliämie* (12. und 13. Kap.).

So sind also die verminderte Ausscheidung von H^+-Ionen in den Harn und die verminderte Zuführung von Bicarbonat in die extracelluläre Flüssigkeit — beides tubuläre Funktionen — für die Entstehung der Acidosen sowohl bei Nierenkrankheiten mit Herabsetzung des Glomerulumfiltrats als auch bei rein tubulären Störungen verantwortlich zu machen.

Acidose durch Hemmung der Carboanhydrase. In den letzten Jahren sind Hemmstoffe der Carboanhydrase bekannt geworden, durch die sich der Mechanismus der Harnsäuerung aufheben läßt. Für die therapeutische Anwendung existieren im wesentlichen zwei Indikationsgebiete. Einmal wird die Hemmung der Carboanhydrase zur Erzeugung einer Diurese benutzt, da zusammen mit der reichlichen Bicarbonatausscheidung auch viel Natrium zu Verlust geht (s. S. 151). Ferner läßt sich durch Carboanhydrase-Hemmung eine metabolische Acidose hervorrufen, die über Monate aufrecht zu erhalten ist (SCHWAB, 1957). Man kann so bei alveolarer Hypoventilation einen nachhaltigen Antrieb der Atmung erzeugen (s. 11. Kap.).

Während bei kurzdauernder Hemmung der Carboanhydrase als Neutralisationspartner für Bicarbonat Natrium und Kalium dienen, NH_4^+ jedoch vermindert ausgeschieden wird, tritt bei länger andauernder Carboanhydrase-Hemmung eine Zunahme der NH_4^+-Ausscheidung auf; die Natrium- und Kalium-Elimination wird dagegen eingeschränkt.

d) Acidosen durch Bicarbonatverlust

Sie kommen vor allem bei Verlust von bicarbonatreichen Sekreten des Dünn- und Dickdarms sowie bei Fisteln vor, die bicarbonatreiche Sekrete ableiten: Gallenfisteln, Pankreasfisteln. Im Prinzip laufen unter diesen Umständen dieselben Vorgänge ab, die auf S. 72 für die Fälle von primärem Auftreten von H^+-Ionen geschildert wurden. Da die erwähnten Sekrete viel Kalium enthalten, können *zusätzlich Kaliummangel-Zustände* auftreten. Kalium tritt dabei aus den Zellen aus und wird durch Natrium und H^+-Ionen ersetzt. *So kann die Acidose in der extracellulären Flüssigkeit vermindert oder völlig beseitigt werden.* Das Zell-p_H ist unter diesen Umständen wohl stets herabgesetzt. Schließlich wird bei reichlichen Flüssigkeitsverlusten nicht selten eine *Dehydration* beobachtet. Einige der hierher gehörenden Störungen werden wegen ihrer großen Bedeutung für den Chirurgen im 18. Kapitel ausführlich besprochen.

2. Respiratorische Acidose

Sie ist stets die Folge einer alveolaren Hypoventilation. Das ergibt sich aus folgender Beziehung:

$$P_{CO_2} = \frac{\dot{V}_{CO_2}}{\dot{V}_A} \cdot 863;$$

$\dot{V}_{CO_2} = CO_2$-Bildung; $\dot{V}_A$ = alveolare Ventilation.

Eine im Verhältnis zum Stoffwechsel (CO_2-Produktion) zu geringe alveolare Ventilation bewirkt also einen Anstieg des CO_2-Drucks in Alveolarluft und Blut und damit einen Anstieg von $[H_2CO_3]$ und $[H^+]$. Ursächlich kann man folgende Formen unterscheiden:

a) Mangelhafte Tätigkeit des Atemzentrums: z. B. Hirndruck, Encephalitis, bulbäre Poliomyelitis, medikamentöse Depression des Atemzentrums durch Morphin und seine Abkömmlinge, Barbiturate;

b) Mangelhafte Tätigkeit des peripheren Atmungsapparats trotz normaler Tätigkeit des Atemzentrums: z. B. Verlegung der Atemwege, obstruktives Lungenemphysem, Bronchiektasen, Lungenfibrosen, Behinderung der Atmungsmuskulatur usw. Bei chronischer respiratorischer Acidose, z. B. beim schweren obstruktiven Lungenemphysem, wird eine Kombination der unter a) und b) genannten Störungen beobachtet (s. 11. Kap.).

Allen diesen Formen ist ein Anstieg des CO_2-Drucks und ein entsprechendes Absinken des O_2-Drucks gemeinsam. *Die respiratorische Acidose ist also mit einer Hypoxämie verbunden.* Da das Absinken des O_2-Drucks, *falls allein die alveolare Hypoventilation dafür verantwortlich ist,* erst in relativ spätem Stadium zu wesentlicher Abnahme der O_2-Sättigung des Hämoglobins und damit zur Cyanose führt, kann also eine *schwere respiratorische Acidose ohne das klinische Zeichen der Cyanose vorliegen!* Bei künstlicher Beatmung mit sauerstoffreichen Luftgemischen tritt eine arterielle Hypoxämie überhaupt nicht auf. Um so bedeutungsvoller ist es, sich der Möglichkeit einer alveolaren Hypoventilation mit respiratorischer Acidose auch unter diesen Umständen bewußt zu sein!

Klinisch bestehen sehr *wichtige Unterschiede zwischen einer akuten und einer chronischen respiratorischen Acidose.* Erstere führt sehr schnell zu einem Absinken des Blut-p_H-Werts mit gefährlichen Folgen für die Herztätigkeit, letztere ist durch verschiedene Kompensationsmechanismen mit dem Ergebnis weitgehender Normalisierung des p_H-Werts ausgezeichnet.

Die *akute respiratorische Acidose* ist besonders für den Chirurgen und Anästhesisten von Wichtigkeit. Es kommt dabei sehr rasch zu bedrohlicher Acidose mit Änderungen der intra- und extracellulären Elektrolyte, z. B. Austritt von Kalium aus den Zellen (HARRIS u. Mitarb.). Die an sich vorhandenen Kompensationsmöglichkeiten (vermehrte H^+-Ionenausscheidung und Bicarbonatproduktion durch die Niere sowie Abpufferung von H^+-Ionen durch extracelluläre Flüssigkeit und Gewebe) kommen aus verschiedenen Gründen nicht zu wirksamem Einsatz. Einmal brauchen sie zu ihrer Ausbildung eine gewisse Zeit. Ferner bestehen bei chirurgischen Patienten oft Störungen, welche diese Regulationen behindern. So ist die Nierenfunktion oft nicht intakt. Bei Darniederliegen des Kreislaufs kann eine Verteilung des Blutes in die verschiedenen Gewebe, besonders die Muskulatur als Hauptsitz intracellulärer Puffersysteme, nicht hinreichend schnell vorgenommen werden. *Die Hauptgefahr der akuten respiratorischen Acidose besteht in schweren Störungen der Herztätigkeit mit Kammerflimmern oder Kammerstillstand.* Hierfür ist wahrscheinlich der Eintritt von H^+- und der Austritt von Kaliumionen von wesentlicher Bedeutung. Die nicht seltenen Herzstörungen während der Narkose kommen oft auf diese Weise zustande.

Bei der *chronischen respiratorischen Acidose,* die am häufigsten beim sog. obstruktiven Lungenemphysem beobachtet wird, treten dagegen folgende Kompensationsmechanismen auf, die in ihrer Gesamtheit eine weitgehende Normalisierung des p_H-Werts im Blut gewährleisten. Die Erhöhung des CO_2-Drucks führt sowohl zu extracellulärer als auch zu intracellulärer Acidose. Ein Anstieg von $[H^+]$ in den Tubuluszellen bewirkt nun eine gesteigerte Protonenausscheidung im Harn in Form von titrierbarer Säure und NH_4^+; in den Tubuluszellen werden dadurch erhöhte Mengen von Bicarbonat für die Abgabe in das peritubuläre Capillarblut und die extracelluläre Flüssigkeit frei. Dadurch steigt $[HCO_3^-]$ an. So bleibt die an

Tabelle 24. *Für die Diagnostik wichtige Meßgrößen in Plasma und Harn bei Acidosen metabolischer und respiratorischer Art*

Art der Acidose	Plasma								Urin			
	p_H	P_{CO_2}	HCO_3^-	Cl^-	Na^+	K^+	Phosph.	Rest-N	p_H	HCO_3^-	Titr. Säure	NH_4^+
					Normalwerte							
	7,41	40 mm Hg	25	103	142 mval/l	4,4	1,9	bis 35 mg-%	5,8	abhängig vom Harn-p_H	35 mmol/ 24 Std.	35 mval/ 24 Std.
Metabolische Acidosen												
I. Anhäufung fixer Säuren												
Zufuhr von NH_4Cl, HCl	↓	↓	↓	↑	↓	N	N; ↓	N	stark sauer	Spuren	↑	↑
Diabetische Acidose	↓	↓	↓	N; ↓	N; ↓	N; ↑	N; ↓ ; ↑	N; ↑	stark sauer	Spuren	↑	↑
Niereninsuffizienz	↓	↓	↓	N; ↓	N; ↓	↓ ; ↑	↑	↑	sauer	wenig	↓	↓
Renale hyperchlorämische Acidose	↓	↓	↓	↑	N	N	N	N	schw. sauer, neutral, leicht alkal.	wenig viel	↓	N; ↓
II. Verlust von Bicarbonat Extrarenale Verluste (Diarrhoen, Dünndarm-, Gallen-, Pankreasfisteln) Renale Verluste; s. oben unter renale hyperchlorämische Acidose	↓	↓	↓	N; ↓ ; ↑	N; ↓	N; ↓	N	N; ↑	sauer	Spuren	↑	↑
Respiratorische Acidose	(↓); ↓	↑	↑	↓	N	N	↓	N	sauer	Spuren	↑	↑

sich zu erwartende p_H-Verschiebung nur gering. Entsprechend der vermehrten Bildung von Bicarbonat nimmt auch die Rückresorption zu: der Harn ist praktisch frei von $[HCO_3^-]$. Der Anstieg von Bicarbonat im Plasma verlangt bei gleichbleibender Kationenkonzentration die Entfernung von Chlorid: Chlorid wird sowohl vermehrt im Harn ausgeschieden als auch in die Erythrocyten und die Zellen der Organe verschoben. Die respiratorische Acidose ist also von einer *Hypochlorämie* begleitet. Gleichzeitig kommt es zu einem Austritt von Phosphat aus den Zellen (durch die Einwanderung von Chlorid bedingt?) mit vermehrter Ausscheidung im Harn.

Die chronische respiratorische Acidose geht ferner mit einer *Engstellung des pulmonalen Gefäßbetts* einher. So ergeben sich enge Beziehungen zur pulmonalen Hypertonie. Das therapeutische Ziel muß die Steigerung der alveolaren Ventilation sein. Die hierfür zur Verfügung stehenden Mittel werden im 11. Kapitel ausführlich dargelegt.

Die Tab. 24 gibt einen Überblick über die im Plasma und Urin nachweisbaren Veränderungen bei den verschiedenen Acidoseformen.

II. Alkalosen

1. Metabolische Alkalosen

In Analogie zu der Entstehung der verschiedenen Formen metabolischer Acidosen sind auch hier zwei Möglichkeiten gegeben: Entzug von H^+-Ionen oder primärer Anstieg von Bicarbonat. Die Übersicht in Tab. 25 zeigt die Entstehungsmöglichkeiten und die in der Klinik vorkommenden Zustandsbilder. Einige klinisch wichtige Formen werden im folgenden ausführlich dargestellt.

Tabelle 25. *Entstehungsmechanismus und Vorkommen metabolischer Alkalosen*

Entstehungsmechanismus	*Vorkommen in der Klinik*
I. Entzug von H^+-Ionen	
1. Verlust von saurem Magensaft	→ Pylorusstenose; Magenspülungen; Erbrechen
2. Verschiebung von H^+-Ionen in die Zellen	→ Kaliummangel infolge mangelhafter Zufuhr oder extrarenaler und renaler Verluste
3. Zufuhr von Salzen organischer Säuren Natriumlactat, Natriumcitrat	→ Behandlung metabolischer Acidosen
II. Vermehrung von Basen, besonders Bicarbonat	
1. Zufuhr von Bicarbonat per os oder parenteral	→ Behandlung metabolischer Acidosen
2. Kompensatorischer Anstieg bei primärem Verlust von Anionen, besonders Chlorid	→ Verlust von Magensaft

a) Verlust von saurem Magensaft

Dabei handelt es sich einmal um einen Entzug von H^+-Ionen und außerdem um einen Verlust von Chlorid. Beide Faktoren verursachen einen Anstieg von Bicarbonat. Der Entzug von H^+-Ionen wirkt dabei umgekehrt wie ihre Zufuhr: Bicarbonat wird vermehrt freigesetzt. An dem Anstieg von Bicarbonat ist außerdem der Chloridverlust beteiligt. Immer dann, wenn die Natriumkonzentration keine wesentliche Änderung erfährt, wird ein Absinken von Chlorid durch einen Anstieg von Bicarbonat ausgeglichen (s. S. 136). Da Magensaft sehr viel mehr Chlorid als Natrium enthält, ist diese Möglichkeit gegeben. Die bisher besprochenen Veränderungen führen zu einer *metabolischen Alkalose mit Hypochlorämie.* Das klinische Bild ist durch Apathie und Schwäche gekennzeichnet. In schweren Fällen können tetanische Anfälle oder sogar allgemeine Krämpfe eintreten.

Diese bisher besprochenen Störungen werden oft durch weitere Verluste kompliziert. So kann durch gehäuftes Erbrechen sehr viel Flüssigkeit verlorengehen; es entsteht eine *Dehydration mit anfangs meist isotonem Charakter.* Diese Komplikation verursacht auffällige Veränderungen im Harn. Üblicherweise reagiert der Harn bei metabolischer Alkalose alkalisch, er enthält viel Bicarbonat und wenig titrierbare Säure und NH_4^+. Als Neutralisationspartner von HCO_3^- dient dabei Natrium. Bei einem Mangel an extracellulärer Flüssigkeit tritt nun eine Drosselung der Natriumausscheidung zum Zwecke der Erhaltung des extracellulären Volumens ein. So kommt es zu vermehrter Ausscheidung von Kalium und H^+-Ionen in Form von titrierbarer Säure und NH_4^+. Man spricht von *paradoxer Acidurie im Hinblick auf die Alkalose in der extracellulären Flüssigkeit* (s. S 83).

Ein weiterer pathogenetischer Faktor ist der *Kaliummangel*. Magensaft enthält relativ viel Kalium, so daß häufiges Erbrechen eine Ursache von Kaliumverlust sein kann. Dazu kommt aus den soeben dargestellten Gründen oft ein renaler Kaliumverlust. Beide zusammen können zu schwerer Entblößung des Organismus an Kalium führen. Der Austritt von Kalium aus den Zellen hat dabei einen Eintritt von Natrium und H^+-Ionen zur Folge; das bedeutet eine Verstärkung der extracellulären Alkalose bei Änderungen des Zell-p_H in Richtung der Acidose. Im Plasma findet man jetzt eine Hypokaliämie, die sehr erheblich werden kann (Abb. 38). Es wurde schon früher erwähnt (s. S. 83), daß auch *Kaliummangel-Situationen mit paradoxer Acidurie* einhergehen können. Das trifft auch hier zu. Es muß aber betont werden, daß ohne Kaliummangel, allein durch Dehydration und die dabei auftretende Antinatriurese, paradoxe Acidurie auftreten kann.

Aus diesen Zusammenhängen geht hervor, daß die *Bestimmung des Harn-p_H in Fällen von metabolischer Alkalose durch Magensaftverlust wichtige Aufschlüsse über Komplikationen wie Dehydration und Kaliummangel zu geben vermag.*

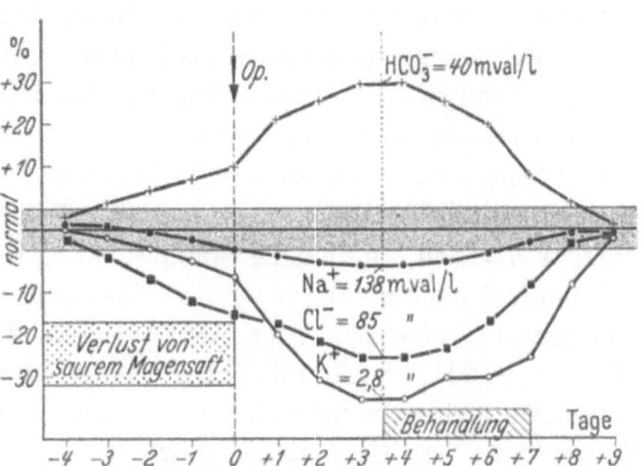

Abb. 38. Akute metabolische Alkalose mit Hypochlorämie und Hypokaliämie durch Verlust von saurem Magensaft (Nach Moore)

Es ist ferner leicht einzusehen, daß die *metabolische Alkalose kein häufiges Ereignis bei Magensaftverlust* sein kann. Sie wird nur dann eintreten können, wenn es *nicht zu erheblichen Verlusten an extracellulärer Flüssigkeit* mit ihren Auswirkungen auf Kreislauf und Nierendurchblutung kommt. Ist dagegen die Nierenfunktion erheblich gestört, dann tritt bald eine *renale Acidose* auf, die zu einer Überlagerung der ursprünglichen metabolischen Alkalose führt. Es kommt unter diesen Umständen auf die Ausprägung beider Störungen an, welches Endresultat bezüglich Blut-p_H, Bicarbonat und CO_2-Druck eintritt (s. Tab. 11). Auch eine *mangelhafte Nahrungsaufnahme*, die in solchen Fällen oft vorliegt, kann über eine Vermehrung der Ketosäuren eine *acidotische Komponente* ins Spiel bringen.

Diese Darstellung läßt deutlich erkennen, daß sich die rationelle Behandlung dieser Fälle nicht schematisch vollziehen kann, etwa durch Infusion von „Lösungen bei Magensaftverlust". Je nach dem Zusammenspiel der einzelnen einflußnehmenden Faktoren werden unterschiedliche Zustände resultieren, die von schwerster metabolischer Alkalose bis zur metabolischen Acidose variieren können.

b) Kaliummangel-Zustände

Sie führen auf sehr verschiedene Weise zu metabolischer Alkalose. Der *Hauptfaktor* dürfte, wie soeben bei der metabolischen Alkalose durch Magensaftverlust dargestellt wurde, in dem *Einwandern von H^+-Ionen in die von Kalium entblößten Zellen*, so auch die Tubuluszellen der Niere, *bestehen*. Damit kommt es zu einem

Anstieg von Bicarbonat in der extracellulären Flüssigkeit. Wenn dieser Anstieg durch eine vermehrte renale Ausscheidung nicht rückgängig gemacht werden soll, so muß auch die renale Rückresorption von Bicarbonat ansteigen. Das wird tatsächlich beobachtet. Man macht dafür das Absinken des p_H-Werts in den Tubuluszellen verantwortlich, wodurch eine vermehrte Rückresorption von Bicarbonat zustande kommt (s. S. 79). Wenn Bicarbonat im Plasma ansteigt, muß aber gleichzeitig Chlorid erniedrigt werden, falls die Kationenkonzentration unverändert bleibt. Diese Hypochlorämie kommt so zustande: einmal wird Chlorid vermehrt im Harn ausgeschieden und dient als Neutralisationspartner von Kalium in allen Fällen mit gesteigerter Kaliumausscheidung. Außerdem dringt Chlorid auch in die Zellen, besonders die Erythrocyten ein. Es liegen also ähnliche Verhältnisse wie bei der respiratorischen Acidose vor.

Der Harn ist bei Kaliummangel-Zuständen, wie schon besprochen wurde, trotz der metabolischen Alkalose in der extracellulären Flüssigkeit *oft schwach sauer: paradoxe Acidurie.* In manchen Fällen von Kaliummangel kann die Harnreaktion auch neutral oder alkalisch werden. Das findet man z. B. beim Conn-Syndrom (s. 17. Kap.). Trotzdem werden hierbei reichlich H^+-Ionen ausgeschieden, vor allem in Form von NH_4^+, während die titrierbare Säure niedrig liegt.

Ob bei Kaliummangel-Zuständen eine saure oder neutrale bzw. alkalische Harnreaktion resultiert, hängt möglicherweise davon ab, ob der *Kaliumverlust vorzugsweise extrarenal oder renal erfolgt* (KRÜCK). *In letzterem Fall könnte die Ausscheidung an titrierbarer Säure deshalb geringer sein, weil Kalium als Neutralisationspartner für Anionen reichlich zur Verfügung steht.*

Bereits hier soll darauf hingewiesen werden, daß *keineswegs immer Kaliummangel-Zustände mit metabolischer Alkalose* einhergehen müssen. So beobachtet man trotz Kaliummangels unter folgenden Umständen eine *Acidose: Diabetes mellitus, Diarrhoen, Nierenkrankheiten mit Parenchymreduktion* (die osmotische Diurese führt zu Kaliumverlusten), *experimentelle Erzeugung von Kaliummangel-Zuständen,* wenn die Diät wenig Natrium und Bicarbonat enthält (SCHWARTZ und CRAIG). Da also Kaliummangel und Hypokaliämie sowohl mit metabolischer Alkalose als auch mit metabolischer Acidose vorkommen können, sollte die Bezeichnung hypokaliämische Alkalose vermieden werden. Sie kann zu leicht zu der Auffassung führen, daß Hypokaliämie gesetzmäßig mit Alkalose verbunden ist.

c) Die Zufuhr von Natriumlactat, Natriumcitrat und Natriumacetat

Die alkalisierende Wirkung von Natriumsalzen organischer Säuren ist auf folgende Weise zu erklären. Sowohl durch Lactat- als auch durch Citrat- und Acetationen können H^+-Ionen gebunden werden. So entstehen Milchsäure, Citronensäure und Essigsäure. Sie gehen in den Stoffwechsel ein; so wird z. B. Milchsäure in der Leber zu Glykogen aufgebaut. *Die alkalisierende Wirkung hat also nichts mit der Zufuhr von Natrium selbst zu tun.* Dieses ist ja ein Kation und als solches nicht in der Lage, H^+-Ionen zu binden. Sie beruht vielmehr auf einem Protonenentzug durch Anionen, welche als Säuren durch den Stoffwechsel entfernt werden. Analog zur metabolischen Acidose sollte man als Regulation von seiten der Lungenbelüftung eine alveolare Hypoventilation erwarten. Interessanterweise tritt diese Regulation aber weniger ausgeprägt und auch seltener auf als die Hyperventilation bei der metabolischen Acidose (ROBERTS).

Tabelle 26. *Für die Diagnostik wichtige Meßgrößen im Plasma und Harn bei Alkalosen metabolischer und respiratorischer Art*

Art der Alkalose	Plasma								Urin			
	p_H	P_{CO_2}	HCO_3^-	Cl^-	Na^+	K^+	Phosph.	Rest-N	p_H	HCO_3^-	Titr. Säure	NH_4^+
	Normalwerte											
	7,41	40 mm Hg	25	103	142 mval/l	4,4	1,9	bis 35 mg-%	5,8	abhängig vom Harn-p_H	35 mmol/ 24 Std.	35 mval/ 24 Std.
Metabolische Alkalosen												
I. Primärer Entzug von H+-Ionen												
Verlust von saurem Magensaft	↑	N; (↑)	↑	↓	N; ↓	N; ↓	N; (↑)	N; ↑	alkalisch, schw. sauer[1]	viel wenig[1]	↓ N[1]	↓ N[1]
Kaliummangel	↑	N; (↑)	↑	N; ↓	N; ↓	↓	N; (↑)	N; (↑)	schw. sauer, neutral	wenig	↓	↑
Conn-Syndrom	↑	N; (↑)	↑	N	N; ↑	↓	N; (↑)	N; (↑)	neutral, leicht alkal.	viel	↓	↑
II. Primäre Vermehrung von Bicarbonat												
Zufuhr von Bicarbonat	↑	N; (↑)	↑	↓	↓	N; ↓	N; (↑)	N; (↑)	alkalisch	viel	↓	N; ↓
Respiratorische Alkalose												
Anfangsstadium	↑	↓	↓	↑	↓	N; ↓	↓	N	alkalisch	viel	↓	N; ↓
Spätstadium	N	↓	↓	↑	↓	N; ↓	↓	N; ↑	sauer	Spuren	N; ↑	N; ↑

[1] Bei gleichzeitiger Dehydration (S. 140).

2. Respiratorische Alkalose

Ihr liegt eine im Verhältnis zum Stoffwechsel gesteigerte alveolare Belüftung zugrunde. Dadurch kommt es zu einem Absinken von CO_2-Druck in Alveolarluft und Blut und damit zu einem Anstieg des p_H-Werts. Die Ursachen der alveolaren Überbelüftung können sehr vielfältig sein: Reizung des Atemzentrums durch Erhöhung der Körpertemperatur, Hypoxie, reflektorische Antriebe, psychische Einflüsse, zentral-nervöse Störungen (Encephalitis, Gefäßprozesse) und Medikamente (Theophyllin-Aethylendiamin, Salicylvergiftung, Oestrogene und Progesteron).

Im Beginn der Überbelüftung kommt es aus regulatorischen Gründen zu einer verminderten Bildung und Ausscheidung von H+-Ionen. Infolgedessen steigt die *Bicarbonatausscheidung im Harn an.* $[HCO_3^-]$ in der extracellulären Flüssigkeit sinkt deshalb ab. So ist es verständlich, daß bei alleiniger Messung von Bicarbonat eine Verwechselung mit metabolischer Acidose vorkommen kann. Häufig wird freilich die klinische Situation diagnostische Hilfe leisten können. Es kommen aber nicht ganz selten Krankheitsbilder vor, bei denen *nur durch die Messung des Blut-p_H-Werts das Vorliegen einer respiratorischen Alkalose gesichert werden kann.*

Besteht eine respiratorische Alkalose über längere Zeit, dann beobachtet man weitere Störungen, die das ursprüngliche Bild erheblich komplizieren. Der Organismus verarmt sehr stark an CO_2. Der CO_2-Verlust übertrifft die Menge des verbrauchten O_2 beträchtlich. Man nimmt an, daß diese überschüssige CO_2-Menge aus Glykogen und Glykogenvorstufen entsteht. Es kommt zu Störungen des Kohlenhydratabbaus mit *Anstieg der Ketosäuren und der Milchsäure.*

Die Zellen verlieren Kalium und Bicarbonat, sie nehmen Phosphat aus der extracellulären Flüssigkeit auf. Die Plasmakonzentrationen von Kalium und Phosphat werden deshalb oft erniedrigt gefunden. [Cl^-] steigt dagegen, wie oft bei einem Abfall von [HCO_3^-], an. In diesem Stadium wird der Harn meist schwach sauer, er enthält nurmehr wenig Bicarbonat. Daran mögen sowohl der Kaliummangel als auch das Auftreten von organischen Säuren beteiligt sein.

Das *klinische Bild der respiratorischen Alkalose* ist durch eine vielfältige neurologische und psychische Symptomatik ausgezeichnet, die sich den vorhandenen Grundkrankheiten überlagert. So werden Bewußtseinsstörungen, Verwirrungszustände, Paraesthesien, Sprachstörungen, Pyramidenbahnzeichen, tetanische Zustände und allgemeine Krämpfe beobachtet. Diese Störungen sind meist nur vorübergehend nachweisbar. Ihre Genese ist noch nicht geklärt. Eine Abnahme des ionisierten Calciums scheint nur von untergeordneter Bedeutung zu sein (ROBERTS). Der O_2-Verbrauch des Gehirns ist normal. Diese Störungen sind insofern von diagnostischer Bedeutung, als sie die Abgrenzung gegenüber der metabolischen Acidose erleichtern können.

Die *Behandlung* muß primär die Herabsetzung der alveolären Ventilation zum Ziele haben. Das läßt sich in schweren Fällen durch Medikamente mit depressorischer Wirkung auf das Atemzentrum erreichen. Als Sofortbehandlung wird die Gabe von 5% und 10% CO_2, am besten durch Nasenkatheter oder im Zelt, sowie die Gabe von $NaHCO_3$ zur Erhöhung des abgesunkenen Bicarbonatgehalts empfohlen. NH_4Cl und Lactat sollten dagegen nicht verwendet werden, da NH_3^+ unter diesen Umständen oft erhöht ist und toxisch wirkt, [Cl^-] meist ebenfalls erhöht ist und Milchsäure durch die gesteigerte Glykogenolyse vermehrt anfällt. ROBERTS empfiehlt in Fällen mit überlagerter metabolischer Acidose Natriumglutamat, welches den erhöhten NH_3^+-Gehalt über die Bildung des stoffwechselgängigen Glutamins erniedrigt. Die Tab. 26 gibt einen Überblick über die in Plasma und Urin nachweisbaren Veränderungen bei den verschiedenen Alkaloseformen.

8. Kapitel

Diuretica und Kationenaustauscher
I. Diuretica

Als Diuretica werden ganz allgemeine Stoffe bezeichnet, deren Applikation zu einer Vermehrung des Harnvolumens *(Diurese)* führt. Eine Diurese kann entweder durch eine Steigerung der Glomerulumfiltration oder eine verminderte tubuläre Rückresorption zustande kommen.

Bei der Erörterung pathophysiologischer Probleme wird neuerdings die Bezeichnung Diurese für eine Steigerung der Wasserausscheidung verwendet, während eine vermehrte Natriumausscheidung Natriurese genannt wird.

Eine Einteilung der Diuretica kann nach den in Tab. 27 aufgeführten Gesichtspunkten durchgeführt werden.

Tabelle 27. *Einteilung der Diuretica*

A. Physiologisch wirkende Diuretica
B. Pharmakologische Diuretica

1. Osmotisch wirkende	5. Xanthin-Derivate
2. Acidotisch wirkende	6. Carboanhydrase-Hemmstoffe
3. Triazin-Derivate	7. Quecksilber-Diuretica
4. Aminouracil-Derivate	8. Chlorothiazid

A. Physiologisch wirkende Diuretica

Auf S. 107 wurde dargelegt, daß die gesteigerte Natriumrückresorption in den Tubuluszellen der Niere für die Pathogenese generalisierter Ödeme von großer Bedeutung ist. Als physiologisch wirkende Diuretica könnte man daher solche Stoffe bezeichnen, welche an den für die gesteigerte Natriumrückresorption unmittelbar verantwortlichen Faktoren angreifen. Leider sind unsere Kenntnisse in dieser Hinsicht vorerst noch sehr lückenhaft. Es wird in diesem Zusammenhang auf die Ausführungen im 3. Kapitel (s. S. 64) und im 5. Kapitel (s. S. 109) verwiesen. Lediglich bezüglich des Aldosterons wurden in den letzten Jahren soviele Befunde bekannt, daß man an der vermehrten Sekretion dieses stark natriumretinierenden Hormons bei generalisierten Ödemen nicht mehr zweifeln kann. Im Unterschied zur physiologischen Regulation des Natriumstoffwechsels darf man unter diesen pathologischen Umständen dem Aldosteron wohl doch eine pathogenetische Bedeutung zusprechen. Die Beobachtung von HERTZ, wonach Amphenon die Sekretion von Aldosteron zu hemmen vermag, könnte zum Ausgangspunkt einer neuen Entwicklung auf dem Gebiet der Diuretica werden. Vorerst besitzt Amphenon aber noch keine praktische therapeutische Bedeutung, da es nicht nur die Sekretion von Aldosteron, sondern auch von anderen Nebennierenrinden-Steroiden hemmt und toxische Wirkungen besitzt. Möglicherweise sind aber schon in kurzem verbesserte synthetische Steroide ohne toxische Wirkungen mit selektiver Beeinflussung der Aldosteronsekretion zu erwarten (LIDDLE, 1958). Diese Entwicklung wird voraussichtlich auch für die pathophysiologischen Erkenntnisse der Ödementstehung von entscheidender Bedeutung werden.

B. Pharmakologisch wirkende Diuretica

1. Osmotische Diuretica

Auf S. 37 wurde dargelegt, daß die den Nierentubuli angebotene Menge gelöster Stoffe erheblichen Einfluß auf das resultierende Harnvolumen nimmt. Eine durch vermehrte Zufuhr solcher Stoffe bewirkte Steigerung wird als *osmotische Diurese* bezeichnet. Heute ist die Bedeutung der osmotisch wirksamen Diuretica nurmehr gering, da für die meisten therapeutischen Zwecke bessere Diuretica zur Verfügung stehen.

Die wichtigsten hierher gehörenden Stoffe sind Harnstoff und Natriumsulfat.

a) Harnstoff

Normalerweise werden etwa 50—60% des glomerulär filtrierten Harnstoffs ausgeschieden, der Rest diffundiert während der Tubuluspassage in die interstitielle Flüssigkeit bzw. die peritubulären Capillaren; Harnstoff als Nichtelektrolyt vermag die Zellen ja ungehindert zu durchdringen. Führt man Harnstoff von außen zu, so steigt die Harnstoffkonzentration im Tubulusharn an. So mag z. B. die osmotische Konzentration von vorher 300 auf etwa 400 mosmol/l ansteigen. Im weiteren Verlauf der Tubuluspassage entfällt nun infolge der stattfindenden Elektrolyt-Rückresorption ein zunehmender Anteil der osmotisch wirksamen Konzentration auf Harnstoff. Dadurch wird Wasser festgehalten, die Harnmenge am Ende der proximalen Tubuli ist gegenüber der Norm sehr viel größer. Dadurch wird die Verweilzeit des Harns verkürzt, die für die Rückresorption der Elektrolyte bedeutungsvoll ist. Dieser und wahrscheinlich noch andere Faktoren bewirken eine *vermehrte Natriumausscheidung*.

Therapeutisch wird Harnstoff in Dosen von täglich 10—20—30 g gegeben. Bei kardialen und vor allem nephrotischen Ödemen (SARRE) wird er auch heute noch empfohlen. Besteht infolge einer Erniedrigung des Glomerulumfiltrats eine Rest-N-Steigerung, dann sollte Harnstoff nur vorsichtig verwendet werden.

b) Natriumsulfat

Das Sulfation kann von den Tubuluszellen der Niere nur im beschränkten Maße rückresorbiert werden. Eine Erhöhung der Sulfatzufuhr führt deshalb zu einer verstärkten Ausscheidung. Aus Gründen der Elektroneutralität erfolgt diese Ausscheidung zusammen mit einem Kation, wobei das im Na_2SO_4 enthaltene Natrium als Neutralisationspartner dient. Die Mobilisierung von zusätzlichem Natrium aus der extracellulären Flüssigkeit ist deshalb nur unbedeutend.

Therapeutisch wird Natriumsulfat zur Ödembehandlung nur selten verwendet. Eine orale Applikation ist nicht möglich, da es im Magen-Darm-Kanal nicht resorbiert wird, sondern als Abführmittel wirkt. Die parenterale Anwendung wurde von verschiedener Seite zur Behandlung der Anurie bei akuter Tubulusnekrose vorgeschlagen. Tatsächlich läßt sich in manchen Fällen die Harnausscheidung damit befriedigend erhöhen. In anderen Fällen wird aber ein völliges Versagen beobachtet (GOODMAN-GILMAN). Unter diesen Umständen kommt es zu einer Ausweitung des extracellulären Raums mit der Gefahr des Lungenödems und der Herzinsuffizienz.

Anhang

Lösungen zur Erhöhung des kolloidosmotischen Drucks im Plasma

Diese Substanzen sollen anhangsweise Erwähnung finden, obwohl sie einen ganz anderen Wirkungsmechanismus als die osmotischen Diuretica besitzen. Sie erhöhen den kolloidosmotischen Druck der intravasalen Flüssigkeit und führen so zu deren Vermehrung. In Fällen mit vorher vermindertem Plasmavolumen kann dadurch eine Diurese ausgelöst werden. Zu ihrer Erklärung muß man sich folgende pathogenetische Zusammenhänge vergegenwärtigen.

Eine Verminderung des Plasmavolumens verursacht eine Abnahme der intrathorakalen Blutmenge (s. S. 48); dadurch kommt es zur Stimulierung der ADH-Freisetzung mit vermehrter tubulärer Wasserrückresorption. Außerdem geht eine

Abnahme des Plasmavolumens mit einer Verminderung der interstitiellen Flüssigkeit und des Füllungszustandes arterieller Gefäßgebiete einher. Beide Veränderungen sind mit großer Wahrscheinlichkeit für die Erhöhung der Natriumrückresorption verantwortlich (s. S. 59). Eine Verminderung des Plasmavolumens mit den soeben erörterten Auswirkungen liegt z. B. beim nephrotischen Ödem vor. Hierbei kommt es durch die ausgeprägte Albuminurie zum Absinken der Eiweißkonzentration im Plasma mit entsprechender Abnahme des kolloidosmotischen Drucks und damit auch des Plasmavolumens. Ähnliche Verhältnisse dürften auch bei der Lebercirrhose mit Ascites vorliegen. *Die verstärkte tubuläre Natrium- und Wasserrückresorption stellen Teile eines Kompensationsvorganges dar, welcher zu einer Erhöhung des abgesunkenen Plasmavolumens führt.* Das ist freilich nur möglich, wenn eine Vermehrung der interstitiellen Flüssigkeit „in Kauf genomm" wird: *Ödembildung.*

Durch die Zufuhr kolloidaler Lösungen wird der kolloidosmotische Druck erhöht, das intravasale Flüssigkeitsvolumen nimmt zu. Dadurch können aber alle jene Regulationsvorgänge wegfallen, die soeben besprochen wurden. So ist es verständlich, daß eine Ausschwemmung der vermehrten interstitiellen Flüssigkeit erfolgt.

Zur Erhöhung des kolloidosmotischen Drucks im intravasalen Raum eignen sich, von Blut- und Plasmatransfusionen abgesehen, Humanalbumin und kolloidale Lösungen von Gelatine, Dextran und Polyvinylpyrrolidon.

Humanalbumin. Es steht in Deutschland als 5%ige und 20%ige Lösung zur Verfügung. Beim nephrotischen Syndrom wird während der Anwendung von Humanalbumin eine vermehrte Wasser- und Natriumausscheidung beobachtet. Gleichzeitig steigt die Albuminkonzentration im Plasma an. Nach Absetzen der Albuminzufuhr sistiert die Diurese jedoch sehr bald. Der Grund dafür liegt in der sehr schnellen renalen Ausscheidung des zugeführten Albumins, das bis zu 90% der zugeführten Menge im Harn erscheint. Hieraus geht schon die geringe praktische Bedeutung dieser Behandlungsart hervor. Zudem steht der hohe Preis einer ausgedehnten Anwendung im Wege. Diese Behandlung hat deshalb mehr theoretisches als praktisches Interesse. Dasselbe gilt für die Behandlung der Lebercirrhose mit Ascites. Im Falle des nephrotischen Ödems verläßt das zugeführte Albumin die Gefäßbahn durch die Niere, bei der Lebercirrhose wandert es in die eiweißreiche Ascitesflüssigkeit sehr schnell ab.

Grundsätzlich dieselben Überlegungen gelten auch für die Anwendung der kolloidalen Lösungen von Gelatine, Dextran und Polyvinylpyrrolidon zum Zwecke der Ödemausschwemmung. Eine eingehendere Besprechung dieser Substanzen findet man im 10. Kapitel.

2. Acidotisch wirkende Diuretica

Sie sind als gut wirkende Diuretica bekannt, werden heute aber meist nur noch in Kombination mit den Quecksilberdiuretica gegeben. Hierher gehören Ammoniumchlorid, Ammoniumnitrat und Calciumchlorid. Am häufigsten wird Ammoniumchlorid (NH_4Cl) verwendet.

Wirkungsmechanismus von NH_4Cl. Aus NH_4Cl wird von der Leber NH_3 entnommen und zur Harnstoffsynthese verwendet. Es bleibt demnach HCl übrig, welches der extracellulären Flüssigkeit zugeführt wird. Dadurch wird einmal eine Säuerung (metabolische Acidose), ferner ein Anstieg der Chloridkonzentration herbeigeführt. Infolgedessen kommt es zu einer vermehrten Filtration von Chlorid in den Glomerula und damit zu einem erhöhten Angebot von Chlorid an die Tubuluszellen. Im Harn wird vermehrt Chlorid ausgeschieden. Diese vermehrte Chloridausscheidung benötigt aus Gründen der Elektroneutralität Kationen als Neutralisationspartner. In den ersten 2—3 Tagen werden hierzu vorwiegend Natrium, allerdings auch Kalium, Calcium und Magnesium verwendet. Allmählich kommt es dann zu einem erheblichen Anstieg der NH_4^+-Ausscheidung im Harn, wodurch eine zunehmende Bewahrung von Natrium, dem wichtigsten Kation der extracellulären Flüssigkeit, ermöglicht wird (SARTORIUS u. Mitarb.). Hieraus folgt also, daß *nur während der ersten Tage eine wesentliche Ausscheidung von Natrium zu erzielen ist.* Wenn die renale NH_4^+-Ausscheidung die ursprüngliche Zufuhr erreicht hat, dann kann keine Mobilisierung extracellulären Natriums mehr stattfinden. Man erkennt also, daß der Mechanismus der Diurese große Ähnlichkeit mit den osmotisch wirkenden Diuretica hat. Zusätzlich ist aber auch die Acidose selbst von Bedeutung. Besonders die Steigerung der Quecksilber-Diurese durch die gleichzeitige Gabe von NH_4Cl wird durch die Acidose-Wirkung dieses Salzes begünstigt (s. S. 156).

Therapeutische Anwendung. NH_4Cl wird heute meist nur vorbereitend und zusammen mit der Gabe von Quecksilberdiuretica verwendet. Eine alleinige Gabe von NH_4Cl zum Zwecke der Diurese wird kaum mehr angewendet. Die Verstärkung der Quecksilberdiurese wird auf S. 156 ausführlich besprochen.

NH_4Cl wird meist in Oblaten oder in Kapseln verabreicht. In höheren Dosen können Unverträglichkeitserscheinungen von seiten des Magen-Darm-Kanals auftreten. Um eine ordentliche Wirkung zu erzielen, müssen Dosen von 8—10—12 g NH_4Cl gegeben werden. Bei Patienten mit Herzinsuffizienz und Stauungsgastritis kann die Verabreichung solcher Dosen auf erhebliche Widerstände stoßen. Hier läßt sich auf sehr viel schonendere Weise eine metabolische Acidose durch Carboanhydrase-Hemmstoffe hervorrufen (s. S. 151).

Nebenwirkungen. Immer dann, wenn die zur Kompensation einer metabolischen Acidose dienenden Organe nicht mehr voll funktionstüchtig sind, muß mit unerwünschten Nebenwirkungen gerechnet werden. Das ist der Fall, wenn die alveolare Belüftung nicht mehr hinreichend gesteigert werden kann, z. B. bei obstruktiven Ventilationsstörungen, besonders dem schweren Lungenemphysem. Auch eine geschädigte Nierenfunktion kann bei NH_4Cl-Gabe die Ursache einer schweren Acidose sein. So kommt es zu einem hochgradigen Verlust von Natrium, Kalium, Calcium und Magnesium. Über den Natriumverlust entsteht eine Verminderung der extracellulären Flüssigkeit. Sie kann soweit gehen, daß Zustände von Dehydration mit Absinken der Nierendurchblutung und der Glomerulumfiltration entstehen. Man beobachtet dann einen Anstieg der Rest-N-Substanzen (s. S. 100).

3. Triazin-Derivate

Auf eine neue Gruppe von Diuretica wiesen 1944 erstmals LIPSCHITZ und HADIDIAN hin. Sie verwandten Diaminotriazin (Formoguanamin), das aber keine praktische Bedeutung erlangte. CLAUDER und BULSCU fanden als wirksamstes

Triazin-Derivat das p-Chlorphenyldiaminotriazin, das in Deutschland unter dem
Namen Orpidan im Handel ist.

Orpidan

Sie nahmen an, daß die Wasserausscheidung unabhängig von der Natriurese
gesteigert würde. FRANK u. Mitarb. fanden jedoch eine Erhöhung der Ausscheidung
von Natrium und Chlorid, während Kalium, NH_4^+, titrierbare Säure und Phosphat
unbeeinflußt blieben. Man wird auch bei den Triazin-Derivaten eine *Hemmung der
tubulären Rückresorption* annehmen müssen, ohne daß bisher schon nähere Einzelheiten des Wirkungsmechanismus bekannt sind.

Therapeutische Anwendung. Der große Vorteil von Orpidan besteht darin, daß
es ausnahmslos in Tablettenform gegeben wird und dabei volle Wirksamkeit entfaltet. Die Dosierung wird mit 3—5 mal 250 mg angegeben. Nebenwirkungen
scheinen selten zu sein. Beim kardialen Ödem liegen günstige Erfahrungen vor,
auch in Fällen, bei denen Quecksilberpräparate wirkungslos blieben. Beim
nephrotischen Ödem sind die bisherigen Erfahrungen noch zu gering, um ein
abschließendes Urteil zu erlauben.

4. Aminouracil-Derivate

Im Ausland traten in den letzten Jahren Aminouracil-Derivate zur Ödembehandlung in den Vordergrund (NISSEN und ZACHAU-CHRISTIANSEN, PLATTS und
HANLEY, WAINFELD u. Mitarb.). Besonders wirksam ist Allylaethyl-Aminouracil,
das in Deutschland unter dem Namen Katapyrin im Handel ist (v. BLUMRÖDER,
HÜHN).

Katapyrin

Es wird auch hier eine *Behinderung der Rückresorption von Natrium und Chlorid*
angenommen; dabei ist noch ungeklärt, ob der Angriff im Bereich des proximalen
oder distalen Tubulusgebiets erfolgt. Die Ausscheidung von Kalium, titrierbarer
Säure, NH_4^+ und Phosphat wird nicht beeinträchtigt. Die meisten Erfahrungen
liegen bisher bei der Behandlung kardialer Ödeme vor (REUBI), wo gute Wirkungen
gesehen wurden. Bei Lebercirrhosen mit Ascitesbildung ist die diuretische Wirkung
gering. An subjektiven Nebenerscheinungen werden nicht ganz selten Übelkeit
und Herzklopfen beobachtet; auch Urticaria und Exantheme wurden mehrfach
beschrieben.

Für die **therapeutische Anwendung** stehen Tabletten zu 200 mg Katapyrin
oder Suppositorien zu 250 mg zur Verfügung. Letztere werden besonders bei
magenempfindlichen Patienten vorzuziehen sein. Als Dosierung werden 600 bis
1200 mg täglich jeweils für die Dauer von 2—3 Tagen mit anschließender Pause
von 3—4 Tagen angegeben. Eine Kombination mit anderen Diuretica ist ohne
weiteres möglich.

5. Xanthin-Derivate

Die Xanthin-Derivate Coffein, Theobromin und Theophyllin zeichnen sich neben ihren ausgeprägten Wirkungen auf zentrales Nerven- und Gefäßsystem auch durch eine Beeinflussung der Diurese aus. Am ausgeprägtesten ist diese Wirkung bei Theophyllin.

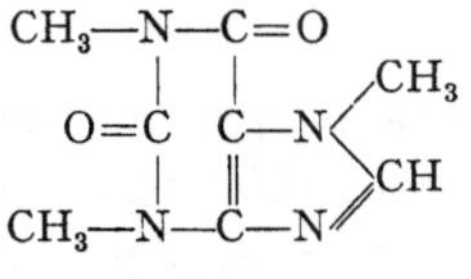

Coffein 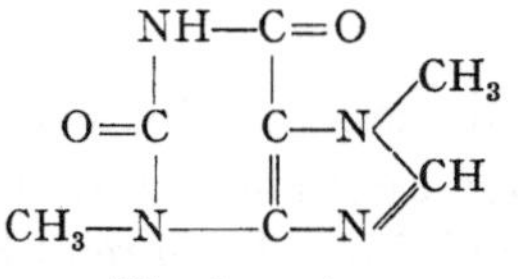   Theobromin

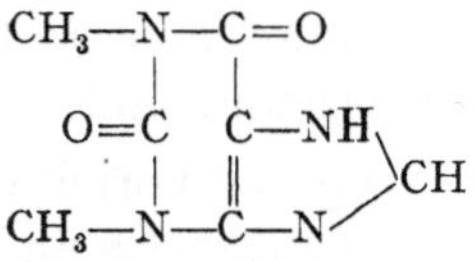

Theophyllin

Wirkungsmechanismus. Theophyllin steigert das Herzminutenvolumen, den renalen Plasmafluß und das Glomerulumfiltrat. Die *Steigerung der glomerulären Filtration* ist an der diuretischen Wirkung zweifellos beteiligt. Davon unabhängig muß man aber auch eine *Hemmung der tubulären Rückresorption* annehmen. Anders können die bei unverändertem Filtrat an Tier und Mensch mehrfach gefundenen Diurese-Steigerungen nicht erklärt werden (GOODMAN-GILMAN). Es ist noch unentschieden, in welchen Abschnitten der Tubuli diese Rückresorptionshemmung stattfindet und welche Fermentsysteme dabei betroffen sind. Eine Beeinflussung der Kaliumausscheidung wird nicht beobachtet.

Therapeutische Anwendung. Theophyllin mußte bisher wegen seiner schlechten Wasserlöslichkeit zum Zwecke der parenteralen Injektion mit Hilfe von Lösungsvermittlern wasserlöslich gemacht werden. Eine Übersicht über die verschiedenen Handelspräparate mit Lösungsvermittlern gibt die Tab. 28. Da die *Lösungsvermittler* für manche Nebenerscheinungen lokaler (Gewebsreizungen) und allgemeiner Art (Augenflimmern, Schwindel, Übelkeit, Kollaps, besonders bei schneller i.v. Injektion) verantwortlich sind, wurden neuerdings Theophyllinverbindungen ohne Lösungsvermittler entwickelt. Das gelang durch Substitution

Tabelle 28. *Häufig benutzte Theophyllinpräparate mit Lösungsvermittlern und Theophyllinderivate ohne Lösungsvermittler*

Chemische Bezeichnung	Handelspräparate	Hersteller
Theophyllinpräparate mit Lösungsvermittler		
Theophyllin-Äthylendiamin	Euphyllin	Byk-Gulden, Konstanz
Theophyllin-Monoäthanolamin	Unophyllin	Dr. Karl Thomae GmbH., Biberach a. d. Riss
Theophyllin-Diäthanolamin	Deriphyllin	Chemiewerk Homburg, Frankf. a. M.
Theophyllin-Derivate ohne Lösungsvermittler		
Oxyäthyl-Theophyllin	Cordalin	Chemiewerk Homburg, Frankf. a. M.
Dihydrooxypropyl-Theophyllin	DHT	Siegfried, Säckingen
Dioxypropyl-Theophyllin	Theal	Boehringer, Mannheim

an der 7-Stellung des Purinrings. Eine Übersicht über einige im Handel befindliche *Theophyllin-Derivate ohne Lösungsvermittler* gibt die Tab. 28. Sie zeichnen sich zweifellos durch gute Verträglichkeit aus. Leider führt die Substitution des Theophyllinmoleküls jedoch zu einem *Wirkungsverlust,* der sich anscheinend auf alle Wirkungen, so auch auf die Diurese erstreckt (JACOBI u. Mitarb.).

Therapeutisch werden Theophyllin-Präparate am häufigsten bei kardialen Ödemen verwendet. Besonders günstig ist dabei die Kombination mit Quecksilber-Diuretica: Theophyllin steigert die glomeruläre Filtration und damit das Angebot von Natrium und Chlorid an die Tubuluszellen. Damit liegen für die die Rückresorption hemmenden Quecksilberpräparate besonders günstige Wirkungsbedingungen vor. So kann auch dann, wenn infolge abgesunkenen Glomerulumfiltrats ein refraktäres Verhalten gegenüber Quecksilber vorliegt (s. S. 155), durch die Gabe von Theophyllin (z. B. 0,24—0,48 g Theophyllin-Äthylendiamin langsam i.v., etwa 3 Std. nach Quecksilbergabe) eine gute Diurese erzielt werden.

6. Carboanhydrase-Hemmstoffe

Zum Verständnis ihrer Wirkung, besonders auch ihres Versagens, ist die Kenntnis der normalen Harnsäuerung erforderlich. Es wird in diesem Zusammenhang auf S. 78 verwiesen. Die von den Tubuluszellen produzierten H^+-Ionen dienen zum Austausch mit Natrium, wobei Bicarbonat rückresorbiert wird und sekundäres Phosphat in primäres Phosphat übergeht. Schließlich wird aus NH_3 NH_4^+ gebildet und die Kaliumausscheidung vermindert. Die Bildung von H^+-Ionen in den Tubuluszellen wird durch das *Ferment Carboanhydrase* beschleunigt. Eine Hemmung dieses Ferments bewirkt also eine verminderte Produktion und Abgabe von H^+-Ionen in den Tubulusharn. Damit entfällt der Anteil der Natriumrückresorption, welcher über den Austausch mit H^+-Ionen vor sich geht. Der *Harn* enthält deshalb *viel* $NaHCO_3$ sowie *wenig titrierbare Säure* bei *neutralem* oder *alkalischem* p_H. Die NH_4^+-Ausscheidung sinkt ab, die Kaliumausscheidung nimmt zu. In der extracellulären Flüssigkeit stellt sich infolge des Bicarbonatverlustes eine *metabolische Acidose* ein, die mit einer *Hyperchlorämie* einhergeht.

Nicht selten werden jedoch Umstände beobachtet, die eine hinreichende Wirkung von Carboanhydrase-Hemmstoffen nicht zustande kommen lassen. Die Tab. 29 enthält eine Zusammenstellung der bis jetzt beobachteten Ursachen mangelhafter oder fehlender Diurese. Eine Durchsicht dieser Aufstellung zeigt, daß bei den verschiedenen mit generalisierten Ödemen einhergehenden Krankheiten oft mehrere Ursachen zugleich für ein refraktäres Verhalten gegenüber Carboanhydrase-Hemmstoffen vorliegen. Meist handelt es sich um die Kombination von herabgesetztem Glomerulumfiltrat und metabolischer Acidose. Durch Berücksichtigung der einzelnen Ursachen läßt sich in vielen Fällen doch noch ein befriedigendes Ansprechen erzielen. Es wird besonders auf die Abschnitte über Herzinsuffizienz (s. 11. Kap.) und nephrotisches Syndrom (s. 12. Kap.) verwiesen.

$$N\text{---}N$$
$$CH_3CONH\text{---}C \underset{S}{\quad} C\text{---}SO_2NH_2 \qquad H_2NO_2S\text{---}\bigcirc\text{---}CH_2\text{---}\bigcirc\text{---}SO_2NH_2$$

Diamox   Nirexon

Tabelle 29. *Ursachen für fehlende Diurese nach Gabe von Carboanhydrase-Hemmstoffen*

I. Carboanhydrase-Hemmstoff wird abgebaut oder erreicht nicht die Tubuluszellen der Niere: Keine Hemmung der Carboanhydrase in den Tubuluszellen.
II. Trotz Hemmung der Carboanhydrase keine Diurese.

    A. *Primär niedrige Austauschrate* $H^+ \rightarrow Na^+$.
        Der Harn zeigt trotz Hemmung der Carboanhydrase nur einen geringen Anstieg von Na^+ und HCO_3^-.
        1. Geringes Angebot an Puffersalzen, besonders $NaHCO_3$.
            a) Niedriges Glomerulumfiltrat.
                Beispiel: Schwere Herzinsuffizienz
                                  Nephrotisches Syndrom (manche Fälle).
                Therapie: Manchmal Erhöhung des Glomerulumfiltrats durch Purinkörper (Euphyllin!) möglich, z. B. bei Herzinsuffizienz.
            b) Niedrige Konzentration der Puffersalze, besonders $NaHCO_3$ im Glomerulumfiltrat.
                Beispiel: Metabolische Acidose
                Therapie: $KHCO_3$.
        2. Verminderte Bildung von H^+-Ionen.

    B. *Trotz gehemmter Carboanhydrase ausreichende* H^+*-Ionenbildung.*
        Der Harn zeigt keinen Anstieg von Na^+ und HCO_3^-.
        1. Metabolische Acidose.
                Beispiel: Niereninsuffizienz, NH_4Cl, Kationenaustauscher, Carboanhydrase-Hemmstoff selbst.
                Therapie: $KHCO_3$.
        2. Isolierte Zellacidose bei metabolischer Alkalose oder normalem Säure-Basen-Gleichgewicht der extracellulären Flüssigkeit.
                Beispiel: Kaliummangel, schwere Fälle von Herzinsuffizienz, Lebercirrhose.
                Therapie: KCl bzw. $KHCO_3$.

    C. *Trotz verminderter* H^+*-Ionenbildung keine Diurese.*
        Harn neutral oder alkalisch, enthält viel Na^+ bzw. K^+ und HCO_3^-.
        1. Trotz vermehrter Natriumausscheidung keine Diurese. ADH wird trotz Abnahme von $[Na^+]$ weiter freigesetzt, da andere Reize vorliegen (vermindertes Plasmavolumen!).
                Beispiel: Nephrotisches Syndrom,
                                    Lebercirrhose (nach Ascitespunktion).
                Therapie: Substitution der intravasalen Flüssigkeit.
        2. Mehrausscheidung von Kalium statt Natrium.

Therapeutische Anwendung. Als Carboanhydrase-Hemmstoffe stehen in Deutschland Diamox (Lederle) und Nirexon (Bayer, Leverkusen) zur Verfügung. Letzteres wirkt etwas schwächer als ersteres, seine Wirkung erstreckt sich jedoch auf längere Zeit. Die Applikation wird am zweckmäßigsten so vorgenommen, daß man an 2 bis 3 aufeinander folgenden Tagen 1—2mal 250 mg Carboanhydrase-Hemmstoff verabreicht. Anschließend sollte eine Pause von einigen Tagen eingelegt werden, damit sich die im Plasma eintretende Bicarbonatverminderung ausgleichen kann. Anschließend kann wieder in derselben Weise Carboanhydrase-Hemmstoff verabreicht werden. Bei etwa der Häfte der nicht allzu schweren Fälle von kardialem Ödem läßt sich mit dieser Behandlung eine Ödemausschwemmung erzielen. Beim nephrotischen Ödem sind die Erfolge weniger gut. Die Ursache liegt in der oft bestehenden metabolischen Acidose und dem abgesunkenen Glomerulumfiltrat (s. Tab. 29). Doch kann hier die Zufuhr von $KHCO_3$ die Wirkung erheblich verbessern (HOFFMEISTER und KRÜCK). Bei Lebercirrhosen ist Vorsicht am Platze, da infolge der verminderten NH_4^+-Ausscheidung ein Anstieg von Ammoniak im Blut mit Verwirrungszuständen oder sogar Koma vereinzelt beobachtet wurde.

Da sich im Plasma eine *hyperchlorämische metabolische Acidose* einstellt, ist die Kombination mit Quecksilberdiuretica sehr zweckmäßig, die von sich aus eine hypochlorämische Alkalose erzeugen. Man kann so das oft nicht leicht einzunehmende NH_4Cl vermeiden (s. S. 156).

Nebenwirkungen. Bei der für die Diureseerzeugung erforderlichen Dosierung werden, abgesehen von Paraesthesien im Bereich der Extremitäten und des Gesichtes, praktisch keine Nebenwirkungen beobachtet. Bei länger fortgesetzter täglicher Gabe — diese Art der Anwendung dient nicht der Diureseerzeugung, sondern der Behandlung der alveolaren Hypoventilation durch die entstehende metabolische Acidose (s. 11. Kap.) — kann die Möglichkeit einer Nierensteinbildung nicht abgelehnt werden. Es liegen vereinzelte Beobachtungen dieser Art vor. Man könnte sie auf folgende Weise entstanden denken. Unter Carboanhydrase-Hemmstoffen nimmt die Citronensäure-Ausscheidung durch die Niere ab. Citronensäure vermag die Löslichkeit von Calcium zu verbessern. Da bei länger dauernder metabolischer Acidose Calcium vermehrt ausgeschieden wird, könnte sich durch die zusätzliche Abnahme der Löslichkeit eine günstige Konstellation zur Bildung von Harnsteinen ergeben.

7. Quecksilber-Diuretica

Sie sind schon seit etwa 40 Jahren bekannt und stellen auch heute noch die wirksamsten Diuretica dar. In den letzten Jahren sind insofern Fortschritte erzielt worden, als neue Präparate mit sehr viel geringerer toxischer Wirkung, besonders auf das Herz, entwickelt wurden.

Wirkungsmechanismus. Durch die Untersuchungen von GOVAERTS und BARTRAM wurden die Tubuluszellen der Niere als Ort der Quecksilberwirkung erkannt. Für eine extrarenale Wirkung liegen dagegen keine Anhaltspunkte vor. Renaler Plasmafluß und Glomerulumfiltrat bleiben unverändert. Die Rückresorptions-Hemmung erstreckt sich dabei auf Natrium und Chlorid. Da die Mehrausscheidung an Clorid diejenige von Natrium häufig übertrifft und im Blut eine Neigung zu *Hypochlorämie bei Erhöhung von Bicarbonat* auftritt (SCHWARTZ und WALLACE; AXELROD und PITTS), wird die primäre Wirkung oft in einer Hemmung der Chloridrückresorption gesehen, die sekundär von einer Natriurese und Diurese gefolgt ist. Aus theoretischen Gründen sind gegen diese Auffassung allerdings erhebliche Bedenken vorzubringen. Es wird allgemein angenommen, daß die Rückresorption von Natrium zusammen mit Chlorid in der Form vor sich geht, daß Chlorid sekundär im elektrischen Feld des Natriums nachfolgt. Ein primärer Angriff an der Chloridrückresorption ist deshalb schwer vorstellbar. Die bevorzugte Ausscheidung von Chlorid gegenüber Natrium unter Quecksilberwirkung ließe sich auch auf andere Weise erklären. Für die Rückresorption von Natrium sind drei Grundmechanismen verantwortlich: die Rückresorption zusammen mit Anionen, hauptsächlich Chlorid, und die Rückresorption infolge eines Austauschprozesses von Natrium gegen H^+- und Kaliumionen. Nimmt man an, daß die Quecksilberdiuretica in den erst genannten Mechanismus eingreifen — diese Annahme liegt bei der Erhöhung der Chloridausscheidung sehr nahe —, dann könnte das Zurückbleiben der Natriumausscheidung mit einer vermehrten Wirksamkeit der beiden anderen auf dem Ionenaustausch basierenden Rückresorptions-Mechanismen für Natrium beruhen. Die Kaliumausscheidung wird teilweise vermindert, teilweise gesteigert gefunden. Wahrscheinlich ist hierfür entscheidend, ob die anderen, von der Quecksilberwirkung nicht betroffenen Basismechanismen der Natriumrückresorption vermehrt tätig sind (z. B. Stimulierung durch Aldosteron usw.) oder nicht.

Die bisher bekannten Befunde lassen sich am besten mit der Vorstellung in Einklang bringen, daß die *Quecksilberwirkung in die proximalen Tubulusabschnitte zu lokalisieren* ist.

Über die im einzelnen unter Quecksilbereinfluß ablaufenden Vorgänge in den Tubuluszellen herrscht noch keine einheitliche Auffassung. Eine Vorstellung geht dahin, daß aus den organischen Quecksilberverbindungen Quecksilberionen freigesetzt werden. Diese verbinden sich mit den Sulfhydrilgruppen von Fermenten, welche die Rückresorption steuern. Solche Sulfhydrilgruppen sind in vielen Enzymen und Coenzymen als reaktionsfähige Gruppen enthalten. Für die Freisetzung von Quecksilberionen aus den organischen Quecksilberverbindungen scheint der p_H-Wert der Tubuluszellen von Bedeutung zu sein. Eine Erniedrigung des Zell-p_H befördert die Freisetzung, eine Erhöhung vermindert sie. So ist es verständlich, daß die Wirkung der Quecksilberdiuretica durch acidotisch wirkende Stoffe, z. B. NH_4Cl oder Carboanhydrase-Hemmstoffe gesteigert wird. Bei dieser Wirkungssteigerung spielt zusätzlich noch die Erhöhung der Chloridkonzentration in der extracellulären Flüssigkeit eine Rolle, wodurch das Chloridangebot an die Tubuluszellen erhöht wird. Von dieser Möglichkeit wird in der Klinik häufig Gebrauch gemacht.

Therapeutische Anwendung. Die älteren Quecksilberpräparate konnten nur i.v. oder i. m. gegeben werden. Dabei sollte die *intramuskuläre Injektion zur Vermeidung kardiotoxischer Wirkungen unbedingt den Vorzug verdienen.* Zwecks besserer Resorption enthalten diese Präparate meist geringe Mengen von Theophyllin, die allerdings für eine zusätzliche Beeinflussung der Diurese nicht ausreichen. In den letzten Jahren sind neue Quecksilberdiuretica entwickelt worden, die sehr viel geringere toxische Wirkungen, vor allem auf das Herz, besitzen als die älteren Präparate. Ein weiterer Vorzug ist, daß sie auch subcutan (z. B. Mercaptomerin) oder peroral (z. B. Chlormerodrin) appliziert werden können. Eine Übersicht über die wichtigsten Handelspräparate gibt die Tab. 30.

Eine neue Quecksilber-Xanthinverbindung mit besonders niedrigem Quecksilbergehalt (20 mg in 1 ml) liegt im Rediralt (Cassella Farbwerke) vor. Es kann sowohl i.v., als auch i.m. und peroral gegeben werden.

Besondere Aufmerksamkeit verdient das peroral sehr gut wirksame Chlormerodrin, das in Deutschland als Katonil im Handel ist. Nach KAPLAN u. Mitarb. besitzt Chlormerodrin bei oraler Anwendung 3/4 der Wirksamkeit im Vergleich zur i.m. Injektion, während andere oral verwendbare Diuretica meist nur die Hälfte bis ein Viertel der parenteralen Wirksamkeit besitzen. So ist es möglich, bei vielen Patienten parenterale Gaben durch die angenehmere orale Behandlung zu ersetzen oder doch die Intervalle zwischen den einzelnen parenteralen Gaben zu verlängern.

Nebenwirkungen. Am wichtigsten sind die *kardiotoxischen* Wirkungen, die besonders bei i. v. Anwendung auftreten können. Sie werden auf die Blockierung von Sulfhydrilgruppen und dadurch bedingte Stoffwechselstörungen zurückgeführt. Die plötzlichen Todesfälle nach i. v. Gabe eines Quecksilberdiureticums finden so ihre Erklärung. Wenn im Anschluß an die Injektion Bradykardie,

Tabelle 30. *Häufig benutzte Quecksilberdiuretica*

Trivialname	Handelspräparate. Hersteller	Chemische Formel
Mersalyl	Salyrgan Farbwerke Hoechst, Frankfurt/Hoechst	[Benzolring]—C(=O)—NH—CH_2—CH(OCH_3)—CH_2—Hg—OH, —O—CH_2—C(=O)—ONa · Theophyllin
Merallurid	Mercuhydrin (USA), Katonil (Ampullen) Kali-Chemie A.G., Hannover	HO—Hg—CH_2CH(OCH_3)—CH_2NH—C(=O)—NH—C(=O)—CH_2—CH_2C(=O)OH · Theophyllin
Mercaptomerin	Thiomerin Asche & Co. AG., Hamburg	NaO—C(=O)—C(CH_3)(CH_3)—[Ring mit CH_3]—C(=O)—NH—CH_2CH(OCH_3)—CH_2HgS—CH_2C(=O)—ONa
Chlormerodrin	Neohydrin (USA), Katonil (Tabletten) Kali-Chemie A.G., Hannover	Cl—Hg—CH_2CH(OCH_3)—CH_2NH—C(=O)—NH_2

substernale Schmerzen, Atmungsstörungen oder Hustenanfälle auftreten, soll eine weitere i. v. Gabe auf jeden Fall unterbleiben, da diese Symptome als Vorboten ernsterer Komplikationen gewertet werden müssen. Bei den neueren Quecksilberpräparaten ist die Gefahr kardiotoxischer Nebenwirkungen sehr viel geringer.

Eine *Quecksilberüberempfindlichkeit* macht sich in Erbrechen, Übelkeit oder Temperatursteigerungen bemerkbar. Diese Erscheinungen sind meist harmlos; im Falle ihres Auftretens sollten andere Diuretica verwendet werden.

Mit chronischen *Quecksilbervergiftungen* ist heute kaum mehr zu rechnen, weil die Präparate weniger toxisch sind.

Weitere Nebenwirkungen, die z. B. durch einen großen Salzverlust entstehen, werden auf S. 156 besprochen.

Unter bestimmten Bedingungen beobachtet man ein schlechtes oder gänzlich fehlendes Ansprechen auf Quecksilberdiuretica. Die Ursachen können sehr mannigfaltiger Art sein und sollen im folgenden wegen ihrer großen klinischen Bedeutung ausführlicher besprochen werden.

a) Verminderung des Glomerulumfiltrats

Sinkt das Glomerulumfiltrat stark ab, dann wird das Angebot von Natrium und Chlorid an die Tubuluszellen herabgesetzt. Da die Blockierung der Rückresorption nie vollständig ist, vermögen die Tubuluszellen bei einem niedrigen Angebot immer noch so viel Natrium und Chlorid rückzuresorbieren, daß eine

Diurese nicht zustande kommen kann. Ein niedriges Glomerulumfiltrat wird bei schweren Fällen von Herzinsuffizienz und besonders beim nephrotischen Ödem nicht selten beobachtet. In den erstgenannten Fällen läßt sich durch Gabe von Theophyllin-Präparaten häufig eine Erhöhung des Filtrats und damit eine Wiederherstellung des Ansprechens auf Quecksilberdiuretica erzielen. Man gibt z. B. 0,24—0,48 g Theophyllin-Äthylendiamin langsam i.v. etwa 2—3 Std. nach Gabe des Quecksilberpräparates. Theophyllin-*Derivate*, die also lösungsvermittlerfrei sind, können zu diesem Zweck nicht empfohlen werden, da ihre Wirkung sehr viel geringer ist.

b) Hypochlorämische metabolische Alkalose

Bei häufiger Gabe von Quecksilberpräparaten wird nicht selten Hypochlorämie mit metabolischer Alkalose, also einer Bicarbonaterhöhung, beobachtet. Die Ursache dieser Veränderungen ist in der gegenüber Natrium überwiegenden Chloridausscheidung im Harn zu sehen, wodurch der Chloridspiegel im Plasma absinkt. Eine Hypochlorämie wird, wie häufig bei unveränderter Natriumkonzentration, durch einen Anstieg von Bicarbonat ausgeglichen. Da sich das Chloridangebot an die Tubuluszellen aus der Konzentration im Glomerulumfiltrat und dem Filtratvolumen ergibt, muß — in Übereinstimmung mit den Verhältnissen bei Herabsetzung des Glomerulumfiltrats — es auch im Zustand der Hypochlorämie abnehmen. Unter diesen Umständen sind aber die Tubulusepithelien in der Lage, mit ihrer verbliebenen Rückresorptionsfähigkeit noch so viel Natrium und Chlorid rückzuresorbieren, daß keine wesentliche Diuresesteigerung auftreten kann. Zusätzlich beeinflußt aber auch die Alkalose selbst die Quecksilberwirkung, vielleicht infolge langsamerer Freisetzung von Quecksilberionen aus den organischen Quecksilberverbindungen. Eine *hypochlorämische metabolische Alkalose ist die häufigste Ursache eines refraktären Verhaltens gegenüber Quecksilber*. Sie läßt sich stets verhindern, wenn schon etwa 2 Tage vor der beabsichtigten Gabe von Quecksilber mit der Applikation von NH_4Cl oder Carboanhydrase-Hemmstoffen begonnen wird. Unter diesen Bedingungen kommen oft mächtige Diuresen zustande. Deshalb sollte Quecksilber zusammen mit acidoseerzeugenden Mitteln höchstens 1—2 mal in der Woche appliziert werden. Bei häufigerer Anwendung kann es zu starker Abnahme des intravasalen Flüssigkeitsvolumens mit ungünstigen Auswirkungen auf die Herzdynamik kommen (s. 11. Kap.).

c) Hyponatriämie

Bei den durch Hyponatriämie komplizierten Ödemfällen wird ebenfalls nicht selten ein Versagen der Quecksilberwirkung gesehen. Das gilt besonders für kardiale Ödeme. Bei einem Teil der hierher gehörenden Fälle liegen *echte Mangelzustände an Natrium* vor, z. B. durch Kombination von salzbeschränkter Kost über lange Zeit und häufig erzwungenen Diuresen. In diesen Fällen muß vorsichtig hypertone NaCl-Lösung zugeführt werden, um den Salzmangel zu beseitigen. Im Anschluß daran stellt sich die gute Wirksamkeit der Quecksilberpräparate oft wieder ein.

Bei einem anderen Teil der Hyponatriämie-Fälle liegt aber kein Mangel an Salz vor, sondern ein *echter Wasserüberschuß bei normalem oder meist erhöhtem Natriumgehalt des Körpers*. Diese Formen sind im 5. Kapitel (S. 110) sowie im 11.

Kapitel ausführlich besprochen. Hier ist Salzzufuhr zu vermeiden, da sie nur eine Steigerung der Ödembildung erzeugen würde. Die Genese dieser Hyponatriämie-Formen ist noch nicht klar zu übersehen. Jedenfalls wird schon die Zufuhr reinen, also natriumfreien Wassers mit einer Retention beantwortet. Es ist deshalb von einer primär an der Natriumbilanz angreifenden Therapie — hierher gehören die Diuretica — nichts zu erwarten. Bei manchen Fällen liegt ein *Kalium-mangel-Zustand* mit Abwandern von Natrium aus dem extracellulären in den intracellulären Raum vor. Führt man hier Kalium zu, so kommt es zu einem Anstieg des Plasmanatriums auf normale Werte. Anscheinend verdrängt Kalium durch seinen Eintritt in die Zellen das hier befindliche Natrium wieder nach dem extracellulären Raum. Schon dadurch allein kann eine Diurese einsetzen. Oft werden vorher unwirksame Quecksilberpräparate jetzt wieder wirksam.

In anderen Hyponatriämie-Fällen scheint diese Genese aber nicht vorzuliegen. Es ist dann eine *vermehrte ADH-Freisetzung* und ein *Mangel an Cortisol* zu erwägen. Von Cortisol wurde ja bereits berichtet (s. S. 39), daß eine hinreichende Harnverdünnung nach Wasserzufuhr ohne Anwesenheit von Cortisol nicht möglich ist. Die Annahme eines Cortisolmangels ließe die manchmal überraschend gute diuretische Wirkung von Prednison und verwandten Steroiden bei schweren Fällen kardialen Ödems verstehen.

8. Chlorothiazid

1957 wurde die Steigerung der Natrium- und Chloridausscheidung durch Chlorothiazid im Tierversuch erkannt (BEYER u. Mitarb.). Inzwischen liegen bereits zahlreiche klinische und pathophysiologische Arbeiten über seine Wirkung bei generalisierten Ödemen infolge Herzinsuffizienz, Nierenkrankheiten, Schwangerschaft, Lebercirrhose sowie Steroidbehandlung vor. Chlorothiazid ist wegen seiner zuverlässigen Wirkung bei allen diesen Ödemformen zu einem der meist benutzten Diuretica geworden. Ein besonderer Vorzug ist seine orale Anwendbarkeit. Es vermag bei entsprechender Dosierung die Wirkung parenteraler Quecksilberpräparate durchaus zu erreichen. So erklärt sich das große Interesse an diesem Stoff.

Chlorothiazid

Wirkungsmechanismus. In niedriger Dosierung bewirkt Chlorothiazid eine vermehrte Ausscheidung von Natrium, Chlorid, Wasser, Kalium und Bicarbonat. Insofern gleicht es den Carboanhydrase-Hemmstoffen. In höherer Dosierung tritt jedoch die verstärkte Natrium-, Chlorid- und Wasserausscheidung ganz in den Vordergrund. Es bestehen dann große Ähnlichkeiten mit der Wirkung von Quecksilberdiuretica. Wie bei diesen kann es im Blut zu *Hypochlorämie* und *metabolischer Alkalose* kommen. Eine Kombination mit Quecksilberpräparaten und Carboanhydrase-Hemmstoffen ist möglich. Die Wirkungen sind dann additiv. Hieraus lassen sich Vermutungen bezüglich des Wirkungsmechanismus ableiten. Für die Quecksilberdiuretica wurde eine Hemmung der Rückresorption in den proximalen Tubulusabschnitten angenommen. Die Carboanhydrase-Hemmstoffe blockieren den Natrium-H$^+$-Ionenaustausch, der sowohl in den proximalen als auch in den distalen Tubulusabschnitten einschließlich der Sammelrohre lokalisiert ist. Chlorothiazid greift in höherer Dosierung voraussichtlich an der Rückresorption von Natrium und Chlorid in den distalen Tubulusabschnitten an. So ergibt sich die Möglichkeit, Patienten, welche z. B. auf Quecksilberdiuretica nicht ansprechen, erfolgreich mit Chlorothiazid zu behandeln.

Therapeutische Anwendung. Chlorothiazid steht in Deutschland als Chlotride zur Verfügung. Es kommt in Tabletten zu 0,5 g Chlorothiazid in den Handel. Für eine optimale Wirkung muß die Dosierung den wechselnden Bedürfnissen angepaßt werden. Bei leichten Ödemfällen genügen schon 2 mal 0,25—0,5 g täglich. Schwere Fälle können 2 mal 1,0 g benötigen. Die Applikation sollte 2—3 aufeinanderfolgende Tage lang durchgeführt werden, anschließend sollten mehrere Tage frei bleiben. Chlorothiazid-Derivate, z. B. Hydrochlorothiazid (Esidrix der Ciba-AG) zeigen eine weitere Wirkungssteigerung.

Chlorothiazid vermag *bei allen Formen generalisierter Ödeme* eine nachhaltige Diurese zu erzeugen. Bei häufigen Gaben können Hypochlorämie, metabolische Alkalose und Hypokaliämie entstehen. Die zuerst genannten Veränderungen können durch das Einschalten von Carboanhydrase-Hemmstoffen verhindert werden, die ja eine metabolische Acidose mit Hyperchlorämie erzeugen. Eine Kaliumsubstitution wird häufig erforderlich sein. Besonders ausgeprägt können anscheinend die Kaliumverluste bei Lebercirrhose mit Ascites sein. Hier muß auf die Kaliumsubstitution großer Wert gelegt werden. Auch wurden mehrfach NH$_3$-Anstiege im Plasma beobachtet; die NH$_3$-Erhöhung ist ja für einen Teil der cerebralen Symptome bei Leberinsuffizienz verantwortlich. Auch hier bestehen zwischen Chlorothiazid und Carboanhydrase-Hemmstoffen also Ähnlichkeiten.

Tabelle 31. *Applikationsart, biochemische Nebenwirkungen und Indikationsgebiete verschiedener Diuretica* (Nach FORD u. Mitarb., modifiziert)

	Triazin-Derivate	Aminouracil-Derivate	Carboanhydrase-Hemmstoffe	Quecksilber-Präparate	Chloro-thiazid
Parenterale Wirkung	kein Präparat	+	+	++++	++
Orale Wirkung	+	+	+	+++	++++
Biochemische Veränderungen					
Hypochlorämie	0	+	0	++	++
Hypokaliämie	0	0	+	+	+
Metabolische Alkalose	0	0	0	++	++
Metabolische Acidose	0	0	++	0	0
Azotämie	++	0	0	0	0
Anwendungsgebiete					
Kardiale Ödeme	++	+	+	++++	+++
Schwangerschaftsödeme	+	+	+	++	+++
Lebercirrhose mit Ascites	++	+	+	+++	+++
Nephrotische Ödeme	0	+	(+)	+++	+++
Ödeme bei Steroidbehandlung . . .	+	+	+	++++	+++

Zur Orientierung über die Indikationen und Leistungsfähigkeit verschiedener Gruppen von Diuretica soll die Tab. 31 dienen.

II. Kationenaustauscher

Die Erzeugung einer negativen Natriumbilanz bei generalisierten Ödemen ist oft von einer gesteigerten Wasserausscheidung gefolgt. Diese ist z. T. auf unmittelbare osmotisch bedingte Mitführung des Wassers, z. T. durch das Absinken des effektiven osmotischen Drucks im Plasma bedingt, wodurch eine verminderte ADH-Freisetzung bewirkt wird. Eine negative Natriumbilanz läßt sich nun nicht nur dadurch erreichen, daß die renale Ausscheidung durch Diuretica gesteigert wird; man kann auch *auf enteralem Wege sowohl die mit der Nahrung erfolgende Natriumzufuhr blockieren, als auch zusätzlich den Verdauungssekreten Natrium entziehen* und auf diese Weise eine negative Natriumbilanz erzeugen. Es muß dann auf dem bekannten Wege zu einer Mobilisierung von Ödemen kommen.

Hierfür geeignete Mittel sind die sog. *Kationenaustauscher*. Es handelt sich dabei um Kunstharze aus Polystyrol- oder Polyacrylketten, welche den Magendarm-Kanal unresorbiert passieren. Sie tragen an ihren Oberflächen funktionelle Gruppen — COOH-Gruppen, SO_3H-Gruppen — und werden deshalb Carboxyl- bzw. Sulfoharze genannt. Die H^+-Ionen dieser Gruppen können gegen Kationen ausgetauscht werden. Da Natrium im Magen-Darm-Kanal das in der höchsten Konzentration vertretene Kation darstellt, werden sich die Austauscherharze ganz überwiegend mit Natrium beladen und dieses aus dem Körper ausschleusen. Aus diesem Wirkungsmechanismus folgt, daß gleichzeitig H^+-Ionen abgegeben werden und in die extracelluläre Flüssigkeit übergehen. So entsteht eine metabolische Acidose. Bicarbonat sinkt also ab; kompensatorisch wird bei etwa gleichbleibender Natriumkonzentration in der extracellulären Flüssigkeit meist ein Anstieg von Chlorid beobachtet. Ähnlich wie Carboanhydrase-Hemmstoffe und NH_4Cl führen also auch Kationenaustauscher zu einer *metabolischen Acidose mit Hyperchlorämie*. Die Acidose begünstigt zusätzlich die Natriumausscheidung durch die Niere.

Neben der Aufnahme von Natrium kommt es aber auch zur Beladung mit anderen Kationen, vor allem Kalium und Calcium. Im Anfange der Austauscherbehandlung wurden nicht ganz selten Zwischenfälle durch Hypokaliämie und Hypocalcämie beobachtet (WOLFF). Dem Kaliumentzug wird neuerdings dadurch begegnet, daß die verwendeten Austauscher mit Kalium vorbeladen werden.

Die Bindungsfähigkeit der Austauscher für Kationen ist allerdings nur begrenzt. Um einen wirksamen Natriumentzug zu erhalten, muß deshalb eine *natriumarme Basiskost* gegeben werden. Dann gelingt es, die Ernährung praktisch völlig natriumfrei zu gestalten und zusätzlich Natrium aus den Verdauungssäften zu entziehen.

Als *Indikation* gelten vor allem schwere, therapieresistente kardiale Ödemfälle. Ferner eignen sich für die Austauscherbehandlung ödemfrei gewordene Patienten, die durch die Kombination von salzbeschränkter Kost und Kationenaustauschern weiterhin ödemfrei gehalten werden sollen. Auch Schwangerschaftsödeme können gut beeinflußt werden. Eine nur bedingte Indikation liegt bei allen jenen Ödemfällen vor, die mit einer Störung der Nierenfunktion einhergehen, also vor allem

Tabelle 32. *Handelspräparate von Kationenaustauschern und ihre Beladung* (Nach WOLFF)

Präparat	Hersteller	Harztyp	Beladung
Cambil	Montavit Absam, Tirol[1]	Carboxyl	70% H, 25% K, 5% Ca
Carboresin	Eli Lilly Comp. Ind. USA	88% Carboxyl (KA) 12% Polyamin (AA)	59% H, 29% K
Masoten	Bayer, Leverkusen	Carboxyl	80% H, 20% K
Natrantit	Dr. Siegmund, Berlin-W	90% Sulfo (KA), 10% Methylcellulose (Laxans)	55% H, 35% K
Natrantit-L	Dr. Siegmund, Berlin-W	90% Sulfo (KA), 10% Methylcellulose (Laxans)	55% Aminosäuren-gemisch, 35% K

[1] Über chemische Fabrik H. Haury, München.

beim nephrotischen Ödem. Hier kann die Neigung zu metabolischer Acidose durch die H^+-Ionenzufuhr mit Hilfe des Austauschers verstärkt werden. Auch Lebercirrhosen mit Ascitesbildung gehören nicht zu den uneingeschränkten Indikationen.

Die Tab. 32 gibt eine Übersicht über die in Deutschland im Handel befindlichen Kationenaustauscher-Präparate.

Therapeutische Anwendung. Für die Anfangsbehandlung schwerer Ödeme ist eine Dosis von 40—60 g erforderlich. In wäßriger Aufschwemmung werden so große Mengen des Austauschers wegen ihrer sandigen Konsistenz von vielen Patienten nur mit Mühe genommen. HOLTMEIER empfiehlt, den Austauscher in Pudding oder Creme, als Bircher-Müsli oder als Fruchtmilch-Zubereitung zu geben. Außerdem ist eine salzbeschränkte Basiskost erforderlich, um die Bindungsfähigkeit des Austauschers nicht zu überschreiten. Eine länger dauernde Behandlung stößt wegen der genannten Schwierigkeiten noch oft auf die Ablehnung der Patienten.

Nebenwirkungen. Die wesentlichen Nebenwirkungen sind metabolische Acidose und der unerwünschte Verlust von Kationen wie Kalium und Calcium. Patienten mit kardialen Ödemen bei wenig gestörter Nierentätigkeit neigen nur selten zu diesen Komplikationen. Eine mäßige metabolische Acidose wirkt sich sogar günstig auf die Ödemausschwemmung aus. Vermag die Niere jedoch nicht mehr hinreichend H^+-Ionen zu bilden und auszuscheiden, dann können schwere Acidose-Zustände entstehen. Bei Patienten, die durch Komplikationen erfahrungsgemäß wenig gefährdet sind, dürfte eine Kontrolle von Rest-N, Standardbicarbonat und Plasmaelektrolyten im Abstand von 2—3 Wochen zur Überwachung genügen. Besteht jedoch die Gefahr von Komplikationen, also besonders bei erheblich eingeschränkter Nierenfunktion mit Rest-N-Anstieg, so müssen diese Kontrollen häufiger, etwa 1—2mal in der Woche, durchgeführt werden. WOLFF empfiehlt bei der Dauerbehandlung mit Austauschern pro Woche einen austauscherfreien Tag, an dem 5 g Kaliumcitrat, 4 g Calciumlactat und 2 g Magnesiumsulfat in 1000 bis 1500 ml Fruchtsaft gelöst über den Tag verteilt genommen werden.

Auch peroral gegebene Medikamente, z. B. Tetracycline, Vitamine der B-Gruppe, Alkaloide wie Atropin und Scopolamin, können an die Austauscherharze adsorbiert und deshalb wirkungslos werden.

9. Kapitel

Allgemeine diagnostische Überlegungen bei Störungen im Wasser- und Elektrolytstoffwechsel

In den vorausgegangenen Kapiteln sind Regulation und Störungen des Wasser- und Säure-Basenhaushalts und der wichtigsten Elektrolyte im einzelnen besprochen worden. Am Krankenbett werden nur in seltenen Fällen vorwiegende Störungen eines einzelnen Elektrolyten das diagnostische Bild beherrschen und die Therapie bestimmen. Hier kommt es darauf an, schon aus den Angaben einer ausführlichen Vorgeschichte, dem Verhalten des Kranken und aus klinischen Symptomen die Möglichkeit einer Störung im Wasser- und Mineralhaushalt überhaupt zu sehen und in die diagnostischen Bemühungen einzubeziehen. Mit der gedankenlosen Routinebestimmung von Plasmaelektrolyten allein, die in vielen Situationen schwerster Wasser- und Mineralverschiebungen — wie oben im einzelnen besprochen — normale Werte ergeben kann, ist das Problem noch nicht gelöst. Die zweifellos notwendigen Ergebnisse von Laboratoriumsuntersuchungen sollten erst am Schluß einer gedanklichen Kette stehen, um das Ausmaß der Störung abschätzen und vergleichbare Befunde für das therapeutische Vorgehen gewinnen zu können.

1. Vorgeschichte

Bei der ersten Befragung eines Kranken bzw. der Angehörigen können Auskünfte über die Dauer der Erkrankung, die Flüssigkeits- und Nahrungsaufnahme, die Darm- und Nierenfunktion, über Gewichtsschwankungen, Fieberzustände und Durstgefühl oft schon hinreichende Verdachtsmomente für eine Mitbeteiligung des Wasser- und Mineralhaushalts ergeben.

a) Flüssigkeits- und Nahrungsaufnahme

Bei absoluter Karenz von Flüssigkeit und fester Nahrung — entweder aus äußeren Gründen, bei schwerer Allgemeinerkrankung (z. B. Oesophagus- und Pylorusstenose) — oder bei zentralen Störungen (Psychosen, Anorexia mentalis, Koma) — wird die Dehydration des Körpers nicht so schnell eintreten, wie bei Wasserentzug allein, da hierbei zusätzliches Lösungswasser für die exogen zugeführten Salze und die entstehenden Eiweißabbaustoffe benötigt wird. Das aus dem Stoffwechsel anfallende Oxydationswasser reicht im Hunger- und Durstzustand zunächst aus, um die Ausscheidung der harnpflichtigen Substanzen zu gewährleisten. Der Flüssigkeitsverlust durch die Haut, den Stuhl und die Nieren wird dabei durch den verminderten Grundumsatz zusätzlich eingeschränkt.

Im Fieber bei gesteigertem Grundumsatz oder bei sehr hoher Außentemperatur verliert der Körper mit dem Schweiß neben Wasser besonders viel Natrium und Chlorid. Diese Elektrolytverluste, wie der Salzverlust nach häufigem Erbrechen und anhaltenden Durchfällen, führen besonders dann zum bedrohlichen Salzmangel, zur hypotonen Dehydration, wenn lediglich salzarme Flüssigkeit (Leitungswasser, Tee), in großen Mengen aufgenommen wurde. Die strikte Weiterbefolgung einer kochsalzarmen Diät bei gleichzeitigen Salzverlusten kann ebenfalls in eine schwere Salzmangelsituation (s. S. 100) führen. Es sei hier noch einmal erwähnt, daß es einen reinen Salzmangel ohne gleichzeitigen Wasserverlust und auch einen reinen Wassermangel ohne Salzverluste im allgemeinen nicht gibt (seltene Ausnahmen s. S. 112). Bei überwiegendem Salzmangel ist daher die Bezeichnung „hypotone Dehydration", bei überwiegendem Wassermangel die Bezeichnung „hypertone Dehydration" vorzuziehen.

Bei hinfälligen Kranken, die zwar oft gefüttert, aber — auch im Krankenhaus— nicht häufig genug zum Trinken ermuntert werden, liegt eher die Gefahr des überwiegenden Wassermangels, der hypertonen Dehydration, nahe. Bei eiweißreicher Ernährung wird infolge des starken Harnstoffangebots und die dadurch bewirkte osmotische Diurese die Dehydration noch beschleunigt. Vorwiegende Fettnahrung verhindert zwar den Eiweißabbau beim unterernährten Kranken, steigert aber die im Hunger auftretende Acidose durch Ketokörper. Bei reiner Kohlenhydratkost dagegen wird der celluläre Eiweißabbau und die Bildung von Ketokörpern verhindert, die bei Dehydration erfolgende Einschränkung des Urinvolumens wird wegen der Verminderung harnpflichtiger Substanzen besser toleriert. Das vom Patienten angegebene starke Durstgefühl ist ein überaus wichtiger Hinweis auf das Vorliegen eines überwiegenden Wassermangels. Ein starker Gewichtsverlust in kürzester Zeit und Oligurie müssen ebenfalls an den akuten Wassermangel denken lassen.

Bei chronischer Unterernährung, z. B. bei psychogener Magersucht, ist auf eine oft hochgradige Kaliumverarmung mit Alkalose zu achten.

b) Magen-Darm-Funktion

Liegen Angaben über häufiges *Erbrechen* vor, so hat sich die Aufmerksamkeit neben dem Flüssigkeitsverlust in erster Linie auf den Chloridverlust zu richten. Als Folge des sich auch auf das Plasma auswirkenden größeren Chloridverlustes wird Bicarbonat im Plasma retiniert, was zusammen mit dem direkten H^+-Ionen-Verlust in erbrochenem, saurem Magensaft zur Alkalose führt ($[H^+] = K \dfrac{[H_2CO_3]}{[HCO_3^-]}$ s. S. 140). Bei chronischem Erbrechen anaciden Magensafts dagegen kann in Verbindung mit der im Hunger gesteigerten Ketokörperbildung oder einer gestörten Nierenfunktion nicht selten eine Acidose auftreten.

Bei Verlust von Darmsaft durch *Fisteln* oder infolge *starker Diarrhoen* übersteigt der Natrium- den Chlorid-Verlust bei gleichzeitigem stärkerem Verlust von Bicarbonat (Tab. 39), so daß meistens eine Acidose zu erwarten ist. Da besonders im Dickdarmsaft die Na^+- und Cl^--Konzentrationen unter denen des Plasmas liegen und nur die Kaliumkonzentration höher ist (s. Abb. 31), wird bei gleichzeitigem Verlust von extracellulärem und transcellulärem Wasser die Natriumkonzentration ($[Na^+]$) und die $[Cl^-]$ im Plasma normal sein können, während eine Hypokaliämie oft auftritt. Bei der Wiederauffüllung des zu Verlust gegangenen Wassers müssen jedoch neben Kalium auch Natrium und Chlor ersetzt werden. Bei Steatorrhoe (Sprue) ist eine mangelhafte Calciumresorption im Darm mit Hypocalcämie und eine Phosphorverarmung in Rechnung zu stellen, besonders dann, wenn eine fleisch- und milcharme Kost über lange Zeit verabfolgt worden ist.

c) Schwangerschaft

In der Schwangerschaft besteht ein erhöhter Calciumbedarf, der beim Hinzutreten intestinaler Störungen oder bei mangelnder Resorption von Ca infolge

Vitamin D-Mangels nicht gedeckt werden und schwere Knochenschäden nach sich ziehen kann. Die physiologische Wasservermehrung in allen Flüssigkeitsräumen mit gewisser Hypoelektrolytämie muß von der pathologischen Ödembildung durch Schwangerschaftsnephropathie abgegrenzt werden (s. 20. Kap.).

d) Medikamente

Zur genauen Vorgeschichte gehört auch die Kenntnis von eingenommenen oder injizierten Arzneimitteln. Dauergebrauch von starken Laxantien oder von Einläufen kann zum überwiegenden Salzmangel, in erster Linie zum Kaliummangel führen, da die Flüssigkeitsverluste in der Regel durch vermehrtes Trinken ausgeglichen werden. Bei starker Dosierung von Quecksilber-Diuretica und Chlorothiaziden besteht die Gefahr der Natrium- und Chlorid-Verarmung, bei Carboanhydrasehemmern (Diamox) die der Kaliumverarmung (Näheres s. 8. Kap.).

Auf die besonderen Verhältnisse nach einer vorausgegangenen Operation wird später eingegangen (s. 18. Kap.).

2. Klinischer Befund

a) Grundleiden

Die Kenntnis des Grundleidens gestattet es in vielen Fällen bereits, das mögliche Vorkommen und die Richtung von Wasser- und Mineralverschiebungen sowie von Störungen der Blutreaktion in die diagnostischen und therapeutischen Überlegungen einzubeziehen. Da die wichtigsten Erkrankungen bereits bei der Besprechung der Elektrolyte (S. 89 bis 130) erwähnt wurden, bzw. in Einzeldarstellungen im Teil III noch abgehandelt werden, soll an dieser Stelle nur eine Übersichtstabelle (Tab. 33) die am häufigsten vorkommenden Wasser-, Elektrolyt- und Blut-p_H-Veränderungen bei klinisch wichtigen Erkrankungen zusammenfassen. Bei der Vielfalt von einflußnehmenden Faktoren und der Kompliziertheit der Regulationsmechanismen kann es nicht ausbleiben, daß der Einzelfall nicht immer in das gegebene Schema paßt.

b) Bewußtseinslage und Allgemeinzustand

Patienten mit erheblichen Wasser- und Mineralhaushaltsstörungen machen oft auf den ersten Blick einen schwerkranken Eindruck, andererseits können auch bei stärkeren Veränderungen typische klinische Symptome fehlen. Bei unklaren *Bewußtseinsstörungen*, die nicht durch Traumen, Hirnblutungen, Hypoglykämie oder Koma bei Diabetes, Urämie oder Leberdystrophie erklärt sind, ist immer auch an pathologische Zustände im Wasser- und Salzstoffwechsel zu denken. Eine auffallende Apathie des Kranken kann der erste Hinweis auf einen beginnenden Wassermangel, aber auch auf einen einsetzenden Salzmangel sein. Eine zunehmende psychomotorische Unruhe, die sich bis zu Krämpfen steigern kann, ist dagegen sowohl für die „Wasservergiftung" (hypotone Hyperhydration) als auch für den schwersten Wassermangel (hypertone Dehydration) charakteristisch. Beim ausgeprägten Salzmangelsyndrom (hypotone Dehydration) steigert sich die mit starken Kopfschmerzen und Übelkeit verbundene Apathie zur schweren Benommenheit und zum Koma. Verwirrtheit kann auch bei Kaliummangel, generalisierte Krampfanfälle können bei metabolischer Acidose (z. B. bei schweren Diarrhoen)

Tabelle 33. *Die häufigsten Veränderungen der Haupt-Plasmaelektrolyte und des Blut-p_H bei verschiedenen Grundleiden.*
(Ca- und P-Stoffwechsel s. Tab. 57—62)

Grundleiden	H₂O		Na⁺			K⁺			Cl⁻		HCO₃⁻	pH
	intracellulärer Gehalt	extracellulärer Gehalt	intracellulärer Gehalt	extracellulärer Gehalt	Plasma-konzentr.	intracellulärer Gehalt	extracellulärer Gehalt	Plasma-konzentr.	extracellulärer Gehalt	Plasma-konzentr.	Plasma-konzentr.	↑ Alkalose / ↓ Acidose
1. Herz-Kreislauf-Lunge												
Herzinsuffizienz	↑	↑	↑, N	↑	N, ↓	↓	N	N, ↓	↑	N	N, ↓	↑ (respir.)
Schock	N, ↓	↓	N	(↓)	N, ↓	↓	N	N, ↑	(↓)	N, ↓	N, ↓	N, ↓
Schweres obstruktives Emphysem	N	N	N	N	N	N	N	N	↓	↓	↑	↓ (respir.)
2. Niere (Diuretica)												
Urämie	↑↓	↑↓	↑↓	↓	↓	↓	↑	↑	↓	↓	↓	↓
Salzverl. Nephritis	↓	↓	↓	↓	↓	↓	↓	↓	↓	↓	↓	↓
Nephrot. Syndrom	N, ↑	↑	N, ↑	↑	N, ↓	↓	↑	N, ↓	↑	N, ↑↓	N, ↓	N, ↓
Renale (tubuläre) Acidose	N	N	↓	N, ↓	N, ↓	↓	N, ↓	N, ↓	↓	↑	↓	↓
Diamox-Therapie	↓	↓		↓	(↓)	(↓)	↓	(↓)	↑	↑	↓	↓
Chlorothiazid-Therapie, Hg-Therapie	↓	↓	(↓)	↓	(↓)		↓	↓	↓	↓	↑	↑
Kationen-Austauscher	↓	↓		↓	(↓)		↓	↓		(↓)	↓	↓
3. Magen-Darm-Leber												
Akuter Verlust von saurem Magensaft	(↓)	↓	(↑)	↓	N	↓	↓	↓	↓	↓	↑	↑
Gallen-Darm-Fisteln und chron. Diarrhoen	↓	(↓)		(↓)	N	↓	↓	↓	(↓)	(↓)	↓	↓
Coma hepaticum	(↑)	↑	(↑)	↑	N (↓)	↓	↓	↓	N, ↑	N	↓	↓
4. Stoffwechsel-Endokrinium												
Coma diabeticum, unbehandelt	↓	↓	(↓)	↓	N, ↓	↓	↓	N, ↑	↓	N, ↓	↓	↓
NNR-Insuffizienz	↓	↓	(↑)	↓	↓	↑	↑	↑	↓	↓	↓	↓
Hyperaldosteronismus (Conn-Syndrom)	(↑)	(↑)	↑	↑	↑	↓	↓	↓	N	N	↑	↑
Schwangerschaft	↑	↑		↑	N	N	(↑)	N	↑	N	↓	↑ (respir.)

( ) = wenig ausgeprägte Veränderungen; N = im Normalbereich; ↑ = Zunahme; ↓ = Abnahme.

und bei Magnesiummangel vorkommen. Psychische Alterationen sind bei ausgeprägter respiratorischer Acidose (z. B. beim Emphysem) keine Seltenheit. Bei respiratorischer Alkalose können Bewußtseinsstörungen und peripher neurologische Symptome (Tetanie) auftreten.

Die Betrachtung von *Haut und Schleimhäuten* vermag oft wertvolle Aufschlüsse zu geben. Es muß allerdings bedacht werden, daß eine trockene, in Falten abhebbare Haut bei mageren und besonders bei alten Leuten und eine trockene Mundschleimhaut bei Mundatmern noch keine Rückschlüsse auf den Wasserhaushalt des Körpers erlauben. In Verbindung mit einem starken Durstgefühl können diese Zeichen jedoch schon Ausdruck eines überwiegenden Mangels an Wasser sein. Bei Salzmangel (hypotone Dehydration) ist dagegen das echte Durstgefühl (s. S. 28) gewöhnlich nicht ausgeprägt. Trockenheit der Schleimhäute, zähflüssiger Speichel und Verlust an Hautturgor sind aber auch vorhanden. Die Zunge ist bei Dehydration borkig und trocken, bei Salz- und Wasservermehrung des Gewebes zeigt sie Abdruckstellen der Zähne. Die Augen sinken bei Dehydration in den Augenhöhlen zurück, der Bulbusdruck ist vermindert.

Das Sichtbarwerden von generalisierten *Ödemen* beruht vorwiegend auf einer erheblichen Vermehrung der interstitiellen Flüssigkeit. Eine Wasserretention kann auch ohne entsprechende Natriumretention erfolgen (hypotone Hyperhydration) (s. S. 105). Bei Nebenniereninsuffizienz z. B. ist die Wasserretention nach Flüssigkeitsbelastung trotz vermehrter Na-Ausscheidung typisch. Das Auftreten von Präödemen unter der Behandlung mit Na-armen Infusionslösungen (z. B. Glucoselösung) ist das Zeichen einer fortgeschrittenen hypotonen Hyperhydration. In der Mehrzahl der Fälle jedoch weist ein Ödem auf eine Wasserretention infolge gesteigerter Na-Retention hin (normotone oder hypertone Hyperhydration).

c) Atmung

Der aufmerksame Untersucher wird nicht selten durch eine veränderte Atemtätigkeit auf eine Stoffwechselstörung hingewiesen. Die große Kußmaulsche Atmung bei ausgeprägter Acidose im diabetischen Koma, im Leberkoma oder bei der Urämie ist kaum zu übersehen, die Zusammenhänge sind auch allgemein bekannt. Daran denken muß man, daß eine Hyperpnoe auch bei Herzinsuffizienz (s. S. 205), bei schweren Diarrhoen mit metabolischer Acidose oder bei der tubulären Insuffizienz vorkommt.

Die Ventilationsstörung bei schwerem, obstruktiven Emphysem führt zur respiratorischen Acidose. Der ansteigende CO_2-Druck im Plasma geht dabei mit einer kompensatorischen Erhöhung des Bicarbonatspiegels einher. Da die Versuche des Organismus, mit Hilfe der Puffersysteme im Blut die Blutreaktion aufrechtzuerhalten, oft vollständig gelingen, vermögen Blut-p_H und Bicarbonatwert allein nicht genügenden Aufschluß über die Ursache der Störung, ob primär respiratorisch oder metabolisch, zu geben (s. S. 86). Die gute klinische Beobachtung bei Kenntnis der pathogenetischen Zusammenhänge wird dann auch in diesen Fällen den Ausschlag geben.

Die bei Lähmung der Atemhilfsmuskulatur auftretende „Fischmaulatmung" (gespitzter offener Mund mit vortretender Zunge) ist neben neurologischen Störungen ein wichtiges Zeichen für einen schweren Kaliummangel.

d) Herz und Kreislauf

Die Gefahr eines Volumenmangelkollapses ist bei jeder stärkeren Dehydration gegeben. Während aber bei hypertoner Dehydration die Verkleinerung des Plasmavolumens durch einströmendes Zellwasser zunächst noch hintangehalten wird, führt die Dehydration infolge Salzmangels recht bald zur Abnahme des Blutvolumens, zur Hypotension und schließlich zum Kollaps. Der schnelle kleine Puls, die trotz häufigen Fiebers (zentrales „Salzmangelfieber") kühlen, cyanotischen Extremitäten sind typische Zeichen für die fortgeschrittene hypotone Dehydration.

Bei kardialen Symptomen wie Extrasystolen, av-Blockierungen und Tachykardie muß bei gegebenem Verdacht stets ein Kaliummangel — besonders auch ein celluläres Defizit an diesem Kation (s. S. 122) — ausgeschlossen werden. Das Elektrokardiogramm bietet dabei mit dem bei K-Mangel vorkommenden EKG-Syndrom (ST-Senkung, QT-Verlängerung, Hegglin-Syndrom, U-Wellen) wertvolle Hilfestellung. Bei QT-Verlängerungen ist dabei immer an eine begleitende Hypocalcämie zu denken. Auffallende Bradykardie und Rhythmusstörungen, hohe spitze T-Wellen im EKG dagegen sind bei einer Hyperkaliämie anzutreffen.

e) Muskelfunktion und Knochensystem

Eine allgemeine Muskelschwäche ist vielen Formen der Wasser- und Elektrolythaushaltsstörungen eigen. Wirkliche Muskellähmungen mit totalem Reflexverlust bei vorhandenem Bewußtsein kommen aber nur beim schweren Kaliummangel vor. Durch Lähmung der Atemhilfsmuskulatur und (selten!) des Zwerchfellmuskels kann auch die Atmung gefährdet werden. Die Lähmung der glatten Muskulatur beim Kaliummangel führt zur Magenatonie und zum paralytischen Ileus.

Eine gesteigerte Erregbarkeit der Muskulatur ist bei Überwässerung aber auch beim schweren Wassermangel (hypertone Dehydration) zu finden. Tetanieähnliche Krampferscheinungen können bei diesen Zuständen ebenso auftreten wie bei der metabolischen Alkalose infolge Hyperventilation. Weiterhin ist bei neuromuskulärer Übererregbarkeit besonders an eine Hypocalcämie (und Hypomagnesämie) in Verbindung mit einer Hyperphosphatämie zu denken, wie sie z. B. beim strumipriven oder primären Hypoparathyreoidismus vorkommen.

Knochenschmerzen, Spontanfrakturen (mit und ohne röntgenologische Umbauzonen-„milkman-Syndrom"), Adductorenspasmus sind sehr verdächtig auf Demineralisierung des Knochens bei Vitamin D-Mangel und bei primärer und sekundärer Überfunktion der Nebenschilddrüse (s. 13. Kap.).

f) Nierenfunktion

Das ausgeschiedene Urinvolumen kann nur mit Einschränkung als Gradmesser einer Veränderung im Wasserbestand des Körpers betrachtet werden. Bei mangelnder Konzentrierungsfähigkeit der Nieren und Polyurie (s. 12. Kap.), z. B. beim Diabetes insipidus oder bei der chronischen Nephritis, wird die Urinmenge nach Drosselung der Flüssigkeitszufuhr trotz zunehmender hypertoner Dehydration nur verzögert eingeschränkt. (Die verordnete Flüssigkeitszufuhr muß sich daher in diesen Fällen nach der Ausscheidung richten und sollte 2 l pro die nicht unterschreiten.)

Eine Oligurie mit hoher Konzentration bei intakter Nierenfunktion spricht für gesteigerte extrarenale Flüssigkeitsabgabe und für eine hypo- oder hypertone

Dehydration. Davon zu unterscheiden ist die Oligurie bzw. Anurie infolge akuter Niereninsuffizienz bei der Schock-Niere, im Crush-Syndrom und bei akuter Tubulusnekrose und die Oligurie bei der akuten Nephritis oder im urämischen Finalstadium. — Ohne die Kenntnis der Vorgeschichte, des Urinbefundes und besonders der Plasmawerte für Harnstoff, Rest-N und Elektrolyte sowie der Nierenfunktion im speziellen (Durchblutung, Glomerulumfiltration, Tubulusfunktion) ist hier eine gesicherte Diagnose nicht möglich.

3. Laboratoriums-Untersuchungen

Wie bereits erwähnt wurde, kann die Bestimmung des Plasmawertes einzelner Elektrolyte nur Aufschluß über die aktuelle Plasma-Konzentration dieses Ions geben. Sie allein sagt nichts Sicheres aus über den extracellulären Gehalt an einzelnen Ionen. Die gleichzeitige Bestimmung des Hämatokrits, des mittleren Erythrocyten-Volumens (s. S. 92), des Hb-Wertes und des Eiweißgehaltes, deren Werte wiederum vom Wassergehalt des Plasmas beeinflußt werden, erlaubt es aber, aus Plasma-Konzentration der Elektrolyte und annähernd bestimmbarem Gehalt an Plasmawasser das Ausmaß des Defizits oder des Überschusses an einem Elektrolyten zumindest im extracellulären Raum abzuschätzen. Zusätzliche Untersuchungen des Gesamtwassers oder der extracellulären Flüssigkeit, die eine exaktere Diagnostik des Wasser- und Elektrolythaushalts gestatten würden, sind als Routinemethode selbst in einer großen Klinik schwer durchzuführen.

a) Plasmaelektrolyte[1]

Da *Natrium* etwa 95% der Kationenkonzentration im Plasma ausmacht, wird seine Konzentration die Osmolarität des Plasmas bzw. des extracellulären Raumes entscheidend beeinflussen. Die Unterscheidung in hypertone Dehydration oder Hyperhydration bzw. hypotone De- oder Hyperhydration richtet sich also nach der Konzentration des Plasma-Na^+, die normalerweise zwischen 132 und 152 mval/l (Mittelwert 142 mval/l) schwankt. Findet sich bei nachgewiesener Dehydration (Hämatokrit, Hb, Plasma-Eiweiß: erhöht) bzw. bei Hyperhydration (Hämatokrit, Hb, Plasma-Eiweiß: erniedrigt) eine normale Osmolarität des Plasmas, so muß ein entsprechendes Defizit bzw. ein Überschuß an Na^+-Ionen vorliegen. Letzteres ist in der Regel beim Ödem des Herzkranken der Fall. Die wichtigste Ursache einer $[Na^+]$-Erhöhung *ohne* Wasserretention ist das Conn-Syndrom (primärer Hyperaldosteronismus). Eine Erniedrigung der $[Na^+]$ ist typisch für das Salzmangelsyndrom (hypotone Dehydration), z. B. bei der „salzverlierenden Nephritis". (Über die Beurteilung niedriger $[Na^+]$-Werte bei Hyperglykämie s. S. 115.)

Der Plasmaspiegel von *Kalium* (3,4—5,4 mval/l) weist bei Wasser- oder Elektrolytverschiebungen größere prozentuale Schwankungen auf als der Natriumspiegel. Stärkere Erniedrigungen der Plasma-$[K^+]$ bei normalem oder erniedrigtem Wassergehalt können immer als gleichzeitiger Hinweis auf ein celluläres K-Defizit gewertet werden, da Kalium bei dem hohen Konzentrationsgefälle von den Zellen zum extracellulären Raum ($\sim$25:1) dann aus den Zellen tritt. Nur bei der paroxysmalen familiären Muskellähmung findet sich trotz niedriger Plasma-$[K]^+$ vermehrt Zell-Kalium (s. S. 116).

---

[1] Zur Umrechnung von mg-% in Milliäquivalent (mval) pro Liter s. S. 18 und Tab. 5.

Ein normaler oder sogar erhöhter Plasmaspiegel von Kalium schließt bei Dehydration, bei Acidose oder bei Niereninsuffizienz einen cellulären Kaliummangel nicht aus. Bei sorgfältiger Indikationsstellung kann hier ein Kalium-Defizit-Test (S. 123) die Klärung bringen. Ein stärker erhöhter Kaliumspiegel im Plasma (über 6 mval/l) muß unabhängig von der Frage, ob hier ein absoluter Überschuß an extracellulärem oder auch intracellulärem Kalium vorliegt, wegen der drohenden Herzkomplikationen immer der Anlaß für eine sofortige Behandlung sein (S. 128).

Das *Chlorid* im Plasma (97—110 mval/l) folgt in seiner Konzentration weitgehend der Natriumkonzentration. Weicht es davon stärker ab, so ist bei einer Abnahme der $[Cl^-]$ an eine metabolische Alkalose oder an eine respiratorische Acidose zu denken. Bei einer im Verhältnis zur $[Na^+]$ auffallenden Zunahme der $[Cl^-]$ besteht dagegen der Verdacht auf eine metabolische Acidose oder an eine respiratorische Alkalose. Bei stärkerer Vermehrung von organischen Säuren, z. B. im diabetischen Koma oder bei Retention von Phosphaten oder Sulfaten kann die $[Cl^-]$ trotz metabolischer Acidose normal gefunden werden.

Die Bestimmung des *Bicarbonats* (als Standardbicarbonat s. S. 86, Normalbereich 22—28 mval/l) ist für die Beurteilung des Säure-Basenhaushalts unerläßlich. Da die Konzentration der H^+-Ionen (p_H) im Plasma aber entsprechend der Henderson-Hasselbalchschen Gleichung im wesentlichen vom Verhältnis der Kohlensäure zum Bicarbonat abhängt (s. S. 72), genügt die Kenntnis der Bicarbonatkonzentration allein nicht immer. Entweder muß die freie CO_2 oder, was einfacher ist, das p_H des Plasmas mitbestimmt werden, um die Reaktion des Plasmas und die Ursache für p_H-Verschiebung näher kennenlernen zu können.

Dabei ist zu beachten, daß bei primär metabolischen oder renalen Ursachen die Veränderung des Bicarbonats die Blutreaktion bestimmt. Zunahme der Konzentration ist bei diesen Erkrankungen gleichbedeutend mit Alkalose, Abnahme mit Acidose. Bei primärer Reizung des Atemzentrums oder bei Erkrankungen der Atmungsorgane hingegen, welche durch die Ventilationsgröße den CO_2-Gehalt des Plasmas primär beeinflussen, ist die Veränderung der Bicarbonatkonzentration als kompensatorischer Versuch des Organismus zu werten, um das die Blutreaktion bestimmende Verhältnis $\dfrac{H_2CO_3}{HCO_3^-}$ konstant zu halten. Hier weist eine Zunahme der $[HCO_3^-]$ auf eine primär respiratorische Acidose (z. B. beim Emphysem), eine Abnahme der $[HCO_3^-]$ auf eine primär respiratorische Alkalose (z. B. bei zentraler Hyperventilation) hin. Näheres s. S. 130.

Die Plasmakonzentration von *Ca^{++} und Mg^{++}* und der *Anionen-Restfraktion* (Sulfate, Phosphate und organische Säurereste) tritt hinter den Hauptelektrolyten Na^+, Ka^+, Cl^-, HCO_3^- und der Eiweißkonzentration hinsichtlich ihres diagnostischen Wertes für die Erkennung einer *allgemeinen* Störung des Wasser-Elektrolyt- und Säure-Basenhaushalts weit zurück. Bei klinischem Verdacht jedoch können Calcium und Phosphor im Plasma leicht bestimmt werden.

b) Das Ionogramm

Um die Veränderungen der einzelnen Kationen und Anionen untereinander und als Gesamtheit besser übersehen zu können, ist es bei schweren Störungen im Wasser-Mineralhaushalt angezeigt, ein Ionogramm der Plasma-Elektrolyte aufzustellen. Dabei wird es für klinische Belange meistens ausreichen, nur Na, K, Cl und Bicarbonat zu bestimmen. Setzt man auf der Kationenseite für Ca^{++} 5 mval/l, für Mg^{++} 3 mval/l fest ein und berechnet man für die sog. Anionen-Restfraktion (HPO_4^{--}, SO_4^{--}, organische Säuren und Proteinate) 25 mval/l, dann lassen sich genügend genaue Informationen über das Kationen-Anionen-Verhältnis und die Gesamtelektrolytkonzentration entnehmen.

Die *Restfraktion* ergibt sich genauer aus der Differenz von ($Na^+ + K^+ + Ca^{++} + Mg^{++}$) — ($HCO_3^- + Cl^-$). — Die Basenäquivalente der Proteine können mit Hilfe des van Slyke-Faktors (2,43) aus dem Eiweißgehalt des Plasmas errechnet werden: *Eiweiß in g/100 ml Plasma $\times$ 2,34 = Eiweiß-Anionen in mval/l.*

Zur Bestimmung der HPO_4^{--} in mval/l ist der Wert des anorganischen P in mg-% mit dem Faktor 0,58 zu multiplizieren: (*P in mg-% $\times$ 0,58 = HPO_4^{--} in mval/l*).

Das am besten als Vordruck mit Normalwerten verfügbare Ionogramm ergibt ausgefüllt dann folgende Aufstellung (s. Tab. 34).

Tabelle 34. *Ionogramm*

Name des Patienten: Station:

Datum:

Na^+	: 141,5	HCO_3^-	: 25	Na^+	: ...	HCO_3^-	: ...
K^+	: 4,5	Cl^-	: 105	K^+	: ...	Cl^-	: ...
Ca^{++}	: 5	Rest	: 25	Ca^{++}	: 5	Rest	: 25
Mg^{++}	: 3			Mg^{++}	: 3		

Kationen: *155*	Anionen: *155*	
(mval/l)	(mval/l)	....

Hämatokrit: (Hb:) .... Hämatokrit: (Hb:) ....

Blut-p_H: .... Blut-p_H: ....

Aus Gründen der Elektroneutralität muß die Summe der Kationen stets gleich der Summe der Anionen sein. Dabei werden Veränderungen auf der Anionen-Seite in der Regel durch kompensatorischen Ausgleich von HCO_3^- gegen Cl^- oder die Restfraktion aufgefangen. Veränderungen auf der Kationen-Seite dagegen, z. B. ein starker Na-Verlust, beeinflussen in jedem Fall auch die Anionen-Konzentration und damit die Gesamt-Elektrolytkonzentration (Näheres s. 3.—5. Kap.).

Zur richtigen Wertung einer Hyper- oder Hypoelektrolytämie, die nur das Verhältnis zum vorhandenen Plasmawasser ausdrücken, gehört die Kenntnis des Volumens des Plasmawassers, das sich durch die Hämatokrit (Hb)-Bestimmung grob abschätzen läßt. Bei starker Anämie oder Polyglobulie ist der Hämatokrit jedoch hierfür nicht verwertbar. — Eine zusätzliche p_H-Bestimmung im Blut steigert den diagnostischen Wert der Bicarbonat-Konzentration (s. S. 86).

Ein graphisch aufgetragenes Ionogramm stellt die Elektrolytveränderungen bei den verschiedensten Erkrankungen noch plastischer dar (s. Abb. 39 nach GAMBLE-MOLL). In gewissen Fällen ist auch ein Ionogramm des Urins von Wert (HUNGERLAND und WEBER).

c) Funktionelle Nierendiagnostik

Auf die wichtige Beobachtung des Urinvolumens und des spezifischen Gewichts ist bereits hingewiesen worden. Die diagnostische Bedeutung der Titrationsacidität des Urins geht aus Tab. 10 hervor (s. auch S. 78). Während diese

Untersuchungen nur einen orientierenden Einblick in die Fähigkeiten der Niere gewähren, den Urin zu konzentrieren oder zu verdünnen und Wasser, saure und basische Valenzen auszuscheiden, bedarf die optimale Beurteilung der Nierenfunktion noch weiterer Untersuchungen. Erst die Kenntnis der mittels der endogenen Kreatinin-Clearance leicht meßbaren Glomerulumfiltration gestattet z. B. die Beantwortung der Frage, ob eine festgestellte Natrium- und Wasserretention die Folge einer verminderten Glomerulumfiltration oder einer vermehrten tubulären Rückresorption sein kann. Auch der Plasmawert von Harnstoff und nicht

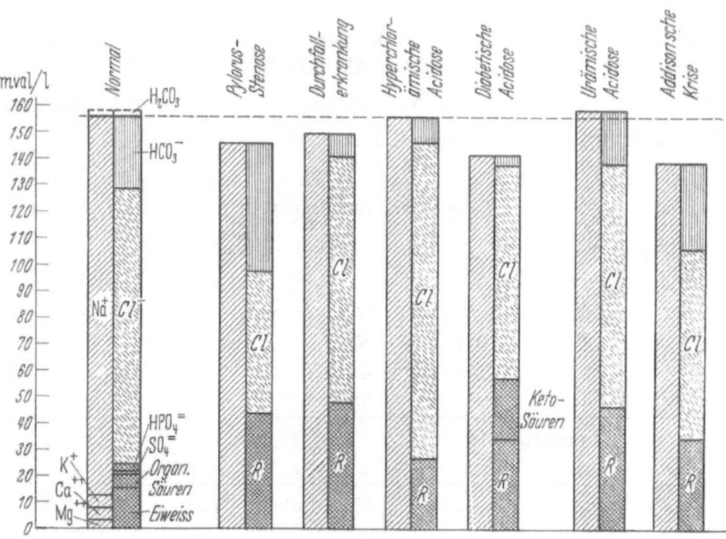

Abb. 39. Normales Ionogramm, verglichen mit den Ionogrammen verschiedener Krankheitsbilder (Modifiziert von MOLL et al. nach GAMBLE)

proteingebundenem Stickstoff (Rest-N) ist — allerdings erst bei stärkerer Einschränkung — ein wertvoller Hinweis auf eine Verminderung der Glomerulumfiltration. Die Tubulusfunktion kann mit der maximalen Glucose-Rückresorptionsfähigkeit und — weniger sicher — mit der Phenolrotprobe bestimmt werden. Der Wert der Nierendurchblutung (PAH-Clearance) und die sich daraus ergebende Filtrationsfraktion sind für praktisch-klinische Fragen meistens entbehrlich. Dagegen wird eine Bestimmung der 24stündigen Ausscheidung der einzelnen Elektrolyte, besonders zur Klärung komplizierter Krankheitsbilder wie die salzverlierende Nephritis (s. S. 239), das Conn-Syndrom (s. 290) und die renalen Acidosen (S. 237), wichtige Aufschlüsse geben können. Für Wasser- und Elektrolytbilanzen sind sie unerläßlich.

Ein einfaches Schema zur täglichen Aufzeichnung der Wasser-, Elektrolyt- und Stickstoffbilanz gibt Tab. 35 wieder. Die Subtraktion der physiologischen bzw. pathologischen Ausfuhr von der gemessenen oder nach den Nahrungsmitteltabellen (Tab. 43—47) geschätzten Einfuhr an Wasser- und Elektrolyten ergibt die Tagesbilanz. Der positive bzw. negative Wert dieser Bilanz ist dem Gesamtbilanzwert des Vortages zu- bzw. abzurechnen, woraus sich dann die aktuelle Gesamtbilanz ergibt. Zusammen mit dem Plasma-Ionogramm (Tab. 34) dient die Bilanzaufstellung als Grundlage diagnostischer und therapeutischer Überlegungen.

Tabelle 35. Bilanzschema

Name:......................... Station:.................... Datum:...........

Geschätzte Ausgangsbilanz: H_2O Na^+ Cl^- K^+ N

Gewicht:..............

Einfuhr	Flüssig-keit	Na^+	Cl^-	K^+	HCO^-	N	Cal.	Ausfuhr	Flüssig-keit	Na^+	Cl^-	K^+	HCO^-	N	Cal.
Oral								Urin							
Intra-venös								(Atmung)							
								(Schweiß)							
								(Stuhl)							
								(Diar-rhoen)							
								Erbrechen							
Zusam-men								Zusam-men							

Tägliche Wasserbilanz ....   Gesamt-Wasserbilanz....................

Tägliche Na^+-Bilanz ....   Gesamt-Na^+-Bilanz. ....

Tägliche K^+-Bilanz ....   Gesamt-K^+-Bilanz ....

Tägliche Cl^--Bilanz ....   Gesamt-Cl^--Bilanz ....

Tägliche Stickstoffbilanz ....   Gesamt-Stickstoffbilanz ....

Labor-Werte:
(Ionogramm)

10. Kapitel

Allgemeine Behandlungsgrundlagen
I. Indikation und Planung der Therapie

Bei Störungen im Wasser- und Mineralhaushalt können unüberlegte Maß-nahmen oder eine Polypragmasie gefährliche Folgen haben. Der menschliche Organismus verfügt mit dem Durstgefühl, der Atmung, der enteralen Resorption und der Nierenfunktion über sehr anpassungsfähige Regulationsmechanismen, die auch schwere Störungen überwinden helfen, wenn nicht durch unbedachte ärztliche Therapie zusätzliche Komplikationen geschaffen werden. Erscheint dagegen ein therapeutisches Eingreifen unumgänglich, dann muß der aktuelle Befund beim vorliegenden Einzelfall als Ausgangspunkt und Richtschnur der Behandlung dienen. Starre Behandlungsschemen für bestimmte Krankheitsbilder bieten infolge der Kompliziertheit und Variabilität der geschilderten Regulations-störungen im Wasser- und Mineralhaushalt zu wenig Anwendungsmöglichkeiten. Nur als Beispiel für eingefahrene, im Einzelfall oft nachteilige Behandlungsweisen seien genannt: die Dauerinfusionen mit reiner „physiologischer" NaCl-Lösung bei Pylorusstenose oder Diarrhoen (der Kaliummangel oder die oft bestehende

Acidose werden dadurch verstärkt), ferner der Salz- und Wasserentzug bei allen Nierenkrankheiten (bei Isosthenurie oder salzverlierender Nephritis wird der Zustand dadurch verschlechtert). Das einzige Schema, das hier von Wert ist, ist die klare Ordnung der anamnestischen Daten, der Befunde und der darauf aufbauenden Therapie.

Vor der Aufstellung des Therapieplans müssen folgende Fragen untersucht und nach Möglichkeit beantwortet werden:

1. Art der Störung

Bei Kenntnis des Grundleidens (z. B. Coma diabeticum oder acetonämisches Erbrechen) ist die Richtung schon vorgezeigt, in der die Störungen des Elektrolyt- und Wasserstoffwechsels zu erwarten sind. Im dritten Teil dieses Buches werden die typischen Veränderungen bei den verschiedenen Krankheitsbildern besprochen. Im Einzelfall sind jedoch — je nach Dauer des Zustandes und Vorbehandlung — erhebliche Abweichungen zu berücksichtigen, die von den im 9. Kapitel aufgeführten diagnostischen Maßnahmen erfaßt werden müssen. Der Untersucher muß dabei die Klärung folgender Fragen anstreben:

a) besteht ein Defizit (Überschuß) vorwiegend an Wasser?

In diesen Fällen erstreckt sich der Mangel (Überschuß) auf alle Flüssigkeitsräume, wobei, absolut gesehen, der intracelluläre Raum ganz überwiegend betroffen ist;

b) besteht ein vorwiegender Natriummangel oder ein Defizit von Natrium und Wasser in isotonischem Verhältnis?

In beiden Fällen ist ganz überwiegend der extracelluläre Flüssigkeitsraum und damit auch der intravasale Anteil betroffen;

c) liegen Verluste anderer Elektrolyte, besonders Kaliumverluste vor?

d) gehen die Störungen des Wasser- und Elektrolytstoffwechsels zusätzlich mit Störungen des Säure-Basen-Stoffwechsels, also mit Acidose oder Alkalose einher?

e) ist die Nierenfunktion ungestört?

2. Abschätzung des Wasser- und Elektrolytbedarfs

Um das Ausmaß einer Störung leichter abschätzen zu können, sind die Verteilung, der tägliche Bedarf und die Ausscheidung von Wasser und Elektrolyten unter normalen Bedingungen in Tab. 36 zusammengestellt. Tab. 37 zeigt die Steigerung der Wasserabgabe an den einzelnen Ausscheidungsorganen unter verschiedenen Bedingungen. In Tab. 38 sind die täglichen Normalausscheidungen von Kationen und Anionen im Urin aufgeführt. Die Elektrolytkonzentrationen verschiedener Körperflüssigkeiten sind in Tab. 39 enthalten.

Mit Hilfe dieser Angaben lassen sich bei Kenntnis der Vorgeschichte und der Ein- und Ausfuhr bereits grobe Schätzungen des Wasser- und Elektrolytbedarfs anstellen. Eine sichere Methode, um das Wasser- oder Elektrolytdefizit genau zu bestimmen, gibt es trotz verschiedener Versuche (vgl. BULL, BLAND, MOORE, MOLL et al.) nicht.

Tabelle 36. *Durchschnittliche Verteilung, Aufnahme und Abgabe von H_2O, Na, K und Ca beim Erwachsenen* (modifiziert nach MOLL u. Mitarb.)

	Verteilung	Aufnahme		Ausscheidung	
		Menge	Ausscheidungsweg	Menge	
H_2O	extracellulär 20% d. Körpergew. dav. Plasma 5% d. Körpergew. interstitiell 15% d. Körpergew. intracellulär 45% d. Körpergew.	*Gesamtmenge:* 2500 ml/24 Std. in flüssiger Form: 1200 ml/24 Std. in Speisen: 1000 ml/24 Std. Oxydationswasser: 300 ml/24 Std.	Niere Stuhl Haut Lungen	*Gesamtmenge:* 2500 ml/24 Std. 1200 ml/24 Std. 100 ml/24 Std. 800 ml/24 Std. 400 ml/24 Std.	
Na	extracellulär 1000 mval intracell. (Knochen) 900 mval intracell. (übr. Geweb.) 250 mval	250—700 mval/24 Std.	Niere Stuhl Schweiß	190 mval 5 mval 40 mval	
K	extracellulär 70 mval intracellulär 3500 mval	70—100 mval/24 Std.	Niere Stuhl Schweiß	60 mval 5 mval 5 mval	
Ca	im Knochen 75% d. Ges.menge im übr. Körper 25% d. Ges.menge	etwa 400 mval/24 Std.	Niere d. Rest im Dickdarm	25—125 mval	

Tabelle 37. *Wasserabgabe unter verschiedenen Bedingungen*

Wasserabgabe	ml bzw. g
a) Wasserabgabe durch Haut und Lungen	
Bettruhe, kein Fieber, kein sichtbares Schwitzen	800—1200 ml
Bettruhe, Fieber, leichtes Schwitzen	1500 ml
Bettruhe, Fieber, Schweißausbrüche	2000 ml
b) Wasserabgabe durch die Haut	
Ruhe, kein Fieber, kein sichtbares Schwitzen	400—1000 ml
Unter tropischen Arbeitsbedingungen	8000—10000 ml
c) Wasserabgabe durch die Lungen	
Ruhe, gemäßigtes Klima	400 ml
d) Wasserabgabe mit dem Stuhl	
Normaler Stuhl enthält	70—80% Wasser
Stuhlmenge bei gemischter Kost	160—250 g
Stuhlmenge bei vegetabilischer Kost	—370 g
Stuhlmenge bei Fleischkost	55—65 g
e) Wasserabgabe durch den Harn	600—1500 ml

Tabelle 38. *Durchschnittliche Konzentration und Ausscheidung von Kationen und Anionen im Harn bei Männern und Frauen*

		Kationen					Anionen			
		Na^+	K^+	NH_4^+	Titrier. Säure	$Ca^{++}+Mg^{++}$	Cl^-	SO_4^{--}	Phosphat^{--}	Organ. Säuren
Männer Mittl. Harnvolumen in 24 Std.: 1120 ml, p_H 5,7	mval/l	160	52	37	35	12	164	40	37	55
	$\frac{\text{mval}}{\text{24 Std.}}$	177	57	40	38	13	184	45	40	56
Frauen Mittl. Harnvolumen in 24 Std.: 885 ml, p_H 5,8	mval/l	150	54	36	33	12	145	40	36	64
	$\frac{\text{mval}}{\text{24 Std.}}$	128	47	30	28	11	132	36	30	46

Tabelle 39. *Elektrolytkonzentrationen verschiedener Sekrete des Magen-Darm-Traktes, des Schweißes, des Liquor cerebrospinalis und des Plasmas.* Mittelwerte (und Maxima) nach BERN-STEIN, GEIGY, LOCKWOOD, MOORE, MOLL

	Na^+	K^+	Cl^-	HCO_3^-
		mval/l		
Speichel	44 (78)	21 (29)	40	
Magensaft	60 (116)	12 (17)	84 (154)	14
Galle	149 (164)	5 (12)	101 (118)	40
Pankreassekret	141 (153)	5 (7)	77 (95)	114
Dünndarmsaft				
MILLER-ABBOTT-Sonde . . .	111 (148)	5 (8)	104 (137)	
Sekretion durch Coecostomie .	80	21	48	
Diarrhoen	150 (350)	15 (70)		
Schweiß	58	10	45	
Liquor cerebrospinalis	147	3	125	21
Blutplasma (s. Tab. 5)	142	4,4	103	25

Bei vorwiegendem Wassermangel läßt sich das extracelluläre Wasserdefizit annähernd aus dem Wert des (erhöhten) Plasma-Natriums und der aus dem Körpergewicht abzuleitenden Sollmenge der extracellulären Flüssigkeit (20% des Körpergewichts) ermitteln:

$$\text{extracelluläres Defizit (l)} = \frac{(\text{Ist-}[Na^+] - \text{Normal-}[Na^+]) \times \text{extrac. Flüssigk. (Soll)}}{\text{Normal-}[Na^+]}$$

Beispiele: Ein 75 kg schwerer dehydrierter Patient hat eine $[Na^+]$ von 162 mval/l.

$$\text{extracelluläres Wasserdefizit} = \frac{(167 - 142) \times 15}{142} = 2{,}64\ l.$$

In Wirklichkeit wird der Wasserbedarf noch größer sein, da meistens mit dem Wasser auch Natrium zu Verlust geht und die Plasma-$[Na^+]$ dann nicht entsprechend hoch ansteigt. Außerdem tritt bei vorwiegendem Wassermangel eine proportionale Abnahme auch des intracellulären Flüssigkeitsvolumens ein. Absolut gesehen, übertrifft diese Abnahme diejenige des extracellulären Volumens beträchtlich. Diesem Sachverhalt wird von manchen Autoren dadurch Rechnung getragen, daß sie zur Ermittlung der gesamten fehlenden Wassermenge in der angeführten Formel mit dem Sollwert der gesamten Körperflüssigkeit (etwa 50% des Gewichts) multiplizieren.

Den Mangel an einem Elektrolyten im extracellulären Raum kann man ebenfalls besser abschätzen, wenn man die Differenz der Ist-Konzentration zur Soll-Konzentration (in mval/l) mit dem extracellulären Flüssigkeitsvolumen (in Liter) multipliziert.

Beispiel: Ein 75 kg schwerer Mann mit einer Plasma-$[Cl^-]$ von 85 mval/l hätte danach einen extracellulären Chloridbedarf von $(105 - 85) \times 15 = 300$ mval Chlorid.

In der Abschätzung eines intracellulären Kalium-Defizits kann der Kalium-Defizit-Test gute Dienste leisten (s. S. 123). Die Plasma-$[K^+]$ sagt oft wenig über den cellulären Bedarf an diesem Kation aus, da der Plasmaspiegel aus den großen cellulären K-Reserven längere Zeit konstant gehalten werden kann.

Trotz aller Möglichkeiten, den annähernden Bedarf an Wasser und Elektrolyten quantitativ abzuschätzen, sollte man sich darüber im klaren sein, daß bei den unterschiedlichen Verhältnissen im intra- und extracellulären Raum und der Abhängigkeit von Konzentration und Volumen der Berechnungsmöglichkeit enge Grenzen gesetzt sind. Die Richtigkeit der therapeutischen Versuche läßt sich nur durch den Behandlungserfolg bestätigen.

3. Vordringlichkeit der therapeutischen Maßnahmen

Wenn Art und Ausmaß der Störung im Elektrolyt- und Wasserhaushalt festgestellt sind, dann muß die nächste Frage lauten, ob ein aktives therapeutisches Eingreifen überhaupt notwendig ist, ob diätetische Maßnahmen genügen oder ob eine parenterale Behandlung geboten erscheint. Schnellstes Handeln ist erforderlich bei Acidose mit Koma, bei Wasservergiftung mit Hirnödem, bei erheblicher Dehydration, bei Schock- und Kollapszuständen, bei Hyperkaliämien über 6 mval/l, bei Hypokaliämien mit Herzkomplikationen oder Muskellähmungen und bei hypocalcämischer Tetanie. Die Art der Soforttherapie ist in den entsprechenden Kapiteln besprochen.

Alle anderen Wasser- und Elektrolytveränderungen sollen in einem über mehrere Tage ausgedehnten Therapieplan ausgeglichen werden. *Brüske Maßnahmen bei Störungen, die noch keine klinischen Symptome machen, können oft mehr schaden als nützen.* Am 1. Tag sollten nicht mehr als 50% des errechneten oder kalkulierten Defizits an Wasser oder an einzelnen Elektrolyten zu beseitigen versucht werden, um dem Organismus Spielraum für die Selbstregulation zu lassen.

Gleichzeitig mit den Maßnahmen, die eine Normalisierung des bestehenden pathologischen Zustands im Wasser- und Mineralhaushalt zum Ziel haben, müssen therapeutische Bemühungen zur Beseitigung der Ursachen der meistens sekundären Elektrolytverschiebungen einhergehen. Mit der dadurch bewirkten Besserung des Grundleidens (z. B. der diabetischen Acidose unter Insulin) können schnelle Veränderungen im Mineralhaushalt auftreten (Kalium geht z. B. unter Insulin in die vorher an K verarmten Zellen zurück), die eine ständige Anpassung der Elektrolyt-Therapie an die neue Situation erfordern. Bei schweren Störungen im Wasser- und Mineralhaushalt ist daher eine laufende Kontrolle der Elektrolytkonzentrationen im Plasma unumgänglich, um die Auswirkungen der therapeutischen Maßnahmen und der Regulationsversuche des Organismus überprüfen und aufeinander abstimmen zu können.

II. Die parenterale Flüssigkeits- und Elektrolyttherapie

1. Allgemeines

Während für subcutane Infusionen nur isotone Lösungen verwendet werden sollten, um eine Gewebsreizung auszuschalten, werden bei intravenöser Zufuhr wegen der schnellen Verdünnung im Blut auch hypertonische Lösungen gut vertragen. Isotone Elektrolytinfusionslösungen haben entsprechend der Plasma-Osmolalität eine Gesamtkonzentration von 310—330 mmol/l. Isotone Glucose-lösung (5,25%) besitzt eine Konzentration von etwa 290 mmol/l. 10%ige Glucose-lösungen (555 mmol/l) und selbst höher konzentrierte Lösungen werden intra-venös ohne Reaktion toleriert.

Von dieser Möglichkeit sollte man dann Gebrauch machen, wenn neben der Zufuhr von Elektrolyten die parenterale Verabreichung von *Kalorien* erwünscht ist. Da die Infusionsmöglichkeit hochkalorischer Fette und von Eiweiß noch nicht genügend gesichert und nicht immer zweckmäßig ist, sollte die *5—10%ige Glucose-* oder die wegen der schnelleren Verwertung besonders bei Lebererkrankungen günstige *5—10% Lävulose-Lösung* als Basislösung bei konsumierenden und lang-dauernden Erkrankung immer herangezogen werden. Bei vorwiegendem Wasser-mangel steht nach Metabolisierung der Glucose oder der Fructose das übrig-bleibende Lösungswasser schnell zur Verfügung. Auch als Basislösung für eine individuell zu bemessende Infusion von einzelnen Ionen, z. B. von höheren Kaliumdosen, ist die Glucose- bzw. Fructoselösung gut zu verwenden.

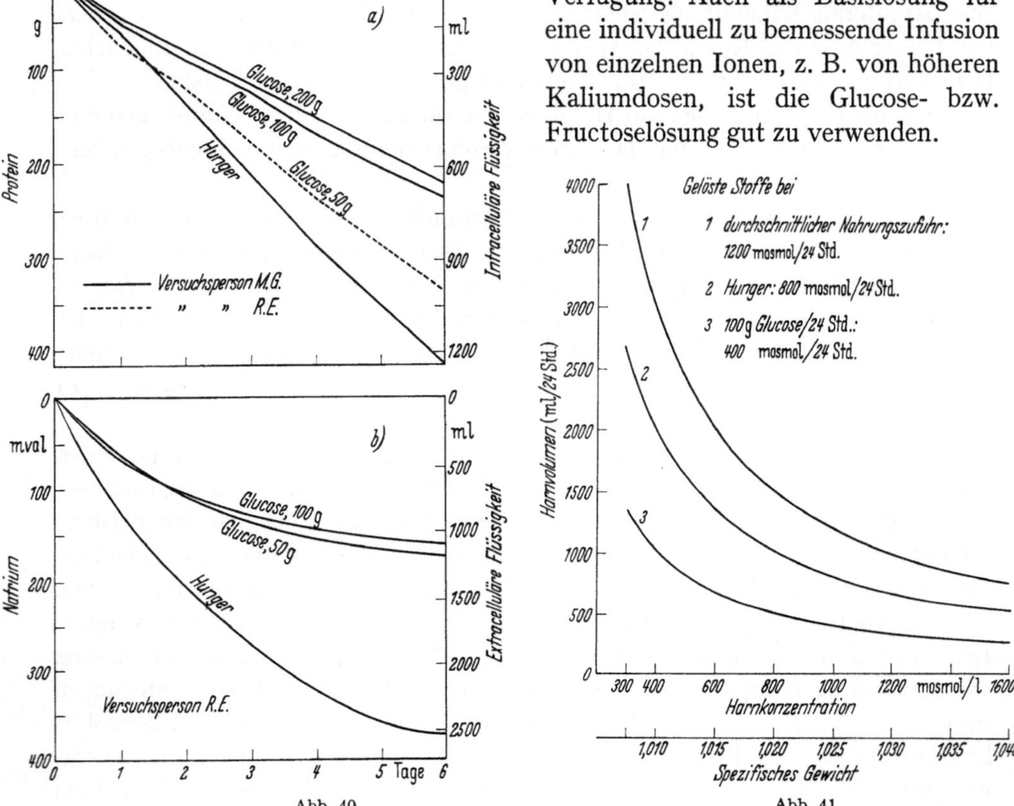

Abb. 40   Abb. 41

Abb. 40. Die Zufuhr von Glucose bewirkt eine Verminderung des Eiweißverlustes (Teil a der Abbildung) und des Verlustes an extracellulärer Flüssigkeit mit Natrium als wesentlichem Kation (Teil b der Abbildung) (Nach GAMBLE)

Abb. 41. Die Beziehungen zwischen Harnkonzentration und Harnvolumen bei durchschnittlicher Nahrungszufuhr, im Hunger und bei 100 g Glucosezufuhr (Nach GAMBLE)

Die *eiweißsparende Wirkung der Kohlenhydratzufuhr* geht aus der Abb. 40 (a) hervor. Die Eiweißverbrennung während einer 6tägigen Hungerzeit (untere Kurve) kann durch tägliche Zufuhr von nur 100 g Glucose um die Hälfte verringert werden. Die damit verbundene Ver-minderung an anfallendem intracellulären Wasser ist durch die rechte Ordinate angedeutet. — Der durch die Glucosezufuhr herabgesetzte Eiweißabbau vermindert ebenfalls den intra-cellulären Kaliumverlust (0,5 mval K pro 1 g Protein) und weiterhin den Verlust *extracellulärer Elektrolyte* mit der durch den Eiweißabbau gesteigerten Harnstoffdiurese. Die Einsparung der Natriumausscheidung unter Glucosezufuhr bei sonst hungernden Patienten veranschaulicht Abb. 40 (b). Von nicht zu unterschätzender Bedeutung ist die Tatsache, daß bei Glucosezufuhr das für eine bestimmte Harnkonzentration notwendige Harnvolumen erheblich geringer ist als bei Normalernährung (obere Kurve) oder im Hungerzustand (mittlere Kurve) (Abb. 41). Daraus ergibt sich auch der *wassersparende* Effekt einer Glucose- oder Fructose-Therapie.

Die vielfach noch geübte Verwendung der aus der experimentellen Organphysiologie übernommenen sog. „physiologischen" (0,95%igen) NaCl-Lösung als einzige Therapie bei vorwiegendem Wassermangel und anderen Formen von Elektrolyt- und Wasserverlusten ist nicht mehr gutzuheißen. Ebenso wie in der „physiologischen Kochsalzlösung" ist auch in der Ringer-Lösung ein Überschuß an Chlorid-Ionen vorhanden (etwa 50 mval/l) (s. Tab. 40), der eine Acidose bewirken kann. Wenn dieser Effekt auch z. B. bei starkem Erbrechen mit hypochlorämischer Alkalose wünschenswert ist, so reicht da wiederum die geringe, bzw. bei der NaCl-Lösung ganz fehlende Kaliumkonzentration nicht aus, um das begleitende Kaliumdefizit zu decken.

Dem Wunsche folgend, für jede Form der Wasser- und Mineralstoffwechselstörung eine fertige Lösung bereit zu haben, sind in den letzten Jahren mehrere Dutzend von Infusionslösungen angegeben und patentiert worden. Ein Teil der bekanntesten ist in der Tab. 40 zusammengestellt. Die Gefahren des auch von der pharmazeutischen Industrie aufgegriffenen Überangebots an Lösungen liegen in 2 Richtungen: einmal wird eine vom Industrieprospekt diktierte schematische Therapie getrieben, die im Einzelfall gerade kontraindiziert sein kann, zum anderen verstärkt diese Vielzahl an therapeutischen Möglichkeiten die Unsicherheit vieler Ärzte auf diesem schwierigen Gebiet und führt zur Resignation. Dabei liegen die Dinge therapeutisch oft einfacher, als die komplizierten pathogenetischen Zusammenhänge vermuten lassen. *Es erscheint angezeigt, hier eine gewisse Klärung und Vereinfachung herbeizuführen.* Für sämtliche bereits besprochenen und noch zu diskutierenden Störungen sind 3 Gruppen von Infusionslösungen voll ausreichend (s. Tab. 41):

1. Basislösungen für *vorwiegenden Wassermangel* (hypertone Dehydration) und den *Verlust an extracellulärer Flüssigkeit* (isotone Dehydration). Gleichzeitig können diese Basislösungen als Vehiculum für Calorienzufuhr und Zusätze von einzelnen, besonders reichlich benötigten Elektrolyten dienen (2.).

2. Elektrolytzusatzlösungen zur Auffüllung eines besonders starken Elektrolytverlusts und zur Bekämpfung von Acidose und Alkalose.

3. Lösungen zum Auffüllen des Blutvolumens.

Mit der Anwendung bzw. der Kombination dieser drei Infusionsgruppen lassen sich praktisch alle vorkommenden Störungen im Wasser- und Mineralstoffwechsel behandeln. Auf unsere Anregung hin werden jetzt von der Firma Braun-Melsungen *Elektrolytzusatzlösungen* hergestellt, *die (in jeweils 25 ml-Ampullen) 1 mval des erforderlichen Elektrolyten pro ml enthalten.* Ohne eine zu hohe Gesamtkonzentration befürchten zu müssen, können diese Zusätze den Basislösungen beigemischt werden. Der große Vorteil dieses Vorgehens liegt darin, daß der Elektrolytbedarf des Einzelfalles viel besser und gezielter gedeckt werden kann als mit schablonisierten Patentlösungen.

2. Basislösungen

Auf die Vorzüge der *Glucose-* bzw. *Lävuloselösung* zur Behandlung des vorwiegenden Wassermangels und als Vehikel für Elektrolytzusätze ist oben ausführlich eingegangen worden. Die Calorienzufuhr beträgt bei einer 10%igen Lösung etwa 400 Cal/l.

Tabelle 40. *Übersicht gebräuchlicher Infusionslösungen zur parenteralen Wasser- und Elektrolyt-*
Alle Prozentangaben der Tabelle beziehen sich auf

Lösung	Na+ mval/l	Na+ mg/l
A. Physiologische Lösungen		
1. Isotonische Kochsalzlösung (0,95%)	162,5	3732
2. Isotonische Natriumlactat-Kochsalzlösung: 1 Vol. Natriumlactat- lösung (1,75%) + 2 Vol. Kochsalzlösung (0,95%)	160,3	3683
3. a) Glucose-Kochsalzlösung: 2 Vol. isoton. Glucoselösung (5,25%) + 1 Vol. isoton. Kochsalzlösung (0,95%)	54,1	1242
b) Glucose-Natriumlactat-Kochsalzlösung: 2 Vol. isoton. Glucose- lösung (5,25%) + 1 Vol. isoton. Natriumlactat-Kochsalzlösung	53,4	1227
4. Ringersche Lösung nach BEST und TAYLOR	156,4	3592
5. Ringer-Lactatlösung nach HARTMANN	129,8	2983
6. Lösung nach Fox u. Mitarb. Organische Anionen als Lactat und Acetat, insgesamt 55 mval/l	140	3220
B. Lösungen zur Behebung acidotischer bzw. alkolotischer Zustände		
Acitosebehandlung		
1. Isoton. Natriumlactatlösung (1,75%)	156,1	3587
Alkalosebehandlung		
2. Isotonische Ammoniumchloridlösung (0,83%)		
C. Lösungen für die Kaliumersatztherapie		
Bei Acidose sowie bei normaler Alkalireserve zu verabreichen		
1. Lösung nach DARROW (I)	120,2	2761
Beim Kleinkind wird nach DARROW 1 Vol. dieser Lösung mit 2 Vol. isoton. Glucoselösung infundiert	40,7	920
2. a) Pädiatrische Lösung nach BUTLER (+ Sol. Glucosi 10% auf 1000 ml)	29,9	687
b) Neue pädiatrische Lösung nach BUTLER	56,8	1304
3. Lösung nach DAVIDSEN und KJERULF-JENSEN	107,8	2476
4. Lösung nach ELKINTON und TARAIL	94,1	2162
Bei Alkalose sowie bei normaler Alkalireserve zu verabreichen		
5. Lösung nach DARROW (II)	102,6	2358
Beim Kleinkind wird nach DARROW 1 Vol. dieser Lösung mit 2 Vol. isoton. Glucoselösung verdünnt	43,2	786
6. Lösung nach DAVIDSEN und KJERULF-JENSEN	107,3	2465
7. Lösung nach ELKINTON und TARAIL	71,9	1651
D. Lösungen zum Ersatz von Sekretflüssigkeiten des Verdauungstraktes		
1. Lösungen zum Ersatz von Magensaft	63,3	1454
2. Lösungen zum Ersatz von alkalischen Sekreten (Galle, Pankreas- und Dünndarmsekret)	137,2	3152

Der Forderung, als Basislösung neben der 5—10%igen Glucose- bzw. Fructose-lösung eine Elektrolytlösung zu besitzen, die weitgehend der Zusammensetzung der zu Verlust gegangenen extracellulären Flüssigkeit entspricht und der man ebenfalls bei Bedarf Elektrolyte im Überschuß zusetzen kann, entspricht aus der Vielzahl an Kombinationslösungen am besten die *„Hartmannsche Lösung"*. Sie enthält bei einer Gesamtkonzentration von 278 mmol/l 129,8 mval/l Na$^+$, 5,4 K$^+$, 111,8 Cl$^-$ und 27,2 Lactat$^-$ (neben geringen Ca^{++}- und Mg^{++}-Konzentrationen) *therapie.* (Zusammengestellt von A. F. ESSELLIER und P. JEANNERT. Aus Geigy-Tabellen). Gramm-Substanz in 100 Milliliter (ml) Lösung

K+		Ca++		Mg++		Cl-		Lactat-- od. Bicarbonat-- bzw. Ammonium+- Ionen	Phosphor	Gesamtkonzentration (ideal)
mval/l	mg/l	mval/l	mg/l	mval/l	mg/l	mval/l	mg/l	mval/l	mg/l	mmol/l
						162,5	5767	0		325
						108,3	3842	—52,0		321
						54,1	1918	0		302
						36,1	1290	—17,3		301
4,0	158	2,3	46			160,3	5687	— 2,4		324
5,4	210	1,8	37	2,0	24,0	111,8	3967	—27,2		278
10	390	5	100,2	3	36,5	103	3660	—55		316
								—156,1		312
						155,1	5503	+155,1		310
36,2	1417					104,7	3713	—51,7		313
										mit Glucose 5,25%
12,1	472					34,9	1238	—17,2		299
14,8	580					21,9	775	—20,0	44,5	643
24,9	974			5,3	63,8	49,5	1755	— 25,0	209,4	ohne Glucose 167
51,0	1995					143,4	5087	0	269	313
59,0	2307					94,1	3339	0	1029	288
36,2	1418					138,8	4927	0		278
										mit Glucose 5,25%
12,0	473					46,3	1642	0		287
51,0	1995					51,0	1809	— 91,9	269	312
82,1	3213					112,1	3977	0	729,2	295
17,4	683					150,6	5344	+69,9		301
12,1	473					99,4	3524	—50,0		299

(s. Tab. 41). Mit der Hartmannschen Lösung und der Kombination dieser Lösung mit einer 5—10%igen Glucose- oder Fructoselösung bei vorwiegendem Wassermangel und zusätzlichem Calorienbedarf läßt sich schon ein Großteil der einfachen Störungen im Wasser- und Elektrolythaushalt korrigieren und eine ungefährliche Standardinfusionslösung für die intravenöse Dauerzufuhr von Medikamenten (z. B. PAS oder Antibiotica-Infusionen) liefern.

Tabelle 41. *Basislösungen und Elektrolytzusatzlösungen zur Behandlung von Störungen des Wasser- und Elektrolytstoffwechsels*

Lösungen	Konzentration, Zusammensetzung	Indikation	Dosierungen

I. Basislösungen
 1. Isot. Glucoselösung
     Isot. Lävuloselösung
 2. Hyperton. Glucoselösung
     Hyperton. Lävuloselösung
	5,25% Gesamtkonzentration:
	 5,25% 291 mmol/l
	 10% Gesamtkonzentration:
	 10% 555 mmol/l
		Vorwiegender Wassermangel
		 (hypertone Dehydration)
		 Vehikel für Calorien und
		 Elektrolytzusätze
			bei leichteren Störungen
			 500—1000 ml/24 Std.
			 bei schweren Lösungen
			 1500—3000 ml/24 Std.

3. Hartmannsche Lösung[1]	Na: 129,8; K: 5,4; Mg: 2,0; Cl: 111,8; Lactat: 27,2 mval/l	Verlust an extracellulärer Flüssigkeit (isotone Dehydration) Vehikel für Calorien (kombin. mit 1. u. 2) u. Elektrolytzusätze	bei leichteren Störungen 500—1000 ml/24 Std. bei schweren Störungen 1500—3000 ml/24 Std.
II. Elektrolytzusatzlösungen[2] 1. Kaliumersatz a) bei normalem Säure-Basen-Gleichgewicht: KCl-Lösung oder Alkalose b) bei Acidose: K-Lactat-Lösung	7,45% KCl[2] 12,8% K-Lactat	Kaliummangel a) bei normalem Säure-Basen-Gleichgewicht oder Alkalose b) bei Acidose	bei leichterem K-Mangel 20—80 mval/24 Std., bei schwerem K-Mangel bis 160 mval/24 Std. *jedoch nicht mehr als* 20 mval/1 Std.
2. Natrium- und Chloridersatz: Hypertone NaCl-Lösung	5,85% NaCl	Vorwiegender Verlust von Natrium und Chlorid (Hypotone Dehydration); Wasservergiftung (hypotone Hyperhydration); Hyperkaliämie	hypotone Dehydration: Zusatz von 25—50—75 mval zu jeweils 1 l Hartmannscher Lösung Wasservergiftung: 50—150 mval Hyperkaliämie: 10—25 mval
3. Behandlung metabolischer Acidosen: Na-Lactat- bzw. K-Lactat-Lösung (s. 1 b)	11,2% Na-Lactat	metabolische Acidosen diabetische Acidose, renale Acidose, Verlust alkalischer Darmsekrete	50—150 mval als Zusatz zu Glucoselösung (bei Wassermangel) oder Hartmannscher Lösung (bei Mangel an extracellulärer Flüssigkeit)
4. Behandlung metabolischer Alkalosen: KCl-Lösung (s. 1a) bei gleichzeitigem K-Mangel NaCl-Lösung (s. 2) bei gleichzeitigem Na-Mangel [NH$_4$Cl s. Text]		metabolische Alkalosen, Verlust von saurem Magensaft Kaliummangel-Zustände	50—150 mval als Zusatz zu Glucoselösung (bei Wassermangel) oder Hartmannscher Lösung (bei Mangel an extracellulärer Flüssigkeit)

(Mittelspalte, Klammer zu 1a/b, 2 und 3: 1 ml dieser Lösungen enthält 1 mval K bzw. Na und 1 mval Cl bzw. Lactat)

[1] Lösungen mit sehr ähnlicher Zusammensetzung sind als *Sterofundin* (Braun-Melsungen) und *Tutofusin K 10* (Pfrimmer-Erlangen) im Handel.
Zusammensetzung von Sterofundin: Na: 141   K: 5   Ca: 4   Mg: 3   Cl: 110,6   Acetat: 39;
                                                Citrat: 4 mval/l.
Zusammensetzung von Tutofusin K 10:   Na: 140   K: 10   Ca: 5   Mg: 3   Cl: 103   Acetat: 47;
                                                  Citrat: 8 mval/l.
[2] Die hier genannten Lösungen werden in 25 ml-Ampullen von der Fa. Braun, Melsungen, hergestellt.

Eine ähnliche Zusammensetzung von Elektrolyten liegt im Sterofundin (Braun-Melsungen) und im Tutofusion K 10 (Pfrimmer-Erlangen) vor.

Indikationen für die Basislösungen

α) **Glucose-Lävulose-Lösungen.** Vorwiegender Wassermangel (*Hypertone Dehydration*) ohne Kollaps. Bei Wasserkarenz, starkem Schwitzen, Fieber, Niereninsuffizienz mit Zwangspolyurie. Weiterhin anhaltendes Erbrechen, Darmfisteln, Ileus und Diarrhoen, sofern und solange der Wasserverlust den Elektrolytverlust übersteigt (hohe [Na$^+$] und [Cl$^-$]-Werte im Plasma!).

Intravenöse Zufuhr von Calorien, Medikamenten und Elektrolytzusätzen.

β) **Hartmannsche Lösung** (Sterofundin, Tutofusion K 10). Allgemeiner Salz- und Wassermangel (*isotone und hypotone Dehydration*) bei allen unter α) genannten Zuständen (außer Wasserkarenz), sofern und solange der Elektrolytverlust dem Wasserverlust gleichkommt (normale [Na$^+$] und [Cl$^-$] im Plasma) oder diesen (oft infolge einseitiger Wassersubstitution per os) übersteigt (niedrige [Na$^+$] und [Cl$^-$]). Ausgenommen sind Zustände mit exzessiven Verlusten an einzelnen Elektrolyten oder bereits deutlicher Alkalose oder Acidose (s. unter 3).

3. Elektrolytzusatzlösungen

a) Kaliumersatz

Da das K-Defizit bei chronischem Kaliummangel bis zu 500 mval = ~ 20 g Kalium und mehr betragen kann, wird in schweren Fällen eine parenterale Tageszufuhr von 80—160 mval K (etwa 3—6 g) notwendig sein, um das Defizit plus der täglichen Kaliumausscheidung in einigen Tagen ausgleichen zu können. Am geeignetsten für die intravenöse Kaliumtherapie ist Kaliumchlorid. Größere Mengen von Kalium-Phosphat, das bei intracellulärem Kaliumdefizit mit zu Verlust geht und ersetzt werden müßte, sind dagegen nicht zu empfehlen, da sie zu Hyperphosphatämie und Hypocalcämie mit tetanischen Anfällen führen können (DAVIDSEN u. Mitarb.).

Wegen der drohenden kardialen Komplikationen dürfen Kaliumsalze nur sehr langsam, nicht mehr als 20 mval = etwa 0,8 g pro Stunde infundiert werden. Eine Infusion von 6 g Kalium (= 155 mval) — am besten zusammen mit Glucose, da K mit Glucose besser in die Zellen übertritt — muß sich also mindestens über 8 Std. erstrecken. Mit Nachdruck soll noch einmal betont werden, daß Kaliumsalz-Infusionen nur unter ständiger Kontrolle der Plasma-[K$^+$] und bei erhaltener renaler Ausscheidungsfähigkeit für Kalium ausgeführt werden dürfen.

In der Regel wird der Kaliummangel mit einer isotonen oder hypertonen Dehydration einhergehen (z. B. bei Pylorusstenose oder chronischen Diarrhoen). Es empfiehlt sich daher, als Basislösung die Hartmannsche Lösung zu wählen, bei stärkerem Wassermangel in Kombination mit Glucoselösung (500—2000 ml pro 24 Std.). Kalium wird als KCl (1 mval pro ml der 7,45%igen Lösung, s. Tab. 41, Nr. II, 1a) je nach Größe des K-Defizits zugesetzt, jedoch nicht mehr als 20 mval/Std. und 160 mval/24 Std.

Neben der von uns vorgeschlagenen gezielten K-Substitution kann die Darrow I-Lösung (Tab. 40 Nr. C1) für die K-Substitutionstherapie gewählt werden. Bei plasmagleichem Chlorid- und niedrigem Natriumgehalt enthält sie einen Überschuß von 31 mval Kalium pro

Liter, der zur Behebung leichter Kaliummangelzustände ausreicht. So kann z. B. die Darrow I-Lösung als Fortsetzung der Soforttherapie der diabetischen Acidose gewählt werden, da sie die durch die Diurese und die Insulinwirkung auftretenden extracellulären Kaliumverluste (s. 15. Kap.) ausgleicht und gleichzeitig alkalisierend wirkt.

Zur Behebung der oft mit einem Kaliummangel verbundenen Alkalose (z. B. bei der Pylorusstenose) ist die Darrow II-Lösung vorzuziehen (Tab. 40, Nr. C5), die bei gleicher Kaliumkonzentration einen niedrigen Natrium- und einen erhöhten Chloridgehalt aufweist.

b) Lösungen bei Kaliumüberschuß

Von MERONEY und HERNDON ist bei Hyperkaliämie über 6,5 mval/l eine Infusionslösung angegeben worden, die den ungünstigen Herzwirkungen des Kaliumüberschusses auf dem Wege des Na/K und Ca/K-Antagonismus entgegenwirkt. Durch Insulin und Glucose wird der Übertritt von Kalium aus dem extracellulären Raum in die Zellen gefördert. Die Lösung ist frisch anzusetzen:

Calciumgluconat (10%) . . . . 100 ml
Natriumbicarbonat(-Lactat) 7,5% . . . . . . 50 ml
Glucoselösung (5%) . . . . 400 ml
Insulin . . . . 25—50 Einheiten

Bei akut auftretender Hyperkaliämie, z. B. infolge Hämolyse oder akuter Niereninsuffienz kann auch schon eine Injektion von Calciumgluconat oder hypertonischer NaCl- bzw. Na-Lactat-Lösung allein Herzkomplikationen verhindern.

c) Natrium- und Chloridersatz

Gehen Natrium und Chlorid zusammen mit Wasser im isotonischen Verhältnis verloren, dann resultiert ein Verlust an extracellulärer Flüssigkeit. Die Behandlung wird daher in der Zufuhr von Lösungen bestehen müssen, die eine der extracellulären Flüssigkeit weitgehend ähnliche Zusammensetzung haben. Unter 2. wurde schon aufgeführt, daß hierfür Hartmannsche Lösung in Frage kommt. Auch die unter der Bezeichnung Sterofundin (Braun, Melsungen) und Tutofusin K 10 (Pfrimmer, Erlangen) in den Handel kommenden Lösungen sind geeignet.

Liegt ein überwiegender Verlust von Natrium und Chlorid gegenüber Wasser vor, dann sind *hypertone Lösungen* angezeigt. *Die 5,85%ige NaCl-Lösung enthält in 1 ml 1 mval Natrium und 1 mval Chlorid* (s. Tab. 41 Nr. II, 2). Man wird sie in Fällen von hypotoner Dehydration (s. S. 100) der Hartmannschen Lösung in einer Dosierung von 25—50—75 mval pro Liter zusetzen.

Steht der *Volumenmangel gegenüber der Hypotonie im Hintergrund* — das ist z. B. bei chronischem Verlust von gastrointestinalen Sekreten der Fall (s. 14. Kap.) —, dann ist die *hypertonische NaCl-Lösung allein* in Dosen von insgesamt 150—300 mval zuzuführen.

Auch in Fällen mit *hypotoner Hyperhydration*, in denen meistens ein normaler oder nur mäßig verhinderter Natriumbestand vorliegt, z. B. bei Wasservergiftung, genügen vorsichtige Infusionen der hypertonischen (5,85%igen) NaCl-Lösung allein mit einer Dosis von etwa 75—150 mval Natrium und Chlorid.

Bei Zufuhr größerer Mengen von Natrium und Chlorid über längere Zeit entsteht die Gefahr des Kaliumverlustes (s. S. 120). Seinem Entstehen ist durch rechtzeitige Zufuhr von Kalium vorzubeugen.

d) Lösungen zur Behandlung von Acidosen und Alkalosen

Es handelt sich hierbei ganz überwiegend um metabolische Acidosen und Alkalosen; respiratorisch bedingte Störungen des Säure-Basengleichgewichts bieten dagegen selten eine Indikation zur Infusionsbehandlung. Eine Ausnahme bildet die respiratorische Alkalose, bei der in fortgeschrittenen Fällen eine Substitution des verlorengegangenen Natriumbicarbonats zweckmäßig ist (s. S. 144).

Metabolische Acidosen. Sie sind durch eine Verminderung von Bicarbonat bei nur wenig (partiell kompensiert) oder deutlich verschobenem Blut-p_H-Wert (unkompensiert) ausgezeichnet.

Das Ziel der Behandlung muß darin bestehen, Blut-p_H und Bicarbonat zu normalisieren. Entsprechend der Entstehung metabolischer Acidosen — vermehrtes Auftreten von H^+-Ionen oder Bicarbonatverlust — wird die Behandlung in einer Entfernung von H^+-Ionen oder einer Zufuhr von Bicarbonat bestehen können.

Für die *Entfernung von H^+-Ionen eignen sich besonders Salze organischer Säuren*, z. B. Natrium-Lactat, Natrium-Acetat oder Natrium-Citrat, wobei das Säureanion unter Mitnahme von H^+-Ionen in den Stoffwechsel eingeht. Dadurch kommt es zu einer vermehrten Freisetzung von Bicarbonat. Besonders Natriumlactatlösungen haben sich in großem Umfang in die Behandlung der metabolischen Acidose eingeführt. Bicarbonatlösungen bieten dagegen verschiedene Nachteile: Sie sind schwer sterilisierbar und bei längerem Lagern unbeständig. So ist es verständlich, daß in allen Fällen, in denen eine Erhöhung des Milchsäurespiegels im Blut nicht vorliegt bzw. nicht anzunehmen ist, Natriumlactat vorgezogen wird. Je nach dem Ausmaß der Acidose wird man 50—150 mval Lactat (als Na-Lactat, s. Tab. 41 Nr. II, 3) in 24 Std. zuführen. Man fügt diesen Zusatz den Basislösungen (Glucose- oder Hartmannscher Lösung) bei. Bei der Behandlung der diabetischen Acidose muß berücksichtigt werden, daß unter Insulin sehr schnell die Neubildung von β-Oxybuttersäure und Acetessigsäure sistiert, so daß bei gleichzeitiger Zufuhr von Natriumlactat oder Natriumbicarbonat leicht über das therapeutische Ziel der Normalisierung des Säure-Basenhaushalts hinaus eine Alkalose entstehen kann.

Meist ist eine metabolische Acidose durch einen zusätzlichen Kaliummangel ausgezeichnet. Dieser Kaliummangel wird verstärkt, wenn ausschließlich natriumhaltige Ersatzlösungen infundiert werden. Deshalb soll im Verlauf jeder Acidosebehandlung an die Kaliumsubstitution gedacht werden. Sie kann zweckmäßig in Form von Kaliumlactat erfolgen (s. Tab. 41 Nr. II, 3).

Auch die Darrow I-Lösung (s. Tab. 40, C1) ist dafür brauchbar, falls das Ausmaß des Kaliummangels nicht die Zufuhr größerer Mengen von Kalium erfordert. 1 l Darrow I-Lösung enthält nämlich nur 36,2 mval Kalium.

Metabolische Alkalosen. Sie sind durch eine Erhöhung von Bicarbonat bei nur wenig (partiell kompensiert) oder deutlich verschobenen Blut-p_H-Werten (unkompensiert) ausgezeichnet. Als Ziel der Behandlung ist die Normalisierung von Blut-p_H und Bicarbonat anzusehen. Es kann theoretisch durch die Zufuhr von NH_4Cl erreicht werden, aus dem durch die Entnahme von NH_3 zur Harnstoffsynthese H^+- und Cl^--Ionen freigesetzt werden. Die Wirkung von NH_4Cl ist auf S. 131 ausführlich dargelegt. Erfahrungsgemäß wird aber NH_4^+ oft schlecht vertragen. Es hat, besonders wenn der NH_4^+-Spiegel im Blut schon erhöht ist, toxische Wirkungen. Man sollte es deshalb nur ausnahmsweise verwenden. Meist kommt man mit KCl- und NaCl-Lösungen aus. Der Grund dafür liegt darin, daß durch die Erhöhung von [Cl⁻] im Plasma eine kompensatorische Verminderung von Bicarbonat und damit einen Einfluß auf den p_H-Wert erzielt wird. *Liegt gleichzeitig ein Kaliummangel vor, dann ist KCl das Mittel der Wahl.* Andernfalls verwendet man NaCl. Man setzt beide Lösungen einer Basislösung zu, z. B. Hartmannscher Lösung oder Glucoselösung.

Bei metabolischer Alkalose mit Hypochlorämie infolge Magensaftverlustes kann man auch die sog. physiologische NaCl-Lösung verwenden. Da in diesen Fällen aber häufig ein Kaliummangel besteht, verdient auch hier die Therapie mit den erwähnten Basis- und Zusatzlösungen den Vorzug.

Die als Darrow II-Lösung bekannte Elektrolytzusammensetzung (s. Tab. 40, C5) ist in diesen Fällen ebenfalls brauchbar.

Die praktische Berechnung der Mengen zu verabreichender ansäuernder bzw. alkalisierender Infusionslösungen basiert beim Erwachsenen auf einem durchschnittlichen Körperwassergehalt von 50% sowie auf einer gleichmäßigen intra- und extracellulären Verteilung des Bicarbonat-Ions. Solche Berechnungen geben naturgemäß nur ein grobes Bild der Infusionsmengen, besonders da die Frage der intracellulären Konzentration von Bicarbonat noch nicht abgeklärt ist und ferner, weil Chlorid-Ionen sich nicht auf das gesamte Körperwasser verteilen. Bei einem durchschnittlichen Wassergehalt von 50% erhöhen, bzw. erniedrigen 0,5 mval alkalinisierender bzw. ansäuernder Ionen pro kg Körpergewicht theoretisch den Bicarbonatwert um 1 mval/l. Beispielsweise sollte demnach ein 70 kg schwerer Patient zur Erhöhung bzw. Senkung von Bicarbonat um 6 mval/l folgende Mengen verabreicht bekommen: $70 \times 6 \times 0,5 = 210$ mval Lactat oder Bicarbonat bzw. KCl oder NaCl. Da der Organismus aber kein geschlossenes System darstellt, sondern selbst regulatorische Bestrebungen einleitet, sollte die tatsächlich verabreichte Menge unter diesem berechneten Wert bleiben. Man kommt so auf eine Dosierung von 50—150 mval in etwa 24 Std.

4. Lösungen zur Auffüllung des intravasalen Flüssigkeitsvolumens

Eine Verminderung der intravasalen Flüssigkeit kann auf verschiedene Weise entstehen: es kann Plasma*wasser*, Plasma oder Blut verlorengehen. *Die beste Behandlung wird in der Zufuhr der jeweils zu Verlust gegangenen Komponente, also in der Zufuhr von extracellulärer Flüssigkeit, Plasma oder Blut, bestehen.* Bezüglich der Infusion von Lösungen mit einer der extracellulären Flüssigkeit gleichenden Zusammensetzung wird auf Seite 178 verwiesen.

Im folgenden sollen die mit dem Ersatz von Blut oder Plasma selbst zusammenhängenden Fragen erörtert werden. Zweifellos besteht die beste Behandlung eines Blutverlustes in der Zufuhr der verlorengegangenen Blutmenge. Das gilt besonders für Patienten, die im höheren Lebensalter stehen oder durch Grundkrankheiten in ihren Regulationen und Anpassungsmöglichkeiten beschränkt sind. Die Vermeidung von Transfusionszwischenfällen ist bei sorgfältiger Bestimmung der Blutgruppen einschließlich der Untergruppen und des Rh-Systems sowie bei Vornahme der sog. Kreuzungsproben praktisch gewährleistet. Nicht ganz selten wird aber Blut nicht zur Verfügung stehen.

Unter diesen Umständen wird man auch mit Plasma (Serumkonserve der Behringwerke), Albuminlösungen (Humanalbumin der Behringwerke) oder kolloidalen Lösungen eine hinreichende Auffüllung des intravasalen Volumens erzielen können.

Serumkonserve. Sie ist frei von pathologischen Keimen und Virusarten, enthält keine Isoagglutinine und kann infolgedessen ohne Berücksichtigung der Blutgruppen des Empfängers infundiert werden. Bei sachgemäßer Aufbewahrung im Kühlschrank ist die Serumkonserve bis zu 3 Jahren haltbar. Einer ausgedehnten Verwendung steht freilich der hohe Preis im Wege.

Humanalbumin. Es ist 5%ig (isoonkotisch) und 20%ig (hyperonkotisch) von den Behringwerken zu beziehen. Es eignet sich wegen seines Einflusses auf den kolloidosmotischen Druck sehr gut zur Vermehrung des intravasalen Volumens. Humanalbumin ist frei von Antikörpern, Isoagglutininen und Krankheitserregern einschließlich des Hepatitisvirus. Es kann also ohne Blutgruppenbestimmung infundiert werden. Leider stehen auch seiner ausgedehnten Anwendung vorerst noch preisliche Gründe entgegen.

Kolloidale Lösungen. Sie eignen sich ebenfalls zu Erhöhung des kolloid-osmotischen Drucks und damit zur Stabilisierung des intravasalen Volumens. Sie werden deshalb auch als *Blutersatzmittel oder „plasma expanders"* bezeichnet. Sie müssen folgende Eigenschaften besitzen. Sie sollen hinreichend lang im intravasalen Raum verweilen, dürfen also nicht vorzeitig durch die Niere ausgeschieden werden oder durch die Capillaren in die interstitielle Flüssigkeit übertreten. Sie sollen einen kolloidosmotischen Druck entsprechend den Plasmaeiweißkörpern besitzen, dabei darf ihre Viscosität diejenige von Plasma möglichst nicht überschreiten. Schließlich müssen sie frei von pyrogenen, toxischen und antigenen Eigenschaften sein. Die Verweildauer im Gefäßsystem hängt überwiegend von dem Molekulargewicht der in den kolloidalen Lösungen enthaltenen Moleküle ab. Meist handelt es sich dabei um Moleküle unterschiedlichen Molekulargewichts. Wenn eine schnelle renale Ausscheidung vermieden werden soll, so muß der größte Teil der Moleküle ein Molekulargewicht über 40000 besitzen. Sind die Capillaren ungeschädigt, so darf man von Stoffen mit Molekulargewichten zwischen 40000 und 120000 ein ausreichend langes Verweilen in der Gefäßbahn erwarten. Das gilt allerdings nicht mehr, wenn Gefäßschäden vorliegen, z. B. bei Verbrennungen (s. 18. Kap.).

Die zur Zeit *hauptsächlich verwendeten kolloidalen Lösungen sind Gelatine, Dextran und Polyvinylpyrrolidon.* Leider unterscheiden sich die in verschiedenen Ländern erhältlichen Präparate bezüglich ihrer Zusammensetzung aus Molekülen unterschiedlichen Molekulargewichts erheblich voneinander. Die in Deutschland zur Verfügung stehenden Präparate sind in Tab. 42 zusammengestellt.

Tabelle 42. *Kolloidale Lösungen zur Auffüllung des intravasalen Volumens*

Chemische Bezeichnung	Handelspräparate	Hersteller
Dextran	Macrodex, 6%, 10%	Knoll AG., Ludwigshafen
	Oncovertin, 3%	Braun, Melsungen
Gelatine	Plasmagel, 3%	Braun, Melsungen
Polyvinylpyrrolidon	Periston	Bayer, Leverkusen

III. Die Gefahren der parenteralen Flüssigkeitstherapie und ihre Vermeidung

Um unerwünschte Nebenerscheinungen oder fatale Komplikationen zu vermeiden, muß vor jeder weiteren Therapiephase die Frage überprüft werden, ob die intravenöse Zufuhr von Wasser und Salzen noch notwendig ist. Man sei sich immer klar darüber, daß der vom Bedarf gesteuerte Resorptionsmechanismus von Flüssigkeit und Mineralien im Magen-Darm-Kanal damit umgangen und ausgeschaltet wird. Auch ist es unmöglich, den Bedarf an Wasser und Elektrolyten so exakt für Tage vorauszubestimmen, daß man an einem immer nur als Versuch zu betrachtenden Therapieschema ohne ständige Kontrolle des Wasser- und Mineralhaushalts festhalten könnte.

Die Hauptgefahren liegen einmal in einer therapeutischen Wasservergiftung (s. S. 105), die besonders bei Kindern und auch bei operierten Erwachsenen droht, wenn zu große Mengen salzarmer Flüssigkeit (z. B. Glucoselösung) infundiert werden. Die infolge von Traumen, Schmerzen, Angst oder Hyperosmolalität gesteigerte ADH-Sekretion verhindert die genügende Ausscheidung des infundierten Wassers. Kopfschmerzen, Übelkeit, starkes Schwitzen sowie Absinken der Plasma-$[Na^+]$ bei geringer, hochkonzentrierter Ausscheidung von Urin sind deutliche Mahnungen, die Flüssigkeitszufuhr einzuschränken.

Die Gefahren großer Bluttransfusionen liegen in Unverträglichkeitsreaktionen, die auch bei völlig gruppengleichem Blut und unauffälliger Kreuzungsprobe — allerdings recht selten — auftreten können. Die Reaktion von Autoantikörpern kann durch Cortison- oder Prednison(solon)gaben gehemmt werden. Bei eintretender Hämolyse oder auch bei älteren Blutkonserven, die schon nach wenigen Tagen zunehmend Kalium aus den Erythrocyten verlieren, sind die Gefahren einer akuten Hyperkaliämie besonders zu beachten.

Zur Thromboseprophylaxe bei länger liegenden Infusionen ist bei ungestörtem Blutgerinnungsmechanismus der Zusatz von 2500—5000 E. Liquemin pro 500 ml Infusion ratsam. Weiterhin hat sich uns bei Neigung zu Thrombophlebitiden ein Zusatz von 20000 E. Penicillin pro Infusions-Ampulle bewährt. Um die Gewähr wirklich steriler und pyrogenfreier Lösungen und Infusionsgeräte zu haben, sind im allgemeinen die im Handel zur Verfügung stehenden Tropfflaschen mit Zufuhrschlauch und Venencapillare aus Kunststoffen zu verwenden.

IV. Die perorale Behandlung und die diätetische Einstellung des Kranken

Während die parenterale Flüssigkeits- und Elektrolytzufuhr nur bei schweren Fällen angezeigt ist, genügen vielfach bereits diätetische Maßnahmen, um eine Korrektur von Störungen im Wasser- und Mineralhaushalt zu erreichen. Durch Anpassung der Trinkmenge sind vorwiegende Wasserverluste, z. B. beim starken Schwitzen oder im Fieber, ausgleichbar. Der Basisbedarf ist auch hier aus der Summe der Urinausscheidung und des oft unterschätzten Flüssigkeitsverlusts mit der Atmung und durch die Haut (s. S. 172 und Tab. 37) zu entnehmen. Schon eingetretene Wasserverluste müssen darüber hinaus ersetzt werden. Das Durstgefühl des Kranken stellt dabei einen wertvollen Gradmesser für den Wasser-

Tabelle 43. *Gehalt an* H_2O, *Elektrolyten, Säure-Basen-Überschüssen, Kohlenhydraten und Calorien in Früchten, Getränken und Gemüsen* (Angaben pro 100 g)

	H_2O	Na		K		Cl		Ca	Säureüberschuß (in n-HCl)	Basenüberschuß (in n-NaOH)	Kohlenhydrate	Calorien
	g	mg	mval	mg	mval	mg	mval	mg	ml	ml	g	kcal
Früchte, Fruchtsäfte und andere Getränke:												
Äpfel, frisch	84	2	0,09	116	2,97	4	0,11	6	0	3,4	15	58
Aprikosen, getrocknet (ungekocht!)	24	11	0,47	1700	43,58	—	—	86	0	61	67	292
Bananen, frisch	74	0,5	0,02	420	10,77	125	3,47	8	0	5,6	24	94
Birnen, frisch	83	3	0,13	129	3,31	4	0,11	13	0	3,6	16	61
Datteln, getrocknet . .	20	0,9	0,04	790	20,26	283	7,86	65	0	11	75	314
Grapefruit, frisch . . .	89	0,5	0,02	198	5,08	3	0,08	17	0	4,2	9	39
Orangen, frisch	87	0,3	0,01	170	4,36	4	0,11	33	0	5,6	11	45
Weintrauben	82	2	0,09	254	6,51	2	0,56	17	0	3,1	17	74
Bier	—	8	0,35	46	1,18	—	—	10	—	—	4,0	50
Fleischextrakt.	35	27000	1174	1500	38,46	—	—	40	+	0	47	258
Kakaopulver	4,3	55	2,39	900	23,08	51	1,42	160	—	—	31,0	329
Milch	87	51	2,22	143	3,67	106	2,94	118	0	4—5	4,9	69
Wein.	—	7	0,31	104	2,67	2	0,56	10	0	0	0,1	53
Sustagen „Mead" (Nähr-lösung)	—	80	3,48	300	7,69	168	4,67	—	—	—	26	150
Gemüse:												
Blumenkohl.	92	24	1,04	400	10.26	—	—	22	0	5,3	4,9	31
Bohnen, grüne, frisch. .	89	0,9	0,04	300	7,69	33	0,92	73	0	5,4	7,6	35
weiße, getrockn.	11	0,3	0,35	1201	30,79	35	0,97	148	0	12,4	62	350
Erbsen, getrocknet. . .	10	42	1,83	880	22,56	44	1,22	73	0	+	62	354
Karotten, frisch	88	48	2,09	311	7,97	42	1,17	41	0	10,8	9,1	40
Kartoffeln, frisch . . .	78	0,8	0,03	410	10,51	35	0,97	14	0	7,0	19	85
Kohl, frisch	92	18	0,78	294	7,54	39	1,08	43	0	4,5	5,7	25
Linsen, getrocknet . .	10	3	0,13	1200	30,77	60	1,67	107	+	0	59	357
Soyabohnen, getrocknet	7,5	4	0,17	1900	48,72	—	—	227	0	+	12	351
Tomaten-Catchup . . .	70	1300	56,52	800	20,51	—	—	40	0	+	25	217
Erdnüsse	5,2	2	0,09	740	18,97	41	1,14	74	3,9	0	23,4	546
Pilze	90	5	0,22	520	13,33	21	0,58	10	4,0	0	6,0	42

bedarf dar. Zu große Mengen reinen Wassers oder Tees verursachen im Magen-Darm-Trakt einen Austritt von Elektrolyten durch die Magen-Darm-Wand, die beim Erbrechen oder bei Durchfällen zusätzlich verloren gehen. Die Anwendung von Milch, Fruchtsäften oder von istonischen Dextrose- oder Lävulose-Lösungen ist in diesen Fällen vorzuziehen. Über den Elektrolytgehalt dieser Trinkflüssig-keiten gibt die Tab. 43 Auskunft.

Um die Durchführung von natriumarmer, kaliumarmer und kaliumreicher Kostform zu erleichtern, die in der Behandlung der entsprechenden Störungen eine wichtige Rolle spielen, sind die Konzentrationen der einzelnen Elektrolyte, die Säure-Basen-Überschüsse und der Caloriengehalt in den verschiedenen Nah-rungsmitteln sowie einige Beispiele für die genannten Diäten tabellarisch zusam-mengestellt (s. Tab. 43—47). Im übrigen muß hier auf umfassendere Darstel-lungen (McCance, Elkinton und Danowski, Holley, Holtmeier, Geigy-Tabellen 1955) verwiesen werden, denen die hier verwendeten Angaben ent-stammen.

Tabelle 44. *Gehalt an* H_2O, *Elektrolyten, Säure-Basen-Überschüssen, Kohlenhydraten und Calorien in Brot und Mehlwaren, Fett und Fleisch* (Angaben pro 100 g)

	H_2O	Na		K		Cl		Ca	Säureüberschuß (in n-HCl)	Basenüberschuß (in n-NaOH)	Kohlenhydrate	Calorien
	g	mg	mval	mg	mval	mg	mval	mg	ml	ml	g	kcal
Brot, Mehl, Teigwaren und Süßigkeiten:												
Brote:												
Roggen	38	560	24,35	100	2,56	—	—	22	6,8	0	52	263
Schwarz	37	430	18,70	450	11,54	—	—	60	7,3	0	48	262
Weiß	36	446	19,39	109	2,79	621	17,25	30	7,1	0	52	260
Zwieback	6	250	10,86	150	3,85	—	—	53	6	0	73,5	422
Haferflocken, gekocht	85	—	—	—	—	—	—	11	+	0	11,5	62
(Hefe, getrocknet) . .	7	180	7,83	1900	48,72	—	—	106	—	—	0	348
Mehle:												
Reis	12	—	—	79	2,03	6	0,17	10	+	0	80	354
Soya, mittel, entfettet	9	0,6	0,03	1700	43,59	—	—	244	+	0	13,6	283
Stärke (Maizena) . .	12	4	0,17	4	0,10	—	—	Spu.	+	0	86,9	362
Vollreis	12	—	—	342	8,77	23	0,64	39	+	0	77,7	356
Reis, glasiert, gekocht	74	—	—	—	—	—	—	2	+	0	22,5	100
Schokolade:												
bittere	2,3	—	3,74	442	11,33	71	1,97	95	6,8	0	18	570
Milch-	1	86	9,57	420	10,77	—	—	80	+	0	54	542
Fette, Milchprodukte, Eier:												
Butter	16	220	2,21	14	0,36	330	9,16	16	0	0	0,4	716
Kuhmilch	87	51	6,09	143	3,67	106	2,94	118	0	4—5	4,9	69
kondensiert, gesüßt . .	27	140	17,39	340	8,72	—	—	273	0	5—6	54,8	327
Käse (Limburger) . . .	38	400	3,52	100	2,56	—	—	440	4,5	0	1	390
Vollei, roh	74	81	—	100	2,56	120	3,33	54	11,1	0	0,7	158
Fleisch und Fisch:												
Huhn, grilliert	75	—	—	—	—	—	—	10	+	0	0	111
Kalb:												
Braten, mager	—	—	—	—	—	—	—	20	+	0	0	231
roh	70	48	2,09	359	9,21	77	2,14	11	9,8	0	0	176
Leber, roh	71	87	3,78	298	7,64	101	2,81	11	8,2	0	4	136
Rind:												
Braten, mager	67	—	—	—	—	—	—	11	+	0	0	194
Corned Beef	57	1700	73,91	400	10,26	—	—	29	+	0	0	232
roh	60	84	3,65	338	8,67	76	2,11	10	10,6	0	0	218
Schweineschinken:												
roh	53	—	—	350	8,97	—	—	9	11,9	0	0	340
geräuchert	42	2100	91,30	610	15,61	—	—	10	12,5	0	0	384
Forelle	78	80	3,48	334	8,56	105	2,92	20	8,9	0	0	96
Heilbutt	76	83	3,61	340	8,72	88	2,44	20	9,4	0	0	121
Hering, frisch	73	—	—	—	—	—	—	20	+	0	0	136
Schellfisch, frisch . .	77	660	28,70	314	8,05	1070	29,72	19	16,1	0	0	74

Neben dem Einfluß, den der behandelnde Arzt durch Auswahl der Trinkflüssigkeit, der Nahrungsmittel und der Gewürze auf die Wasser- und Elektrolyt-Bilanz nehmen kann, sind Verordnungen von Salzen und Salzlösungen zu erwähnen. Durch Einnahme von alkalisierenden oder säuernden Mineralwässern ist ein — allerdings geringer — Effekt im Säure-Basenhaushalt zu erzielen. Bei Kaliummangel ist die perorale Zufuhr von 6 g K pro die als Kaliumphosphat, Chlorid oder in organischen K-Verbindungen (z. B. Diukal) mit Tee und Zucker vermischt

Tabelle 45. *NaCl-arme Diät*

Besonders zu vermeiden sind: Kochsalz, Fleischextrakte, Corned Beef, gesalzene Butter, Milch, Käse, nicht salzfreies Brot und Wurstwaren, Fischkonserven, Gemüsekonserven.

Besonders zu empfehlen sind: Geflügel, Reis, Grahambrot, frisches Gemüse (außer Sauerkraut, Spinat), Obst, entsalzte Butter und Wurstwaren.

Beispiel einer streng kochsalzarmen Tagesdiät
(NaCl-gehalt etwa 1 g, nach HOLTMEIER)

Tages-Menü-Karte für „streng kochsalzarme" Diät

g	Nahrungsmittel	Na mval	Cl mval	Calorien
	Frühstück			
100 g	Brötchen, 2 Stück, ohne Salz	0,71	0,28	270,00
20 g	Butter	1,91	1,86	143,20
20 g	Bienenhonig	0,04	0,11	63,80
10 g	Kaffee, geröstet	Spur	0,08	10,00
12 g	Aletosal normal, flüssig (etwa 2 Teelöffel)	0,26	0,15	16,54
10 g	Zucker	0,00	0,00	38,70
		2,92	2,48	542,24
	Mittagessen			
	Schmorbraten nach Wildart			
100 g	Rindfleisch, mittelfett, ohne Knochen . .	3,65	2,14	218,00
50 g	Buttermilch	1,39	1,40	17,50
10 g	frischen, ungesalzenen Speck, Schweineschmalz	0,00	0,00	88,40
10 g	Zwiebeln	0,004	0,07	4,00
10 g	Karotten, Möhren	0,21	0,12	4,00
15 g	Tomate, frisch	0,02	0,17	3,45
2 g	Mehl	0,001	0,04	7,40
	Gewürze:Alete-Würz-ABC, Gewürz B, nach Belieben auch etwas Pfeffer oder Paprika			
	Blumenkohlgemüse			
150 g	Blumenkohl, geputzt	3,15	1,23	48,00
10 g	Butter	0,96	0,93	71,60
1 g	Petersilie	0,01	0,04	0,21
	Gewürze: Currypulver			
	Stampfkartoffeln mit Kräutern			
200 g	Kartoffeln, frisch, ohne Schalen	0,06	1,98	170,00
10 g	frischen, ungesalzenen Speck, Schweineschmalz	0,00	0,00	88,40
10 g	Zwiebeln	0,004	0,07	4,00
1 g	Petersilie oder $^1/_2$ Petersilie, $^1/_2$ Schnittlauch	0,01	0,04	0,21
	Gewürze: Nach Belieben Alete-Würz-ABC, Gewürz C			
	Nachtisch			
100 g	Frischobst: Birnen	0,13	0,11	61,00
		9,599	8,34	786,17
	Nachmittagskaffee			
50 g	Brot, Brötchen ohne Salz	0,36	0,14	135,00
10 g	Butter	0,96	0,93	71,60
10 g	Marmelade, Steinfrucht	0,05	0,01	26,10
5 g	Kaffee, geröstet	Spur	0,04	5,00
6 g	Aletosal normal, flüssig	0,13	0,07	8,27
5 g	Zucker	0,00	0,00	19,35
		1,50	1,19	265,32

Tabelle 45 (Fortsetzung)

Tages-Menü-Karte für „streng kochsalzarme" Diät

g	Nahrungsmittel	Na mval	Cl mval	Calorien
	Abendessen			
	Bauernomelette			
200 g	Kartoffeln, frisch, ohne Schalen	0,06	1,98	170,00
20 g	frischen, ungesalzenen Speck, Schweine-schmalz	0,00	0,00	176,80
10 g	Zwiebeln	0,004	0,07	4,00
50 g	Vollei (etwa 1 Ei)	1,76	1,69	79,00
1 g	Petersilie, Schnittlauch	0,01	0,04	0,21
	Gewürze: Alete-Würz-ABC, Gewürz B, Pfeffer			
	Tomatensalat			
70 g	Tomate (1 mittelgroße Frucht)	0,12	0,79	16,10
3 g	Öl (etwa 1 Teel.), Schweineschmalz, Öle .	0,00	0,00	26,52
5 g	Citronensaft (etwa 1 Teelöffel)	0,005	0,006	2,30
5 g	Zwiebeln	0,002	0,04	2,00
	Gewürze: Eine Spur Zucker, Pfeffer, Alete-Würz-ABC, Gewürz D			
50 g	Brot, Brötchen ohne Salz	0,36	0,14	135,00
10 g	Butter	0,96	0,93	71,60
5 g	Zucker	0,00	0,00	19,35
1 g	Tee (Indien)	0,02	0,01	0,58
		3,301	5,696	703,46
	Gesamttageszufuhr			
	Frühstück	2,92	2,48	542,24
	Mittagessen	9,599	8,34	786,17
	Nachmittagskaffee	1,50	1,19	265,32
	Abendessen.	3,301	5,696	703,46
	Gewürze: 1 g Alete-Würz-ABC, verteilt auf obige Gerichte	0,30	0,10	0,00
	mval/Tag =	17,620	17,806	2297,19

(1 g NaCl = 17,11 mval Na$^+$ und 17,11 mval Cl$^-$)

Tabelle 46. *Kaliumreiche Diät*

Besonders zu vermeiden sind: Alle übermäßig natriumreichen Nahrungsmittel (s. Tab. 43, 44)

Besonders zu empfehlen sind: Obst und Fruchtsäfte, insbesondere getrocknete Aprikosen, Datteln und Feigen, Kakao, Gemüse, insbesondere getrocknete weiße Bohnen, Soyabohnen, Erbsen und Linsen, Nüsse, rohes Fleisch.

Beispiel einer kaliumreichen Tagesdiät
(Kaliumgehalt: ∼ 7,3 g, nach HOLLEY und CARLSON)

Nahrungsmittel	Gewicht (g)	K (mg)	K mval	Nahrungsmittel	Gewicht (g)	K (mg)	K mval
Frühstück				*Leichtes Mittagessen*			
4 große Pflaumen .		240	6,15	Sahne	100	300	7,70
2 Eier	100	200	5,13	Kartoffeln	100	410	10,51
Biscuit	30	110	2,82	Gemüse	100	440	11,28
1 Tasse Milch . . .	240	336	8,62	Sellerieknollen . . .	25	75	1,92
Roggenbrot	60	150	3,85	Roggenbrot	60	150	3,85
Margarine	14	8	0,21	Margarine	28	16	0,41
Kondensmilch . . .	10	28	0,72	Eis- u. Milchcreme .	150	118	3,03
2 Teelöffel Kaffee . .	20	320	8,21	Schokoladensoße . .	60	65	1,67
				Kaffee, 2 Teelöffel .	20	320	8,21
		1392	35,70			1894	48,57

Tabelle 46 (Fortsetzung)

Nahrungsmittel	Gewicht (g)	K (mg)	mval	Nahrungsmittel	Gewicht (g)	K (mg)	mval
Abendessen				*Nachtessen*			
Tomatensaft	100	230	5,90	2 Sandwiches mit			
Kalbsleber	100	380	9,74	Margarine und			
Süße Kartoffeln . .	100	530	13,59	Erdnußbutter . .		431	11,05
Weiße Bohnen . . .	100	580	14,87	2 Löffel Kakaopulver	30	1070	27,44
Lettuce, Lead . . .	30	35	0,90	Kondensmilch, Zucker			
Roggenbrot	30	75	1,92	nach Wunsch . .	100	280	7,18
Margarine	28	16	0,41				
Kondensmilch . . .	10	28	0,72				
2 Teelöffel Kaffee .	20	320	8,21				
		2194	56,26			1781	45,67

Kaliumzufuhr insgesamt: 7,261 g Kalium; 186,2 mval.
Caloriengehalt insgesamt: ∼ 2600 kcal.

Tabelle 47. *Kaliumarme Diät*

Besonders zu vermeiden sind: Die bei kaliumreicher Diät empfehlenswerten Nahrungsmittel (s. Tab. 46).

Beispiel einer kaliumarmen Tagesdiät
(Kaliumgehalt: ∼ 1,0 g)

Nahrungsmittel	Gewicht (g)	K (mg)	mval	Nahrungsmittel	Gewicht (g)	K (mg)	mval
1. Frühstück				*oder*			
Weißbrot	50	55	1,41	Schweinekotelett . .	50	90	2,31
Butter	10	1	0,03	Büchsenspargel . .	100	130	3,33
Bienenhonig	20	2	0,05	Kopfsalat	30	40	1,03
Konfitüre	20	3	0,08			260	6,67
Tee	150	4	0,10	*Nachmittagstee*			
Zucker nach Wunsch				Weißbrot	50	55	1,41
		65	1,67	Butter	10	1	0,03
2. Frühstück				Konfitüre	30	5	0,13
Weißbrot	50	55	1,41	Tee	150	4	0,10
Butter	10	1	0,03	Zucker nach Wunsch			
Camembert-Käse . .	30	30	0,77			65	1,67
Milch	100	143	3,67	*Abendessen*			
		229	5,87	Cornflakes	50	80	2,05
Mittagessen				Milch	100	143	3,67
Eierkuchen	150	250	6,41	Zucker nach Wunsch			
Konfitüre	60	10	0,26	Weißbrot	100	110	2,82
		260	6,67	Butter	15	2	0,05
				1 Ei		75	1,92
						410	10,51

Kaliumzufuhr insgesamt: 1,029 g Kalium; 26,38 mval. — *Caloriengehalt insgesamt:* ∼ 2750 kcal.

durchaus möglich und weit ungefährlicher als die parenterale K-Zufuhr. Perorale Calciumgaben sind bei Rachitis und Osteomalacie angezeigt.

Unter den *Medikamenten,* die zur Therapie von Störungen im Wasser-, Mineral- und Säure-Basenhaushalt heranzuziehen sind, sind die Kationenaustauscher, die Carboanhydrase-Hemmer und die Diuretica in erster Linie zu nennen. Ihre Wirkungen sind in einem gesonderten Kapitel besprochen worden.

Dritter Teil

11. Kapitel

Herzinsuffizienz

Es soll zunächst *begrifflich festgelegt* werden, *was* im folgenden *unter Herzinsuffizienz (congestive heart failure der Angelsachsen) verstanden wird.* Es ist damit jener Zustand gemeint, da entweder bei körperlicher Anstrengung oder auch schon in Ruhe subjektive und objektive Zeichen einer in bestimmter Weise gestörten Blutversorgung der Organe auftreten: Dyspnoe, Stauungsorgane, erhöhter Venendruck, Ödeme. *Vom hämodynamischen Standpunkt aus ist das zuverlässigste Insuffizienzzeichen der Anstieg des diastolischen Drucks im linken Ventrikel — Linksinsuffizienz, bzw. im rechten Ventrikel — Rechtsinsuffizienz, vorausgesetzt, daß dieser Druckanstieg als Folge einer Kontraktilitätschwäche des betreffenden Herzabschnitts auftritt.*

Diese Einschränkung ist sehr wichtig. So darf man z. B. ein Krankheitsbild weitgehend übereinstimmender Symptomatologie, nämlich die *adhaesive Perikarditis,* nicht als Herzinsuffizienz bezeichnen. In diesem Fall handelt es sich *nicht um eine primäre Schädigung der Kontraktilität des Herzmuskels, sondern um eine verminderte Dehnbarkeit infolge der Umklammerung durch wenig dehnbare Gewebsmassen* (bindegewebige oder kalkhaltige Schwartenbildung). Auch hierbei ist der diastolische Druck in den von der Umklammerung betroffenen Herzabschnitten erhöht.

Leider werden neuerdings Zustände ganz anderer Art, die klinisch durch leere Venen und fehlende Stauungsorgane, elektro- und phonokardiographisch durch eine gegenüber dem zweiten Herzton verspätet einfallende T-Zacke gekennzeichnet sind, ebenfalls als Herzinsuffizienz bezeichnet. Zur Abtrennung gegenüber der eingangs definierten sog. „hämodynamischen" Insuffizienz nennt HEGGLIN diese Zustände „energetisch-dynamische" Insuffizienz. Es muß aber betont werden, daß auch bei der Herzinsuffizienz im oben präzisierten Sinn energetische Abweichungen gegenüber dem suffizienten Herzen vorliegen. Die Bezeichnung „energetisch-dynamische Herzinsuffizienz" sollte deshalb — wie es bereits oft geschieht — durch den Terminus „Hegglin-Syndrom" ersetzt werden.

I. Hämodynamische Grundlagen der Herzinsuffizienz

Bevor die Störungen des Wasser- und Elektrolytstoffwechsels besprochen werden können, ist zunächst eine Erörterung der hämodynamischen Grundlagen erforderlich. Nur so lassen sich Scheinprobleme vermeiden, welche die Diskussion der nicht einfachen Zusammenhänge oft über Gebühr belasten.

1. Der geschlossene Blutkreislauf

Mit Hilfe der Abb. 42 sei eine kurze Betrachtung des in sich geschlossenen Blutkreislaufs vorausgeschickt. Befindet sich in diesem Kreislauf das Blut in

Ruhe, so herrscht überall derselbe Druck. Er wird als *statischer Druck* bezeichnet. Er hängt ab von der Ausgangsgröße des Gefäßsystems (oft Kapazität genannt), der im Gefäßsystem befindlichen Blutmenge und der Dehnbarkeit des Systems (der reziproke Wert der Dehnbarkeit wird als Volumelastizitätsmodul bezeichnet). Eine Änderung dieses statischen Drucks kann durch folgende Faktoren bewirkt werden: einmal können das Ausgangsvolumen des Gefäßsystems, ferner die Blutmenge und schließlich die Dehnbarkeit verändert werden.

Als Ursache eines geänderten *Ausgangsvolumens* müssen sowohl muskulär bedingte Weitenänderungen des Gefäßsystems als auch echte Wachstumsvorgänge in Betracht gezogen werden.

Die *Blutmenge* kann durch Verluste intravasaler Flüssigkeit vermindert oder durch Zufuhr bzw. Retention von Flüssigkeit vermehrt werden. Man darf annehmen, daß ein fein abgewogenes Zusammenspiel zwischen Ausgangsvolumen des Gefäßsystems und Blutmenge stattfindet. Nach GAUER u. Mitarb. wird diese Regulation letzten Endes durch *Anpassung des intravasalen Volumens an das Ausgangsvolumen des Gefäßsystems erreicht.* Das gilt für Ruhebedingungen und für Änderungen des intravasalen Volumens von nicht mehr als ± 500 ml. Unter

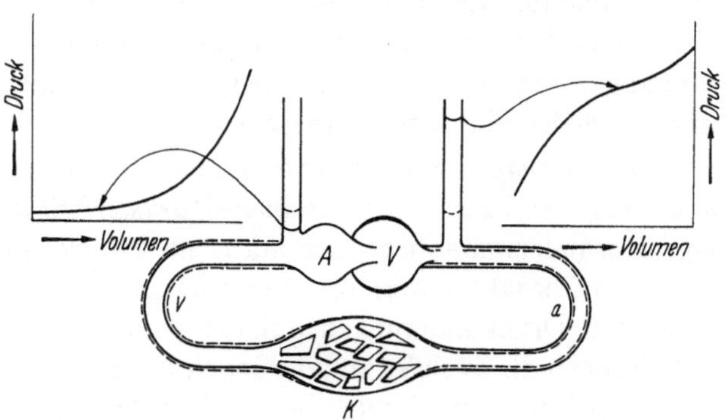

Abb. 42. Schema eines geschlossenen Kreislaufs in Ruhe (--------) und bei arbeitendem Herzen (———). *A* Vorhof, *V* Kammer, *a* arterieller Teil, *v* venöser Teil, *K* Capillargebiet. Gleichzeitig ist die Druck-Volumen-Charakteristik der herznahen Venen und der Aorta eingezeichnet. (Zum Teil nach BROEMSER)

eingreifenderen Bedingungen, z. B. bei Verlust größerer Blutmengen, darf man eine teilweise Anpassung des Gefäßsystems an das verminderte Blutvolumen annehmen.

Eine Verminderung der *Dehnbarkeit* ist durch anatomische Veränderungen, z. B. Sklerose des Gefäßsystems, möglich. Eine offene Frage ist, ob die Dehnbarkeit auch auf funktionellem Wege verändert werden kann. *Da das venöse System sehr leicht, das arterielle nur schwer dehnbar ist, so ist die Dehnbarkeit des gesamten Systems im wesentlichen von der des venösen bestimmt.* GAUER u. Mitarb. fanden in Versuchen mit Blutentzug und Bluttransfusion am Menschen, daß eine Volumenänderung von 100 ml eine Druckänderung von 7 mm Wasser verursacht. Dabei machte der Organismus keine Anstrengungen, den Druck auf den Ausgangswert zurückzubringen, obwohl dies mit Hilfe des Venomotorik leicht möglich wäre.

Kommt das *Blut durch die Tätigkeit des Herzens in Umlauf,* so verschieben sich Volumen- und Druckverhältnisse in der auf Abb. 42 ausgezogen dargestellten Weise. Die venöse Seite enthält dann weniger Blut als im ruhenden System, die arterielle Seite entsprechend mehr Blut. In den Venen herrscht infolgedessen ein Druck, welcher niedriger ist, in den Arterien ein Druck, welcher höher ist als der statische Druck. Die Druckänderung ist in Abb. 42 durch die Standhöhe der Flüssigkeit in den Seitenröhren angegeben. Sie ist in den Arterien sehr viel stärker als in den Venen, weil die Dehnbarkeit ersterer geringer ist als die letzterer. *So stellt*

sich zwischen Anfang und Ende des Kreislaufs eine Druckdifferenz ($P_1 - P_2$) ein.
Für diese Druckdifferenz, die Stromstärke (Herzminutenvolumen) und den Strö-
mungswiderstand bestehen die Beziehungen des Ohmschen Gesetzes: $P_1 - P_2$
= Herzminutenvolumen/Strömungswiderstand. Dabei ist P_1 der arterielle Mitteldruck, P_2 der venöse Mitteldruck.

*Normalerweise sind diese Größen so aufeinander abgestimmt, daß in den zentralen
Venen ein Druck um 0 gegenüber dem Atmosphärendruck gemessen wird. Bei
gegebenem Ausgangsvolumen des Gefäßsystems und gegebener Blutmenge muß jede
Änderung des Herzminutenvolumens eine Änderung der Drucke auf der venösen und
arteriellen Seite hervorrufen.* Eine Abnahme des Herzminutenvolumens wird so
eine Zunahme des Druckes in den zentralen Venen und eine Abnahme im arteriellen
Gebiet bedingen, eine Zunahme des Herzminutenvolumens muß umgekehrt zu
einer Abnahme des Druckes in den zentralen Venen und zu einem Anstieg auf
der arteriellen Seite führen. Das gilt allerdings nur dann, wenn Regulationsvorgänge, vor allem Änderungen des peripheren Strömungswiderstands, das
ursprüngliche Bild nicht verwischen.

*Das Ausmaß der Druckänderungen auf der venösen Seite hängt davon ab, in
welchem Bereich der Druck-Volumen-Charakteristik die Venenfüllung im Ruhezustand
lag.* Normalerweise liegt der statische Druck im flachen Bereich der Druck-
Volumen-Charakteristik. Infolgedessen können die beim Umlauf des Blutes auftretenden Druckänderungen auf der venösen Seite nur gering sein, da sowohl
Erhöhungen als auch Verminderungen des Herzminutenvolumens die Füllung der
zentralen Venen im Bereich des flachen Anteils der Kurve verschieben. *Befindet
sich jedoch der statische Druck im Bereich des steilen Teils der Druck-Volumen-
Charakteristik der venösen Seite, dann muß eine Änderung des Herzminutenvolumens
sehr deutliche Druckänderungen auf der venösen Seite hervorrufen:* ein Anstieg des
Herzminutenvolumens wird einen deutlichen Abfall, ein Abfall des Herzminutenvolumens einen deutlichen Anstieg des zentralen Venendrucks verursachen.

Auf der arteriellen Seite müssen die Druckänderungen entsprechend der viel
geringeren Dehnbarkeit der Arterien an sich ausgesprochener sein. Sie werden
jedoch durch die von vasomotorischen Nerven vermittelte Anpassung des
Arteriolenquerschnitts weitgehend abgefangen.

Aus diesen Darlegungen folgt, daß die sich einstellenden Drucke die Resultante
von zwei Vorgängen sind: einmal spielt der statische Druck als Ausgangsbasis
eine Rolle. Ihm überlagern sich die Druckänderungen, welche beim Umlauf des
Blutes eintreten.

2. Die hämodynamischen Verhältnisse bei Herzinsuffizienz

Diese vorstehend erörterten Zusammenhänge sind für das Verständnis der
Venendruckerhöhung und der Stauungsorgane bei Herzinsuffizienz von entscheidender Bedeutung. Die Erhöhung des Venendrucks kann nach diesen Ausführungen folgende Gründe haben. Einmal könnte bereits der statische Druck
erhöht sein, ferner könnte das Herzminutenvolumen herabgesetzt sein und schließlich wäre eine Kombination beider Möglichkeiten denkbar. Tatsächlich ist die
Kombination beider Faktoren bei dem Krankheitsbild der Herzinsuffizienz von
Bedeutung.

a) Der statische Druck bei Herzinsuffizienz

Die Erhöhung des statischen Drucks wurde besonders klar von STARR u. Mitarb. gezeigt. Sie führten Messungen des intravasalen Druckes unmittelbar nach dem Tode, noch vor dem Einsetzen der Blutgerinnung, durch und erhielten dabei die auf Abb. 43 dargestellten Befunde. Man erkennt, daß der *statische Druck bei Patienten mit Herzinsuffizienz erheblich erhöht* ist. Diese Erhöhung könnte auf ein vermindertes Ausgangsvolumen des Gefäßsystems, auf eine vergrößerte Blutmenge oder auf eine verminderte Dehnbarkeit des Gefäßsystems zurückzuführen sein. Von diesen Faktoren spielt voraussichtlich die *Erhöhung der Blutmenge die entscheidende Rolle.* Sie wurde im Zustand der Herzinsuffizienz von zahlreichen Autoren immer wieder gefunden (Literaturübersicht s.ALTSCHULE;WOLLHEIM, 1950). Auch bei Verwendung verbesserter Meßmethoden — Messung des Erythrocytenvolumens mit radioaktivem Phosphor oder Chrom und des Plasmavolumens mit radioaktivem Albumin — wurden die früheren Befunde weitgehend bestätigt.

Ein vermindertes Ausgangsvolumen des Gefäßsystems liegt bei schwerer Herzinsuffizienz nicht vor. Dagegen spricht das strotzend mit Blut gefüllte, überdehnte venöse System. Es liegen allerdings Anhaltspunkte dafür vor, daß in Fällen *akut einsetzender Herzinsuffizienz*, bei denen eine Vermehrung des Blutvolumens nicht bzw. noch nicht vorhanden ist, eine Erhöhung des statischen Druckes und damit auch des zentralen Venendruckes im strömenden System durch Kontraktion des venösen Systems vorkommt (SCHWIEGK, 1951).

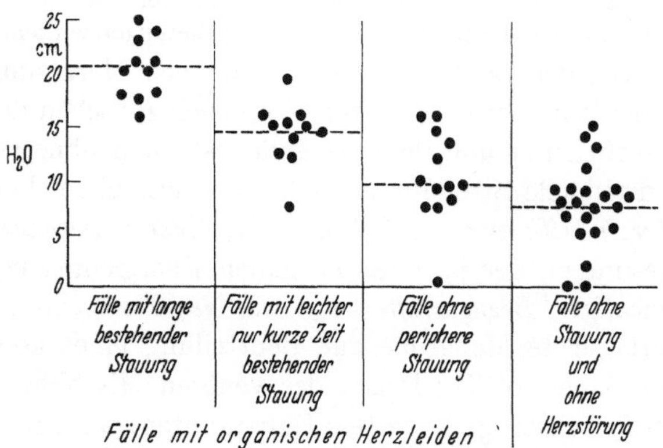

Abb. 43. Der statische Druck bei Herzgesunden und Herzkranken mit und ohne Stauung (Nach STARR)

b) Das Herzminutenvolumen bei Herzinsuffizienz

Es ergibt sich die weitere Frage, welche Bedeutung dem Herzminutenvolumen für die Venendruckerhöhung zukommt. Die Beantwortung dieser Frage war lange Zeit durch die großen methodischen Schwierigkeiten einer genügend zuverlässigen Bestimmung des Herzminutenvolumens behindert. Die Einführung des Herzkatheterismus und die dadurch mögliche direkte Bestimmung des O_2-Gehalts des venösen Mischblutes haben die Anwendbarkeit des Fickschen Prinzips zur Messung des Herzminutenvolumens am Menschen erheblich verbessert. Ferner sind in den letzten Jahren die sog. Farbstoffmethoden gut ausgebaut worden. Mit beiden Methoden fand man im Zustand der Herzinsuffizienz bei einer großen Zahl von Fällen herabgesetzte Werte, bei einer kleineren Zahl von Fällen Werte im unteren Bereich der Norm.

Auffälligerweise fand sich aber bei einer zweiten Gruppe von Herzinsuffizienzen ein deutlich, zum Teil beträchtlich die Norm übersteigendes Zeitvolumen. Ein solches Verhalten wurde bei Herzinsuffizienz infolge Cor pulmonale, bei Anämie, Hyperthyreose, arteriovenöser Fistel, Beri-Beri sowie Morbus Paget nachgewiesen.

Insgesamt handelt es sich dabei um Zustände, bei denen sonst vom Organismus eingesetzte Kompensationsmechanismen nicht zur Verfügung stehen und die Gewebsbedürfnisse allein durch die Steigerung des Zeitvolumens befriedigt werden müssen. Beim chronischen Cor pulmonale ist es die arterielle Hypoxämie, die zu einer kompensatorischen Verstärkung der Zirkulation führt. Bei Herzinsuffizienz mit begleitender Anämie ist es das Fehlen der Erythrocyten, für das eine vermehrte Zirkulation stellvertretend eingesetzt wird. Bei der Hyperthyreose muß der Kreislauf nicht nur zur Befriedigung des erhöhten Stoffwechsels, sondern auch im Dienste der Temperaturregulation erheblich angespannt werden. Arteriovenöse Fisteln führen dazu, daß nur ein Bruchteil des in die Aorta ausgeworfenen Blutes auch den Geweben zugute kommt, ein wechselnd großer Anteil jedoch durch die Fistel ungenutzt dem rechten Herzen zufließt. Auch hier ist eine Erhöhung des Zeitvolumens als kompensatorische Maßnahme verständlich. Dasselbe gilt für den Morbus Paget, wo die neugebildeten Gefäße des Knochens gleich arteriovenösen Verbindungen wirken.

Bei der Bewertung der gefundenen Herzminutenvolumina ist folgendes zu bedenken. Der oft gezogene Vergleich zwischen dem Herzminutenvolumen Herzinsuffizienter und dem Gesunder ist nicht ohne weiteres zulässig. Einmal ist die individuelle Streuung an sich schon erheblich. Ferner findet sich *im Zustand der Herzinsuffizienz eine Erhöhung des Energieumsatzes,* so daß der Vergleich mit dem Gesunden, der ja einen normalen Energieumsatz besitzt, nicht erlaubt ist. *Die „richtige" Bezugsgröße kann nur der Energieumsatz sein.* Deshalb wird die zuverlässigste Meßgröße zur Beurteilung eines adäquaten Herzminutenvolumens der Sauerstoff(O_2)-Druck des venösen Mischbluts sein. Ein im Verhältnis zum Stoffwechsel gesteigertes Herzminutenvolumen muß an einer Erhöhung, ein gegenüber dem Energieumsatz herabgesetztes Herzminutenvolumen an einer Erniedrigung des O_2-Drucks im venösen Mischblut zu erkennen sein. Tatsächlich fand man den O_2-Druck des venösen Mischblutes immer dann erniedrigt, wenn das klinische Bild der Herzinsuffizienz vorlag, auch in den erwähnten Fällen mit sog. erhöhtem Herzminutenvolumen. *Man kommt also zu der Feststellung, daß da, wo eindeutige Zeichen von Herzinsuffizienz vorliegen, stets eine für die Bedürfnisse dieses Organismus ungenügende Förderleistung des Herzens besteht.*

Die Frage, ob das herabgesetzte Herzminutenvolumen an der Genese der Venendruckerhöhung beteiligt ist, läßt sich folgendermaßen beantworten. Ein normales oder sogar gesteigertes Herzminutenvolumen würde einen erhöhten statischen Druck — dieser liegt bei der Herzinsuffizienz ja vor — bis zu einem gewissen Grade „abtragen". Das herabgesetzte Herzminutenvolumen des Herzinsuffizienten bewirkt dagegen eine vergleichsweise geringere Reduktion des erhöhten statischen Drucks. *Es haben also beide Faktoren, das vermehrte Blutvolumen und das herabgesetzte Herzminutenvolumen, Anteil an der Erhöhung des Venendrucks.* Quantitativ betrachtet kommt allerdings dem erhöhten Blutvolumen die größere Bedeutung zu. Da sich Venendruck und Venenfüllung im Zustand der Herzinsuffizienz im steilen Bereich der Druck-Volumen-Charakteristik befinden, so müssen sich Änderungen des Herzminutenvolumens, z. B. ein Anstieg unter Digitalisbehandlung, nunmehr deutlich am Venendruck bemerkbar machen. Unter diesen Bedingungen spiegelt der Venendruck also Änderungen des Herzminutenvolumens gut wider; das ist dagegen nicht der Fall, wenn sich Venendruck und Venenfüllung im flachen Bereich der Charakteristik bewegen. Diese Zusammenhänge werden leider häufig außer acht gelassen.

c) Die Dynamik des insuffizienten Herzens

Die Erhöhung des statischen Drucks infolge Vermehrung des Blutvolumens führt dazu, daß der zentrale Venendruck sehr viel stärker ansteigt, als das durch die Herabsetzung des Herzminutenvolumens allein der Fall wäre. *Diese Erhöhung des Füllungsdrucks des Herzens hat zweifellos regulatorische Bedeutung. Das kontraktilitätsgeschwächte Herz wird dadurch zu erhöhter Förderleistung gezwungen.* Die nicht einfach zu verstehenden Vorgänge verlangen eine Besprechung der Grundlagen.

Es muß an die Untersuchungen von FRANK am isolierten Froschherzen und von STRAUB sowie STARLING am isolierten Warmblüterherzen erinnert werden (GROSSE-BROCKHOFF und SCHOEDEL). Die Ergebnisse dieser experimentellen Befunde lassen sich folgendermaßen zusammenfassen. Das isolierte Herz bewältigt sowohl Steigerung der Druckarbeit als auch Vermehrung der Zuflußarbeit dadurch, daß es von vergrößerter Anfangsfüllung und entsprechend erhöhtem Anfangsdruck aus höhere systolische Druckmaxima zu entwickeln vermag als vorher bei geringerer Anfangsfüllung und niedrigerem Anfangsdruck.

Diese am isolierten Herzen erhobenen Befunde dürfen aber nicht ohne weiteres auf die Verhältnisse des gesunden Herzens im Verband des Organismus übertragen werden (SCHWAB, 1950). So bewältigt das gesunde Herz bei körperlicher Anstrengung eine Steigerung des venösen Angebots und eine Erhöhung des arteriellen Widerstandes ohne Vergrößerung der diastolischen Füllung und ohne entsprechenden Anstieg des diastolischen Kammerdrucks bzw. der Vorhofdrucke. Die Erzeugung höherer systolischer Drucke ist unter diesen Umständen nur durch eine verstärkte systolische Zusammenziehung des Herzens infolge der *inotropen Wirkung der Herznerven sowie humoraler Stoffe (Arterenol, Adrenalin) möglich. Unter den Bedingungen körperlicher Arbeit steigt also das Herzminutenvolumen ohne Erhöhung von Anfangsfüllung und Anfangsdruck.*

Aber auch am gesunden Organismus kommen Bedingungen vor, da eine Abhängigkeit des Herzminutenvolumens von der Ausgangsgröße und dem Ausgangsdruck der Ventrikel beobachtet wird. Solche Bedingungen sind z. B.: a) Übergang vom Liegen zum Stehen, wobei das Herz sich verkleinert und das Herzminutenvolumen absinkt; b) Einatmung — Ausatmung, wobei das Herz einmal größer, einmal kleiner wird und entsprechend das Schlagvolumen sich ändert; c) Blutentzug, wobei ebenfalls das Herz kleiner wird und das Herzminutenvolumen absinkt; d) Narkose; e) maximale Beanspruchung der inotropen Mechanismen. Unter diesen Umständen ist die durch die Regulation mögliche Steigerung des Herzminutenvolumens anscheinend überschritten; es treten dann die am isolierten Herzen nachgewiesenen Grundphänomene in Erscheinung. In allen diesen Fällen bestehen enge Beziehungen zwischen Größe des Herzminutenvolumens und Anfangsgröße und Anfangsfüllung des Herzens.

Zusammenfassend läßt sich folgendes feststellen. Das gesunde Herz kann Veränderungen des Herzzeitvolumens in zweierlei Weise bewirken. Einmal kann es sich nach den von FRANK, STRAUB und STARLING am isolierten Herzen gefundenen Regeln verhalten, also von vergrößerter diastolischer Füllung und erhöhtem diastolischen Druck aus Schlagvolumen und Herzminutenvolumen steigern. Ferner vermag es aber auch ohne Änderung von Ausgangsfüllung und Ausgangsdruck seine Förderleistung zu ändern; das ist z. B. bei körperlicher Arbeit der Fall. *Es ist daher zweckmäßig, von einem Anpassungsmechanismus nach FRANK, STRAUB und STARLING und von einem Anpassungsmechanismus durch Inotropie zu sprechen.* Immer dann, wenn der inotrope Mechanismus nicht benutzt wird oder nicht mehr möglich ist, erfolgt die erforderliche Änderung des Herzminutenvolumens nach FRANK, STRAUB und STARLING.

Im Zustand der Herzinsuffizienz ist anscheinend die Steigerung des Herzminutenvolumens mit Hilfe inotroper Mechanismen nicht mehr oder doch nicht mehr

*ausreichend möglich. Dagegen kann durch eine Erhöhung des Füllungsdruckes ent-
sprechend dem Verhalten am isolierten Herzen die Auswurfleistung gesteigert* und das
abgesunkene Schlag- und Minutenvolumen erhöht werden. Die Fähigkeit zur
Steigerung des Herzminutenvolumens ist beim insuffizienten Herzen allerdings
begrenzt. Von einer bestimmten Höhe des Füllungsdruckes ab wird sogar eine Verminderung der Förderleistung beobachtet. Die Abb. 44 zeigt diese Verhältnisse deutlich auf.

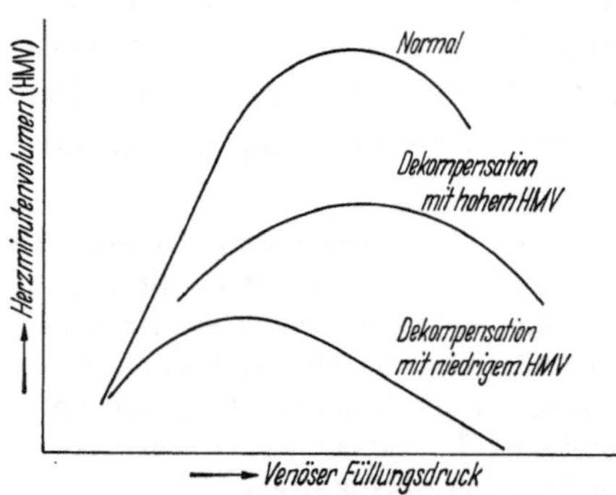

Abb. 44. Hypothetische Starlingsche Kurven beim Normalen und bei Dekompensierten mit hohem bzw. niedrigem Minutenvolumen (Nach McMichael)

II. Das kardiale Ödem

Bei der Besprechung der hämodynamischen Grundlagen wurde auf die entscheidende Bedeutung des vermehrten Blutvolumens hingewiesen. Es wurde dabei zunächst außer acht gelassen, welche Faktoren für die Erhöhung des Blutvolumens verantwortlich sind. Nunmehr sollen die bei Herzinsuffizienz vorkommenden *Störungen des Wasser- und Elektrolythaushaltes* im einzelnen dargestellt werden. Es wird sich dabei ergeben, daß diese „Störungen" *zum großen Teil Regulationen darstellen, die den Zweck einer Vermehrung des intravasalen Volumens und damit einer Erhöhung des Füllungsdrucks haben.*

Die vielfältigen und sehr komplexen Vorgänge lassen sich am besten verstehen, wenn man von den klinischen Beobachtungen während der Ödementwicklung ausgeht. In der Zeit, in der sich ein kardiales Ödem entwickelt, findet man eine gegenüber der Zufuhr von Wasser und Salzen verminderte Ausscheidung. Diese verminderte Ausscheidung betrifft ganz überwiegend die Niere. Die hiermit zusammenhängenden Fragen sollen zunächst betrachtet werden.

1. Die Bedeutung der Niere für die Pathogenese des kardialen Ödems

Die verminderte renale Wasser- und Salzausscheidung kann grundsätzlich durch eine Verminderung des Glomerulumfiltrats oder durch eine Steigerung der tubulären Rückresorption oder schließlich durch beide Vorgänge zugleich entstehen. Zweifellos ist das Glomerulumfiltrat bei vielen Fällen von Herzinsuffizienz, besonders den schweren, herabgesetzt (Literaturübersicht s. Wesson). Insofern wird man die Möglichkeit eines gewissen Beitrags der herabgesetzten Filtration an der verminderten Ausscheidung zugeben müssen. Folgende Beobachtungen sprechen jedoch dafür, daß die gesteigerte tubuläre Rückresorption, besonders im Beginn der Ödembildung, von größerer Bedeutung ist: Ödembildung trotz normalen Glomerulumfiltrats, gleichbleibendes Glomerulumfiltrat während der Ausscheidung von Ödemen. So ist die Auffassung allgemein, daß der *gesteigerten Rückresorption die größere Bedeutung zukommt.*

Die nächste Frage ist, ob *primär eine gesteigerte Rückresorption von Wasser* vorliegt, der aus osmotischen Gründen Natrium und Chlorid nachfolgen, *oder ob umgekehrt primär Natrium retiniert wird* und sekundär Wasser nachfolgt. Schließlich könnten Natrium und Wasser auch unabhängig voneinander retiniert werden

(s. S. 109). Zur Entscheidung dieser Frage kann die Bestimmung von [Na$^+$] im Plasma beitragen. Bei einer primären Steigerung der Natriumrückresorption müßte [Na$^+$], wenn auch vielleicht nur geringfügig, erhöht gefunden werden, bei einer primären Steigerung der Wasserrückresorption müßte [Na$^+$] dagegen absinken.

Die Interpretation der diesbezüglichen Befunde wird durch die nicht ganz seltene, im weiteren Verlauf der Herzinsuffizienz auftretende Hyponatriämie erschwert. Das sehr vielschichtige Problem der Hyponatriämie wurde schon im 5. Kapitel (s. S. 110) erörtert. Es soll später im Hinblick auf die besonderen Verhältnisse der Herzinsuffizienz noch ausführlich dargestellt werden. Hier sei zunächst nur festgestellt, daß die Hyponatriämie erst im weiteren Verlauf, kaum je bei unbehandelten, nicht gar zu schweren Fällen von Herzinsuffizienz auftritt.

Da die Behandlung der Herzinsuffizienz sowohl mit Digitalisglykosiden (SCHWAB u. Mitarb.; 1956a) als auch mit Diuretica, besonders bei Verwendung von Quecksilberdiuretica und Ammoniumchlorid zu einer Verminderung von [Na$^+$] führen kann, ist die Untersuchung unbehandelter Fälle zur Entscheidung dieser Frage besonders wichtig. Mehrfach wurde bei unbehandelten Fällen von Herzinsuffizienz tatsächlich eine gegenüber der Norm erhöhte [Na$^+$] gefunden (ISERI u. Mitarb.; SCHWAB u. Mitarb., 1956a). Das spricht sehr für die Auffassung, daß eine *Steigerung der Natriumrückresorption in den Tubuluszellen der Niere der primäre Vorgang ist, welcher die Wasserretention nachfolgt.*

a) Ursachen der Natriumretention

Im 3. Kapitel (Abschnitt E und F) wurde dargelegt, daß sowohl Änderungen der interstitiellen Flüssigkeit als auch Füllungsänderungen des arteriellen Gefäßsystems über Volumenreceptoren Einfluß auf die Natriumausscheidung nehmen. Eine Antinatriurese wäre demnach bei einer Verminderung der interstitiellen Flüssigkeit oder einer herabgesetzten Füllung arterieller Gefäßgebiete zu erwarten. Nun findet sich zwar im Falle der Herzinsuffizienz eine Herabsetzung des Herzminutenvolumens und damit wahrscheinlich auch eine verminderte Füllung arterieller Gefäßabschnitte. Das interstitielle Volumen ist dagegen erhöht (Ödembildung!). Ersteres müßte im Sinne der Antinatriurese, letzteres im Sinne der Natriurese wirken. Es ist durchaus denkbar, daß *die von der verminderten Füllung arterieller Gefäßgebiete ausgehenden antinatriuretischen Impulse gegenüber den von der vermehrten interstitiellen Füssigkeit herrührenden natriuretischen Impulsen prävalieren,* zumal die Ausdehnung des extracellulären Raumes entsprechend den Einwirkungen der Schwerkraft in den kopfwärts gelegenen Gebieten am wenigsten ausgeprägt ist. Man könnte so ohne Inanspruchnahme anderer als der von der normalen Regulation her bekannten Faktoren die Antinatriurese bei Herzinsuffizienz erklären.

Es ergibt sich nunmehr die weitere Frage, welche efferenten Faktoren die gesteigerte Natriumrückresorption in den Tubuluszellen der Niere bewirken. Grundsätzlich sind hier alle jene Einflüsse zu berücksichtigen, die im 3. Kapitel (S. 64) und 5. Kapitel (S. 109) als maßgebende Faktoren für die Regulation der Natriumausscheidung aufgeführt wurden, also besonders der Faktor X (SMITH), Aldosteron und das natriumeliminierende Hormon der Nebennierenrinde. In den letzten Jahren stand vor allem Aldosteron im Mittelpunkt des Interesses.

Zahlreiche Autoren fanden im Harn Herzinsuffizienter eine vermehrte Aldosteronausscheidung (Literaturübersicht bei SCHWIEGK, 1956; WOLFF u. Mitarb., 1956;
BUCHBORN u. Mitarb.). Man darf annehmen, daß diese vermehrte Ausscheidung
eine Folge vermehrter Produktion durch die Zona glomerulosa der Nebennierenrinde ist. So ist es verständlich, daß von vielen Autoren im Aldosteron der entscheidende Faktor für die gesteigerte Rückresorption gesehen wird. Es wurde
schon dargelegt, daß Aldosteron eine Natriumretention zu bewirken vermag
(AUGUST u. Mitarb.). *Soll diese aber über längere Zeit erhalten bleiben, dann dürfen
auch die anderen an der Natriumrückresorption angreifenden Faktoren keine ant-
agonistischen Veränderungen zeigen* (s. S. 64). Es ist sehr gut möglich, daß die
weitere Forschung hier neue Gesichtspunkte liefern wird.

So ist in diesem Zusammenhang besonders das *System Renin-Hypertensin* zu berücksichtigen. Von MERRILL u. Mitarb. wurden ja erhöhte Reninkonzentrationen im Nierenvenenblut bei Herzinsuffizienz gefunden. Man muß daher auch mit vermehrter Hypertensinbildung
rechnen. Bei der schon von kleinen Hypertensinmengen am Menschen ausgeübten Antinatriurese und Antidiurese (K. D. BOCK u. Mitarb.) ist seine ursächliche Bedeutung für die
Natrium- und Wasserretention bei Herzinsuffizienz durchaus zu erwägen.

*Erst dann, wenn über das Verhalten der genannten Stoffe bei Herzinsuffizienz
mehr experimentelle Befunde vorliegen, wird man die Bedeutung der zweifellos vorhandenen vermehrten Aldosteron-Sekretion zutreffend einschätzen können.*

b) Ursachen der Wasserretention

Die bisherige Besprechung bezog sich auf den Mechanismus der Natriumretention. Nunmehr ist zu fragen, wie die Wasserretention nachfolgt. Die allgemeine Auffassung geht dahin, daß eine in den distalen Tubulusabschnitten
zustande kommende Steigerung der Natriumrückresorption — diese liegt bei
Herzinsuffizienz vor — keineswegs zwangsläufig, aus osmotischen Gründen, mit
einer Wasserretention verbunden ist. Man darf vielmehr annehmen, daß die
*primäre Steigerung von [Na$^+$] im Plasma über eine Reizung der Osmoreceptoren und
eine Freisetzung von ADH zu einer vermehrten Wasserrückresorption in den Tubuluszellen der Niere führt.* In diese Vorstellungen passen sehr gut die Befunde von
BUCHBORN, der die ADH-Aktivität bei Herzinsuffizienz nicht höher als der Serumosmolalität entsprechend fand. Es ist allerdings zu betonen, daß die heute zur
Verfügung stehenden Methoden der ADH-Bestimmung immer noch mit erheblichen Fehlern behaftet sind.

Die Volumenreceptoren im Bereich des linken Vorhofs (GAUER und HENRY)
können für die Wasserretention bei kardialem Ödem dagegen nicht in Anspruch
genommen werden. Ist doch in allen Fällen von kombinierter Links- und Rechts-
Insuffizienz Volumen und Druck im linken Vorhof erhöht. Die Volumenreceptoren
müßten deshalb eine Verminderung der ADH-Freisetzung mit einer Wasserdiurese, also das Gegenteil der beobachteten Veränderungen bewirken.

Dagegen besteht die Möglichkeit, die bei paroxysmaler Tachykardie beobachtete
sog. Urina spastica über die Volumenreceptoren des linken Vorhofs zu erklären.
Kommt es doch bei diesem Krankheitsbild zu mehr oder weniger starker Herabsetzung des Herzminutenvolumens mit Zunahme des Blutvolumens im Thorax-
bereich und so auch im linken Vorhof.

Es ist zu erwägen, ob die Volumenreceptoren des linken Vorhofs auf akute und chronische Änderungen von Druck und Füllung im linken Vorhof unterschiedlich reagieren. Über diese Frage liegen bisher keine experimentellen Befunde vor.

Zusammenfassend muß festgehalten werden, daß *durch die verminderte renale Ausscheidung von Natrium und Wasser eine Retention von Flüssigkeit etwa isotonischer Zusammensetzung stattfindet.*

2. Die Verteilung der retinierten Flüssigkeit auf die Flüssigkeitsräume

Nunmehr ist zu besprechen, wie sich diese nahezu isotonische Flüssigkeit auf die einzelnen Flüssigkeitsräume verteilt. Isotonische NaCl-Lösung, die einem gesunden Organismus zugeführt wird, verteilt sich ganz überwiegend auf den extracellulären Raum und dringt kaum in die Körperzellen ein. Etwa dasselbe Verhalten darf man auch für die Anfangszustände des kardialen Ödems annehmen. Dabei betrifft die Vermehrung der extracellulären Flüssigkeit sowohl den interstitiellen als auch den intravasalen Anteil. *Durch die Erhöhung der intravasalen Flüssigkeit kommt es zum Anstieg des Füllungsdrucks des Herzens und damit zu einer, wenigstens teilweisen, Korrektur des abgesunkenen Herzminutenvolumens. Diese Erhöhung des Füllungsdrucks wird allerdings mit einer Vermehrung der interstiellen Flüssigkeit, also mit Ödembildung, erkauft.*

Die Erhöhung der intravasalen Flüssigkeit wirft die interessante Frage auf, *wie ein vermehrtes Plasma- und Blutvolumen bei erhöhtem Venendruck und daraus sich ableitenden erhöhten hydrostatischen Capillardruck innerhalb der Gefäßbahn gehalten werden kann.* Der kolloidosmotische Druck ist ja normal oder, in fortgeschrittenen Stadien der Herzinsuffizienz mit schwerer Leberstauung, sogar erniedrigt. Eine gewisse Erklärung können die Befunde von Ross und WALKER geben, die eine *verminderte Capillarpermeabilität gegenüber Plasmaalbumin in Fällen von Herzinsuffizienz fanden. Man wird daraus auf eine veränderte Wandstruktur der Capillaren, z. B. durch Verminderung der Porenzahl und Porengröße, schließen müssen.*

Die relativ einfachen Verhältnisse einer bevorzugten Ansammlung isotonischer Flüssigkeit im extracellulären Raum erfahren in späteren Stadien der Herzinsuffizienz eine erhebliche Komplizierung. Wäre das kardiale Ödem in diesen Stadien lediglich durch eine Anhäufung extracellulärer Flüssigkeit gekennzeichnet, dann müßte bei der Ödemausschwemmung einem Flüssigkeitsverlust von 1 l ein Natriumverlust von rund 140 mval entsprechen. Die Bilanzversuche von ISERI u. Mitarb.(1950), SQUIRES u. Mitarb. sowie MILLER zeigen aber, daß sehr viel mehr Wasser ausgeschieden wird, als nach dieser Relation zu erwarten wäre. Hieraus muß man auf eine zusätzliche Wasserausscheidung aus dem intracellulären Raum schließen. *Die bzw. bestimmte Körperzellen müssen also im Zustand des kardialen Ödems wasserreicher als normalerweise sein.* Die Ergebnisse dieser Untersuchungen mit der Bilanzmethodik wurden auch durch direkte Muskelanalysen bestätigt (TALSO u. Mitarb., 1953).

Die direkten Bestimmungsmethoden der Flüssigkeitsräume eignen sich zur Entscheidung dieser Frage leider nicht, da bisher kein Teststoff bekannt ist, der eine hinreichend genaue Messung des extracellulären Flüssigkeitsvolumens unter den Umständen ausgeprägter Ödembildung erlaubt (s. S. 16).

Im Zustand der schweren Herzinsuffizienz ist aber nicht nur der Wassergehalt der Zellen, sondern auch ihr Elektrolytgehalt verändert. So fanden ISERI u. Mitarb. (1955) an excidierten Proben aus dem Deltamuskel bei herzinsuffizienten Patienten eine *Verminderung des Kaliumgehalts um etwa 30% gegenüber dem Zustand wiederhergestellter Kompensation.* Auch CLARKE und MOSHER berichteten von einer deutlichen Erniedrigung des Kaliumgehalts im Herzmuskel von Patienten, die an Herzinsuffizienz verstorben waren. Schließlich zeigen auch Bilanzversuche, die während der Erholungsphase angestellt wurden, ein Kaliumdefizit in den Zellen im Zustand der Herzinsuffizienz (ISERI u. Mitarb., 1950; MILLER; SQUIRES u. Mitarb.). Während also der Kaliumgehalt der Zellen sicher vermindert ist, besteht noch *Uneinigkeit darüber, ob der intracelluläre Natriumgehalt vermehrt* (SQUIRES u. Mitarb.) *oder aber vermindert ist* (ISERI u. Mitarb., 1950). Eine Erhöhung des intracellulären Natriums wäre ja verständlich, da ein Austritt von Kalium aus den Zellen oft mit einem Eintritt von Natrium verbunden ist.

Wie lassen sich die intracellulären Wasser- und Elektrolytveränderungen erklären? Nach den Ausführungen auf S. 21 sorgt die sog. *Natriumpumpe* dafür, daß durch die Zellmembran eingetretenes Natrium laufend aus der Zelle entfernt wird. Dafür wird Kalium angereichert, wobei der Mechanismus dieses Vorgangs im einzelnen noch strittig ist. Für das Funktionieren dieser Pumpmechanismen ist eine ungestörte Zellatmung Voraussetzung. Es wäre sehr gut möglich, daß das *kreislaufbedingte Absinken des O_2-Drucks in den Zellen eine Störung der Natriumpumpe verursacht und so Natrium in den Zellen angereichert wird.* Bei der Uneinheitlichkeit der Befunde bezüglich des intracellulären Natriumgehalts, dem jedoch übereinstimmenden Nachweis vermehrten Wassergehalts wird die Frage aufgeworfen, *ob unabhängig von Störungen im Natriumhaushalt eine Vermehrung der intracellulären Flüssigkeit, etwa durch mangelhaftes Funktionieren der von manchen Autoren postulierten Wasserpumpe* (s. S. 22) *entstehen kann.*

Schließlich ist zu erwägen, ob hormonale Einflüsse, z. B. die erhöhte Aldosteronaktivität, zu einer Anreicherung von Natrium bei Austritt von Kalium führen können. So ist ja beim Conn-Syndrom, das durch eine vermehrte Absonderung von Aldosteron (und Corticosteron?) entsteht, eine Anreicherung von Natrium in den Zellen bei Verarmung an Kalium bekannt. *Wahrscheinlich sind die hierbei ablaufenden Vorgänge aber mit denen bei Herzinsuffizienz nicht zu vergleichen.* Stehen doch die Kaliumverluste beim Conn-Syndrom so im Vordergrund, daß sie das klinische Bild prägen. Demgegenüber ist zwar mit den oben erwähnten Methoden im Zustand der Herzinsuffizienz eine Kaliumverarmung nachweisbar, doch steht diese klinisch ganz im Hintergrund. Leider stehen experimentelle Befunde über eine Beeinflussung der sog. Natrium- und Wasserpumpe durch Hormone, besonders Nebennierenrinden-Steroide, noch aus.

3. Hyponatriämie bei Herzinsuffizienz

Das Vorkommen von Hyponatriämie bei Herzinsuffizienz wurde erst in den letzten Jahren durch die ausgedehnte Anwendung der flammenphotometrischen Natriumbestimmung näher bekannt. Trotz mancher Unklarheiten läßt sich eine, auch therapeutisch bedeutungsvolle Einteilung der verschiedenen Formen von Hyponatriämie bereits durchführen. Es wird auf das 5. Kapitel (S. 110) verwiesen.

Die Hyponatriämie-Formen bei Herzinsuffizienz lassen sich in zwei große Gruppen trennen:

a) Hyponatriämie infolge Natriummangels bei relativem Wasserüberschuß;

b) Hyponatriämie mit absolutem Wasserüberschuß bei normalem oder meist sogar erhöhtem Natriumgehalt des Körpers.

a) Hyponatriämie infolge Natriummangels

Diese Form der Hyponatriämie, die auch als low salt syndrom oder salt depletion syndrom bezeichnet wird, ist in seiner Entstehung klar zu übersehen. *Sie ist die Folge einer meist therapeutisch erzwungenen Steigerung der Natriumausscheidung bei gleichzeitiger Drosselung der Natriumzufuhr.* Besonders Quecksilberdiuretica führen bei gleichzeitiger Gabe von NH_4Cl (s. S. 199) und bei häufigem Gebrauch zu Hyponatriämie. In USA werden Quecksilberdiuretica sehr ausgiebig zur Behandlung der Herzinsuffizienz verwendet. Es ist deshalb auch kein Zufall, daß dort die meisten Beobachtungen über Hyponatriämie durch Salzentzug gemacht wurden. Neben den Quecksilberdiuretica sind die Digitalisglykoside zu berücksichtigen. Eine hoch dosierte Digitalisbehandlung führt zu einem Absinken von $[Na^+]$ im extracellulären Raum (SCHWAB u. Mitarb., 1954a, b; 1956a), wobei Natrium nicht nur vermehrt im Harn ausgeschieden, sondern auch in die Zellen verschoben wird (KÜHNS u. Mitarb.). Schließlich sind in manchen Fällen auch die extrarenalen Natriumverluste durch Erbrechen und Durchfälle von Bedeutung. Meist wird eine Kombination dieser Einflüsse vorliegen, z. B. wenn im Anschluß an eine hoch dosierte Digitalisbehandlung Erbrechen und Durchfälle auftreten und wegen des Fortbestehens von Ödemen Quecksilberdiuretica gegeben werden. Klinisch wichtig und zur Abgrenzung gegen die unter b) besprochenen Formen von Hyponatriämie gut brauchbar ist das *oft akute Auftreten der Hyponatriämie infolge Salzverlustes.* So kann z. B. im Anschluß an eine starke Diurese eine Verschlechterung des klinischen Bildes mit Absinken des Blutdruckes, Unruhe und Benommenheit auftreten. Im Plasma findet man einen Anstieg des vorher noch normalen Rest-N. *Alle Symptome lassen sich wahrscheinlich als Folge einer weiteren Herabsetzung des Herzminutenvolumens erklären.* Die Erhöhung des Füllungsdrucks ist ja, wie auf S. 198 dargelegt wurde, zweifellos in einem gewissen Bereich als nützliche Kompensation zur Erhöhung des herabgesetzten Herzminutenvolumens zu betrachten. Wird sehr brüsk eine starke Diurese erzeugt, so wird das extracelluläre Flüssigkeitsvolumen, auch sein intravasaler Anteil, so stark vermindert, daß der Füllungsdruck des Herzens erheblich absinkt. Daraus resultiert ein Absinken des Herzminutenvolumens. So kommt es auch zu einer verschlechterten Nierendurchblutung, zum Abfall des Glomerulumfiltrats mit Anstieg von Rest-N, Phosphat und Sulfat. Die Behandlung muß in vorsichtiger Zufuhr von NaCl bestehen (Einzelheiten der Behandlung s. S. 208).

b) Hyponatriämie bei normalem oder meist erhöhtem Natriumgehalt des Körpers

Bei diesen Hyponatriämie-Formen bewirkt die Zufuhr von NaCl im Unterschied zur eben besprochenen Gruppe keine Besserung des klinischen Zustandes, meist sogar eine Verschlechterung mit verstärkter Ödembildung. Schon aus dieser Beobachtung geht hervor, daß Natriummangel keine entscheidende Bedeutung haben kann. Inzwischen weiß man auch, daß ein *echter Überschuß an Wasser bei*

meist erhöhtem Natriumbestand vorliegt. Folgende Ursachen müssen für dieses
eigentümliche Zustandsbild in Betracht gezogen werden.

Vermehrte ADH-Aktivität. Es könnte sich um eine vermehrte Freisetzung oder
einen verminderten Abbau von ADH handeln. Bisher ließ sich dafür allerdings
noch kein schlüssiger Beweis erbringen. Das liegt zum überwiegenden Teil an
den methodischen Schwierigkeiten einer genauen ADH-Bestimmung. BUCHBORN
fand die Beziehung zwischen ADH und Serumosmolalität bei Herzinsuffizienz
nicht verändert. Doch wurden diese Untersuchungen nicht speziell bei Hyponatriämie durchgeführt. Es könnte sein, daß sich mit verbesserten Methoden bei
manchen Fällen doch eine erhöhte ADH-Aktivität nachweisen läßt. In diesem
Zusammenhang ist jedenfalls von Interesse, daß einzelne Fälle von Hyponatriämie
auf Alkoholgaben mit guter Ödemausschwemmung und Anstieg des Plasmanatriums reagieren (MURDAUGH; LAMDIN u. Mitarb.). Alkohol ist bekanntlich
ein wirksamer Hemmstoff der ADH-Freisetzung (s. S. 51).

Mangel an Cortisol. Von pathologischer Seite (LIEBEGOTT) wurde verschiedentlich auf die Nebennierenrinden-Insuffizienz bei schwerer Herzinsuffizienz hingewiesen. Nach unseren heutigen Kenntnissen trifft dies nicht oder höchstens ganz
selten für die in der Zona glomerulosa vor sich gehende Bildung von Aldosteron zu.
Es liegen aber manche Anzeichen dafür vor, daß bei fortgeschrittener Herzinsuffizienz ein Mangel an Cortisol besteht. *Die verlangsamte Ausscheidung zugeführten Wassers* — unabhängig von der Natriumbilanz — *ist bei Morbus Addison
und Fällen überwiegenden Glucocorticoidmangels* (s. S. 39) *gut bekannt.* So ließen
sich die günstigen Wirkungen von Cortison und seinen Derivaten, besonders
Prednison, bei einzelnen Fällen von kardialem Ödem verstehen.

Intracelluläre Pumpmechanismen. Schließlich ist zu erwägen, daß die intracellulären Pumpmechanismen (s. S. 21), besonders die Natriumpumpe, nicht
mehr ordentlich funktionieren und es so zu einer Verschiebung von Natrium aus
dem extracellulären in den intracellulären Raum kommt. Es wurde schon mehrfach darauf hingewiesen, daß diese der Eliminierung von Natrium und Wasser
dienenden Zellfunktionen bei Stoffwechselstörungen beeinträchtigt werden. *Es
ist gut vorstellbar, daß die Herabsetzung des O_2-Drucks in den Zellen dabei ursächlich
von Bedeutung ist.* Diese Vorstellungen ließen sich durch folgende klinische Erfahrungen stützen:

a) Eine Hyponatriämie tritt nicht selten dann auf, wenn eine bestehende
Herzinsuffizienz durch Komplikationen, z. B. Myokardinfarkt, Lungenembolien,
Digitalisunverträglichkeit, Infektionen und innere Blutungen verschlechtert wird.
*In allen diesen Fällen darf man eine weitere Minderung der Herzleistung mit zu-
nehmendem Absinken des O_2-Drucks in den Zellen annehmen.* Gelingt es, diese
Komplikationen therapeutisch zu beherrschen und die Zirkulationsverhältnisse
zu bessern, dann kann auch die Hyponatriämie schwinden.

b) Besonders die schweren und oft inkurablen Fälle von Herzinsuffizienz
weisen eine Hyponatriämie auf.

Kaliummangel. In diesem Zusammenhang ist noch erwähnenswert, daß in
manchen Fällen von Hyponatriämie durch die Zufuhr von Kalium eine Normalisierung des Plasmanatriums erzielt werden kann (LARAGH). Diese Beobachtung
wird am besten so erklärt, daß Kalium in die Körperzellen eintritt und das intra-

cellulär vorhandene Natrium nach dem extracellulären Raum hin verdrängt. *Die intracelluläre Anreicherung von Kalium scheint in diesen Fällen also nicht gestört zu sein.* Anscheinend vermag Kaliumzufuhr aber nur in den Fällen eine klinische Besserung und Ödemausschwemmung zu bewirken, die mit einem das übliche Maß weit übersteigenden Kaliummangel einhergehen.

Erst wenn diese möglichen Ursachen einer Hyponatriämie ausgeschlossen werden können, sollte eine „Empfindlichkeitsänderung" der Osmoreceptoren in Erwägung gezogen werden. Von klinischer Seite werden leider oft Empfindlichkeitsänderungen des Zentralnervensystems zur Erklärung pathologischer Erscheinungen herangezogen, ohne daß eine eingehende Analyse anderer, auf der efferenten oder afferenten Seite liegender Faktoren vorgenommen wird.

III. Atmung und Säure-Basen-Stoffwechsel bei Herzinsuffizienz

Während die bisher beschriebenen Veränderungen des Wasser- und Elektrolythaushaltes für die verschiedenen ätiologischen Formen der Herzinsuffizienz — Dekompensation bei Klappenfehlern und Hochdruckherzen, Myokardfibrosen, Cor pulmonale — etwa in gleicher Weise zutreffen, sind die Veränderungen der Atmung und des Säure-Basen-Stoffwechsels unterschiedlich: bestimmte Formen des Cor pulmonale, die mit alveolarer Hypoventilation verbunden sind, unterscheiden sich weitgehend von den anderen erwähnten Formen der Herzinsuffizienz. Sie sollen daher gesondert besprochen werden.

1. Atmung und Säure-Basen-Stoffwechsel bei Herzinsuffizienz (unter Ausschluß des Cor pulmonale)

Meist liegt eine gesteigerte alveolare Belüftung mit Absinken des CO_2-Drucks in Alveolarluft und arteriellem Blut vor. Infolgedessen sinken auch $[H_2CO_3]$ und $[H^+]$ ab: *respiratorische Alkalose.* Regulatorisch kommt es zu einer Erniedrigung des Bicarbonatgehalts im Plasma, so daß $[H^+]$ letzten Endes nur unwesentlich nach der alkalischen Seite hin verschoben ist. An der gesteigerten Ventilation sind dabei folgende Faktoren ursächlich beteiligt. Einmal sind die *nervalen in der Lunge entstehenden Antriebe* der Atmung infolge der Lungenstauung vermehrt. Ferner führt das *Absinken des Herzminutenvolumens zu einer schlechteren Hirndurchblutung* (Literaturübersicht bei ALTSCHULE). Dadurch wird der Abtransport der im Gehirn gebildeten Kohlensäure verschlechtert. So kommt es zu einem Anstieg des CO_2-Drucks in den Zellen des Atemzentrums. In gleicher Weise steigt auch $[H^+]$ an. Beide zusammen wirken an den Zellen des Atemzentrums als Atemreiz. Schließlich dürften noch weitere, bisher unbekannte Faktoren bedeutungsvoll sein (FRIEDBERG, 1958).

Bei bestimmten Komplikationen der Herzinsuffizienz beobachtet man Abweichungen von diesem für die Mehrzahl der nicht allzu schweren Fälle zutreffenden Verhalten. So kann bei hochgradigem Absinken der Nierendurchblutung — ein erhöhter Rest-N infolge niedrigen Glomerulumfiltrats ist bei sehr schweren Fällen von Herzinsuffizienz kein seltener Befund — eine *renal bedingte metabolische Acidose hinzutreten* (s. S. 135). Auch die *vermehrte Bildung von Milchsäure* kann bei zunehmender Hypoxie zur metabolischen Acidose beitragen. In Fällen mit sehr hochgradiger Lungenstauung wird auch eine respiratorische Acidose beobachtet. Schließlich können therapeutische Eingriffe Veränderungen erzeugen. So bewirken z. B. reichliche Gaben von Quecksilberdiuretica eine metabolische Alkalose, wenn nicht gleichzeitig acidotisch wirkende Salze (NH_4Cl) gegeben werden. Carboanhydrase-Hemmstoffe führen dagegen zu einer metabolischen Acidose.

So ist es nicht verwunderlich, daß *im Einzelfall sehr unterschiedliche Faktoren das eingangs als typisch geschilderte Bild der respiratorischen Alkalose verändern können.*

2. Cor pulmonale

Im Unterschied dazu zeichnen sich *bestimmte Formen des Cor pulmonale durch eine alveolare Hypoventilation* mit einem Anstieg des CO_2-Drucks in Alveolarluft und arteriellem Blut aus. Da aber keineswegs bei allen Fällen von Cor pulmonale eine alveolare Hypoventilation vorkommt, ist zunächst eine Übersicht über die verschiedenen Formen notwendig. Zweckmäßigerweise wird das Cor pulmonale dabei in den größeren Rahmen der pulmonalen Hypertonie gestellt. Die Tab. 48 gibt eine Zusammenstellung der hier vorkommenden Möglichkeiten. Aus dieser Einteilung geht hervor, daß man von *Cor pulmonale im eigentlichen Sinn nur bei den Formen von pulmonaler Hypertonie spricht, die durch eine Erhöhung des Strömungswiderstandes im Lungenkreislauf entstehen.* Von ihnen sind meist nur die unter B 1. aufgeführten Krankheiten mit einer alveolaren Hypoventilation verbunden. Sie stellen zweifellos die häufigste Form des Cor pulmonale dar.

Tabelle 48. *Pulmonale Hypertonie*
(Nach ROSSIER, BÜHLMANN und WIESINGER, modifiziert)

I. *Steigerung der Lungendurchblutung.*
   1. Bei erhöhtem Herzminutenvolumen im großen Kreislauf:
      Arterio-venöses Aneurysma des großen Kreislaufs,
      Morbus Paget, Hyperthyreose.
   2. Bei normalem oder herabgesetztem Zeitvolumen im großen Kreislauf:
      Herzfehler mit Links-Rechts-Shunt:
        Offener Ductus Botalli,
        Vorhofseptumdefekt,
        Ventrikelseptumdefekt.

II. *Ausflußbehinderung aus dem Lungenkreislauf.*
   1. Mitralfehler.
   2. Insuffizienz des linken Ventrikels bei Hochdruck, Klappenfehlern des linken Herzens, Myokardfibrose.
   3. Pericarditis adhaesiva.

III. *Erhöhung des Strömungswiderstandes im Lungenkreislauf — Cor pulmonale.*
   A. *Vorwiegend anatomisch bedingte Widerstandserhöhung.*
      1. Entfernung von großen Teilen der Lunge mit ihrem Gefäßbett (Pneumonektomie), Erkrankungen des Lungenparenchyms mit gleichzeitiger Rarefizierung des Gefäßbetts: Lungenfibrosen, Miliartuberkulose, Morbus Boeck.
      2. Primäre Gefäßkrankheiten des Lungenkreislaufs:
        Thrombosen, Arteriitiden, Embolien mit Organisation, Arteriosklerose.
   B. *Vorwiegend (im Beginn) funktionelle Widerstandserhöhung.*
      1. Alveolare Hypoventilation bei
        obstruktivem Lungenemphysem,
        Asthma bronchiale,
        Bronchiektasen,
        Silikose,
        Thoraxdeformitäten,
      2. Essentielle pulmonale Hypertonie.

Die alveolare Hypoventilation führt zu einem Anstieg von $[H_2CO_3]$ *und* $[H^+]$: *respiratorische Acidose.* Gleichzeitig sinkt der O_2-Druck der Alveolarluft um etwa denselben Betrag ab, um den der CO_2-Druck ansteigt. Außerdem liegen bei den häufigsten hierher gehörenden Formen — obstruktives Lungenemphysem, Bronchiektasen, schweres Asthma bronchiale — *noch weitere Störungen vor, die zu einem Absinken des O_2-Drucks im arteriellen Blut führen.* Einmal wird die inspirierte Luft ungleichmäßig auf die Alveolen verteilt, so daß eine *ventilatorische Verteilungsstörung* auftritt. Da sich die Durchblutung der Alveolen nicht entsprechend der gestörten Belüftung anpaßt, kommt es zu einem *gestörten Belüftungs/Durchblutungsverhältnis.* Dieses bewirkt eine Abnahme des O_2-Drucks bei fehlender Beeinflussung des CO_2-Drucks im arteriellen Blut. Oft tritt noch eine *Diffusionsstörung* hinzu, die besonders bei körperlicher Arbeitsleistung manifest wird. Durch die aufgeführten Umstände — alveolare Hypoventilation, gestörtes Belüftungs/ Durchblutungsverhältnis, Diffusionsstörung — wird der arterielle O_2-Druck so erheblich gesenkt, daß meistens eine deutliche Cyanose vorliegt.

Das Vorliegen nur einer der erwähnten Störungen reicht meist nicht aus, den O_2-Druck in Ruhe so weit zu senken, daß die arterielle O_2-Sättigung erheblich absinkt und hinreichend viel reduziertes Hämoglobin in dem Blut der sichtbaren Hautgefäße — die Voraussetzung für die Entstehung einer Cyanose — vorliegt. Bezüglich einer eingehenden Erörterung dieser Verhältnisse wird auf die Monographie „Lungenfunktionsprüfungen" von BARTELS u. Mitarb. verwiesen.

Die alveolare Hypoventilation ist für die weitere Entwicklung dieser Krankheitsbilder von entscheidender Bedeutung. Sie bewirkt a) eine (im Beginn vorwiegend) funktionell bedingte Engstellung des Lungenkreislaufs; b) eine verstärkte Bildung und Rückresorption von Bicarbonat in der Niere; c) eine verstärkte Durchblutung des Gehirns.

Zu a). Nach den Untersuchungen von ROSSIER, BÜHLMANN u. Mitarb. ist die alveolare Hypoventilation von einer, jedenfalls am Anfang, funktionellen Engerstellung des Lungenkreislaufs gefolgt. Bei längerem Bestehen bilden sich dann anatomische Veränderungen im Sinne einer Arteriosklerose der Pulmonalgefäße aus. Durch die Widerstandserhöhung im Lungenkreislauf erwächst dem rechten Ventrikel eine vermehrte Belastung; es kommt zur Ausbildung einer Hypertrophie. Schließlich versagt bei weiterem Ansteigen des Widerstandes aber auch ein hypertrophischer rechter Ventrikel, so daß es zur Rechtsinsuffizienz kommt: *dekompensiertes Cor pulmonale.*

Zu b). Der erhöhte CO_2-Druck im arteriellen Blut bewirkt in der Niere, wahrscheinlich über eine Verminderung des intracellulären p_H, eine vermehrte Bildung von H^+- und Bicarbonationen. Erstere werden im Harn als titrierbare Säure und NH_4^+ ausgeschieden, letztere dem peritubulären Capillarblut und damit der extracellulären Flüssigkeit zugeführt. *So wird* $[HCO_3^-]$ *in der extracellulären Flüssigkeit erhöht.* Diese Erhöhung des Bicarbonatspiegels läßt sich aber nur aufrecht erhalten, wenn *auch die Rückresorption des nunmehr vermehrt filtrierten und den Tubuli angebotenen Bicarbonats gesteigert wird.* Das ist tatsächlich der Fall (s. S. 79). Da sich die Konzentration der Kationen, insbesondere $[Na^+]$ nicht wesentlich ändert, ist ein Anstieg von Bicarbonat nur dann möglich, wenn $[Cl^-]$ abnimmt. Diese *Abnahme von Chlorid* wird tatsächlich auch beobachtet. Sie kommt durch eine vermehrte renale Ausscheidung und eine Verschiebung von

Tabelle 49. *Entwicklungsstadien des obstruktiven Lungenemphysems*
(Nach ROSSIER, BÜHLMANN und WIESINGER, modifiziert)

P_{O_2}	P_{CO_2}	$[HCO_3^-]$	Blutdruck in Pulmonal-Arterie	Entwicklungsstadien
	im arteriellen Blut			
N	N	N	N	I. NurVentilationsstörung, ohne Auswirkung auf arterielles Blut
↓	N	N	N	II. $\dfrac{\text{Belüftung}}{\text{Durchblutung}}$ gestört
↓↓	↑	↑	↑	III. Zusätzlich alveolare Hypoventilation
↓↓↓	↑↑	↑↑	↑↑	IV. Zusätzlich Diffusionsstörung

Chlorid in die Erythrocyten und bestimmte Körperzellen zustande. *Diese Verminderung von* $[Cl^-]$ *bei Vermehrung von* $[HCO_3^-]$ *unterscheidet das Cor pulmonale mit alveolarer Hypoventilation von der üblichen Herzinsuffizienz* bei essentieller Hypertonie, Klappenfehlern des linken Herzens und Myokardfibrose. Bei diesen Formen ist Bicarbonat meist mäßig vermindert. Die Tab. 49 läßt die Entwicklung der verschiedenen Stadien des Cor pulmonale mit alveolarer Hypoventilation am Beispiel des obstruktiven Lungenemphysems noch einmal erkennen.

Zu c). Schließlich führt die Erhöhung des CO_2-Drucks im arteriellen Blut zu einer Steigerung der Hirndurchblutung, die etwa um ein Drittel höher liegt als beim Gesunden (PATTERSON u. Mitarb.). Als Folge dieser gesteigerten Hirndurchblutung ist eine Erhöhung des intrakraniellen Drucks zu finden, die bei schweren Fällen zu Komplikationen neurologischer Art führen kann: Stauungspapille, Bewußtlosigkeit, Krämpfen, Lähmungen.

IV. Behandlung der Herzinsuffizienz und ihrer Folgezustände

Die *pathogenetisch wesentliche Störung* bei den verschiedenen Formen der Herzinsuffizienz ist *in dem für die Bedürfnisse des Organismus zu kleinen Herzminutenvolumen zu erblicken.* Das Ziel der therapeutischen Bemühungen muß daher die Beseitigung dieses Mißverhältnisses sein. So sind einerseits alle Umstände zu vermeiden bzw. zu behandeln, die zu einer Erhöhung des Energieumsatzes führen: z. B. körperliche Arbeit und Infektionen. Andererseits soll die Leistungsfähigkeit des Herzens so gesteigert werden, daß das Herzminutenvolumen den Bedürfnissen des Organismus in Ruhe und nach Möglichkeit auch bei Belastung gerecht werden kann.

1. Digitalisglykoside

Als wichtigste Medikamente für die Steigerung der Leistungsfähigkeit des Herzens sind die Digitalisglykoside zu nennen. Eine eingehende Besprechung ihrer Indikationen und Anwendung liegt außerhalb des Rahmens dieses Buches. Immerhin sollen einige Gesichtspunkte betont werden.

Auch heute noch ist eine *sachgerechte Digitalisierung die Grundlage jeder Behandlung* der Herzinsuffizienz, besonders auch *des kardialen Ödems.* Die Fortschritte in dem Verständnis der Ödempathogenese bei verschiedenen Krankheitsbildern und die Entwicklung sehr leistungsfähiger Diuretica lassen leicht vergessen, daß die eigentliche Ursache des kardialen Ödems in der Insuffizienz des Herzens zu suchen ist. Übermäßig häufiger Gebrauch von Diuretica ohne vorausgehende und laufend beibehaltene Digitalisierung muß abgelehnt werden. Bei einer großen Zahl leichterer und mittelschwerer Herzinsuffizienzen gelingt es, allein mit Digitalisglykosiden und salzbeschränkter Kost eine weitgehende Besserung mit Ödemausschwemmung zu erzielen.

Die Digitalisglykoside zeichnen sich durch kardiale und extrakardiale Wirkungen aus (LENDLE; WEESE). Zweifellos sind die *kardialen Wirkungen* die wichtigsten. Sie werden durch einige extrakardiale Angriffspunkte jedoch in günstiger Weise ergänzt. Die wesentliche kardiale Wirkung besteht in einer *Steigerung der systolischen Kontraktion* und dadurch bedingter Erhöhung des abgesunkenen Schlagvolumens; auch das Herzminutenvolumen steigt an. Die im Zustand der Insuffizienz gegenüber der Norm erheblich erhöhte Restblutmenge nimmt ab, was in einem Rückgang der Herzdilatation zum Ausdruck kommt.

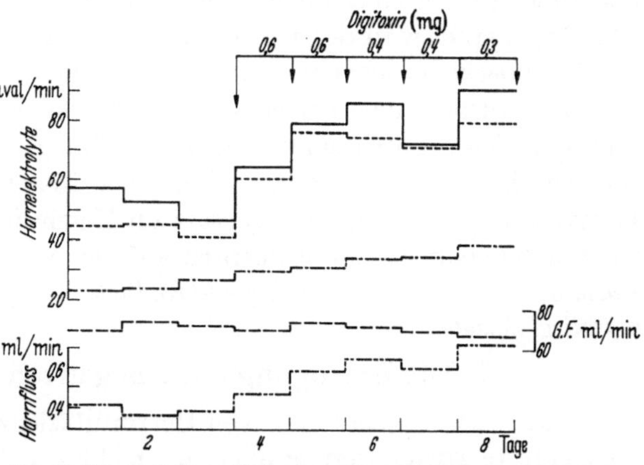

Abb. 45. Der Einfluß von Digitoxin auf die renale Wasser- und Elektrolytausscheidung bei Herzinsuffizienz. Bei zunehmender Wasser- und Elektrolytausscheidung bleibt das Glomerulumfiltrat unverändert.
——— Natrium   ----- Chlorid   —·—·— Kalium   ——— Glomerulumfiltrat (G.F.)   —··—··— Harnfluß
(Nach SCHWAB u. Mitarb.)

In letzterer Zeit sind zusätzlich Befunde erhoben worden, die das Herz nicht nur als Druckpumpe, sondern auch als Saugpumpe ansehen lassen: das Herz besitzt eine nachweisbare Volumelastizität (BRECHER). Diese Volumelastizität kommt um so eher zur Geltung, je kleiner das Herz ist, um so weniger, je größer das Herz ist (BRETSCHNEIDER). *Da Digitalisglykoside das vorher dilatierte Herz zur Verkleinerung bringen, wird also auch die Volumelastizität und damit die Saugwirkung des Herzens verbessert.* In diesem Sinne kann man tatsächlich von einer diastolischen Wirkung der Digitalisglykoside sprechen. Eine Beeinflussung der Ruhedehnungskurve des Herzens (sog. Herztonus) findet dagegen nicht statt.

Neben diesen kardialen Wirkungen sind bestimmte *extrakardiale Einflüsse* von Bedeutung. So führen Digitalisglykoside zu einer vermehrten renalen Ausscheidung von Natrium, Chlorid, Kalium und Wasser. Dabei bleibt, wenn nicht zu hohe Dosen angewendet werden, das Glomerulumfiltrat unverändert (Abb. 45). Hieraus folgt, daß die *vermehrte Ausscheidung auf eine verminderte Rückresorption zurückgeführt werden muß.* Sie ist sicher nicht nur eine Folge des gebesserten Kreislaufs und damit Folge vermindert wirksamer, zur Antinatriurese und Antidiurese führender Faktoren (s. S. 107). Denn man findet die gesteigerte Elektrolytausscheidung sowohl bei suffizientem Herzen (SCHWAB u. Mitarb. 1954a, b) als auch am Herz-Lungen-Nieren-Präparat (GREMELS). Aus diesen Befunden muß man auf eine *unmittelbare Wirkung an den Tubulusepithelien schließen.* Bei sehr hohen Dosen steigt allerdings auch das Glomerulumfiltrat an, so daß die Verhältnisse unübersichtlicher werden (EICHNA u. Mitarb.).

Ferner führen Digitalisglykoside zu einer Verminderung des Plasmavolumens (WOLLHEIM u. Mitarb.; SCHWAB, 1953). Hierfür ist einmal die vermehrte Diurese verantwortlich zu machen. Da aber die Plasmavolumenverminderung auch in Fällen ohne Diuresesteigerung auftritt, muß zusätzlich ein extrarenaler Faktor von Bedeutung sein: *es kommt zu einem Eintritt von Wasser aus dem extracellulären Raum in die Zellen zusammen mit einem Ionenaustausch von Kalium und Natrium.*

Die unter Digitalisglykosiden bei Herzinsuffizienz beobachtete Verminderung des Venendrucks ist nunmehr leicht zu verstehen. Einmal kommt es durch die Verminderung des Plasmavolumens zu einem *Absinken des sog. statischen Drucks* (s. S. 195). Ferner wird der Venendruck *zusätzlich durch die Steigerung des Herzminutenvolumens vermindert.* Am Herzgesunden verursacht Digitalis dagegen keine wesentlichen Änderungen des Venendrucks. Die Ursache dafür liegt einmal darin, daß sich beim Gesunden die Venenfüllung im flachen Bereich der Druck-Volumen-Charakteristik bewegt (Abb. 42). Ferner wirken die Verminderung des Plasmavolumens und der im Gegensatz zur Herzinsuffizienz eintretende Abfall des Herzminutenvolumens antagonistisch auf den Venendruck ein. *Der Venendruck ist also beim Gesunden eine wenig empfindliche Meßgröße für Veränderungen durch Digitalisglykoside.*

2. Die Erzeugung einer negativen Natriumbilanz

Bei fortgeschrittenen Fällen von Herzinsuffizienz mit Ödem führt eine richtig durchgeführte Digitalisierung allein oft nicht zur Ausschwemmung der Ödeme. Aus den pathogenetischen Darlegungen auf S. 199 geht hervor, daß das therapeutische Ziel in der Erzeugung einer negativen Natriumbilanz bestehen muß. *Unter der Voraussetzung, daß Wasser nicht unabhängig von Natrium retiniert wird, muß dann eine Ödemausschwemmung zustande kommen.* Grundsätzlich kann eine negative Natriumbilanz auf folgenden Wegen erreicht werden:

a) Die Natriumzufuhr muß soweit gedrosselt werden, daß die renale Ausscheidung die Zufuhr übertrifft. Die Natriurese ist bei kardialem Ödem, abhängig vom Schweregrad, mehr oder weniger stark eingeschränkt. Einen natriumfreien Harn vermag die Niere jedoch nicht zu bilden. Wird die Natriumzufuhr also so stark gedrosselt, daß die renale Natriumausscheidung noch überwiegt, so muß eine negative Natriumbilanz entstehen.

b) Die renale Natriumausscheidung kann so gesteigert werden, daß ebenfalls eine negative Bilanz entsteht. Das wird durch die Anwendung von Diuretica erreicht.

Schließlich können die unter a) und b) genannten Maßnahmen auch zusammen angewendet werden.

a) Beschränkung der Natriumzufuhr

Die Tab. 50 enthält eine Übersicht über den Natriumgehalt häufig gebrauchter Kostformen. Man erkennt, daß die übliche salzbeschränkte Krankenhauskost immer noch 1—2 g Natrium enthält. Die Reisfruchtdiät, die in Amerika besonders von KEMPNER propagiert wurde, enthält dagegen nurmehr 300—500 mg Natrium. Diese Diät ist für die klinische und hausärztliche Behandlung sehr zu empfehlen. Dagegen muß auf den relativ hohen Natriumgehalt der Milch hingewiesen werden:

1,6 g/l. Es sind allerdings auch *weitgehend natriumfreie Präparate* im Handel, z. B. *Aletosal* der Firma Alete. Aletosal ist besonders in Verbindung mit der Reisdiät zu empfehlen, die dadurch an Schmackhaftigkeit gewinnt und von den Patienten längere Zeit eingehalten wird als die oft bald auf Widerwillen stoßende übliche Reisfruchtdiät.

Einzelheiten über den Elektrolytgehalt verschiedener Kostformen, besonders den Gehalt an Natrium und Chlorid, findet man in Tab. 43—45.

In neuester Zeit sind sog. *Kationenaustauscher* entwickelt worden, die mit einer salzbeschränkten Basiskost eine praktisch natriumfreie Ernährung durchführen lassen. Eine ausführliche Darstellung der Kationenaustauscher findet man im

Tabelle 50. *Tägliche Zufuhr von Kochsalz und Natrium bei verschiedenen Kostformen* (Nach WOLFF)

Kostform	NaCl-Zufuhr g/24 Std.	Na-Zufuhr
Normalkost	6,0—15	2—6 g
Streng NaCl-arm	2,0—4	1—2 g
Reisfruchtdiät	0,5—1	300—500 mg
NaCl-arm + Austauscher .	2,0—4	∅

8. Kapitel. Hier sollen nur die für die Behandlung der Herzinsuffizienz wichtigen Gesichtspunkte berücksichtigt werden.

Als *Indikation* gelten vor allem schwere, auf andere therapeutische Maßnahmen nicht mehr ansprechende Ödemfälle. Für die Anfangsbehandlung ist eine Dosis von 40—60 g erforderlich. Da die Kapazität der Austauscher begrenzt ist, muß eine salzbeschränkte Basiskost gegeben werden. Bei üblicher Normalkost wird die Bindungsfähigkeit der Austauscher dagegen erheblich überschritten, so daß keine negative Natriumbilanz zustande kommen kann. Eine länger dauernde Behandlung ist zur Zeit nur schwer durchführbar. Die meisten Patienten nehmen die Präparate trotz verschiedener Kunstgriffe (s. S. 160) nur ungern ein. Man kann sie kaum länger als einige Wochen applizieren. So ist in den letzten Jahren die Behandlung mit Kationenaustauschern wieder etwas in den Hintergrund getreten.

Nebenwirkungen. Hier sind die metabolische Acidose und der Verlust von Kationen wie Kalium und Calcium zu nennen. Patienten mit kardialen Ödemen bei wenig gestörter Nierentätigkeit neigen aber nur selten zu diesen Komplikationen. Vermag die Niere jedoch nicht mehr hinreichend H^+-Ionen auszuscheiden und Bicarbonationen der extracellulären Flüssigkeit zuzuführen, dann können schwere Acidosezustände entstehen. Unter diesen Umständen kommt es dann auch zu renalen Verlusten von Kationen wie Kalium und Calcium. Bei nicht durch Komplikationen gefährdeten Patienten dürfte es genügen, im Abstand von 2—3 Wochen Rest-N, Standardbicarbonat und Plasmaelektrolyte zu kontrollieren. Bei Dauerbehandlung mit Austauschern empfiehlt WOLFF (1955) einen austauscherfreien Tag in der Woche, an dem 5 g Kaliumcitrat, 4 g Calciumlactat und 2 g Magnesiumsulfat in 1000—1500 ml Fruchtsaft gelöst über den Tag verteilt genommen werden.

b) Diuretica

Ihre Wirkungen und Nebenwirkungen sowie die Einzelheiten ihrer Anwendung sind im 8. Kapitel ausführlich besprochen. Sie sollen hier nur insoweit Berücksichtigung finden, als bei der Behandlung des kardialen Ödems besondere Gesichtspunkte maßgebend sind.

14*

Aus der Indikationstabelle der Diuretica (Tab. 31) geht hervor, daß Triazinderivate, Quecksilber-Diuretica und Chlorothiazid mit seinen Derivaten bei kardialem Ödem am zuverlässigsten wirksam sind. Ganz allgemein gilt, daß vor Einleitung einer diuretischen Behandlung eine hinreichende Digitalisierung durchzuführen ist. Erst wenn dabei keine Ödemausschwemmung zu erzielen ist, sind Diuretica angezeigt. Sie sollen nicht öfter als 1—2mal in der Woche verwendet werden. Man soll sich stets vor Augen halten, daß eine brüske Verminderung der extracellulären Flüssigkeit ungünstige Rückwirkungen auf das Herzminutenvolumen haben kann (s. S. 203). Auch hier gilt, daß *langsam entstandene Veränderungen nur allmählich beseitigt werden sollen.*

Im einzelnen scheinen noch folgende Hinweise zweckmäßig.

Acidotisch wirkende Salze. NH_4Cl wird praktisch nur mehr zusammen mit Quecksilber-Diuretica verwendet. Seine Anwendung schützt vor einigen sonst nicht selten auftretenden Nebenwirkungen der Quecksilber-Diuretica: Hypochlorämie und metabolischer Alkalose. Da die Einnahme von NH_4Cl bei magenempfindlichen Patienten oft auf Schwierigkeiten stößt, soll man sich der ebenfalls acidotisch wirkenden Carboanhydrase-Hemmstoffe erinnern. Auch mit ihnen läßt sich die Quecksilber-Diurese steigern.

Xanthin-Derivate. Es soll noch einmal auf die Unterscheidung der Theophyllin-Präparate mit Lösungsvermittlern und der Theophyllin-Derivate ohne Lösungsvermittler hingewiesen werden (Tab. 28). Letztere sind zwar frei von den bekannten Nebenwirkungen der lösungsvermittlerhaltigen Präparate, sie sind aber auch bedeutend weniger wirksam. Auf die Möglichkeit, ein reduziertes Glomerulumfiltrat z. B. mit Theophyllin-Äthylendiamin (0,24—0,48 g 2—3 Std. i.v. nach Quecksilbergabe) nachhaltig zu heben und damit die Rückresorptionshemmung durch andere Diuretica, besonders Quecksilberpräparate sehr wirksam zu gestalten, wird noch einmal hingewiesen.

Carboanhydrase-Hemmstoffe. Sie bewirken eine metabolische Acidose, welche ihre weitere diuretische Wirkung aufhebt. Sie sollten deshalb nur an zwei aufeinanderfolgenden Tagen gegeben werden, anschließend sollen einige Tage medikamentfrei bleiben, damit sich die Abnahme von Bicarbonat wieder ausgleichen kann. Nicht selten sind Carboanhydrase-Hemmstoffe nicht von der gewünschten Wirkung. Die hierfür maßgebenden Gründe sind in Tab. 29 zusammengestellt. Man findet dort auch die jeweils einzuschlagende Therapie. Auf die Substitution mit Kaliumbicarbonat wird besonders hingewiesen.

Quecksilber-Diuretica. Sie sind bisher immer noch die wirksamsten Mittel. Es ist aber durchaus möglich, daß in absehbarer Zeit die peroral wirksamen Chlorothiazid-Präparate die Wirkung parenteral verabreichter Quecksilber-Diuretica erreichen oder sogar übertreffen. Die älteren Quecksilber-Präparate, z. B. Salyrgan, Esidron, sollten wegen ihrer kardiotoxischen Wirkung zugunsten der neueren Präparate verlassen werden; *keinesfalls sollten sie intravenös angewendet werden.* Wie alle Diuretica mit nachhaltiger Steigerung der Harnausscheidung sind auch die Quecksilber-Präparate nicht öfter als 1—2mal in der Woche zu geben. Die möglichen Komplikationen bestehen in Hypochlorämie, metabolischer Alkalose, Hyponatriämie und Kaliummangelzuständen. Diese Komplikationen sind meist mit einem Wirkungsverlust der Quecksilber-Diuretica verbunden. Bei sachgerechter Behandlung lassen sich diese Nebenwirkungen zum größten Teil vermeiden. Es wird diesbezüglich auf das 8. Kapitel (s. S. 153) verwiesen.

Chlorothiazid. Es wurde schon berichtet, daß dieser Stoff bei den verschiedensten Krankheiten mit generalisierten Ödemen, besonders auch beim kardialen Ödem, eine ausgezeichnete Wirkung entfaltet. Neuerdings sind Chlorothiazid-Derivate (z. B. das Präparat Esidrix der Ciba A. G.) entwickelt worden, die eine weitere Wirkungssteigerung aufweisen. Wegen der einfachen peroralen Anwendungsweise dürften Chlorothiazid und seine Derivate in Kürze ausgedehnte Verwendung finden. Ähnlich wie bei den Quecksilberpräparaten muß auch hier auf Nebenwirkungen geachtet werden: metabolische Alkalose, Hypochlorämie und Kaliummangelzustände. Um diese Nebenwirkungen zu verhüten, ist eine alternierende Behandlung mit Carboanhydrase-Hemmstoffen sowie Kaliumsubstitution zweckmäßig bzw. notwendig.

c) Flüssigkeitszufuhr

Handelt es sich um Fälle, die bei negativer Natriumbilanz mit Ödemauschwemmung reagieren, dann ist die *früher so oft verlangte Beschränkung der Flüssigkeitszufuhr nicht erforderlich* (SCHEMM). Zu diesen so reagierenden Patienten gehört der größte Teil der leichteren und mittelschweren Herzinsuffizienzen. In diesen Fällen wird zugeführtes Wasser ohne Neigung zur Retention ausgeschieden, falls kein Natrium mit zugeführt wird. Man kann daher die Flüssigkeitszufuhr auf 2—3 l täglich ausdehnen.

Bei den schweren Fällen von Herzinsuffizienz ist dieses Verfahren allerdings nicht statthaft, da nunmehr zugeführtes Wasser auch unabhängig von Natrium nicht hinreichend schnell ausgeschieden, sondern mehr oder weniger retiniert wird (FRIEDBERG, 1957, 1958). Meist liegt bei diesen Patienten eine Hyponatriämie durch Wasserüberschuß vor. Dabei soll die Flüssigkeitszufuhr nicht mehr als etwa 500 ml über der Harnausscheidung liegen.

3. Die Behandlung der Hyponatriämie

Zunächst ist zu klären, ob es sich um eine Hyponatriämie infolge echten Natriummangels oder um eine Hyponatriämie durch absoluten Wasserüberschuß bei erhöhtem Natriumbestand des Organismus handelt. Es wird auf S. 203 in diesem Zusammenhang verwiesen. Je nach der vorliegenden Form muß auch die Behandlung unterschiedlich sein.

Liegt eine echte **Natriumverarmung** vor, dann ist die Salzzufuhr nicht mehr einzuschränken. In akuten Fällen, z. B. nach brüsken Diuresen mit reichlichem Verlust von Natrium und Chlorid, sind 50—150 mval hypertonischer (5,85%, s. S. 182) NaCl-Lösung langsam intravenös zu geben. *Die Beseitigung der Hyponatriämie sollte nicht zu rasch angestrebt werden, da sonst leicht Verstärkung der Ödeme, besonders die Gefahr des Lungenödems eintritt.*

Handelt es sich um eine **Hyponatriämie durch absoluten Wasserüberschuß,** so ist die verstärkte Salzzufuhr, auch in Form hypertonischer NaCl-Lösung intravenös, nicht angezeigt. In diesen Fällen muß, wie oben erwähnt, die *Flüssigkeitszufuhr* auf etwa 500 ml über die Urinausscheidung hinaus *eingeschränkt werden.* Das *Hauptbestreben* sollte darauf gerichtet sein, die *Herzleistung zu bessern*, da mit

Zunahme des Herzminutenvolumens auch eine Besserung der Hyponatriämie zu erwarten ist. Am ehesten gelingt das noch in jenen Fällen, die durch zusätzliche Komplikationen, z. B. Myokardinfarkt, Lungenembolien, innere Blutungen, Digitalisunverträglichkeit oder Infektionen belastet sind. Unter diesen Bedingungen kommt es zu einer zunehmenden Diskrepanz zwischen vorliegender Zirkulationsgröße und Bedürfnissen des Organismus. Durch eine spezielle, auf die Komplikationen abgestellte Therapie wird sich nicht selten eine Besserung des Kreislaufzustandes erreichen lassen. In diesen Fällen liegt zusätzlich auch ein Mangel an cellulärem Kalium vor. Deshalb ist die *Kaliumsubstitution* angezeigt (s. S. 181). In schweren Fällen kann die Zufuhr auch intravenös als Kaliumchlorid oder besser als Kaliumbicarbonat erfolgen. Dabei sind die im 10. Kapitel empfohlenen Vorsichtsmaßnahmen zu beachten. Diese Kaliumsubstitution ist besonders in Fällen von Digitalisunverträglichkeit notwendig, da Digitalisglykoside bei Mangel an Kalium sehr viel leichter zu Unverträglichkeitserscheinungen führen als bei normalem Kaliumbestand.

Oft wird es aber nicht mehr möglich sein, den schwer geschädigten Herzmuskel in seiner Leistungsfähigkeit zu bessern. In diesen Fällen ist die Prognose sehr ernst; man muß in absehbarer Zeit mit einem ungünstigen Ausgang rechnen.

4. Die Behandlung der Atmungsstörungen bei Herzinsuffizienz einschließlich Cor pulmonale

Auf S. 205 wurde ausgeführt, daß die Störungen der Atmung und des Säure-Basen-Stoffwechsels in zwei Gruppen eingeordnet werden können: a) Dekompensation bei Klappenfehlern, Hochdruck und Myokardfibrose; b) Dekompensation bei Cor pulmonale mit alveolarer Hypoventilation.

Entsprechend dieser Unterteilung ist auch die Behandlung unterschiedlich.

a) Dekompensation bei Klappenfehlern, Hochdruck und Myokardfibrose

Da die alveolare Ventilation über die Bedürfnisse des Organismus gesteigert ist, kann sich eine Herabsetzung der Atmung therapeutisch nur günstig auswirken. Durch kleine Dosen von Morphin (5—10 mg) oder äquivalente Dosen verwandter Opiate werden die oft unruhigen Kranken beruhigt; die unzweckmäßig gesteigerte Atmung nimmt ab und das quälende Dyspnoegefühl läßt nach. Die oft zu hörende Warnung vor Opiaten ist also in diesen Fällen nicht berechtigt. Bei Verdacht auf das Vorliegen eines Cor pulmonale mit alveolarer Hypoventilation sind Opiate allerdings streng kontraindiziert. Häufig wird die Ansicht vertreten, daß zwischen Morphin und seinen Verwandten, z. B. Cliradon, Polamidon, Dromoran Unterschiede bezüglich der atmungshemmenden Wirkung bestehen. LOESCHCKE u. Mitarb. haben jedoch nachgewiesen, daß bei gleicher analgetischer Wirkung auch eine etwa gleiche Depression der Atmung zu erwarten ist.

b) Cor pulmonale mit alveolarer Hypoventilation

Wie schon erwähnt, liegt hier eine *strenge Kontraindikation gegen Opiate* vor. Nicht selten wird durch ihre Gabe ein weiteres Absinken der alveolaren Ventilation mit deletärem Ausgang bewirkt. Man hat dafür eine besondere Empfindlichkeit des Atemzentrums verantwortlich machen wollen. Wahrscheinlich trifft das aber nur für wenige Fälle zu. Meistens handelt es sich dagegen um folgenden Vorgang. Die alveolare Ventilation und der CO_2-Druck von Alveolarluft und arteriellem Blut zeigen ein reziprokes Verhalten:

$$\dot{V}_A = \frac{\dot{V}_{CO_2}}{P_{CO_2}} \cdot 863 \text{ (s. S. 72).}$$

Ein Absinken der alveolaren Ventilation muß also zu einem Anstieg des CO_2-Drucks führen. Bei den chronischen Zuständen mit alveolarer Hypoventilation, z. B. bei obstruktivem Lungenemphysem, schweren Fällen von Asthma bronchiale sowie spastischer Bronchitis, stellt sich ein neues Gleichgewicht bei erhöhtem CO_2-Druck ein. Wird nun durch Opiate eine zusätzliche, nur geringe Verminderung der alveolaren Ventilation erzeugt, so kommt es zu einem erheblichen Anstieg von P_{CO_2}; denn nunmehr trifft der relativ flach verlaufende Teil der Kurven zu: Abb. 46. Ein Anstieg des CO_2-Drucks ist aber mit einer Zunahme der Hirndurchblutung verbunden, wodurch der intrakranielle Druck ansteigt. Auf diesem Wege oder auch durch direkte Einwirkung des stark erhöhten CO_2-Drucks auf das Atemzentrum kommt es dann zu einem Erliegen der Atmung. *Während man also beim Gesunden nach Opiaten nur geringe Änderungen des Atemminutenvolumens und des CO_2-Drucks feststellen kann, sind die Verhältnisse bei bereits bestehender alveolarer Hypoventilation anders.* Man sollte die Abb. 46 immer vor Augen haben, wenn man Nutzen oder Schaden atmungshemmender Pharmaka abschätzen will.

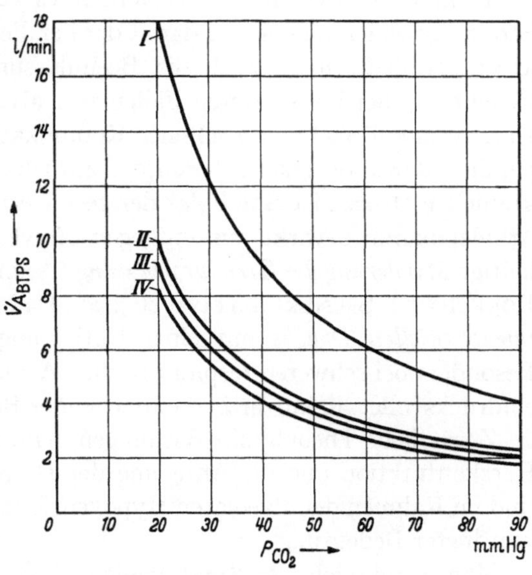

Abb. 46. Beziehungen zwischen alveolarer Ventilation ($\dot{V}$A) und alveolarem CO_2-Druck (P_{CO_2}) für vier verschiedene Energieumsätze bei normalen respiratorischen Quotienten (R) von 0,85: normaler (Kurve 3), 10% (Kurve 2) und 100% (Kurve 1) erhöhter und 10% (Kurve 4) erniedrigter Energieumsatz. I: $\dot{V}_{O_2\,STPD} = 500$ ml/min; $R = 0{,}85$; II: $\dot{V}_{O_2\,STPD} = 275$ ml/min; $R = 0{,}85$; III: $\dot{V}_{O_2\,STPD} = 250$ ml/min; $R = 0{,}85$; IV: $\dot{V}_{O_2\,STPD} = 225$ ml/min; $R = 0{,}85$. (Nach Schwab)

Das Hauptziel der therapeutischen Bemühungen muß darin bestehen, die Atmung zu steigern und so den CO_2-Druck zu senken. Zweifellos läßt sich das durch künstliche Beatmung erreichen. Bei chronischen Krankheitszuständen kann man darin aber kein ideales Behandlungsverfahren erblicken. Die medikamentöse Steigerung der Atmung verdient deshalb den Vorzug. Folgende Möglichkeiten stehen zur Verfügung: a) Medikamente, die durch unmittelbaren Angriff am Atemzentrum oder auf reflektorischem Wege die Atmung steigern; b) die Erzeugung einer chronischen metabolischen Acidose, welche ihrerseits als Atemreiz wirkt.

Medikamentöse Stimulation der Atmung. Es sei in diesem Zusammenhang auf Präparate wie Coramin, Lobelin, Cardiazol, Micoren, Theophyllin, Salicylate sowie weibliche Keimdrüsenhormone, besonders Progesteron hingewiesen. Fast alle genannten Stoffe sind bereits zur Behandlung der alveolaren Hypoventilation verwendet und empfohlen worden. Eine Vorzugsstellung nimmt zweifellos Theophyllin ein. Auch hier ist allerdings den Theophyllinpräparaten mit Lösungsvermittlern, z. B. Theophyllin-Äthylendiamin der Vorzug vor den Theophyllin-Derivaten ohne Lösungsvermittler zu geben. Letztere besitzen eine deutlich geringere Atmungswirkung als erstere (SCHWAB u. Mitarb., 1955, 1956b). Theophyllin-Äthylendiamin dürfte durch unmittelbaren Angriff am Atemzentrum selbst eine Steigerung der alveolaren Belüftung bewirken. Infolgedessen steigen O_2-Druck und p_H-Wert an, während der erhöhte CO_2-Druck abfällt. Diese Wirkung wird von dem nachhaltigen bronchodilatatorischen Einfluß unterstützt. Die *Erweiterung der Luftwege* ist besonders bei Bronchialasthma und spastischer Bronchitis von Bedeutung. So kommt es zu einer Herabsetzung des erhöhten Strömungswiderstandes und damit der bei diesen Krankheiten vermehrten Atemarbeit. Schließlich ist noch die Beeinflussung des intrakraniellen Drucks von Bedeutung, der bei schweren Fällen von alveolarer Hypoventilation erhöht ist. Darauf sind die nicht ganz seltenen Komplikationen neurologischer Art (Stauungspapille, Bewußtlosigkeit, Krämpfe) zurückzuführen. Die Erhöhung des intrakraniellen Drucks ist eine Folge der gesteigerten Hirndurchblutung. Theophyllin-Äthylendiamin bewirkt nun entgegen oft vertretenen Anschauungen eine nachhaltige *Minderung der Hirndurchblutung* (WECHSLER u. Mitarb.; MOYER u. Mitarb.; BODECHTEL). Sie sinkt um etwa 30% ab. Dadurch kommt es zu einer *Abnahme des intrakraniellen Drucks* mit einer Entlastung des geschädigten Atemzentrums. Besonders bei schweren respiratorischen Acidosen wird man hierin die Erklärung eindrucksvoller, in kurzer Zeit entstehender Besserung sehen können.

Zusätzliche Theophyllin-Wirkungen, nämlich die Stimulation der systolischen Herzkontraktion und die Anregung der Diurese, sollen nur erwähnt werden; sie sind im Rahmen der alveolaren Hypoventilation und ihrer Behandlung von untergeordneter Bedeutung.

Man verabreicht 2—3mal täglich z. B. 0,24—0,48 g Theophyllin-Äthylendiamin intravenös. Die Injektion soll sehr langsam vorgenommen werden, weil sonst Tachykardien und Blutdruckabfall auftreten können. Auch Tabletten oder Suppositorien können, allerdings mit geringerem Erfolg, gegeben werden.

Metabolische Acidose als Atemreiz. Eine weitere Möglichkeit zur Ventilationssteigerung ist die Erzeugung einer metabolischen Acidose. Sie kann z. B. durch Kationenaustauscher, NH_4Cl oder Carboanhydrase-Hemmstoffe herbeigeführt werden. Am zweckmäßigsten ist die Verwendung von Carboanhydrase-Hemmstoffen, z. B. Diamox oder Nirexon, mit denen man über viele Monate eine metabolische Acidose aufrechterhalten kann (SCHWAB, 1957). Sie wirkt als Atemreiz, wie ja am besten von der Acidose des Diabetes mellitus her bekannt ist. Neben der Steigerung der alveolaren Ventilation könnte auch ein Absinken des Energieumsatzes zu einer Verminderung des CO_2-Druckes führen. So fand DÖRING (1944) nach Gabe von 15 g NH_4Cl eine Senkung des Energieumsatzes von rund 11%. Ob auch durch Carboanhydrase-Hemmstoffe, die ja ebenso wie NH_4Cl eine metabolische Acidose erzeugen, eine entsprechende Verminderung des Energieumsatzes zu erzielen ist, wurde bisher noch nicht geprüft. Schließlich muß noch die Verminderung der Liquorproduktion unter Carboanhydrase-Hemmstoffen (TSCHIRGI u. Mitarb.) erwähnt werden. Dadurch läßt sich der erhöhte intrakranielle Druck vermindern, so daß sich ein geschädigtes Atemzentrum erholen kann. Die besonders in schweren Fällen von respiratorischer Acidose nicht selten beobachtete schnelle und eindrucksvolle Besserung wäre auf diese Weise am besten verständlich. Die verschiedenen Wirkungskomponenten der Carboanhydrase-Hemmstoffe bei der Behandlung der alveolaren Hypoventilation, besonders beim obstruktiven Lungenemphysem, sind in Abb. 47 zusammengefaßt.

In sehr schweren Fällen von Cor pulmonale mit alveolarer Hypoventilation sollten Theophyllinpräparate und Carboanhydrase-Hemmstoffe kombiniert werden. Dabei sind etwa 3—4mal täglich 0,24 g Theophyllin-Äthylendiamin und 2mal 250 mg Carboanhydrase-Hemmstoff angezeigt. *Bestehende Infekte,* besonders solche pulmonaler Lokalisation, *verlangen intensive antibiotische Behandlung.* Sie bewirken, abgesehen von der Verminderung der respiratorischen Oberfläche, eine Erhöhung des Energieumsatzes mit ihrer ungünstigenAuswirkung auf den CO_2-Druck (Abbildung 46). Bei einer deutlichen *Cyanose* empfiehlt sich *intermittierende Atmung von Sauerstoff in mittleren Konzentrationen,* etwa 30 bis 40%. So kann die ungünstige Wirkung von reinem Sauerstoff mit Sicherheit vermieden werden.

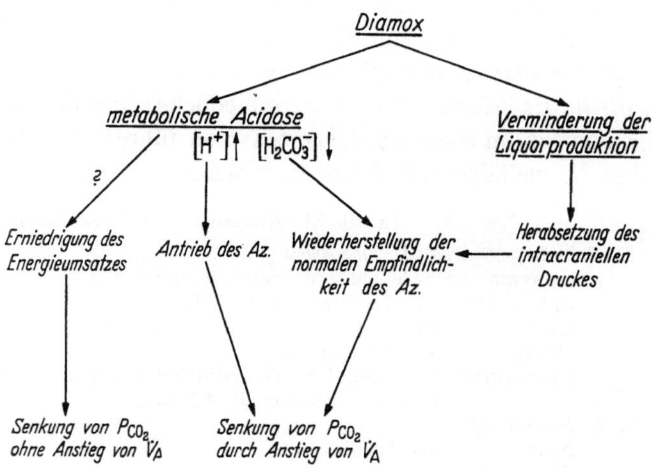

Abb. 47. Komponenten der Wirkung von Carboanhydrase-Hemmstoffen bei Cor pulmonale mit alveolarer Hypoventilation und respiratorischer Acidose (Nach SCHWAB)

Reiner Sauerstoff führt in Fällen von alveolarer Hypoventilation nicht selten zu einem Anstieg des CO_2-Drucks, der durch die Minderung des Atemminutenvolumens infolge ausfallender chemoreceptorischer Antriebe und durch verschlechterte CO_2-Bindung infolge Erhöhung des arteriellen und venösen O_2Hb zustande kommt.

In Fällen mit Bronchialspasmen infolge Asthma bronchiale oder spastischer Bronchitis sind ferner ACTH oder Cortison und seine Derivate angezeigt. *Bei Fällen von Cor pulmonale ohne alveolare Hypoventilation liegt dagegen keine Indikation zur medikamentösen Steigerung der Atmung vor.*

12. Kapitel

Nierenkrankheiten

Auf dem Gebiet der Nierenkrankheiten sind in den letzten Jahren viele neue Erkenntnisse gewonnen worden. Diese Fortschritte sind vor allem neuen Methoden zu verdanken. Besonders folgenreich war die Einführung des Flammenphotometers und der chromatographischen Methoden. Die dadurch vertiefte Einsicht in die Pathogenese vieler Störungen hat auch, wie meistens, eine Verbesserung der therapeutischen Möglichkeiten gebracht.

Im Rahmen der vorliegenden Monographie sollen nur diejenigen Nierenkrankheiten berücksichtigt werden, die enge Beziehungen zum Wasser- und Elektrolytstoffwechsel haben. So sind vor allem die Niereninsuffizienz akuter und chronischer Art, das nephrotische Syndrom und die verschiedenen tubulären Syndrome zu besprechen. Für die eingehende Beschäftigung mit dem Gebiet der Nierenkrankheiten wird auf die Monographien von SARRE, ALLEN, BELL und FISHBERG verwiesen.

I. Niereninsuffizienz

Hierunter sollen solche Zustände verstanden werden, bei denen entweder schon in Ruhe oder erst unter bestimmten Belastungen Zeichen ungenügender Nierenfunktion in dem Sinne auftreten, daß die *Konzentration harnpflichtiger Stoffe im Plasma ansteigt, also eine Erhöhung von Kreatinin, Harnstoff und Rest-N auftritt.* Es können sehr unterschiedliche Grundkrankheiten zu einer Niereninsuffizienz im soeben präzisierten Sinn führen. Die Tab. 51 gibt eine Übersicht über die vielfältigen in Frage kommenden Störungen.

Tabelle 51. *Einteilung der Niereninsuffizienz*

I. *Primär „extrarenale" Störungen*
   (Synonyma: Extrarenale, prärenale Niereninsuffizienz)
   1. *Schock infolge Verlusts intravasaler Flüssigkeit*
      Blut: Blutungen, Traumen, Operationen
      Plasma: Verbrennungen
      Flüssigkeit: Extracelluläre Dehydration bei Erbrechen, Durchfällen, acidotischem
                     Diabetes mellitus, M. Addison
   2. *Herzinsuffizienz*
      Akut: Myokardinfarkt
      Chronisch
   3. *Mangelhafte Nierendurchblutung ohne intravasalen Flüssigkeitsverlust*
      Hepatorenales Syndrom bei Leber- und Gallenleiden, besonders postoperativ (z. T.
          zu I, 1 gehörig)
      Crush-Niere (z. T. zu I, 1 gehörig)
      Hämoglobinurie
      Myoglobinurie
   4. *Metabolische Alkalose*
      Milchtrinker-Syndrom, Kaliummangel-Zustände
   5. *Hypercalcämie*
      Primärer Hyperparathyreoidismus
      Andere Krankheiten mit Hypercalcämie

II. *Primär renale Ursachen*
   1. Vergiftungen
      Sublimat, Tetrachlorkohlenstoff, Chrom, Uran, Sulfonamide
   2. *Entzündliche Nierenkrankheiten*
      Glomerulonephritis $<$ akut / chronisch
      Pyelonephritis $<$ akut / chronisch
   3. *Gefäßbedingte Nierenkrankheiten*
      Arteriolosklerose
      Arteriolonekrose
      Glomerulosklerose
      Periarteriitis nodosa
   4. Plasmocytomniere
      Cystenniere
      Hydronephrotische Schrumpfniere
      Amyloid-Schrumpfniere

III. *Primär „postrenale" Ursachen — Obstruktion der Harnwege*
   1. Verschluß der Harnröhre, Prostataadenom, Steine, Strikturen
   2. Verschluß der Ureteren: Steine, Carcinom, Narbenstenose, Ligaturen bei Operationen

1. Der Anstieg der Rest-N-Substanzen im Blut

Zu den Rest-N-Substanzen gehören Harnstoff, Kreatinin, Harnsäure, Aminosäuren, Ammoniak und Indikan. Bei normalem Rest-N (20—40 mg/100 ml Plasma) entfällt auf den Harnstoff-N etwa die Hälfte. *Der Anstieg des Rest-N ist ganz überwiegend auf den Harnstoff zurückzuführen*, der dann bis zu 90% des Rest-N ausmachen kann. Die Harnstoffkonzentration im Plasma hängt von der Harnstoffbildung und der Harnstoffausscheidung ab. Für letztere kommt praktisch nur die Niere in Frage. Die extrarenale Harnstoffausscheidung spielt quantitativ keine Rolle.

Die *Bildung von Harnstoff* ist abhängig von der Größe des Proteinstoffwechsels. Bei geringer Proteinzufuhr wird wenig Harnstoff, bei hoher Proteinzufuhr viel Harnstoff gebildet.

Tabelle 52. *Die Abhängigkeit der Harnstoffkonzentration im Plasma von der Höhe der Proteinzufuhr (Angebot von Harnstoff) und der Größe des Glomerulumfiltrats*

Anfallende Harnstoff-Menge (g/24 Std.)	Glomerulumfiltrat Liter/24 Std.			
	180	90	45	22,5
	Harnstoff (mg/100 ml)			
Niedrige Proteinzufuhr 9	10	20	40	80
Mittlere Proteinzufuhr 18	20	40	80	160
Hohe Proteinzufuhr 36	40	80	160	320

Auch wenn keine Eiweißzufuhr erfolgt, fällt doch infolge des endogenen Eiweißstoffwechsels stets Harnstoff an. Dieser Tatsache muß man sich stets bewußt sein.

Die *Harnstoffausscheidung* ist in entscheidender Weise mit der *Größe des Glomerulumfiltrats* verknüpft. Harnstoff wird glomerulär filtriert; während der weiteren Harnpassage durch die Tubuli diffundiert er zum Teil wieder in das peritubuläre Capillarblut zurück. Das Ausmaß dieser *Rückdiffusion* hängt von der Größe des Harnflusses und den Konzentrationsdifferenzen ab. Die Tab. 52 zeigt den Einfluß von Glomerulumfiltrat und Harnstoffangebot auf die Harnstoffkonzentration im Plasma. Die Größe des Harnflusses ist in dieser Tabelle nicht berücksichtigt. Man erkennt, daß eine Erhöhung des Harnstoffes und damit eine Erhöhung des Rest-N keineswegs nur durch eine Verminderung der Glomerulumfiltration entstehen kann. Bei der Beurteilung von hohen Rest-N-Werten ist deshalb stets die vorausgegangene Ernährung von Bedeutung. Eine andere Darstellung dieses Sachverhalts gibt die Abb. 27.

Kreatinin entstammt dem Muskelstoffwechsel. Seine Bildungsgröße im Organismus ist nur wenig von der Proteinzufuhr abhängig (Literaturübersicht s. PETERS). Da das endogene im Organismus gebildete Kreatinin bei normaler Nierenfunktion weder rückresorbiert noch sezerniert wird, ist seine Ausscheidung im Harn eine Funktion des Glomerulumfiltrats. *Die Clearance des endogenen Kreatinins ist unter diesen Umständen mit dem Glomerulumfiltrat identisch* (SCHWAB u. Mitarb., 1953a). Bei Nierenkrankheiten muß allerdings mit einer tubulären Sekretion des endogenen Kreatinins gerechnet werden, so daß die endogene Kreatininclearance dann nicht mehr mit dem Glomerulumfiltrat übereinstimmt (SCHWAB u. Mitarb., 1953b). Für praktische klinische Belange ist das aber meist ohne wesentlichen Nachteil. Ein Absinken des Glomerulumfiltrats wird im allgemeinen früher zu einem Anstieg des Kreatinin- als des Harnstoff- bzw. Rest-N-Spiegels führen. Hierin besteht die große Bedeutung der Kreatininbestimmung des

Plasmas. *Der Harnstoff wird jedoch dann schneller und ausgeprägter ansteigen, wenn außer einem erniedrigten Glomerulumfiltrat auch der Proteinabbau erhöht oder der Harnfluß stark erniedrigt ist.* Letzteres spielt vor allem für den Rest-N-Anstieg der hypertonen Dehydration eine wesentliche Rolle.

Der Anstieg der Rest-N-Substanzen ist wahrscheinlich für die Genese der klinischen Symptome der Niereninsuffizienz ohne wesentliche Bedeutung. Sein Wert liegt vielmehr auf diagnostischem Gebiet.

2. Die Störungen des Wasser- und Elektrolytstoffwechsels

Diese Störungen sind für den klinischen Verlauf von sehr viel größerer Bedeutung als die Konzentrationserhöhung harnpflichtiger Substanzen. Wahrscheinlich bilden sie in vielen Fällen die letzte Todesursache (BULL). Es werden die meisten der im 5., 6. und 7. Kapitel beschriebenen Störungen beobachtet.

a) Störungen des Wasser- und Natriumstoffwechsels

Hypotone Hyperhydration. Sie wird nicht selten angetroffen, z. B. bei Anurien, aber auch bei chronischer Niereninsuffizienz und bei verschiedenen Typen von zirkulatorischer Niereninsuffizienz. Für ihre Entstehung ist ein Mißverhältnis zwischen Wasseraufnahme bzw. Wasserzufuhr in Form intravenöser Glucose-infusionen und Wasserausscheidung wesentlich. Bei anurischen Patienten scheint zunächst die Erhaltung einer Gewichtskonstanz ausreichend zu sein, um eine Über-wässerung zu verhüten. Infolge des Abbaus von Fett und Körpergewebe strömt jedoch Wasser in die Flüssigkeitsräume des Körpers ein, so daß sich das Verhältnis von Trockengewicht zum Gesamtgewicht ändert. Bei der Oxydation von 1 g Fett entstehen etwa 1,1 ml Wasser. Dieser Tatsache sollte man sich stets bewußt sein.

Hypotone Dehydration. Wenn Natrium und Chlorid als wesentliche extra-celluläre Ionen verlorengehen, so muß aus Gründen des osmotischen Ausgleichs extracelluläres Wasser in die Zellen eintreten. Natrium und Chlorid können auf extrarenalem und renalem Wege verlorengehen. Als extrarenale Verluste kommen Durchfälle, Erbrechen, Schwitzen in Frage. Die renalen Verluste kommen auf folgenden Wegen zustande. a) Im Zustand der Niereninsuffizienz besteht eine osmotische Diurese (s. S. 38). Dabei wird verstärkt Natrium, Chlorid und Kalium ausgeschieden. b) Ein weiterer Grund für renale Natriumverluste liegt dann vor, wenn die Niere nicht mehr genügend NH_4^+ und titrierbare Säure ausscheiden kann. Die Anionen des Harns müssen dann durch andere Kationen, z. B. Natrium, neutralisiert werden. Im einzelnen sind diese Vorgänge im 4. Kapitel (s. S. 82) besprochen.

Beide bisher besprochene Störungen, *hypotone Hyperhydration und hypotone Dehydration, gehen mit einer Vermehrung der intracellulären Flüssigkeit* bei gegen-sätzlichem Verhalten der extracellulären Flüssigkeit einher. Es wird auf Tab. 12 verwiesen.

Das *klinische Bild* weist manche Ähnlichkeiten auf (s. Tab. 17, 19). Man findet Appetitlosigkeit, Übelkeit, Erbrechen, Kraftlosigkeit, Stupor und Benommenheit, Stimmungswechsel, Koma, epileptiforme Krampfanfälle. Von den Laboratoriums-methoden sind ein niedriger Natriumspiegel, niedrige (hypotone Hyperhydration) bzw. hohe (hypotone Dehydration) Protein- und Hämoglobinwerte bei hohem mitt-leren Erythrocytenvolumen charakteristisch. Es ist freilich zu bedenken, daß durch gleichzeitig bestehende Anämien und Hypoproteinämien die Verwertbarkeit der zuletzt genannten Befunde leidet.

Während nun bei Hyperhydration die *extracelluläre Flüssigkeit* vermehrt ist, zeigt sie *bei hypotoner Dehydration eine ausgeprägte Verminderung*. Letzteres kommt sowohl durch extrarenale und renale Verluste als auch durch Verschiebung von Flüssigkeit nach dem hypertonen intracellulären Raum hin zustande. Die Erkennung eines Mangels an extracellulärer Flüssigkeit ist deshalb von besonderer Wichtigkeit, weil in seiner Folge eine Kreislaufinsuffizienz mit Verschlechterung der Nierenfunktion entsteht, die sich bereits bestehenden Nierenkrankheiten überlagert (H. E. BOCK).

Das *klinische Bild des Mangels an extracellulärer Flüssigkeit* (s. S. 100) ist vor allem durch die Beteiligung des Kreislaufs geprägt. Man findet erniedrigten Blutdruck bzw. bei vorbestehender Hypertonie eine Normalisierung des Blutdrucks und eine Tachykardie.

Hypertone Dehydration. Dabei herrscht sowohl im intracellulären als auch im extracellulären Raum Wassermangel, wobei, absolut gesehen, das intracelluläre Defizit bei weitem überwiegt. Erst in sehr fortgeschrittenen Fällen macht sich die Verminderung auch der extracellulären Flüssigkeit klinisch bemerkbar: es tritt eine Kreislaufinsuffizienz auf.

Hypertone und isotone Hyperhydration. Weniger häufig kommt der celluläre Wassermangel zusammen mit normalem oder sogar vermehrtem Wassergehalt des extracellulären Raumes vor. Die gewöhnliche Ursache dieses Typs von cellulärem Wassermangel ist die Anwendung isotonischer natriumhaltiger Flüssigkeiten bei solchen Patienten, die vorher an Dehydration litten, ohne daß zusätzlich Wasser als Glucoselösung gegeben wird. Wenn der Patient bei Bewußtsein ist, klagt er über Durst. Später entwickeln sich Stupor und Bewußtlosigkeit. Oft beobachtet man grobe Zuckungen ähnlich denen des Coma hepaticum. Besonders bei Kindern kann die Körpertemperatur ansteigen. Die Zunge ist schmal und bei schweren Fällen zeigen die Muskeln eine eigentümliche, teigige Beschaffenheit, die als Ödem mißgedeutet werden kann. Die Messung des Plasmanatriums bestätigt durch den Nachweis einer Erhöhung die Diagnose.

Man kann *zwei Formen der isotonen Hyperhydration* unterscheiden: Ausdehnungen des extracellulären Raums *ohne Anwachsen des Plasmavolumens*, was z. B. beim nephrotischen Syndrom vorkommt, und extracelluläre Überwässerung *mit Vermehrung des Plasmavolumens*. Letzteres kommt bei Herzinsuffizienz und bei Nierenkrankheiten dann vor, wenn Salz und Wasser im Überschuß gegenüber der Ausscheidungsmöglichkeit gegeben werden. Als Beispiel des letzten Typs sei ein anurischer Patient genannt, der große Mengen isotonischer Salzlösungen erhält. Die klinische Symptomatologie erinnert dann sehr an eine Herzinsuffizienz.

b) Störungen des Kalium- und Magnesiumstoffwechsels

Es werden Zustände mit Hyperkaliämie und Hypokaliämie gesehen.

Hyperkaliämie kommt unter folgenden Umständen vor. a) Die Kaliumzufuhr kann die Fähigkeit der Niere zur Ausscheidung überschreiten. So werden nicht ganz selten Kaliumsalze als Diuretica verwendet. Besonders gefährlich ist die schnelle intravenöse Zufuhr. Es sollen nicht mehr als 20 mval Kalium/Std. infundiert werden. b) Kalium tritt bei *vermehrtem Eiweißabbau aus den Zellen in den* *extracellulären Raum aus.* Da bei Niereninsuffizienz der endogene Eiweißabbau oft erhöht ist, wird dieser Faktor von wesentlicher Bedeutung sein. Befinden sich doch im extracellulären Raum nur 60—75 mval Kalium.

Die Hyperkaliämie macht bei den meisten Patienten klinisch keine alarmierenden Symptome. Die Patienten sterben dann plötzlich an Herzstillstand. Nur selten ist die Hyperkaliämie von einer generalisierten Muskelschwäche mit Fehlen der Reflexe begleitet, die klinisch nicht von der Muskelschwäche bei Hypokaliämie unterschieden werden kann. So ist die Bestimmung des Kaliumspiegels im Plasma dringend erforderlich.

Kaliummangel kann durch die Kombination von niedriger Zufuhr und vermehrter Ausscheidung durch Niere oder Darm entstehen. Er wird im allgemeinen unter folgenden Umständen beobachtet: a) in der frühen diuretischen Phase der tubulären Nekrose, wahrscheinlich infolge ungenügender tubulärer Kaliumrückresorption; b) in seltenen Fällen bei chronischen Nierenkrankheiten; c) bei Erbrechen und Durchfällen, da beide wegen des hohen Kaliumgehalts von Magen- und Darmsaft zu erheblichen Kaliumverlusten führen.

Bezüglich der klinischen Symptome wird auf das 6. Kapitel verwiesen. Die Diagnose muß durch Bestimmung des Kaliumspiegels oder durch EKG-Schreibung gestützt werden.

Hypermagnesiämie. Auf S. 130 wurde schon ausgeführt, daß sowohl bei akuter als auch chronischer Niereninsuffizienz erhöhte Magnesiumwerte im Plasma vorkommen. Es ist aber noch nicht zu entscheiden, ob darauf bestimmte klinische Symptome beruhen. WACKER und VALLEE sind geneigt, die bei akuter Niereninsuffizienz von ihnen beobachteten EKG-Veränderungen zum Teil auf die vorliegende Hypermagnesiämie zu beziehen. Bei chronischen Nephritiden sind unter Magnesiumsulfat-Gaben zum Zwecke des Abführens mehrfach urämische Symptome gesehen worden. Deshalb sollte *Magnesiumsulfat* in diesen Fällen *nicht als Abführmittel verwendet werden.*

c) Störungen des Calcium- und Phosphatstoffwechsels

Der ionisierte Anteil des Calciums wird bei Niereninsuffizienz verändert gefunden. Die Ursache dafür ist einmal in der Änderung des Blut-p_H-Wertes und ferner in dem Anstieg der Phosphatkonzentration zu erblicken. Die Erniedrigung des Glomerulumfiltrats führt zu einem Anstieg des Phosphatspiegels. Als Folge davon beobachtet man einen **Abfall des Calciumspiegels.** Da ein bestimmter Anteil des gesamten Calciums in ionisierter Form vorliegt, kann dadurch eine Verminderung des ionisierten Anteils entstehen. Die meist bestehende Acidose führt aber zu einer Steigerung der Calciumionisation. So können sich beide Einflüsse mehr oder weniger ausgleichen. Man beobachtet deshalb *nur selten eine Tetanie. Sie kann jedoch unter Behandlung mit alkalisierenden Lösungen manifest werden.*

Eine **Hypercalcämie** ist bei Niereninsuffizienz sehr ungewöhnlich. Kommt sie zur Beobachtung, so ist der Grund gewöhnlich ein primärer Hyperparathyreoidismus, ein Plasmocytom, eine Vitamin D-Überdosierung, ein Boecksches Sarcoid oder Lymphosarkom. Im finalen Stadium der Niereninsuffizienz kann eine Hypercalcämie aus primär renalen Gründen allerdings auch ohne die genannten Grundkrankheiten einmal vorkommen.

3. Die Störungen des Säure-Basen-Stoffwechsels

Sie wurden bereits im 7. Kapitel eingehend besprochen. Hier sollen die wichtigsten Tatsachen noch einmal kurz in Erinnerung gerufen werden.

Meist liegt bei akuter und chronischer Niereninsuffizienz eine **metabolische Acidose** vor. Sie wird oft auf die Erhöhung von Phosphat und Sulfat bezogen, wodurch eine „Verdrängung" von Bicarbonat entstehen soll. Auf S. 135 wurde ausführlich dargelegt, daß dieser Erklärungsversuch nicht befriedigen kann. Man muß die Ursache vielmehr in einem *tubulären Funktionsausfall* erblicken. Die Tubuluszellen stellen zu wenig H^+-Ionen in Form von titrierbarer Säure und NH_4^+ zur Ausscheidung in den Harn und zu wenig Bicarbonationen für das peritubuläre Capillarblut und die extracelluläre Flüssigkeit zur Verfügung. Von klinischen Symptomen sind die tiefe, langsame Atmung auf die Acidose zurückzuführen. Es ist dagegen fraglich, ob die Störungen des Bewußtseins damit in Beziehung gebracht werden dürfen.

Das Vorliegen einer metabolischen Acidose wird durch die Bestimmung von Bicarbonat gestützt. Eine zusätzliche p_H-Messung ist in manchen Fällen erwünscht. Einzelheiten bezüglich der Interpretation erhobener Befunde auf dem Gebiet des Säure-Basen-Stoffwechsels findet man auf S. 86.

Eine **Alkalose** kommt bei Niereninsuffizienz nur selten vor. Sie ist dann entweder die Folge von ausgeprägtem Kaliummangel oder von übermäßiger Zufuhr alkalisierender Lösungen oder schließlich von großen Verlusten an Chlorid und H^+-Ionen durch Erbrechen. Auch dabei treten Kaliumverluste auf, welche die metabolische Alkalose unterstützen. Klinisch kann unter diesen Umständen das Auftreten einer Tetanie beobachtet werden. Die Bestimmung von Standardbicarbonat muß die Diagnose sichern. Zusätzlich kann eine Blut-p_H-Messung von Vorteil sein. Meist kommt man allerdings mit der Bicarbonatbestimmung aus, da sich eine sekundäre Bicarbonatvermehrung infolge respiratorischer Acidose klinisch leicht ausschließen läßt.

4. Grundzüge der Behandlung

Man muß sich vergegenwärtigen, daß bei der Niereninsuffizienz eine Retention harnpflichtiger Substanzen und eine oft übermäßige Ausscheidung von Elektrolyten vorliegt, die dem Körper erhalten werden müssen (H. E. BOCK). Auf zwei Wegen kann die für die Bedürfnisse des Organismus ungenügende Nierenfunktion therapeutisch angegangen werden. Einmal muß die Leistungsfähigkeit der Niere möglichst gesteigert werden, ferner muß die Zufuhr bestimmter Stoffe an die herabgesetzte Nierenleistung angepaßt werden.

a) Maßnahmen zur Besserung der Nierenfunktion

Da ursächlich sehr verschiedenartige Krankheiten eine Rolle spielen können (s. Tab. 51), wird die Behandlung unterschiedlich sein müssen.

Von besonderer Bedeutung ist die *Behandlung der sog. zirkulatorischen Niereninsuffizienz.* Hierunter fallen die meisten der in Tab. 51 unter I aufgeführten Störungen. Immer wenn die Zirkulation unzureichend wird, ändert sich die Blutverteilung im Organismus; die Durchblutung der für das Leben weniger wichtigen Gebiete wird gedrosselt, während die Blutversorgung von Gehirn und Herz nur wenig verändert wird. Die Nieren erhalten normalerweise etwa ein Fünftel des Ruhe-Herzminutenvolumens. Unter den in Tab. 51 I aufgeführten Umständen bekommen die Nieren jedoch weniger Blut. Die zirkulatorische Niereninsuffizienz ist in ihren leichteren Ausprägungen sehr gut rückbildungsfähig und stellt eines der dankbarsten Behandlungsgebiete dar. Es ist sehr wichtig, an die Möglichkeit von Kombinationen mit den anderen in Tab. 51 aufgeführten Gruppen zu denken. Wenn z. B. ein Patient mit chronischer Glomerulonephritis eine Herzinsuffizienz bekommt, dann wird die Nierenfunktion weiter reduziert. Die erfolgreiche Behandlung der Herzinsuffizienz kann die Nierenfunktion erheblich bessern. Ein weiteres hier zu nennendes Beispiel liegt vor, wenn ein Patient mit einem chronischen Nierenleiden durch den Verlust extracellulärer Flüssigkeit eine Verminderung des Herzminutenvolumens und der Nierendurchblutung erleidet; so kann die Nierenfunktion weiter gestört werden. Auch bei den Fällen mit Verlegung der Harnwege ist nach Herstellung der freien Passage darauf zu achten, daß die nun einsetzende Ausschwemmung von Wasser und Salzen nicht eine Oligämie mit Absinken des Herzminutenvolumens und damit eine zirkulatorische Niereninsuffizienz bewirkt.

b) Die Anpassung der Zufuhr an die Leistungsfähigkeit der Niere

Die Größe des Eiweißstoffwechsels ist von erheblicher Bedeutung, da bei hohem Proteinabbau viel Rest-N-Substanzen, Phosphat und Sulfat zur Ausscheidung gebracht werden müssen. Ist die Niere in ihrer Ausscheidungsfähigkeit gestört, so wird es unter diesen Bedingungen zu einem Anstieg von Rest-N, Phosphat und Sulfat kommen. Es ist deshalb von großer Bedeutung, sowohl den endogenen Eiweißstoffwechsel niedrig zu halten als auch die Proteinzufuhr den Ausscheidungsmöglichkeiten anzupassen. Beim normalen Menschen kann ein maximaler *proteinsparender Effekt* dann erzielt werden, wenn 100 g *Kohlenhydrate* gegeben werden (Abb. 40). Bei Patienten mit chronischer Niereninsuffizienz ist aber die Zufuhr von 100 g Kohlenhydraten zu wenig, man sollte die *Zufuhr möglichst auf 200 g erhöhen.*

Die *Proteinzufuhr* soll bei Patienten mit niedrigem Glomerulumfiltrat und Rest-N-Steigerung herabgesetzt werden. Dafür sprechen auch folgende Gründe. Harnstoff, das wesentliche Endprodukt des Eiweißstoffwechsels, bedingt zur Hälfte oder mehr die Osmolalität des Harns. Bei den üblichen Fällen von Niereninsuffizienz besteht eine konstante osmotische Diurese. Sie kann die Ursache für Wasser- und Salzverluste mit Verminderung der extracellulären Flüssigkeit sein, woraus dann wieder in einem Circulus vitiosus eine Herabsetzung der Nierendurchblutung mit entsprechender Funktionseinschränkung resultiert. *Das Angebot an osmotisch wirksamen Substanzen kann deshalb reduziert werden, wenn die Eiweißzufuhr gering gehalten wird.*

Als vorübergehende Maßnahme kann bei akuter Niereninsuffizienz und bei Verschlechterung einer chronischen Niereninsuffizienz eine weitgehend eiweißfreie Kost gegeben werden. Für die Dauer sollte man jedoch nicht weniger als 30 g Eiweiß pro Tag geben. BULL empfiehlt bei Harnstoffspiegeln bis 70 mg-% 70 g Eiweiß am Tag, bei Harnstoffspiegeln zwischen 70 und 120 mg-% 45 g. Liegt er über 120 mg-%, dann sollen nur 30 g Eiweiß täglich zugeführt werden.

Die Zufuhr von *hohen Fettmengen* ist aus theoretischen Gründen (BULL; MASSON) zwar erwünscht, aber praktisch schwer durchzuführen. Die intravenöse

Gabe ist noch nicht genügend sicher entwickelt, die perorale Zufuhr verursacht oft Durchfälle, die eine sehr unerwünschte Komplikation darstellen.

c) Die Wasser- und Salzzufuhr

Besonderer Kontrolle bedarf die Zufuhr von Wasser, Natrium und Kalium.

Flüssigkeits- und Elektrolytzufuhr. Wassermangel, besonders Mangel an extracellulärer Flüssigkeit, mit seinen unerwünschten Folgen auf Herzminutenvolumen und Nierendurchblutung muß möglichst schnell beseitigt werden. Oft liegt aber auch intracellulärer Wassermangel vor. Die Behandlung muß also in einer Zufuhr von extracellulärer Flüssigkeit und Wasser zur Auffüllung des intracellulären Raums bestehen. Praktisch verfährt man so, daß die im 10. Kapitel erwähnten Basislösungen zum Ersatz extracellulärer Flüssigkeit im Wechsel mit isotonischer Glucoselösung infundiert werden. Die Zufuhr sollte relativ schnell geschehen, um den Zustand der Kreislaufinsuffizienz abzukürzen. Ist das extracelluläre Volumen wieder hergestellt und der Kaliumspiegel nicht erhöht, so sollte mit Vorsicht auch Kalium zugeführt werden.

Erhaltungsdosen. Bei normaler Temperatur beträgt der insensible Wasserverlust durch Haut und Atmung etwa 800—1000 ml. Als Basiszufuhr muß also stets diese Menge zugeführt werden. Bei Anurien sollte allerdings die Zufuhr auf etwa 600 ml herabgesetzt werden, da Fett in Wasser umgewandelt wird. Diesem Basisvolumen sollte ein Flüssigkeitsvolumen zugefügt werden, welches einen „optimalen" Harnfluß erlaubt. Der optimale Urinfluß ändert sich mit dem Typ der Nierenläsion, ist aber bei Patienten mit Rest-N-Erhöhung im allgemeinen nahe der Menge, welche die Niere überhaupt ausscheiden kann. Im allgemeinen gilt, daß der Urinfluß um so höher sein soll, je höher die Rest-N-Steigerung ist. Es darf aber natürlich die Leistungsfähigkeit der Niere nicht überschritten werden. Bei chronischen Nierenleiden mit Harnstoffspiegeln über 100 mg-% dürfte die adäquate Zufuhr in folgender Höhe zu bemessen sein (BULL): 800 ml als Basisbedarf, zusätzlich so viel ml, als der Patient in den 24 Std. vorher ausgeschieden hat, zusätzlich 200 ml Flüssigkeit. Sollte der Harnfluß ansteigen, kann für den nächsten Tag in derselben Weise die Bemessung vorgenommen werden. Solche Patienten sollten keinesfalls Flüssigkeitsbeschränkung erhalten. Ein Konzentrationsversuch kann verhängnisvoll werden, er sollte deshalb bei Rest-N-Erhöhung nur ausnahmsweise durchgeführt werden.

Wasserüberschuß. Abgesehen von den Anurien ist Überwässerung mit Natriumretention verbunden. Sie soll später betrachtet werden. Bei anurischen Patienten kann die Überwässerung vermieden werden durch Reduzierung der Wasserzufuhr auf weniger, als der insensible Verlust beträgt.

Natriumzufuhr. Bei chronischer Niereninsuffizienz und gleichzeitig bestehenden Ödemen soll die Natriumzufuhr nicht mehr als 1 g pro Tag betragen. Liegen jedoch keine Ödeme vor, so können leicht Natriummangel-Zustände mit ihren oben besprochenen Folgen eintreten. Es ist deshalb zusätzlich zu dem gewöhnlich beim Kochen verwendeten und in der Nahrung von vornherein enthaltenen Salz eine Zulage zu empfehlen. BULL gibt 3 g Natriumbicarbonat und 2 g NaCl als Zulage. Bei auftretenden Ödemen muß diese Dosis natürlich reduziert werden.

Kalium. Die Gefahren der *Hyperkaliämie* liegen in der Erzeugung eines Herzstillstandes. Der hohe Kaliumspiegel kann entweder durch Verschiebung des Kaliums in die Zellen oder durch Entzug aus dem Körper erniedrigt werden. Schließlich kann der toxische Effekt selbst durch gewisse Maßnahmen beseitigt werden. Eine Verschiebung von Kalium in die Zellen wird durch *Glucosegaben* erreicht. Glucose dringt in die Zellen ein und nimmt Kalium dabei mit, welches im Zuge der Glykogenbildung in den Zellen fixiert wird. Die Anwendung von Insulin kann die Glykogenbildung und damit die Wirkung auf die Hyperkaliämie noch verstärken.

Kalium kann aus dem Körper durch verschiedene Methoden entfernt werden. Am wirksamsten ist die extracorporale Dialyse („künstliche Niere"). Sie soll hier nicht näher beschrieben werden; es wird auf zusammenfassende Darstellungen (SARRE; MOELLER; FREY u. KIEFER) verwiesen.

Schließlich ist es möglich, durch die Gabe von *Calcium und Natrium* die toxischen Wirkungen der Hyperkaliämie aufzuheben. MERONEY und HERNDON (1954) beschreiben eine Mischung von Glucose, Calcium und Natrium, die sehr zu empfehlen ist (s. S. 182).

Beseitigung einer Hypokaliämie. Die Kaliumzufuhr sollte nach Möglichkeit peroral geschehen. Ist eine intravenöse Anwendung erforderlich, so sollen die früher besprochenen Vorsichtsmaßnahmen (10. Kapitel) beachtet werden.

d) Die Korrektur des gestörten Säure-Basen-Stoffwechsels

Bei den meisten Patienten mit chronischer Niereninsuffizienz besteht eine Tendenz zu *metabolischer Acidose*. Sie kann durch die Verordnung von Natriumbicarbonat gebessert werden. BULL empfiehlt bei Patienten, deren Harnstoffspiegel 100 mg-% überschreitet, 2—5 g Natriumbicarbonat täglich. Die Dosierung soll durch häufigere Bestimmung von Standardbicarbonat überwacht werden. In schweren Fällen ist die intravenöse Zufuhr von Natriumlactat notwendig. Bezüglich der Einzelheiten und der Dosierung wird auf das 10. Kapitel (S. 183) verwiesen.

Die Korrektur einer *metabolischen Alkalose*, die bei chronischer Niereninsuffizienz nur ausnahmsweise vorkommt, ist theoretisch zwar kompliziert; in der Praxis kann die Niere aber die erforderlichen Regulationsvorgänge meist durchführen, wenn das extracelluläre Flüssigkeitsvolumen noch normal ist bzw. normalisiert wird und kein Kaliummmangel-Zustand besteht. Man sollte deshalb ein eventuell vorliegendes Defizit an extracellulärer Flüssigkeit auffüllen und einen vorhandenen Kaliummangel beseitigen.

Die Behandlung der oft auftretenden Anämie, der epileptiformen Krämpfe und der Hypertonie liegt außerhalb des Rahmens dieses Buches. Sie ist in den eingangs zitierten Abhandlungen nachzulesen.

Bei auftretendem **Erbrechen** ist darauf zu achten, ob etwa Veränderungen des Wasser- und Elektrolythaushaltes seine Ursache sind: eine celluläre Überwässerung oder ein Mangel an extracellulärer Flüssigkeit mit Kreislaufinsuffizienz — beide zeigen oft Erbrechen — sollten beseitigt werden. Hat man sich davon überzeugt, daß diese Zustände nicht vorliegen bzw. nicht korrigierbar sind, dann sollten Megaphen und Atosil in Dosen von 25—50 mg gegeben werden.

Diarrhoen können am besten dadurch behandelt werden, daß man die orale Ernährung durch die intravenöse Dauerinfusion ablöst. In schweren Fällen sollten außerdem Antibiotica gegeben werden. Dabei ist darauf zu achten, daß die Dosierung entsprechend den auf S. 323 gegebenen Richtlinien gehalten wird.

5. Die akute tubuläre Nekrose

Die häufigsten Formen akuter Niereninsuffizienz sieht man nach Traumen und chirurgischen Eingriffen, Geburtskomplikationen, Transfusionszwischenfällen und schwerem Wasser- und Salzverlust. Meist besteht längere Zeit ein Schockzustand. Unter diesen Umständen kommt es zu ischämisch bedingten Nekrosen der Tubuluszellen, die sowohl in den proximalen als auch in den distalen Tubulusabschnitten gefunden werden.

Wegen der großen Bedeutung dieser in den letzten Jahren zunehmend häufig beobachteten Störung für die Chirurgie wird die akute tubuläre Nekrose (Synonyma: lower nephron nephrosis, akute Anurie, akutes Nierenversagen, Schockniere) im 18. Kapitel behandelt.

II. Das nephrotische Syndrom

FR. VON MÜLLER prägte 1905 den Begriff der Nephrose; er wollte darunter die nicht-entzündlichen degenerativen Nierenkrankheiten zusammengefaßt wissen. Von pathologischer Seite werden mit derselben Bezeichnung Veränderungen benannt, die bei sehr unterschiedlichen klinischen Bildern vorkommen. Hierhin gehören sowohl die toxisch und ischämisch bedingten Läsionen der Tubuli als auch jene Krankheiten, die unter dem klinischen Bild der großen Albuminurie, Hypoproteinämie und Ödembildung verlaufen. Die Forschung der letzten 20 Jahre hat nun ergeben, daß bei dem zuletzt genannten Syndrom—*dem sog. nephrotischen Syndrom — die anatomisch nachweisbaren Tubulusveränderungen nicht Ursache, sondern Folge einer primär gesteigerten Durchlässigkeit der Glomerula sind.* Es ist deshalb zweckmäßig, das nephrotische Syndrom von den toxischen und ischämischen Tubulusveränderungen abzugrenzen, die am besten als akute Tubulusnekrosen (s. 18. Kapitel) bezeichnet werden.

Das nephrotische Syndrom ist durch mehr oder weniger massive Eiweißausscheidung im Harn, Verminderung der Eiweißkörper im Blut, Lipiderhöhung im Plasma und generalisierte Ödembildung gekennzeichnet. Das im Harn ausgeschiedene Eiweiß entstammt dabei dem Plasma, es enthält überwiegend Albumine, zu einem geringeren Teil auch Globuline. Die Hypoproteinämie muß als Folge der Eiweißausscheidung angesehen werden. *Immer wieder geäußerte Ansichten, wonach primär eine Bildung abartiger Eiweißkörper zu einer sekundären Nierenschädigung führen soll, müssen nach den heutigen Kenntnissen abgelehnt werden* (eingehende Diskussion bei SARRE).

Die Eiweißausscheidung erfolgt in den Glomerula, deren Poren infolge des pathologischen Prozesses so an Größe zugenommen haben, daß Albumine und in geringerem Maße auch Globuline die Glomerulummembran passieren können. Das filtrierte Eiweiß wird in den Tubuli zum Teil rückresorbiert. Die dabei auftretenden anatomischen Veränderungen wurden früher als Ausdruck einer tubulären Degeneration gewertet.

15*

Interessanterweise findet sich das *nephrotische Syndrom bei verschiedenen Grundkrankheiten*. Die Tab. 53 gibt eine Übersicht der bisher bekannten Ursachen. Einzelheiten findet man z. B. bei FISHBERG und SARRE.

Die chronische genuine Nephrose (Lipoidnephrose) wurde ursprünglich von MUNK, VOLHARD und FAHR sowie EPSTEIN als nosologische Einheit herausgestellt.

Tabelle 53. *Grundkrankheiten bei nephrotischem Syndrom* (Nach SARRE, modifiziert)

1. Chronische Nephritis
   Schwangerschaftsnephropathie
2. Genuine Nephrose (Lipoidnephrose)
3. Amyloidniere
4. Glomerulosklerose
5. Chronische Infektionen (Lues, Tuberkulose, Malaria, Staphylokokken-, Pneumokokken-Infektionen, chronische Arthritiden)
6. Chronische Intoxikationen [Quecksilber, Gold, Arsen (Salvarsan), Kaliumpermanganat, Blei]
7. Maligne Tumoren und Morbus Hodgkin
8. Chronische venöse Stauung bei Thrombosen der Nierenvenen oder der Vena cava

Aber schon LOEHLEIN hielt die Lipoidnephrose für eine Spielart der Glomerulonephritis. Diese Auffassung wurde seither von verschiedener Seite gestützt (BELL, ALLEN). Sie wird heute von den meisten Sachkennern dieses Gebietes, besonders in den angelsächsischen Ländern, vertreten.

Im Rahmen des vorliegenden Themas soll die Besprechung des nephrotischen Syndroms auf die Störungen des Wasser- und Elektrolythaushalts, also in der Hauptsache das nephrotische Ödem beschränkt werden.

1. Das nephrotische Ödem

Während der Ausbildung des Ödems besteht ein Mißverhältnis zwischen Wasser- und Salzzufuhr einerseits und Ausscheidung von Wasser und Natrium andererseits; dabei steht, ähnlich wie beim kardialen Ödem, die Niere im Mittelpunkt der Wasser- und Natriumretention.

a) Ursachen der Wasser- und Natriumretention

Als Ursache für die verminderte Ausscheidung von Wasser und Natrium kommt eine Herabsetzung des Glomerulumfiltrats oder eine gesteigerte Rückresorption in Frage.

Das Glomerulumfiltrat wird bei kindlichen Nephrosen häufig normal oder sogar erhöht gefunden. Beim Erwachsenen ist es meist mehr oder weniger stark herabgesetzt (Literaturübersicht bei WESSON). Bei den Fällen mit normalem oder erhöhtem Glomerulumfiltrat kann die Neigung zu Wasser- und Natriumretention nur auf eine verstärkte Rückresorption zurückgeführt werden. Schwieriger ist diese Frage bei den Fällen mit herabgesetztem Filtrat zu entscheiden. Aber auch hierbei wird man der gesteigerten Rückresorption eine wesentliche Bedeutung zumessen müssen. Findet man doch eine erhebliche Diurese oft ohne Änderung der Glomerulumfiltration, so daß der Schluß auf eine vorher gesteigerte Rückresorption berechtigt ist.

Die weitere Frage lautet, ob primär Natrium oder Wasser retiniert wird. Die Natriumwerte im Plasma, die bei der Herzinsuffizienz zur Entscheidung dieser Frage herangezogen werden konnten, sind beim nephrotischen Syndrom nicht selten erniedrigt. Man könnte hieraus den Schluß auf eine gegenüber Natrium vermehrte und von ihm unabhängige Wasserretention ziehen.

Hier muß auf folgende methodische Schwierigkeiten hingewiesen werden. Die Lipide sind im Plasma bei nephrotischem Syndrom erheblich erhöht. Sie besitzen ein hohes spezifisches

Volumen und nehmen deshalb Lösungsraum ein. Dagegen sind die Eiweißkörper vermindert, die ebenfalls ein großes spezifisches Volumen haben. Dadurch mag ein gewisser Ausgleich entstehen. Immerhin sollten die gefundenen Natriumwerte nicht auf Plasma, sondern auf Wasser (mval/kg Plasmawasser) bezogen werden. Erst dann läßt sich die Frage entscheiden, ob eine Hyponatriämie wirklich vorliegt.

Immerhin werden nicht ganz selten so niedrige Natriumwerte beobachtet, daß sie durch methodische Abweichungen allein nicht mehr zu erklären sind. Für ihre Entstehung könnte sowohl eine gegenüber Natrium vermehrte Wasserretention als auch ein Abstrom von Natrium in die Körperzellen in Frage kommen. Beide Vorgänge liegen tatsächlich vor.

Daß Natrium und Wasser beim nephrotischen Syndrom — auch bei der Lebercirrhose — unabhängig voneinander retiniert werden können, wird man bei Kenntnis der für die Regulation der Wasser- und Natriumausscheidung maßgebenden Faktoren (s. S. 108) *und der pathogenetischen Zusammenhänge durchaus zugeben müssen.* Die Hypoproteinämie des nephrotischen Syndroms führt zu einem Absinken des kolloidosmotischen Drucks und damit zu einer Verminderung des intravasalen Flüssigkeitsvolumens. Tatsächlich wurde durch wiederholte Plasmavolumenbestimmungen im Verlaufe eines nephrotischen Syndroms eine Verminderung der intravasalen Flüssigkeit im Zustand der Ödembildung mehrfach gefunden (EDER u. Mitarb.). Das bedeutet eine *Verminderung des intrathorakalen Blutvolumens und damit eine Reizung der Volumenreceptoren im Bereich des linken Vorhofs.* Über eine *vermehrte ADH-Freisetzung* kommt es so zur Wasserretention. Leider sind unmittelbare Bestimmungen der ADH-Aktivität mit hinreichend zuverlässigen Methoden bei nephrotischem Syndrom noch nicht bekannt geworden.

Eine Verminderung der intravasalen Flüssigkeit wird ferner, vor allem über eine Reduktion des Herzminutenvolumens, *zu einer verminderten Füllung des arteriellen Gefäßsystems führen.* Im 3. Kapitel (Abschnitt E und F) wurde dargelegt, daß sowohl Änderungen der interstitiellen Flüssigkeit als auch Füllungsänderungen des arteriellen Gefäßsystems wahrscheinlich über Volumenreceptoren Einfluß auf die renale Natriumausscheidung nehmen. In Übereinstimmung mit den Verhältnissen beim kardialen Ödem werden die von der verminderten arteriellen Gefäßfüllung ausgehenden antinatriuretischen Einflüsse auch beim nephrotischen Syndrom die Natriumretention durchaus erklären können. Auch hier besteht keine Möglichkeit, von der interstitiellen Flüssigkeit her eine befriedigende Erklärung zu geben. Letztere ist ja erheblich vermehrt (Ödembildung!) und müßte deshalb die renale Natriumausscheidung im Sinne einer Natriurese beeinflussen. *Man muß deshalb annehmen, daß die Einflüsse von der verminderten Füllung des arteriellen Systems gegenüber denen der interstitiellen Flüssigkeit prävalieren.*

Fragt man nach den *efferenten Faktoren,* die die Natriumretention bewirken könnten, so sind dieselben Überlegungen wie im Falle des kardialen Ödems anzustellen. Man wird also an den Faktor X (SMITH), an Aldosteron und das natriumeliminierende Hormon der Nebennierenrinde denken müssen. Leider stehen bisher nur über Aldosteron ausgedehnte experimentelle Befunde zur Verfügung. Aldosteron wurde, wie bei den anderen Formen generalisierter Ödembildung, auch bei nephrotischem Syndrom vermehrt im Harn nachgewiesen (Literaturübersicht bei GROSS, FARRELL). *Seine Bedeutung für die Natriumretention wird man aber erst dann zutreffend beurteilen können, wenn auch über die anderen*

an der Natriumrückresorption beteiligten Faktoren experimentelle Befunde vorliegen.
Eine Übersicht der an der nephrotischen Ödembildung beteiligten Faktoren
gibt Tab. 54.

Tabelle 54. *Pathogenetische Faktoren der Ödementstehung beim nephrotischen Syndrom*

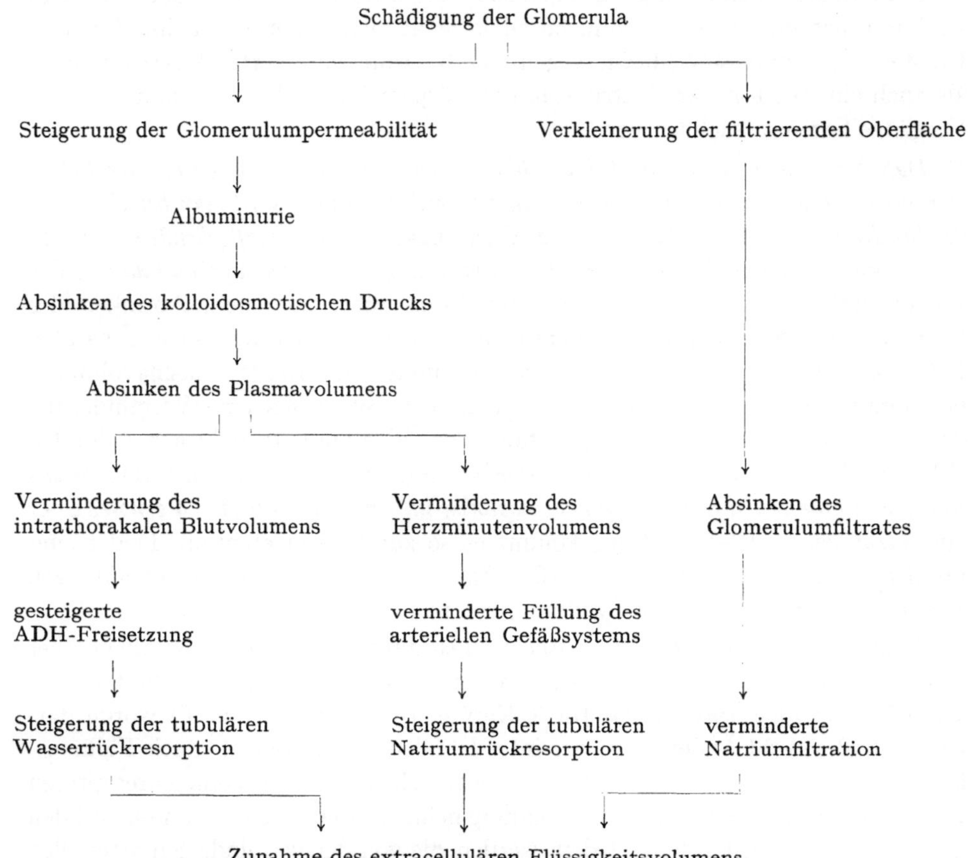

b) Die Verteilung der retinierten Flüssigkeit auf die Flüssigkeitsräume

Entsprechend der weitgehenden Isotonie der retinierten Flüssigkeit kommt es
zu einer ganz überwiegenden Verteilung auf den extracellulären Raum. Die Vermehrung der extracellulären Flüssigkeit betrifft sowohl den interstitiellen als
auch den intravasalen Anteil. Damit wird die während der Ödembildung abgesunkene intravasale Flüssigkeit wieder aufgefüllt. Der Füllungsdruck des
Herzens und damit das Herzminutenvolumen steigen an. *Ganz ähnlich wie beim
kardialen Ödem wird also auch hier die, wenigstens teilweise, Korrektur der intravasalen Flüssigkeit mit einer Vermehrung der interstitiellen Flüssigkeit, also mit
Ödembildung, erkauft.*
Über den *Wassergehalt der Zellen* bei nephrotischem Syndrom liegen noch
keine verwertbaren Befunde vor. Eine geringe Erhöhung ist aber gut möglich.
Natrium wurde von Fox und SLOBODY anhand von Gewebsanalysen *intracellulär*

vermehrt gefunden, dagegen war der *Kaliumgehalt der Zellen vermindert.* Es wäre denkbar, daß diese intracellulären Elektrolytverschiebungen auf die vermehrte Aldosteronaktivität zurückzuführen sind.

2. Das Ödem bei akuter Glomerulonephritis

Es bestehen nicht unerhebliche Unterschiede zwischen der Pathogenese des nephrotischen Ödems und der des Ödems bei akuter Nephritis. Auch hier gewinnt man in die komplizierten Zusammenhänge am besten Einsicht, wenn man von der klinischen Beobachtung ausgeht. Der größte Teil der akuten Nephritiden zeigt einen plötzlichen Beginn mit Hochdruck, Ödembildung, Hämaturie und Albuminurie. Freilich kommen auch oligo- und monosymptomatische Formen nicht ganz selten vor. Immerhin tritt das Ödem meist von einem zum anderen Tag auf. Daraus läßt sich bereits ableiten, daß die Ödementstehung, im Unterschied zu den anderen Formen generalisierter Ödeme (kardiales und nephrotisches Ödem, Lebercirrhose), unabhängig von einer positiven Wasser- und Natriumbilanz erfolgt. *Eine Retention von Wasser und Natrium durch die Niere kann also keine primäre Bedeutung für die Ödempathogenese im Beginn haben.*

Die Untersuchung der *Ödemflüssigkeit* ergibt im Unterschied zum nephrotischen Ödem einen *reichlichen Eiweißgehalt* (Literaturübersicht bei SARRE). Daraus läßt sich schließen, daß die Porengröße der Capillaren zugenommen haben muß. Es handelt sich im Prinzip um einen universell ausgebildeten Capillarschaden, der im Bereich der Glomerula besonders stark ausgeprägt ist. *Als Folge dieses Verlustes intravasaler Flüssigkeit müssen dann weitgehend dieselben Reaktionen eintreten, die bereits beim nephrotischen Ödem geschildert wurden.* Leider liegen bei akuten Nephritiden bisher kaum zuverlässige Messungen über Aldosteronausscheidung, ADH-Aktivität usw. vor. Die Verminderung des Plasmavolumens muß ja über eine Reizung der Volumenreceptoren des linken Vorhofs eine vermehrte ADH-Freisetzung und über die verminderte Füllung des arteriellen Systems eine Antinatriurese hervorrufen. Die alte Beobachtung, wonach NaCl-Zufuhr während akuter Nephritis zu verstärkter Ödembildung führt, läßt sich mit diesen theoretischen Vorstellungen gut verstehen.

Diese pathogenetischen Unterschiede des akut-nephritischen Ödems lassen auch die weitgehende Unabhängigkeit der Ödemlokalisation von hydrostatischen Einflüssen verstehen. Letztere spielen dagegen beim nephrotischen Ödem und besonders beim kardialen Ödem eine wesentliche Rolle.

In seltenen Fällen scheinen auf bisher unbekannte Weise *Capillardefekte mit Steigerung der Permeabilität vorzukommen, ohne daß die Glomerulumcapillaren mit betroffen sind.* So ist wahrscheinlich der berühmte, von THORN u. Mitarb. mehrfach, zuletzt 1958 (Ross u. Mitarb.) beschriebene Fall aufzufassen.

Eine Patientin litt seit 10 Jahren an universellen Ödemen bei normalem Blutdruck, normalen Plasmaelektrolyten und fehlender Eiweißausscheidung im Harn. Die Aldosteronausscheidung war erheblich gesteigert. Die operative Freilegung der Nebennieren ergab ein Adenom, dessen Entfernung zu einem kurzfristigen Schwinden der Aldosteronausscheidung im Harn mit Ausschwemmung von Natrium und Wasser führte. Allmählich stellte sich aber ein erneuter Anstieg der Aldosteronausscheidung ein, der auf eine vermehrte Bildung durch die verbliebene Nebennierenrinde bezogen werden mußte. Nach Entfernung auch der zweiten Nebenniere konnte Aldosteron im Harn nicht mehr gefunden werden. Es kam zu Ödemausschwemmung und Abfall des Körpergewichts bis auf 73 kg. Die Dauerbehandlung wurde mit

Cortison, Prednison bzw. Cortisol bei NaCl-Zulagen und geringen Gaben von Fluor-Cortisol bzw. Cortexon durchgeführt. Der Versuch, die bei 73 kg Körpergewicht noch verbliebenen Ödeme ebenfalls zur Ausscheidung zu bringen, mußte abgebrochen werden. Es stellten sich dann Kreislauferscheinungen mit Übelkeit, Schwäche und Muskelkrämpfen ein, die auf einen Mangel an intravasaler Flüssigkeit mit den daraus resultierenden Störungen des Kreislaufs zurückgeführt werden mußten. *Anscheinend war das für eine einigermaßen ausreichende Kreislaufleistung erforderliche intravasale Volumen nur dann vorhanden, wenn die interstitielle Flüssigkeit vermehrt war.* Dieser in den ersten Veröffentlichungen als Beispiel einer besonderen Spielart des primären Hyperaldosteronismus in Anspruch genommene Fall muß also eindeutig als sekundärer Hyperaldosteronismus eingeordnet werden. Von besonderer Bedeutung ist dabei, daß weder Blutdruck noch Plasmaelektrolyte verändert waren. Wahrscheinlich handelt es sich bei dem von MACH u. Mitarb. beschriebenen Fall ebenfalls um eine universelle Steigerung der Capillarpermeabilität mit sekundärem Hyperaldosteronismus.

3. Die Behandlung des nephrotischen Syndroms

a) Allgemeines

Zunächst ist auf die ätiologisch sehr unterschiedlichen Grundkrankheiten des nephrotischen Syndroms zu achten und die Behandlung danach auszurichten. Freilich wird man nur in seltenen Fällen eine kausale Behandlung durchführen können. Chronische Infekte, z. B. Lues, Tuberkulose und Kokkeninfekte müssen behandelt werden. Intoxikationen, z. B. durch Quecksilber- und Goldpräparate, sind durch Beseitigung der verantwortlichen Stoffe anzugehen. Bei malignen Tumoren und Morbus Hodgkin muß sich die Behandlung auf die Grundleiden erstrecken. In den seltenen Fällen von Nierenvenen-Thrombose ist eine chirurgische Behandlung zu erwägen. Sie wird bei einseitigen Prozessen meist in einer Nephrektomie bestehen müssen (Literaturübersicht bei SARRE). Bei der Amyloidniere läßt sich durch Behandlung der Grundkrankheit manchmal eine Besserung erzielen.

Über diese speziellen auf die Grundkrankheiten gerichteten Behandlungsarten hinaus sind folgende therapeutische Möglichkeiten gegeben.

b) Vermehrung der intravasalen Flüssigkeit

Entsprechend den pathogenetischen Zusammenhängen (s. S. 228) wird die Vergrößerung des intravasalen Volumens von wesentlicher Bedeutung sein. Grundsätzlich können dazu Blut, Plasma oder Humanalbumin verwendet werden. Da oft gleichzeitig eine Anämie besteht, wird man Bluttransfusionen meist den Vorzug geben. Gegen Humanalbumin ist einzuwenden, daß es bei hochgradiger Albuminurie sehr schnell durch die Niere ausgeschieden wird und deshalb keinen nachhaltigen Einfluß im Sinne einer Vermehrung des intravasalen Volumens ausüben kann. Zudem ist die Behandlung sehr teuer. Kolloidale Lösungen (s. S. 185) werden ebenfalls oft empfohlen. Leider sind die meisten Handelspräparate aus Molekülen so niedrigen Molekulargewichts zusammengesetzt, daß eine sehr schnelle Ausscheidung durch die Niere stattfindet.

Nicht selten lassen sich durch häufigere kleine Bluttransfusionen erstaunliche Besserungen erzielen.

c) Nebennierenrinden-Steroide

In den letzten Jahren ist zum Teil sehr optimistisch über die Behandlung mit ACTH, Cortison und seinen Derivaten, besonders Prednison beim nephrotischen

Syndrom berichtet worden. Mit zunehmender Erfahrung greift aber eine weniger zuversichtliche Beurteilung Platz. Die besten Erfolge werden zweifellos im Kindesalter erzielt. Hier sind jahrelange Heilungen keine Seltenheit mehr.

Die Durchführung der Behandlung wird unterschiedlich gehandhabt. SARRE empfiehlt beim Erwachsenen 40—60 mg Prednison über die Zeit von 2—3 Wochen. Diese Dosierung soll während dieser Zeit auch dann beibehalten werden, wenn die Diurese nach 8—10 Tagen in Gang kommt, was meistens der Fall ist. Nach der 2—3 Wochen lang durchgeführten Behandlung wird eine Erhaltungsdosis von 10—20 mg täglich angeschlossen. Sie soll erst dann abgebaut werden, wenn die Eiweißausscheidung sistiert.

Nebenwirkungen wie Blutdrucksteigerungen, Zunahme der Ödeme, Kopfschmerzen usw. werden unter Prednison kaum mehr beobachtet.

Bei *Kindern* empfehlen DEBRÉ und ROYER folgende Behandlung. Sie warten zunächst 6—8 Wochen nach Krankheitsbeginn ab, ohne Nebennierenrinden-Steroide anzuwenden. Nicht ganz selten werden nämlich Verläufe beobachtet, die nach wenigen Wochen spontan ein Abklingen der Erscheinungen zeigen. Tritt das nicht ein, so empfehlen DEBRÉ und ROYER für 1—2 Wochen Prednison in einer Dosierung von 1—3 mg pro kg. Tritt keine Ödemausschwemmung auf oder stellen sich Ödeme nach 3 Monaten wieder ein, dann empfehlen sie eine intermittierende Behandlung folgender Art: 3—4 Tage in der Woche Prednison in einer Dosierung von 2—2,5 mg pro kg unter Antibiotica-Schutz. An den prednisonfreien Tagen werden 1—3 g $CaCl_2$ oder KCl verabreicht. Tritt darunter eine Rückbildung der Symptome ein, dann wird trotzdem diese Behandlung noch 2—3 Monate fortgeführt. Besteht noch eine geringe Eiweißausscheidung bis maximal 2 g pro Tag, so wird die Behandlung insgesamt 4 Monate fortgesetzt.

Tritt nach 2 Monate langer Behandlung kein Erfolg ein, dann empfehlen DEBRÉ und ROYER 4 Tage lang die intravenöse Infusion folgenden Gemisches: 20 ml Plasma, 30 ml isotonische NaCl-Lösung, 4 mg ACTH, 100 000 E. Penicillin pro kg und Tag. Zu der gesamten Lösung werden noch 20 ml 10%iges Calciumgluconat gegeben. Während dieser verschärften Behandlung wird natriumfreie Kost gegeben und auch die Flüssigkeitszufuhr hochgradig reduziert.

Als *Nebenwirkungen* werden im Kindesalter nicht ganz selten ein Stillstand des Wachstums beobachtet, außerdem die auch vom Erwachsenen her bekannten Nebenerscheinungen wie Osteoporose, Adipositas, arterielle Hypertension und hypokaliämische Alkalose.

Wirkungsweise. Hierbei sind unterschiedliche, bisher nur zum Teil bekannte Mechanismen beteiligt. Man kann unmittelbare Einflüsse auf den Wasser- und Natriumhaushalt von solchen unterscheiden, die an der Glomerulummembran selbst angreifen.

Prednison vermag in manchen Fällen eine Wasserdiurese zu erzeugen. Es ist fraglich, ob in diesen Fällen ein Mangel an Cortisol vorliegt, der durch Prednison ausgeglichen wird. Manche Autoren (KÜCHMEISTER) haben ja beim nephrotischen Syndrom von einer verminderten Nebennierenrinden-Tätigkeit berichtet. Die Zona glomerulosa der Nebennierenrinde bildet allerdings vermehrt Aldosteron. Auf sie würde sich diese Unterfunktion also nicht erstrecken. *Meist entsteht aber* unter Prednison-Gabe *nicht nur eine Wasserdiurese, sondern auch eine vermehrte Natriurese.* Sie kann auf folgende Weise erklärt werden. Unter den Bedingungen, da auch die Körperzellen vermehrt Natrium enthalten — das ist beim nephrotischen Syndrom der Fall —, läßt sich mit Cortison und seinen Derivaten anscheinend Natrium aus den Körperzellen herausholen. Dabei kommt es auch zu einem Austritt von Zellwasser, so daß der extracelluläre Raum einschließlich dem intravasalen Anteil vergrößert wird (GAUDINO und LEVITT; LEVITT und BADER; SWEET u. Mitarb.). Es könnte sein, daß *durch diese Zunahme des extracellulären Volumens die körpereigenen in dieselbe Richtung gehenden Regulationen in Wegfall kommen.*

Schließlich ist noch daran zu denken, daß auch die *Freisetzung von natriumeliminierendem Hormon unter Gaben von Cortison und seinen Derivaten gesteigert wird.* Eine endgültige Entscheidung über den Wirkungsmechanismus wird erst dann möglich sein, wenn alle an Diurese und Natriurese beteiligten Faktoren experimentell untersucht sind.

Außer diesen am Wasser- und Natriumstoffwechsel unmittelbar ablaufenden Vorgängen muß die Abdichtung des vermehrt durchlässigen Glomerulummembranfilters beachtet werden. Die allmählich einsetzende Abnahme der Eiweißausscheidung im Harn ist nur dadurch zu erklären, daß die Porengröße der Glomerulummembran vermindert wird und so weniger Eiweiß aus dem Plasma in das Primärfiltrat übergeht. *Damit ist die Grundstörung des nephrotischen Syndroms beseitigt.* Infolgedessen beobachtet man auch einen Anstieg der Proteinkonzentration im Plasma mit Zunahme des kolloidosmotischen Drucks und Ausweitung des intravasalen Volumens. Damit können wiederum die vom Körper eingesetzten Regulationen zur Steigerung des extracellulären Flüssigkeitsvolumens in Wegfall kommen. Wie die Abdichtung der Glomerulummembran durch Cortison und seine Derivate zustande kommt, ist noch nicht genau zu übersehen. Es wird vermutet, daß die Auswirkung von Antigen-Antikörperreaktionen verhindert werden.

d) Diät

Bei hohen renalen Eiweißverlusten, die manchmal 30—40 g täglich betragen, ist reichliche Eiweißzufuhr bei insgesamt hochkalorischer Kost angezeigt. Ist das Glomerulumfiltrat nicht stark eingeschränkt — normaler Rest-N —, so können 80—120 g Eiweiß täglich zugeführt werden. DEBRÉ und ROYER empfehlen im Kindesalter sogar 2—3 g Eiweiß pro kg. Ist das Glomerulumfiltrat stärker abgesunken, so riskiert man bei hoher Eiweißzufuhr einen Anstieg des Rest-N. Unter diesen Umständen sollten niedrigere Proteinmengen zugeführt werden. DEBRÉ und ROYER geben im Kindesalter bei Rest-N-Steigerung 1—2 g/kg.

e) Infektionsabwehr

Früher waren Infektionen verschiedenster Art die Haupttodesursache bei Patienten mit nephrotischem Syndrom. Durch die Einführung der Antibiotica ist nunmehr ein völliger Umschwung eingetreten. So ist es verständlich, wenn DEBRÉ und ROYER die antibiotische Behandlung für noch wichtiger als die mit Nebennierenrinden-Steroiden ansehen. Das scheint besonders für das Kindesalter zuzutreffen. Antibiotica werden über längere Zeit, als Dauertherapie, gegeben. Besonders im Kindesalter ist dadurch die Behandlung mit Nebennierenrinden-Steroiden gefahrlos geworden. DEBRÉ und ROYER empfehlen Depotpenicillinpräparate oder eine kombinierte Behandlung mit Tetracyclin, Erythromycin und einem gegen Pilzinfektionen wirksamen Mycostaticum in einer Dosierung von jeweils 0,03 g/kg/Tag. Viruskrankheiten sind besonders zu vermeiden, da sie die häufigste Ursache für erneutes Auftreten von Proteinurie und Ödemen sind. Eine Ausnahme bilden lediglich die Masern, in deren Verlauf nicht ganz selten eine spontane Besserung mit Ödemausschwemmung beobachtet wird. Dagegen könne Varicellen, besonders bei gleichzeitiger Steroidtherapie, sehr bösartig verlaufen.

f) Diuretica

Wird die bisher beschriebene Behandlung sachgerecht durchgeführt, so wird sich häufig eine Ödemausschwemmung und eine Beseitigung der Albuminurie erzielen lassen. Bei manchen Fällen ist aber doch die Anwendung von Diuretica zusätzlich notwendig. Welche Diuretica sind indiziert? SARRE empfiehlt Harnstoff-Gaben, mit denen man eine osmotische Diurese (s. S. 146) erzeugen kann. Auch Thyreoidin wird, einer Anregung EPPINGERs folgend, empfohlen. Eine gewisse theoretische Begründung liegt darin, daß sich beim nephrotischen Syndrom eine verminderte Schilddrüsenfunktion findet. Von pädiatrischer Seite werden Quecksilberdiuretica bei sorgfältiger Indikationsstellung als gut wirksam und ohne schädigende Nebenwirkungen bezeichnet. Beim Erwachsenen sollte man damit aber vorsichtig sein. Carboanhydrase-Hemmstoffe wirken meist nur bei gleichzeitiger Gabe von Kaliumbicarbonat, wodurch die oft beim nephrotischen Syndrom vorliegende Kaliummangel-Situation, die durch Carboanhydrase-Hemmstoffe noch verstärkt wird, ausgeglichen wird. Bicarbonat beseitigt auch die nicht seltene metabolische Acidose, so daß nunmehr bessere Wirkungsbedingungen für Carboanhydrase-Hemmstoffe vorliegen (Tab. 29).

Das neuerdings eingeführte *Chlorothiazid und seine Derivate* (8. Kapitel), z. B. Esidrix, *scheinen die vorstehend aufgeführten Diuretica nach den bisherigen Erfahrungen bei weitem zu übertreffen.* Dabei werden keine wesentlichen Nebenwirkungen beobachtet, mit Ausnahme einer gewissen Neigung zu metabolischer Alkalose, Hypokaliämie und Hypochlorämie. Auch bei Nierenkrankheiten, besonders beim nephrotischen Syndrom, bestehen keine Kontraindikationen für Chlorothiazid. Die Neigung zu metabolischer Alkalose ist im Rahmen des nephrotischen Syndroms nicht unerwünscht, da sie der vorbestehenden metabolischen Acidose entgegengerichtet ist. Auch kann man durch gelegentliche Gabe von Carboanhydrase-Hemmstoffen einer störenden, zu stark in Erscheinung tretenden metabolischen Alkalose und Hypochlorämie entgegenwirken. Freilich dürfen dann Carboanhydrase-Hemmstoffe nicht zusammen mit Kaliumbicarbonat gegeben werden. Chlorothiazid und seine Derivate sollten nicht häufiger als 1- bis höchstens 2mal in der Woche angewendet werden. Anderenfalls muß man mit Nebenwirkungen auf den Kreislauf rechnen, die im 8. Kapitel ausführlich beschrieben wurden.

III. Tubuläre Syndrome

Als tubuläre Syndrome werden im folgenden solche Störungen der Nierenfunktion bezeichnet, die durch Ausfall einer oder mehrerer Funktionen der Nierentubuli bei ungestörter Glomerulumfiltration und sonst ausreichender anderweitiger

Tubulusfunktion gekennzeichnet sind. Es handelt sich dabei um seltene Krankheitsbilder, die aber aus mehreren Gründen von großer Bedeutung sind:

a) Als gezielte Experimente der Natur lassen sich durch den Ausfall bestimmter Partialfunktionen die physiologischen Aufgaben einzelner Abschnitte des Nephrons erkennen und lokalisieren. Sie tragen so zur theoretischen Bereicherung unseres Wissens bei.

b) Diese Störungen sind für die Genetik von großer Bedeutung, da sie bei den heute verfügbaren Methoden durch Blut- und Harnanalysen leicht entdeckt und verfolgt werden können.

c) Die therapeutischen Bemühungen sind oft viel erfolgreicher als bei anderen chronischen Nierenkrankheiten.

Tabelle 55. *Tubuläre Syndrome*

I. *Ausfall nur einer Partialfunktion*	II. *Ausfall mehrerer Partialfunktionen*
1. Renale Glucosurie	1. Fanconi-Syndrom
2. Renaler Diabetes insipidus	a) infantiler Typ
3. Renale tubuläre Acidose	b) Erwachsenen-Typ
4. Renale Hypophosphatämie	c) nach Schwermetallen, besonders Blei
(Phosphatdiabetes Fanconis)	d) bei Wilsonscher Krankheit
5. Mangelhafte Harnsäurerückresorption	e) bei Cystinose und Glucogenose
(PRÄTORIUS und KIRK)	f) bei Plasmacytom
6. Xanthinurie	2. a) Renale Glucosurie und Aminoacidurie (LUDER und SHELDON)
7. Cystinurie	b) Renale Glucosurie und Phosphaturie (DENT)
8. Glykokollurie	c) Renale Glucosurie, Phosphaturie und mangelhafte Ausscheidung organischer Säuren (Nicht-Aminosäuren) (LOWE u. Mitarb.)
9. β-Aminobuttersäure-Ausscheidung	

Im Rahmen der vorliegenden Themastellung sollen nur einige der hierher gehörenden Syndrome näher besprochen werden. Zur Orientierung der z. Z. bekannten Störungen dient Tab. 55. Außerdem wird auf die zusammenfassende Darstellung von REUBI verwiesen.

1. Ausfall einer Partialfunktion

a) Renaler Diabetes insipidus

Es handelt sich um eine mehrfach beobachtete Krankheit, bei der die Tubuluszellen der Niere weder auf endogenes noch exogenes ADH mit Steigerung der Wasserrückresorption antworten. Die Krankheit kommt vor allem bei Kleinkindern vor. Sie scheiden große Mengen Flüssigkeit aus und geraten in einen Zustand ausgeprägter Dehydration, falls nicht hinreichend Wasser zugeführt wird. Manchmal wird Fieber beobachtet, das nicht auf Infektion, sondern Dehydration zurückzuführen ist. Bei ausreichender Zufuhr von Wasser gedeihen die Kinder; allerdings wird eine Neigung zu vermindertem Wachstum und Zurückbleiben der geistigen Entwicklung nicht selten gefunden. Möglicherweise ist dafür eine immer wieder auftretende Hyperosmolalität der Körperflüssigkeiten verantwortlich zu machen.

Glomerulumfiltrat und renaler Plasmafluß sowie die maximale Rückresorptionsfähigkeit für Glucose sind normal, falls die Untersuchungen nicht im Zustand der Dehydration durchgeführt werden. Glucosurie, Albuminurie und

Aminoacidurie fehlen. Die Mechanismen der Harnsäuerung und der Natrium-bewahrung sind ungestört. Es liegen keine Anhaltspunkte für hypothalamisch-hypophysäre Störungen vor. *Die Unfähigkeit zur Konzentration des Harns nach exogener Zufuhr von ADH unterscheidet den renalen Diabetes insipidus vom echten Diabetes insipidus* (s. 16. Kap.).

Eine anatomische Studie mit Mikrodissektion der Nephrone (MCDONALD) zeigte keine krankhaften Veränderungen an Henlescher Schleife und distalen Tubulusabschnitten. Auch die üblichen histologischen Untersuchungen fielen bisher normal aus.

Der renale Diabetes insipidus tritt familiär gehäuft auf. Die Vererbung ist recessiv-geschlechtsgebunden, also wie bei der Hämophilie A und B. Es sind aller-dings auch Ausnahmen von diesem Erbgang beschrieben worden (Diskussion dieser Frage s. LINNEWEH u. Mitarb.).

b) Renale tubuläre Acidose

Sie ist auf eine Störung im Mechanismus der Harnsäuerung zurückzuführen (s. 4. und 7. Kapitel). Das Krankheitsbild wurde zuerst bei Kindern (BUTLER u. Mitarb.) beobachtet und später von ALBRIGHT u. Mitarb. ausführlich untersucht. Die Kardinalsymptome sind eine metabolische Acidose, also eine Verminderung von Bicarbonat, mit Hyperchlorämie, ein Unvermögen zur Bildung eines hin-reichend sauren Harns bei relativ niedriger Titrationsacidität und NH_4^+-Aus-scheidung und das Fehlen von glomerulären Insuffizienzzeichen. *Sekundäre Stö-rungen des Calcium- und Kaliumstoffwechsels, wie Osteomalacie und Hypokaliämie, können das klinische Bild bestimmen.* Es wird in diesem Zusammenhang auf das 13. Kapitel verwiesen. Nicht selten sind *Nierensteinbildung und Nephrocalcinose.* Vorübergehende Schwächezustände der Muskulatur müssen auf Kaliummangel bezogen werden. Bei manchen Patienten besteht eine Einschränkung des Konzen-trierungsvermögens sowie eine Polyurie.

Die renale tubuläre Acidose wird bei sehr verschiedenartigen Nierenkrankheiten beobachtet, z. B. Pyelonephritis, Nierenstörungen bei Hyperparathyreoidismus, Hydronephrose und anderen Abflußstörungen des Harns, Ureter-Darm-Anasto-mose. Die eigentliche Natur der Störung ist bis heute noch nicht aufgeklärt. Fol-gende Möglichkeiten wurden bisher erwogen.

LATNER und BURNARD beobachteten bei Kindern nach Zufuhr von neutraler Phosphatlösung einen deutlichen Abfall des Harn-p_H mit Steigerung der Aus-scheidung von titrierbarer Säure und NH_4^+. Daraus läßt sich also ableiten, daß die *Möglichkeit zu vermehrter Bildung von H+-Ionen und NH_3 durchaus gegeben ist.* Für eine ungestörte NH_3-Bildung spricht auch der, relativ zum vorliegenden Harn-p_H, hohe NH_4^+-Gehalt des Harns, der lediglich im Vergleich zu anderen, nicht renal bedingten metabolischen Acidosen niedrig erscheint. LATNER und BURNARD nahmen an, daß infolge einer Rückresorptionshemmung für Bicarbonat in den proximalen Tubulusabschnitten viel Bicarbonat in die distalen Gebiete gelangt. Auf S. 81 wurde dargelegt, daß die Harnsäuerung anscheinend erst dann einsetzt, wenn alles Bicarbonat rückresorbiert ist. So wäre es verständlich, daß bei mangel-hafter Rückresorption von Bicarbonat in den proximalen Abschnitten viel Bi-carbonat in die distalen Gebiete gelangt und so nur wenig titrierbare Säure und NH_4^+ zur Ausscheidung kommen kann.

Gegen diese Deutungen sprechen allerdings Versuche von REYNOLDS, die an Erwachsenen durchgeführt wurden. Die Erhöhung des Bicarbonatspiegels im Plasma und damit das vermehrte Angebot von Bicarbonat an die Tubuluszellen führt nicht zu einer vermehrten Bicarbonatausscheidung, die man nach den Anschauungen von LATNER und BURNARD erwarten müßte. In Übereinstimmung mit diesen Autoren fand auch REYNOLDS nach Phosphatzufuhr einen Anstieg von titrierbarer Säure, dagegen kein wesentliches Absinken des Harn-p_H und auch keinen Anstieg von NH_4^+. Diese Diskrepanzen lassen sich vorerst nicht erklären. Es *könnte sehr gut sein, daß die im Kindesalter beobachteten tubulären Acidosen eine andere Genese haben als die beim Erwachsenen,* zumal bei Kindern eine völlige Wiederherstellung anscheinend häufig, beim Erwachsenen aber nur selten beobachtet wird. Nach den Untersuchungen von REYNOLDS muß man annehmen, daß die *Niere eine hinreichende Erniedrigung des Harn-p_H, also einen hinreichend großen $[H^+]$-Gradienten zwischen Blut und Harn nicht zu erzeugen vermag.* Dabei sind nach den bisherigen Kenntnissen des Vorgangs der Harnsäuerung die dafür maßgebenden Gründe noch unbekannt. Eine Störung der Carboanhydrase-Funktion liegt sicher nicht vor (MUDGE, 1958).

Es ist verständlich, daß ein *verminderter Gehalt des Harns an titrierbarer Säure und NH_4^+ bei unveränderter oder sogar gesteigerter Anionenausscheidung (Bicarbonat!) andere Kationen zur Neutralisation verlangt.* Es können dafür Natrium, Kalium, Calcium und Magnesium herangezogen werden. Natrium wird nur selten so vermehrt ausgeschieden, daß Mangelzustände entstehen. Jedoch beobachtet man eine erheblich *gesteigerte Ausscheidung von Calcium und Kalium.* So ist das oben skizzierte klinische Bild verständlich. Andere Nierenfunktionen, z. B. die Rückresorption von Glucose und die Ausscheidung von Paraaminohippursäure bleiben ungestört. Auch entwickelt sich keine Aminoacidurie. In einigen Fällen wurde im weiteren Verlauf eine glomeruläre Insuffizienz beobachtet, die wohl auf die nicht seltene Nephrocalcinose bzw. recidivierende Pyelonephritiden bezogen werden muß.

Die **Behandlung** hat einmal die Beseitigung der Acidose und ferner die Substitution der zu Verlust gegangenen Elektrolyte, also besonders Kalium und Calcium zum Ziel. Die Einzelheiten des therapeutischen Vorgehens werden im 13. Kapitel besprochen.

c) Renale Hypophosphatämie

FANCONI bezeichnet dieses Krankheitsbild als renalen Phosphatdiabetes, da häufig eine gesteigerte Phosphaturie vorliegt. Es kommt allerdings auch eine normale Ausscheidung zur Beobachtung, wobei aber der Phosphatspiegel im Plasma erniedrigt ist. Die Phosphatclearance (Harnkonzentration × Harnvolumen/ Plasmakonzentration!) ist demnach stets erhöht. Interessanterweise ist außerdem auch die *renale Calciumausscheidung herabgesetzt.* Dieser Befund kann am besten mit einer mangelhaften Calciumresorption im Darm erklärt werden (FANCONI). Die anderen Partialfunktionen der Niere sind ungestört: es bestehen keine renale Glucosurie und Aminoacidurie.

Es erhebt sich die Frage, ob etwa die *mangelhafte Calciumresorption im Darm von wesentlicher pathogenetischer Bedeutung für das Krankheitsbild ist.* Als Folge davon müßte eine Herabsetzung des Calciumspiegels im Plasma entstehen, wodurch eine Aktivierung der Nebenschilddrüsen eintritt. Diese würde zu einer vermehrten Phosphatausscheidung durch die Niere und einer Erhöhung des vorher gesenkten Calciumspiegels im Plasma führen (BICKEL, 1956). FANCONI ist jedoch geneigt, den pathogenetisch wesentlichen Faktor in einer vom Parathormon unabhängigen mangelhaften Phosphatrückresorption im Bereich der proximalen Tubulusabschnitte zu sehen.

Das *klinische Bild* ist durch hochgradige Deformierungen des Skelets charakterisiert. Im Laufe der Jahre kann fast die ganze Hartsubstanz des Knochens durch Osteoid ersetzt werden. Man beobachtet deshalb Glockenthorax, Verkrümmungen des Rückens, Coxa vara, Verkrümmungen der Femurschäfte sowie Frakturen an Rippen, Schenkelhals, Schulterblatt, Schambeinästen, Radius und Ulna. Man hat im Hinblick auf die hochgradige Deformierung des Skelets auch von *Knochenkachexie* gesprochen.

Auch hier kommt familiäre Erkrankung und Erblichkeit vor. Besonders interessant ist die Koppelung mit anderen Erbkrankheiten, z. B. der Neurofibromatose Recklinghausen (UEHLINGER).

Die **Behandlung** besteht in Verabreichung von Vitamin D in sehr hohen Dosen. FANCONI empfiehlt bis zu 1 mg am Tag. Interessanterweise beobachtet man bereits eine Heilung der Rachitis bzw. Osteomalacie, bevor es zu einer Besserung der Hypophosphatämie kommt. Möglicherweise ist diese Beobachtung mit der direkten Wirkung von hohen Vitamin-D-Dosen (Tab. 56) auf die Ossifikation zu erklären.

Im folgenden sollen noch zwei Störungen besprochen werden, die bei pathogenetischer Betrachtung nicht ohne weiteres unter die tubulären Syndrome mit Ausfall nur einer Partialfunktion eingeordnet werden dürfen. Sie werden aber auf Grund der Nomenklatur oft hier eingeordnet: die sog. Salzverlust- und Kaliumverlust-Nephritis.

d) Salzverlust-Nephritis

Dabei handelt es sich nicht um ein eng umschriebenes Krankheitsbild. Vielmehr werden unter dieser Bezeichnung chronische Nierenleiden unterschiedlicher Genese zusammengefaßt, die im Zustand der Niereninsuffizienz mit einem Verlust von Natrium und Chlorid im Harn einhergehen. Nur selten sind diese Verluste allerdings so ausgeprägt, daß ernsthafte Mangelzustände entstehen. Es liegt kein Grund zur Annahme eines spezifischen tubulären Schadens dabei vor. Vielmehr handelt es sich um die Auswirkungen der osmotischen Diurese bei erheblicher Parenchymreduktion. Es wird in diesem Zusammenhang auf die ausführliche Besprechung auf S. 53 verwiesen.

Auch im diuretischen Stadium der tubulären Nekrose und bei Pyelonephritiden können erhebliche Verluste an Natrium und Chlorid gefunden werden, ohne daß man von einem spezifischen Tubulusschaden sprechen kann.

e) Kaliumverlust-Nephritis

Es ist bis heute noch nicht sicher, ob eine Kaliumverlust-Nephritis im eigentlichen Wortsinn existiert. Freilich sind die Beziehungen zwischen Kaliumstoffwechsel und Nierenfunktion sehr eng. Es sind dabei folgende Möglichkeiten zu unterscheiden: Kaliummangel kann, unabhängig von seiner Entstehungsursache, zu einer Störung der Nierenfunktion führen; umgekehrt können aber auch primäre Nierenkrankheiten einen Kaliumverlust mit allen seinen Folgen bewirken.

Renale Auswirkungen des Kaliummangels. Sowohl funktionelle als auch strukturelle Veränderungen können bei Kaliummangel an der Niere auftreten (MILNE u. Mitarb., 1957).

Die *funktionellen Störungen* betreffen die Glomerulumfiltration sowie die proximalen und distalen Tubulusleistungen. Das Glomerulumfiltrat ist oft herabgesetzt, allerdings nur selten so hochgradig, daß eine Rest-N-Erhöhung entsteht. Die bei schwerem Kaliummangel nicht seltene geringe Eiweißausscheidung im Harn ist wahrscheinlich nicht glomerulär, sondern tubulär bedingt. Die zum Teil nekrotisch werdenden Tubulusepithelien gelangen in den Harn und erzeugen so die geringe Eiweißausscheidung. Im proximalen Tubulusabschnitt beobachtet man eine herabgesetzte Ausscheidung von Paraaminohippursäure. Infolgedessen stimmt der Clearancewert dieses Stoffes nicht mehr mit dem renalen Plasmafluß überein. Auf die distale Tubulusschädigung wird die Störung der Harnkonzentrierung bezogen, die oft bis zur kompletten Isosthenurie geht. Im Unterschied zur Isosthenurie der Schrumpfnieren tritt nach Kalium-Substitution sehr schnell eine Erholung des Konzentrierungsvermögens ein. Oft liegt auch eine Polyurie vor, die gegenüber ADH-Zufuhr resistent ist. *Isosthenurie ohne Rest-N-Steigerung sollte stets den Verdacht auf einen Kaliummangel lenken.* Sehr schwer kann die Unterscheidung gegenüber primären Nierenkrankheiten werden, wenn die Glomerulumfiltration so stark herabgesetzt ist, daß zusätzlich eine Rest-N-Erhöhung auftritt. Das ist allerdings nur selten der Fall.

Schließlich ist auch der *Mechanismus der Harnsäuerung gestört.* Zwar ist die gesamte Ausscheidung an H^+-Ionen in Form von titrierbarer Säure und NH_4^+ nicht vermindert, eher sogar gesteigert.

So erklärt sich zum Teil die metabolische Alkalose der extracellulären Flüssigkeit. Der auf NH_4^+ entfallende Anteil der H^+-Ionenausscheidung ist bei Kaliummangel wesentlich erhöht (s. S. 82).

Doch vermag die Niere nicht mehr einen maximalen $[H^+]$-Gradienten zwischen Plasma und Harn herzustellen. Insofern bestehen *Ähnlichkeiten zur renalen tubulären Acidose.* Allerdings findet man *bei letzterer im Blut und in der extracellulären Flüssigkeit eine metabolische Acidose, bei Kaliummangel dagegen oft eine metabolische Alkalose.* Das Harn-p_H ist schwach sauer, neutral oder sogar alkalisch (s. S. 83).

Die Niere vermag bei Kaliummangel — extrarenale Verluste und Fehlen einer vermehrten Aldosteronaktivität vorausgesetzt — sehr wirksam Kalium zu retinieren und so den Organismus vor weiteren Verlusten zu schützen. Die renale Kaliumausscheidung kann unter 10 mval/Tag absinken. Es wird also sowohl das glomerulär filtrierte Kalium rückresorbiert als auch der Kaliumaustausch gegen Natrium weitgehend unterdrückt. Findet man unter den Bedingungen des Kaliummangels im Harn *Ausscheidungen von über 20 mval/Tag, dann liegt die Annahme eines renalen Kaliumverlustes infolge primärer Nierenkrankheiten oder primärer Überfunktion der Nebennierenrinde (Conn-Syndrom, Cushing-Syndrom) nahe.*

Strukturelle Veränderungen. Sie finden sich am ausgeprägtesten in dem proximalen und distalen Tubulusabschnitten einschließlich der Sammelröhren. Dabei werden proximal vorwiegend vacuolige Degeneration, distal mehr granuläre Veränderungen angetroffen. Nach Kalium-Substitution bilden sich diese anatomischen Veränderungen sehr schnell zurück. Sie können wahrscheinlich die Entstehung entzündlicher Komplikationen, z. B. einer Pyelonephritis, sehr begünstigen.

Störungen der Nierenfunktion als Ursache eines Kaliummangels. Ein renaler Kaliumverlust kommt im diuretischen Stadium der tubulären Nekrose vor. Wahrscheinlich ist dabei die Rückresorption des glomerulär filtrierten Kaliums, weniger die tubuläre Sekretion gestört. Außerdem führen die renale tubuläre Acidose und das Fanconi-Syndrom zu Kaliummangel, der nicht selten das klinische Bild dieser Störungen mitbestimmt. Schließlich vermag eine vermehrte Aldosteron- und Corticosteron-Aktivität renale Kaliumverluste zu bewirken. Man muß damit nicht nur bei primären Erkrankungen der Nebennierenrinde, sondern auch bei sekundären Erhöhungen der Aldosteron-Aktivität rechnen, z. B. bei Zuständen von Natriummangel.

Für die *Differentialdiagnose dieser verschiedenen Zustände spielt die Bestimmung der renalen Kaliumausscheidung eine wesentliche Rolle.* Eine sehr niedrige Ausscheidung spricht für extrarenale Kaliumverluste, eine *gesteigerte Ausscheidung für primäre Störungen der Nierenfunktion oder eine Überfunktion der Nebennierenrinde. Zu ihrer Differenzierung ist die Bestimmung des Säure-Basen-Gleichgewichts von großer Bedeutung,* gehen doch die primären Nierenerkrankungen oft mit metabolischer Acidose, die Über funktionszustände der Nebennierenrinde, besonders das Conn-Syndrom, mit metabolischer Alkalose einher.

Ob, abgesehen von diesen bisher erörterten Zusammenhängen, noch isolierte Störungen der Kaliumausscheidung bestehen, die man als Kaliumverlust-Nephritis im strengen Wortsinn bezeichnen könnte, ist noch nicht bekannt.

2. Ausfall mehrerer Partialfunktionen

Die hier zu erwähnenden Syndrome sind verbunden mit den Namen LIGNAC, DEBRÉ, DE TONI und FANCONI. Die meist zusammen vorkommenden Störungen umfassen renale Glucosurie, renale Aminoacidurie und renale Hypophosphatämie. Letztere führt entweder zur Rachitis oder Osteomalacie, je nach dem Lebensalter, in welchem sich die Patienten befinden. Die meisten Fälle betreffen das Kindesalter. In den letzten Jahren sind aber mehrfach auch beim Erwachsenen entsprechende Störungen gefunden worden (KUHLENCORDT). Die pathogenetische Grundlage ist eine *mangelhafte Rückresorption im Bereich der proximalen Tubulusabschnitte.* Interessanterweise bleibt die Rückresorption von Natrium und Chlorid ungestört, Salzmangelzustände werden also nicht beobachtet. *In manchen Fällen sind auch mehr distal lokalisierte Mechanismen betroffen:* Harnsäuerung, Kaliumausscheidung und Wasserrückresorption. In diesen Fällen kann dann auch die Konzentrationsfähigkeit der Niere leiden. In Tab. 55 sind die bisher bekannten Typen zusammengestellt.

Der kindliche Typ ist oft mit einer Störung des Cystinstoffwechsels kombiniert, die zu einem Niederschlag von Cystinkristallen in manchen Organen, besonders im RES, Knochenmark, in Niere und Hornhaut führt. Untersuchungen an Neugeborenen haben gezeigt, daß die Nierenfunktion bis etwa zum 5. Lebensmonat normal ist. Dann kommt es zu den erwähnten Nierenstörungen bei gleichzeitiger Ablagerung von Cystinkristallen in der Cornea. Durch die Studien von BICKEL u. Mitarb. wird ein recessiver Erbgang nahegelegt.

Die Erwachsenen-Fälle sind nicht mit Cystinose verbunden. Die Krankheit beginnt entweder mit Symptomen der Osteomalacie oder des Kaliummangels. Es sind auch klinisch symptomlose Fälle beobachtet worden, die Glucosurie, Aminoacidurie und Hypophosphatämie hatten (DENT und HARRIS). Wahrscheinlich waren in diesen Fällen die renalen Störungen zu gering, als daß klinisch in Erscheinung tretende Symptome entstehen konnten.

Behandlung. KUHLENCORDT empfiehlt die Zufuhr großer Mengen von tribasischem Calciumphosphat und zusätzlich kleine Vitamin D-Dosen, etwa 5000 bis 10000 E. täglich. Die Calciumphosphatdosierung soll im Beginn der Behandlung etwa 10—20 g pro Tag betragen. Dagegen fand KUHLENCORDT bei sehr hohen Vitamin D-Dosen, bis 160000 E., ohne entsprechend hohe Zufuhr von Calciumphosphat keine therapeutische Wirkung. Die zwei von ihm über 5 Jahre beobachteten Fälle wurden weitgehend beschwerdefrei. Auch die alkalische Serumphosphatase, Standardbicarbonat und der Phosphatspiegel im Plasma normalisierten sich. Selbst die renale Glucosurie war später nicht mehr nachweisbar.

Die Tab. 55 läßt erkennen, daß auch bei Vergiftungen mit Schwermetallen, besonders Blei, bei Plasmocytom und Glykogenspeicherkrankheit Fanconi-Syndrome beobachtet wurden. Schließlich soll noch die Wilsonsche Krankheit erwähnt werden, die neuerdings als eine Störung des Kupferstoffwechsels mit vermehrter Ablagerung von Kupfer in Leber und Gehirn erkannt wurde. Auch der Kupfergehalt der Nieren ist dabei vermehrt. Sie kann ebenfalls zu Störungen der tubulären Funktionen im Sinne des Fanconi-Syndroms führen.

Bezüglich einiger atypischer multipler Störungen der tubulären Funktionen wird auf Tab. 55 verwiesen. Eine eingehendere Besprechung liegt außerhalb des Rahmens dieser Darstellung.

13. Kapitel

Krankheiten der Nebenschilddrüsen und die Störungen des Calcium- und Phosphorstoffwechsels

In den meisten zusammenfassenden Darstellungen des Wasser- und Elektrolytstoffwechsels werden Calcium und Phosphor nicht berücksichtigt. Bei den engen Beziehungen des Calcium- und Phosphorstoffwechsels zur Nierenfunktion und zum Säure-Basen-Haushalt erscheint es aber berechtigt, die wesentlichen Tatsachen hier aufzuführen. Ausführlichere Darstellungen findet der Interessierte bei ALBRIGHT und REIFENSTEIN, BARTELHEIMER u. Mitarb., EGER, HUNGERLAND, LABHART und UEHLINGER.

I. Der normale Calcium- und Phosphorstoffwechsel

1. Calcium

Absorption und Ausscheidung. Bei üblicher Ernährung werden etwa 1000 mg Calcium täglich zugeführt, davon gelangen etwa 700 mg im Magen-Darm-Kanal zur Resorption. Mit den Sekreten des Magens, des Pankreas und der Leber werden etwa 600 mg Calcium wieder in den Darm ausgeschieden, die dann zusammen mit den nicht resorbierten Mengen im Stuhl erscheinen. Die Calciumresorption ist ein sehr komplizierter und bisher nur zum Teil bekannter Prozeß. Folgende Faktoren *beeinflussen die Resorption im Sinne der Förderung:* p_H-Werte unter 7,0, ein Verhältnis von Calcium zu Phosphor von über 0,5, Vitamin D und Citronensäure.

Hemmend auf die Resorption wirken: Oxalsäure, Phytinsäure, p_H-Werte über 7,0, die Anwesenheit von Phosphat, aber auch Kalium, Aluminium, Magnesium, Strontium.

Die renale Ausscheidung beträgt etwa 100—150 mg Calcium täglich. Die Niere scheidet also etwa $^1/_7$, der Darm dagegen $^6/_7$ des zugeführten Calciums aus. Der gesunde Erwachsene befindet sich bei normaler Kost im Calcium-Gleichgewicht, d. h. er scheidet so viel Calcium aus, als er im Magen-Darm-Kanal resorbiert. Der wachsende Organismus des Kindes retiniert dagegen täglich 100—300 mg Calcium, welches für die Verkalkung des wachsenden Skelets benötigt wird. *Wenn der Calciumspiegel des Plasmas unter 6,5—7,0 mg-% fällt, dann werden nur Spuren von Calcium im Harn ausgeschieden.* Eine erhöhte renale Calciumausscheidung findet sich dann, wenn entweder vermehrt Calcium resorbiert oder aus der großen Reserve des Knochensystems freigesetzt wird. *Übersteigt die resorbierte oder freigesetzte Menge die im Harn ausgeschiedene Menge, dann kommt es zur Hypercalcämie.*

Die *Löslichkeit des Calciums im Harn* hängt vom Harn-p_H und der Gegenwart anderer Substanzen, z. B. der Citronensäure, ab. Niedriges Harn-p_H und die Gegenwart von Citronensäure verbessern die Löslichkeit von Calcium, neutral oder alkalisch reagierender Harn verschlechtert die Löslichkeit. Auch die Gegenwart von Oxalsäure, z. B. in dem Krankheitsbild der Oxalosis, einer angeborenen Stoffwechselanomalie, führt zu einer Verschlechterung der Löslichkeit für Calcium. Unter diesen Bedingungen kann es zu ausgedehnten Verkalkungen im Sinn der Nephrocalcinose, zur Nierensteinbildung und an anderen Orten lokalisierten Verkalkungen kommen.

Der Zustand des Calciums im Plasma. Der Calciumspiegel des Plasmas beträgt normalerweise 9—11,5 mg-%. Davon sind 4,25—5,25 mg-% in diffusibler Form, der Rest in nicht diffusibler Form in Bindung an Eiweiß vorhanden. Der ganz überwiegende Teil des diffusiblen Calciums ist ionisiert. Das Calcium der Cerebrospinalflüssigkeit ist diffusibel. Es verwundert deshalb nicht, daß der Calciumspiegel im Liquor nur etwa die Hälfte von dem des Plasmas beträgt. Bei Erhöhung des Plasmaproteinspiegels wird eine Erhöhung, bei Erniedrigung ein Absinken des proteingebundenen Anteils und damit im allgemeinen des gesamten Calciumspiegels beobachtet.

Kennt man den Protein- und Gesamtcalciumgehalt des Plasmas, so kann man ungefähr den ionisierten Anteil mit Hilfe des Nomogramms von McLEAN und HASTINGS (s. Geigy-Tabellen 1955) berechnen. *Die Calciumionisation und damit die Konzentration des ionisierten Anteils wird durch folgende Faktoren gesteigert:* Abnahme des Blut-p_H, Verminderung des anorganischen Phosphatspiegels, Zunahme des proteingebundenen Anteils; umgekehrt nimmt die Calciumionisation und damit der Gehalt an ionisiertem Calcium ab bei Zunahme des Blut-p_H, Zunahme des anorganischen Phosphats und Verminderung des proteingebundenen Anteils.

Die Konstanz des Plasmacalcium-Spiegels wird durch Ausgleichsmöglichkeiten physikalisch-chemischer Natur und Regulationsmechanismen endokriner Art gewährleistet.

Die Ausgleichsmöglichkeiten physikalisch-chemischer Art bestehen einmal in dem Gleichgewicht zwischen dem an Eiweiß gebundenen und dem ionisierten Calcium:

$$\frac{[\text{Ca}^{++}] \times [\text{Proteinat}]}{\text{Calciumproteinat}} = K\,.$$

16*

Wird der ionisierte Anteil vermindert, so kommt es zu einer vermehrten Dissoziation des bisher an Protein gebundenen Calciums, so daß der ursprüngliche Zustand wiederhergestellt wird. Das Umgekehrte gilt bei einem Anstieg des dissoziierten Calciums.

Eine weitere Ausgleichsmöglichkeit besteht darin, daß an der Oberfläche der Apatitkristalle des Knochens — als Apatit ist die ganz überwiegende Menge des Körpercalciums vorhanden — Calciumionen adsorbiert sind, welche sehr leicht an das umgebende Plasma abgegeben oder aus ihm aufgenommen werden können. Diese sog. *mobile Calciumreserve* bildet etwa 10% des Skeletcalciums. Sie wird auf etwa 100 g geschätzt. Die gut vascularisierte Spongiosa der Epiphysen und der kleinen Knochen ist für diesen Ausgleich von besonderer Bedeutung.

Schließlich spielt die *endokrine Regulation durch das Parathormon eine entscheidende Rolle*. An zahlreichen Stellen des Knochensystems findet ein dauernder An- und Abbau der geformten Knochensubstanz statt. Der Anbau wird durch Osteoblasten, der Abbau durch Osteoclasten vollzogen. Beide Vorgänge stehen in einem Gleichgewicht. Durch Verstärkung der Osteoclastentätigkeit werden Calcium und Phosphor aus dem Knochen gelöst und dem Plasma zugegeben. Die Regulation der Osteoclastentätigkeit unterliegt dem Parathormon (s. S. 245).

2. Phosphor

Absorption und Ausscheidung. Anorganischer Phosphor, der entweder als solcher in der Nahrung enthalten ist oder im Magen-Darm-Kanal aus Phosphorproteinen, Phosphorlipiden und Phosphorsäureestern freigesetzt wird, kann leicht resorbiert werden. Die Phosphorresorption wird verschlechtert durch große Mengen von Calcium, Magnesium, Barium, Aluminium und Strontium. Ursächlich kommen dafür schwer lösliche Phosphatverbindungen in Frage. Ein Verhältnis von Calcium zu Phosphor von 2:1 ist wahrscheinlich für die Resorption am geeignetsten.

Im Unterschied zum Calcium spielt die Niere für die Phosphorausscheidung eine sehr wesentliche Rolle. So werden etwa 60% der gesamten Ausscheidung durch die Niere geleistet. Eine gesteigerte Phosphaturie beobachtet man bei Nierenstörungen mit verminderter Rückresorption von Phosphat (s. S. 238), unter dem Einfluß von Parathormon und bei metabolischer Acidose (s. S. 85).

Der Zustand des Phosphors im Plasma. Der normale Plasmaspiegel von anorganischem Phosphor ist 3,4 mg-% ± 1,0 (2 mval/l ± 0,6), bei Kindern liegt er um 1—2 mg-% bzw. 0,5—1 mval/l höher. Der gesamte Phosphor im Plasma liegt dagegen höher. Er zerfällt in folgende Anteile:

a) Lipidphosphor (etwa 8 mg/100 ml Plasma),
b) Esterphosphor (1 mg/100 ml Plasma),
c) Anorganischer Phosphor (Phosphat).

Der Spiegel des anorganischen Phosphors wird von Parathormon, dem Wachstumshormon des Hypophysen-Vorderlappens und dem Insulin beeinflußt.

Beziehungen zwischen Phosphat- und Calciumspiegel. Der Gehalt des Plasmas an Phosphat und an ionisiertem Calcium steht in einem bestimmten Verhältnis zueinander. Bei hohem Phosphatgehalt wird Calcium vermindert gefunden, bei niedrigem Phosphatgehalt wird Calcium erhöht gefunden. Dabei handelt es sich anscheinend um physikalisch-chemische Gesetzmäßigkeiten, für die keine biologische Regulation erforderlich ist. Das Konzentrationsprodukt von Calcium und Phosphat beträgt beim Erwachsenen 30—40, beim Kind 40—55. Beispiel: 10 mg-% Calcium × 3,5 mg-% Phosphat = 35.

3. Das Parathormon

Es kann heute als gesichert gelten (UEHLINGER, FANCONI, EGER), daß *Parathormon zwei Angriffspunkte besitzt.* Es aktiviert die Osteoclasten des Knochens und führt so zu einem Abbau von Calcium und Phosphor aus dem Skelet. Außerdem steigert es die renale Phosphatausscheidung durch Minderung der tubulären Rückresorption. *Dadurch kommt es im Plasma zur Hypercalcämie und Hypophosphatämie.* Letztere entsteht deshalb, weil die Minderung der Phosphatrückresorption das Freiwerden von Phosphor aus dem Knochen bei weitem übertrifft.

In diesem Zusammenhang soll auch der Einfluß von zwei weiteren Stoffen erwähnt werden, die einen wesentlichen Einfluß auf den Calcium- und Phosphorstoffwechsel ausüben, nämlich von *Vitamin D* und *AT 10.* Es wird auf die ausführlichen Darstellungen, besonders auch im pädiatrischen Schrifttum (FANCONI und WALLGREN; ALBRIGHT und REIFENSTEIN; SCHOEN und TISCHENDORF), verwiesen, da diese Fragen den Rahmen der vorliegenden Darstellung überschreiten.

Zur Orientierung soll die Tab. 56 dienen. Sie enthält eine Übersicht über die wichtigsten Wirkungen von Parathormon, Vitamin D und AT 10.

Tabelle 56. *Der Einfluß von Vitamin D, AT 10 und Parathormon auf Calciumresorption, Phosphatausscheidung und Knochen* (Nach FANCONI)

	Calcium-Resorption	Ossifikation			Phosphat-Ausscheidung
	Darm	Osteoblasten	Osteoclasten	Verkalkung	Niere
niedrige Dosen . Vitamin D	+++	0	0	+++	—
hohe Dosen. . .	+++	0	+	+	+
AT 10	+++	0	++	0	++
Parathormon . . .	0		+++		+++

+, ++, +++ = Förderung, — = Hemmung, 0 = keine Beeinflussung.

II. Die Störungen
des Calcium- und Phosphorstoffwechsels

Nach den bisherigen Ausführungen können Störungen des Calcium- und Phosphorstoffwechsels auf folgenden Wegen entstehen: primäre Störung der Sekretion von Parathormon, das sowohl auf den Calcium- als auch auf den Phosphatspiegel einwirkt; Störungen infolge veränderter Ausscheidung von Calcium und Phosphor, wobei im Falle des Calciums dem Darmkanal, im Falle des Phosphors der Niere der Vorrang zukommt; schließlich Störungen der Resorption von Calcium und Phosphor.

Im folgenden sollen zunächst die Störungen infolge veränderter Parathormon-Sekretion besprochen werden.

1. Hyperparathyreoidismus

Die vermehrte Produktion von Parathormon kann durch primäre Erkrankungen der Nebenschilddrüsen hervorgerufen werden. Grundlage dieses sog. *primären Hyperparathyreoidismus* ist meist ein solitäres Adenom der Nebenschilddrüsen. Nur selten findet man eine Hyperplasie der Epithelkörperchen. Es entsteht dann immer die Frage, ob die Hyperplasie etwa als Folge bisher unbekannter übergeordneter Störungen angesehen werden muß. Neben diesen primären Formen unterscheidet man einen *sekundären Hyperparathyreoidismus,* bei dem eine vermehrte Freisetzung von Parathormon als Folge einer renal bedingten Verminderung des Calciumspiegels — *renale Ostitis fibrosa generalisata* — oder als Folge einer Osteomalacie (Rachitis) entstehen kann. Letztere kann in seltenen Fällen ebenfalls eine renale Genese haben: *Renale Osteomalacie bzw. Rachitis.*

Im folgenden sollen zuerst der primäre, dann der sekundäre Hyperparathyreoidismus kurz besprochen werden.

a) Primärer Hyperparathyreoidismus

Die vermehrte Produktion von Parathormon führt zur Hypercalcämie und Hypercalciurie sowie Hyperphosphaturie mit Hypophosphatämie. Die klinischen Symptome ergeben sich im wesentlichen durch die Hypercalcämie, die Schädigung der Nieren einschließlich der harnableitenden Wege und die Skeletveränderungen.

Die *Hypercalcämie* beträgt meist zwischen 12—16 mg-%, selten kann sie auf noch höhere Werte ansteigen. Sie ist für die häufig geklagte Müdigkeit und die Erschlaffung von quergestreifter und glatter Muskulatur verantwortlich. In 15% der Fälle findet man ein Ulcus des Magens oder Duodenums, ohne daß die Häufung bisher pathogenetisch befriedigend zu erklären ist. Bradykardie, Obstipation und Erbrechen werden oft beobachtet. Die differentialdiagnostische Abklärung einer Hypercalcämie ist oft nicht einfach. Eine Orientierung über die vielfältigen Möglichkeiten gibt die Tab. 57.

Tabelle 57. *Differentialdiagnose der Hypercalcämie*

Krankheit	Plasma			Urin	
	Calcium	Phosphat	Alkalische Phosphatase	Calcium	Phosphat
Primärer Hyperparathyreoidismus	↑	↓	↑	↑	↑
Akute Knochenatrophie (Immobilisierung)	↑ ; N	N	N	↑	N
Skeletbefall bei malignen Tumoren, Hämoblastosen, Plasmocytom	↑ ; N	N; ↑ ; ↓	N; ↑	↑	N
Maligne Tumoren ohne Skeletmetastasen	↑	N	N	N; ↑	N
Morbus Boeck	N; ↑	N	N	↑	N
Vitamin D-Überdosierung	↑	N; ↑	N; ↑	↑	↑
Milch-Alkali-Diät	↑	N; ↑	N	↑	N
Idiopathische Hypercalcämie	↑	N; ↑	N	N	N
Hyperproteinämie	↑ (betrifft nicht Ca^{++})	N	N	N	N

Die Aktivierung der Osteoclasten führt zu einer *dissoziierenden Fibroosteoclasie*, die sich besonders an den stark durchbluteten Skeletabschnitten manifestiert: Wirbelsäule, Becken, Rippen, Brustbein, Schädeldecke, Lamina dura der Zähne (differentialdiagnostische Bedeutung gegenüber Osteoporose!). Diese Beteiligung des Skelets wird allerdings nicht beobachtet, wenn reichlich Calcium mit der Nahrung aufgenommen wird; das ist z. B. bei Genuß von viel Milch und Käse der Fall. So wird es verständlich, das Fälle von Hyperparathyreoidismus nicht selten erst in den letzten Stadien eine Skelet-Symptomatologie erkennen lassen. Bezüglich der Einzelheiten wird auf die Darstellung bei UEHLINGER verwiesen.

Die *Niere* ist in folgender Weise an dem Krankheitsprozeß beteiligt: a) Nierensteinbildung, b) Nephrocalcinose, c) hypercalcämische Nierenfunktions-Störung.

Die reichliche Ausscheidung von Calcium und Phosphat im Harn führt oft schon im Beginn des Krankheitsgeschehens zur *Nierensteinbildung*. Besonders doppelseitige und rezidivierend auftretende Nierensteine sind auf Hyperparathyreoidismus verdächtig. Bei längerem Bestehen der Nierensteine können sekundäre Komplikationen durch Pyelonephritis, Hydro- und Pyonephrosenbildung auftreten. Besteht die erhöhte Calciumausscheidung längere Zeit, so findet man meist auch eine Verkalkung im Interstitium der Niere, die sog. *Nephrocalcinose*. Sie kann durch Weiterentwicklung mit Auftreten von Schrumpfungsprozessen zur Schrumpfniere führen. Schließlich führt aber auch die *Hypercalcämie* selbst zu erheblichen Funktionsstörungen der Niere, die bei Rückgang der Hypercalcämie zum Teil wieder reversibel sind (HEINTZ). *Polyurie, Hyposthenurie und Niereninsuffizienz können allein durch die bestehende Hypercalcämie und Hypercalciurie verursacht werden.* Liegen sowohl Hypercalcämie wie Nierensteinbildung und Nephrocalcinose vor, dann ist es natürlich schwierig, die Beteiligung dieser einzelnen Veränderungen an der festgestellten Nierenfunktionsstörung abzuschätzen.

Von großer klinischer Bedeutung ist, daß die *Störungen der Niere, besonders die Harnsteinbildung, lange Zeit im Vordergrund des klinischen Bildes stehen können.* Bei jeder rezidivierenden, besonders doppelseitig auftretenden Nierensteinerkrankung sollte deshalb an Hyperparathyreoidismus gedacht werden.

Die **Therapie** besteht in der operativen Entfernung der adenomatös veränderten Nebenschilddrüsen. Die vielen dabei zu beachtenden Einzelheiten (Befall von einem oder mehreren Epithelkörperchen; Adenome oder Hyperplasie; abartige Adenomlokalisation im vorderen oder hinteren Mediastinum) können nur von einem auf diesem Gebiet Erfahrenen gemeistert werden. Anschließend bilden sich die schweren Skelet-Veränderungen im Verlauf von Wochen und Monaten weitgehend zurück. Wegen der hohen Affinität unverkalkten Osteoids kann unmittelbar im Anschluß an die Operation ein Zustand mit Calciummangel und Tetanie auftreten. Das ist für die Nachbehandlung sehr zu beachten.

b) Sekundärer Hyperparathyreoidismus

Er kommt *einmal im Zusammenhang mit den meisten Formen von Osteomalacie und Rachitis* vor. Bei ihnen fällt der Calciumspiegel im Plasma infolge mangelhafter Resorption, übermäßiger Ausscheidung oder erhöhten Bedarfs unter die Norm ab. *Dadurch* wird meist eine *vermehrte Freisetzung von Parathormon* bewirkt, das zu einer verstärkten renalen Phosphat-Ausscheidung mit Hypophosphatämie und einem Anstieg des Calciumspiegels durch Stimulierung der Osteoclastentätigkeit führt. Manche Formen von Osteomalacie sind, wie im 12. Kapitel (S. 237, 241) dargelegt wurde, auf Störungen bestimmter Partialfunktionen der Niere zurückzuführen, z. B. auf die renale tubuläre Acidose oder das Fanconi-Syndrom. Auch bei diesen renal bedingten Formen von Osteomalacie und Rachitis kommt es zusätzlich zu Veränderungen im Sinne einer Ostitis fibrosa generalisata am Knochensystem, wobei allerdings die Erscheinungen der Osteomalacie bzw. Rachitis im Vordergrund stehen.

Als weitere Form des sekundären Hyperparathyreoidismus ist die renale Ostitis fibrosa generalisata zu bezeichnen. Sie entwickelt sich bei chronischen Nierenleiden angeborener (kongenitale doppelseitige Hydronephrosen) oder erworbener Art (Glomerulonephritiden) mit Verminderung der Glomerulumfiltration und langdauernder metabolischer Acidose. Dabei kommt es zum Anstieg des anorganischen Phosphats im Plasma. Infolgedessen wird der Calciumspiegel gesenkt. Ferner verliert der Organismus reichlich Calcium durch die Niere, weil bei der bestehenden metabolischen Acidose infolge der gestörten renalen Bildung von H^+- und Bicarbonationen Calcium zur Neutralisation der ausgeschiedenen Anionen verwendet wird (s. S. 136). *Beide Vorgänge — die Erhöhung des Phosphatspiegels und die metabolische Acidose — führen also zur Depression des Calciumspiegels,* wodurch eine vermehrte Freisetzung von Parathormon induziert wird. Dadurch gelingt es zwar, den erniedrigten Calciumspiegel zu heben; meist bleibt er aber immer noch an der unteren Grenze der Norm. Eine Hypercalcämie, die den primären Hyperparathyreoidismus auszeichnet, wird im allgemeinen nicht beobachtet. Sie kann höchstens final bei Zuständen schwerster Niereninsuffizienz auftreten. Trotz der vermehrten Freisetzung von Parathormon beobachtet man keine Senkung des erhöhten Phosphatspiegels, da das erniedrigte Glomerulumfiltrat dem entgegenwirkt.

Therapeutisch steht die Behandlung des Grundleidens im Vordergrund. Die Acidose wird mit Natriumlactat, Natriumcitrat oder Natriumbicarbonat behandelt. ALBRIGHT empfiehlt zusätzlich Citronensäure, um die Calciumresorption aus dem Magen-Darm-Kanal zu verbessern. Gelingt die Beseitigung der Acidose, so wird meist eine wesentliche Einschränkung der Calciurie beobachtet. Außerdem sollten täglich 3mal 5 g Calcium gluconicum und 50000 E Vitamin D_2 oder entsprechende Dosen von Vitamin D_3 gegeben werden.

2. Osteomalacie und Rachitis

Dabei handelt es sich um eine mangelhafte Verkalkung normaler oder sogar im Überschuß gebildeter Knochengrundsubstanz. Es liegt demnach eine Störung des Calcium- und Phosphorstoffwechsels vor. *Grundsätzlich muß davon die Osteoporose unterschieden werden, bei welcher die Bildung von Knochengrundsubstanz notleidet,* der Verkalkungsprozeß primär aber nicht gestört ist. Osteomalacie und Rachitis sind wesensgleiche Krankheiten. Man bezeichnet daher die Osteomalacie oft als Rachitis des Erwachsenen.

Osteomalacie und Rachitis können nach verschiedenen Gesichtspunkten klassifiziert werden. Je nach dem, ob der Calcium- und Phosphatspiegel normal oder erniedrigt ist, kann man folgende Möglichkeiten unterscheiden:

a) Fälle, bei denen eine kompensatorische Vermehrung des Parathormons fehlt, sind durch niedrigen Calcium- und normalen Phosphatspiegel ausgezeichnet;

b) eine partielle Kompensation durch vermehrte Freisetzung von Parathormon führt zu einem nur mäßig erniedrigten Calciumspiegel; infolge der gesteigerten renalen Phosphatausscheidung ist nun aber der Phosphatspiegel erniedrigt; eine volle Kompensation durch vermehrte Freisetzung von Parathormon läßt einen normalen Calciumspiegel, aber einen erniedrigten Phosphatspiegel entstehen.

Bezüglich des Schweregrads der Erkrankung kann man Formen unterscheiden, die lediglich durch Veränderungen des Calcium- oder Phosphatspiegels im Plasma bei normaler alkalischer Phosphatase und normalem klinischen Befund ausgezeichnet sind. Bei fortgeschritteneren Fällen findet man meist eine Erhöhung der alkalischen Phosphatase. Schließlich können auch eigentümliche Umbauzonen beobachtet werden, die im röntgenologischen Schrifttum nach LOOSER benannt werden. Im amerikanischen Schrifttum spricht man von MILKMAN-Syndrom. Es handelt sich *meist um symmetrische Entkalkungsvorgänge an den Rippen, den Schlüsselbeinen, den Beckenknochen oder den Oberschenkelhälsen.* Die schwersten Formen von Osteomalacie und Rachitis zeigen schließlich ausgedehnte Deformierungen des Knochensystems, die heute nurmehr selten zur Beobachtung kommen.

In Tab. 58 sind die häufigsten Ursachen für Osteomalacie oder Rachitis zusammengestellt. Die Bedeutung der Calcium- und Phosphatwerte in Plasma und Harn sowie der Informationswert anderer Meßgrößen für die Differentialdiagnose der verschiedenen Osteomalacie-Formen geht aus Tabelle 59 hervor.

Behandlung. Sie hängt von der Ätiologie der Osteomalacie bzw. Rachitis ab. Bezüglich der Rachitis wird auf die Lehrbücher der Kinderheilkunde verwiesen.

In den Fällen, da die Osteomalacie *infolge einer mangelhaften Resorption* entsteht, ist die Zufuhr von Calcium und Vitamin D angezeigt. Bei Erwachsenen werden außerdem mit 2—3 Glas Milch täglich erhebliche Calciummengen zugeführt. Unterstützend können Calciumgluconat und Calciumlactat gegeben werden. Ist die Erzeugung einer Acidose erwünscht, z. B. bei Bestehen einer Tetanie, dann

Tabelle 58. *Ursachen von Osteomalacie bzw. Rachitis* (Nach REIFENSTEIN, modifiziert)

I. Mangelhafte Resorption von
    A. Calcium
        1. geringe Zufuhr mit der Nahrung (Phytinsäure, Oxalsäure)
        2. Krankheiten des Magendarm-Trakts
        3. Hyperthyreose
    B. Vitamin D
        1. geringe Zufuhr mit der Nahrung
        2. Steatorrhoe bei fehlendem Gallenzufluß, Pankreasinsuffizienz, Sprue idiopathischen oder symptomatischen Charakters
    Meist kommen A und B zusammen vor.

II. Vermehrte Ausscheidung von
    A. Calcium
        1. Metabolische Acidose, besonders renale tubuläre Acidose
        2. idiopathische Hypercalciurie
    B. Phosphat
        1. Renale Hypophosphatämie (Phosphatdiabetes Fanconis)
        2. Fanconi-Syndrom

III. Vermehrter Bedarf
        Schwangerschaft
        Lactation

Tabelle 59. *Differentialdiagnose der verschiedenen Formen von Osteomalacie bzw. Rachitis* (Nach ALBRIGHT und REIFENSTEIN, modifiziert)

	Plasma						Urin				Bemerkungen
	Calcium	Phosphat	Alkal. Phosphat.	HCO_3^-	Cl^-	Rest-N	Calcium	Phosphat	NH_4^+	Titr. Acidit.	
Vitamin D-Mangel infolge mangelhafter Zufuhr, mangelhafter Resorption, besonders Steatorrhoe	N; ↓	↓	↑	N	N	N	↓	N; ↑	N	N	
Vermehrte renale Ausscheidung von Calcium und/oder Phosphat — renale tubuläre Acidose	N; ↓	N; ↓	N; ↑	↓	↑	N	↑	N	N; ↓	↓	
Vermehrte renale Ausscheidung von Calcium und/oder Phosphat — Fanconi-Syndrom	N; ↓	↓ ↓	N; ↑	N; ↓	N	N	↑ ; N	↑	↑	↑ ; ↓	Harn: Glucose +, Aminosäuren +
Vermehrte renale Ausscheidung von Calcium und/oder Phosphat — renale Hypophosphatämie (Phosphatdiabetes)	N; ↓	↓ ↓	N; ↑	N	N	N	↓	N; ↑	N	N	
Vermehrte renale Ausscheidung von Calcium und/oder Phosphat — idiopathische Hypercalciurie	N; ↓	↓	↑	N	N	N	↑	?	N	N	

verdient Calciumchlorid, z. B. 3mal täglich 10 ml einer 30%igen Lösung, mit Wasser verdünnt nach den Mahlzeiten, den Vorzug. Zusätzlich ist Vitamin D_2 oder D_3 in Dosen von 25000 bis 100000 E. angezeigt. Nach Heilung der Osteomalacie darf die Vitamin D-Verabreichung wegen der Gefahr einer Hypervitaminose nicht fortgesetzt werden. Die Resorption im Darmkanal läßt sich ferner durch Vitamin B_{12}, Folsäure und rohe Leberextrakte (REIFENSTEIN) verbessern.

Bei den Formen, die durch eine *vermehrte renale Ausscheidung von Calcium* entstehen, besteht die Behandlung in: a) Bekämpfung der Acidose und b) Ersatz des verlorengegangenen Calciums. Für die Bekämpfung der Acidose eignen sich Natriumbicarbonat, Natriumlactat oder Natriumcitrat (s. S. 183). REIFENSTEIN empfiehlt eine Mischung von 140 g Citronensäure und 98 g Natriumcitrat, gelöst in einem Liter Wasser, wovon täglich 50 bis 100 ml zugeführt werden. Citronensäure befördert zusätzlich die Calciumresorption im Darm. In einigen Fällen gelingt es, allein durch die Korrektur der Acidose eine positive Calciumbilanz mit Heilung der Osteomalacie zu erzielen. In den meisten Fällen ist aber eine zusätzliche Gabe

Tabelle 60. *Differentialdiagnostische Abtrennung von Hyperparathyreoidismus, Osteoporose und Osteomalacie*

		Plasma					Urin	
		Calcium	Phosph.	Alkal. Phosph.	HCO_3^-	Rest-N	Calcium	Phosph.
Hyperparathyreoidismus	primär	↑	↓	N; ↑	N; (↓)	N; (↑)	↑	↑
	sekundär ... (renale Ostitis fibrosa generalisata)	N; ↓	↑	↑	↓	↑	N; ↑	↓
Osteoporose		N	N	N	N	N	N	N
Osteomalacie (Einzelh. s. Tab. 59)		N; ↓	N; ↓	↑	N; ↓	N	N; ↓ ; ↑	N; ↑

von Calcium und Vitamin D in den oben besprochenen Dosierungen erforderlich. Für die Beurteilung des Therapieerfolges ist neben dem klinischen Bild vor allem die Bestimmung von Standardbicarbonat und alkalischer Phosphatase bedeutungsvoll.

Nicht selten sieht sich der klinisch tätige Arzt vor die Frage gestellt, ob bei einem mit Entkalkung einhergehenden Krankheitsprozeß eine Osteomalacie, eine Osteoporose, ein Hyperparathyreoidismus oder ein anderes Knochenleiden vorliegt. Da für die differentialdiagnostische Abgrenzung die Plasmaelektrolyte und das Säure-Basen-Gleichgewicht von wesentlicher Bedeutung sind, enthält die Tab. 60 eine Zusammenstellung der wichtigsten metabolischen Knochenkrankheiten in differentialdiagnostischer Sicht. Es ist zu betonen, daß außerdem andere Leiden (primäre und metastatische Geschwülste einschließlich Hämoblastosen, Speicherkrankheiten, polyostotisch-fibröse Dysplasie, Morbus Paget) zu berücksichtigen sind, deren Darstellung aber außerhalb des Rahmens dieses Buches liegt. Für die röntgenologische Differentialdiagnose der Knochenkrankheiten wird auf die Monographie von HELLNER und POPPE verwiesen.

3. Hypoparathyreoidismus

a) Hypoparathyreoidismus nach Epithelkörperchen-Entfernung

In den meisten Fällen wird eine verminderte Sekretion von Parathormon als Folge einer Thyreoidektomie mit gleichzeitiger Entfernung oder Schädigung der Nebenschilddrüsen beobachtet. Man spricht dann von *parathyreoprivem Hypoparathyreoidismus.* Durch die Fortschritte der chirurgischen Technik in den letzten Jahrzehnten ist die Häufigkeit dieser Form erheblich zurückgegangen. Man beobachtet sie noch etwa in 1% der Fälle von Thyreoidektomie. Vorübergehende Verminderung der Parathormonbildung wird jedoch häufiger gesehen. Man schuldigt dafür Ödem, Hämorrhagien und zeitweilige mangelhafte Blutversorgung der Epithelkörperchen im Anschluß an die Operation an.

Das *klinische Bild* ist durch die gesteigerte neuromuskuläre Erregbarkeit gekennzeichnet, die als Folge der Abnahme des ionisierten Calciums entsteht. Die häufigsten Symptome sind tetanische Anfälle oder tetanische Äquivalente.

Letztere können in Form von tonischen oder klonischen, auch generalisierten Krampfanfällen *(Nebenschilddrüsen-Epilepsie)*, Paraesthesien, Dysphagien, Herzstörungen sowie Krämpfen der glatten Muskulatur im Bereich des Magen-Darm-Kanals, der Blase und der Blutgefäße auftreten. In manchen Fällen können die Symptome sehr abgeschwächt vorhanden sein, so daß Fehldiagnosen verschiedenster Art naheliegen (JESSERER). Auch psychische Veränderungen, wie Angst, Reizbarkeit, Depression, treten auf. Akute Verschlechterungen solcher latenten Mangelzustände werden durch Infekte und Ernährungsänderungen mit Abnahme des Calciums und Zunahme des Phosphorgehalts der Nahrung beobachtet.

Trophische Störungen der Haut, der Haare, der Zähne, der Nägel sowie der Augen (Blepharospasmus, Kataraktbildung und Papillenödem) kommen vor. Nicht ganz selten wird eine Moniliasis der Haut, der Nägel, der Zunge und des Mundes beobachtet, ohne daß diese aber in ursächlicher Beziehung zum Hypoparathyreoidismus steht. Diagnostisch spielt die Erniedrigung des Plasmacalciums eine wichtige Rolle. Die Tab. 61 ist für die Differentialdiagnose von Hypocalcämien nützlich.

Tabelle 61. *Differentialdiagnose der Hypocalcämie*

Krankheiten	Plasma			Urin	
	Calcium	Phosphat	alkalische Phosphatase	Calcium	Phosphat
Hypoparathyreoidismus	↓	↑	N	↓	↓
Pseudo-Hypoparathyreoidismus .	↓	↑	N	↓	↓
Niereninsuffizienz	↓	↑	↑	↑	N; ↓
Osteomalacie bzw. Rachitis . .	N; ↓	N; ↑	↑	↓; N; ↑[1]	↓; N; ↑[1]
Andere hypocalcämische Tetanie-Formen (s. Tab. 62)	↓	↓	↑	↓; N; ↑	N; ↑
Hypoproteinämie	↓ (betrifft nicht Ca++)	N	N	N	N

[1] Je nach der vorliegenden Form unterschiedlich, s. Tab. 59.

Behandlung. Entwickelt sich im Anschluß an die Schilddrüsenoperation ein Hypoparathyreoidismus mit Tetanie, so muß Calcium i.v. zugeführt werden. Man verwendet dazu meist Calciumgluconat. Anschließend ist eine perorale Calciumbehandlung durchzuführen. Für die Wahl des Calciumpräparats sind folgende Tatsachen wichtig. Calciumchlorid enthält 36 Gewichtsprozent Calcium, Calciumlactat nur 18% und Calciumgluconat nur 9%. *Calciumchlorid enthält also weitaus am meisten Calcium.* Trotzdem verwendet man oft Calciumlactat oder Gluconat, da beide weniger Magenbeschwerden hervorrufen. Calciumchlorid wird jedoch gut vertragen, wenn man es in Milch verabreicht. Im allgemeinen reichen 6—9 g zur Beseitigung der tetanischen Symptome aus; von Calciumlactat müssen 12—18 g, von Calciumgluconat 18—27 g gegeben werden. In Fällen, welche keine Erholung der Nebenschilddrüsen nach der Operation zeigen, ist eine Dauerbehandlung mit AT 10 durchzuführen (s. S. 253).

b) Chronischer idiopathischer Hypoparathyreoidismus

Dabei handelt es sich um eine sehr seltene Erkrankung. Sie beginnt meist vor dem 15. Lebensjahr und betrifft männliche und weibliche Individuen in der gleichen Weise. Die Symptomatologie stimmt weitgehend mit den unter a) skizzierten Befunden überein. Wegen des nicht seltenen Einsetzens der Krankheit in früher Kindheit sind Veränderungen der Zähne häufig, die bei späterem Auftreten vermißt werden.

Behandlung. Sie setzt sich aus diätetischen und medikamentösen Maßnahmen zusammen. Nahrungsstoffe mit hohem Phosphorgehalt (Milchprodukte, Blumenkohl, Sirup) sollen vermieden werden. 4—6 g der erwähnten Calciumsalze sind laufend zuzuführen. Zur Hebung des Calciumspiegels und Verminderung des Phosphatspiegels kann man sowohl Vitamin D als auch AT 10, einen Abkömmling des Ergosterins, verwenden. Die Tab. 56 zeigt, daß die Wirkung von AT 10 auf die Phosphatausscheidung der Niere größer ist als die von Vitamin D. Man wird es deshalb auch zur Behandlung vorziehen. Die Einstellung auf die geeignete Dosis sollte klinisch unter laufender Kontrolle des Calcium- und Phosphatspiegels vor sich gehen. Bei gut eingestellten Fällen ist eine zusätzliche Gabe von Calciumsalzen nicht erforderlich. Man kann unter diesen Bedingungen die Dauerüberwachung mit Hilfe der *Sulkowitch-Probe* vornehmen. *Mit dieser läßt sich angenähert feststellen, ob die Calciumausscheidung im Harn normal, erhöht oder zu gering ist.* Das Sulkowitch-Reagens hat folgende Zusammensetzung: Oxalsäure 2,5 g, Ammoniumoxalat 2,5 g, Eisessig 5,0 ml, Aqua dest at. 150,0 ml. Man fügt 5 ml Reagens zu 5 ml Harn. Bei normaler Calciumausscheidung entsteht eine nur geringe Trübung. Bei erhöhter Calciumausscheidung beobachtet man dagegen einen Ausfall von Calciumoxalat. Bei der Bewertung dieses einfachen Testes muß die vorhergehende Ernährung sowie die Konzentration bzw. Verdünnung des Harns durch unterschiedliche Harnmengen berücksichtigt werden. Ist die Ernährung 3 Tage frei von Milch und Käse, dann spricht ein negativer Test für ein Fehlen von Calcium im Harn und damit für eine Hypocalcämie. Ist der Test stark positiv, dann kann man eine Hypercalciurie, meist infolge Hypercalcämie annehmen.

c) Tetanie des Neugeborenen

Möglicherweise muß auch sie als vorübergehender Hypoparathyreoidismus angesehen werden. Zusätzlich spielen aber wohl hoher Phosphatgehalt der Milch und eine gewisse Unfähigkeit der frühkindlichen Niere zur Ausscheidung von Phosphat eine Rolle. Wird das Verhältnis von Calcium zu Phosphor in der Milch — das Krankheitsbild wird meist bei Flaschenkindern beobachtet — dem Verhältnis in der Muttermilch angeglichen, dann beobachtet man keine Tetanie.

d) Pseudo-Hypoparathyreoidismus

Hierbei handelt es sich um ein den bisher beschriebenen Formen sehr ähnliches Syndrom, das jedoch auf Parathormon-Zufuhr nicht anspricht. Es wurde zuerst von ALBRIGHT u. Mitarb. beschrieben. Die Erkrankung ist anscheinend kongenitaler und familiärer Natur. Sie zeichnet sich durch zusätzliche Abnormitäten aus: vermindertes Wachstum, Rundgesicht, Verkürzung der Metacarpalknochen. Anscheinend wird das Parathormon dabei in normaler Weise gebildet, ohne daß eine

Beeinflussung der renalen Phosphatausscheidung zustande kommt. Nach ALBRIGHT haben die Tubuluszellen der Niere die Fähigkeit verloren, auf Parathormon mit einer Minderung der Rückresorption zu antworten. Es würde damit ein Parallelfall zum renalen Diabetes insipidus vorliegen.

Die *Differentialdiagnose* zwischen echtem Hypoparathyreoidismus und Pseudo-Hypoparathyreoidismus kann durch die Anwendung von Parathormon (ELLSWORTH und HOWARD) getroffen werden. In ersterem Fall sinkt der Phosphatspiegel im Plasma infolge vermehrter Ausscheidung im Harn ab, in letzterem nicht. Doch scheint der Ellsworth-Howard-Test auch in Fällen von parathyreoprivem Hypoparathyreoidismus und bei Sprue-Tetanie negativ ausfallen zu können (LABHART).

Behandlung. Der Pseudo-Hypoparathyreoidismus wird im Prinzip ähnlich wie der Hypoparathyreoidismus behandelt. Nicht ganz selten ist er allerdings auf AT 10 refraktär. Meist kann man dann mit Vitamin D bei zusätzlichen oralen Calciumgaben Besserung erzielen.

4. Tetanie

In diesem Abschnitt sollen noch diejenigen Tetanieformen kurz abgehandelt werden, welche nicht auf einem Hypoparathyreoidismus beruhen. Aus diagnostischen Gründen ist es zweckmäßig, eine Gruppe von Tetanien mit erniedrigtem Calciumspiegel — *hypocalcämische Formen* — von der sog. *normocalcämischen Tetanie zu unterscheiden.* Auch bei der zuletzt genannten Gruppe ist der Anteil des ionisierten Calciums meist erniedrigt. Da bisher aber noch keine einfach durchzuführende Methode zur Bestimmung des ionisierten Calciums bekannt geworden ist, vielmehr praktisch immer das gesamte Calcium im Plasma analysiert wird, ist die genannte Einteilung sehr zweckmäßig.

a) Hypocalcämische Tetanie-Formen

In Tab. 62 sind die hierher gehörenden Krankheitsbilder zusammengestellt. Hypo- und Pseudo-Hypoparathyreoidismus wurden bereits abgehandelt.

Die wichtigste Osteomalacie-Form infolge verminderter Calciumresorption, die durch Tetanie-Symptome ausgezeichnet ist, kommt bei Steatorrhoe symptomatischer oder idiopathischer Art (Sprue) vor. Es wird auf S. 249 verwiesen. Es muß allerdings betont werden, daß die hierbei vorhandene Verminderung des Phosphatspiegels einen gewissen Schutz bietet.

Die frühkindliche Rachitis war früher die häufigste Krankheit, welche im Kindesalter mit einer Tetanie verbunden war. Man nennt letztere auch *Spasmophilie.* Sie wurde besonders in der Heilungsphase der Rachitis beobachtet. Mit Zunahme der prophylaktischen Maßnahmen zur Rachitisbekämpfung ist diese Form der Tetanie sehr viel seltener geworden.

Bei *Niereninsuffizienz* mit Erniedrigung von Calcium und Erhöhung von Phosphat im Plasma wird *selten Tetanie beobachtet, da die meist vorhandene metabolische Acidose Schutz gewährt.* Es verwundert deshalb nicht, daß bei Beseitigung der Acidose durch Infusion von Natriumlactat oder Natriumbicarbonat Tetanie auftreten bzw. manifest werden kann.

Die *postacidotische Hypocalcämie mit Tetanie* wird besonders bei Säuglingen beobachtet, die im Reparationsstadium nach schweren Durchfällen mit Acidose sich befinden. Es wird dann eine Verminderung von Calcium, Kalium und Phosphat

Tabelle 62. *Differentialdiagnose hypocalcämischer und normocalcämischer Tetanieformen* (Nach WILKINS, modifiziert)

Tetanie-Typ	Plasma						Harn
	Calcium	Phosphat	Alkalische Phosphatase	p_H	Bicarbonat	Chlorid	Calcium
I. Hypocalcämische Formen							
Hypoparathyreoidismus	↓	↑	N	N	N	N	↓
Pseudo-Hypoparathyreoidismus	↓	↑	N	N	N	N	↓
Osteomalacie (infolge verminderter Ca-Resorption)	↓	↓	↑	N	N	N	↓
Osteomalacie (infolge vermehrter Ca-Ausscheidung)	↓	↓	↑	↓; N	↓; N	↑; N	↑
Niereninsuffizienz (besonders nach Behandlung mit Na-lact.,-bicarbonat)	↓	↑	↑	↓	↓; N	N; ↑	N; ↑
Infantile Rachitis	↓	↓	↑	?	N	N	↓
Tetanie der Neugeborenen	↓	↑	N	?	N	N	N
Postacidotische Form	↓	↓	N	N	N	N	↓
II. Normocalcämische Formen bei Alkalose							
Respiratorische Alkalose							
Hyperventilation	N	N	N	↑	(↓)	N; (↑)	↑
Metabolische Alkalose							
Verlust von saurem Magensaft (Magentetanie)	N[1]	N[1]	N	↑	↑	↓	N; ↑
Zufuhr von Natrium-lactat, -citrat oder -bicarbonat	N	N	N	↑	↑	↓	N
Conn-Syndrom	N[1]	N[1]	N	↑	↑	↓	N

[1] Ist der Kaliummangel sehr ausgeprägt, so kann es zur Niereninsuffizienz mit Anstieg von Phosphat und Abfall von Calcium kommen.

im Plasma gefunden. Man darf annehmen, daß die während der Acidose von Calcium entblößten Gewebe, besonders der Knochen, nach Korrektur der Acidose begierig Calcium aufnehmen, so daß es im Plasma und in der extracellulären Flüssigkeit zu einem Absinken von Calcium und Phosphat kommt. Manche klinischen Symptome in diesem Reparationsstadium — Lethargie bzw. Reizbarkeit, Krämpfe, Herzstörungen, Atmungsstörungen — werden neuerdings allerdings auf den meist zusätzlich vorhandenen Kaliummangel bezogen.

b) Normocalcämische Tetanie-Formen

Sie werden durch eine Alkalose respiratorischer oder metabolischer Art hervorgerufen. Wahrscheinlich ist das ionisierte Calcium unter diesen Bedingungen auch erniedrigt. Eine respiratorische Alkalose kommt als Folge einer gesteigerten alveolaren Belüftung bei zentralnervösen Prozessen, psychogenen Krankheitsbildern, Fieber usw. (s. S. 143) nicht selten vor. Auch während der Schwangerschaft besteht eine vermehrte alveolare Belüftung, die auf der vermehrten Sekretion von Progesteron und Oestrogen beruht (LOESCHCKE u. Mitarb.). Man wird nicht fehlgehen, in dieser respiratorischen Alkalose und in dem oft latenten Mangel des mütterlichen Organismus an Calcium die wesentlichen Ursachen der sog. *Maternitäts-Tetanie* zu sehen.

Metabolische Alkalosen kommen am häufigsten nach Zufuhr von Natriumlactat und Natriumbicarbonat, ferner bei Erbrechen salzsäurehaltigen Magensaftes vor. Neuerdings ist das sog. Conn-Syndrom (s. S. 290) bekannt geworden, das durch eine metabolische Alkalose, Natriumretention und hochgradigen Kaliummangel gekennzeichnet ist. Tetanie ist dabei neben schwerer Muskelschwäche und renalen Symptomen das wesentliche klinische Symptom.

Die **Behandlung dieser Tetanie-Formen** deckt sich weitgehend mit den auf S. 251 gemachten Angaben über die Behandlung des akuten und chronischen Hypoparathyreoidismus. In den Fällen, da als therapeutisches Ziel die Erzeugung einer chronischen metabolischen Acidose zur Kompensation der Alkalose wünschenswert ist, sollte man sich der Carboanhydrase-Hemmstoffe erinnern. Mit ihnen kann über lange Zeit eine metabolische Acidose auf bequeme Weise aufrechterhalten werden.

14. Kapitel

Magen-, Darm- und Leberkrankheiten

I. Gastrointestinale Erkrankungen

Die Schleimhäute des Magen-Darm-Trakts stellen die größte nach außen gerichtete Austauschfläche für Wasser und Elektrolyte dar. Ähnlich wie in den Tubuli das Glomerulumfiltrat werden auch im Dünndarm und Dickdarm die peroral aufgenommenen oder enteral ausgeschiedenen Elektrolyte und Flüssigkeitsmengen rückresorbiert. So kommen im Stuhl pro Tag nur etwa 5% der aufgenommenen Wassermenge (= 125 ml H_2O), 1% des zugeführten Natriums (= 5 mval Na) und etwa 5% des zugeführten Kaliums (= 5 mval K) zur Ausscheidung. Verluste von Wasser und Elektrolyten können entweder dadurch entstehen,

daß durch Erbrechen, Absaugen von Magen- und Darmsaft oder Magen-, Darm-
oder Gallenfisteln ionenhaltige Sekrete aus den oberen Abschnitten des Verdauungstraktes entfernt werden. Weiterhin können durch eine Fistelbildung zwischen
Dünndarm, Gallenblase und unteren Colonabschnitten größere Sekretmengen der
Rückresorption entzogen werden. Die häufigste Ursache schließlich stellen die
Darmsaftverluste infolge von Durchfällen dar. Unter allen Organerkrankungen
werfen die Wasser- und Mineralverschiebungen bei Magen-Darm-Erkrankungen
die geringsten Probleme hinsichtlich der Ätiologie und Pathogenese auf. Es handelt
sich im wesentlichen um die quantitative Bestimmung des mit den Magen-Darm-
Sekreten zu Verlust gehenden Lösungswassers und seiner Elektrolyte. Die dabei
zu berücksichtigenden pathophysiologischen, diagnostischen und therapeutischen
Fragen wurden bereits im ersten und zweiten Teil des Buches besprochen, so daß
hier nur Hinweise genügen.

Magenkrankheiten. Für unsere Fragestellung sind nur die mit stärkerem
Erbrechen einhergehenden Erkrankungen von Bedeutung. In erster Linie ist hier
die Pylorusstenose zu nennen, auf die bei der Besprechung der chirurgischen Erkrankungen und des kindlichen Pylorospasmus noch einzugehen ist. Bei akutem
Verlust von saurem Magensaft ist eine alkalotische Stoffwechselverschiebung zu
erwarten; es werden ja sowohl H^+-Ionen als auch Cl^--Ionen im Überschuß abgegeben (s. Tab. 39).

In ausgeprägten Fällen kommt es bei Patienten mit Pylorusstenose oder hohem
Ileus in der postoperativen Phase zum Bild der akuten hypokaliämischen Alkalose.
Der bei der Entwicklung dieser Störung wirksam werdende Circulus vitiosus
wurde von MOORE (1958) wie folgt angegeben:

1. Infolge Säureverlust droht eine metabolische Alkalose, die vorerst durch
renale Natriumbicarbonatausscheidung kompensiert wird.

2. Die Alkalose senkt die Kaliumkonzentration.

3. Das Operationstrauma vergrößert den Kaliumverlust.

4. Wegen des Kaliumdefizites geht die Natriumbicarbonatausscheidung stark
zurück; der Urin wird paradoxerweise sauer.

5. Der durch das Operationstrauma und das Kaliumdefizit verursachte saure
Urin verstärkt die Blutalkalose.

6. Die Alkalose setzt die Kaliumkonzentration weiter herab, usw.

Aus den bei starker Hypokaliämie drohenden Komplikationen, wie kardiale
Reizbildungs- und -leitungsstörungen und postoperative Magen- und Darmatonie
ergibt sich die dringende Notwendigkeit, eine durch Verlust sauren Magensaftes
verursachte hypokaliämische Alkalose vor der Operation zu beseitigen. Die beste
Methode ist die Zufuhr der angegebenen KCl-Lösung (s. Tab. 41), 20 mval K
und Cl pro Std. bis zu einer Gesamtdosis von 80—160 mval/pro die als Zusatz
zur Hartmannschen Lösung und Glucose-Lösung (KH-Zufuhr!). Die Niere erlangt
dadurch die Fähigkeit wieder, Bicarbonat auszuscheiden; der Kaliumverlust wird
ersetzt.

Bei chronischem Verlust nicht sehr sauren Magensaftes, z. B. durch eine Ulcus-
stenose des Pylorus, bei anacider Gastritis oder Magencarcinom oder aber durch
eine urämische Gastritis werden oft nur geringfügige Mengen freier Salzsäure ausgeschieden. Der Wasserverlust steht im Vordergrund. Oft wird er allerdings durch
Flüssigkeitszufuhr zum Teil ausgeglichen. Durch die Bildung von Ketokörpern im

Hungerzustand und die oft beteiligte Ausscheidungsstörung der Niere für H^+-Ionen bei mangelhafter Bildung von Bicarbonationen entsteht eine acidotische Stoffwechsellage. Hier muß die Behandlung mit Kaliumlactat in gleicher Dosierung erfolgen als Zusatz zu den genannten Basislösungen, da meist auch ein allgemeines Defizit an extracellulärer Flüssigkeit und Elektrolyten besteht.

Durchfallserkrankungen. Erhebliche Verluste an Darmsaft, der im Gegensatz zum Magensaft mehr Bicarbonat als Chlorid und neben Natrium viel Kalium enthält (s. Tab. 39), bewirken eher eine acidotische Stoffwechselverschiebung. Der Wasserverlust führt besonders bei Kindern (s. 19. Kapitel) relativ schnell zur — meistens hypertonen — Dehydration.

Bei schwerer ulceröser Colitis, die vorwiegend Erwachsene betrifft, stehen dagegen die Elektrolytverluste mehr im Vordergrund. So können die Natriumverluste im Stuhl nach Coghill u. Mitarb. bis zu 160 mval/die betragen. Kaliumverluste bis zu 60 mval/die wurden beobachtet. Bei schwerer Ileitis und Ileostomie beliefen sich die Natriumverluste sogar bis auf 700 mval/die ($\sim$ 16 g!). Sowohl schwere Kaliummangelzustände als auch Natriummangelzustände können bei diesen hartnäckigen Diarrhoen auftreten. Neben der Flüssigkeitszufuhr verlangen diese excessiven Bilder eine gezielte Elektrolytsubstitution (s. 10. Kapitel), wobei auch an die Magnesium- und Calciumverluste gedacht werden muß.

II. Leberkrankheiten

Die klinisch eindrucksvollste Veränderung im Wasserstoffwechsel bei Leberkrankheiten ist die Ausbildung eines Ascites. Dieser stellt jedoch im allgemeinen erst die sichtbare Endphase von Störungen des hormonellen Gleichgewichts und der Elektrolyt- und Wasserregulation dar, die jeden stärkeren Leberparenchymschaden begleiten. Über die Pathogenese dieser Veränderungen bestehen noch viele Unklarheiten, so daß im folgenden neben der Mitteilung gesicherter Befunde nur der Versuch einer Deutung unternommen werden kann.

1. Natrium- und Wasserstoffwechsel

Daß bei fortgeschrittenen Leberparenchymschäden vermehrt Natrium und Wasser retiniert wird, geht schon aus dem Auftreten des Ascites und der nicht seltenen generalisierten Ödeme hervor. Wolff und Koczorek (1958) fanden aber auch bei Fällen von akuter Hepatitis eine Verminderung der Natriumausscheidung. Bei dekompensierten Lebercirrhosen mit Ascitesbildung wurden von diesen Autoren regelmäßig niedrige Natriumkonzentrationen im Urin beobachtet. Nach einer Ascitespunktion nahmen Natrium- und Wasserausscheidung noch weiter ab.

Die Verminderung der renalen Natrium- und Wasserausscheidung kann grundsätzlich die Folge eines verminderten Glomerulumfiltrates oder einer gesteigerten tubulären Rückresorption sein. Im allgemeinen wird nun bei Leberkranken das Glomerulumfiltrat normal oder sogar erhöht gefunden, was mit dem verminderten kolloidosmotischen Druck infolge Hypalbuminämie erklärt werden kann, der zur Erhöhung des Filtrationsdruckes im Glomerulum führt. Leslie u. Mitarb. wiesen allerdings nach, daß bei der Ausbildung eines Ascites die glomeruläre Filtrations-Rate herabgesetzt sein kann, was zur Natrium-Retention beitragen könnte. Die

Herabsetzung ist aber auch hierbei zu gering, um die maximale Einschränkung der Natrium- und Chlorid-Ausscheidung während der Ausbildung eines Ascites zu erklären. Es bleibt also nur eine hormonelle Beeinflussung der tubulären Natriumresorption als Erklärung für die Natriumretention. Die hormonell gesteuerte generelle Retention von Natrium bei Lebercirrhosekranken geht auch aus dem Vergleich der Natriumkonzentrationen im Schweiß, Speichel und Stuhl dieser Patienten mit denen bei Normalpersonen hervor (s. Tab. 63).

Tabelle 63. *Natrium-Konzentrationen bei Normalpersonen und Patienten mit Lebercirrhose und Ascites* (nach BLAND)

	Normalpersonen	Lebercirrhose mit Ascites
	(mval/l)	(mval/l)
Plasma	135 —145	110—138
Schweiß	20 —105	2— 60
Speichel	12 — 40	4— 30
Speichel K^+/Na^+-Quotient	0,3— 20	10— 90

Die Natriumkonzentration im Plasma bei Leberschäden scheint je nach dem Ausmaß der gleichzeitigen Wasserretention und der bereits eingeleiteten Therapie mit Diuretica zu variieren. BLAND gibt deutlich erniedrigte Plasma $[Na^+]$-Werte bei Lebercirrhose an, TALSO u. Mitarb. fanden nur leicht erniedrigte Werte. KÜHNS und MÜLLER konnten sowohl bei akuter Hepatitis als auch bei fortgeschrittenen Lebercirrhosen im Mittel keine eindeutigen Veränderungen der Plasma $[Na^+]$ feststellen.

Über die intracellulären Elektrolytveränderungen bei Lebercirrhosen stellten TALSO u. Mitarb. mittels Muskelbiopsien Untersuchungen an. Bei Zunahme des Gesamtbestandes an Natrium und Chlorid und Abnahme des Gesamtbestandes an Kalium im Muskel konnten diese Autoren keine signifikanten Änderungen der intracellulären Natrium- und Kaliumkonzentrationen oder der intracellulären Osmolarität nachweisen. Diese Beobachtung veranlaßte sie zu dem Schluß, daß Ödem und Ascites bei der Lebercirrhose nur mit einer isotonischen Erweiterung des Extracellulärraumes einhergeht.

Als gesichert kann gelten, daß mit zunehmendem Grad der Leberparenchymschädigung und besonders der Lebercirrhose mit portaler Hypertension und Ascites eine quantitativ vom Grad der Leberschädigung nicht direkt abhängige Retention von Natrium, Chlorid und Wasser auftritt, die im wesentlichen zu einer Ausweitung des extracellulären Flüssigkeitsraumes führt.

2. Kaliumstoffwechsel

Die Kaliumverluste des Organismus im Verlauf einer schweren Leberschädigung können ebenfalls als gesicherte Tatsache gelten. BENDA und RISSEL sowie WOLFF und KOCZOREK fanden bei Patienten mit akuter Hepatitis eine erhöhte Kaliumausscheidung im Urin. Der mittlere Plasma $[K^+]$-Wert war nach eigenen Untersuchungen bei 17 Patienten mit Hepatitis und kompensierter Lebercirrhose mit 4 mval/l leicht, bei 13 Patienten mit fortgeschrittener Lebercirrhose und Leberkoma mit 3,4 mval/l deutlich erniedrigt. Klinische Einzelbeobachtungen über starke Hypokaliämie mit Muskellähmungen, Herzkomplikationen und typische EKG-Veränderungen, die sich nach Kaliumgaben zurückbilden (WOLFF und KOCZOREK; KÜHNS und MÜLLER) weisen auf die klinische Bedeutung der Kaliumverarmung hin, die in fortgeschrittenen Fällen zweifellos auch den intracellulären Kaliumbestand reduziert. Ursachen für den Kaliumverlust sind:

a) die bei Lebererkrankungen erhöhte Konzentration von Nebennierenrinden-Steroiden, die zu einer Erhöhung der renalen K-Ausscheidung führt,

b) der mit dem Abbau von Zelleiweiß und -glykogen verbundene Kaliumaustritt aus den kaliumreichen Leberzellen,

c) die acidotische Stoffwechselverschiebung im Leberkoma, die zu einer weiteren Abgabe von K^+ aus den Zellen im Austausch gegen H^+-Ionen Anlaß gibt.

Eine besondere Gefährdung des Kaliumstoffwechsels und damit besonders der Herzmuskelfunktion ergibt sich dann, wenn zur Behandlung einer schweren Leberschädigung nicht genügend mit Kalium angereicherte Dauerinfusionen verabfolgt werden. Durch die plötzliche Ausweitung des extracellulären Raumes und die Anregung der Diurese kann ein bedrohliches Absinken der Plasma-$[K^+]$ auftreten.

3. Pathogenese des hepatogenen Ödems und des Ascites

Die bei Patienten mit Lebercirrhose vorwiegend in der freien Bauchhöhle auftretende Ansammlung von Flüssigkeit hat ursprünglich zur Annahme geführt, daß der bei portaler Hypertension erhöhte Capillardruck im Bauchraum in Verbindung mit dem verminderten kolloidosmotischen Druck im Plasma infolge der Hypoproteinämie die eigentliche Ursache des Ascites sei. Als Teilfaktoren sind erhöhter Capillardruck im Bauchraum und verminderter kolloidosmotischer Druck bei der Ascitesbildung auch nach heutiger Auffassung beteiligt. Die Tatsache jedoch, daß sich einmal keine festen Korrelationen zwischen diesen Teilfaktoren und dem Zeitpunkt sowie dem Ausmaß der Ascitesentstehung nachweisen ließen und daß zum anderen eine allgemeine Ödemneigung bei Leberkranken besteht, ließ nach weiteren Erklärungsmöglichkeiten suchen.

Während der Entwicklung eines Ascites beobachtet man, in Übereinstimmung mit den Vorgängen beim kardialen und nephrotischen Ödem, eine gegenüber der Zufuhr verminderte renale Ausscheidung von Wasser und Natrium. Wenn auch in den schweren Fällen von Lebercirrhose mit Ascites das Glomerulumfiltrat mäßig erniedrigt ist (Literaturübersicht s. WESSON), so läßt sich doch die verminderte renale Ausscheidung damit nicht erklären. Es muß also eine gesteigerte tubuläre Rückresorption vorliegen. Die weitere Frage lautet, ob primär Natrium oder Wasser retiniert wird. In diesem Zusammenhang ist von Bedeutung, daß erhöhte Natriumwerte im Plasma — sie sprächen für eine primäre Natriumretention — nicht vorkommen. Meist ist $[Na^+]$ normal oder sogar erniedrigt. Diese Befunde sprechen nicht für eine primäre Bedeutung der Natriumretention.

Beim nephrotischen Ödem liegt wegen der Plasmavolumen-Abnahme während der Ödembildung eine Verminderung des intrathorakalen Blutvolumens mit Antidiurese infolge Reizung der Volumenreceptoren des linken Vorhofs und gleichzeitig eine verminderte Füllung der arteriellen Seite des Gefäßsystems mit dadurch bedingter Antinatriurese vor. Daraus folgt, daß Natrium und Wasser auch unabhängig voneinander retiniert werden können. Liegen analoge Verhältnisse etwa auch bei der Ascitesbildung der Lebercirrhose vor? Hier könnte ja das Plasmavolumen durch Abstrom von Flüssigkeit in den Bauchraum vermindert werden. Zur Beantwortung dieser Frage ist die *Kenntnis des Plasmavolumens bei Lebercirrhosen nötig. Leider liegen gerade hier prinzipielle Schwierigkeiten meßtechnischer Art vor, die eine sichere Auskunft zur Zeit noch nicht erlauben.*

Jede Plasmavolumen-Bestimmung beruht auf einer Markierung der Plasmaeiweißkörper, sei es mit Farbstoffen (z. B. Evans Blau) oder radioaktiven Substanzen (z. B. radioaktivem Jod oder Chrom). Da unter den Bedingungen der Lebercirrhose mit Ascites ein ungewöhnlich rascher Austausch zwischen dem intravasalen Raum und der Ascitesflüssigkeit besteht, können die bisher mitgeteilten, meist erheblich erhöht gefundenen Plasmavolumina nicht als richtig angesehen werden. EISENBERG fand bei erneuter Untersuchung dieses Problems mit durch Radiochrom markierten Erythrocyten erst dann eine Vermehrung des Plasmavolumens, wenn neben der Ascitesbildung ausgedehnte Oesophagusvaricen vorlagen. Aber auch diese Befunde können aus methodischen Gründen nicht ohne Vorbehalt gewertet werden. Will man nämlich mit Hilfe des Erythrocytenvolumens das Plasmavolumen gewinnen, so benötigt man den Hämatokrit. Der aus dem peripheren Blut gewonnene Hämatokrit stimmt aber mit dem sog. Körper-Hämatokrit nicht überein. Letzterer liegt niedriger als der periphere Hämatokrit. Die Bestimmung des Körper-Hämatokrits ist aber nur durch unmittelbare Bestimmung des Plasmavolumens möglich. Gerade diese zeigt aber die erwähnten Fehler.

So ist also vorerst diese wichtige Frage auf Grund experimenteller Befunde noch nicht zu entscheiden. *Es erscheint aber möglich, daß bei der Lebercirrhose mit Ascites analoge Verhältnisse zum nephrotischen Ödem vorliegen.* Man wird dann also auch die voneinander unabhängige Retention von Natrium und Wasser zugeben müssen.

Bezüglich der Frage nach den efferenten Faktoren (s. S. 64) der Natriumretention ist in den letzten Jahren vor allem dem *Aldosteron* Beachtung geschenkt worden. WOLFF u. Mitarb. fanden bei Lebercirrhosen mit Ascites die Aldosteronausscheidung im Harn erheblich erhöht. Es ist allerdings nicht zu entscheiden, inwieweit neben einer vermehrten Produktion durch die Zona glomerulosa der Nebennierenrinde auch ein verminderter Aldosteronabbau in der geschädigten Leber vorliegt. Zur Entscheidung dieser Frage könnten möglicherweise Untersuchungen an Lebercirrhosen mit Ascites bei gut erhaltener und bei schwer gestörter Leberfunktion beitragen. Eine endgültige Beurteilung wird erst dann möglich sein, wenn auch die anderen an der Natriumrückresorption beteiligten Faktoren hinreichend experimentell untersucht sind.

4. Therapie des hepatogenen Ödems

Da die Störungen im Wasser- und Elektrolytstoffwechsel sekundärer Natur sind, wird auch ihr Verlauf von der günstigen therapeutischen Beeinflussung des Grundleidens abhängen. Darüber hinaus ist aber auch eine direkte Behandlung dieser Störungen geboten. Über die Hemmstoffe der NNR-Steroide z. B. das Amphenon, liegen noch zu wenig klinische Erfahrungen vor, um sie für die Ödembehandlung einsetzen zu können.

Von großer Bedeutung ist der Natriumentzug, der einmal durch eine streng kochsalzfreie Diät, zum anderen durch Diuretica erzielt werden kann. Neben Hg-Präparaten werden sich besonders Chlorothiazid und seine Derivate, die als Hemmstoff der Natriumrückresorption wirken, durchsetzen. Sie sind den Carboanhydrase-Hemmern, die eine stärkere Kaliumausscheidung verursachen, vorzuziehen. Ammoniumchlorid ist wegen der Acidose-Wirkung und der Gefahr der Ammoniakvergiftung bei Leberkranken nicht anzuwenden.

Klinisch bewährt haben sich Gaben von 20—50 mg Prednison, das bei Hyperaldosteronismus natriuretisch wirken und zur Ausscheidung von Ödemen und Ascites beitragen kann. Kationenaustauscher können angewendet werden, wenn keine Komagefahr besteht.

Auf die Gefahren des Kaliumverlustes bei Dauerinfusionen und die Notwendigkeit ständiger Kaliumzufuhr bei nachgewiesener Hypokaliämie oder cellulärem K-Defizit (s. 6. Kap.) wurde bereits hingewiesen. Als weitere mögliche Komplikation der Behandlung ist auf einen Natriummangelzustand infolge starker Saluretica und diätetischen Natriumentzugs aufmerksam zu machen, der mit Hyponatriämie, Hypotension, Übelkeit, Brechreiz, Muskelkrämpfen, kleinem Pulsdruck und Tachykardie einhergeht. Eine Infusion von 50—100 ml einer hypertonischen NaCl-Lösung (s. Tab. 41) kann diesen bedrohlichen Zustand beheben.

15. Kapitel

Diabetes mellitus

Im Mittelpunkt der folgenden Darstellungen sollen die diabetische Acidose und ihre Behandlung stehen. Für ein Verständnis der pathogenetischen Zusammenhänge und der Erfordernisse einer optimalen Behandlung sind aber Kenntnisse der Grundtatsachen der diabetischen Stoffwechselstörung erforderlich. Trotz der zahlreichen noch ungeklärten Probleme ermöglichen die heute vorliegenden Kenntnisse eine sehr erfolgreiche Behandlung. Die folgenden Ausführungen schließen sich im ersten Abschnitt eng an die Darstellung von KÜHNAU und HOLT an.

I. Die diabetische Stoffwechselstörung

Vom pathogenetischen Standpunkt aus stehen im Mittelpunkt der diabetischen Stoffwechselstörung die Kardinalsymptome Hyperglykämie, Glucosurie und Acidose. Am Anfang steht die Hyperglykämie. Bei hinreichend hohen Blutzuckerwerten kommt es dann zu einer Zuckerausscheidung im Harn. Bei zunehmender Verschlechterung der Stoffwechsellage tritt in Abhängigkeit von Faktoren, die noch nicht völlig zu übersehen sind, eine Acidose auf, deren schwerste Ausprägung im Coma diabeticum vorliegt. *Alle diese Symptome sind die unmittelbare oder mittelbare Folge eines Insulinmangels.*

1. Hyperglykämie

Die Hyperglykämie ist ein Ausdruck dafür, daß das Gleichgewicht zwischen Glucoseverbrauch und Glucosebildung gestört ist. Grundsätzlich kann dafür ein verminderter Verbrauch oder eine vermehrte Bildung oder schließlich eine Kombination beider Störungen von Bedeutung sein. Nach den heutigen Kenntnissen spielt sowohl ein verminderter Verbrauch von Glucose (MINKOWSKI) als auch eine vermehrte Bildung (von NOORDEN) eine Rolle.

Verminderter Verbrauch. Der verminderte Glucoseverbrauch des diabetischen Organismus ist auf zwei Umstände zurückzuführen. Einmal ist der *Durchtritt von Glucose durch die Zellmembran im Bereich verschiedener Organe und Gewebe gestört.*

Außerdem ist aber auch der *Abbau der innerhalb der Zellen befindlichen Glucose gestört*. Interessanterweise erstreckt sich die Permeationsbehinderung der Glucose nur auf bestimmte Organe und Gewebe. So kann Glucose ohne Insulin in die Erythrocyten, in die Zellen des Magen-Darm-Kanals und des Zentralnervensystems, dagegen nicht in die Zellen der Leber, der Muskulatur von Herz und Skelet, die Milchdrüse und die Augenlinse eintreten. Diese Hemmung des Glucoseeintritts, besonders in den Zellen von Muskel und Leber, führt notwendigerweise zu weiteren Störungen. In der Leber wird zu wenig Glucose für die Glykogenbildung bereitgestellt. Das Leberglykogen muß deshalb abnehmen. Außerdem wird der Umbau von Glucose in Fettsäuren sowie der Abbau zu CO_2 und H_2O vermindert. In der Muskulatur nimmt die Konzentration an Glucose, dem wesentlichen Brennstoff, ab.

Aber auch der weitere Abbau geht im diabetischen Organismus nicht mehr normal vor sich. Der Glucoseabbau kann nach den heutigen Kenntnissen auf zwei Hauptwegen erfolgen:

a) Glykolytischer Abbauweg nach EMBDEN-MEYERHOF, der zu Brenztraubensäure und Milchsäure führt. Brenztraubensäure wird dann im Tricarbonsäure-Cyclus zu CO_2 und H_2O verbrannt.

b) Außerdem besteht die Möglichkeit der direkten Glucoseoxydation nach DICKENS-HORECKER. Normalerweise findet der Abbau in Skeletmuskulatur und Gehirn ganz überwiegend nach EMBDEN-MEYERHOF, in Nebenniere und Augenlinse ganz überwiegend nach DICKENS-HORECKER, in Leber, Lunge und Milz etwa zur Hälfte nach jedem der beiden Abbauwege statt. Bei der diabetischen Stoffwechselstörung scheint nun der *Abbau nach* DICKENS-HORECKER *sehr viel stärker gehemmt zu sein als nach* EMBDEN-MEYERHOF.

Abgesehen davon ist auch die *Verwertung von aktivem Acetat* gestört. Aktives Acetat, das sowohl dem Kohlenhydrat- als auch dem Fettsäure-Abbau entstammt, wird normalerweise durch Kondensation mit Oxalessigsäure zu Citronensäure im Tricarbonsäure-Cyclus zu CO_2 und Wasser abgebaut oder zur Resynthese von Fettsäuren verwandt. Die Verwertung von aktivem Acetat ist nun bei schwerem Diabetes ebenfalls gestört. Es kommt zur *Umwandlung des angestauten aktiven Acetats in Acetessigsäure, aus der β-Oxybuttersäure und Aceton entstehen*. Hier liegt die *Erklärung für die Entstehung der Ketosäuren und damit der diabetischen Acidose*.

Insulin vermag sowohl die Permeationshemmung der Glucose als auch die gestörte Verwertung von aktivem Acetat zu beseitigen. Dagegen hat Cortisol der Nebennierenrinde antagonistische Wirkungen gegenüber Insulin.

Vermehrte Glucosebildung (Gluconeogenie). Bei einem Mangel an Insulin werden verschiedene zur Neubildung von Glucose führende Vorgänge enthemmt. Außerdem befördert Cortisol der Nebennierenrinde die Vorgänge der Gluconeogenie. Im Mittelpunkt der Gluconeogenie steht eine vermehrte Bildung von Glucose-6-Phosphat. Dieses wird einmal vermehrt in freie Glucose umgewandelt, aber auch vermehrt zur Bildung von Leberglykogen verwandt. Unter Cortisol nimmt daher sowohl die Hyperglykämie als auch der Glykogenbestand der Leber zu. Das Ausmaß der Nebennierenrinden-Beteiligung an der Genese der diabetischen Stoffwechselstörung läßt sich also an der Höhe des Leberglykogens abschätzen. Daran ist allerdings nicht nur die gesteigerte Neubildung, sondern auch die Hemmung der Oxydation zu CO_2 und H_2O beteiligt.

Als *Quellen für die vermehrte Bildung von Glucose-6-Phosphat dienen Zwischen-produkte der Glykolysereaktion* (Brenztraubensäure, Milchsäure), *Eiweiß und Fett*. Die Gluconeogenie aus Eiweiß ist quantitativ der bedeutungsvollste Vorgang. Unter Cortisol wird Eiweiß ab- und zu Zwischenprodukten des Kohlenhydratstoffwechsels umgebaut. Der dabei freigesetzte Stickstoff wird als Harnstoff und Harnsäure (aus den Nucleoproteiden) ausgeschieden. Die Gluconeogenie aus Fett ist von untergeordneter Bedeutung und soll hier nicht weiter verfolgt werden.

Der Hypophysen-Vorderlappen greift in diese Vorgänge auf zwei Wegen ein. Einmal wird über ACTH die Cortisolfreisetzung der Nebennierenrinde reguliert und so auf den eben besprochenen Wegen die Gluconeogenie befördert. Davon unabhängig wirkt der Hypophysen-Vorderlappen noch durch den *diabetogenen Wirkstoff* auf den Kohlenhydratstoffwechsel ein. Wahrscheinlich ist der diabetogene Wirkstoff mit dem *somatotropen Hormon (STH) identisch*. Die *primäre Wirkung von STH* besteht anscheinend in der *Intensivierung des Fettsäureabbaus*. Durch die Erhöhung der Fettverbrennung wird sowohl der Kohlenhydrat- als auch der Eiweißabbau eingeschränkt. Man beobachtet eine entsprechende Senkung des respiratorischen Quotienten. Die STH-Wirkung scheint soweit gehen zu können, daß infolge der vermehrten Energiefreisetzung aus der Fettverbrennung eine Umkehr des Durchflusses durch die Enzymkette des Eiweißstoffwechsels in Richtung zur Synthese zustande kommt. Die STH-Wirkung ist davon abhängig, daß genügend Depotfett vorhanden ist. Bei Erschöpfung der Fettdepots treten diese Wirkungen nicht mehr auf.

Mittelbare STH-Wirkungen scheinen darin zu bestehen, daß die peripheren Gewebe einen *vermehrten Bedarf an Insulin* haben. So kommen Eiweißansatz, d. h. Zunahme der Muskulatur und Wachstum, nur zustande, wenn genügend Insulin zur Verfügung steht.

2. Glucosurie

Steigt die Glucosekonzentration im Blut auf 170—190 mg-% an, dann tritt Glucosurie auf. Dabei ist zu beachten, daß das *Eintreten der Glucosurie nicht nur vom Blutzuckerspiegel, sondern außerdem vom Glomerulumfiltrat abhängt*. Normalerweise ist der Harn deshalb zuckerfrei, weil die gesamte den Tubuluszellen angebotene Glucosemenge rückresorbiert wird. Das Glucoseangebot ergibt sich als Produkt von Glucose-Konzentration im Glomerulumfiltrat, also praktisch der Plasmakonzentration, und Glomerulumfiltrat. Hieraus folgt, daß das Angebot sowohl durch Änderungen der Glucosekonzentration als auch des Glomerulumfiltrats variiert werden kann. Praktisch kommen Erhöhungen des Glomerulumfiltrats aber kaum vor. Deshalb ist der Anstieg des Blutzuckerspiegels die Ursache eines vermehrten Angebots. Die Rückresorptionsfähigkeit der Tubulusepithelien nimmt bei Diabetes zu (KLEINSCHMIDT). Sie vermag aber ein bestimmtes Maximum nicht zu übersteigen. *Übertrifft das Angebot diese maximal rückresorbierbare Menge, dann kommt es zu massiver Zuckerausscheidung im Harn*. Hieraus folgt, daß eine hinreichende Verminderung des Glomerulumfiltrats trotz hohen Blutzuckers ein relativ niedriges Angebot an die Tubuluszellen bewirken kann. Ist gleichzeitig die Leistungsfähigkeit der Tubuluszellen nicht wesentlich herabgesetzt, dann kann unter diesen Umständen der Harn trotz hohen Blutzuckers zuckerfrei sein. Hier liegt die *Erklärung der sog. hohen Nierenschwelle*. Immer dann, wenn ein Diabetes mellitus durch Nierenkrankheiten mit Erniedrigung des Glomerulumfiltrats kompliziert ist, wird also eine *hohe Nierenschwelle* zu erwarten sein. Die Glucose-ausscheidung im Harn ist dann nicht mehr ein Spiegelbild der Stoffwechsellage, es müssen dafür vielmehr Blutzuckerbestimmungen herangezogen werden.

Der sog. *Steroiddiabetes* zeigt häufig Glucosurie bei nur wenig erhöhten Blut-zuckerwerten. Das ist zum Teil auf eine Erhöhung des Glomerulumfiltrats, zum Teil auf eine Verminderung der tubulären Rückresorption zurückzuführen.

II. Die diabetische Acidose

1. Pathogenese

Nach den Ausführungen auf S. 263 ist als *Primärvorgang der diabetischen Acidose die verminderte Verwertung von aktivem Acetat* anzusehen. Dadurch kommt es zu Bildung von Acetessigsäure, aus der wiederum β-Oxybuttersäure und Aceton entstehen.

Die Bildung von β-Oxybuttersäure und Acetessigsäure führt zum Auftreten von H^+-Ionen in den Körperflüssigkeiten. Damit werden diejenigen Vorgänge eingeleitet, die im 7. Kapitel (s. S. 132) bereits besprochen wurden. Hier sollen die wesentlichen Gesichtspunkte nur kurz wiederholt werden.

Das Auftreten von H^+-Ionen führt zu einer Verminderung von Bicarbonat und einem Abfall des Blut-p_H-Werts. Durch sekundäre, als Regulation zu wertende Mechanismen hält sich die p_H-Verschiebung zunächst in mäßigen Grenzen: *partiell kompensierte metabolische Acidose.* Daran sind Lunge und Niere sowie Austauschvorgänge zwischen extracellulärem und intracellulärem Raum beteiligt. Die alveolare Belüftung steigt an, wodurch der CO_2-Druck von Alveolarluft und Blut und damit auch $[H_2CO_3]$ und $[H^+]$ absinken. Die Niere scheidet vermehrt H^+-Ionen in Form von titrierbarer Säure und NH_4^+ aus. Es ist aber darauf hinzu-weisen, daß für die NH_3-Bildung eine gewisse Anlaufzeit erforderlich ist. Vorher dienen extracelluläre Kationen, besonders Natrium, zur Neutralisierung der aus-geschiedenen Säureanionen. Schließlich kommt es auch zu Austauschvorgängen mit dem intracellulären Raum: Kalium tritt aus den Zellen aus, H^+-Ionen und wahrscheinlich auch Natriumionen treten in die Zellen ein. Es soll schon hier betont werden, daß außer der Acidose noch andere Gründe für die celluläre Kalium-verarmung maßgebend sind (s. S. 266).

β-Oxybuttersäure und Acetessigsäure werden im Harn ausgeschieden. Da ihr pK' bei 5,0 bzw. 3,8 liegt, das Harn-p_H im Zustand der diabetischen Acidose aber höchstens bis p_H 4,0 absinken kann (ROSSIER), muß *β-Oxybuttersäure zum kleineren, Acetessigsäure zum größeren Teil mit Kationen neutralisiert ausgeschieden werden.* Das führt zu Verlusten an Natrium, aber auch Kalium, Calcium und Magnesium. Nach einiger Zeit wird dieser Kationenverlust allerdings durch vermehrte Bildung von NH_3 und seine Ausscheidung als NH_4^+ geringer. Es kann jetzt Natrium ein-gespart werden. Hieraus geht hervor, daß die Größe der Natriumausscheidung im Harn zu unterschiedlichen Zeiten der diabetischen Acidose sehr variieren kann. Vermag die Niere nicht hinreichend NH_3 zu bilden und als NH_4^+ auszuscheiden, dann entsteht sehr schnell eine zunehmende Verminderung der extracellulären Flüssigkeit mit den gefährlichen Folgen für den Kreislauf. Neben renalen Natrium-verlusten können auch extrarenale durch Erbrechen und manchmal Durchfälle auftreten.

Außer diesen den Säure-Basen-Haushalt im engeren Sinn betreffenden Veränderungen liegen noch folgende *Störungen des Wasser- und Elektrolytstoffwechsels* vor.

Die Glucosekonzentration in der extracellulären Flüssigkeit steigt an. Sie liegt im Coma diabeticum meist über 400 mg-%, oft bei 800—1000 mg-%. Normalerweise tragen die Nichtelektrolyte nicht viel zum effektiven osmotischen Druck bei. Bei Erhöhung der Glucosekonzentration auf die soeben erwähnten Werte ist jedoch der auf Glucose entfallende Anteil nicht mehr zu vernachlässigen. So resultiert eine *Hyperosmolalität des extracellulären Raums, welche einen Abstrom von Zellflüssigkeit nach dem extracellulären Raum hin zur Folge hat.* Im Beginn der diabetischen Acidose ist also die intracelluläre auf Kosten der extracellulären Flüssigkeit vermindert. So erklärt sich wohl auch das bekannte *Durstgefühl des Diabetikers.*

Durst wird bereits *als Frühsymptom einer Zuckerkrankheit* beobachtet, wenn weder Acidose noch stärkere Glucosurie vorliegen. In diesen frühen Stadien dürften auch ausgeprägtere Wasserhaushalts-Störungen noch fehlen. Doch wird man eine geringe Verminderung der intracellulären Flüssigkeit infolge der extracellulären mäßigen Hyperosmolalität annehmen müssen. Eine Erregung der als Osmoreceptoren dienenden Zellen kann freilich nur dann eintreten, wenn die Glucosepermeation auch in diese Osmoreceptoren-Zellen behindert ist. Das deckt sich nicht ohne weiteres mit den Angaben, wonach Glucose zum Eindringen in die Zellen des Zentralnervensystems von Insulin unabhängig ist.

Neben dem *Mangel an Zellwasser kommt es auch zu einem Mangel an intracellulären Elektrolyten, besonders Kalium, Magnesium und Phosphat* (ATCHLEY u. Mitarb.). Für die Verminderung des Zellkaliums sind neben der Acidose (s. S. 85) vor allem der Glykogenabbau und der gesteigerte Eiweißabbau von Bedeutung. Daneben mag auch die Fähigkeit der Zelle zur Kaliumanreicherung selbst notleiden. Für den Austritt von Phosphat dürfte einmal die vermehrte Ausscheidung im Harn als titrierbare Säure und ferner der Eintritt von Chlorid eine Rolle spielen. Letzteres wird nicht nur vermehrt im Harn ausgeschieden, sondern wandert auch aus der extracellulären Flüssigkeit ab, weil die Ketokörper auf der Anionenseite „Platz beanspruchen".

Diese Veränderungen der intracellulären Elektrolyte bei der Entwicklung der diabetischen Acidose müssen therapeutisch unbedingt berücksichtigt werden. Besonders die Zufuhr von Kalium ist in bestimmten Stadien der Behandlung von großer Wichtigkeit. Man kann sie gleichzeitig mit Phosphatgaben durchführen (s. S. 269). Leider liegen bisher über die Bedeutung des Magnesiums noch keine hinreichenden Untersuchungen vor. Anscheinend werden optimale therapeutische Erfolge auch ohne Berücksichtigung des Magnesiumdefizits erzielt.

Nach diesen Ausführungen liegt also *im Beginn der diabetischen Acidose noch kein Mangel an extracellulärer Flüssigkeit und extracellulären Ionen, wohl aber an intracellulärer Flüssigkeit und intracellulären Ionen vor. Eine Verminderung der extracellulären Flüssigkeit tritt erst dann ein, wenn es mit zunehmender osmotischer Diurese und dem Auftreten der Acidose zu Verlusten an Natrium kommt.* Selbstverständlich wird die extracelluläre Dehydration in ihrer Ausprägung dabei von verschiedenen Umständen abhängen. Sie wird besonders ausgeprägt sein, wenn die natriumbewahrende Funktion der Nieren gestört ist (komplizierende Nierenkrankheiten, z. B. Pyelonephritis!) oder Erbrechen und Durchfälle auftreten.

Ein *Mangel an extracellulärer Flüssigkeit* wird an dem *Anstieg von Hämoglobingehalt und Hämatokrit* (Einschränkungen s. S. 92) *erkannt werden können.* Bei stärkerer Ausprägung kommt es zu Störungen des Kreislaufs mit Herabsetzung des Herzminutenvolumens und der Nierendurchblutung. Nunmehr wird infolge des verminderten Glomerulumfiltrats der Rest-N ansteigen. Daran ist außerdem der gesteigerte endogene Eiweißzerfall beteiligt. In schweren Fällen kann ein ausgeprägter *Schockzustand* vorliegen. Verstärkter endogener Eiweißzerfall führt zu vermehrtem Anfall von H_2SO_4 und H_3PO_4, Kreislaufinsuffizienz zur Milchsäureanhäufung und mangelhafte Nierendurchblutung zu Störungen der renalen H^+-Ionenausscheidung und Bicarbonatproduktion. *Alle diese Umstände werden die bereits vorliegende metabolische Acidose verstärken müssen.* So ist es verständlich, daß im fortgeschrittenen Coma diabeticum die Regulationseinrichtungen des Organismus zu versagen beginnen. Selbst die gesteigerte Ventilation kann nicht mehr aufrechterhalten werden: der vorher erniedrigte CO_2-Druck steigt an. Möglicherweise hängt das Versagen der Atmung mit dem Austritt von Kalium aus den Zellen zusammen.

2. Die Behandlung der diabetischen Acidose, besonders des Coma diabeticum

Nach diesen pathogenetischen Darlegungen muß eine rationelle Behandlung des Coma diabeticum und der diabetischen Acidose nach folgenden Gesichtspunkten durchgeführt werden:

a) Beseitigung der Acidose,

b) Beseitigung des Wasser- und Elektrolytdefizits,

c) Kreislaufbehandlung,

d) Kaliumbehandlung,

e) zusätzliche Maßnahmen. ·

a) Die Behandlung der Acidose

Die wichtigste hier zu nennende Maßnahme ist die *Insulinbehandlung.* Insulin vermag alle Störungen, besonders die gestörte Verwertung von aktivem Acetat als Quelle der Ketosäurenbildung, rückgängig zu machen. So kommt es in kurzer Zeit zu einem Absinken des erhöhten Ketosäurenspiegels. Das bedeutet eine Wegnahme von H^+-Ionen und damit eine vermehrte Freisetzung von Bicarbonat. Manche Autoren empfehlen zusätzlich, besonders im Beginn der Behandlung, eine unmittelbare Bekämpfung der Acidose durch Zufuhr von *Natriumbicarbonat oder Natriumlactat. Davon sollte aber nur im Beginn der Behandlung Gebrauch gemacht werden, wenn Insulin seine volle Wirkung noch nicht erreicht hat,* oder in den Fällen, da es auch bei hohen Dosen nicht hinreichend wirkt (Insulinresistenz). Führt man auch im weiteren Verlauf Natriumlactat zu, dann kann eine über das therapeutische Ziel der Normalisierung des Säure-Basen-Gleichgewichts hinausgehende Alkalisierung mit ihren Gefahren eintreten. Die Insulinbehandlung selbst sollte in Form stündlicher intravenöser Gaben von jeweils 20 E Insulin vorgenommen werden (BOULIN). Innerhalb von 6 Std. soll der Blutzucker auf etwa 250 bis 150 mg-% absinken. Andernfalls sind nunmehr sehr viel höhere Insulindosen zu verwenden. Die intravenöse Zufuhr begegnet im allgemeinen keinen Schwierigkeiten, da eine Dauerinfusion sowieso erforderlich ist.

b) **Die Behandlung des Wasser- und Elektrolytdefizits**

Bei jedem bewußtlosen Patienten muß eine intravenöse Dauerinfusion angelegt werden. Die zu infundierenden Lösungen sind nach folgenden Gesichtspunkten auszuwählen. Nach den obigen Darstellungen liegt bei der diabetischen Acidose stets ein Mangel an intracellulärer Flüssigkeit und ihren Elektrolyten vor. Außerdem ist in den schweren Fällen, besonders bei vorliegender Kreislaufschwäche auch die extracelluläre Flüssigkeit stark vermindert. Ein Ersatz intracellulärer Flüssigkeit wird üblicherweise mit Glucose- oder Lävulose-Lösungen, ein Ersatz der extracellulären Flüssigkeit mit Hartmannscher Lösung oder Lösungen ähnlicher Zusammensetzung (Sterofundin, Tutofusin K 10) durchgeführt (s. 10. Kapitel). Es erhebt sich deshalb die Frage, ob die Infusionsbehandlung mit Glucose- bzw. Lävulose-Lösung oder Hartmannscher Lösung begonnen werden soll. *Steht im klinischen Bild ein Mangel an extracellulärer Flüssigkeit (schlechter Kreislauf, hohe Hämoglobinwerte!) im Vordergrund, dann ist die Auffüllung des extracellulären Defizits am dringlichsten.* Nur so kann der gestörte Kreislauf und damit die Nierenfunktion gebessert werden. Dabei soll die Infusionsmenge in einer Stunde etwa 500—1000 ml betragen, bis das Defizit aufgefüllt ist. Das macht sich neben der Kreislaufbesserung am Absinken von Hämoglobingehalt und Hämatokrit bemerkbar. Nur bei besonders gelagerten Fällen, z. B. bei Herzinsuffizienz und sehr alten Patienten, soll der Flüssigkeitsersatz langsam vorgenommen werden. Führt die Zufuhr von extracellulärer Flüssigkeit in absehbarer Zeit nicht zu einer erheblichen Besserung des Kreislaufzustands, dann muß eine *Infusion von Blut oder Plasma* vorgenommen werden. Trotz des erhöhten Hämatokrits wird man bei gleichzeitiger Flüssigkeitszufuhr Bluttransfusionen den Vorzug geben.

Steht der Mangel an extracellulärer Flüssigkeit im Hintergrund bzw. ist er beseitigt, dann ist vorzugsweise Glucose- bzw. Lävuloselösung zuzuführen. Die Frage, ob bei dem bereits erhöhten Blutzucker Glucosezufuhr zweckmäßig ist oder durch Lävulose ersetzt werden sollte, läßt sich wie folgt beantworten. Ist der *Blutzuckerspiegel stark erhöht*, dann steht dem Organismus vorerst genügend Glucose zur Verfügung, wenn unter Insulin eine Normalisierung des Stoffwechsels einsetzt. Zusätzliche Glucosezufuhr ist deshalb nicht angezeigt. Da aber wegen der Hyperosmolalität im extracellulären Raum (s. S. 266) ein Vehikel für Wasser sehr zweckmäßig ist, sollte zu Beginn der Behandlung Lävuloselösung benutzt werden. Wird doch Lävulose vom diabetischen Organismus besser verwertet als Glucose. Diese bessere Verwertung bezieht sich jedoch nur auf die Leber, nicht auf die Muskulatur! Lävulose kann nicht in nennenswertem Umfang als Brennstoff für die Muskelzellen dienen. Deshalb sollte *im weiteren Verlauf der Behandlung, wenn die Zuckerverbrennung durch Insulin normalisiert wird und der Blutzucker absinkt, auf Glucoselösung umgeschaltet werden.* Nachfolgendes Schema mag die wesentlichen Gesichtspunkte noch einmal zusammenfassen (Tab. 64).

c) **Kreislaufbehandlung**

Eine besondere Stützung des Kreislaufs wird bei diesem Vorgehen meistens nicht notwendig sein. Steht aber ein schwerer Kreislaufschock im Vordergrund, dann sollte neben Bluttransfusionen und Zufuhr extracellulärer Flüssigkeit *Arterenol* der Dauerinfusion beigegeben werden. Ob Digitalisglykoside einen

Tabelle 64. *Infusionsbehandlung bei Coma diabeticum*

Art der Dehydration		Basislösungen	Zusatzlösungen
intracelluläre Flüssigkeit ↓ ↓ ↓	Sofort-behand-lung	$^2/_3$ isoton. Lävulose-Lösung $^1/_3$ extracelluläre Flüssigkeit (Sterofundin)	Natriumlactat 25—50 mval
extracelluläre Flüssigkeit ↓	nach 6 Std.	$^2/_3$ isotonische Glucose-Lösung $^1/_3$ extracelluläre Flüssigkeit (Sterofundin)	Kaliumphosphat 50—150 mval K$^+$/24 Std. (nicht mehr als 20 mval K$^+$/Std.)
intracelluläre Flüssigkeit ↓ ↓ ↓	Sofort-behand-lung	$^1/_4$—$^1/_3$ isoton. Lävulose-Lösung $^3/_4$—$^2/_3$ extracelluläre Flüssigkeit; bei ausbleibender Kreislauf-erholung: Bluttransfusion	Natriumlactat 50—100 mval
extracelluläre Flüssigkeit ↓ ↓ ↓	nach 6 Std.	$^2/_3$ isotonische Glucose-Lösung $^1/_3$ extracelluläre Flüssigkeit	Kaliumphosphat

Vorteil bedeuten, ist schwer abzuschätzen. Wahrscheinlich befördern sie den nachfolgend zu besprechenden Kaliummangel. Sicher ist ihre Gabe nur in besonderen Fällen, z. B. bei gleichzeitiger Herzinsuffizienz, wichtig.

d) Kaliumbehandlung

Wenn diese Therapie einige Stunden durchgeführt wird, so kommt es zu einer Verschiebung von Kalium in den intracellulären Raum. Es wird hier zum Aufbau von Glykogen und Eiweiß benötigt. In der extracellulären Flüssigkeit können daher hochgradige Zustände von Kaliummangel auftreten. Um sie zu vermeiden, sollte etwa von der 6. Std. der Komabehandlung ab — die Nierenfunktion ist dann meist hinreichend gebessert — die Zufuhr von Kalium vorgenommen werden. Sie kann entsprechend den im 10. Kapitel gegebenen Anweisungen erfolgen. *Besonders günstig wegen der gleichzeitigen Phosphatzufuhr ist eine Mischung von sekundärem und primärem Kaliumphosphat* (SPRAGUE und POWER). Für die intravenöse Zufuhr empfiehlt sich eine Lösung von 7,5 g K$_2$HPO$_4$ und 1,67 g KH$_2$PO$_4$ auf 100 ml. 1 ml dieser Lösung enthält 1 mval Kalium und 0,667 mval Phosphat. Die Zahlenangaben beziehen sich dabei auf die Salze ohne Kristallwasser. Ist der Patient inzwischen zum Bewußtsein gekommen, dann ist die perorale Zufuhr von Kalium vorzuziehen. Sehr zweckmäßig sind eisgekühlte Fruchtsäfte, die viel Kalium enthalten.

e) Zusätzliche Maßnahmen

Jede Komabehandlung sollte mit einer Entleerung des Darms, am besten durch warmen Einlauf begonnen werden. Bei andauerndem Erbrechen oder akuter Magendilatation, einer nicht ganz seltenen Komplikation, sind Magenspülungen notwendig. Eine Atonie der Harnblase ist am besten durch Einlegen eines Dauerkatheters zu behandeln.

Gleichzeitig ist die Verabreichung von Antibiotica notwendig, um Infekte zu bekämpfen, die für die Genese des Komas bedeutungsvoll waren, oder um die Entstehung von Infekten zu verhindern.

Unter dieser Behandlung wird es heutzutage möglich sein, die meisten Fälle von Coma diabeticum zu retten.

16. Kapitel

Diabetes insipidus und andere zentral-nervös bedingte Störungen des Wasser- und Natriumstoffwechsels

Bereits mehrfach wurden Störungen des Wasser- und Natriumstoffwechsels gestreift, die durch zentral-nervöse Läsionen zustande kommen (3., 5. Kapitel). Im folgenden sollen diese Störungen geschlossen dargestellt werden, da sie nicht nur für das Gebiet der inneren Medizin, sondern auch für Neurologie und Neurochirurgie nicht unerhebliche Bedeutung besitzen.

Man kann vorwiegende Störungen des Wasserstoffwechsels von solchen des Natriumstoffwechsels unterscheiden. Obwohl die Verbindung zwischen beiden sehr eng ist, empfiehlt sich schon aus didaktischen Gründen eine getrennte Darstellung.

I. Die Störungen des Wasserstoffwechsels

1. Diabetes insipidus

Diese Störung des Wasserstoffwechsels entsteht als Folge einer Unterbrechung des Tractus supraoptico-hypophyseus. Dabei können ätiologisch sehr unterschiedliche Grundkrankheiten vorliegen. Die Tab. 65 gibt eine Übersicht über die bisher bekannten Formen.

Tabelle 65. *Ätiologische Einteilung des Diabetes insipidus*

I. Symptomatische Formen
1. Traumen
2. Meningitis
   Encephalitis
3. Tuberkulose, Lues cerebrospinalis
4. Hirntumoren
   Craniopharyngeom
   supraselläre Meningeome
   Pinealome
   Hypophysenadenome
   Metastasen
5. Lymphogranulomatose, Leukämien, Morbus Boeck, Xanthomatose Schüller-Christian
6. Entwicklungsstörungen des hypothalamischen Gebiets z. B. Laurence-Moon-Biedl-Syndrom

II. Idiopathische Form

Im Mittelpunkt der Pathogenese steht eine Störung der über Osmoreceptoren und Volumenreceptoren gesteuerten ADH-Freisetzung. Eine hinreichende Konzentrierung des Harns ist dadurch nicht mehr möglich (s. S. 35), so daß große Mengen eines sehr verdünnten Urins ausgeschieden werden. Das entstehende Durstgefühl zwingt zur Wasseraufnahme. Wenn die Patienten am Trinken nicht gehindert sind, bleibt ein normaler Hydrationszustand bei gesteigerten Harnmengen und entsprechend erhöhten Trinkmengen erhalten. Die Größe der Harnvolumina ist bei gegebener ADH-Verminderung vom Glomerulumfiltrat und der Menge der auszuscheidenden harnpflichtigen Substanzen abhängig (s. S. 37). Deshalb wird bei einer *Ernährung mit protein- und salzreicher Kost eine Erhöhung, bei protein-*

und salzarmer Kost eine Verminderung des Harnvolumens beobachtet. Sind die Patienten an hinreichender Flüssigkeitsaufnahme gehindert, so entstehen *schwere Dehydrationszustände.*

Von besonderem Interesse sind die Beziehungen zum Hypophysen-Vorderlappen. Eine zusätzlich auftretende Vorderlappen-Insuffizienz vermag einen vorbestehenden Diabetes insipidus zu bessern oder sogar zum Verschwinden zu bringen. Aus dieser Beobachtung wurde auf ein diuretisches Hormon des Hypophysen-Vorderlappens geschlossen [Literaturübersicht s. MARX (1941) und JORES (1955)]. Diese Annahme ist aber wahrscheinlich nicht haltbar. LEAF u. Mitarb. (1952) konnten zeigen, daß bei einem Patienten mit Diabetes insipidus eine zusätzlich auftretende Insuffizienz des Hypophysen-Vorderlappens die Harnmenge verringert; gleichzeitig wurde aber auch eine bedeutend geringere Menge an gelösten Stoffen ausgeschieden. Im Konzentrationsversuch war immer noch eine mangelhafte Fähigkeit zur Harnkonzentrierung nachweisbar. Durch Erhöhung der Salz- und Harnstoffzufuhr ließen sich die Harnmengen beträchtlich steigern. Die Zufuhr von Thyroxin, Cortexon, Cortison, ACTH und Wachstumshormon blieb ohne Einfluß auf den Harnfluß, wenn die Nahrungsaufnahme und damit die Ausscheidung gelöster Stoffe konstant gehalten wurden. Man gewinnt daraus den Eindruck, daß der *Hypophysen-Vorderlappen auf indirektem Wege,* nämlich *über die Beeinflussung der Nahrungsaufnahme und der allgemeinen Stoffwechselvorgänge* die Ausscheidung an gelösten Stoffen und damit die Harnmenge verändert.

Die *Differentialdiagnose* der Diabetes insipidus kann gelegentlich beträchtliche Schwierigkeiten bereiten. Folgende Krankheiten müssen abgetrennt werden:

a) renaler Diabetes insipidus; er wurde im 12. Kap. (S. 236) ausführlich besprochen.

b) Diabetes mellitus (15. Kap.).

c) Niereninsuffizienz mit Polyurie (12. Kap.).

d) Störungen der distalen Tubulusfunktion bei Pyelonephritis, Hydronephrose und Cystennieren.

e) Kaliummangelzustände mit Isosthenurie (12. Kap., S. 240).

f) Hypercalcämie, besonders bei Hyperparathyreoidismus (13. Kap., S. 246).

Schließlich ist noch die sog. primäre Polydipsie abzutrennen. Da die hiermit auftretenden Probleme von grundsätzlicher Bedeutung sind, soll die primäre Polydipsie gesondert abgehandelt werden.

Behandlung. Zunächst ist die Natur der zugrunde liegenden Krankheiten zu berücksichtigen. Handelt es sich um Hirntumoren, dann ist eine Operation bzw. Röntgenbestrahlung angezeigt. Manchmal wird dadurch der Diabetes insipidus zum Verschwinden gebracht. Bei Lues oder Tuberkulose ist spezifische antiluische bzw. tuberkulostatische Behandlung erforderlich. Beim sog. idiopathischen Diabetes insipidus wird man eine dauernde Substitutionsbehandlung mit ADH-haltigen Präparaten durchführen müssen. Entsprechende Handelspräparate sind Tonephin, Pituitrin und Pitressin. Die Einstellung soll zunächst klinisch erfolgen, da bei Überdosierung Erscheinungen einer Wasservergiftung drohen. Hierauf hinweisende Symptome sind Kopfschmerzen, Erbrechen und Übelkeit (s. S. 105). Die genannten Präparate können auch als *Schnupfpulver* gegeben werden, wobei jedoch die Dosierung um 25—50% erhöht werden muß. Man beginnt die *Injektions-behandlung* mit 5—10 Voegtlin-Einheiten. Die Wirkung jeder Einzelgabe hält etwa 3—6 Std. an. Auch Depotpräparate mit Wirkungen über 12—24 Std. sind neuerdings im Handel.

Die manchmal günstigen Wirkungen der *Quecksilberdiuretica* können am besten über den entstehenden Salzverlust erklärt werden, der zu einem verminderten Natriumangebot an die Tubuluszellen führt. Dabei mag eine Verminderung des Glomerulumfiltrats zusätzlich von Bedeutung sein.

Neuerdings sind auch *peroral einnehmbare Präparate* entwickelt worden, die wahrscheinlich über eine unmittelbare Beeinflussung der Nierenfunktion eine Herabsetzung der Harnmengen bewirken. Ein derartiges Präparat ist z. B. Longacid (p-Carboxy-benzolsulfo-di-n-butylamid), das leider noch nicht im Handel erhältlich ist (Hersteller: Cassella-Farbwerke Mainkur, Frankfurt-Fechenheim). Nach POLSTER und eigenen, in 1 Fall über 2 Jahre gehenden Erfahrungen läßt sich damit eine nachhaltige Besserung der Polyurie und Polydipsie ohne Neben-wirkungen erzielen.

2. Primäre Polydipsie

Hierbei handelt es sich um eine *primäre Steigerung der Flüssigkeitsaufnahme.* Dadurch kommt es zu verminderter ADH-Freisetzung und damit zu einer Ver-mehrung des Harnflusses. So kann schließlich ein Zustandsbild entstehen, das nur schwer vom Diabetes insipidus zu unterscheiden ist. Bei letzterem steht jedoch die Polyurie am Anfang des Geschehens, sie bewirkt über das entstehende Durst-gefühl die Polydipsie.

Die Unterscheidung zwischen primärer Polydipsie und Diabetes insipidus ist sowohl von praktischem als auch theoretischem Interesse. Leider wird nicht selten die so nötige Abtrennung unterlassen. Dadurch werden die Diskussionen über eine evtl. psychogene Entstehung des Diabetes insipidus (VON WEIZSÄCKER) erheblich belastet. Es ist zwar denkbar, daß auf psychogenem Wege nicht nur eine vorübergehende — sie ist nachgewiesen (s. S. 51) —, sondern auch eine andauernde Unterdrückung der ADH-Freisetzung zustande kommt. Insofern wird man die Möglichkeit eines psychogenen Diabetes insipidus grundsätzlich nicht ablehnen können. Doch dürfte sehr viel leichter und häufiger eine *primäre Poly-dipsie auf psychogenem Wege* entstehen können. Die überwiegende Zahl der sog. psychogenen Diabetes insipidus-Fälle wird wahrscheinlich hier einzuordnen sein.

Andererseits kann aber auch die *primäre Polydipsie auf organischen Grund-lagen* beruhen. Es ist in diesem Zusammenhang auf die früheren Darlegungen über die zentrale Integration des Wasserhaushalts zu verweisen (s. S. 31). Bestimmte Areale im hypothalamischen Gebiet sind für die Entstehung des Durstgefühls ver-antwortlich. Durch ihre Läsion kann sowohl eine Steigerung als auch eine Min-derung des Durstgefühls und damit eine entsprechende Änderung der Flüssigkeits-aufnahme entstehen. Es liegen verschiedene klinische Beobachtungen vor, die so gedeutet werden müssen. So sind mehrere Patienten mit Diabetes insipidus bekannt geworden (ENGSTROM und LIEBMAN; WELT u. Mitarb., 1952), die eine Erhöhung der Serumosmolalität hatten, obwohl sie Flüssigkeit nach Belieben auf-nehmen durften. Das in der Regel vorhandene Durstgefühl trat in den erwähnten Fällen nicht auf, so daß die Patienten die Flüssigkeitsaufnahme der Flüssigkeits-ausscheidung nicht anpassen konnten.

Die *Unterscheidung zwischen primärer Polydipsie und Diabetes insipidus kann auf folgende Weise herbeigeführt werden*. Man versucht, durch eine Erhöhung der Serumosmolalität eine ADH-Freisetzung zu provozieren. Gelingt dieser Nachweis, dann ist damit die Unversehrtheit der Leitungsbahnen zwischen Osmoreceptoren und Neurohypophyse bewiesen und gleichzeitig ein organisch bedingter Diabetes insipidus ausgeschlossen. Dafür sind folgende Untersuchungen erforderlich.

Einmal kann der sog. *Durstversuch* durchgeführt werden. Dabei werden Harnvolumen und Harnkonzentration in bestimmten Abständen gemessen. Steigt die Harnkonzentration über 1006 an, dann ist ein Diabetes insipidus unwahrscheinlich, findet man Harnkonzentrationen bis 1010, dann ist ein Diabetes insipidus ausgeschlossen (WELT). Dieser Test ist aber nicht ungefährlich, da beim Vorliegen eines echten Diabetes insipidus längere Flüssigkeitsrestriktion zu Dehydration mit Hyperosmolalität der Körperflüssigkeiten führt. Bei primärer Polydipsie ist das dagegen nicht der Fall.

Ein anderer, diesen Nachteil vermeidender Test ist von HICKEY und HARE angegeben worden. Dabei wird die Hyperosmolalität der extracellulären Flüssigkeit durch hypertonische NaCl-Lösung erreicht.

WELT empfiehlt folgende Ausführung dieses Testes. $3,5—5^0/_0$ige Glucoselösung wird per os oder besser als Infusion gegeben, so daß während der ersten 60—90 min eine positive Wasserbilanz von etwa 1 l entsteht. Von da ab soll die Infusionsgeschwindigkeit so eingestellt werden, daß die Flüssigkeitszufuhr der Harnausscheidung etwa gleichkommt. Auf diese Weise erhält man eine maximale Wasserdiurese, d. h. ein völliges Fehlen von ADH. Nach einigen Harnsammel-Perioden (Testperioden) wird die Infusion von 2,5% NaCl-Lösung angeschlossen, die in einer Dosierung von 0,25 ml/kg/min während 45 min einlaufen soll. Während dieser Zeit wird laufend Harn gesammelt. Anschließend sollen noch 2 Millieinheiten Pitressin injiziert und sein Einfluß auf die Harnausscheidung beobachtet werden.

Bei einem gesunden Menschen oder bei primärer Polydipsie wird durch die Zufuhr hypertonischer NaCl-Lösung die ADH-Freisetzung stimuliert. Dadurch kommt es zu einem Absinken des im Zustand der Wasserdiurese erheblich erhöhten Harnflusses. Die Harnkonzentration übersteigt dabei diejenige des Plasmas. Bei einem Patienten mit Diabetes insipidus bleibt dagegen der Harnfluß unverändert oder nimmt wegen der Abhängigkeit von der Menge an auszuscheidenden Substanzen sogar zu. Wenn die Zufuhr der hypertonen NaCl-Lösung zweifelhafte Ergebnisse liefert, so bringt doch die Pitressinanwendung insofern eine Entscheidung, als bei fehlender endogener ADH-Sekretion der Harnfluß deutlich abfällt.

Behandlung. Zunächst ist eine Abklärung erforderlich, ob eine organische Läsion hypothalamischer Gebiete vorliegt oder eine funktionelle bzw. neurotische Störung anzunehmen ist. Im ersteren Fall wird meist keine wirksame Behandlung durchgeführt werden können, bzw. sie wird von der Natur des Grundleidens abhängen. Ist dagegen ein primär psychogener Mechanismus anzunehmen, dann kann durch entsprechende psychotherapeutische Behandlung Symptomfreiheit erzielt werden.

Wie eng psychische und organische Einflüsse miteinander verflochten sein können, lehrt der berühmte Fall der Cushing-Klinik. MARX schreibt darüber: „Ein 14 jähriger Knabe wird mit einem schweren Diabetes insipidus mit Trinkmengen bis zu 11 l eingewiesen. Es ergibt sich, daß der Knabe mit der Onanie begonnen hat und sein vieles Trinken als Möglichkeit einer Reinigung und Lösung seines Gewissenskonfliktes empfindet. Durch eine psychoanalytische Behandlung wird er so weit ‚geheilt‘, daß die Trinkmengen auf 1,5 l absinken. Eines Morgens wird er tot im Bett aufgefunden. Die Obduktion ergibt einen großen Tumor des

Mittelhirns." MARX fährt fort: „Hier hat also der Durst als Symptom einer organischen Erkrankung des Zentralnervensystems Beziehungen gewonnen zum Triebleben und zu dem Denken des Kranken, das sich um dessen Bewältigung und Lenkung bemühte. Dabei waren die Beziehungen so eng, daß von dort aus eine therapeutische Einwirkung auf Durst und Polyurie möglich wurde." Diese Beobachtung ist nach den heutigen Kenntnissen am ehesten als *primäre Polydipsie* einzuordnen. Es ist nach den obigen Ausführungen verständlich, daß sowohl organische Läsionen als auch von der Psyche herkommende Einflüsse dasselbe Symptomenbild bewirken können, infolgedessen auch eine *ursprünglich organisch* — in dem zitierten Fall durch einen Hirntumor — *bedingte Erhöhung des Durstgefühls durch eine psychotherapeutische Behandlung gelindert* werden kann.

3. Primäre Oligurie

Hier sind Störungen des Wasserhaushalts einzuordnen, die eine Verminderung des Harnvolumens infolge vermehrter Freisetzung von ADH zeigen. Mehrfach sind Fälle von Oligurie beschrieben worden, bei denen anscheinend keine andere Erklärung als eine vermehrte ADH-Freisetzung möglich ist. Doch sind die Befunde für eine endgültige Beurteilung zu lückenhaft.

Sehr wahrscheinlich lag eine erhöhte ADH-Freisetzung in den von SCHWARTZ u. Mitarb. 1956 (s. S. 113) mitgeteilten Fällen vor. Es handelte sich um 2 Patienten mit Mediastinaltumoren, deren Harn trotz herabgesetzter Plasmaosmolalität stets hypertonisch blieb. Allerdings stand in diesen Fällen die Oligurie nicht so im Vordergrund des klinischen Bildes. Zusätzlich bestand in diesen Fällen eine vermehrte renale Natriumausscheidung mit Hyponatriämie in der extracellulären Flüssigkeit. Die dafür maßgebenden Gründe sind auf S. 113 dargelegt.

4. Primäre Oligodipsie

An Hunden konnte durch Zerstörung bestimmter Areale des Hypothalamus eine nahezu vollständige Unterdrückung des spontanen Wassertrinkens erzielt werden. Die Tiere gingen innerhalb von 10—14 Tagen unter ausgeprägten Dehydrationssymptomen zugrunde, wenn ihnen nicht künstlich Wasser zugeführt wurde (ANDERSSON und McCANN, 1956). Die Diurese sank auf Grundwerte ab, die allerdings zur Herbeiführung von Wasser- und Salzverlusten ausreichten. Die Nahrungsaufnahme der Tiere blieb ungestört, worin der Hauptgrund für die sehr schnell eintretenden Dehydrationssymptome zu erblicken ist. Bei gleichzeitigem Hungern und Dursten ist ja der Anfall von harnpflichtigen Substanzen beträchtlich niedriger als bei gewöhnlicher Nahrungszufuhr (Abb. 41).

Ähnliche Befunde wurden auch an Ratten erhoben, bei denen durch Zerstörung des Hypothalamus eine Fettsucht entstanden war. Bei einer Anzahl von Tieren war außer der Fettsucht gleichzeitig eine Oligodipsie vorhanden (STEVENSON u. Mitarb.).

Am Menschen sind ebenfalls Beobachtungen verminderten Durstgefühls mitgeteilt worden. Nicht selten scheint dabei eine Kombination mit Diabetes insipidus zu sein, was bei der engen Nachbarschaft der für die Regulation verantwortlichen Areale nicht verwundert. Es wird auf die schon mehrfach zitierten Beobachtungen von ENGSTROM und LIEBMAN sowie WELT u. Mitarb. hingewiesen, die bei Patienten mit Diabetes insipidus eine Erhöhung der Serumosmolalität bei fehlendem Durstgefühl fanden. Obwohl diese Patienten Flüssigkeit nach Belieben zu sich nehmen durften, vermochten sie wegen des fehlenden Durstgefühls die Flüssigkeitsaufnahme der Flüssigkeitsausscheidung nicht hinreichend anzupassen.

II. Die Störungen des Natriumstoffwechsels

Bedenkt man die zentral-nervösen Einflüsse auf die Regulation des Natriumstoffwechsels (3. Kapitel), dann wird man auch Störungen durch Läsionen dieser Gebiete erwarten müssen. Tatsächlich sind in den letzten Jahren in wachsendem Maße Beobachtungen mitgeteilt worden, die sich am besten mit der Annahme einer zentralen Störung des Natriumstoffwechsels erklären lassen. Auch hier kann man zwischen Natriummangel- und Natriumüberschußzuständen unterscheiden. Wegen der engen Verflechtung mit dem Wasserhaushalt sind die auftretenden klinischen Bilder oft nicht leicht zu deuten.

1. Cerebrales Natriumverlust-Syndrom

Es wurde bereits im 5. Kapitel unter der meist üblichen Bezeichnung „cerebrales Salzverlust-Syndrom" besprochen (S. 102). Dort wurde ausgeführt, daß es sich möglicherweise um eine dem Diabetes insipidus vergleichbare Störung des Natriumstoffwechsels handelt, deren Genese vielleicht auf eine mangelhafte Produktion eines hypothalamischen Wirkstoffs (Faktor X von SMITH?) zurückzuführen ist.

2. Cerebrales Natriumspeicher-Syndrom

Es scheint in allem der Gegenpol des cerebralen Natriumverlust-Syndroms zu sein. Es wird meist als cerebrales Salzspeicher-Syndrom bezeichnet (METZ und COOPER). Das Salzspeicher-Syndrom wurde bei den verschiedensten zentral-nervösen Störungen, z. B. Hirnblutungen, Hirntumoren, Encephalitis, bulbärer Poliomyelitis und vor allem auch Hirntraumen beobachtet [ALLOTT (1939, 1957); HIGGINS u. Mitarb.]. Die Beurteilung der mitgeteilten Fälle ist dadurch sehr erschwert, daß oft komplizierende Umstände, z. B. Bewußtlosigkeit mit fehlender Flüssigkeitszufuhr, Sondenernährung mit vermehrtem Bedarf an Flüssigkeit, traumatischer Diabetes insipidus usw. vorlagen, die ihrerseits den Wasser- und Elektrolytstoffwechsel beeinflussen und deshalb abgetrennt werden müssen.

Die Tab. 66 zeigt die differentialdiagnostischen Möglichkeiten auf, die in diesem Zusammenhang bedacht werden müssen.

In einigen Fällen scheinen alle diese Zustände aber nicht vorgelegen zu haben, so daß ein Salzspeicher-Syndrom im eigentlichen Wortsinn angenommen werden muß.

Es liegt nahe, das *cerebrale Salzspeicher-Syndrom als Gegenpol des Salzverlust-Syndroms* aufzufassen. Es wäre dann am besten mit einer vermehrten Freisetzung

Tabelle 66. *Differentialdiagnose der Hypernatriämie bei zentral-nervösen Störungen*

I. Mit Dehydration
  1. Ungenügende Wasserzufuhr
     Verminderung der Wasseraufnahme (Bewußtlosigkeit)
     fehlendes Durstgefühl
  2. Vermehrter Wasserbedarf
     Diabetes insipidus
     reichliche Zufuhr osmotisch wirksamer Stoffe (Sondenernährung)

II. Ohne Dehydration
  Folgende Möglichkeiten sind denkbar:
    1. Steigerung der Aldosteron-Aktivität
    2. Mangel an natriumeliminierendem Hormon
    3. Mangel an Faktor X (SMITH)?

von Faktor X zu erklären. In wieweit auch andere für die Natriumausscheidung maßgebende Faktoren, besonders Aldosteron und das natriumeliminierende Hormon, dabei eine Rolle spielen, ist noch nicht zu übersehen. In einem Fall von ALLOTT war Aldosteron im Harn erheblich vermehrt, was jedoch nicht gegen eine zusätzlich vermehrte Sekretion des Faktors X spricht.

Es ist in diesem Zusammenhang auch an eine *vermehrte Hypertensin-Freisetzung* zu denken, welches nicht nur die Natriumausscheidung drosselt, sondern auch das Glomerulumfiltrat vermindert. Gerade eine Herabsetzung des Glomerulumfiltrats, oft mit Rest-N-Steigerung, ist aber beim cerebralen Salzspeicher-Syndrom häufig. Da durch cerebrale Reizung *Renin* vermehrt freigesetzt werden und damit auch Hypertensin vermehrt auftreten kann, wäre diese Möglichkeit durchaus gegeben.

Eine prognostische Bedeutung kommt dem Salzspeicher-Syndrom anscheinend nicht zu. Es kann sich entweder zurückbilden oder aber in eine schwere Niereninsuffizienz mit schließlicher Anurie übergehen.

Die **Behandlung** besteht in mäßiger Zufuhr salzarmer Flüssigkeit. Liegt zusätzlich ein Dehydrationszustand vor, dann sind größere Flüssigkeitsmengen zu verabreichen.

17. Kapitel

Krankheiten der Nebennierenrinde

In mehreren früheren Kapiteln wurde bereits die Bedeutung der Nebennierenrinde und ihrer Hormone für den Wasser- und Elektrolytstoffwechsel besprochen. Es wird in diesem Zusammenhang besonders auf das 3. und 5. Kapitel verwiesen. Im folgenden soll zunächst eine zusammenfassende Darstellung der Wirkungen der einzelnen Nebennierenrinden-Hormone gebracht werden. Anschließend werden bevorzugt diejenigen Krankheitsbilder abgehandelt, die sich durch Störungen im Wasser- und Elektrolytstoffwechsel auszeichnen.

I. Die Hormone der Nebennierenrinde

Bisher konnten etwa 30 Steroide aus der Nebennierenrinde isoliert werden. Von diesen sind nur folgende 8 für die Lebensverlängerung adrenalektomierter Tiere bedeutungsvoll: Cortisol, Cortison, Corticosteron, 11-Dehydro-Corticosteron, Cortexon, 17-Hydro-11-Desoxycorticosteron, Allo-Tetrahydrocortisol, Aldosteron.

Entsprechend ihrer hauptsächlichen Funktion werden die Nebennierenrinden-Hormone vielfach als Mineralocorticoide, Glucocorticoide und Androcorticoide unterteilt. Man sollte aber stets daran denken, daß damit zwar bestimmte hervorstechende Merkmale bezeichnet werden, andere, in der Namensgebung nicht zum Ausdruck kommende Wirkungen jedoch keineswegs fehlen.

Als wesentlicher *Vertreter der Mineralocorticoide ist das Aldosteron anzusehen.* Es wird in der Zona glomerulosa der Nebennierenrinde gebildet (GIROUD). Das als erstes Nebennierenrinden-Hormon isolierte und synthetisierte Cortexon und auch das wenig wirksame 17-α-Hydroxy-Cortexon gelten heute als Metabolite. Cortexon stellt möglicherweise die Vorstufe für Aldosteron und auch für Corticosteron dar.

1958 teilten NEHER u. Mitarb. die Isolierung, Konstitutionsaufklärung und Synthese eines neuen Steroids aus Nebenniere mit, das wahrscheinlich das lange vermutete und vorausgesagte *natriumeliminierende Hormon* darstellt. Sehr wahrscheinlich ist seine gesteigerte Bildung für die Salzverluste des adrenogenitalen Syndroms verantwortlich zu machen. Im übrigen ist noch wenig über seine Bedeutung bekannt. Auf S. 56 wurden einige möglicherweise auf das natriumeliminierende Hormon zurückführbare Beobachtungen genannt.

Als *genuine Glucocorticoide bildet die Nebennierenrinde Cortisol und Corticosteron*. Die Mengen von Cortisol und Corticosteron betragen beim Menschen etwa 4:1. Hunde, Katzen und Kühe sezernieren etwa gleiche Mengen von beiden, während Ratten und Kaninchen hauptsächlich Corticosteron absondern (WILKINS). Gegenüber Cortisol werden Cortison und 11-Dehydro-Corticosteron (Substanz S) als Metabolite angesehen.

Schließlich sind noch die *in der Zona reticularis gebildeten Androcorticoide zu erwähnen*, von denen das Hydroxy-Androstendion als genuines Androgen angesehen wird.

Die Strukturformeln der wichtigsten Nebennierenrinden-Steroide finden sich auf S. 55.

Das *Plasma des Menschen* enthält in loser Bindung an Eiweiß etwa 5—20 μg Cortisol/100 ml (THORN und JENKINS). Für klinische Belange kann es mit hinreichender Genauigkeit als „freies 17-Hydroxycorticosteroid" gemessen werden. Corticosteron findet sich demgegenüber in einer Konzentration von 1—5 μg/100 ml, Aldosteron von 0,1 μg/100 ml (FARRELL).

Die *Harn-Corticosteroide* bestehen hauptsächlich aus biologisch inaktiven Metaboliten des Cortisols. Für ihre Messung als „17-Hydroxycorticosteroide" kommen Methoden in Frage, die mit den für die Plasmabestimmung erwähnten sehr weitgehend übereinstimmen.

Die 17-Ketosteroide des Harns leiten sich zum überwiegenden Teil von der Nebennierenrinde, zum kleineren Teil auch von den Testes ab.

Die *Aldosteronausscheidung im Harn* schwankt beim gesunden Erwachsenen bei normaler Kost zwischen 0,7—13,0 μg/24 Std. bei Bestimmung mit der Methode nach NEHER und WETTSTEIN (Literaturübersicht bei GROSS, 1956). Sie wurde in den letzten Jahren bei vielen pathologischen Zuständen untersucht.

1. Die Wirkungen der einzelnen Nebennierenrinden-Hormone

Im Rahmen dieser Darstellung interessieren vor allem die Wirkungen der Nebennierenrinden-Hormone auf den Wasser- und Elektrolytstoffwechsel. Diese Wirkungen sind sehr vielfältig und kompliziert. Sie greifen an den verschiedensten Erfolgsorganen und Substraten für die Regulierung des Wasser- und Elektrolytstoffwechsels an.

Lange Zeit war das Studium der Nebennierenrinden-Funktion auf die Adrenalektomie im Tierversuch bzw. die durch Zerstörung und Schwund der Nebenniere am Menschen zustande kommende Addisonsche Krankheit beschränkt.

Nach **Adrenalektomie** spielen sich die hervorstechendsten Symptome am Wasser- und Elektrolytstoffwechsel ab. Bei ungenügender NaCl-Zufuhr kann eine ausgeglichene Natriumbilanz nicht mehr aufrecht erhalten werden. Es kommt zu einem Verlust von Natrium und Chlorid in der extracellulären Flüssigkeit mit Absinken ihrer Konzentrationen, während Kalium ansteigt. Daran ist sowohl eine vermehrte renale und extrarenale Ausscheidung als auch eine Verschiebung von

Natrium und Chlorid in bestimmte Körperzellen beteiligt (s. S. 55). *Die vermehrte renale Ausscheidung ist eine Folge der verminderten Rückresorption von Natrium und Chlorid, die Kaliumretention eine Folge der verminderten tubulären Kaliumsekretion.* Als Folge des Natriumverlustes beobachtet man eine Verminderung des extracellulären Flüssigkeitsvolumens: es entsteht eine *hypotone Dehydration.* Bei hinreichender Ausprägung kommt es zur Abnahme des Herzminutenvolumens und der Nierendurchblutung mit weiterem Abfall des Glomerulumfiltrats und Rest-N-Anstieg.

Dieser Natriumverlust des nebennierenlosen Organismus mit allen seinen Folgen kann durch sehr geringe Dosen von Aldosteron ausgeglichen werden. Auch mit Cortexon, Corticosteron und hohen Dosen von Cortisol läßt sich eine Natriumretention erreichen. Dabei ist die Wirkung dieser Hormone auf die Natriumretention unterschiedlich (s. S. 55). *Die Beeinflussung der Kaliumausscheidung ist für eine gegebene Natriumretention bei Aldosteron am geringsten, bei Corticosteron dagegen am stärksten* (siehe Tabelle 67).

Tabelle 67. *Die Beeinflussung der renalen Kaliumausscheidung bei gegebener Natriumretention durch Aldosteron, Cortexon und Corticosteron* (Nach DESAULLES)

Hormon	erforderliche Dosis (mg/kg s. c.) für 50%ige Natriumretention	Steigerung der Kaliumausscheidung %	Änderung des Harnvolumens %
Aldosteron . . .	0,0015—0,002	28	—
Cortexon . . .	0,035—0,05	50—60	— 20
Corticosteron . .	8,0	200	+ 16

Auch eine hinreichend schnelle Ausscheidung einer Wasserbelastung in Form einer *Wasserdiurese* ist bei Fehlen der Nebennieren nicht mehr möglich. Darauf beruht der Robinson-Power-Kepler-Test (s. S. 39) zur Erkennung einer Nebennierenrinden-Insuffizienz. *Nur Cortisol bzw. Cortison, nicht aber Aldosteron und Cortexon vermögen die Fähigkeit zur Wasserdiurese wieder herzustellen.*

Diese und andere Beobachtungen legen die Arbeitshypothese nahe, daß *Cortisol* für die *Rückresorption von Natrium zusammen mit Anionen, besonders Chlorid, Aldosteron* für den *Austausch von Natrium gegen H⁺-Ionen und Corticosteron bevorzugt für den Austausch von Natrium- gegen Kaliumionen maßgebend* sein könnte (s. S. 57). Leider liegen bisher noch keine befriedigenden experimentellen Befunde über die Beeinflussung der Basismechanismen der Natriumrückresorption durch die einzelnen Nebennierenrinden-Hormone vor.

Anscheinend unabhängig von diesen renalen Wirkungen beobachtet man sowohl unter Cortexon als auch unter Cortison (und ACTH) eine *Verschiebung von Natrium, Chlorid und Wasser aus dem intracellulären in den extracellulären Raum* (GAUDINO und LEVITT; LEVITT und BADER; SWEET u. Mitarb.).

Am *Säure-Basen-Haushalt* zeigt sich nach Adrenalektomie eine metabolische Acidose, die vor allem durch eine verminderte Ausscheidung von H^+-Ionen bei vermehrter Ausscheidung von Bicarbonat durch die Niere zustande kommt. Die Nebennierenrinden-Hormone vermögen diese Veränderungen rückgängig zu machen. So beobachtet man *bei Überdosierung sowohl von Aldosteron und Cortexon als auch von Cortisol und seinen Verwandten nicht selten eine metabolische Alkalose mit Hypochlorämie und Hypokaliämie.* Sie entsteht durch eine vermehrte Ausscheidung von H^+-Ionen, besonders in Form von NH_4^+ durch die Niere sowie die Steigerung der renalen Kalium- und Chloridausscheidung. Es ist allerdings noch nicht zu übersehen, ob die metabolische Alkalose die unmittelbare Folge des

Nebennierenrinden-Hormoneinflusses ist, oder ob sie eine Folge der vermehrten Kaliumausscheidung darstellt (SELDIN u. Mitarb.).

Diese vielfältigen, an den verschiedenen Basismechanismen angreifenden Wirkungen auf den Wasser- und Elektrolytstoffwechsel sind in den Tab. 68 u. 69 zusammengefaßt.

Auf die zahlreichen anderen Stoffwechselwirkungen der Nebennierenrinden-Hormone kann im Rahmen der vorliegenden Monographie nicht eingegangen werden. Es sollen nur noch kurz die Einflüsse auf den Protein- und Kohlenhydrat-Stoffwechsel Erwähnung finden, da sie mittelbare Beziehungen zum Kaliumstoffwechsel haben.

Proteinstoffwechsel. Cortisol und Cortison greifen in den Proteinstoffwechsel insofern ein, als sie den Eiweißabbau verstärken. Bei hohen Dosen entsteht deshalb eine negative Stickstoffbilanz. Infolgedessen gehen auch intracellulär gelagertes Kalium und Phosphat zu Verlust. Es kommt zu Osteoporose, Verdünnung und Brüchigwerden der Haut sowie Schrumpfung des lymphoiden Gewebes. Andererseits führen die in der Nebenniere gebildeten Androgene zu einer anabolen Beeinflussung des Proteinstoffwechsels. Das geht aus der beschleunigten Körperentwicklung von Individuen mit adrenogenitalem Syndrom deutlich hervor (s. S. 286).

Tabelle 68. *Renale und extrarenale Wirkungen der Nebennierenrinden-Hormone auf den Wasser- und Elektrolytstoffwechsel*

I. Renale Wirkungen

1. Glomerulumfiltrat

 a) Erniedrigt: nach Adrenalektomie und bei Morbus Addison; Normalisierung durch Aldosteron, Cortexon, Cortison, Cortisol.

 b) Erhöhung des normalen Glomerulumfiltrats durch ACTH, Cortexon, Cortison, Cortisol.

2. Rückresorption von Natrium

 a) Verminderung: bei Adrenalektomie und Morbus Addison; durch niedrige Dosen von Cortison und Cortisol; durch das natriumeliminierende Hormon.

 b) Erhöhung: durch hohe Dosen von Cortison und Cortisol; durch Aldosteron, Corticosteron und Cortexon. Unterschiedliche Angriffspunkte wahrscheinlich!

3. Rückresorption von Wasser

 a) Verminderung: durch Cortison, Cortisol und Prednison.

 b) Erhöhung: bei Adrenalektomie und Morbus Addison.

4. Kaliumausscheidung

 a) Verminderung: bei Adrenalektomie und Morbus Addison.

 b) Steigerung: besonders durch Corticosteron und Cortexon.

II. Extrarenale Wirkungen

1. Austauschvorgänge zwischen intracellulärem und extracellulärem Raum

 a) Gesunder Organismus: ACTH, Cortexon und Cortisol bewirken einen Austritt von Wasser, Natrium und Chlorid aus den Zellen in den extracellulären Raum.

 b) Adrenalektomie und Morbus Addison: das in bestimmten Zellverbänden vermehrt enthaltene Natrium wird durch Aldosteron und Cortexon, aber auch durch Cortison und Cortisol herausgeholt.

 c) Aldosteron- bzw. Cortexonüberdosierung: das in den Zellen vermehrt enthaltene Natrium wird durch Cortison und Cortisol herausgeholt.

2. Na/K-Quotient in Speichel und Schweiß

 Verminderung: durch Aldosteron, Cortexon, weniger auch Cortison.

Tabelle 69. *Der Einfluß von Nebennierenrinden-Hormonen auf Glomerulumfiltrat, Flüssigkeitsräume und Elektrolyte in Harn, Plasma und Zellen*

	Glome-rulum-filtrat	Harn				Plasma				Zellen		Flüssigkeits-Räume		Nettoeffekte
		Na+	K+	Cl−	HCO₃−	Na+	K+	Cl−	HCO₃−	Na+	K+	Intra-cellulär	Extra-cellulär	
Aldosteron .	↑	↓↓↓	(↑)	↑	↑	↑	(↓)	↓	↑	↑↑	↓	N;(↑)	N;(↑)	vorwiegend intracelluläre Na-triumretention, geringe Kaliumverluste, Hypertonie oder geringe Ödeme (!)
niedrige Dosen	(↑)	↑	N	(↑)	N	(↓)	N	N	N	?	?	?	?	vermehrte Natriumausscheidung
Cortisol hohe Dosen	↑	↓	↑	↑	(↑)	↑	↓	↓	↑	↑;↓[1]	↓	↓	↑	1. Natriumretention, Ödeme, metabolische Alkalose 2. Wasserdiurese (manche Fälle) 3. Entfernung vermehrten intracellulären Natriums (manche Fälle)
Corticosteron	?	↓	↑↑	↑	↑	↑	↓↓	↓	↑	↑	↓↓	↓	↑	starke Kaliumverluste; metabolische Alkalose geringe Natriumretention
Cortexon . .	↑	↓	↑	↓	↑	↑	↓	(↓)	↑	↑	↓	↓	↑	1. Natriumretention, Ödeme, Hypertonie 2. Kaliumverluste, metabolische Alkalose

[1] Wenn der intracelluläre Natriumgehalt, z. B. durch Aldosteron oder Cortexon erhöht ist.

Kohlenhydratstoffwechsel. Adrenalektomierte Tiere und Patienten mit Nebennierenrinden-Insuffizienz sind sehr empfindlich gegenüber Insulin. Es können dadurch schwere Hypoglykämien entstehen. Diese Störungen werden durch Cortisol und Cortison ausgeglichen. Beide verstärken die Gluconeogenese und hindern zum Teil die Wirkung des Insulins auf Gluconeogenese und Glucoseverwertung (15. Kapitel). So ist es nicht verwunderlich, daß eine Überdosierung von Nebennierenrinden-Hormonen zu Hyperglykämie und Glucosurie führen kann.

2. Regulation der Hormon-Freisetzung

Die Freisetzung von Cortisol, Corticosteron und Androgenen wird vom ACTH des Hypophysen-Vorderlappens reguliert. Dagegen ist die Aldosteronsekretion weitgehend unabhängig von der Hypophyse (s. S. 64).

Steuerung der ACTH-Sekretion. Sie geschieht auf zwei Wegen: a) über die Konzentration der Nebennierenrinden-Hormone im Blut und deren Rückwirkung auf die Ausschüttung von ACTH; b) durch die hypothalamische Regulation.

Zu a) Die Hormone der Nebennierenrinde üben, allerdings in unterschiedlichem Ausmaß, einen hemmenden Einfluß auf die ACTH-Sekretion aus. Bei Ausfall der Nebennierenrinde wird die ACTH-Aktivität im Blut um das 30fache vermehrt gefunden. Diese Hemmwirkung der verschiedenen Nebennierenrinden-Hormone ist unterschiedlich ausgeprägt. Am stärksten wirkt Cortisol, geringer Corticosteron, eine sehr schwache Wirkung hat Cortexon, während Aldosteron bei üblicher Dosierung praktisch keine Hemmwirkung entfaltet. Auch die Androgene haben keine Hemmwirkung auf die ACTH-Freisetzung. Die Cortison-Derivate besitzen dagegen eine zum Teil erheblich gesteigerte Hemmwirkung auf die ACTH-Ausschüttung. So ist das Verhältnis von Prednison:Cortisol:Cortison:Corticosteron = 20:4:3:1. So ist es verständlich, daß eine lange Zeit durchgeführte hochdosierte Behandlung mit Cortison und seinen Derivaten eine Atrophie der Nebennierenrinde verursachen kann.

Zu b) Manche Beobachtungen lassen sich mit den soeben dargestellten regulierenden Einflüssen der Blutkonzentrationen nicht erklären. Es liegen Beweise für eine *hypothalamische Regulation der ACTH-Freisetzung vor* (LABHART). Besonders die schnellen Anpassungen an vermehrte Belastungen scheinen über den Hypothalamus vermittelt zu werden. Dabei spielen Nervenfasern keine Rolle (HARRIS). Sehr wahrscheinlich ist dagegen die *Vermittlung durch neurohormonale Wirkstoffe,* die auf dem Wege des Hypophysen-Pfortader-Systems, das zahlreiche feine Blutgefäße mit capillaren Aufsplitterungen im Bereich des Hypothalamus und der Hypophyse besitzt, auf die Hypophyse einwirken. Der unmittelbare Beweis für die Existenz eines humoralen Überträgerstoffes wurde inzwischen auf folgende Weise erbracht. Gewebekulturen von Hypophysen-Vorderlappen, die einige Tage nach der Explantation keine ACTH-Bildung mehr zeigen, beginnen erneut ACTH zu produzieren, wenn Gewebekulturen aus dem hinteren Hypothalamus, auf dem Wege über die Kulturflüssigkeit, das Hypophysen-Vorderlappengewebe zu beeinflussen vermögen (GUILLEMIN und ROSENBERG, 1955).

Die Aldosteronsekretion scheint im Unterschied zu derjenigen von Cortisol, Corticosteron und Androgenen nicht vom Hypophysen-Vorderlappen beeinflußt zu werden. In diesem Sinne spricht, daß nach Hypophysektomie Aldosteron in nur wenig vermindertem Umfange weiter gebildet und sezerniert wird. Auch beeinflußt die Aldosteronkonzentration im Plasma die Freisetzung von ACTH anscheinend nicht. Dagegen spielen hypothalamische Gebiete (RAUSCHKOLB und FARRELL; FARRELL) für die Bildung und Freisetzung von Aldosteron eine wichtige Rolle (s. S. 65).

Das Problem wird dadurch kompliziert, daß manche ACTH-Präparate eine deutliche Beeinflussung der Aldosteronsekretion zeigen. Das erklärt sich wahrscheinlich in folgender Weise. Die üblichen ACTH-Präparate bestehen aus verschiedenen, chemisch unterschiedlichen Komponenten. So wurde gefunden, daß δ_1-Corticotropin einen sehr viel stärkeren Einfluß auf die Aldosteronsekretion besitzt als β-Corticotropin. Ob durch diese Befunde die bisher weitgehend sicher erscheinende Annahme von der Unabhängigkeit der Aldosteronsekretion vom Hypophysen-Vorderlappen erschüttert wird, ist noch nicht zu übersehen.

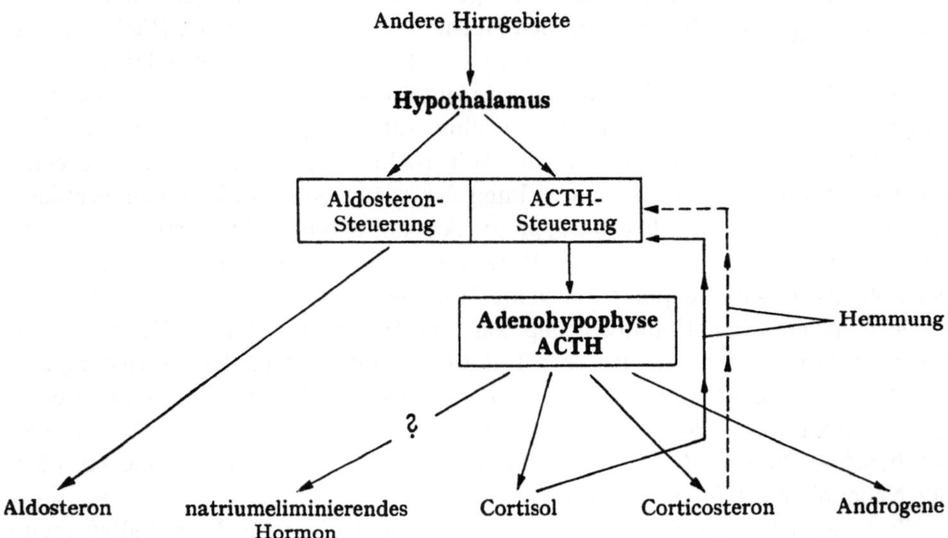

Abb. 48. Schematische Übersicht der Regulation der einzelnen Nebennierenrinden-Hormone

Das erst vor kurzem entdeckte *natriumeliminierende Hormon* ist bisher noch zu wenig bezüglich seiner Wirkungen und seiner Steuerung untersucht. Aus Beobachtungen beim adrenogenitalen Syndrom (s. S. 287) kann man mit Vorbehalt schließen, daß seine Sekretion in Abhängigkeit vom ACTH des Hypophysen-Vorderlappens erfolgt.

Eine schematische Übersicht über die Regulation der wichtigsten Nebennierenrinden-Hormone gibt die Abb. 48.

II. Die Krankheiten der Nebennierenrinde

Die Krankheiten der Nebennierenrinde lassen sich in Überfunktions- und Unterfunktionszustände gliedern. Die Überfunktionszustände können heute auf die gesteigerte Produktion eines oder mehrerer Hormone zurückgeführt werden. Dagegen sind bisher noch keine gesicherten Unterfunktionszustände durch Mangel an einem Nebennierenrinden-Hormon bekannt. Immer noch ist der Morbus Addison in der Klinik das Hauptbeispiel einer manifesten Nebennierenrinden-Unterfunktion. Im Tierversuch kommt ihm die Adrenalektomie gleich.

A. Überfunktionszustände der Nebennierenrinde

Diese Störungen werden durch die vermehrte Produktion von einem oder mehreren Rindenhormonen hervorgerufen. Etwas schematisierend kann man folgende Einteilung vornehmen: vermehrte Produktion von Cortisol — Cushing-Syndrom, vermehrte Produktion von Androgenen — adrenogenitales Syndrom, vermehrte Produktion von Aldosteron — Conn-Syndrom. In vielen Fällen ist diese Trennung allerdings nicht so scharf durchführbar, da auch andere Hormone vermehrt gebildet werden, z. B. beim Cushing-Syndrom Androgene, beim Conn-Syndrom Corticosteron, beim adrenogenitalen Syndrom Cortexon (s. S. 288) bzw. natriumeliminierendes Hormon. Die Tab. 70 gibt eine schematische Übersicht.

Tabelle 70. *Überfunktionszustände der Nebennierenrinde*

Nebennierenrinden-Überfunktionszustände	Pathologisch-anatomische Befunde	Hormone			
		Aldosteron	Cortisol	Androgen	Oestrogen
I. Cushing-Syndrom	Hyperplasie od. Tumor der Nebennierenrinde	(↑)	↑ ↑	↑	N; (↑)
II. Adrenogenitales Syndrom 1. Konnatal ♀ Pseudohermaphroditismus ♂ Macrogenitosomia präcox	Hyperplasie	N; ↓	↓; N	↑ ↑	↑
2. Postnatal ♀ Virilisierung ♂ Macrogenitosomia präcox	Tumor oder Hyperplasie	N	↓; N	↑ ↑	↑
3. Sonderformen a) mit Salzverlust	Tumor oder Hyperplasie	N; ↑ Na-eliminierendes Hormon ↑	↓; N	↑ ↑	↑
b) mit Salzretention und Hypertonie	Tumor oder Hyperplasie	N Cortexon	↓	↑	↑
III. Conn-Syndrom (sog. primärer Hyperaldosteronismus)	Bisher fast nur bei Tumoren	↑ ↑ ↑ oft Corticosteron ↑ ↑	N; (↑)	N	N
IV. Feminisierende Tumoren	Tumoren	N	N	N; ↑	↑ ↑

1. Cushing-Syndrom

CUSHING berichtete 1932 über 12 entsprechende Fälle. Er war damals der Auffassung, daß ein basophiles Adenom des Hypophysen-Vorderlappens die Ursache der Erkrankung sei. In der Folgezeit wurden etwa 500 Fälle in der Literatur beschrieben. Die Krankheit kommt nicht häufig vor. Sie befällt Frauen 3—5mal so häufig als Männer. Bevorzugt ist das Lebensalter zwischen 30 und 40 Jahren.

Ätiologie und Pathogenese. Es herrscht heute allgemeine Übereinstimmung darüber, daß das Cushing-Syndrom durch eine vermehrte Bildung und Sekretion vorwiegend von Cortisol hervorgerufen wird. Beim Erwachsenen findet man pathologisch-anatomisch in 60% der Fälle eine doppelseitige Hyperplasie der Nebennieren, in etwa 30% einen Nebennierentumor und in den restlichen 10% keine greifbaren Veränderungen. Daraus folgt, daß die übliche pathologisch-anatomische Methodik nicht ausreicht, um eine vermehrte Absonderung von Cortisol auch morphologisch zu erkennen. Es besteht jedenfalls kein Anhalt dafür, daß in diesen Fällen Cortisol nicht vermehrt gebildet und abgesondert wird. In den seltenen Fällen, die während der Kindheit vorkommen, liegt fast immer ein Nebennierentumor vor. Findet sich ein Nebennierentumor, so ist das anliegende Gewebe derselben Nebennierenrinde, aber auch die kontralaterale Nebennierenrinde atrophisch. Die häufigsten hypophysären Veränderungen sind die Crooke-schen Granula, die aber heute eher als Folge denn als Ursache des Cushing-Syndroms gedeutet werden. Bei etwa einem Drittel aller Fälle findet man ein basophiles Adenom, weniger häufig werden andere Typen von Adenomen gefunden. Carcinome im Bereich des Thymus, des Pankreas und der Leber sind nicht ganz selten beschrieben. Man hat diese Befunde mit der Annahme gedeutet, daß beim Cushing-Syndrom eine Neigung zu maligner Entartung besteht.

Klinisches Bild. Es soll in diesem Rahmen nur kurz auf die klinische Symptomatologie eingegangen werden. Die Häufigkeit der klinischen Symptome geht aus der Tab. 71 von THORN und JENKINS hervor. Die Zunahme des Körpergewichts kann im einzelnen Fall sehr variabel sein. Von besonderer Wichtigkeit ist die Fettverteilung mit Ansammlung an Stamm, Nacken und Gesicht (Vollmond-Gesicht) bei dünnen Extremitäten. Die häufigen Rückenschmerzen sind auf Osteoporose zurückzuführen, die ein wichtiges Zeichen des echten Cushing-Syndroms darstellt und differentialdiagnostisch von großer Bedeutung ist. Die dünne Haut zeigt oft spontan oder schon nach geringen Traumen Blutungen. Bei Frauen sind Zeichen von Maskulinisierung nicht selten: Hirsutismus, Clitoris-Hypertrophie.

Tabelle 71. *Symptom-Häufigkeit bei 35 Fällen von Cushing-Syndrom* (Nach THORN und JENKINS)

Symptom	%
Typischer Habitus	97
Zunahme des Körpergewichts	94
Müdigkeit — Schwäche	87
Hypertonie (über 150/90 mm Hg)	82
Hirsutismus	80
Amenorrhoe	77
Striae	67
Persönlichkeits-Veränderungen	66
Ekchymosen	65
Ödeme	62
Polyurie, Polydipsie	23
Clitorishypertrophie	19

Laboratoriumsbefunde. Abgesehen von seltenen Ausnahmen sind die Plasma- und Urinspiegel der 17-Hydroxycorticosteroide erhöht. Die Ausscheidung der 17-Ketosteroide des Harns ist dagegen variabel. Niedrige Werte sprechen für ein benignes Adenom, hoch-normale oder mäßig erhöhte für bilaterale Hyperplasie und sehr hohe Werte für einen malignen Tumor der Nebennierenrinde.

Von den Blutbefunden ist eine neutrophile Leukocytose nicht selten; die direkte Zählung der Eosinophilen ergibt in 90% der Fälle weniger als $100/mm^3$. Eine Polyglobulie ist selten.

$[Na^+]$ im Plasma ist meist normal, dagegen kommen *häufiger Hypokaliämie und Hypochlorämie bei hohen Werten für Bicarbonat,* also metabolische Alkalose vor.

Diese Veränderungen erklären sich auf folgende Weise. Das vermehrt vorhandene Cortisol führt zu einer Steigerung der Kaliumausscheidung. Kalium wird dabei mit Chlorid als Anion im Harn ausgeschieden. So entsteht eine Hypochlorämie. Immer dann, wenn ohne wesentliche Änderung auf der Kationenseite [Cl^-] abnimmt, steigt Bicarbonat an. Außerdem werden vermehrt H^+-Ionen im Harn ausgeschieden. Beide Vorgänge bewirken eine metabolische Alkalose.

Häufig ist eine intermittierende *Hyperglykämie* und *Glucosurie*, welche bei einem Drittel der Fälle in einen Dauer-Diabetes übergeht, der meist gut auf Insulin anspricht.

ACTH-Test. Die intravenöse Zufuhr von ACTH gestattet es, bis zu einem gewissen Grade zwischen den pathologisch-anatomischen Ursachen des Cushing-Syndroms — Tumor oder Hyperplasie —zu unterscheiden. Nach 8 Std. ACTH i.v. findet man ein Ausbleiben der normalerweise eintretenden Steigerung der 17-Hydroxycorticosteroide im Plasma und Harn dann, wenn ein maligner Tumor vorliegt; bei Hyperplasie oder benignem Adenom steigt die Ausscheidung dagegen sehr stark, meist stärker als beim Normalen an.

Behandlung. Unabhängig von der endgültig einzuschlagenden Therapie sollte bei jedem Cushing Syndrom sofort mit der Verabreichung von *4—6 g Kalium täglich* begonnen werden. Die Gabe von Testosteron ist zweckmäßig, um die katabole Wirkung auf den Proteinstoffwechsel zu vermindern. Das Behandlungsziel muß eine Reduktion der erhöhten Nebennierenrinden-Funktion, besonders der vermehrten Cortisolbildung sein. Dafür stehen folgende Möglichkeiten zur Verfügung:

a) *Röntgenbestrahlung der Hypophyse.* Werden Mindestdosen von 3000 r gegeben, so beobachtet man nach THORN und JENKINS eine vollständige oder doch teilweise Remission bei 50% der Fälle. Leider kommt es aber bei einem großen Teil zu einem Rezidiv. Diese Behandlung sollte daher nur auf beginnende, gering ausgeprägte Fälle beschränkt bleiben, die nicht durch einen Tumor der Nebennierenrinde hervorgerufen sind.

b) Ob die *chirurgische Entfernung der Hypophyse* dauerhafte Erfolge verspricht, läßt sich noch nicht übersehen.

c) *Adrenalektomie.* Die Methode der Wahl ist heute die chirurgische Entfernung der Nebenniere. Liegt ein Adenom oder Carcinom vor, dann ist die Entfernung der betroffenen Nebenniere angezeigt. Findet sich dagegen eine doppelseitige Hyperplasie oder eine unverdächtige Nebenniere, dann muß die bilaterale subtotale oder totale Adrenalektomie durchgeführt werden. Die Patienten müssen sorgfältig vorbehandelt werden (s. S. 296). Postoperativ sollte die Cortison- oder Cortisol-Dosis auf 50 mg für 3—6 Wochen festgesetzt werden. Nach kompletter Entfernung der Nebenniere muß eine Substitutionstherapie während des weiteren Lebens durchgeführt werden. Ist noch Nebennierengewebe zurückgeblieben, so muß die Dosis entsprechend der Eigenleistung eingestellt werden.

Während des ersten Monats der postoperativen Zeit entwickelt sich bei manchen Patienten ein sog. „Postadrenalektomie-Syndrom": Müdigkeit, Übelkeit, Erbrechen, Kopfschmerzen, Gelenkschmerzen und Tachykardie. In schweren Fällen kann es zur Nebennieren-Krise (s. Morbus Addison, S. 295) kommen. Die Cortison-Dosis muß dann auf 100—200 mg täglich erhöht werden.

Die Mortalität der bilateralen Adrenalektomie beträgt jetzt bei guter Vorbereitung 5%. Das ist nicht viel, wenn man die hohe Sterblichkeit der Cushing-Kranken ohne Behandlung bedenkt: 50% der Patienten versterben innerhalb 5 Jahren nach dem Auftreten der Krankheit. Durch die chirurgische Behandlung bilden sich allmählich alle Symptome zurück. Nur die Hypertonie kann bestehen bleiben, wenn die durch sie bedingten Gefäßveränderungen schon weit fortgeschritten sind.

2. Adrenogenitales Syndrom

a) Die gewöhnliche Form des adrenogenitalen Syndroms

Darunter versteht man alle Störungen der genitalen Entwicklung und sexuellen Funktionen, die auf eine abnormale Sekretion der Nebennierenrinde zurückgeführt werden können. Bei der Frau entsteht als kongentiale Form ein Pseudo-Hermaphroditismus, bei postnatalem Auftreten Virilisierung. Beim Mann resultiert die sog. Macrogenitosomia praecox, die auch als Pseudo-Pubertas praecox bezeichnet wird, da es nicht zur Ausbildung von Samenzellen kommt. Nur ganz selten beobachtet man eine Feminisierung.

Pathologisch-anatomische Befunde. *Die kongenitale Form ist stets auf eine Hyperplasie der Nebennierenrinde zurückzuführen. Bei der postnatalen Form handelt es sich gewöhnlich um einen Tumor der Nebennierenrinde, wenn das Krankheitsbild vor der Pubertät auftritt; tritt es erst nach eingetretener Pubertät auf, kann es sowohl durch eine Hyperplasie als auch durch einen Tumor der Nebennierenrinde bedingt sein.* Die Tumoren neigen zu Malignität und können in Lungen, Leber und Knochensystem metastasieren. Feminisierung bei Männern kommt nur bei solchen Tumoren vor, die maligne sind.

Die Hyperplasie kann zu erheblicher Größenzunahme der Nebennierenrinde führen. Mikroskopisch ist der Zonenaufbau gestört. Die Zona reticularis ist hyperplastisch; die Zona fasciculata ist in ihrem Aufbau gestört und von Zellen der Zona reticularis infiltriert. Die Zona glomerulosa ist in manchen Fällen (Fälle mit Salzverlust) verschmälert oder kann sogar ganz fehlen.

Pathogenese. Es bestehen viele Anhaltspunkte dafür, daß beim adrenogenitalen Syndrom die *Synthese von Cortisol gestört ist.* Der entstehende Cortisol-Mangel führt zu einer Stimulierung der ACTH-Bildung und Ausschüttung. Tatsächlich wurde eine erhebliche Vermehrung von ACTH gefunden (SYDNOR u. Mitarb.). So kommt es zur Hyperplasie der Nebennierenrinde. Dadurch gelingt es zwar, die Verminderung der Cortisol-Produktion weitgehend auszugleichen. Es finden sich aber auch unerwünschte Wirkungen: die Androgene der Nebennierenrinde werden ebenfalls vermehrt gebildet und bewirken die Veränderungen der Genitalsphäre. Außerdem findet man vermehrt Oestrogene, die wahrscheinlich aus den Androgenen entstehen (WILKINS). Androgene und Oestrogene zusammen bewirken eine Hemmung der hypophysären Gonadotropine, so daß es nicht zur Ausbildung funktionstüchtiger Keimdrüsen (Ovarien, Testes) kommt.

Klinisches Bild. Bei der *kongenitalen Form* zeigen Kinder weiblichen Geschlechtes einen Pseudo-Hermaphroditismus: Clitoris-Hypertrophie, Vergrößerung der Labia maiora und Atrophie der Labia minora; an der Basis der Clitoris findet sich meist ein einziger Ausführungsgang als Mündung des Sinus urogenitalis. Verbindungen zwischen Harn- und Genitaltrakt können durch Endoskopie oder Röntgenuntersuchungen gefunden werden. Die Schamhaare entwickeln sich sehr früh, oft im Alter von 3 Jahren. Bei Kindern männlichen Geschlechtes kann die Störung bei der Geburt leicht unerkannt bleiben, wenn die Genitalien noch normal sind. Aber auch in diesen Fällen stellt sich recht bald eine Vergrößerung des Penis mit Auftreten von Schamhaaren ein. Die Hoden bleiben klein, manchmal findet sich in ihnen allerdings ektopisches Nebennierenrinden-Gewebe in Form von Knötchen. Das Körperwachstum und die Knochenentwicklung sind beschleunigt.

Postnatale Form. Bei Kindern weiblichen Geschlechts sind die äußeren Genitalorgane normal gebildet, Vagina und Urethra münden in einem separaten Orificium. Es tritt jedoch eine Virilisierung mit frühzeitiger Entwicklung von Achsel- und Schambehaarung sowie eine Clitoris-Hypertrophie auf. Das Größenwachstum und die Skeletentwicklung schreiten schnell voran. Die Epiphysenfugen schließen sich allerdings frühzeitig, so daß das endgültige Wachstum meist vermindert ist. Die Menstruation tritt nicht ein, die Entwicklung der Mammae bleibt aus. Setzt die Krankheit erst bei der erwachsenen Frau ein, dann werden Amenorrhoe, Virilisierung, Stimmumschlag und die Entwicklung eines männlichen Habitus beobachtet. Oft treten auch Zeichen eines Cushing-Syndroms hinzu.

Bei Kindern männlichen Geschlechts kommt es vor der Pubertät zu verstärktem Wachstum von Penis und Prostata. Erektionen werden häufig beobachtet. Die Stimme wird tief, es tritt Acne auf. Das Längenwachstum ist im Anfang stark beschleunigt. Infolge des frühzeitigen Epiphysenschlusses erreicht das endgültige Wachstum aber nicht die Norm. Die Muskulatur ist kräftig ausgebildet.

Die sehr seltenen Fälle von Tumoren mit Feminisierung bewirken bei Männern das Auftreten von Gynäkomastie, Atrophie der Hoden und Impotenz.

b) Sonderformen des adrenogenitalen Syndroms

Während bei den bisher geschilderten Formen Störungen des Elektrolyt- und Wasserhaushaltes im Hintergrund stehen, gibt es Sonderformen mit deutlichen Störungen: das adrenogenitale Syndrom mit Salzverlust und das adrenogenitale Syndrom mit Salzretention und Hypertonie.

Das adrenogenitale Syndrom mit Salzverlust

Trotz der Beschreibung von FEBIGER (1905) sowie DEBRÉ und SEMELAIGNE (1925) wurde erst 1935 klar erkannt, daß die kongenitale Form des adrenogenitalen Syndroms manchmal mit ausgeprägten Störungen des Elektrolytstoffwechsels verbunden ist, die denjenigen des Morbus Addison sehr ähneln. Die Symptome treten im allgemeinen während der ersten Lebenstage oder Lebensmonate auf. Gelegentlich können sie auch erst in den späteren Kindheitsjahren während eines interkurrenten Infektes manifest werden. Die Kinder verlieren an Gewicht, erbrechen, so daß oft an Pylorospasmus gedacht wird. In manchen Fällen kommt es zu plötzlichem Tod ohne weitere vorausgehende bedrohliche Symptome. Bei anderen Kindern kommt es zu schwerster Dehydration mit Versagen des Kreislaufs. Bei parenteraler Zufuhr von Salzlösungen tritt eine schlagartige Besserung auf.

Die *Diagnose des adrenogenitalen Syndroms mit Salzverlust* hängt von dem Nachweis der typischen Elektrolytveränderungen im Plasma ab: Hyponatriämie, Hyperkaliämie, Verminderung von Standardbicarbonat. Gleichzeitig ist eine gesteigerte 17-Ketosteroid-Ausscheidung im Harn zu finden. Bei weiblichen Säuglingen, deren Genitalien an einen Pseudo-Hermaphroditismus erinnern, muß stets an diese Sonderform gedacht werden, wenn Erbrechen und Dehydration eintreten. Schwierig ist die Diagnose bei männlichen Säuglingen, deren Genitalien unverdächtig sind. Daß oft Geschwister an dieser Sonderform des adrenogenitalen Syndroms früher gestorben sind, ist bei der Anamnese zu beachten. Sind die beschriebenen Störungen des Elektrolythaushalts nachgewiesen, so beweisen sie nicht ohne weiteres eine Adrenalhyperplasie; sie kommen ja auch bei verschiedenen Formen der Nebennierenrinden-Insuffizienz vor. *Die Sicherung der Diagnose kann durch den Nachweis erhöhter 17-Ketosteroide im Harn erbracht werden.*

Pathogenese. Pathologisch-anatomisch wurde mehrfach ein Fehlen oder eine weitgehende Reduktion der Zona glomerulosa gefunden. Man könnte daraus ableiten, daß ein Mangel an Aldosteron für den Natriumverlust verantwortlich zu machen ist. Doch konnten PRADER u. Mitarb. (1955) zeigen, daß die Aldosteron-ausscheidung normal oder leicht erhöht ist. WILKINS und LEWIS stellten schon 1948 die These auf, daß die Salzverluste durch ein besonderes natriumeliminie-rendes Hormon hervorgerufen werden. Da ACTH diese Salzverluste verstärkt, darf man annehmen, daß das natriumeliminierende Hormon vom ACTH des Hypophysen-Vorderlappens reguliert wird (PRADER u. Mitarb.). Nachdem inzwischen NEHER u. Mitarb. das natriumeliminierende Hormon gefunden haben, muß grundsätzlich mit der Möglichkeit einer vermehrten Bildung bei dieser Sonderform des adrenogenitalen Syndroms gerechnet werden. Der endgültige Nachweis ist bisher aber noch nicht erbracht worden.

Das adrenogenitale Syndrom mit Salzretention und Hypertonie

Die bei Cushing-Syndrom häufig beobachtete Hypertonie wird auf die vermehrte Produktion von Cortisol bezogen. Auch beim adrenogenitalen Syndrom werden, allerdings selten, Fälle mit Hypertonie gefunden. WILKINS sah unter 81 Fällen 5 Patienten mit Hypertonie. Seit dem Nachweis von BONGIOVANNI, wonach bei dieser Sonderform vermehrt Cortexon gefunden wird, sieht man die Erklärung der Hypertonie in der Wirksamkeit von Cortexon. Es scheint damit dasselbe Verhalten wie bei künstlicher Erzeugung eines Hochdrucks mit Salz und Cortexon vorzuliegen.

Die Abb. 49 enthält eine schematische Darstellung der pathogenetischen Zusammenhänge bei der häufigsten Form des adrenogenitalen Syndroms und derjenigen Sonderform, die mit Natriumretention und Hypertonie einhergeht.

c) Die Behandlung des adrenogenitalen Syndroms

Virilisierende *Adrenaltumoren müssen operativ entfernt werden.* Interessanter-weise tritt postoperativ viel seltener als beim Cushing-Syndrom eine Adrenal-insuffizienz auf. Trotzdem ist eine regelrechte Substitutionstherapie, die beim Morbus Addison besprochen wird, angezeigt.

Liegt eine *Hyperplasie der Nebennierenrinde* vor, dann wird die Behandlung mit Cortison oder Cortisol mit dem doppelten Ziel durchgeführt, sowohl den Cortisolmangel zu substituieren als auch die vermehrte Bildung von ACTH mit der Stimulation der Androgene zurückzudrängen. Bei älteren Kindern und Erwachsenen werden dazu etwa 100 mg Cortison benötigt, bei jüngeren Kindern 25 mg. Man kann mit Hilfe der 17-Ketosteroide die Dosierung gut überwachen. Die 17-Ketosteroid-Ausscheidung soll bei kleinen Kindern unter 2 mg täglich liegen, bei großen Kindern unter 7 mg und bei Erwachsenen unter 10 mg täglich

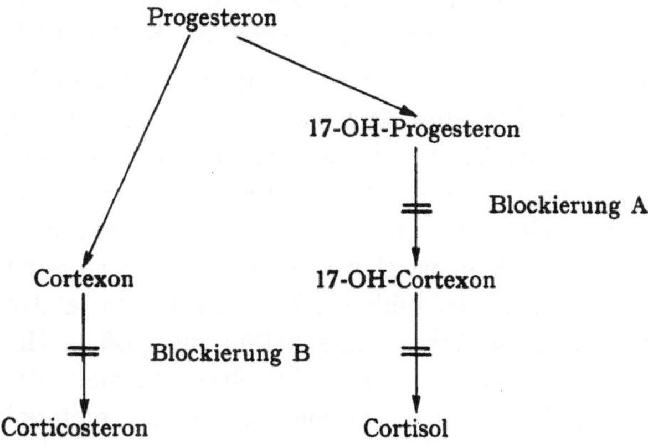

Blockierung A : Gewöhnliche Form des adrenogenitalen Syndroms
Blockierung B : Adrenogenitales Syndrom mit Hypertension

Abb. 49. Pathogenese der gewöhnlichen Form des adrenogenitalen Syndroms (Blockierung A) und der Sonderform mit Natriumretention und Hypertension (Blockierung B)

(THORN und JENKINS). Kleine Kinder bekommen als *Erhaltungsdosen* 25—27,5 mg Cortison i.m. alle 3—4 Tage, ältere Kinder und Erwachsene 50—100 mg alle 3—4 Tage. Die Kontrolle ist bei Injektionsbehandlung besser möglich als bei peroraler Gabe. Die Wirkung dieser Behandlung hängt vom Stand der Entwicklung und der Virilisierung zu Beginn der Behandlung ab. Bei kleinen Kindern wird eine Beschleunigung des Längenwachstums vermieden. Es ist jedoch darauf zu achten, daß nicht durch die katabole Wirkung auf den Eiweißstoffwechsel zu frühzeitig ein Stillstand des Wachstums auftritt. Der Hirsutismus wird ebenfalls vermieden. Bei heranwachsenden oder erwachsenen Frauen schreitet die Entwicklung der sekundären Geschlechtsmerkmale unter Cortison-Gabe sehr schnell fort. Es kommt zur Ausbildung von Mammae und zum Einsetzen der Menstruation. Der Hirsutismus wird allerdings weniger gut beeinflußt.

Liegt gleichzeitig eine *Störung des Elektrolytstoffwechsels* vor, so sind die therapeutischen Probleme komplizierter. Vor dem Beginn der Cortison-Therapie soll durch Zufuhr von NaCl und Cortexon versucht werden, die Dehydration und Natriumverarmung zu beheben. Meist sind hierfür 4—8 g NaCl und 1—2 mg Cortexon täglich nötig. Dann wird Cortison in der soeben beschriebenen Weise gegeben. Es verhindert zum Teil auch den Salzverlust, wobei diese Wirkung mit der Zeit immer stärker in den Vordergrund tritt. Wenn zuerst zusätzlich Cortexon und Salz erforderlich waren, um die Natriumbilanz im Gleichgewicht zu halten, so kann oft schon nach einem Jahr einer regelrechten Cortisonbehandlung die Substitution mit Cortexon und Salz in Wegfall kommen. Diese Cortisonwirkung kommt wahrscheinlich auf folgende Weise zustande: die Freisetzung von ACTH wird zurückgedrängt; dadurch wird auch weniger natriumeliminierendes Hormon abgesondert.

3. Conn-Syndrom

CONN beschrieb 1955 ein neues Syndrom adrenaler Überfunktion, das durch Muskelschwäche, Tetanie, Paraesthesien, Hypertonie, Hypokaliämie und metabolische Alkalose gekennzeichnet ist. In der Zwischenzeit sind etwa 30 Fälle dieses Syndroms mitgeteilt worden, die alle Erwachsene, meist über 40 Jahre, betreffen.

Klinisches Bild. Die wesentlichen Symptome dieses neuen Krankheitsbildes wurden bereits erwähnt. Die Muskelschwäche verstärkt sich oft zur vollständigen Lähmung. Dabei beträgt die Dauer dieser Attacken Stunden bis Tage. Die Lähmungen können umschriebene Muskelgruppen, eine Extremität, mehrere Extremitäten oder auch die Stammuskulatur betreffen. Die von den Hirnnerven versorgten Muskeln werden nur in sehr schweren Fällen betroffen. Zwischen den Lähmungsattacken fühlen sich die Patienten relativ wohl. Hypertonie, Polyurie und Polydipsie werden regelmäßig angetroffen. Herzvergrößerungen und Retinopathia angiospastica sind nicht selten. Ödeme fehlen oder sind nur angedeutet vorhanden. Anfälle von Tetanie sind auf die metabolische Alkalose zurückzuführen.

Laboratoriumsbefunde. [Na$^+$] im Plasma ist meist mäßig erhöht, [K$^+$] dagegen vermindert, wobei nicht selten Werte unter 2,0 mval/l gefunden werden. Bicarbonat ist regelmäßig erhöht, Chlorid dagegen erniedrigt. Es liegt also eine *metabolische Alkalose mit Hypochlorämie und Hypokaliämie vor*. Calcium ist, auch beim Vorliegen einer Tetanie, normal. Der Harn zeigt neutrale oder schwach alkalische Reaktion. Das spezifische Gewicht ist erniedrigt und steigt nach Pitressin nicht an. Die Aldosteron-Ausscheidung im Harn ist meist erhöht. Sie schwankt allerdings erheblich und liegt oft niedriger als bei dem sog. sekundären Hyperaldosteronismus der Krankheiten mit generalisierter Ödembildung (Herzinsuffizienz, nephrotisches Syndrom, Lebercirrhose). In seltenen Fällen kann die Aldosteronausscheidung auch normal sein. In letzter Zeit wurde mehrfach eine *erhöhte Corticosteronbildung* beschrieben (AYRES u. Mitarb.; NEHER, 1956). Da Corticosteron sehr viel stärker als Aldosteron die Kaliumausscheidung steigert und das klinische Bild des Conn-Syndroms weitgehend vom Kaliummangel bestimmt wird, erhebt sich die Frage, ob die Steigerung der Corticosteronbildung bei allen Fällen von Conn-Syndrom vorkommt. Die bisherigen Untersuchungen reichen zur Beantwortung dieser Frage leider noch nicht aus. Die 17-Ketosteroide im Harn und die 17-Hydroxycorticosteroide sind meist normal.

Pathologie und Pathogenese. In fast allen Fällen wurden bisher Tumoren der Nebennierenrinde als Ursache des Conn-Syndroms gefunden. Sie sind fast stets benigner Natur. Dabei ist anscheinend weder makroskopisch noch mikroskopisch eine sichere Unterscheidung gegenüber den Cortisol produzierenden Tumoren beim Cushing-Syndrom möglich (AYRES u. Mitarb.). Sehr selten können anatomische Veränderungen der Nebennierenrinde fehlen. An den Nieren findet sich meist eine schwere Arteriosklerose. Im Bereich der proximalen und distalen Tubuluszellen werden hydropische und vacuolige Degenerationen beobachtet, die auf die vorhandene Kaliumverarmung zurückgeführt werden müssen. Auch die Muskelveränderungen sind wahrscheinlich eine Folge des Kaliummangels.

Das klinische Bild und die Laboratoriumsbefunde lassen sich auf *2 Grundvorgänge* zurückführen, die *Natriumretention und die Kaliumverarmung. Die Natriumretention betrifft dabei hauptsächlich den intracellulären, sehr viel weniger den extracellulären Raum.* Das konnte durch direkte Muskelanalysen gesichert werden (VAN BUCHEN u. Mitarb.; CHALMERS u. Mitarb.). Die erhöhte Aldosteron-Aktivität kann diese Natriumretention zwanglos erklären. Schwieriger ist eine befriedigende Deutung der hochgradigen Kaliumverarmung, die ja sehr wesentliche Züge des klinischen Bildes prägt. Die Tab. 69 zeigt, daß Aldosteron zwar eine stark ausgeprägte Natriumretention bewirkt, aber nur eine schwache Wirkung auf die Kaliumausscheidung besitzt. Dagegen wird letztere besonders von Corticosteron befördert. In den Fällen von Conn-Syndrom, in denen neben der vermehrten Ausscheidung von Aldosteron auch eine solche von Corticosteron gefunden wurde, läßt sich die Kaliumverarmung sehr gut erklären. Ob diese Interpretation aber generell möglich ist, ist fraglich. Es müßte dann in allen Fällen von Conn-Syndrom eine vermehrte Bildung von Corticosteron vorliegen. Das scheint aber, trotz der bisher unvollständigen Befunde, nicht der Fall zu sein.

Von besonderem Interesse ist, daß im klinischen Bild Ödeme entweder ganz fehlen oder doch sehr im Hintergrund stehen. Daraus läßt sich ableiten, daß der sog. sekundäre Hyperaldosteronismus bei Herzinsuffizienz, nephrotischem Syndrom und Lebercirrhose keine ausreichende Erklärung für die Ödembildung bei diesen Krankheiten gibt. *Wahrscheinlich müssen mehrere, den Natrium- und Wasserhaushalt beeinflussende Faktoren zugleich in ganz bestimmter Weise verändert sein, damit Ödembildung resultiert* (s. S. 107). Diese ist als regulatorische Maßnahme des Organismus zum Zwecke einer Erhöhung des intravasalen Volumens aufzufassen und unterscheidet sich damit ganz wesentlich von den Vorgängen beim Conn-Syndrom. Aus diesen Gründen sind auch die Bezeichnungen „primärer" und „sekundärer" Hyperaldosteronismus für die Kennzeichnung der pathogenetischen Vorgänge nicht besonders glücklich.

Differentialdiagnose. Vor allem sind folgende Krankheiten abzutrennen:

a) Kaliumverlust-Nephritis;

b) Magen-Darm-Krankheiten mit Verlust bzw. mangelhafter Resorption von Kalium;

c) Familiäre periodische Lähmung;

d) Fälle von Hypertonie mit Polyurie und Polydipsie.

Zu a) Die sog. Kaliumverlust-Nephritis ist im 12. Kapitel ausführlich besprochen (s. S. 239). Es wurde dargelegt, daß die Existenz einer Kaliumverlust-Nephritis im strengen Wortsinn bisher noch nicht bewiesen ist. Andererseits gibt es zweifellos tubuläre Syndrome (s. S. 235), die mit Verlust von Kalium, meist allerdings auch von Calcium einhergehen. Bei diesen Patienten besteht im Blut eine metabolische Acidose, nicht eine metabolische Alkalose. Das Serum-Calcium ist meist niedrig, [Na$^+$] normal; beim Conn-Syndrom ist Calcium dagegen normal, [Na$^+$] meist etwas erhöht.

19*

Zu b) Der Kaliumverlust bei häufigem Erbrechen, Durchfällen und mangelhafter Resorption wird sich leicht abgrenzen lassen.

Zu c) Die familiäre periodische Lähmung findet sich meist bei jungen Menschen. Die Lähmungen sind von kürzerer Dauer als beim Conn-Syndrom; zwischen den einzelnen Attacken sind sowohl die Muskelfunktion als auch die Serumelektrolyte normal, während beim Conn-Syndrom auch in der Zwischenzeit über muskuläre Schwäche geklagt wird und eine Erhöhung von $[Na^+]$ und Bicarbonat bei Erniedrigung von $[K^+]$ und $[Cl^-]$ vorliegt.

Zu d) Polyurie und Polydipsie werden auch bei Hypercalcämie, bei Diabetes insipidus und primären Nierenkrankheiten angetroffen. Während sich die Hypercalcämie und der Diabetes insipidus leicht abtrennen lassen, kann die Unterscheidung zwischen primären Nierenkrankheiten und Conn-Syndrom schwer sein. Es wird in diesem Zusammenhang auf das 12. Kapitel (s. S. 239) verwiesen. Sehr wichtig ist, daß *primäre Nierenkrankheiten mit Polyurie und Polydipsie, also meist im Stadium der Niereninsuffizienz, eine metabolische Acidose, das Conn-Syndrom dagegen eine metabolische Alkalose zeigen.*

Behandlung. Alle Patienten mit Conn-Syndrom sollten einer Nebennieren-Exploration unterzogen werden. Meist wird sich ein Tumor finden, der dann entfernt werden muß. Bei fehlendem Tumor ist trotzdem eine doppelseitige Adrenalektomie auszuführen. Reichliche Gaben von KCl sollten den bestehenden Kaliummangel ausgleichen. Eine ausreichende Substitution ist aber meist nicht zu erreichen. Man gewinnt den Eindruck, daß unter den vermehrt gebildeten Nebennierenrinden-Hormonen das zugeführte Kalium weitgehend durch die Niere ausgeschieden, nicht in den Zellen fixiert wird. Ohne Behandlung sterben die Patienten meist an den Folgen der Hypertonie.

B. Unterfunktion der Nebennierenrinde

Während die Überfunktionszustände nach den jeweils vorherrschenden Hormonen eingeteilt werden konnten, sind bisher noch keine entsprechenden isolierten Unterfunktionszustände bekannt geworden.

Tabelle 72. *Formen der Nebennierenrinden-Insuffizienz*

I. Chronische Nebennierenrinden-Insuffizienz
    1. Primär   : Morbus Addison
    2. Sekundär : Hypopituitarismus

II. Akute Nebennierenrinden-Insuffizienz
    1. Krise bei Morbus Addison
    2. Nebennieren-Blutung
    3. Bei adrenogenitalem Syndrom

III. Iatrogene Nebennierenrinden-Insuffizienz
    1. Nach Adrenalektomie
    2. Nach Hypophysektomie
    3. Nach exogener Steroid-Zufuhr

Vielleicht kommt das 1957 von RELMAN u. Mitarb. beschriebene Krankheitsbild mit Hyponatriämie und Hyperkaliämie durch einen isolierten Mangel an Aldosteron zustande. In dem beschriebenen Fall trat immer dann, wenn die Hyperkaliämie hohe Werte erreichte, ein Stillstand der Reizbildung im Sinusknoten mit Adams-Stokes-Anfällen auf.

Sieht man von diesem Krankheitsbild ab, so betreffen die bisher bekannten Unterfunktionszustände weitgehend alle bisher bekannten Nebennierenrinden-Hormone. Es lassen sich verschiedene Formen der Rindeninsuffizienz unterscheiden (Tab. 72).

1. Morbus Addison

ADDISON beschrieb 1855 ein Krankheitsbild, das durch Muskelschwäche, Müdigkeit, Übelkeit, Erbrechen, Gewichtsverlust, Haut- und Schleimhautpigmentierungen, Hypotonie sowie Hypoglykämie gekennzeichnet ist. Die Häufigkeit der einzelnen Symptome ist nach THORN und JENKINS folgende:

Schwäche	99%
Hautpigmentierung	98%
Schleimhautpigmentierung	82%
Gewichtsverlust	97%
Appetitlosigkeit, Übelkeit, Erbrechen	90%
Hypotonie (Blutdruck unter 110/70 mm Hg)	87%
Leibschmerzen	34%
Salzhunger	22%
Verstopfung	16%
Vitiligo	9%

Laboratoriumsbefunde. Die Konzentrationen von Natrium, Chlorid und Bicarbonat im Plasma sind erniedrigt, während Kalium erhöht ist. Es muß aber betont werden, daß *diese Veränderungen der Plasmaelektrolyte oft erst spät eintreten* und bereits schwere Krankheitszustände kennzeichnen. Die 17-Ketosteroide im Harn und die 17-Hydroxycorticosteroide in Harn und Plasma sind erniedrigt. Es besteht eine Neigung zu Hypoglykämie. Der Grundumsatz ist oft erniedrigt, ohne daß die Radiojod-Speicherung der Schilddrüse und das proteingebundene Jod Änderungen der Schilddrüsenfunktion erkennen lassen.

Diagnose und Differentialdiagnose. Während in ausgeprägten Fällen die Diagnose schon aus dem klinischen Bild ohne Schwierigkeiten gestellt werden kann, sind in leichteren Fällen große diagnostische Schwierigkeiten zu überwinden. Beweisend ist der fehlende Anstieg der 17-Hydroxycorticosteroide nach Applikation von ACTH. THORN empfiehlt, 25 E. ACTH in isotonischer Kochsalzlösung — nicht in Glucoselösung, da dabei Fieber auftreten kann — intravenös über 8 Std. zu geben. Bleibt ein Anstieg der 17-Hydroxycorticosteroide an den beiden Infusionstagen aus, so sollte die Infusion noch an den beiden folgenden Tagen fortgesetzt werden. In Fällen von Panhypopituitarismus mit sekundärem Ausfall der Nebennierenrinden-Funktion ist nach dem dritten und vierten Tag noch ein Anstieg zu erwarten, nicht jedoch beim Morbus Addison. Einfacher, aber auch weniger spezifisch ist die Zählung der Eosinophilen vor und nach ACTH-Applikation. Beim Gesunden sollte ein Abfall der Eosinophilen von 70% und mehr eintreten.

Als weitere Hinweise einer Nebennierenrinden-Insuffizienz werden oft folgende Befunde gewertet:

a) eine verzögerte Wasserausscheidung nach akuter Wasserbelastung (Test nach ROBINSON, POWER und KEPLER);

b) eine mangelhafte Antinatriurese bei Verabreichung einer Kost mit niedrigem Natrium- und hohem Kaliumgehalt;

c) eine Hypoglykämie beim Fasten.

Keiner dieser Befunde ist jedoch eindeutig. So findet man eine verzögerte Wasserausscheidung nach Wasserbelastung auch bei Nieren- und Leberkrankheiten, Herzinsuffizienz mit Hyponatriämie, Anämie, Sprue und den verschiedensten Unterernährungszuständen. Durch die Verabreichung salzarmer und kaliumreicher Kost kann eine Addison-Krise ausgelöst werden. Daher sollen solche Teste, wenn überhaupt, nur in klinischer Beobachtung durchgeführt werden.

Die *Differentialdiagnose* hat den Hypopituitarismus mit und ohne Nebennierenrinden-Insuffizienz, Fälle von Spontan-Hypoglykämie, Myopathien, chronische Infekte und chronische Niereninsuffizienz zu berücksichtigen. Die Hautpigmentierungen verlangen eine Abgrenzung gegenüber rassisch bedingten Pigmenteinlagerungen, Hämochromatose, Porphyrie, Perniciosa, Hyperthyreose, polyostotisch-fibröser Dysplasie, chronischen Vergiftungen, chronischen Ernährungsstörungen (Pellagra, Sprue, Anorexia nervosa), malignen Tumoren, Lebercirrhose und Urämie.

Pathologisch-anatomische Befunde und Pathogenese. Der Morbus Addison resultiert als Folge einer fortschreitenden Zerstörung der Nebennierenrinde, wobei in der Mehrzahl der Fälle eine doppelseitige Nebennieren-Tuberkulose oder eine doppelseitige Atrophie und Nekrose der Nebennierenrinde vorliegt. In seltenen Fällen werden auch andere Läsionen, z. B. doppelseitige Tumormetastasen, Amyloidose, Histoplasmose und Coccidiomykose gefunden. Liegt eine Tuberkulose vor, so ist sie oft mit einer Urogenital- oder Skelet-Tuberkulose, nur selten mit einer Lungentuberkulose verbunden. Unabhängig vom Grundleiden werden oft geringe hyperplastische Gebiete von Nebennierenrinden-Gewebe angetroffen.

Das klinische Bild und die beschriebenen Laboratoriumsbefunde sind auf den Ausfall der Nebennierenrinden-Hormone zurückzuführen. Dabei verursacht das Fehlen von Aldosteron vor allem Störungen auf dem Gebiet des Natriumhaushalts, das Fehlen von Cortisol die mangelhafte Leistungsfähigkeit, die Neigung zu Hypoglykämie und Hypotonie. Im einzelnen wird hierzu auf S. 277 verwiesen.

Behandlung. Während früher nur eine Behandlung mit NaCl-Gaben und Cortexon möglich war, stehen heute *Cortison bzw. Cortisol im Mittelpunkt.* Letztere führen zu einer Beseitigung fast aller Symptome der Krankheit. Die erforderlichen täglichen Dosen liegen zwischen 25 und 37,5 mg. Bei einer großen Zahl von Patienten kann mit Cortison oder Cortisol allein eine optimale Behandlung erreicht werden (WEISSBECKER). In anderen Fällen lassen sich die Störungen des Elektrolytstoffwechsels erst durch zusätzliche Gaben von Cortexon beseitigen. Man beginnt mit täglichen Dosen von 2,0—5,0 mg i.m. und stellt die endgültige Dosierung nach Gewicht, Blutdruck und Plasmaelektrolyten ein. Anstatt täglicher Injektionen können auch Kristallsuspensionen, etwa 25 mg, tief i.m. alle 4 Wochen verwendet werden. *Eine Überdosierung von Cortexon zeigt sich am Auftreten von Ödemen und Hypertonie;* die dann nicht seltene Kaliumverarmung erzeugt Schwächezustände der Muskulatur, die fälschlicherweise auf die Grundkrankheit bezogen werden können. In solchen Fällen muß Salz entzogen, Kalium zugeführt sowie Cortison durch Prednison ersetzt werden. Beim Auftreten von interkurrenten Infekten sollte die Cortisondosis auf 75—150 mg täglich erhöht werden. Auch bei chirurgischen Eingriffen ist das erforderlich. Bei guter Einstellung ist eine zusätzliche Zufuhr von Salz nicht notwendig.

Die für die Behandlung rheumatischer Krankheiten neuerdings vorwiegend benutzten *Cortisonderivate* (Prednison, Prednisolon, Triamcinolon) *führen beim Morbus Addison nicht zu befriedigenden Erfolgen* (APPEL; HENI). Man sollte deshalb die Substitution mit Cortisol bzw. Cortison den synthetischen Derivaten vorziehen. Durch die Einführung der Cortisonbehandlung ist die 5-Jahres-Mortalität auf 5% abgesunken, während sie in der Cortexon-Ära noch 50%, vorher sogar 100% betrug.

2. Sekundäre Nebennierenrinden-Insuffizienz

Sie tritt dann auf, wenn die ACTH-Bildung des Hypophysen-Vorderlappens abnimmt oder ganz sistiert. Sie unterscheidet sich sehr wesentlich vom Morbus Addison. Fast stets fehlen die Haut- und Schleimhautpigmentierungen. Man spricht deshalb vom „weißen Addison". Die Haut ist auffallend blaß. Störungen des Elektrolyt-Haushalts sind meist nicht nachweisbar. Sehr häufig sind Ausfallserscheinungen der Gonaden und der Schilddrüse, da im allgemeinen auch die gonadotropen Hormone und Thyreotropin fehlen.

Da Wasser- und Elektrolytstoffwechsel-Störungen meist fehlen, soll im Rahmen der vorliegenden Monographie auf eine eingehendere Besprechung verzichtet werden.

3. Akute Nebennierenrinden-Insuffizienz

a) Nebennierenkrise

Darunter versteht man eine akut einsetzende Verstärkung der Nebennierenrinden-Insuffizienz mit bedrohlichen klinischen Symptomen. Sie findet sich am häufigsten bei bereits bestehendem Morbus Addison. *Bei Patienten, die bisher noch nicht behandelt wurden,* geht dem Ausbruch der Krise eine Verstärkung der bereits vorhandenen Symptome voraus. Appetitlosigkeit, Übelkeit und Erbrechen nehmen zu und können jeder Behandlung gegenüber refraktär sein. Nicht selten treten abdominelle Schmerzen auf, die ein „akutes Abdomen" vermuten lassen. Die Muskelschwäche verstärkt sich. Die einsetzende schwere hypotone Dehydration infolge des Elektrolyt- und Flüssigkeitsverlustes führt zu einem Abfall des Blutdrucks und ausgeprägtem Schockzustand. Die Körpertemperatur kann sowohl erhöht als auch erniedrigt sein. Die Laboratoriumsbefunde ergeben Hyponatriämie, Hyperkaliämie, Rest-N-Erhöhung, metabolische Acidose und häufig Hypoglykämie.

Im Gegensatz dazu brauchen *bisher ausreichend mit Cortison behandelte Patienten* keine schweren Störungen des Wasser- und Elektrolytstoffwechsels zu zeigen. Trotzdem finden sich auch hier, abgesehen von Hypotonie und Dehydration, die meisten erwähnten Symptome (THORN und JENKINS).

Als *auslösende Faktoren* der Nebennierenkrise kommen alle jene Zustände in Frage, die mit einer akuten Steigerung des Hormonbedarfs einhergehen, z. B. Infektionen, körperliche Belastungen, Operationen, Traumen, Verluste von Elektrolyten und Flüssigkeit.

Behandlung. Patienten im Zustand der Nebennierenkrise schweben in Lebensgefahr, die nur durch rasche und zielbewußte Behandlung abgewandt werden kann. Die wesentlichen Behandlungsmaßnahmen bestehen in hinreichender Zufuhr von Cortisol bzw. Cortison, Glucose- und NaCl-Lösung, Kreislaufstützung und Infektionsschutz. Man legt eine intravenöse Dauerinfusion an und verwendet als Infusionslösung *isotonische Glucose- und NaCl-Lösung*. Letztere bietet bei der Addison-Krise den Vorzug der Kaliumfreiheit. Auf je 500 ml von beiden Lösungen, also 1 l Gesamtlösung, gibt man *100—150 mg Cortisol*. Etwa 250 ml dieser Mischung werden sehr schnell, der Rest innerhalb von 4—8 Std. infundiert. Gleichzeitig gibt man 100 mg Cortison i.m. Die weitere Infusionstherapie richtet sich nach dem Befinden des Patienten und den Laboratoriumsbefunden. Bei erheblicher Hyponatriämie wird man zusätzlich hypertonische NaCl-Lösung (10. Kapitel) geben. Bessert sich der Kreislaufzustand in absehbarer Zeit nicht, so ist *Noradrenalin* der Dauerinfusion beizufügen, evtl. zusätzlich eine *Blut- oder Plasmatransfusion* vorzunehmen.

Bei bisher gut mit Cortison eingestellten Patienten, die oft keine Dehydration und Natriumverarmung zeigen, genügt die Infusion von Glucoselösung, während NaCl-Lösung nicht erforderlich ist.

Nach 12 Std. kann die Infusion von Cortisol wiederholt werden, gleichzeitig sollen 50 mg Cortison i.m. im Abstand von jeweils 12 Std. gegeben werden, bis eine orale Behandlung möglich ist.

Zum Schutz vor *Infektionen* oder zur Bekämpfung schon vorhandener Infektionen wird Penicillin gegeben.

b) Nebennierenblutungen

Sie kommen einmal bei Traumen und hämorrhagischer Diathese, ferner bei schweren Infektionen, besonders mit Meningokokken vor.

Die traumatischen Blutungen entstehen bei schweren Geburten mit Anwendung der Zange, Asphyxie sowie Wiederbelebungsversuchen. Auch konnatale Lues sowie Spätgestosen sollen eine ursächliche Bedeutung haben. Die klinische Symptomatologie ist durch Schockzeichen geprägt: schwer fühlbarer, sehr schneller Puls, frequente Atmung, kalte feuchte Haut. Manchmal wird Hyperpyrexie beobachtet. Die Symptome können von denen einer schweren Infektion kaum unterscheidbar sein.

Meningokokken-Infektionen, Sepsis und Diphtherie können schwerste Schädigungen der Nebennierenrinde mit ausgedehnten Blutungen und Zellnekrosen verursachen. Auch hier sind die klinischen Zeichen durch den Schock verursacht. Im Plasma wurde mehrfach eine Erniedrigung von Natrium und Chlorid sowie Glucose gefunden, während Kalium erhöht war. Die Mortalität dieser Zustände ist trotz der i.v. Verabreichung von Cortisol und seinen Derivaten auch heute noch schlecht. Wahrscheinlich spielt dabei außer der darniederliegenden Nebennierenrinden-Funktion die schwere Infektion eine entscheidende Rolle.

4. Iatrogene Nebennierenrinden-Insuffizienz

a) Adrenalektomie, Hypophysektomie

Iatrogene Formen der Nebennierenrinden-Insuffizienz kommen nach doppelseitiger Adrenalektomie, Entfernung eines einseitigen Nebennierentumors bei kontralateralem Fehlen oder Atrophie der Nebenniere und nach Hypophysektomie vor. Bei allen Patienten, die sich solchen Operationen unterziehen, sollte folgende Schutzbehandlung durchgeführt werden: 100 mg Cortison 12 Std.

und 2 Std. präoperativ i.m., eine intravenöse Infusion von isotonischer Glucose-
und Salzlösung mit 100 mg Cortisol während der Operation und für die nächsten
24 Std. Postoperativ sollten am ersten Tag 200 mg, am zweiten und dritten Tag
150 mg, am vierten und fünften 100 mg Cortison i.m. gegeben werden. Ab sechsten
Tag wird man meist auf eine perorale Cortisonsubstitution übergehen können.

b) Medikamentöse Hemmung des Hypophysen-Vorderlappens und der Nebennierenrinde

Bei Patienten mit intaktem Hypophysen-Nebennierensystem bewirkt die
exogene Zufuhr von ACTH eine Hemmung der Hypophyse, während Cortison,
Cortisol und Prednison sowohl eine Unterdrückung der Hypophyse als auch der
Nebenniere verursachen. Infolgedessen kann eine erhebliche äußere Belastung
eine Nebennierenkrise auslösen. Die Empfindlichkeit dafür ist am höchsten nach
unmittelbarem Entzug des bis dahin hochdosierten Hormons. Durch schrittweisen
Abbau der Cortisontherapie lassen sich solche Zwischenfälle vermeiden. Gleichzeitig kann man Depot-ACTH, z. B. 40 E. zuerst täglich, dann jeden zweiten Tag
und schließlich zweimal wöchentlich geben. Geraten Patienten mit Cortison-
Dauerbehandlung in Stress-Situationen, so ist die Cortisondosierung unverzüglich
auf 100—200 mg i.m. zu erhöhen. Bei bedrohlichen Zustandsbildern muß die
Behandlung so durchgeführt werden, wie sie bei der Addison-Krise besprochen
wurde.

III. Die therapeutische Verwendung der Nebennierenrinden-Hormone

Obwohl die therapeutische Verwendung nur zu einem kleinen Teil aus Gründen
eines gestörten Wasser- und Elektrolytstoffwechsels erfolgt, sollen doch einige
Gesichtspunkte in diesem Zusammenhang herausgestellt werden. Man kann eine
Substitutionstherapie von der sog. pharmakodynamischen Therapie unterscheiden.

Die **Substitutionstherapie** ist dann angezeigt, wenn der Organismus keine hinreichenden Mengen an Nebennierenrinden-Steroiden, also besonders an Aldosteron und Cortisol, zu bilden vermag. Das ist bei der primären und sekundären
Unterfunktion der Nebennierenrinde der Fall. Entsprechend der täglichen Hor-
monproduktion werden zur Substitution nur kleine Hormonmengen benötigt, die
selten Nebenwirkungen hervorrufen. Eine unrichtige Dosierung vermag jedoch
im Zustand der Nebennierenrinden-Insuffizienz sehr ausgeprägte Nebenwirkungen
zu verursachen (s. S. 294).

Eine andere Situation liegt dann vor, wenn Nebennierenrinden-Steroide zur
sog. **pharmakodynamischen Therapie** verwendet werden. Dafür werden im allgemeinen die Glucocorticoide eingesetzt. Da die Dosierung hierbei oft hoch sein
und über lange Zeit durchgeführt werden muß, werden Störungen des Wasser- und
Elektrolytstoffwechsels als unerwünschte Nebenwirkungen vorkommen können.
Die Forschung war daher bemüht, Glucocorticoid-Derivate zu finden, die keine
oder doch nur sehr geringe Wirkungen auf den Wasser- und Mineralhaushalt
besitzen. Es war ein großer Fortschritt auf diesem Wege, als durch Dehydrierung
von Cortison und Cortisol *Prednison und Prednisolon* gewonnen werden konnten.

Beide besitzen *erheblich geringere Wirkungen auf den Wasser- und Elektrolytstoffwechsel* als Cortisol und Cortison. Eine weitere Verbesserung scheint die Einführung von fluorierten Derivaten zu sein, die zusätzlich eine Hydroxyl-Gruppe — *Triamcinolon* — bzw. Methyl-Gruppe — *Hexadecadrol* — besitzen. Die Abb. 50 gibt eine

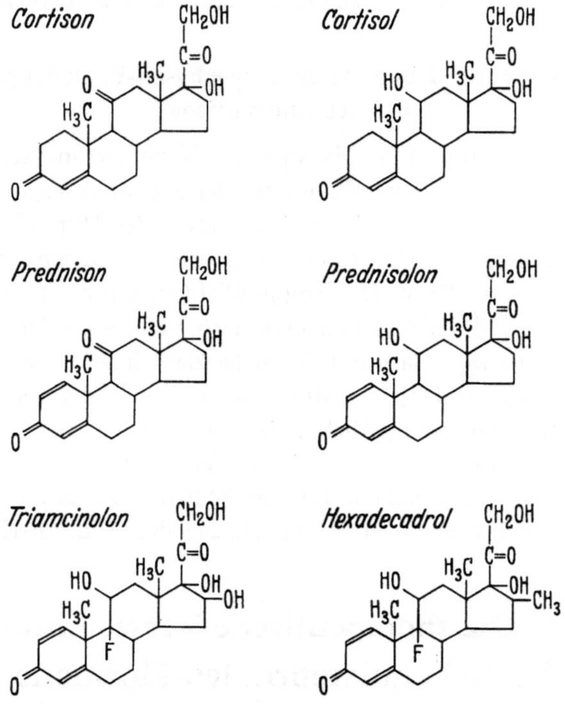

Abb. 50. Chemische Struktur therapeutisch viel benützter Nebennierenrinden-Steroide und ihrer Derivate

Übersicht über die Strukturformeln dieser heute therapeutisch viel verwendeten Cortisonderivate. Eine eingehendere Besprechung ihrer Indikationen liegt außerhalb des Rahmens dieser Monographie.

18. Kapitel

Die Störungen des Wasser- und Elektrolytstoffwechsels in der Chirurgie

I. Die Einflüsse des chirurgischen Eingriffes auf den Wasser- und Elektrolytstoffwechsel

Im Anschluß an chirurgische Eingriffe werden Veränderungen des Wasser- und Elektrolytstoffwechsels beobachtet, die in den letzten Jahren Gegenstand ausgedehnter Untersuchungen waren. Zusammenfassende Darstellungen dieses Gebietes finden sich bei MOORE und BALL, WILKINSON und LE QUESNE. Ähnliche Veränderungen lassen sich auch nach Traumen verschiedener Art nachweisen. Im allgemeinen nimmt das Ausmaß dieser Veränderungen mit der Größe des Eingriffes bzw. des erlittenen Traumas zu. Bei der Mehrzahl chirurgischer Patienten sind die Veränderungen nicht so ausgeprägt, daß dadurch der gewohnte Ablauf des postoperativen Geschehens gestört wird. In einer Minderzahl von Fällen können die Veränderungen aber so hervorstechend werden, daß sie eine besondere Behandlung brauchen. Außerdem ist eine Kombination mit bereits bestehenden Störungen des Wasser- und Elektrolytstoffwechsels möglich, so daß dann lebensbedrohliche Krankheitsbilder entstehen. Die Kenntnis dieser Störungen ist für die Leitung der Behandlung in der postoperativen Phase von großer Bedeutung (WIEMERS u. KERN).

1. Änderungen der Harnausscheidung und der Harnzusammensetzung

Die Herabsetzung des Harnflusses nach Operationen ist schon lange bekannt. Aber erst seit den Untersuchungen von COLLER u. Mitarb. (1936) wurde der postoperative Wasser- und Salzstoffwechsel zum Mittelpunkt der Forschung. Heute sind die Abläufe gut bekannt, wenn auch die Ursachen bisher nur z. T. aufgedeckt werden konnten

Wasserausscheidung. Ein bis zwei Tage lang im Anschluß an die Operation wird eine Verminderung des Harnvolumens beobachtet. Diese Verminderung wird nicht etwa durch einen erhöhten extrarenalen Verlust von Wasser hervorgerufen, da das Körpergewicht in dieser Zeit zunimmt. Sie setzt sofort nach Beginn des operativen Eingriffs ein (LE QUESNE, 1954) und ist unabhängig von einer außerdem nachweisbaren Natriumretention. *Der Harn zeigt ein hohes spezifisches Gewicht und eine Steigerung der Konzentration von Natrium und Chlorid.* In der Mehrzahl der Fälle hält diese Art der Oligurie aber nur ein oder zwei Tage an. Selten wird sie auch noch am dritten Tag beobachtet.

Nach Untersuchungen von DUDLEY u. Mitarb. (1954) ist allerdings auch die Art der Anaesthesie von Bedeutung. Sie fanden die Ausscheidung einer Wasserbelastung (600—800 ml 5% Glucoselösung i.v.) bei 1 stündiger Pentothal-Anaesthesie nicht gestört, dagegen sehr deutlich verzögert nach 3 stündiger Äthernarkose. Doch kehrte die Urinausscheidung auch dann früher zur Norm zurück als bei gleichzeitiger Operation.

Natriumausscheidung. 1936 fanden COLLER u. Mitarb., daß chirurgische Patienten Natrium und Chlorid retinieren und daß durch übermäßige Zufuhr von Salzlösungen relativ leicht Ödeme erzeugt werden können. Verglichen mit der Wasserretention dauert diese Salzretention bedeutend länger an. Interessanterweise ist die Wasserretention in den ersten beiden Tagen unabhängig von der Salzretention (LE QUESNE). Während der folgenden Tage kann jedoch die Salzretention eine sekundäre Wasserretention verursachen. In den ersten beiden postoperativen Tagen zeigt der Harn eine gesteigerte Konzentration an Elektrolyten, während diese in der anschließenden zweiten Phase absinkt.

Kaliumausscheidung. Im Anschluß an operative Eingriffe findet sich eine Steigerung der Kaliumausscheidung. Sie ist am Operationstag am stärksten und dauert etwa 2—3 Tage an. Diese vermehrte Kaliumausscheidung kann dabei nicht auf die ebenfalls gesteigerte Stickstoffausscheidung zurückgeführt werden, da letztere beträchtlich geringer ist. MOORE und BALL (1952) fanden den Quotienten Kalium/Stickstoff normalerweise zwischen 2,7 und 3,0. Bei Einschmelzung von Gewebe ändert sich dieser Quotient nicht. Ein Anstieg besagt, daß mehr Kalium ausgeschieden wird, als mit der Provenienz aus dem Gewebsabbau erklärt werden kann. Der Quotient Kalium/Stickstoff steigt also deutlich an. Das Ausmaß des postoperativen Kaliumverlustes scheint von der Schwere der Operation abzuhängen

(RANDALL u. Mitarb.). Selbst bei reichlicher Zufuhr von Kalium läßt sich die Mehrausscheidung sowie eine negative Kaliumbilanz in den ersten postoperativen Tagen nicht völlig beseitigen. WINFIELD u. Mitarb. (1951) fanden, daß z. Z. dieser vermehrten Ausscheidung das intracelluläre Kalium in den Muskeln, welche dem Operationsgebiet anliegen, um 50%, in entfernten Muskelgebieten jedoch nur um 10% absinkt.

Bei den meisten chirurgischen Patienten, die bis kurz vor der Operation normal gegessen und getrunken haben und postoperativ bald wieder normale Nahrungszufuhr bekommen können, ist diese vermehrte renale Kaliumausscheidung ohne wesentliche Bedeutung. In anderen Fällen jedoch, bei denen postoperativ eine Behandlung des Wasser- und Elektrolythaushalts erforderlich ist, muß die Kaliumzufuhr genügend bedacht werden (HEUSSER, 1950; CARSTENSEN). Wahrscheinlich ist ein Teil der postoperativen Natriumretention auf die Entblößung von Kalium zurückzuführen. Sicher ist sie aber nicht die Hauptursache.

Stickstoffausscheidung. Im unmittelbaren Anschluß an einen operativen Eingriff steigt die Stickstoffausscheidung im Harn an (STUHLFAUTH u. Mitarb.). Bei Eingriffen von der Größe einer Magenresektion dauert diese Mehrausscheidung etwa 1 Tag, bei schweren Eingriffen auch länger an. Ähnlich wie beim Kalium vermag auch hier eine ausreichende Zufuhr die negative Stickstoffbilanz in den ersten postoperativen Tagen nicht zu beseitigen. Eine daran anschließende zweite Phase negativer Stickstoffbilanz ist auf die mangelhafte Calorien- und Stickstoffzufuhr zurückzuführen. Sie ist von der negativen Stickstoffbilanz im unmittelbaren Anschluß an Operationen streng abzutrennen. Letztere ist auch bei genügender Zufuhr anscheinend nicht zu vermeiden.

2. Extrarenale Flüssigkeitsverluste

Operationen jeder Schwere und Dauer sind von einer Zunahme der extrarenalen Wasserausscheidung begleitet. Hierfür müssen die meist erhöhte Temperatur im Operationssaal, das Freiliegen der Eingeweide bei Bauchoperationen und das oft erhebliche postoperative Schwitzen verantwortlich gemacht werden. Unter der Voraussetzung, daß die Patienten nicht überhitzt werden und Schweißausbrüche fehlen, fand LE QUESNE eine Zufuhr von etwa 1500 ml Flüssigkeit ausreichend, um den extrarenalen Wasserverlust nach der Operation zu decken. Unter veränderten Umständen, z. B. in subtropischen oder tropischen Gegenden, bei starker Überhitzung der Patienten und Neigung zu Schweißausbrüchen, wurden freilich extrarenale Wasserverluste am Operationstag von 2—5 l beobachtet (COLLER und MADDOCK, 1940).

3. Plasmaelektrolyte

Nicht nur Änderungen der renalen Elektrolytausscheidung, sondern auch der Plasmaelektrolyte werden postoperativ gefunden: $[Na^+]$ fällt ab, $[K^+]$ steigt an. Diese Veränderungen erreichen 2—3 Tage nach dem Eingriff ihr Maximum und sind noch etwa bis zu einer Woche nachweisbar. Das Absinken von Natrium muß z. T. auf die erwähnte Wasserretention, zum größeren Teil aber auf eine Verschiebung vom extracellulären in den intracellulären Raum zurückgeführt werden. Der Anstieg von Kalium ist auf eine Mobilisierung intracellulären Kaliums zu beziehen. Die postoperative Hyponatriämie scheint besonders bei den Patienten aufzutreten, die an chronischen Krankheiten mit längerer Unterernährung leiden. So findet man sie nicht selten nach der operativen Behandlung von Mitralfehlern (WILSON u. Mitarb., BRUCE u. Mitarb.). Unter diesen Umständen kann man oft schon präoperativ eine gewisse Neigung zu Hyponatriämie und Hyperkaliämie feststellen. In ihrer Pathogenese scheinen intracelluläre Stoffwechselstörungen mit Behinderung der cellulären Pumpmechanismen von großer Bedeutung zu sein. Es wird in diesem Zusammenhang auf das 5. Kapitel (S. 114) verwiesen. Eine über längere Zeit durchgeführte calorisch ausreichende Ernährung vermag die Störung nicht selten zu beseitigen. Leider ist aber bei zahlreichen chirurgischen Krankheiten, z. B. Carcinomen des Oesophagus, Magens usw., eine ausreichende präoperative Ernährung vorerst noch nicht möglich.

4. Die Ursachen der postoperativen Störungen des Wasser- und Elektrolytstoffwechsels

Im 3. Kapitel wurde die Bedeutung der verschiedenen an der Regulation der renalen Wasser- und Natriumausscheidung beteiligten Faktoren eingehend erörtert. Diese Ausführungen müssen auch für die folgenden Betrachtungen zugrunde gelegt werden.

Störung der Wasserausscheidung. Die Oligurie, welche während der ersten 24—48 Std. nach der Operation eintritt, ist die Folge einer vermehrten ADH-Freisetzung. Für letztere sind mehrere Faktoren verantwortlich. Die *Anaesthesie* (BURNET u. Mitarb.), der *operative Eingriff selbst* (ARIEL und MILLER), die damit verbundene *psychische Belastung* und schließlich die viel verwendeten *Opiate* (LEWIS u. Mitarb.) — sie alle sind ursächlich an der postoperativen Steigerung der ADH-Freisetzung beteiligt. Dabei dürfte der operative Eingriff selbst über die Veränderung der Flüssigkeitsräume wirken. Meist kommt es ja zu einem Verlust an Blut und extracellulärer Flüssigkeit, selbst dann, wenn bei größeren Blutungen durch entsprechende Substitution ein Ausgleich versucht wird. Die nach der Operation sich einstellenden exsudativen Vorgänge im Bereich des Operationsgebietes und meist auch in den Körperhöhlen — bei Eingriffen in Brust- bzw. Bauchraum — führen zu einer Verminderung der intravasalen und interstitiellen Flüssigkeit. Die Minderung des intrathorakalen Blutvolumens muß dann über die Volumenreceptoren des linken Vorhofs zu einer vermehrten ADH-Freisetzung führen.

Störung der Natriumausscheidung. Sie dauert im Unterschied zur Oligurie länger, meist 4—6 Tage an. Sie wird häufig auf eine vermehrte Tätigkeit der Nebennierenrinde, besonders auf eine Steigerung der Aldosteronaktivität, zurückgeführt. Tatsächlich wurde Aldosteron in dieser Zeit vermehrt im Harn gefunden (LLAURADO, 1955a, b). Doch ist auch hier bezüglich der kausalen Bedeutung des Aldosterons für die Natriumretention dieselbe Zurückhaltung wie bei den verschiedenen generalisierten Ödemformen (11., 12., 15. Kapitel) am Platze. Denn auch *Patienten mit Morbus Addison, die unter einer Substitutionsbehandlung mit Cortison stehen, zeigen im Anschluß an größere Operationen die gewohnte Natriumretention.* Daraus geht hervor, daß andere Faktoren als die Nebennierenrinden-Hormone die Antinatriurese bewirken müssen. Man wird an die im 3. Kapitel im einzelnen diskutierten Faktoren, besonders auch den Faktor X (SMITH), denken müssen.

Die *Verminderung der Glomerulumfiltration,* die während Anaesthesie und Operation eintritt, *mag im Beginn zu der Natriumretention beitragen.* Da sich aber postoperativ das Glomerulumfiltrat sehr schnell normalisiert (ARIEL und MILLER), muß eine gesteigerte Natriumrückresorption als ganz überwiegende Ursache für die Natriumretention angesehen werden.

Störung der Stickstoffausscheidung. Auch sie wird vielfach auf die vermehrte postoperative Freisetzung von Cortisol zurückgeführt. MOORE u. Mitarb. (1955) fanden, daß während der 1. Woche nach einer Operation tatsächlich eine vermehrte Ausscheidung von 17-Hydroxycorticoiden stattfindet. Es bestand eine enge Korrelation zwischen der negativen Stickstoffbilanz, dem Anstieg der 17-Hydroxycorticoide und der Schwere des Eingriffs. Auch im Plasma wurde ein Anstieg der 17-Hydroxycorticoide nachgewiesen (SANDBERG u. Mitarb., 1954; ELMAN u. Mitarb., 1955; STEENBURG u. Mitarb., 1956). Trotzdem ist auch hier, in Übereinstimmung mit den Verhältnissen bei der Natriumausscheidung, Zurückhaltung bezüglich der ursächlichen Bedeutung der Nebennierenrinden-Steroide am Platze. *So fanden nämlich CAMPBELL u. Mitarb. an adrenalektomierten Ratten, die eine Substitutionsbehandlung mit Cortison erhielten, nach Frakturen der langen Röhrenknochen etwa dieselbe Stickstoff-Mehrausscheidung wie bei normalen Tieren.*

Die letzten Endes maßgebenden Faktoren für die postoperativen Störungen des Wasser- und Elektrolytstoffwechsels sind also noch unbekannt. Doch lassen sich aus den heute bekannten Erscheinungsformen der postoperativen Störungen bereits hinreichende therapeutische Schlußfolgerungen ziehen, die nunmehr behandelt werden sollen.

II. Die postoperative Flüssigkeits- und Elektrolytbehandlung des unkomplizierten chirurgischen Falls

1. Präoperative Gesichtspunkte

Die weitaus größte Zahl derjenigen Patienten, die sich einer Operation unterziehen müssen, haben bis kurz vor der Operation Nahrung und Flüssigkeit normal aufgenommen. Ihr Wasser- und Elektrolytgleichgewicht ist deshalb nicht gestört. Nur bei einer geringen Minderzahl liegen bereits präoperative Störungen vor. Bei diesen Fällen ist eine eingehende Überprüfung des klinischen Zustandes, besonders des Wasser- und Elektrolytstoffwechsels angezeigt, wenn unliebsame Überraschungen während und nach der Operation vermieden werden sollen. Wenn Durst oder Erbrechen vorliegen, drängen sich diese Fragen von selbst auf. Wenn aber die Äußerungen eines gestörten Wasser- und Elektrolytstoffwechsels weniger aufdringlich sind, so können tiefgreifende Störungen leicht übersehen werden. Auch eine oft längere Zeit vorhandene Rest-N-Steigerung infolge gestörter Nierenfunktion wird oft übersehen.

Schon *einfache präoperative Untersuchungen* (HEGEMANN, 1955a) können in solchen Fällen Auskunft geben. Wichtig ist die eingehende Erhebung der Vorgeschichte, die oft auf mögliche Mangelzustände hinweist. Bei der klinischen Untersuchung sollte auf alle jene Gesichtspunkte geachtet werden, die im 9. Kapitel dargelegt wurden, also besonders auf den Bewußtseinszustand, den Zustand von Haut und Schleimhäuten, die Zunge, den Muskeltonus und den Blutdruck. Die

Messung der Harnausscheidung, des spezifischen Gewichts, in einigen Fällen auch von [Na$^+$], [K$^+$] und [Cl$^-$] in Plasma und Harn sind erforderlich. In schwieriger gelagerten Fällen müssen die Flüssigkeitszufuhr und Ausscheidung über 2—3 Tage präoperativ registriert werden. Schon bei diesen relativ einfachen Untersuchungen lassen sich schwere Mangelzustände meistens erkennen. *Ist der Rest-N bzw. Harnstoff im Plasma trotz normaler Harnausscheidung erhöht, so ist eine eingehende Untersuchung der Nierenfunktion erforderlich.*

2. Postoperative Wasser- und Elektrolytbehandlung

a) Allgemeine Gesichtspunkte

In den meisten Fällen haben die Patienten bis wenige Stunden vor der Operation normal Flüssigkeit und Nahrung zu sich genommen. Auch nach der Operation ist es möglich, sehr bald peroral Flüssigkeit und Nahrung zuzuführen. Sind diese Voraussetzungen gegeben und fehlen postoperative Komplikationen, so bieten diese Patienten keine Schwierigkeiten. Die Zufuhr kann den Wünschen des Patienten entsprechend unter Aufsicht des Pflegepersonals geregelt werden.

Nach allen Operationen größerer Ausdehnung ist es aber zweckmäßig, 3 Tage lang Flüssigkeitszufuhr und Flüssigkeitsausscheidung zu registrieren. Nur so können ernsthafte Störungen frühzeitig entdeckt und entsprechend behandelt werden. *Beträgt die Urinausscheidung 3 Tage nach der Operation über 700 ml/24 Std. und sind keine abnormen extrarenalen Verluste vorhanden, so ist die Wahrscheinlichkeit einer Störung im Wasser- und Elektrolytstoffwechsel gering.* Liegt die Urinausscheidung unter den angegebenen Werten, so sollte überprüft werden, ob die Flüssigkeitszufuhr zu gering ist, ob abnorme extrarenale Verluste eingetreten sind oder ob sich eine Störung der Nierenfunktion ankündigt.

Den Patienten, die keine perorale Zufuhr von Flüssigkeit und Nahrung bekommen können, ist besondere Sorgfalt zu widmen. Dann ist eine parenterale Zufuhr, meist auf intravenösem Wege, notwendig. Die Hauptgefahr besteht dabei in einer übermäßigen Zufuhr sowohl von Wasser als auch von Salz. Bei der Neigung zu Wasser- und Natriumretention kann eine Überdosierung von Flüssigkeit eine „Wasservergiftung" (HEUSSER, 1957), d. h. eine intracelluläre Überwässerung, eine Überdosierung von Salzlösungen eine generalisierte Ödembildung zur Folge haben. Bei der peroralen Flüssigkeitsaufnahme sorgt meist das Durstgefühl des Patienten dafür, daß eine Überladung nicht vorkommt. Bei der parenteralen Zufuhr ist der Wille des Patienten aber weitgehend ausgeschaltet. Deshalb muß eine sorgfältige Beobachtung durch Pflegepersonal und Arzt stellvertretend eintreten.

b) Praktische Durchführung

Bei der **Abschätzung des Wasserbedarfs** ist zunächst der extrarenale Verlust in Rechnung zu stellen. Dieser beträgt normalerweise etwa 1000 ml pro 24 Std. Unter besonderen Umständen, z. B. bei Fieber, Schweißausbrüchen, in tropischen Regionen usw., können auch erhebliche Steigerungen der extrarenalen Wasserabgabe beobachtet werden (s. S. 173). Zusätzlich zu diesen extrarenalen Verlusten muß so viel zugeführt werden, daß eine Harnausscheidung von mehr als 600 ml entstehen kann. Sie soll nach Möglichkeit bei 1000—1500 ml liegen, wenn bei der oft herabgesetzten Konzentrationsfähigkeit und dem vermehrten Anfall von N-haltigen Substanzen ein Anstieg des Rest-N vermieden werden soll. So ergibt sich ein Gesamtbedarf an Flüssigkeit von etwa 2—2,5 l/24 Std. Am ersten und evtl. zweiten postoperativen Tag wird man wegen der bekannten Oligurie 1,5 l als ausreichend ansetzen können.

Bei diesen Abschätzungen ist noch nicht das *endogen freiwerdende Wasser* berücksichtigt. Normalerweise setzt man hierfür etwa 300 ml an. Nach MOORE (1958) können aber im Anschluß an schwere Traumen und chirurgische Eingriffe erhebliche Mengen von Körpersubstanz abgebaut werden. Infolgedessen wird auch vermehrt endogenes Wasser freigesetzt. *Dieses endogene Wasser, das kein Natrium enthält, besteht aus Oxydationswasser von Kohlenhydraten, Proteinen und Fett sowie dem intracellulären Wasser der eingeschmolzenen Gewebe.* Als Oxydationswasser kann man etwa 1250 ml für 1 kg Fettgewebe und 1 kg Nichtfettgewebe zusammen ansetzen. Das intracelluläre Wasser beträgt rund 730 ml/kg fettfreier Körpermasse. *Der Abbau von je 500 g Fett- und Nichtfettgewebe liefert daher schon 1 l natriumfreies Wasser.* Nach schweren Traumen oder chirurgischen Eingriffen können Abbauvorgänge dieser Größenordnung durchaus vorkommen. *Man sollte dann die oben gegebenen Richtlinien besser unter- als überschreiten.*

Bei der **Bemessung der Salzzufuhr** ist zu bedenken, daß während der ersten postoperativen Woche eine Neigung zur Retention von Natrium und Chlorid vorliegt. Normalerweise liegt die renale Ausscheidung bei 150—200 mval täglich (s. Tab. 38). Man darf deshalb annehmen, daß die Zufuhr von 60—80 mval Natrium und Chlorid pro Tag den Bedarf deckt.

Außerdem ist bei der vermehrten Kaliumausscheidung im Harn eine **Kaliumzufuhr** notwendig. Für ihre Größe sind folgende Gesichtspunkte von Bedeutung. Einmal tritt postoperativ eine vermehrte Kaliumausscheidung auf; ferner bewirkt aber auch die Zufuhr von Glucose und Natriumsalzen eine Steigerung der Kaliumausscheidung. Beide Umstände sind für die nicht seltene postoperative Kaliumverarmung von Bedeutung. LE QUESNE hält eine tägliche Zufuhr von 80 mval Kalium für optimal, MOORE befürwortet nur die Hälfte. Im Hinblick auf den verminderten Harnfluß am ersten und oft auch zweiten postoperativen Tag sollte der Kaliumersatz erst am dritten Tag beginnen. Dabei wird man 50 mval/24 Std. kaum überschreiten müssen.

Nach dem bisher Gesagten würde sich mit Ausnahme des ersten postoperativen Tages eine Zufuhr von 2—2,5 l Wasser, 60—80 mval Natrium und 30—50 mval Kalium als NaCl und KCl ergeben. Am ersten und evtl. zweiten postoperativen Tag sollte die Wasserzufuhr 1,5 l nicht überschreiten; außerdem ist an diesen Tagen ein Kaliumersatz nicht notwendig. Die Durchführung darf aber nicht zu schematisch gehandhabt werden. Bei auftretenden Zweifeln sollte eher eine Verminderung als eine Erhöhung der Zufuhr vorgenommen werden.

Am Operationstag, dem ersten und evtl. zweiten darauffolgenden Tag, wird man also 1 l isotonische (5,25 %) oder 10 %ige Glucoselösung (zwei Flaschen zu je 500 ml) und 500 ml (eine Flasche) einer Lösung mit der Zusammensetzung von extracellulärer Flüssigkeit [z. B. Hartmannsche Lösung; Sterofundin (Braun, Melsungen), Tutofusin K 10 (Pfrimmer, Erlangen)] zuführen. Man kann auch die erforderlichen Mengen an Natrium und Chlorid in Form der Zusatzlösungen (10. Kapitel, S. 181) der Glucoselösung beifügen. An den folgenden Tagen werden 2—2,5 l Flüssigkeit zugeführt. Das bedeutet innerhalb von 12 Std. je zwei bzw. drei Flaschen von 500 ml isotonischer oder 10%iger Glucoselösung. Ihnen setzt man die erforderlichen 60—80 mval Natrium und Chlorid sowie 30—50 mval Kalium in Form der Zusatzlösungen zu. Man kann auch anstatt des Natrium- und Chloridzusatzes als 5. Flasche Sterofundin bzw. Tutofusin K 10 geben.

Ob die Verwendung von Lävulose anstatt Glucose wesentliche Vorteile besitzt (CARSTENSEN), bedarf noch der endgültigen Klärung.

c) Gefahren der postoperativen Wasser- und Elektrolytbehandlung

Die wesentlichen Gefahren sind eine zu hohe Flüssigkeitszufuhr mit der Gefahr der Wasservergiftung und eine zu hohe Zufuhr salzhaltiger Lösungen mit der Gefahr generalisierter Ödeme. Verfährt man nach den hier gegebenen Richtlinien, so ist kaum je mit diesen Komplikationen zu rechnen. An eine Wasservergiftung muß man immer denken, wenn die postoperative Neigung zu Brechen und Übelkeit auffällig verstärkt ist und sich die Patienten zunehmend matt und krank fühlen (5. Kapitel, S. 105).

3. Häufige Komplikationen im postoperativen Verlauf

Hier sollen zwei Probleme näher besprochen werden, die oft Anlaß zu therapeutischen Überlegungen geben: eine unerwartet niedrige Harnausscheidung und eine Verminderung der Plasmaelektrolyte.

a) Oligurie

Findet man bei einem Patienten noch 3—4 Tage nach der Operation ein wesentlich erniedrigtes Harnvolumen, so ist folgendermaßen vorzugehen. Zunächst ist sicherzustellen, daß es sich tatsächlich um eine Oligurie, nicht nur um eine, postoperativ nicht seltene, unvollständige Entleerung der Harnblase handelt. Letzteres läßt sich am besten durch Katheterisierung ausschließen. Dann ist an *zu geringe Flüssigkeitszufuhr* zu denken. Sie findet sich meist bei Patienten, die peroral ungenügend Flüssigkeit zu sich nehmen, ohne eine parenterale Behandlung zu bekommen. Eine Analyse der während der letzten Tage zugeführten Flüssigkeit macht schnell die Ursachen dieses Zustandes klar. Der Harn hat ein hohes spezifisches Gewicht und enthält keine krankhaften Beimengungen. Die perorale Flüssigkeitszufuhr soll dann nach Möglichkeit gesteigert werden; ein Anstieg der Harnausscheidung wird die Richtigkeit der Diagnose bestätigen.

Ferner kann eine *Oligurie auf vermehrten extrarenalen Verlusten beruhen*, die bisher nicht oder nicht vollständig ersetzt wurden. Solche Verluste sind im allgemeinen Erbrechen oder Absaugen von Magen- und Darmsaft. Je nach den dabei zu Verlust gehenden Mengen werden Zeichen von Dehydration fehlen oder vorhanden sein. Auch hier führt eine Analyse der Zufuhr und Ausfuhr während der letzten 2—3 Tagen auf die Diagnose. Bei den Fällen von Ileus kann insofern eine Erschwerung eintreten, als nach außen hin keine Entleerung der in großen Mengen innerhalb des Darms angesammelten Flüssigkeit statthat. In solchen Fällen muß die klinische Untersuchung weiter führen. Die adäquate Behandlung besteht in der Zufuhr der verlorenen Flüssigkeit.

Selten kann die Oligurie auf einer ungewöhnlich langen Steigerung der ADH-Aktivität beruhen. Es wurde schon mehrfach erwähnt, daß die ADH-bedingte postoperative Störung der Wasserausscheidung gewöhnlich nur 1—2 Tage anhält. In seltenen Fällen kann sie aber auch noch am 3., 4. oder 5. Tag anhalten. Die Flüssigkeitsbilanz zeigt eine adäquate Zufuhr ohne abnormale Verluste. *In solchen Fällen ist auf die Zeichen einer beginnenden Wasserintoxikation* (Kopfschmerz, Übelkeit, Erbrechen) *sorgfältig zu achten.* Die Flüssigkeitszufuhr muß dann auf etwa 1 l pro Tag eingeschränkt werden, bis die Diurese in Gang kommt. Sind bereits Zeichen einer Wasservergiftung nachweisbar, ist hypertonische Kochsalzlösung anzuwenden (s. S. 105).

Schließlich muß man bei länger anhaltender Oligurie oder gar Anurie an eine *akute tubuläre Nekrose* denken, die nicht selten im Anschluß an schwere Operationen mit oder auch ohne Blutungen und arterielle Hypotonie auftritt. Auch die Möglichkeit einer Bluttransfusions-Schädigung ist zu erwägen. Im Harn findet man in solchen Fällen meist eine positive Eiweißprobe sowie Cylinder und Erythrocyten. Die akute tubuläre Nekrose ist auf S. 320 ausführlich geschildert.

b) Hyponatriämie

Nicht ganz selten sieht man postoperativ länger anhaltende Hyponatriämien, die vor der Operation noch nicht vorlagen. Bei der Mehrzahl der Fälle handelt es sich dabei um eine Reaktion auf den operativen Eingriff, die sich in ähnlicher Weise auch nach Traumen und akuten schweren Krankheiten findet. In den leichteren Fällen sinkt [Na$^+$] bis etwa 133 mval/l ab, in schwereren Fällen kann 125 mval/l erreicht werden. [K$^+$] zeigt dagegen eine Neigung zum Ansteigen, im allgemeinen nicht über 4,9—5,2 mval/l. Die Patienten zeigen keine besonderen Störungen. Das Harnvolumen ist hinreichend groß.

An der Entstehung dieser Hyponatriämie sind mehrere Faktoren beteiligt. Einmal wird in den ersten postoperativen Tagen mehr Wasser als Natrium retiniert, so daß eine gewisse Verdünnung stattfindet. Außerdem kommt es zu Verschiebungen von Natrium aus dem extracellulären Raum in die Zellen und das Knochensystem. Schließlich spielt auch die Verdünnung durch das vermehrt freiwerdende, aber schlecht ausscheidbare endogene Wasser eine Rolle (MOORE, 1958).

Eine besondere Behandlung dieser Störungen ist bei fehlenden klinischen Symptomen und nur mäßigen blutchemischen Veränderungen nicht nötig.

Anders liegen die Verhältnisse bei der *schweren postoperativen Hyponatriämie,* die meist auch von einer Hyperkaliämie begleitet ist. Sie wird bei solchen Patienten beobachtet, die an chronischen Krankheiten mit Unterernährung leiden und sich in diesem Zustand einer Operation unterziehen müssen. Dauert die ungenügende Nahrungszufuhr schon längere Zeit vor dem operativen Eingriff an, dann ist [Na$^+$] schon präoperativ erniedrigt. Demgegenüber zeigt [K$^+$] eine ansteigende Tendenz. Der Rest-N ist meist normal. Hypoproteinämie ist dagegen vorhanden. Sie ist überwiegend durch die Vermehrung des Plasmavolumens, weniger in einer verminderten Albuminsynthese (MOORE, 1958) zu suchen.

Wahrscheinlich ist die Hyponatriämie bei der Mehrzahl dieser Patienten identisch mit der Form, die auf S. 112 als „asymptomatische Hyponatriämie" ausführlich besprochen wurde. Ihre Pathogenese ist kompliziert. Ein wesentlicher Faktor ist die Abwanderung von Natrium in die Körperzellen und in die Knochen, wogegen Kalium aus den Zellen austritt. Die hierfür verantwortlichen Mechanismen wurden auf S. 112 dargestellt. Man darf annehmen, daß die Störungen des intracellulären Stoffwechsels zu einer Beeinträchtigung der „Pumpmechanismen" der Zellen führen, die für die Eliminierung von Wasser und Natrium sowie die Anhäufung von Kalium im Zellinneren verantwortlich sind. Eine länger durchgeführte hochcalorische Ernährung vermag nicht selten diese Störungen des Zellstoffwechsels und damit auch die Hyponatriämie zu beseitigen. Ein weiterer bedeutungsvoller Faktor ist die verminderte renale Ausscheidung von Wasser. Diese verminderte Ausscheidung bezieht sich sowohl auf das zugeführte als auch das endogene, im Körper frei werdende Wasser. Die Ursache der Antidiurese ist noch nicht geklärt. Man denkt an eine verminderte Cortisolbildung (s. S. 204). Doch fand MOORE in Plasma und Harn keine Verminderung der 17-Hydroxycorticoide. Auch über eine Beteiligung von ADH liegen noch keine beweisenden Befunde vor.

Es ist verständlich, daß eine *Operation solcher Patienten zu einer Verstärkung der bereits vorhandenen Natrium- und Kaliumverschiebungen führen muß*. Die Patienten zeigen oft eine arterielle Hypotension, Schwäche und Lethargie; sie machen einen schwerkranken Eindruck. $[Na^+]$ ist auf 115—125 mval/l herabgesetzt, $[K^+]$ auf 6—8 mval/l erhöht. Der Rest-N ist nicht regelmäßig verändert. Im EKG findet man Veränderungen durch Hyperkaliämie, die infolge der gleichzeitigen Hyponatriämie und Hypocalcämie noch gesteigert werden. Digitalisglykoside verlieren unter diesen Umständen an Wirksamkeit.

Behandlung. Häufig lassen sich diese schweren postoperativen Natrium- und Kaliumverschiebungen dann vermeiden, wenn schon präoperativ eine zielbewußte Behandlung eingeleitet wird. Oft ist allerdings eine Beseitigung der seit Monaten bestehenden Unterernährung mit allen ihren Folgen nicht ohne weiteres möglich. Man denke an die Carcinome im Bereich des Oesophagus und Magen-Darm-Kanals. Hier sind vorläufige präoperative Behandlungsmaßnahmen notwendig, die das operative Risiko vermindern. So sollte einige Tage vor der geplanten Operation eine *Zufuhr hochkonzentrierter Glucoselösung mit Insulin vorgenommen werden, um die Calorienzufuhr zu erhöhen und das Leberglykogen zu vermehren*. Für die praktische Durchführung haben sich Plastikkatheter bewährt, die in große Venen vorgeschoben werden können und so die Verwendung hochkonzentrierter Glucoselösung ohne die Gefahr einer Thromboseerzeugung erlauben. Die Glucose bewirkt außerdem als osmotisches Diureticum eine vermehrte Ausscheidung des retinierten Wassers. Auf diese Weise können Jejunostomien meist vermieden werden. Häufigere Transfusionen von Vollblut oder Erythrocyten sind zur Erhöhung des Blutvolumens und als Eiweißsubstitution angezeigt.

Sind Hyponatriämie und Hyperkaliämie schon vor der Operation bekannt, so erhebt sich die Frage, ob die Zufuhr hypertonischer NaCl-Lösung zweckmäßig ist. Grundsätzlich gilt die Regel, daß in allen den Fällen, da sich eine Hyponatriämie allmählich ausbildet, keine übereilten Versuche zu ihrer Beseitigung gemacht werden sollen. MOORE rät deshalb von einer präoperativen Zufuhr hypertonischer NaCl-Lösung ab. Sollten sich postoperativ die Veränderungen bedrohlich verstärken, so muß man manchmal von dieser Regel abweichen. Dann ist es vor allem die Hyperkaliämie, die zu bedrohlichen Herzkomplikationen führen kann und deshalb zu bekämpfen ist. Man verwendet hierzu Glucoselösung mit Insulin, hypertonische NaCl-Lösung und Calcium. Bezüglich der Einzelheiten wird auf S. 128 verwiesen.

20*

III. Besondere, für den Chirurgen wichtige Störungen des Wasser- und Elektrolytstoffwechsels

Bisher wurden die bei der großen Mehrzahl der chirurgischen Patienten maßgebenden Gesichtspunkte besprochen. Im folgenden sollen einige Störungen behandelt werden, die für den Chirurgen von besonderem Interesse sind.

1. Schock und Kollaps

Die Bezeichnungen Schock und Kollaps sind für akute Kreislaufstörungen verschiedener Genese in Gebrauch. Ein geschichtlicher Überblick (SCHWIEGK, 1942) zeigt, daß die Bezeichnung Schock schon im 18. Jahrhundert aufkam. Man verstand darunter die schweren Störungen des Allgemeinbefindens, die sich nach Verletzungen und Verwundungen einstellen. Im Schrifttum des 19. Jahrhunderts ist der „Schock" bereits ein fester Begriff. Besondere Förderung erfuhr das Schockproblem während der beiden Weltkriege. In diesen Untersuchungen wurde klar gestellt, daß die entscheidenden Veränderungen am Kreislauf stattfinden. Dabei stimmen in den Grundzügen die Veränderungen des traumatischen Schocks mit denen bei Verbrennungen, Erfrierungen und Vergiftungen, aber auch beim Coma diabeticum und bei Infektionskrankheiten überein. Für das Kreislaufgeschehen bei Infektionskrankheiten war inzwischen von internistischer Seite die Bezeichnung Kollaps geprägt worden. Von nun an gehen die Bezeichnungen durcheinander. Die Erörterungen über Schock und Kollaps sind oft mit unfruchtbaren Scheinproblemen belastet, die bereits bei der Nomenklatur beginnen. Das läßt sich am besten vermeiden, wenn man die den einzelnen Krankheiten zugrunde liegenden Störungen vorurteilsfrei analysiert. *Dabei lassen sich zwanglos drei Syndrom-Gruppen voneinander trennen.* Die eine Gruppe ist durch den *Verlust intravasaler Flüssigkeit* geprägt, wobei es sich um Blut, Plasma oder Plasmawasser handeln kann. In allen diesen Fällen tritt eine mehr oder minder deutliche *Tachykardie* auf. Demgegenüber steht eine *zweite Gruppe von Störungen*, die keine Verluste von intravasaler Flüssigkeit zeigt. Hier treten die Kreislaufstörungen z.T. bei ganz banalen Anlässen auf. Meist liegt eine *Bradykardie* vor. Im Mittelpunkt der Pathogenese scheint hier das vegetative Nervensystem zu stehen, wobei ein *gesteigerter Parasympathicus-Tonus* dominiert. Schließlich läßt sich noch eine *dritte Gruppe von Störungen* abtrennen, die symptomatologisch große Ähnlichkeit mit der ersten Gruppe zeigt. Bei ihr steht ein *plötzliches Herzversagen mit Absinken des Herzminutenvolumens* pathogenetisch im Vordergrund.

Im folgenden wird für die erste Gruppe, die also durch einen Verlust intravasaler Flüssigkeit zustande kommt, die Bezeichnung „*Schock*", für die zweite Gruppe „*Kollaps*" und für die dritte Gruppe „*akutes Herzversagen*" gewählt.

Die Tab. 73 gibt eine schematische Übersicht dieser Einteilung.

Im Rahmen der vorliegenden Monographie interessieren allein die Störungen, die durch den Verlust intravasaler Flüssigkeit zustande kommen. Am häufigsten wurde diese Schockform während der beiden Weltkriege beobachtet. Sie erfuhr auch eine ausgedehnte tierexperimentelle Bearbeitung. Ein Entzug von etwa 15 bis 20% des Blutvolumens kann meist voll kompensiert werden. Der Blutentzug bewirkt ein Absinken des sog. statischen Drucks (s. S. 193), das durch Engstellung des Gefäßsystems und allmähliches Einströmen von interstitieller Flüssigkeit aus-

Tabelle 73. *Einteilung des akuten Kreislaufversagens*

I. Schock

   1. Blutverlust
      Hämatokrit zunächst N, später ↓
   2. Plasmaverlust
      Hämatokrit ↑
   3. Verlust von Plasmawasser

isotone Dehydration	: Hämatokrit ↑
	mittleres Erythrocytenvolumen N
hypotone Dehydration	: Hämatokrit ↑
	mittleres Erythrocytenvolumen ↑
hypertone Dehydration	: Hämatokrit (↑)
	mittleres Erythrocytenvolumen ↓

II. Kollaps

   1. Vasodepressorische Formen
      a) Psychisch
      b) Neurogen : Bauchtraumen
                 Hodentraumen
                 Perforation von Hohlorganen
                 Kinetosen
      c) Hypersensitiver Carotissinus
      Diese Formen sind durch Bradykardie ausgezeichnet
   2. Orthostatisch
      Dabei wird sowohl Tachykardie als auch Bradykardie beobachtet.

III. Akutes Herzversagen

   1. Mangelhafte Füllung des Herzens   : hochgradige Tachykardie
                                     Herzbeuteltamponade
   2. Mangelhafte Entleerung des Herzens: Myokardinfarkt
                                     Lungenembolie
                                     Abriß von Klappen, Papillar-
                                         muskeln
                                     Septumperforation

geglichen wird. Die Kreislaufgrößen des in Zirkulation befindlichen Systems — Herzminutenvolumen, arterieller Blutdruck, venöser Blutdruck — zeigen kaum Veränderungen. Bei weiterem Blutentzug sinkt jedoch der statische Druck ab, da die erwähnten Kompensationsmöglichkeiten zu einer vollen Korrektur nicht mehr ausreichen. Der verminderte Füllungsdruck führt zu einer Herabsetzung des Herzminutenvolumens. Der arterielle Blutdruck wird durch die Zunahme des peripheren Strömungswiderstandes noch eine zeitlang auf normaler Höhe gehalten. Die Durchblutung der lebenswichtigen Organe — Gehirn, Herz und Leber — wird zwar aufrecht erhalten, doch nimmt diejenige von Muskulatur, Haut und Niere mehr oder minder ab. DUESBERG und SCHROEDER haben diesen Zustand sehr treffend als *Zentralisation des Kreislaufs* bezeichnet. Der Patient bietet das bekannte Bild: Apathie, Kraftlosigkeit, selten Erregtheit und Unruhe; das Sensorium ist getrübt, obwohl keine Bewußtlosigkeit besteht; es besteht starkes Durstgefühl; die Herzfrequenz ist gesteigert, die Blutdruckamplitude klein, der Blutdruck selbst vorerst noch im Bereich der Norm. Die Extremitäten sind kalt und blaß, oft mit Schweiß bedeckt; die Atmung ist flach und schnell. Diese als Zentralisation des Kreislaufs bezeichneten Veränderungen müssen als zweckmäßige Anpassung an das verminderte intravasale Volumen verstanden werden. *Die Funktion der zentralen, für die Regulation verantwortlichen Gebiete ist dabei ungestört.* Bei noch weitergehendem Blutentzug kann jedoch der arterielle Blutdruck nicht mehr gehalten werden. Fällt er auf Werte um 60—70 mm Hg, dann *nimmt auch die Hirndurchblutung ab*. Nunmehr zeichnet sich ein Umschwung des gesamten Bildes ab, indem Störungen von seiten der Regulationsorgane hinzutreten. Auch die Abnahme der Leberdurchblutung scheint für das irreparable Stadium des Schocks von großer Bedeutung zu sein (FRANK u. Mitarb., 1946).

Manchmal kann die vasoconstrictorische Reaktion im Beginn über das erforderliche Ziel, nämlich die Aufrechterhaltung des Blutdrucks hinaus schießen: diese hypertonische Reaktion beobachtet man besonders bei jüngeren Patienten. Es finden sich dann Blutdruckwerte von 170—180 mm Hg systolisch und 100 mm Hg und darüber diastolisch. Auch hierbei sind die Extremitäten kalt, die Haut blaß, die Herzfrequenz gesteigert.

Die meisten Krankheitsbilder, die als Schock, Kollaps und akutes Herzversagen einzuordnen sind, haben im Beginn keine engere Beziehung zu den Störungen des Wasser- und Elektrolytstoffwechsels. Es sollen daher im folgenden nur zwei Störungen näher besprochen werden, die nicht selten den Chirurgen beschäftigen: die venöse Blutung und der akute Verlust extracellulärer Flüssigkeit, am häufigsten als Verlust von Sekreten aus dem Magen-Darm-Kanal bei akutbedrohlichen Erkrankungen im Bereich der Bauchhöhle (ZENKER).

a) Venöse Blutung

Ein venöser Blutverlust von 10—15% der Blutmenge führt, wie auf S. 308 ausgeführt wurde, zu keinen eingreifenderen Störungen. Verluste von 25% des Blutvolumens bewirken eine Erniedrigung des Blutdrucks, die aber nach einiger Zeit durch Auffüllung des intravasalen Raums aus dem Interstitium wieder abklingt. *Verluste von über 30% gehen mit einem Schockzustand einher, dessen Tiefe und Dauer durch zusätzliche Faktoren, z. B. Gewebsschädigungen, Infektionen, organische Grundkrankheiten, vor allem aber die Geschwindigkeit des Blutersatzes abhängt.* Geht die gleiche Blutmenge aus einer größeren Arterie verloren, dann ist das Krankheitsbild sehr viel schwerer. Daran ist die zusätzlich zu dem Verlust an intravasaler Flüssigkeit vorhandene Herabsetzung des peripheren Strömungswiderstandes infolge des Loches in der Arterie schuld.

Der Blutverlust bewirkt Regulationsvorgänge unterschiedlicher Art. Die renale Ausscheidung von Wasser, Natrium und Chlorid geht zurück. Trotz einer mehr oder minder ausgeprägten Herabsetzung des Glomerulumfiltrats muß dafür eine gesteigerte Rückresorption verantwortlich gemacht werden. Die Kaliumausscheidung steigt an, woraus auf eine Mobilisierung von Zellwasser geschlossen werden kann. [Na$^+$] fällt im Plasma meist ab, da das freiwerdende endogene Wasser zu einer Verdünnung des extracellulären Natriums führt.

Behandlung. Die ideale Behandlung besteht in der möglichst schnellen Auffüllung des intravasalen Raums mit der verlorengegangenen Flüssigkeit, also Blut. Je älter die Patienten sind und je mehr sie in ihrer Anpassungsfähigkeit durch vorbestehende Krankheiten behindert sind, um so dringender ist der möglichst frühzeitige Ersatz der verlorengegangenen Blutmenge. Wird dagegen erst nach einiger Zeit Blut transfundiert, so sind folgende inzwischen eingetretene Veränderungen zu beachten. Das intravasale Volumen hat durch Flüssigkeitseinstrom inzwischen wieder zugenommen. Zusammen mit einer jetzt verabreichten großen Transfusion kann es zu einer Volumenüberlastung des Herzens und damit zur Herzinsuffizienz kommen. Es sollen *in dieser Phase* daher nur kleine Blutmengen, etwa 250 ml alle 2 Tage übertragen werden, damit sich der Organismus entsprechend anpassen kann. — Ferner kann eine längere hypotensive Periode zur Schädigung von Herz, Gehirn und Niere führen, die sich zunächst nicht wesentlich bemerkbar zu machen braucht. Aus allen diesen Gründen ist, besonders bei älteren Patienten, der möglichst schnelle Ersatz des verlorengegangenen Blutes wichtig.

Es wird immer wieder vorkommen, daß Blut nicht hinreichend schnell zur Verfügung steht, aus Gründen der Schockbekämpfung jedoch eine Auffüllung des intravasalen Volumens dringend erforderlich ist. Hier sind die sog. *Blutersatzmittel* indiziert. Sie sind bereits im 10. Kapitel ausführlich erörtert. Ihre Anwendung hat nach den dort besprochenen Richtlinien zu erfolgen.

b) Akuter Verlust extracellulärer Flüssigkeit

Diese Form wird vom Chirurgen am häufigsten bei schnell eintretendem Verlust großer Mengen von Sekreten des Magen-Darm-Kanals gesehen: profuses Erbrechen, Verluste aus Fisteln, schwere Durchfälle. Bei Darmverschluß können große Flüssigkeitsmengen in den Darm hinein verlorengehen, ohne daß dies nach außen erkennbar zu werden braucht.

Das *klinische Bild* wird durch den akut einsetzenden Verlust extracellulärer Flüssigkeit mit Absinken des intravasalen Anteils geprägt. So kommt es zu Schock mit Tachykardie, Fieber, Apathie, Oligurie, Hypotension — Symptome, die in Tab. 17 zusammengestellt sind.

Im *Blut* steigt der Hämatokritwert an. Die Plasmaelektrolyte sind, da es sich im Beginn um eine isotone Dehydration handelt, nicht wesentlich verändert. Das Volumen des Harns und sein Gehalt an Natrium und Chlorid gehen zurück. Infolge des herabgesetzten Glomerulumfiltrats, des vermehrten Anfalls von Harnstoff und der Oligurie steigt der Rest-N an. Das Säure-Basen-Gleichgewicht ist meist im Sinn einer Acidose gestört. Daran sind mehrere Faktoren beteiligt: Verlust alkalischer Sekrete, vermehrte Ketosäurenbildung, eintretende Niereninsuffizienz und Hypoxie. Nur dann, wenn saurer Magensaft verlorengeht, ohne daß die soeben genannten Acidosefaktoren zum Zuge kommen, beobachtet man eine metabolische Alkalose (s. S. 140).

Kommt der Verlust zum Stillstand, dann machen sich die Reparationsbestrebungen des Organismus bemerkbar. Man beobachtet eine teilweise Wiederauffüllung des extracellulären Raums, besonders auch durch die Bereitstellung endogenen, natriumfreien Wassers. Die Folge ist dann eine Verminderung der Osmolalität im extracellulären Raum. Die Harnausscheidung kommt wieder in Gang, damit treten zusätzliche renale Kaliumverluste ein. Die Abb. 28 gibt die verschiedenen Stadien dieser Störung wieder.

Behandlung. Das Ziel der Behandlung muß in der Zufuhr extracellulärer Flüssigkeit bestehen. Zur Substitution eignen sich daher besonders gut solche Lösungen, die eine der extracellulären Flüssigkeit weitgehend ähnliche Zusammensetzung haben, z. B. Hartmannsche Lösung, Sterofundin (Braun, Melsungen), Tutofusin K 10 (Pfrimmer, Erlangen). Im einzelnen wird auf das 10. Kapitel verwiesen. Zusätzlicher Mangel an bestimmten Elektrolyten, z. B. Kalium, muß bei der Substitutionsbehandlung berücksichtigt werden. Die empfohlenen fertigen Lösungen zum „Ersatz von Magensaft, Darmsaft, Pankreassaft" usw. sind meistens nicht angezeigt. Die Gründe hierfür sind folgende. Die zur Behandlung kommenden Patienten bieten in den seltensten Fällen ein Bild, das durch den alleinigen Verlust des für die Substitution vorgesehenen jeweiligen Sekrets erklärt werden kann. *Meist wird das ursprüngliche Defizit durch sekundäre Regulationsvorgänge oder bereits eingeleitete Behandlungsmaßnahmen, auch von seiten des Patienten* (z. B. Trinken von elektrolytfreier Flüssigkeit) *so abgewandelt, daß die Verabreichung von Lösungen mit der Zusammensetzung des ursprünglich verlorengegangenen Sekrets nicht mehr als sinnvolle Behandlung gewertet werden kann.* Mit den im 10. Kapitel empfohlenen Basis- und Zusatzlösungen lassen sich dagegen alle im Einzelfall notwendigen therapeutischen Maßnahmen durchführen.

Für das Ausmaß des Flüssigkeitsersatzes sind folgende Gesichtspunkte von Bedeutung. Die normale extracelluläre Flüssigkeit beträgt etwa 20% des Körpergewichts. Wenn der Hämatokrit bei einem Erwachsenen von seinem Normalwert (40—45%) auf 55% ansteigt, so sind etwa 25% der extracellulären Flüssigkeit verlorengegangen. Bei 70 kg Gewicht würde das die Gabe von etwa 3,5 l Lösung bedeuten. Ist der Verlust sehr schnell eingetreten, so muß auch die Zufuhr innerhalb weniger Stunden vorgenommen werden. Anschließend soll dann nur mehr so viel zugeführt werden, als zur Deckung des laufenden Verlustes nötig ist.

Bei vielen, besonders älteren Patienten, die durch schnell eingetretene Verluste großer Mengen extracellulärer Flüssigkeit in einen *Schockzustand* geraten sind, ist die alleinige Zufuhr von Flüssigkeit meist nicht ausreichend. Hier sollte unbedingt eine *Blut- oder Plasmatransfusion* vorgenommen werden. Auch Humanalbumin ist zweckmäßig. Bei stark erhöhtem Hämatokrit verdienen Plasma und Humanalbumin den Vorzug; sie sollen in Mengen von etwa 500—750 ml gegeben werden. Kleinere Transfusionen von Blut sind dann zweckmäßig, wenn der Flüssigkeitsverlust sich über längere Zeit erstreckte und sekundär eine teilweise Wiederauffüllung des intravasalen Volumens mit Verdünnung der Elektrolyte und Plasmaeiweißkörper entstanden ist.

Die Sekrete des Magen-Darm-Kanals sind im Vergleich zum Plasma relativ kaliumreich. So wird meist zusätzlich ein *Mangel an Kalium* bestehen. Deshalb ist Kaliumsubstitution nach den im 10. Kapitel angegebenen Richtlinien notwendig. Das Säure-Basen-Gleichgewicht ist oft im Sinne einer metabolischen Acidose verändert. Seine Normalisierung kann meist zusammen mit der Kaliumsubstitution durchgeführt werden. Ist die Acidose stark ausgeprägt, so kann der Kaliumersatz in Form von Kaliumlactat erfolgen. Im Hinblick auf die nicht selten gestörte Nierenfunktion mit Oligurie soll die Kaliumsubstitution aber erst nach etwa 6 Std. begonnen werden, wenn die Diurese gut in Gang gekommen ist. Man gibt innerhalb von 24 Std. anfangs 50—100 mval, bei sehr schwerem Kaliummangel bis 160 mval $KHCO_3$. $[K^+]$ im Plasma ist als Gradmesser für die Notwendigkeit eines Kaliumersatzes nur bedingt geeignet. Trotz erheblichen Kaliummangels ist $[K^+]$ bei dem Vorliegen einer Dehydration und Acidose nicht selten normal oder leicht erhöht. Liegt eine metabolische Alkalose vor, so spiegelt sich ein Kaliummangel allerdings meist in einer Erniedrigung von $[K^+]$ wider. In diesem Fall wird man schon im Beginn der Behandlung Kalium als KCl zuführen können.

2. Chronischer Verlust von Wasser und Natrium

Diese Form ist die chronische Variante des soeben besprochenen akuten Verlustes von Wasser und Elektrolyten. Sie kommt bei chirurgischen Patienten besonders häufig vor, z. B. bei Stenosen in verschiedenen Höhen des Magen-Darm-Kanals (Magen, Duodenum, Ileum, Colon), bei Ileostomien und Gallenfisteln. Seltener erfolgt der chronische Verlust über die Niere: Nebennierenrinden-Insuffizienz, Niereninsuffizienz, postoperativ nach Prostatektomie (s. S. 319). In den beschriebenen Fällen entwickelt sich eine *hypotone Dehydration, wobei jedoch —* im Unterschied zum akuten Verlust mit erheblichem Volumenmangel bei kaum veränderter Osmolalität — *die Herabsetzung der Osmolalität bei nur wenig ausgeprägtem Volumenmangel im Vordergrund steht.* Das *klinische Bild* ist durch Fieber, Durst, Unruhe, Reizbarkeit und Oligurie gekennzeichnet. Im *Plasma findet* sich eine Herabsetzung von $[Na^+]$ bei normalem oder leicht erhöhtem $[K^+]$; nur bei gleichzeitiger metabolischer Alkalose ist $[K^+]$ erniedrigt. Unabhängig von der jeweils vorliegenden $[K^+]$ besteht eine Kaliummangel-Situation. Das Glomerulumfiltrat ist meist erniedrigt, der Rest-N nicht selten mäßig erhöht.

Behandlung. Da $[Na^+]$ weit mehr als das extracelluläre Volumen vermindert ist, besteht die Behandlung in der *Zufuhr hypertonischer Lösungen*. Je nach dem Schweregrad der meist gleichzeitig vorhandenen metabolischen Acidose wird man hypertonische NaCl- oder Natriumlactat-Lösung verwenden. Man gibt mehrfach unter Beobachtung des klinischen Zustands 100—150 mval Natrium mit Chlorid bzw. Lactat als Anion. So hohe Natriummengen, die bei Benützung der Formel ($[Na^+]$-Sollwert — $[Na^+]$-Istwert) $\times$ Gesamtwasser herauskommen, sind fast niemals erforderlich, da sehr bald die körpereigenen Regulationen die Fähigkeit zur „Feineinstellung" wieder gewinnen. Außerdem sollten täglich 50—80 mval Kalium zugeführt werden. Da meist auch ein Phosphatmangel besteht, läßt sich das am besten im Form von Kaliumphosphat peroral oder intravenös durchführen (15. Kapitel, S. 269).

3. Akute metabolische Alkalose mit Hypokaliämie

Dabei handelt es sich um ein akutes Syndrom, welches bei Verlust von Sekreten des oberen Magen-Darm-Trakts, also bei plötzlichem Verlust von großen Mengen saueren Magensafts, auftritt. Es entsteht bevorzugt dann, wenn solche Patienten ohne entsprechende Vorbehandlung operiert wurden.

Das *klinische Bild* ist durch Apathie, Schwäche und aufgetriebenen Leib gekennzeichnet. In schweren Fällen können tetanische oder allgemeine Krämpfe auftreten. Im *Plasma* findet man niedrige Werte für Chlorid und Kalium, während Natrium oft normal ist. Dagegen sind Blut-p_H und Bicarbonat erhöht. Meist steht der gleichzeitige Flüssigkeitsverlust im Hintergrund. Deshalb ist das Harnvolumen auch nicht eingeschränkt. Das Harn-p_H ist oft schwach sauer, obwohl eine metabolische Alkalose in Blut und interstitieller Flüssigkeit besteht: *paradoxe Acidurie.*

Pathogenetisch steht der Entzug von H^+- und Cl^--Ionen im Mittelpunkt der Störung. Beim Gesunden würde dadurch alleine nur schwer eine ausgeprägtere metabolische Alkalose auftreten, da eine kompensatorische Mehrausscheidung von Bicarbonat durch die Niere bei gleichzeitig verminderter H^+-Ionenausscheidung stattfände (s. S. 83). Bicarbonat benötigt dabei ein neutralisierendes Kation, wofür normalerweise ganz überwiegend Natrium eintritt. *Ist die Natriumrück-resorption jedoch gesteigert* — postoperativ, herabgesetzte extracelluläre Flüssigkeit, erhöhter Spiegel an Nebennierenrinden-Hormonen —, *so treten im Harn an seine Stelle Kalium und H^+-Ionen in Form von titrierbarer Säure und NH_4^+*. So erklärt sich die auftretende paradoxe Acidurie. Da Kalium nicht nur durch den Verlust an Magensaft, sondern zusätzlich auch noch durch die vermehrte renale Ausscheidung verlorengeht, entstehen ausgeprägte *Kaliummangel-Zustände*. Als Folge des cellulären Kaliumdefizits treten Natrium und H^+-Ionen in die Zellen ein. Die Abwanderung von H^+-Ionen verstärkt die schon vorhandene metabolische Alkalose. So bildet sich ein Circulus vitiosus aus (14. Kapitel, S. 257). Es ist darauf hinzuweisen, daß *diese Störung kein häufiges Ereignis ist.* Einmal ist der Magensaft gerade bei älteren Patienten und bei Magencarcinom oft anacid. Ferner müssen der Verlust von Magensaft und die zur Natriumretention führenden Faktoren in einem „richtigen" Verhältnis zueinander stehen. Ist das nicht der Fall, überwiegt z. B. sehr stark der Verlust an extracellulärer Flüssigkeit, so kommt es zu Kreislaufinsuffizienz und Störungen der Nierenfunktion mit Acidose. *Unter diesen Umständen resultieren Mischbilder, bei denen die metabolische Acidose oft überwiegt* (4. Kapitel, S. 74, 88).

Behandlung. Bereits vor einer Operation sollte, besonders bei verdächtiger Vorgeschichte mit Verlust von saurem Magensaft, nach einer metabolischen Alkalose gefahndet werden. Eine sofort einsetzende Behandlung vermag meist einer postoperativen Verschlechterung vorzubeugen. Anderenfalls tritt mit Regelmäßigkeit eine Verschlimmerung der metabolischen Alkalose ein, die auf die im Zusammenhang mit der Operation ablaufenden Stoffwechseländerungen zurückzuführen ist. Therapeutisch ist hier die Anwendung isotonischer NaCl-Lösungen mit Zusatz von KCl angezeigt. Dadurch werden Chlorid- und Kaliummangel beseitigt, gleichzeitig das erhöhte Bicarbonat gesenkt und so der Säure-Basen-Stoffwechsel normalisiert. Von manchen Seiten (MOORE) wird auch NH_4Cl empfohlen. Man wird es aber kaum je nötig haben, da die Kombination von KCl und NaCl fast immer zu Korrektur der Störung ausreichen dürfte. Auch ist die toxische Wirkung von NH_3, das im Stoffwechsel übrigbleibt — HCl dient der Korrektur der Alkalose —, besonders bei vorhandener Leberschädigung zu bedenken. Zur Routinebehandlung sollte NH_4Cl jedenfalls nicht verwendet werden.

4. Chronische Hypokaliämie bei Krankheiten der distalen Darmabschnitte

Die akute Hypokaliämie begegnet dem Chirurgen am häufigsten bei akutem Verlust von Magensaft, also bei Krankheiten im Bereich des oberen Magen-Darm-Trakts (Magen, Duodenum, Pankreas). Das jetzt zu besprechende Zustandsbild wird dagegen bei chronischen Krankheiten tieferer Darmabschnitte, besonders des Colons, beobachtet. Chronische ulceröse Colitis, chronischer Dickdarmileus und übermäßiger Gebrauch von Laxantien sind die häufigsten Ursachen. Die *Sekrete der distalen Darmabschnitte sind relativ reich an Kalium, dabei arm an Stickstoff.* So kommt es zu einem Kaliumverlust mit Anstieg des Quotienten Kalium/Stickstoff über den normalen Wert von *3. Interessanterweise tritt in diesen Fällen keine Störung des Säure-Basen-Stoffwechsels auf.* Der Grund hierfür mag darin liegen, daß die durch den Kaliumverlust entstandene Alkalosetendenz durch den gleichzeitigen Bicarbonatverlust ausgeglichen wird. Dieses Krankheitsbild ist ein Beweis dafür, daß *Kaliummangel sowohl ohne Alkalose als auch ohne Acidose auftreten kann.* Werden allerdings reichlich Natriumionen zugeführt, tritt ein Verlust von saurem Magensaft auf oder ist ein operativer Eingriff erforderlich, so beobachtet man sehr bald eine ausgeprägte metabolische Alkalose.

Behandlung. Sie besteht in der Zufuhr großer Kaliummengen bei einer hochwertigen, calorisch ausreichenden Kost sowie Beseitigung des Grundleidens. Bezüglich der Zufuhr hinreichend großer Kaliummengen wird auf das 10. Kapitel, S. 181 verwiesen.

5. Hypertone Dehydration

Diese *bei schwerkranken Patienten nicht seltene Störung* entsteht dann, wenn durch Hyperventilation und Fieber erhebliche extrarenale Wasserverluste stattfinden. Eine Tracheotomie wirkt sich in dieser Hinsicht besonders ungünstig aus. Eine wesentliche Verschlimmerung kann bei bewußtlosen Patienten mit Sondenernährung dadurch eintreten, daß die an Eiweiß, Kohlenhydraten und Salzen reichen Nahrungsgemische mit sehr wenig Flüssigkeit zugeführt werden. Dieses Mißverhältnis zwischen gelösten Stoffen und Flüssigkeitszufuhr wird noch weiter verschlechtert, wenn die Nierenfunktion gestört und eine hinreichend hohe Konzentrationsfähigkeit nicht mehr möglich ist. Das ist bei älteren Patienten nicht selten der Fall.

Das *klinische Bild* ist durch Austrocknungszeichen, Oligurie, Bewußtseinsstörung, in schweren Fällen durch Krämpfe und Koma gekennzeichnet. Dagegen gehört ein Schock nicht zu den klinischen Hauptzeichen, da die Verminderung der extracellulären Flüssigkeit kaum je das dafür erforderliche Ausmaß erreicht. Im *Plasma* sind $[Na^+]$ und $[Cl^-]$ erhöht, ebenso der Protein- und Hämoglobingehalt. Der Hämatokrit steigt nur mäßig an. Bewirkt doch die gleichzeitige Erhöhung der Osmolalität eine Verminderung des Zellvolumens durch Wasserentzug, wodurch die Hämatokrit-Erhöhung infolge Flüssigkeitsverlusts z. T. kompensiert wird. Moore weist darauf hin, daß ein Hämatokritwert von etwa 55% bei einem Patienten mit Verbrennungen kein besonders gefährliches Zeichen ist; bei hypertoner Dehydration bedeutet derselbe Wert dagegen den Verlust von 10—12 l Körperwasser und zeigt eine sehr gefährliche Situation an.

Behandlung. Sie besteht in Flüssigkeitszufuhr in Form von isotonischer Glucoselösung i.v. Je schwerer der Zustand ist, um so schneller muß die Flüssigkeitszufuhr erfolgen. Meist werden 3—5 l zur Deckung des Defizits genügen. Besteht gleichzeitig eine osmotische Diurese, dann müssen besonders große Flüssigkeitsmengen zugeführt werden, wenn eine Kompensation erreicht werden soll.

6. Akute respiratorische Acidose

Sie ist stets die Folge einer alveolaren Hypoventilation. Das geht aus nachfolgender Beziehung deutlich hervor:

$$[H^+] = K' \times \frac{[H_2CO_3]}{[HCO_3^-]} \; ; \; \text{dabei ist } [H_2CO_3] \text{ als } P_{CO_2} \times \alpha$$

(Löslichkeit von CO_2) gegeben. P_{CO_2} hängt von der alveolaren Belüftung wie folgt ab:

$$P_{CO_2} = \frac{\dot{V}_{CO_2} \cdot 863}{\dot{V}_A} \, ;$$

dabei entspricht $\dot{V}_{CO_2}$ der CO_2-Produktion, $\dot{V}_A$ der alveolaren Belüftung.

Eine Herabsetzung der alveolaren Ventilation tritt bei chirurgischen Patienten nicht selten auf: Verlegung der Atemwege durch Blut, Sekret oder erbrochene Speisen, Thoraxverletzungen mit Pneumothorax, Hämatothorax oder Zusammenhangstrennung der zuleitenden Atemwege, mangelhafte zentrale Atmungsregulation bei Kopfverletzungen sowie Überdosierung von Opiaten und Narkotica.

Klinisch kann eine respiratorische Acidose oft nicht erkannt werden. *Sehr verhängnisvoll ist der Fehlschluß, daß ohne Cyanose keine repiratorische Acidose vorliegen könne.* Auf S. 138 wurden bereits die Tatsachen besprochen, die diese Annahme widerlegen. Es muß eindrücklich darauf hingewiesen werden, daß der CO_2-Druck ganz beträchtliche Erhöhungen zeigen kann, ohne daß eine für die Cyanoseentwicklung ausreichende arterielle Untersättigung zustande kommt. Unregelmäßige Herztätigkeit und Absinken des Blutdrucks im Verlauf einer Operation können die Folge einer akuten respiratorischen Acidose sein. Bei schnellem Entstehen ist sie deswegen so gefährlich, weil die Änderungen des p_H-Werts zusammen mit Änderungen intra- und extracellulärer Elektrolyte Herzarrhythmien bis zum tödlichen Kammerflimmern und Herzstillstand bewirken können. Die Kompensationsmöglichkeiten einer akuten respiratorischen Acidose sind gering. Grundsätzlich bestehen sie in einer vermehrten renalen Ausscheidung von H^+-Ionen in Form von titrierbarer Säure und NH_4^+ und einer Abpufferung von H^+-Ionen durch extracelluläre Flüssigkeit und Gewebe. Bei chirurgischen Patienten können diese Regulationen aber oft nicht hinreichend schnell wirksam werden. Der darniederliegende Kreislauf kann eine Blutverteilung in die verschiedenen Gewebe, besonders die Muskulatur als Hauptsitz intracellulärer Puffersysteme, nicht schnell genug bewirken.

Im *arteriellen Blut* sind der CO_2-Druck erhöht und der p_H-Wert herabgesetzt. Nur die Untersuchung des arteriellen Bluts gibt eine eindeutige Auskunft über das Ausmaß der Störung. $[Na^+]$ und $[Cl^-]$ sind meist normal, $[K^+]$ oft erhöht.

Behandlung. Sie besteht in einer Wiederherstellung ausreichender alveolarer Belüftung. Oft muß sehr schnell gehandelt werden, wenn ein letaler Ausgang vermieden werden soll. Dabei kann sich der Anaesthesist meist noch nicht auf die Bestätigung seiner Vermutungsdiagnose durch vorhandene Analysen des p_H-Werts und des CO_2-Drucks stützen. Intubation, künstliche Beatmung, evtl. Tracheotomie sind die erforderlichen Behandlungsmaßnahmen.

7. Peritonitis

Die Peritonitis ist ein Beispiel für einen Entzündungsprozeß mit abgekapseltem Ödem, welches sich im Bauchraum auf Kosten der übrigen extracellulären Flüssigkeit ansammelt. So kommt es zu einer Verminderung von Plasmavolumen und interstitieller Flüssigkeit. Ein ähnlicher Mechanismus liegt dann vor, wenn ein großes Venengebiet plötzlich verschlossen wird (z. B. Pfortaderthrombose, hochsitzende Femoralvenenthrombose) oder, z. B. bei Darmverschluß, große Mengen von elektrolythaltiger Flüssigkeit im Darmlumen liegen und damit der extracellulären Flüssigkeit entzogen sind. *In allen diesen Fällen kommt es an umschriebenen Stellen zu einer Ausweitung des Flüssigkeitsraums auf Kosten anderer Gebiete.*

Das *klinische Bild* ist durch Fieber, Tachykardie und Leucocytose, Anstieg des Hämatokrits und Oligurie gekennzeichnet. Die Plasmaelektrolyte sind kaum gestört.

Behandlung. Sie besteht in der Zufuhr von kolloidalen Lösungen, z. B. Plasma, Humanalbumin oder den auf S. 185 ausführlich besprochenen Blutersatzmitteln. Für die Berechnung der erforderlichen Menge hält man sich bei akuten Prozessen an folgende Richtlinien: bei einem normalen Hämatokrit von 42% beträgt der Plasmakrit 58%. Bei einem Hämatokrit von 62% würde der Plasmaanteil 38% betragen: es läge also eine Verminderung um etwa ein Drittel vor. Die normale Plasmamenge beträgt etwa 3 l. Im vorliegenden Fall müßten also 1 l Plasma oder kolloidale Lösung zugeführt werden. Diese Berechnung geht von einem normalen Erythrocytenvolumen aus. Je weniger akut die Zustände sind, um so mehr kommen modifizierende Gesichtspunkte, wie zunehmende Anämie, Wiederauffüllung der Flüssigkeitsräume durch endogenes Wasser usw., mit ins Spiel.

8. Verbrennungen

Bei jeder Verbrennung ist zunächst die Ausdehnung festzustellen. An Hand der schematischen Abb. 51 kann man sich etwa orientieren. Sind mehr als 20% der Körperoberfläche beim Erwachsenen oder 15% beim Kind betroffen, dann liegt eine schwere Verbrennung vor, deren Prognose auch heute noch als ernst zu bezeichnen ist. Die vielfältigen bei großen Verbrennungen zu beachtenden Gesichtspunkte können hier nicht dargestellt werden. Es wird auf die chirurgische Literatur verwiesen [HEGEMANN (1955 b); KOSLOWSKI, STUCKE]. Im folgenden sollen nur die Veränderungen des Wasser- und Elektrolytstoffwechsels behandelt werden.

Die *Gefahren der Verbrennung im Frühstadium bestehen in einer hochgradigen Verminderung des Plasmavolumens und der interstitiellen Flüssigkeit* mit daraus resultierender schwerer Kreislaufstörung. Es bestehen insofern große Ähnlichkeiten mit dem auf S. 316 beschriebenen abgekapselten Ödem im Rahmen einer Peritonitis, bei Verschluß einer großen Vene oder bei Ileus. Im Bereich der verbrannten Gebiete kommt es zu ausgedehnter Ödembildung, die 2—3 Tage lang anhalten kann. Bei nässenden Verbrennungen und Verbrühungen tritt zusätzlich ein Verlust von Flüssigkeit und Elektrolyten nach außen ein, der 1—2 l täglich betragen kann. Bei der

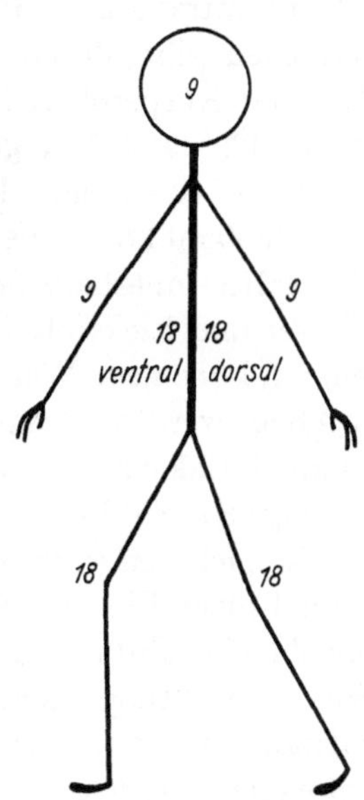

Abb. 51. Die Abschätzung der Ausdehnung einer Verbrennung nach der Neunerregel (Nach BLAND)

trockenen und verkohlten Verbrennung sind diese Verluste weniger ausgeprägt.

Im *Blut* beobachtet man anfangs einen Anstieg des Hämatokrits, der allerdings bald durch therapeutische Maßnahmen, vor allem aber durch die Zerstörung der Erythrocyten in den verbrannten Gebieten und später infolge der Infektion in eine Verminderung übergeht. Noch lange Zeit später besteht eine Anämie. Die

Plasmaelektrolyte sind durch ein allmähliches Absinken von [Na$^+$] gekennzeichnet, wofür ganz überwiegend endogenes Wasser verantwortlich ist. Etwa am 4.—5. Tag kommt es bei günstigem Verlauf zum Einsetzen der Diurese mit Abnahme des Körpergewichts. Gelegentlich bildet sich in dieser Zeit eine Hypernatriämie aus, die recht gefährlich ist. Patienten mit [Na$^+$] von mehr als 165 mval/l überleben nur selten die erlittenen Verbrennungen (MOORE, 1958). Ursächlich sind dafür Wasserverluste durch Haut und Lunge verantwortlich zu machen, besonders wenn eine Tracheotomie vorgenommen wurde. Auch therapeutisch verwandte kolloidale Substanzen können insofern mitwirken, als sie z. T. Moleküle mit niedrigem Molekulargewicht enthalten, die rasch durch die Niere ausgeschieden werden und eine osmotische Diurese erzeugen.

Sind bei einer schweren Verbrennung auch die Atemwege mit betroffen, dann treten zusätzliche Veränderungen auf, die durch Hypoxie und respiratorische Acidose gekennzeichnet sind.

Behandlung. Das Hauptziel muß in der Auffüllung des intravasalen Raums mit kolloidalen Lösungen und des interstitiellen Raums mit Wasser und Elektrolyten bestehen. Ob als kolloidale Lösungen Dextran, Humanalbumin oder Plasma sowie Gemische der genannten Stoffe benutzt werden, wird unterschiedlich beantwortet. WILKINSON glaubt vom Dextran Besseres als von Plasma gesehen zu haben und führt als Erklärung an, daß die von ihm verwendeten Dextranlösungen Moleküle hohen Molekulargewichts enthielten, die trotz der gesteigerten Capillarpermeabilität im intravasalen Raum verblieben. Bezüglich des Bedarfs an kolloidalen Lösungen gibt MOORE folgende Anweisung. Bei Verbrennungen von mehr als 25% der Körperoberfläche macht das auftretende Ödem in den ersten 2 Tagen etwa 10% des Körpergewichts aus. Eine Frau von 45 kg Gewicht, die eine Verbrennung von mehr als 25% der Körperoberfläche erlitten hat, benötigt also etwa 4500 ml kolloidale Lösungen während der ersten beiden Tagen. Davon sollte die Hälfte innerhalb der ersten 12 Std. verabreicht werden. Außerdem müssen Wasser und Elektrolyte in dem Umfang zugeführt werden, als sie auf extrarenalem und renalem Wege zu Verlust gehen. Sie sollen nach Möglichkeit peroral gegeben werden. Empfohlen werden Lösungen, die etwa 70 mval Natrium, 50 mval Chlorid und 18 mval Bicarbonat pro Liter enthalten, z. B. Haldane-Lösung: 3 g NaCl und 1,5 g NaHCO$_3$ auf 1 l Wasser. Doch ist darauf hinzuweisen, daß je nach den vorliegenden Verhältnissen einmal mehr Wasser als Elektrolyte, einmal mehr Elektrolyte als Wasser benötigt werden. Dabei muß der Therapeut sowohl eine Zufuhr von zu viel elektrolytfreiem Wasser mit der Gefahr einer Wasservergiftung als auch von zu wenig Flüssigkeit mit der Gefahr einer Hypernatriämie meiden. Das gelingt nur dann, wenn regelmäßig die Plasmaelektrolyte untersucht werden.

Ist auf Grund der vorliegenden Hautveränderungen mit einem extrarenalen Verlust des Ödems nicht zu rechnen, so strömt dieses nach einigen Tagen in den Kreislauf zurück. In dieser Zeit sollen nicht mehr als 1000—1500 ml Flüssigkeit pro Tag zugeführt werden.

Durch die skizzierte Behandlung sind die Frühtodesfälle im Schock sehr viel seltener geworden. Die gesamte Überlebensquote bei schweren Verbrennungen ist aber immer noch niedrig, da später andere Probleme auftauchen, vor allem die gegen Antibiotica resistente Sepsis.

9. Gestörter Harnabfluß mit osmotischer Diurese

Diese Störung wird bei Patienten beobachtet, deren Harnentleerung längere Zeit durch Prostatahypertrophie oder doppelseitigen Ureterenverschluß (Steine, Neoplasmen, Narben) behindert war. Meist besteht eine Pyelonephritis mit Erhöhung des Rest-N und metabolischer Acidose. Gelingt es in diesen Fällen, die mangelhafte Harnentleerung zu normalisieren, dann beobachtet man oft eine diuretische Phase, die einige Wochen anhalten kann. In dieser Zeit gehen sowohl Wasser als auch Natrium in großen Mengen zu Verlust. So können mehrere Liter Harn am Tag entleert werden. Die Konzentration des Harns liegt bei 1010, die Osmolalität bei 350 mosmol/l. Bei ungenügender Zufuhr von Flüssigkeit und Elektrolyten kommt es zu schwerer Entsalzung und Wasserverarmung. [Na$^+$] im Plasma sinkt ab. Dagegen wird Chlorid meist gut rückresorbiert; jedenfalls beobachtet man eine Hyperchlorämie bei niedrigen Bicarbonatwerten. Die Ausscheidung von H$^+$-Ionen leidet not, so daß eine metabolische Acidose entsteht. *Diese Veränderungen sind Folgen der osmotischen Diurese, die bei den durch die vorausgegangene Abflußstörung und Infektion geschädigten Tubuluszellen länger als normalerweise andauert.* [K$^+$] zeigt keine regelhaften Veränderungen (Abb. 52).

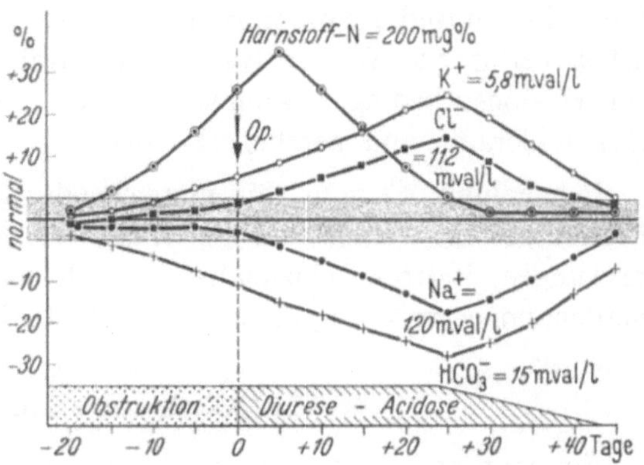

Abb. 52. Osmotische Diurese und metabolische Acidose nach Beseitigung einer Harnabflußstörung (Nach Moore)

Behandlung. Besteht von vornherein eine Überfüllung des Organismus mit Wasser und Elektrolyten, so kann man der auftretenden Diurese einige Tage zusehen. Es ist aber sehr genau abzuwägen, wann eine Substitutionsbehandlung zur Verhütung von Dehydration und Entsalzung einsetzen muß. Es sind dann Zufuhren (oft intravenös) von 150—300 mval Natriumbicarbonat oder Natriumlactat (oft über Tage und Wochen) erforderlich, um den Verlust an Natrium sowie die metabolische Acidose auszugleichen. In dem Maße, als sich die Acidose bessert, tritt eine Neigung zu niedrigen Kaliumwerten auf. Nunmehr ist auch ein Kaliumersatz in der früher beschriebenen Weise durchzuführen.

10. Ureter-Darm-Anastomose

Patienten mit Ureter-Darm-Anastomose können jahrelang ohne wesentliche Störung leben. Das gilt besonders für Kinder, bei denen sie wegen Mißbildung im Bereich der ableitenden Harnwege notwendig wird.

Als Komplikation wird eine sog. *hyperchlorämische metabolische Acidose beobachtet, oft mit Hypokaliämie.* Die Ausbildung dieser Störung wird durch interkurrente Krankheiten begünstigt, die Bettruhe erfordern und deshalb einen mangelhaften Abtransport des Harns verursachen. Trotzdem ist das Harnvolumen anfangs oft sehr groß, so daß es zu Natriumverlusten und Dehydration kommt. Die Acidose kann sich auch klinisch durch eine Verstärkung der Atmung bemerkbar machen.

Im *Plasma* ist eine Erhöhung von [Cl⁻] bei Erniedrigung von Bicarbonat charakteristisch. Der Rest-N ist mäßig erhöht, starke Erhöhungen sind ungewöhnlich. [K⁺] ist trotz der vorhandenen Acidose meist erniedrigt, nur selten bei schwerer Acidose und Dehydration erhöht; dabei ist der Kaliumgehalt der Zellen stets erheblich erniedrigt. [Na⁺] ist wenig verändert.

Pathogenetisch spielen sowohl das Verweilen des Harns im Darm als auch eine Störung der Nierenfunktion eine Rolle. Die Darmschleimhaut resorbiert aus dem Harn sehr viel Chlorid und NH₄⁺ zurück, aber wenig Natrium und Kalium. Zusätzlich ist meist die Tubulusfunktion durch Harnstauung und Entzündungsprozesse gestört. Die Kombination dieser beiden Vorgänge führt dann zu dem beobachteten Bild. Da die Harnmengen oft groß sind, kommt es zu einem beträchtlichen Verlust von Wasser, Natrium und Kalium. Die mangelhafte Ausscheidung von H⁺-Ionen bedingt zusammen mit der verstärkten Chloridrückresorption die Hyperchlorämie und metabolische Acidose.

Behandlung. Es muß für hinreichende Zufuhr von Wasser, Natrium und Kalium gesorgt werden, um die renalen Verluste auszugleichen. Ist der Patient gezwungen, Bettruhe einzuhalten, so soll ein rektaler Dauerkatheter eingelegt werden, um einen kontinuierlichen Abfluß des Harns zu gewährleisten.

11. Akute tubuläre Nekrose

Am häufigsten sieht man diese Form der akuten Niereninsuffizienz nach Traumen oder chirurgischen Eingriffen mit länger dauernder Blutdruckerniedrigung, nach Transfusion von gruppenfremdem bzw. unverträglichem Blut, bei geburtshilflichen Komplikationen mit Schock, bei schweren Verlusten von Wasser und Natrium und bei akuter Sepsis mit Blutdruckerniedrigung. Ferner tritt sie nach Vergiftungen, z. B. Sublimat und Tetrachlorkohlenstoff, auf.

Es sind zahlreiche verschiedene Bezeichnungen für diese Störung im Gebrauch: Schockniere, lower nephron nephrosis, Crush-Niere, myorenales Syndrom (BINGOLD), hämoglobinurische Nephrose, Chromoprotein-Niere, akute Anurie, tubuläre Insuffizienz (MOELLER; WOLLHEIM, 1952). *Die Bezeichnung „akute tubuläre Nekrose" verdient deshalb den Vorzug, weil sie die stets vorhandenen charakteristischen Veränderungen an den Tubulusepithelien zur Namengebung verwendet.*

OLIVER u. Mitarb. konnte nachweisen, daß die beiden *wesentlichen pathogenetischen Faktoren in einer Ischämie der Niere und einer toxischen Schädigung der Epithelien bestehen.* Die Ischämie führt zu disseminierten Nekrosen der Tubuluszellen mit Zerstörung der Basalmembran und Zusammenhangstrennung des Nephrons *(Tubulorhexis).* Sie betrifft dabei sowohl die proximalen als auch die distalen Tubulusabschnitte. Insofern ist die Bezeichnung lower nephron nephrosis also nicht zutreffend. *Die toxische Schädigung bei Vergiftungen erstreckt sich auf die Tubulusanteile, in denen das Gift rückresorbiert bzw. sezerniert wird.* Es sind im allgemeinen die proximalen Abschnitte der Tubuli. Hierbei kommt es ebenfalls zur Zellnekrose, allerdings nicht zur Zerstörung der Basalmembran und zur Zusammenhangstrennung der Nephrone. Zusätzlich finden sich auch hier ischämische, über alle Tubulusabschnitte verbreitete Nekrosen.

Das klinische Bild läßt sich meistens in drei Stadien einteilen: oligurisches bzw. anurisches Stadium, frühes und spätes diuretisches Stadium (Abb. 53).

a) Oligurisches bzw. anurisches Stadium

Zweifellos ist eine Verminderung des Glomerulumfiltrats im Beginn des Krankheitsbildes ursächlich an der Oligurie beteiligt. Insofern ist die Bezeichnung akute tubuläre Nekrose nicht ganz umfassend genug, da sie nur die Störungen im Bereich der Tubuli, nicht der Glomerula berücksichtigt. Doch tritt sehr bald die Nekrose der Tubuluszellen hinzu, die auf folgende Weise zu Oligurie bzw. Anurie führt. Die schwergeschädigten Tubuluszellen verlieren ihre Funktion als Trennwand zwischen Harnkanälchen und peritubulären Capillaren. So kommt es zu einer Resorption des noch gebildeten Primärharns in die peritubulären Capillaren hinein und damit zur Oligurie bzw. zur Anurie.

Die Konzentration der Rest-N-Substanzen steigt an. Soweit bisher bekannt ist, haben diese Stoffe keine unmittelbare schädigende Wirkung. *Ihr Konzentrationsanstieg gibt aber Auskunft über das Ausmaß des Abbaus von Zelleiweiß.* Der Proteinabbau wird durch folgende Umstände beschleunigt: schlechter Ernährungszustand, mangelhafte Zufuhr von Kohlenhydraten, vorliegende Infektionen, direkte Schädigungen der Gewebe, besonders der Muskulatur (Crush-Syndrom!), starke Ausprägung der metabolischen Reaktionen auf das Trauma.

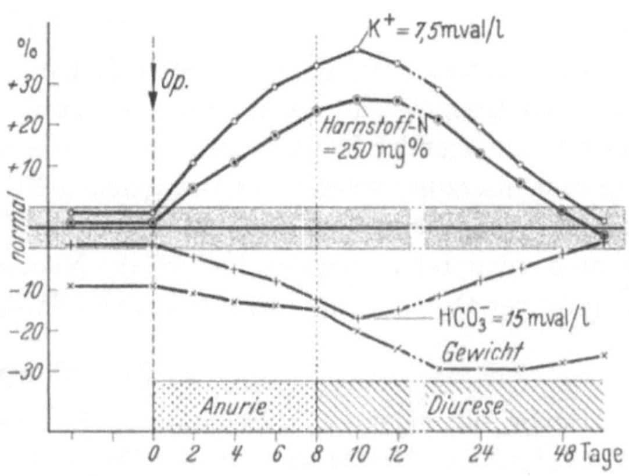

Abb. 53. Anurisches, frühes und spätes diuretisches Stadium bei akuter Tubulusnekrose (Nach MOORE)

Der gesteigerte Eiweißabbau führt zu einem *vermehrten Anfall von* H_3PO_4, H_2SO_4 *und anderen sauren Stoffwechselprodukten.* Infolgedessen steigt Phosphat und Sulfat im Plasma an. *Der Anstieg von Phosphat hat einen Abfall von Calcium zur Folge.* Trotzdem sind tetanische Zeichen selten, da gleichzeitig eine Acidose besteht.

Die *metabolische Acidose* ist die Folge sowohl der vermehrten Produktion von H^+-Ionen (als H_3PO_4 und H_2SO_4) im Stoffwechsel als auch der fehlenden Ausscheidung von H^+-Ionen im Harn und der verminderten Produktion von Bicarbonationen durch die Niere. Bicarbonat sinkt im Blut und in der extracellulären Flüssigkeit deshalb ab. $[H^+]$ steigt an, zunächst allerdings nur mäßig, da eine gesteigerte alveolare Belüftung zu einer partiellen Kompensation führt.

$[Na^+]$ und $[Cl^-]$ sinken ab, da sie in die Zellen und wahrscheinlich auch in das Knochensystem verschoben werden. Die entstehende Verminderung des effektiven osmotischen Drucks muß zu einer Verschiebung von Flüssigkeit in die Zellen führen. So erklären sich wahrscheinlich Apathie und Schwäche, Bewußtseinsstörungen und Neigung zu Krampfanfällen.

Am gefährlichsten ist die zunehmende *Hyperkaliämie.* Sie entsteht durch den Austritt von Kalium aus den Zellen und seine Anhäufung im extracellulären Raum. Das Ausmaß der Hyperkaliämie ist von den Faktoren abhängig, die schon bei der Besprechung der Rest-N-Steigerung genannt wurden. *Kaliumverluste* können durch Erbrechen und Durchfälle auftreten. Die Gefahren der Hyperkaliämie liegen in der Störung der Herzfunktion mit schließlichem Kammerflimmern oder Herzstillstand. Bezüglich der charakteristischen EKG-Veränderungen wird auf S. 128 verwiesen. An den EKG-Veränderungen sind neben der Hyperkaliämie auch die Hypocalcämie und die Hyponatriämie beteiligt.

Auffällig schnell kommt es zur Entwicklung einer *normochromen Anämie*, die z. T. durch vermehrten Blutzerfall, z. T. durch verminderte Neubildung erklärt werden muß. Sie ist gegen Eisen, Vitamin B_{12} und Folsäure völlig refraktär.

b) Diuretisches Stadium

Die Diurese tritt in den meisten Fällen spontan 6—14 Tage nach dem auslösenden Ereignis ein. Es kommt dann zur Ausscheidung großer, die Norm oft weit übersteigender Harnmengen mit niedrigem spezifischen Gewicht. Die Harnzusammensetzung spiegelt die mangelhafte Funktion der Tubuluszellen wider. Es können große Mengen an Natrium, Chlorid und Kalium verlorengehen. Manchmal kann es monatelang dauern, bis sich die Nierenfunktion einigermaßen erholt. Bei sorgfältiger Untersuchung wird man auch dann oft noch Restschäden finden.

c) Behandlung

Bevor die eigentliche Behandlung besprochen werden soll, sind zunächst *prophylaktische Maßnahmen* zu erwähnen. Der Chirurg soll durch ausreichende Substitution entstandener Blutverluste nach Möglichkeit eine Verminderung der Nierendurchblutung verhüten. Dabei müssen freilich Transfusionszwischenfälle durch inkompatibles Blut vermieden werden.

Ist die Oligurie eingetreten, dann besteht das Behandlungsziel darin, die Patienten mit ausreichender Kreislaufleistung so lange am Leben zu erhalten, bis eine spontane Erholung der Nierenfunktion stattfindet. In den beiden ersten Tagen der Oligurie wird meist eine sichere Diagnose noch nicht möglich sein. Es könnte sich ja um eine Oligurie infolge Dehydration oder postoperativer Steigerung der ADH-Freisetzung handeln. *Besteht die Möglichkeit einer Dehydration, besonders eines Mangels an intravasaler Flüssigkeit, so ist eine probeweise vorgenommene Transfusion von Blut* (bis zu 500 ml) *bzw. extracellulärer Flüssigkeit* (etwa 1 l in 1—2 Std.) *durchaus am Platze*. Dabei sind Urinausscheidung und venöser Blutdruck zu kontrollieren. Antwortet der Patient mit erhöhter Harnausscheidung, so liegt die Ursache der Oligurie in einer Dehydration bzw. Oligämie. Tritt jedoch keine Besserung ein, dann ist die Diagnose einer tubulären Nekrose sehr wahrscheinlich. Nunmehr muß die weitere Zufuhr von Flüssigkeit abgestoppt werden, damit eine Überfüllung mit Wasser und Elektrolyten — die Hauptgefahr der Behandlung — vermieden wird.

Am sichersten läßt sich diese Überwässerung durch tägliche Gewichtskontrolle (Bettwaage!) vermeiden. Das *Gewicht sollte jeden Tag etwas abnehmen*, da ja Fett oxydiert wird. Erfolgen keine extrarenalen Verluste, so ist der *Flüssigkeitsbedarf* gering: 500—700 ml pro 24 Std. Die Zufuhr *großer Mengen an Kohlenhydraten*, mindestens aber 150 g täglich, ist für die Einschränkung des endogenen Eiweißabbaus und damit die Verzögerung von Hyperkaliämie und metabolischer Acidose sehr wichtig. *Dagegen dürfen Proteine und kaliumhaltige Flüssigkeiten nicht zugeführt werden.*

Eine Bekämpfung der metabolischen Acidose sollte nur dann vorgenommen werden, wenn es zu einer Erniedrigung von [Na$^+$] *gekommen ist.* Dann kann vorsichtige Zufuhr von NaHCO$_3$ oder Natriumlactat eine gewisse Besserung bewirken. Dagegen entsteht durch die Zufuhr dieser Salze bei normaler [Na$^+$] eine Hypernatriämie mit Durst und zusätzlicher Flüssigkeitsaufnahme. Diese Folgen sind aber für den Patienten unangenehmer als eine stärker ausgeprägte Acidose.

Die Todesursache bei akuter tubulärer Nekrose ist meist die Hyperkaliämie. Ihre Entwicklung läßt sich durch die bisher geschilderten Maßnahmen oft lange verzögern. Hat die Hyperkaliämie jedoch einen gefährlichen Grad erreicht, dann können durch Gaben von Glucose mit Insulin, hypertonischer NaCl-Lösung sowie Calcium [K$^+$] erniedrigt und die Auswirkungen auf das Herz abgeschwächt werden. Es ist in diesem Zusammenhang auf das 6. und 10. Kapitel zu verweisen. Die beste Behandlung ist freilich die extracorporale Dialyse („künstliche Niere"), mit der sich oft wertvolle Zeit bis zum Eintreten der spontanen Diurese gewinnen läßt. Aber auch nach Einsetzen der Diurese können die Kaliumwerte, wie auch der Rest-N, noch 1—2 Tage lang ansteigen.

Im diuretischen Stadium ist für hinreichenden Ersatz von Wasser, Natrium und Chlorid sowie später auch für Kalium zu sorgen. Jetzt müssen zusätzliche Mengen von Natrium, am besten in Form von NaHCO$_3$ und NaCl zugeführt werden. Ist eine Normalisierung des Rest-N eingetreten, dann nimmt meist der renale Natriumverlust ab, so daß die Natriumzufuhr jetzt geringer gehalten werden kann. Aber auch in dieser Zeit besteht die Möglichkeit von renalen Natriumverlusten, so daß die Zufuhr den Verlusten entsprechend gehalten werden muß.

Infektionen sind eine häufige Todesursache bei Niereninsuffizienz, besonders bei akuter Niereninsuffizienz. BULL und MERRILL empfehlen deshalb die Isolierung solcher Patienten und die Versorgung durch Pflegepersonal, das durch Mäntel und Masken geschützt ist. Zusätzlich sollen 500000—1000000 E. Penicillin täglich gegeben werden. Gibt man andere Antibiotika als Penicillin, so ist zu berücksichtigen, daß die Ausscheidung aller dieser Mittel bei Darniederliegen der Nierenfunktion schwer gestört sein kann. Sie müssen daher in verminderter Dosis gegeben werden. Abgesehen von Penicillin werden die meisten Sulfonamide und Antibiotica ganz überwiegend durch glomeruläre Filtration ausgeschieden. Ihr Blutspiegel ist deshalb von der Dosis und dem Glomerulumfiltrat abhängig. Bei einem anurischen Patienten wird also eine Überdosierung besonders leicht möglich sein. Nach Möglichkeit soll die antibiotische Behandlung nicht schon am Anfang, sondern erst im weiteren Verlauf, besonders bei Beginn der Diurese eingesetzt werden.

Wird die Behandlung nach diesen Richtlinien durchgeführt, so wird es in vielen Fällen möglich sein, eine spontane Diurese ohne Einsatz der künstlichen Niere zu erzielen.

19. Kapitel

Die Störungen des Wasser- und Elektrolytstoffwechsels in der Pädiatrie

I. Unterschiede zum Erwachsenen in der Wasser- und Elektrolytverteilung

Im Prinzip sind die angestellten pathogenetischen Überlegungen und die bisher besprochenen Grundlagen der Diagnostik und Therapie auch auf die Störungen des Wasser-, Elektrolyt- und Säure-Basen-Haushalts im Kindesalter anzuwenden. Dennoch ergeben sich gewisse Besonderheiten, die mit der anderen Verteilung von Wasser und Elektrolyten beim Säugling und Kleinkind zusammenhängen. Der Wassergehalt des kindlichen Organismus ist weit größer als der des Erwachsenen (s. Tab. 74)[1].

Tabelle 74. *Körperwasser-Verteilung bei Säuglingen, Kindern und Erwachsenen* (nach BLAND[1]). In % des Körpergewichts

	Unreife Säuglinge	Reife Säuglinge	Kleinkinder	Jugendliche		Erwachsene	
				männl.	weibl.	männl.	weibl.
Gesamtwasser. . .	83—70	83—70	63—53	68—40	53—30	53	45
Extracelluläres Wasser	50—40	35	30—20	20—15		16	
Intracelluläres Wasser	30	45—35	30	40—35		40	

Wie aus der Tab. 74 hervorgeht, ist der prozentuale Anteil der extracellulären Flüssigkeit beim Säugling mit fast 40% des Körpergewichts etwa doppelt so groß wie beim Erwachsenen. Die tägliche Aufnahme und Abgabe von Flüssigkeit beträgt etwa die Hälfte der extracellulären Flüssigkeit, während sie beim Erwachsenen nur etwa $^1/_7$ der letzteren ausmacht (s. Abb. 54). Eine 24stündige Flüssigkeitskarenz beim Säugling vermindert somit bei gleichbleibender Ausscheidung das extracelluläre Flüssigkeitsvolumen um die Hälfte. Es ist

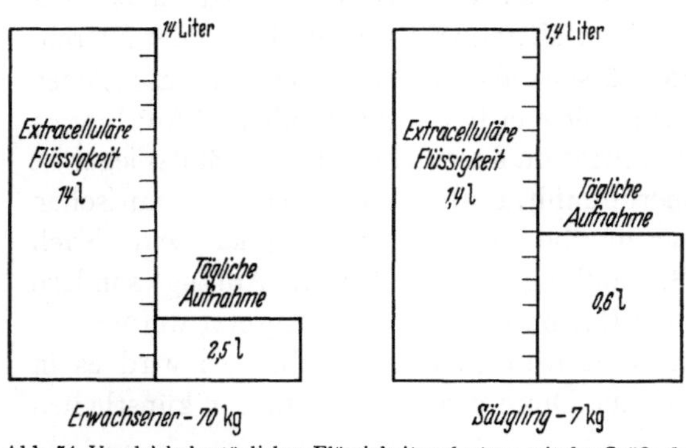

Abb. 54. Vergleich der täglichen Flüssigkeitsaufnahme mit der Größe des extracellulären Flüssigkeitsraumes beim Erwachsenen und beim Säugling

verständlich, daß unter diesen Verhältnissen auch leichtere Störungen der Wasserbilanz, z. B. durch Erbrechen, Durchfälle oder starkes Schwitzen weit eher zu einer Dehydration führen als beim Erwachsenen.

---

[1] Die in den Tabellen von BLAND angegebenen, teilweise aus älteren Literaturquellen stammenden Normalwerte für Wassergehalt und Elektrolyte bei Erwachsenen weichen manchmal etwas von den im 1. Teil des Buches gegebenen Werten ab. Die unterschiedlichen Verhältnisse bei Säuglingen, Kindern und Erwachsenen treten trotzdem eindeutig hervor.

Der im Verhältnis zum Körpergewicht relativ große Wasserbedarf und die Größe des Urinvolumens (5—8% des Körpergewichts) beim Säugling erklären sich daraus, daß diese Größen vom Ausmaß des Stoffwechsels abhängen, der wiederum engere Beziehungen zur Körperoberfläche als zum Körpergewicht aufweist. So hat z. B. ein 7 kg schwerer Säugling nur etwa $^1/_4$ (etwa 0,4 m²) der Oberfläche eines 70 kg schweren Erwachsenen (1,73 m²), während dagegen das Gewichtsverhältnis 1:10 beträgt. Je kleiner das Körpergewicht, um so größer der Wasserbedarf pro kg Körpergewicht. Das obligatorische tägliche Urinvolumen, welches beim Erwachsenen etwa 600 ml pro 24 Std. beträgt, ist für Säuglinge bzw. Kleinkinder mit mindestens 100 bzw. 150 ml/24 Std. anzusetzen. Die mittels eines Nomogramms nach FANCONI-WALLGREN aus Körpergröße und -gewicht genau zu berechnende Körperoberfläche stellt somit einen besseren Vergleichsmaßstab für die Bedürfnisse an Wasser und Elektrolyten in verschiedenen Lebensaltern dar als das Körpergewicht. Zur Orientierung genügen einige empirisch festgestellte Beziehungen zwischen beiden Größen (Tab. 75 nach FANCONI-WALLGREN und ELKINTON-DANOWSKI). Auch der Mineralbedarf an Eiweiß, Kalorien, Elektrolyten und Wasser wurde von FANCONI pro m² Körperoberfläche angegeben (s. Tab. 76). Eine ausführliche Aufstellung des Wasserbedarfs im Kindesalter gibt die Tab. 77 wieder.

Tabelle 75. *Schätzung der Körperoberfläche nach dem Körpergewicht* (Nach FANCONI-WALLGREN und ELKINTON-DANOWSKI)

Alter	Körpergewicht kg	Körperoberfläche m²
Neugeborenes . . .	2	0,15
Neugeborenes . . .	3,5	0,25
Säugling.	5	0,35
Säugling.	7	0,4
Kind, 2 Jahre . . .	12	0,5
Kind, 4—5 Jahre	20	0,8
Kind, 9 Jahre . . .	30	1,0
Kind, 12—14 Jahre.	40	1,3
Erwachsener	70	1,73

Tabelle 76. *Täglicher Minimalbedarf pro m² Körperoberfläche* (nach FANCONI-WALLGREN)

Eiweiß : 40 g	Na, Cl, K: je 10 mval
Calorien : 1700 kcal	Wasser : 1500 ml

Tabelle 77. *Mittlerer Wasserbedarf von Säuglingen und Kindern unter normalen Bedingungen* (Nach BLAND)

Alter	Mittleres Körpergewicht kg	Wasserbedarf in 24 Std. ml	Wasserbedarf pro kg Körpergewicht in 24 Std. ml
3 Tage	3,0	250—300	80—100
10 Tage	3,2	400—500	125—150
3 Monate . . .	5,4	750—850	140—160
6 Monate . . .	7,3	950—1100	130—155
9 Monate . . .	8,6	1100—1250	125—145
1 Jahr.	9,5	1150—1300	120—135
2 Jahre	11,8	1350—1500	115—125
4 Jahre	16,2	1600—1800	100—110
6 Jahre	20,0	1800—2000	90—100
10 Jahre	28,7	2000—2500	70—85
14 Jahre	45,0	2200—2700	50—60
18 Jahre	54,0	2200—2700	40—50

Tabelle 78. *Extracelluläre Elektrolytkonzentrationen bei Neugeborenen, Kindern und Erwachsenen* (Nach BLAND)

	Erwachsener	Kind 1 Mon.—2 Jahre	Neugeborenes
Natrium mval/l	138	138	142
Kalium mval/l	4,5	4,5—5,0	5,0—8,0
Chlorid mval/l	103	105	111
Bicarbonat mval/l	27	26	20
Phosphat mval/l	3,5	5,0—8,0	5,0—8,0
Protein mval/l	16	14	14
Osmotischer Druck mosmol/l	310	310	310
Calcium mval/l	4,5	4,5	4,5

Dem hohen Zellbedarf an Kalium entsprechend, ist der Gesamtgehalt an Kalium beim wachsenden Organismus relativ hoch (RODECK). Auch die Plasma $[K^+]$ wird bei Neugeborenen von mehreren Autoren höher als beim Erwachsenen liegend angegeben. Sonst entsprechen aber die Plasmakonzentrationen der Elektrolyte bei Säuglingen und Kindern weitgehend denen der Erwachsenen (vgl. Tab. 78). Nur die $[HCO_3^-]$ ist beim Säugling und Kleinkind vielleicht etwas geringer (um 3—5 mval/l) als beim Erwachsenen, während die $[Cl^-]$ dafür entsprechend größer sein kann (ELKINTON und DANOWSKI).

II. Störungen des Wasser- und Elektrolytstoffwechsels

1. Frühgeburt

Als Folge des hohen Wassergehalts (70—85%) unreifer Neugeborener kann der Wasser- und damit der Gewichtsverlust in den ersten Tagen erheblich sein, wenn nicht die gefährliche Wasserabgabe durch Respiratio insensibilis in einer feucht-warmen Couveuse verhindert wird. Die Fähigkeit, den Urin zu konzentrieren, ist in den ersten Lebensmonaten sehr wenig ausgeprägt, wahrscheinlich infolge eines noch nicht eingefahrenen ADH-Mechanismus. Einschränkungen der Flüssig-keitszufuhr können daher kaum durch vermehrte Wasserrückresorption kom-pensiert werden, und eine Dehydration tritt leicht auf. Aber auch die Natrium- und Harnstoffiltration ist noch nicht ausreichend, so daß sich unter Kochsalz- oder Eiweißbelastung sehr schnell Ödeme entwickeln bzw. der Rest-N im Blut ansteigt. Erst vom 2. Monat an kann ein konzentrierter Urin ausgeschieden werden (bis zu 700 mosmol/l).

Die bei Frühgeborenen infolge Hypoxämie anfallenden sauren Stoffwechsel-produkte leisten der Entwicklung einer Acidose Vorschub, zu der die Neugeborenen ohnehin neigen. Die tubuläre Phosphat-Rückresorption ist bei ihnen erhöht, während die Kationen-sparende Ammoniumproduktion in der Niere noch unvoll-ständig ist. Ersatzweise werden zur Ausscheidung des Anionenüberschusses Na-, K- und Ca-Ionen herangezogen. Durch den Ca-Verlust lassen sich die bei Früh-geborenen nicht seltene Craniotabes und andere Entkalkungsstörungen der Knochen sowie auch die Neigung zu spasmophilen Symptomen erklären. Nach den Untersuchungen von GITTLEMAN und PINCUS sind besonders künstlich ernährte Säuglinge gefährdet. So enthält z. B. die Kuhmilch 7mal mehr Gesamt-phosphor und 13mal mehr anorganisches Phosphat als die Muttermilch. Der Ent-wicklung einer Hyperphosphatämie und Hypocalcämie wird durch Kuhmilch-Ernährung Vorschub geleistet.

2. Durchfallserkrankungen

In erster Linie sind hier die Ernährungsstörungen des Säuglings zu besprechen. Entsprechend der Auffassung FINKELSTEINs und anderer Autoren, welche den schweren Brechdurchfall ("severe diarrhea") der Säuglinge als „Intoxikation" bezeichneten, wurden die Symptome dieser Krankheit — der schwere Kreislauf-kollaps, das Fieber, die Hyperpnoe und die Bewußtseinstrübung — vielfach als Ausdruck einer Intoxikation durch Endotoxine zerfallender Coli-Bacillen oder durch biogene Amine gedeutet. Nach neuerer Auffassung (GAMBLE, MARIOTT,

HOTTINGER) können alle Symptome durch den starken Verlust von Wasser und Elektrolyten erklärt werden, von denen die Brechdurchfälle begleitet sind. Die auslösende Ursache der akuten schweren Ernährungsstörung bleibt dabei oft unklar. Darminfektionen spielen sicher bei einem Teil der Fälle eine Rolle. Für das Zustandekommen des schweren lebensbedrohlichen Krankheitsbildes sind sie von untergeordneter Bedeutung. GAMBLE betont, daß die Todesfälle bei kindlichen Diarrhoen im wesentlichen die Folge einer negativen Flüssigkeits-Elektrolyt- und Calorienbilanz sind.

Klinisches Bild. Von der einfachen Dyspepsie, bei der ebenfalls Erbrechen und Durchfälle auftreten, unterscheidet sich der schwere Brechdurchfall (die sog. „Intoxikation") durch die schweren Allgemeinsymptome. Die Kinder sind apathisch oder sogar komatös. Als Zeichen des Wasserverlustes sind die starke Gewichtsabnahme, die eingefallenen Augen und der verminderte Gewebsturgor zu werten. Infolge des stark herabgesetzten Plasmavolumens besteht ein Kollapszustand mit Blutdruckabfall, Tachykardie und blaß-kühlen Acren (Hämoglobin, Hämatokrit und Gesamteiweiß im Blut sind erhöht). Es besteht eine Hyperpnoe (Acidose) und meistens Fieber (Durstfieber). Das Urinvolumen ist minimal.

Veränderungen im Wasser- und Elektrolythaushalt. Bei ungenügender Flüssigkeitszufuhr oder bei starkem zusätzlichen Wasserverlust infolge starken Schwitzens (hohe Außentemperaturen, Fieber) und gesteigerter Atmung kann das Bild einer hypertonen Dehydration mit erhöhter $[Na^+]$ im Plasma vorliegen. Oft übersteigt aber der Elektrolytverlust den Wasserverlust, so daß eine hypotone Dehydration resultiert ($[Na^+]$ erniedrigt). Die Natriumverluste können nach DARROW bis zu $2/_3$ des Bestandes ausmachen, die Kaliumverluste sind ebenfalls beträchtlich. Die durchschnittlichen Elektrolytverluste bei Diarrhoen an Säuglingen werden von BLAND mit 11 mval Chlorid, 16 mval Natrium und 8 mval Kalium bei Verlust von 250 ml Wasser pro Tag angegeben.

Da mit den Darmsekreten Natrium, Kalium und auch Bicarbonat im Überschuß über Chlorid verlorengeht (s. Tab. 39 u. Abb. 31), entwickelt sich oft eine ausgeprägte Acidose. Der vermehrte Fettabbau und die Bildung von Ketokörpern infolge ungenügender Calorienzufuhr tragen zur acidotischen Stoffwechselverschiebung bei. Die Hyperpnoe und die Bewußtseinstrübung sind auf die Acidose zurückzuführen.

Die Plasmakonzentrationen der einzelnen Elektrolyte können je nachdem, ob mehr Magensaft erbrochen wird oder mehr Durchfälle bestehen und ob der Wasserverlust relativ stärker ist, ein stark wechselndes Bild darbieten.

Auf die Dehydration weisen neben den klinischen Symptomen der erhöhte Hämatokrit und Eiweißgehalt des Blutes hin, wenn nicht schon vorher eine Anämie oder ein Eiweißmangel vorgelegen haben. Der Rest-N ist als Folge des Kollapszustandes mit herabgesetztem Glomerulumfiltrat und des vermehrten Eiweißabbaus durch Hungern und Acidose in schweren Fällen erhöht. Die sich anbahnende akute Niereninsuffizienz wiederum verhindert die Ausscheidung und beeinflußt damit die Plasmakonzentration der Elektrolyte.

Von besonderer Bedeutung ist der Kaliumverlust, der sehr bald auch den intracellulären Raum betrifft. Infolge des H^+-Ionen-Überschusses im extracellulären Raum wandern diese in die Zellen ein, wo sie teilweise das Kalium ersetzen. Mit dem hungerbedingten Abbau von Eiweiß und Glykogen in den Zellen geht weiterhin Kalium verloren. Da die K-Aufnahme beim schwerkranken und erbrechenden Kind minimal ist und gleichzeitig größere Mengen im Magensaft und vor allem Darmsekret verlorengehen, entwickelt sich ein erhebliches Kaliumdefizit. Die Tachykardie und andere kardiale Komplikationen sowie der häufige Meteorismus durch Darmatonie haben zum Teil ihre Ursache im Kaliummangel. Da nur kleine Mengen von Kalium erforderlich sind, um die normale Konzentration von 4,5 mval/l K^+ in dem ohnehin verminderten Plasma aufrechtzuerhalten, tritt das bedrohliche Kaliumdefizit am Plasmawert oft nicht in Erscheinung. Kaliumfreie Substitutionslösungen, die die extracelluläre Flüssigkeit auffüllen und mit der in Gang gebrachten Nierenfunktion weiterhin Kalium ausschwemmen, führen dann nicht selten erst zur Katastrophe in Form des Herztodes durch Kaliummangel.

Therapie. Das therapeutische Vorgehen bei der schweren Durchfallserkrankung der Säuglinge richtet sich im Prinzip nach den für den Erwachsenen angestellten Überlegungen (s. 10. Kapitel). In schweren Fällen muß es das erste Ziel sein, den Plasmavolumenmangelkollaps und damit die Ausscheidungsstörung der Niere zu beheben und die Acidose zu bekämpfen. Gleichzeitig sind Calorien zuzuführen und der Verlust an Wasser und Elektrolyten zu ersetzen. Die Auswahl der Elektrolyte richtet sich dabei zunächst nach der Plasmakonzentration. Mit einsetzender bzw. ausreichender Nierenfunktion sind dann die Gesamtverluste an Elektrolyten (insbesondere der intracelluläre Kaliumverlust) durch entsprechende Substitution auszugleichen.

Zur *Sofortbehandlung* sind nach MOLL u. Mitarb. in den ersten 12 Std. 100 bis 160 ml Flüssigkeit pro kg Körpergewicht je nach Schweregrad der Dehydration erforderlich. Etwa $^1/_3$ dieser Menge ist zweckmäßigerweise als Blutplasma zu geben (HOTTINGER), da hierdurch das Plasmavolumen am nachhaltigsten aufgefüllt wird. Weiterhin ist die Zufuhr von Natriumlactat (s. Tab. 41) angezeigt, das zur Acidosebekämpfung am besten geeignet ist (s. S. 142). Als dritter Bestandteil dient eine isotonische (5,25%ige) Glucose- oder Lävuloselösung der Zufuhr von Calorien. Mit diesem Lösungsgemisch zu drei gleichen Teilen lassen sich die primären therapeutischen Forderungen: Kollapsbeseitigung, Flüssigkeits- und Calorienzufuhr, Acidosebekämpfung am schnellsten erfüllen.

Die Fortführung der parenteralen Therapie hängt ganz von der Schwere und der Art des Ausgangsbefundes und der Kontrolle der Plasmaelektrolyte unter der Therapie ab. Mit zunehmender Rehydrierung wird das Defizit an Elektrolyten am Absinken der Plasmakonzentration sichtbar. Sinkt die Plasma $[K^+]$ unter 3,5 mval/l, dann muß die Na-Lactatlösung durch Hartmannsche Lösungen (s. Tab. 41, Nr. I, 3) ersetzt werden. Bei weiterem Absinken ist die Darrow I-Lösung (Tab. 40, Nr. C1) der Glucose-(Lävulose)Basislösung zuzusetzen oder aber vorübergehend allein zu geben. Läßt sich ein größeres *Kaliumdefizit* nicht mit Darrowscher Lösung genügend beeinflussen, dann muß der Infusionslösung zusätzlich KCl zugesetzt werden. FANCONI und WALLGREN empfehlen eine 7,5%ige Stammlösung von KCl, die in 10 ml je 10 mval K und Cl enthält (s. auch Tab. 41). Um eine lebensgefährliche Kaliumintoxikation zu vermeiden, dürfen jedoch beim Kind nicht mehr als 4 mval K pro kg Körpergewicht und pro Tag intravenös zugeführt werden. Eine normale renale Ausscheidung von K ist Voraussetzung.

Sollte die anfängliche Natriumlactatlösung und die später anzuwendende Hartmannsche Lösung nicht ausreichen, um das extracellulär (und intracellulär) entstandene *Natriumdefizit* zu decken, oder sollte (bei starkem Erbrechen!) ein größerer *Chlorverlust* bestehen, dann ist ein Zusatz der 5,85%igen NaCl-Lösung (0,25—1 mval Na kg Körpergewicht) zur Hartmannschen Lösung vorübergehend am Platze. Vor der Daueranwendung der sog. physiologischen Kochsalzlösung warnen auch FANCONI und WALLGREN, da mit dem Überschuß von etwa 10 mval/l Na^+ und 50 mval/l Cl^- gegenüber der normalen Plasmakonzentration dieser Elektrolyte immer die Gefahr von Ödemen und einer acidotischen Stoffwechselverschiebung besteht.

Die Gefahr von Calcium- oder Magnesiummangelerscheinungen sind bei der Anwendung von Hartmannscher Lösung in der 2. Behandlungsphase nicht sehr groß, da diese Elektrolyte in der Lösung enthalten sind. Bei Auftreten tetanischer Symptome unter des Rehydrierung müssen zusätzlich Calcium-Gluconat-Injektionen gegeben werden.

Wenn das Erbrechen sistiert, ist auch bei der peroralen Ernährung auf die Zufuhr von Elektrolyten zu achten. HARRISON empfiehlt 150 ml/kg/24 Std. einer Lösung, die 33 g Glucose, 2 g NaCl, 1,5 g KCl und 30 ml 1-molares Na-Lactat im Liter Wasser enthält. HOTTINGER bevorzugt nach anfänglicher Zufuhr von nur kleinen Mengen Tee ab 2./3. Tag 50—150 ml/kg/24 Std. einer Karottensuppe, die reichlich Kalium enthält. Nach einem weiteren Tag wird diese Suppe mit Buttermilch, entrahmter Frauenmilch oder Eiweißmilch sowie Zucker oder Nährzucker angereichert und später hierdurch ganz ersetzt.

3. Gehäuftes Erbrechen

Anhaltendes Erbrechen kann einmal im Rahmen der geschilderten schweren Ernährungsstörungen oder eines infektiösen Brechdurchfalls auftreten. Darüber hinaus neigen manche Kinder aber aus den mannigfachsten Ursachen zu starkem Erbrechen, so z. B. bei banalen Infekten, bei Appendicitis oder bei neuropathischer Grundkonstitution. Die schwersten Folgezustände finden sich bei der hypertrophischen Pylorusstenose der Säuglinge und beim acetonämischen Erbrechen.

Die *hypertrophische Pylorusstenose* tritt gewöhnlich nur im 2. und 3. Lebensmonat auf. Obwohl als pathologisch-anatomisches Substrat eine kräftige Hypertrophie des Pylorus vorliegt, sind auch hier konstitutionelle neurovegetative Störungen mit im Spiel (SCHÄFER). Eine Dehydration tritt schnell ein, im Vordergrund des Elektrolytverlustes steht das Chloriddefizit. Zusammen mit dem K-Ionen-Verlust bewirkt die resultierende Hypochlorämie eine metabolische Alkalose, die durch eine Hypoventilation nur unvollständig kompensiert werden kann. Die Hungerketose und das Absinken der renalen Säureausscheidung infolge der Oligurie wirken jedoch der Alkalose entgegen. Bei anhaltendem Erbrechen und Hungerzustand sinkt neben der Cl- und Na-Verarmung auch der Kaliumbestand des Körpers, ohne daß bei der schweren Dehydration und der gestörten Nierenfunktion eine niedrige $[K^+]$ im Plasma vorliegen muß. Der Kaliummangel hat wieder eine Verstärkung der Alkalose zur Folge (s. S. 257).

Das *acetonämische Erbrechen* ist eine Erkrankung des Klein- und Schulkindalters. Nach VAN CREVELD handelt es sich um eine konstitutionelle Störung im Kohlenhydratstoffwechsel mit besonderer Neigung zur Ketose, die dem Erbrechen vorausgeht, dann aber durch die verminderte Kohlenhydrataufnahme weiter verstärkt wird. Die acidotische Stoffwechselverschiebung wird auch durch den starken Verlust an H^+- und Cl^--Ionen in der Regel nicht ausgeglichen.

Die *Behandlung* hat bei beiden Krankheitsbildern dem Verlust an Körperwasser und Elektrolyten Rechnung zu tragen. Gleichzeitig und besonders dringlich beim acetonämischen Erbrechen ist die Zufuhr von Kohlenhydraten erforderlich. Fructose hat sich zur Behebung der Stoffwechselstörungen durch Kohlenhydratmangel besser bewährt als Glucose. Als Basislösungen zur peroralen oder aber auch zur intravenösen Behandlung ist daher die isotone Lävuloselösung anzuwenden. Zum Ausgleich des Elektrolyt-Defizits setzt man die gleiche Menge der Hartmannschen Lösung oder der Darrow II-Lösung hinzu und infundiert bei Säuglingen und Kleinkindern 100—160 ml/kg/24 Std. von dieser Mischung. In den meisten Fällen sind darüber hinaus Zusätze der Kalium-, Natrium- und Chlorid-Ersatzlösungen in der oben besprochenen Dosierung erforderlich (s. S. 328 und Tab. 41).

4. Salicylatvergiftung

Diese bei Kleinkindern gelegentlich vorkommende Intoxikation (Grippemittel!) zeichnet sich besonders durch eine starke Hyperpnoe aus, die Folge eines direkten Reizes auf das Atemzentrum ist. Dabei besteht keine direkte Korrelation zur eingenommenen Salicyldosis. Aus der sinkenden CO_2-Spannung im Blut resultiert eine respiratorische Alkalose. Das oft auftretende Erbrechen und die bei Kindern schnell sich entwickelnde Ketose wirkt jedoch der Alkalose entgegen. Benommenheit und Koma kennzeichnen die fortgeschrittenen Stadien einer Salicylvergiftung, die oft auch mit einer Hypoprothrombinämie und Blutungen als Ausdruck einer Leberschädigung einhergeht.

Die *Behandlung* besteht während der ersten Phase in Magenspülungen, bei ausgeprägten Acidosen in Zufuhr von Natriumlactat. Gleichzeitig muß Vitamin K_1 (5—10 mg jede 6—8 Std.) gegeben werden.

5. Diabetes mellitus

Die Grundzüge der Erkrankung stimmen mit denen beim Erwachsenen überein (s. 15. Kapitel). Beim Kind ist jedoch die Gefahr der akuten Dehydration (1 g Glucose braucht 10—20 ml Wasser zur Ausscheidung) und des Komas besonders groß. Ein häufiges Symptom des drohenden Komas ist der Leibschmerz.

Die *Behandlung* unterscheidet sich praktisch nicht von der des Erwachsenen. Die Behebung der Dehydration und der Acidose sollte zunächst mit Natriumlactat und Hartmannscher Lösung erfolgen. Der intracelluläre Verlust an Kalium und Phosphat muß ausgeglichen werden. Alt-Insulin wird sofort in einer Dosis von 2 E pro kg intravenös und in gleicher Dosierung intramuskulär gegeben.

20. Kapitel

Die Störungen des Wasser- und Elektrolytstoffwechsels in der Frauenheilkunde

I. Veränderungen während des normalen Cyclus

1. Wasser- und Elektrolytstoffwechsel

Es ist seit langem bekannt, daß während des normalen Cyclus, beginnend in der Mitte des Cyclus, besonders ausgeprägt in den prämenstruellen Tagen, ein Gewichtsanstieg infolge Retention von Wasser und Natrium auftritt. Nicht ganz selten kann diese Wasser- und Natriumretention so weit gehen, daß Ödeme sichtbar werden. Bei den meisten Patienten mit diesen Störungen läßt sich dabei kein bekanntes Grundleiden, etwa eine Herzkrankheit, ein Nierenleiden oder ein innersekretorisches Leiden finden. Fettsucht scheint allerdings eine besondere Disposition für diese Art der Wasser- und Salzretention zu schaffen. Sie weist nach Thorn (1957) folgende Besonderheiten auf. Das Gewicht nimmt nicht plötzlich, sondern allmählich zu, die Harnausscheidung ist vermindert; dabei ist die Natriumkonzentration im Harn erniedrigt. Man gewinnt daraus den Eindruck, daß *primär Natrium retiniert wird und die Wasserretention nachfolgt.*

Es erhebt sich die Frage, welche cyclischen Veränderungen für diese vermehrte Retention von Natrium und Wasser verantwortlich zu machen sind. Zunächst ist an eine unterschiedliche Sekretion der Sexualhormone zu denken. Tatsächlich ist im zweiten Teil des Cyclus eine vermehrte Ausscheidung von Oestrogenen nachgewiesen, die wahrscheinlich als Folge einer gesteigerten Freisetzung anzusehen ist (Brown, 1955). *Oestrogene bewirken eine Steigerung der tubulären Natriumrückresorption und damit eine Retention von Natrium.* Es wird in diesem Zusammenhang auf die Befunde von Aitken und Preedy, Röttger und Friedberg verwiesen. Auch bei der Behandlung des Prostatacarcinoms mit Oestrogenen kann man sich von dieser Wirkung überzeugen: es kommt dabei nicht ganz selten zur Ödembildung.

Neben Oestrogenen mögen auch noch andere Faktoren an der Natriumretention mitwirken. So wurde Aldosteron von Thorn u. Mitarb. (1956) sowie Luetscher und Lieberman bei cyclischen Ödemen vermehrt gefunden. Über eine evtl. pathogenetische Bedeutung von ADH ist bisher noch nichts bekannt geworden.

Zusammenfassend soll festgestellt werden, daß die während der zweiten Hälfte des Cyclus vermehrte Oestrogenbildung die wesentliche Ursache für die beobachtete Natrium- und Wasserretention darstellt.

2. Säure-Basen-Stoffwechsel

Loeschcke u. Mitarb. (Literaturübersicht bei Loeschcke, 1954) haben in zahlreichen Untersuchungen nachgewiesen, daß in der zweiten Hälfte des Menstruationscyclus der alveolare CO_2-Druck regelmäßig erniedrigt ist. Als Ursache dieser im Vergleich zum Stoffwechsel gesteigerten alveolaren Ventilation fanden sie die Atmungswirkung der Sexualhormone. Sowohl mit Oestrogenen als auch mit

Progesteron konnten sie am Menschen einen Anstieg der Lungenbelüftung erzeugen. Diese Steigerung der alveolaren Belüftung hat einen Abfall des CO_2-Drucks im arteriellen Blut und damit auch von $[H^+]$ zur Folge. Es entsteht also eine *respiratorische Alkalose*.

II. Veränderungen bei normaler Schwangerschaft
1. Wasser- und Elektrolytstoffwechsel

Flüssigkeitsräume. Von zahlreichen Untersuchern (HELLER; FRIEDBERG; RÖTTGER) wurde gefunden, daß in der normalen Schwangerschaft, etwa vom 3.—4. Monat ab, eine kontinuierliche Zunahme sowohl des Plasmavolumens als auch der interstitiellen Flüssigkeit stattfindet. Am Ende der Schwangerschaft ist das Plasmavolumen um rund 1 l, die interstitielle Flüssigkeit um etwa 3—4 l gegenüber der Norm gesteigert. Die intracelluläre Flüssigkeit scheint sich dagegen nur wenig zu ändern (Tab. 79). Im Wochenbett tritt dann eine intensive Entwässerung ein: infolge des Blutverlustes während der Geburt, des Lochialflusses, der starken Diurese wird die in der Schwangerschaft retinierte Flüssigkeit sehr schnell ausgeschieden. Die Zunahme der intravasalen Flüssigkeit ist wahrscheinlich eine Anpassungserscheinung an die Vergrößerung der Gefäßgebiete. Man denke nur an den Uterus und seine Gefäße, aber auch an die Vergrößerung der Gefäße im Bereich des Beckens und der Brüste. Die Uterusdurchblutung steigt z. B. von 30—40 ml/min auf 250—400 ml/min während der Schwangerschaft, also um das Zehnfache, an.

Tabelle 79. *Der Einfluß der Schwangerschaft auf das intravasale und interstitielle Flüssigkeitsvolumen* (Nach SZAKALL; aus HELLER)

	Normal	Schwangerschaft	
	Liter	Liter	% Zunahme
Intravasal . . .	2,3	3,2	+39
Interstitiell . . .	13,3	16,0	+20

Tabelle 80. *Der Einfluß von normaler Schwangerschaft und Gestosen auf die Natrium- und Kaliumkonzentrationen im Plasma* (Nach PARVIAINEN, SOIVA und EHRNROOTH; aus HELLER)

	Natrium mval/l	Kalium mval/l
Nichtschwangere	142,8	4,99
Normal Schwangere. . . .	141,0	4,88
Gestosen	142,3	4,78
Schwere Gestosen	144,5	4,64
Unbehandelte Gestosen . .	146,2	4,68

Elektrolyte. Der Bedarf an *Natrium* ist während der Schwangerschaft nicht wesentlich gesteigert. Der Fetus speichert etwa 5—6 g Natrium, die bei der üblichen Ernährung ohne weiteres retiniert werden können. $[Na^+]$ im mütterlichen Plasma ist gegenüber nichtschwangeren Frauen geringfügig erniedrigt. (Tab. 80). Trotzdem ist bei der nicht unerheblichen Ausweitung des extracellulären Flüssigkeitsraums der Gesamtbestand an Natrium wesentlich vermehrt. Im intracellulären Raum sind Wasser und Natrium praktisch unverändert (FRIEDBERG, 1959).

Auch der *Kaliumbedarf* ist während der Schwangerschaft nicht wesentlich gesteigert. Nur bei starkem Erbrechen im Beginn der Schwangerschaft kann es zu Kaliumverlusten kommen. Der Fetus weist am Ende der Gravidität einen Kaliumbestand von etwa 5—6 g auf. $[K^+]$ im mütterlichen Plasma zeigt bei nichtschwangeren und schwangeren Frauen ohne sonstige Störungen keine Unterschiede. Kalium besitzt auch deswegen ein gewisses Interesse, weil es den Tonus der Uterusmuskulatur zu steigern vermag.

Während Natrium und Kalium fast stets in genügenden Mengen vorhanden sind, besteht bei *Calcium* während der Schwangerschaft nicht selten ein Mangel. Der Bedarf während der Gravidität wird mit 1,5—2 g pro Tag angegeben; er wird bei vielen zivilisierten Völkern kaum gedeckt. In den letzten Schwangerschaftswochen setzt der Fetus täglich 100—150 mg Calcium an. Ist die Ernährung der Mutter calciumarm, d. h. werden wenig Milch und Käse aufgenommen, dann wird auf das im Skelet vorhandene Calcium zurückgegriffen.

Der *Phosphorstoffwechsel* ist eng mit dem des Calciums verbunden. Der Phosphorbedarf gegen Ende der Gravidität wird mit 1,5 g/Tag angegeben. Das Neugeborene enthält 15—20 g Phosphor. Wahrscheinlich besteht während der Gravidität eine hinreichende Aufnahme von Phosphor, so daß mit Mangelzuständen nicht zu rechnen ist.

Der Plasmaspiegel von *Magnesium* sinkt im Laufe der Schwangerschaft mäßig ab. Wahrscheinlich spiegelt sich darin ein cellulärer Magnesiummangel wider. Doch stehen befriedigende Befunde bisher noch aus.

Die **Plasmaproteinkonzentration** nimmt geringfügig ab; diese Abnahme ist allerdings nur relativ, da die Bestimmung der Gesamtmenge bei den Albuminen praktisch dieselben Werte wie bei Nichtschwangeren und bei den Globulinen sogar eine Zunahme ergibt. Die Konzentrationsabnahme ist also durch die Hydrämie bedingt, während die Gesamtmengen nicht abnehmen.

Es ist verständlich, daß diese Ausweitung des interstitiellen Raumes in Form leichter Ödeme, besonders in den abhängigen Teilen, in Erscheinung treten kann. Dabei darf auch der Einfluß des wachsenden Uterus nicht vergessen werden, der einen Druck auf die untere Hohlvene und damit eine Steigerung des Capillardrucks in den Beinen verursacht.

Ursachen der Natrium- und Wasserretention. Man wird diese Vermehrung der extracellulären Flüssigkeit auf die in der Schwangerschaft vermehrt gebildeten Oestrogene zurückführen können (RÖTTGER). Ob außerdem noch andere hormonale Faktoren eine Rolle spielen, ist vorerst noch nicht zu entscheiden. KOCZOREK u. Mitarb. fanden die Aldosteronausscheidung während der Schwangerschaft erheblich erhöht. Doch deuten sie diese Vermehrung so, daß der natriuretische Effekt von Progesteron, das ebenfalls in stark vermehrter Menge vorkommt, dadurch kompensiert wird.

2. Säure-Basen-Stoffwechsel

Die von LOESCHCKE u. Mitarb. in der zweiten Hälfte des Cyclus gefundene Steigerung der alveolaren Ventilation ist auch in der Schwangerschaft nachweisbar. Die Erniedrigung des CO_2-Drucks in Alveolarluft und Blut kann 8—10 mm Hg betragen. So müßte eine erhebliche Verschiebung des Blut-p_H-Wertes nach der alkalischen Seite entstehen, wenn nicht aus regulatorischen Gründen Bicarbonat vermehrt im Harn ausgeschieden würde. Dadurch hält sich die Verschiebung des Blut-p_H in mäßigen Grenzen, so daß ihre Feststellung bereits meßtechnisch sehr schwierig wird. Die Erniedrigung von Bicarbonat ist oft als metabolische Acidose fehlgedeutet worden. Alle bisher erhobenen Befunde sprechen nämlich dafür, daß *in der Schwangerschaft eine respiratorische Alkalose mit sekundärer Basenverminderung vorliegt* (LOESCHCKE; ROSSIER u. Mitarb.).

Als Ursache dieser respiratorischen Alkalose wird man — in Analogie zu den Verhältnissen während des Cyclus — *die* während der Schwangerschaft *vermehrte Bildung von Oestrogenen und Progesteron* annehmen können. Besonders die Progesteronbildung ist stark erhöht (ZANDER). Nach LOESCHCKE führt diese Überventilation in der Schwangerschaft nicht zu einer Verbesserung der O_2-Versorgung des Fetus, wohl aber zu einer Verbesserung des CO_2-Abtransports. Der beträchtlich erniedrigte CO_2-Druck im arteriellen Blut bewirkt nämlich, daß das venöse Blut der Mutter etwa einen so niedrigen CO_2-Druck wie sonst normales arterielles Blut hat. Da das die fetalen Placentarzotten umspülende mütterliche Blut einen CO_2-Druck zwischen arteriellem und venösem Blut besitzt, im Mittel aber dem venösen mütterlichen Blut näher liegen dürfte, bedeutet das für die Umgebung der Placentarzotten einen gegenüber normaler Alveolarluft etwas niedrigeren CO_2-Druck. So findet der Fetus relativ günstige Verhältnisse für den CO_2-Abtransport vor.

III. Veränderungen bei Spätgestosen

Besonderem Interesse sind stets diejenigen Veränderungen des Wasser- und Elektrolytstoffwechsels begegnet, die im Rahmen des eklamptischen Symptomenkomplexes vorkommen. Sie werden auch als Spätgestosen bezeichnet, da sie nur

Tabelle 81. *Eklamptischer Symptomenkomplex* (Nach MARTIUS, modifiziert)

Klinisches Bild	Bezeichnung
1. Ohne Krämpfe	Präeklampsie
a) Ödeme	Hydrops gravidarum
b) Proteinurie	Nephropathia gravi- darum
c) Hypertonie	Schwangerschafts- Hypertonie
2. Tonisch-klonische Krämpfe Bewußtlosigkeit	Eklampsie

selten vor der 24. Schwangerschaftswoche auftreten. MARTIUS teilt den eklamptischen Symptomenkomplex in folgender Weise ein: Tab. 81. Es können dabei die drei aufgeführten Kardinalsymptome zugleich, aber auch alleine in Form oligosymptomatischer Krankheitsbilder auftreten. *Der eklamptische Symptomenkomplex als Folge der Schwangerschaft selbst entsteht kaum vor der 24. Schwangerschaftswoche.* Werden Syndrome derselben Art schon vorher beobachtet, dann besteht großer Verdacht, daß es sich um sog. *symptomatische oder AufpfropfGestosen handelt.* Besonders die schwere essentielle Hypertonie und Nierenkrankheiten verschiedener Art führen zu symptomatischen Gestosen. Ihre Erkennung ist deshalb sehr wichtig, weil ihre Prognose ungünstiger ist und Defektheilungen häufiger vorkommen. Die Tab. 82 enthält eine differentialdiagnostische Einteilung der symptomatischen und essentiellen Gestosen.

Im folgenden sollen nur die als essentielle Spätgestosen einzuordnenden Krankheitsbilder betrachtet werden.

1. Wasser- und Elektrolytstoffwechsel

Es wurde schon ausgeführt, daß *Ödembildung, Eiweißausscheidung im Harn und Hypertonie als die Kardinalsymptome der sog. Präeklampsie anzusehen sind.* Zuerst soll die Frage beantwortet werden, ob die Ödeme im Rahmen der Präeklampsie mit den schon normalerweise vorkommenden Schwangerschaftsödemen identisch sind und gewissermaßen nur eine Steigerung letzterer darstellen. Interessanterweise ergibt die Messung der Flüssigkeitsräume hier auffallende Unterschiede zu

Tabelle 82. *Differentialdiagnose des eklamptischen Symptomenkomplexes*

I. Symptomatische Gestosen

    1. Essentielle Hypertonie

    2. Nierenkrankheiten
          Glomerulonephritis
          Pyelonephritis
          seltene Nierenkrankheiten: Amyloidniere
                                       Cystenniere

II. Essentielle Spätgestosen

    1. Präeklampsie

    2. Eklampsie

den Verhältnissen bei normaler Schwangerschaft. So ist das *Plasmavolumen bei Präeklampsie vermindert, nicht erhöht wie bei normaler Schwangerschaft* (FRIEDBERG; RÖTTGER). Im Gegensatz dazu ist die interstitielle Flüssigkeit stark erhöht. *Es bestehen also ganz ähnliche Verhältnisse wie beim nephrotischen Ödem.* Auch dieses war ja durch ein vermindertes Plasmavolumen bei stark erhöhtem interstiellen Volumen ausgezeichnet. Die Ähnlichkeiten mit dem nephrotischen Ödem sind insofern noch weitergehend, als auch beim eklamptischen Symptomenkomplex meistens eine deutliche bis hochgradige Proteinurie vorliegt. Es verwundert deshalb nicht, daß die Proteinkonzentration im Plasma stärker herabgesetzt ist als bei normaler Schwangerschaft. Hieraus folgt eine Verminderung des kolloidosmotischen Drucks, die wiederum eine Abnahme der intravasalen Flüssigkeit zur Folge hat.

Eine Verminderung der intravasalen Flüssigkeit bewirkt eine Steigerung der Natrium- und Wasserrückresorption. Grundsätzlich können beide unabhängig voneinander erfolgen, wie in früheren Kapiteln (3., 5., 11., 12. Kapitel) dargelegt wurde. Im Falle der Gestosen könnte man die Erhöhung von [Na$^+$] im Plasma (Tab. 80) als Beweis dafür ansehen, daß der Natriumretention die Führung zukommt. Doch sind folgende methodische Schwierigkeiten zu beachten.

Um [Na$^+$] bei Gestosen mit den Werten gesunder Schwangerer und Nichtschwangerer einwandfrei vergleichen zu können, ist ein *Bezug auf Plasmawasser* erforderlich. Nur so können die Unterschiede im Proteingehalt bei gesunden nichtschwangeren und schwangeren Frauen sowie Gestose-Patientinnen eliminiert werden. Bei letzteren ist die Proteinkonzentration ja besonders stark herabgesetzt. Daraus folgt, daß [Na$^+$] bei Bezug auf Plasmawasser keineswegs höher zu liegen braucht als normalerweise. Die Verhältnisse werden ferner durch die Hyperlipidämie kompliziert (s. S. 115), die in gegensätzlichem Sinne wirkt.

Bevor die Frage einer evtl. Erhöhung von [Na$^+$] entschieden werden kann, müssen also erst entsprechende Untersuchungen des Plasmawassergehalts durchgeführt werden. Der dann mögliche Bezug von [Na$^+$] auf Plasmawasser wird diese Frage beantworten lassen.

Als Ursache der vermehrten Natrium- und Wasserrückresorption kommen alle jene Faktoren in Frage, die bei der Regulation der renalen Wasser- und Natriumausscheidung eingehend besprochen wurden (3. und 5. Kap.). Für die Entstehung der Natriumretention wird man besonders Aldosteron, die Oestrogene, das natriumeliminierende Hormon und den hypothalamischen Faktor X von Smith zu beachten haben. Im Mittelpunkt der Forschung stand in den letzten Jahren Aldosteron. Sowohl Gestosen als auch normale Spätschwangerschaften zeigen stark erhöhte Aldosteronwerte im Harn (Koczorek u. Mitarb., 1957). Interessanterweise ist aber bei Gestosen die Aldosteronausscheidung eher niedriger als bei normalen Spätschwangerschaften. Koczorek u. Mitarb. deuten ihre Befunde so, daß die Steigerung der Aldosteronsekretion eine Folge der vermehrten Bildung von Progesteron ist, das eine Natriurese bewirkt. Zum Ausgleich ist die natriumretinierende Wirkung von Aldosteron erforderlich. Da bei den Gestosen weniger Progesteron produziert und infolgedessen seine natriuretische Wirkung auch geringer ausgeprägt sein muß, können hier schon geringere Aldosteron-Aktivitäten den Ausgleich der Natriumausscheidung bewirken. Auch Oestrogene werden bei Gestosen in geringerer Menge als bei normaler Schwangerschaft produziert. Man wird sie also als Erklärung für die Natriumretention nicht heranziehen können. Leider fehlen noch Befunde über die Bedeutung des natriumeliminierenden Hormons und die unmittelbare hypothalamische Beeinflussung der Rückresorption durch den Faktor X (Smith). Erst wenn alle diese Faktoren eingehend untersucht sind, wird man über die Ursache der Natriumretention ein verbindliches Urteil abgeben können.

Bezüglich *ADH* sind Untersuchungen von Friedberg (1959) zu erwähnen. Er fand mit dem Erdkrötentest (Buchborn) keine sichere Erhöhung der ADH-Aktivität. Es bleibt abzuwarten, ob mit verbesserten Methoden nicht doch eine Erhöhung zu finden ist. In diesem Zusammenhang interessieren Befunde von Hawker, der eine fast 1000fache Erhöhung eines Adiuretin zerstörenden Fermentes („Pitocinase") im Blut gefunden haben will. Nachuntersuchungen dieses interessanten Befundes sind bisher noch nicht bekannt geworden. Doch zeigen die Beobachtungen von *Gestosen bei Patienten mit Diabetes insipidus*, die also eine mehr oder weniger starke Herabsetzung der ADH-Bildung haben, daß dem ADH keine ausschlaggebende Bedeutung in der Pathogenese der Gestosen zukommen kann (Friedberg, 1959).

Neben einer Steigerung der Rückresorption ist aber auch die verminderte Filtration an der Wasser- und Natriumretention beteiligt (Friedberg, 1959). Damit soll nunmehr die **Bedeutung der Niere** für das Krankheitsgeschehen der Gestosen besprochen werden. Schon immer fielen die großen Ähnlichkeiten des eklamptischen Symptomenkomplexes mit bestimmten Verlaufsformen der Nephritis bzw.Nephrose auf. In den meisten Fällen liegt eine Proteinurie vor, die oft massive Ausprägung erreicht. Sie führt zu einem Verlust an Plasmaeiweiß mit Hypoproteinämie und Hyperlipidämie. Es bestehen also weitgehend dieselben Verhältnisse wie bei den Nephrosen. Als Ort des Eiweißdurchtritts muß die Glomerulummembran angesehen werden, deren Poren erweitert sind und so einen verstärkten Durchtritt von Albuminen, aber auch Globulinen gestatten. So verwundert es nicht, daß von pathologisch-anatomischer Seite (FAHR) sehr ähnliche Veränderungen an den Glomerula gefunden wurden wie bei den genuinen Nephrosen. FAHR *spricht deshalb von einer Gestationsnephrose.*

Die exkretorischen Funktionen der Niere sind meist nicht gestört. Die glomeruläre Filtration ist zwar herabgesetzt, aber nicht so hochgradig, daß ein Anstieg der Rest-N-Substanzen resultiert. Der renale Plasmafluß ist oft ebenfalls erniedrigt, doch weniger stark als die Glomerulumfiltration. Infolgedessen ist die Filtrations-Fraktion eher erniedrigt. Eine Bestimmung der Gefäßwiderstände in den einzelnen Abschnitten des Nierenkreislaufs ergibt eine Erhöhung im Bereich des Vas afferens (FRIEDBERG) — ein Befund, der auch bei Hypertonien außerhalb der Schwangerschaft (GOMEZ), besonders auch bei juveniler essentieller Hypertonie (SCHWAB u. Mitarb., 1954d) gefunden wurde. Es erhebt sich die Frage, welche Faktoren für diese Engstellung des Nierenkreislaufs verantwortlich zu machen sind. Leider liegen darüber noch keine beweisenden Befunde vor. Man wird aber an eine vermehrte Freisetzung von Renin und entsprechend gesteigerter Hypertensinbildung denken müssen. DEXTER und HAYNES (1944) fanden in einigen Fällen von eklamptischem Symptomenkomplex eine Erhöhung des Reningehalts. Doch wird man eine Bestätigung dieser Befunde mit verbesserten Methoden abwarten müssen.

Findet man *im Rahmen eines eklamptischen Symptomenkomplexes eine Rest-N-Erhöhung,* dann liegt meist entweder eine sog. *symptomatische Gestose* (Tab. 82) vor oder es ist zur Entwicklung einer malignen Hypertonie, einer *akuten tubulären Nekrose* (s. S. 320) bzw. einer *bilateralen Rindennekrose* gekommen. Diese zuletzt genannten beiden Krankheitsbilder sind außerdem durch Oligurie bzw. Anurie ausgezeichnet.

Schließlich ist noch auf das 3. Kardinalsymptom, nämlich die **Hypertonie** einzugehen. Sie ist für die weitere Entwicklung von größter Bedeutung. Zeitlich tritt die Hypertonie oft vor der Proteinurie, nicht ganz selten auch mit ihr zusammen auf. Nur ausnahmsweise scheint die Proteinurie der Hypertonie vorauszugehen. *Der Übergang von der Präeklampsie in die Eklampsie wird nur dann beobachtet, wenn eine hochgradige Hypertonie vorliegt* (PICKERING). Wahrscheinlich handelt es sich bei der Eklampsie um dasselbe Geschehen, das als sog. Hypertoniker-Encephalopathie bzw. Neuro-Retinopathie (PICKERING) bekannt ist: wenn eine exzessive Erhöhung des Blutdrucks, besonders des diastolischen Drucks, längere Zeit vorhanden ist, dann kommt es sowohl zu Hirnödem als auch zu spastischen Kontraktionen der Hirngefäße. Beide Mechanismen erklären die bei der Eklampsie beobachteten Symptome: Bewußtlosigkeit, Krämpfe, Papillenödem, neurologische Ausfälle. Die bei der Eklampsie in den verschiedenen Organen, besonders in der Leber gefundenen Veränderungen, können wahrscheinlich als Folge einer generalisierten Arteriolenkonstriktion angesehen werden. Sie sind sicher nicht die primäre Ursache des Geschehens.

Man gewinnt so den Eindruck, daß beim eklamptischen Symptomenkomplex *zwei pathogenetische Mechanismen* von Bedeutung sind. Der eine führt zu Veränderungen im Sinne der Glomerulonephrose mit Proteinurie, der andere zur Hypertonie. Die schon bei der normalen Schwangerschaft vorhandene Ausweitung des extracellulären Flüssigkeitsvolumens wird durch die Proteinurie mit Herabsetzung des kolloidosmotischen Drucks des Plasmas weiter verstärkt. Nach dem augenblicklichen Stand des Wissens besteht keine Möglichkeit, den einen Mechanismus als Folge des anderen anzusehen. Wahrscheinlich sind sie beide Ausdruck einer übergeordneten Störung. Diese übergeordnete Störung könnte in der Placenta liegen. Es ist seit langem bekannt, daß im Anschluß an die Geburt sehr schnell eine erhebliche Besserung im Befinden der Patientinnen eintritt: der arterielle Blutdruck sinkt ab, die Harnausscheidung steigt an, die Proteinurie läßt nach. Selbst in Fällen von maligner Hypertonie kann das Geschehen reversibel sein. Es ist von großem praktischen und theoretischen Interesse, ob an dieser Besserung die Geburt des Kindes oder die Entfernung der Placenta schuld ist. *Anscheinend ist die Placentaentfernung aus dem mütterlichen Organismus der wesentliche Vorgang* (PICKERING). Man kann daraus den Schluß ziehen, daß bestimmte von der Placenta herrührende Stoffe die Vorgänge des eklamptischen Symptomenkomplexes in Gang bringen.

2. Säure-Basen-Stoffwechsel

In den Fällen von Präeklampsie unterscheidet sich der Säure-Basen-Stoffwechsel nicht von den oben beschriebenen Veränderungen. Man findet also eine *respiratorische Alkalose mit sekundärer Bicarbonatverminderung.* Die Meßwerte des Säure-Basen-Stoffwechsels können auch von differentialdiagnostischer Bedeutung sein. Handelt es sich nämlich um eine symptomatische Gestose bei chronischen Nierenkrankheiten, so wird man oft eine metabolische Acidose mit alveolarer Hyperventilation finden. Die alleinige Bestimmung von Standardbicarbonat (4. Kapitel, S. 86) ist freilich zur Aufdeckung dieser komplizierten Verhältnisse nicht geeignet. Dazu ist eine Blut-p_H-Messung erforderlich. Entwickelt sich eine Eklampsie, dann können Überlagerungen vor allem mit respiratorischen Störungen eintreten. Die Bewußtlosigkeit kann zu einer Schädigung des Atemzentrums mit alveolarer Hypoventilation führen, so daß eine respiratorische Acidose nachweisbar wird. So ist es nicht verwunderlich, daß von mancher Seite (COLLINS u. Mitarb.) die Tracheotomie als Behandlungsmaßnahme empfohlen wird. Dadurch kann sowohl eine wirksame Bekämpfung der Sekretansammlung in den Luftwegen als auch der mangelhaften Atmung durchgeführt werden. Je mehr die Störungen an Niere und Leber in den Vordergrund treten, um so ausgeprägter werden auch die metabolischen Acidose-Faktoren werden. Es können dann komplizierte Störungen des Säure-Basen-Stoffwechsels eintreten, die nach den im 4. und 7. Kapitel besprochenen Richtlinien zu beurteilen sind.

3. Behandlung

Die Behandlungsmaßnahmen müssen sich gegen die Wasser- und Elektrolytretention, die Proteinurie und die daraus resultierende Hypoproteinämie, vor allem aber gegen die Hypertonie mit ihren gefährlichen Folgen — Neuroretinopathie — richten.

Für die *Ödembehandlung* gelten die schon früher mehrfach gemachten Ausführungen. Besonders wird auf die Behandlung des nephrotischen Ödems (12. Kapitel, S. 232) verwiesen. Die wesentlichen Maßnahmen sind Einschränkung der

Natrium- und Flüssigkeitszufuhr sowie Steigerung der Natrium- und Flüssigkeits-ausscheidung. Hierfür eignen sich Carboanhydrase-Hemmstoffe (8. Kapitel, S. 151) sowie besonders Chlorothiazid und seine Derivate (8. Kapitel, S. 157), z. B. Esi-drix. Bei diesen zuletzt genannten, sehr wirkungsvollen Präparaten sind die Nebenwirkungen — Hypochlorämie, metabolische Alkalose, Hypokaliämie — zu beachten. Es sollte besonders auf die Möglichkeit einer Kaliumverarmung geachtet und entsprechende Kaliumsubstitution durchgeführt werden (6. Kapitel, S. 124).

Da häufig eine erhebliche *Hypoproteinämie* als Folge der Proteinurie besteht, muß reichlich Eiweiß, nach Möglichkeit 80—120 g täglich, zugeführt werden. Da bei den essentiellen Spätgestosen die Glomerulumfiltration meist nicht so wesent-lich eingeschränkt ist, daß mit Rest-N-Anstieg gerechnet werden muß, bestehen von dieser Seite her keine Bedenken. Schwieriger ist es bei symptomatischen Gestosen mit stark herabgesetztem Filtrat und Proteinurie. In diesen Fällen besteht oft eine Rest-N-Erhöhung, so daß die Eiweißzufuhr kaum 70 g pro Tag überschreiten kann. Die in diesen Fällen maßgebenden Richtlinien sind im 12. Ka-pitel, S. 223 besprochen.

Gegen die *Hypertonie* sind Rauwolfia-Präparate zusammen mit Hydrazino-phthalazin, z. B. Adelphan, anzuwenden. Bei hohem Blutdruck, drohender Eklampsie oder bereits ausgebrochenen Krampfanfällen spielen außerdem die Neuroplegica Megaphen und Atosil eine wichtige Rolle. Man gibt sie am besten in Form einer intravenösen Dauerinfusion, der z. B. 100 mg Megaphen, 50 mg Atosil, 5—8 g Magnesiumsulfat und 2—4 mg Serpasil zugefügt werden (MARTIUS). Als Basislösung für die Infusion empfiehlt sich hypertone, nicht isotone Glucose-lösung. Hypertonische Lösung hat den Vorzug, daß in diesen schweren Fällen eine erwünschte Calorienzufuhr mit Zurückdrängung des endogenen Eiweißabbaus (10. Kapitel, S. 176) und außerdem eine günstige Wirkung auf das drohende Hirnödem ausgeübt wird. Dagegen können größere Mengen isotonischer Glucose-lösung leicht das Hirnödem befördern.

Durch diese Behandlung hat sich die *Prognose der Spätgestosen*, die immer noch an der Spitze aller Ursachen der Müttersterblichkeit stehen, erheblich gebessert. Die kindliche Mortalität ist allerdings immer noch beträchtlich, sie wird mit 20—40% angegeben.

Die Besprechung der Indikationen zu schneller Beendigung der Geburt liegt außerhalb des Rahmens dieser Monographie. Es wird auf die geburtshilflichen Lehrbücher verwiesen.

Restschäden. Es ist verständlich, daß im Anschluß an einen eklamptischen Symptomenkomplex besonders dann weiterhin Störungen nachweisbar sind, wenn es sich um symptomatische Gestosen gehandelt hat. Aber auch bei den essentiellen Spätgestosen können, allerdings weniger häufig, Restschäden bestehen bleiben. Sie ähneln in vieler Hinsicht den Verläufen bei chronischen Nephritiden. Man kann sog. nephritische, nephrotische sowie vasculäre Verlaufsformen mit Hypertonie als Hauptsymptom unterscheiden.

Literatur

Monographien und zusammenfassende Darstellungen

ADDISON, F.: On the constitutional and local effects of diseases of the suprarenal capsules. London: D. Highley 1855.

ALBRIGHT, F., and E. C. REIFENSTEIN JR.: Parathyroid glands and metabolic bone disease. Baltimore: Williams & Wilkins 1948.

ALLEN, A. C.: The kidney. New York: Grune & Stratton 1951.

ALTSCHULE, M. D.: Physiology in diseases of the heart and lungs. Cambridge (Mass.): Harvard University Press 1954.

ASTRUP, P.: Erkennung der Störungen des Säure-Basen-Stoffwechsels und ihre klinische Bedeutung. Klin. Wschr. 1957, 749.

BACHMANN, R.: Die Nebenniere. In: Handbuch der mikroskopischen Anatomie des Menschen. Abt. 6, Band 5. Berlin-Göttingen-Heidelberg: Springer 1954.

BARGMANN, W.: Das Zwischenhirn-Hypophysensystem. Berlin-Göttingen-Heidelberg: Springer 1954.

BARTELHEIMER, H.: Klinik und Differentialdiagnose des Hyperparathyreoidismus, besonders der Knochenveränderungen. Verh. dtsch. Ges. inn. Med. 1956, 447.

— u. J. M. SCHMITT-ROHDE: Osteoporose als Krankheitsgeschehen. Ergebn. inn. Med. Kinderheilk. N.F. 7, 454 (1956).

BARTELS, H., E. BÜCHERL, C. W. HERTZ, G. RODEWALD u. M. SCHWAB: Lungenfunktionsprüfungen. Berlin-Göttingen-Heidelberg: Springer 1959.

BEHNKE, A. R.: Fat content and composition of the body. Harvey Lect. 37, 198 (1941/42).

BELL, E. T.: Renal diseases. 2. Aufl. Philadelphia: Lea Febiger 1950.

BERNING, H.: Pathologie und Therapie des Wasser- und Elektrolythaushaltes. Gastroenterologia (Basel) 90, 149 (1958).

BICKEL, H., H. S. BAAR, R. ASTLEY et al.: Cystin storage disease with aminoaciduria and dwarfism (Lignac-Fanconi-disease). Acta paediat. (Uppsala) (Suppl. 90) 42, 1 (1953).

BLAND, J. H.: Clinical recognition and management of disturbances of body fluids. 2. Aufl. Philadelphia, London: W. B. Saunders Comp. 1956.

BORST, I. G. G.: The maintenance of an adequate cardiac output by the regulation of the urinary excretion of water and sodium chloride: an essential factor in the genesis of oedema: Acta med. scand. (Suppl. 207) 130, 1 (1948).

BRECHER, G. A.: Venous return. New York, London: Grune & Stratton 1956.

— Critical review of recent work on ventricular diastolic suction. Circulat. Res. 6, 554 (1958).

BRØNSTED, J. N.: The conception of acids and bases. Rec. Trav. chim. Pays-Bas 42, 718 (1923).

CREVELD, S. VAN: In: G. FANCONI u. A. WALLGREN: Lehrbuch der Pädiatrie.

DAVENPORT, H. W.: The ABC of acid-base chemistry. Chicago: University Press 1956.

DIEKMANN, W. J.: The toxemias of pregnancy. 2. Aufl. London: Henry Kimpton 1952.

DUESBERG, R., u. W. SCHROEDER: Pathophysiologie und Klinik der Kollapszustände. Leipzig: S. Hirzel 1944.

DYKE, H. B. VAN, K. ADAMSONS JR. and S. L. ENGEL: Aspects of the biochemistry and physiology of the neurohypophyseal hormones. In: Recent Progr. Hormone Res. 11,1 (1955).

EDER, H. A., H. D. LAUSON, F. P. CHINARD et al.: A study of the mechanism of edema formation in patients with the nephrotic syndrome. J. clin. Invest. 33, 636 (1954).

EGER, W.: Beiträge über die Beziehungen der chronischen Niereninsuffizienz zu innersekretorischen Drüsen an Hand experimenteller Untersuchungen. Klin. Wschr. 1953, 409.

— Der experimentelle Hyperparathyreoidismus. Verh. dtsch. Ges. inn. Med. 1956, 403.

ELKINTON, J. R., and T. S. DANOWSKI: The body fluids. Baltimore: Williams & Wilkins Comp. 1955.

EPPINGER, H.: Zur Pathologie und Therapie des menschlichen Ödems. Berlin: J. Springer 1917.

FANCONI, G.: Nebenschilddrüsen, Knochen und Nieren mit besonderer Berücksichtigung der Nieren. Verh. dtsch. Ges. inn. Med. **1956**, 423.

— In: G. FANCONI u. A. WALLGREN: Lehrbuch der Pädiatrie.

— u. A. WALLGREN (Herausgeber): Lehrbuch der Pädiatrie. 5. Aufl. Basel/Stuttgart: Benno Schwabe 1958.

FARRELL, G.: Regulation of aldosterone secretion. Physiol. Rev. 38, 709 (1958).

FISHBERG, A. M.: Hypertension and nephritis. 5. Aufl. Philadelphia: Lea & Febiger 1954.

FISHER, C., W. R. INGRAM and S. W. RANSON: Diabetes insipidus and the neurohormonal control of water balance: a contribution to the structure and function of the hypothalamico-hypophyseal system. Ann Arbor: Edwards Brothers, Inc. 1938.

FREY, J., u. H. KIEFER: Über die extrarenale Reinigung des Organismus von retinierten Harnfixa bei Niereninsuffizienz (sog. künstliche Niere). Ergebn. inn. Med. Kinderheilk. N. F. 9, 330 (1958).

FRIEDBERG, C. K.: Diseases of the heart. 2. Aufl. Philadelphia und London: W. B. Saunders Comp. 1956. Deutsche Übersetzung von E. GILL: Erkrankungen des Herzens. Stuttgart: Georg Thieme 1959.

— Fluid and electrolyte disturbances in heart failure and their treatment. Circulation 16, 437 (1957).

FRIEDBERG, V.: Der Wasserhaushalt und die Nierenfunktion in der normalen und pathologischen Schwangerschaft. Leipzig: Georg Thieme 1957.

GAMBLE, J. L.: Chemical anatomy, physiology and pathology of extracellular fluid. 6. Aufl. Cambridge (Mass.): Harvard University Press 1954.

GAUER, O. H., u. J. P. HENRY: Beitrag zur Homöostase des extraarteriellen Kreislaufs. Klin. Wschr. **1956**, 356.

GOODMAN, L. S., and A. GILMAN: The pharmacological basis of therapeutics. 2. Aufl. New York: Macmillan Comp. 1955.

GRAY, J. S.: Pulmonary ventilation and its physiological regulation. Springfield, Ill.: Charles C. Thomas 1950.

GROSS, F.: Nebennierenrinde und Wasser-Salz-Stoffwechsel unter besonderer Berücksichtigung von Aldosteron. Klin. Wschr. **1956**, 929.

GROSSE-BROCKHOFF, F., u. W. SCHOEDEL: Physiologie und Pathophysiologie des Kreislaufs. In: Handbuch der Thoraxchirurgie, 1. Band, S. 267 ff. Berlin-Göttingen-Heidelberg: Springer 1957.

HARRIS, G. W.: Neural control of the pituitary gland. London: Edw. Arnold, Ltd. 1955.

— Neural control of the pituitary gland. Physiol. Rev. 28, 139 (1948).

HEGEMANN, G.: Einfache Maßnahmen zur prä- und postoperativen Untersuchung und Behandlung. Ergebn. Chir. Orthop. 39, 426 (1955).

HELLNER, H., u. H. POPPE: Röntgenologische Differentialdiagnose der Knochenerkrankungen. Stuttgart: Georg Thieme 1956.

HÖBER, R.: Die physikalische Chemie der Zellen und Gewebe. Bern: Stämpfli & Co. 1947.

HOFFMANN, W. S.: The biochemistry of clinical medicine. Chicago: Year book Publisher 1954.

HOLLEY, H. L., and W. C. CARLSON: Potassium metabolism in health and disease. New York u. London: Grune & Stratton 1955.

HUNGERLAND, H.: Calcium- und Phosphatstoffwechsel. In: Thannhausers Lehrbuch des Stoffwechsels und der Stoffwechselkrankheiten, S. 865. Herausgeber: N. ZÖLLNER.

JESSERER, H.: Die Tetanie des Erwachsenen und ihre Grenzzustände. Ergebn. inn. Med. Kinderheilk. N. F. 7, 312 (1956).

JORES, A.: Innersekretorische Krankheiten. In: Handbuch der inneren Medizin, 7. Bd., 1. Teil, 4. Aufl. Berlin-Göttingen-Heidelberg: Springer 1951.

KLEINSCHMIDT, A.: Die Stellung der Niere im Kohlenhydratstoffwechsel. Klin. Wschr. **1953**, 873.

KÜHNAU, J., u. C. v. HOLT: Stoffwechsel der Kohlenhydrate, Biochemie des Diabetes. In: Thannhausers Lehrbuch der Stoffwechsels und der Stoffwechselkrankheiten, S. 217. Herausgeber: N. ZÖLLNER.

KÜHNS, K., u. H. WEBER: Störungen des Kaliumstoffwechsels und ihre klinische Bedeutung. Ergebn. inn. Med. Kinderheilk. N. F. 10, 185 (1958).

LABHART, A.: Klinik der inneren Sekretion. Berlin-Göttingen-Heidelberg: Springer 1957.

LANDIS, E. M.: Capillar pressure and capillary permeability. Physiol. Rev. 14, 404 (1934).

LENDLE, L.: Digitaliswirkung bei Herzinsuffizienz. Verh. dtsch. Ges. Kreisl.-Forsch. 16, 54 (1950).

LE QUESNE, L. P.: Fluid balance in surgical practice. 2. Aufl. London: Lloyd-Luke Ltd. 1957.

LINDENSCHMIDT, TH. O.: Pathophysiologische Grundlagen der Chirurgie. Stuttgart: Georg Thieme 1958.

LIEBEGOTT, G.: Studien zur Orthologie und Pathologie der Nebennieren. Beitr. path. Anat. 109, 93 (1944).

LÖHLEIN, M.: Über Nephritis nach dem heutigen Stand der pathologisch-anatomischen Forschung. Ergebn. inn. Med. Kinderheilk. 5, 411 (1910).

LOESCHCKE, H. H.: Über die Wirkung von Steroidhormonen auf die Lungenbelüftung. Klin. Wschr. 1954, 441.

LOWN, B.: Digitalis and potassium. Advanc. intern. Med. 8, 128 (1956).

MARRIOTT, H. L.: Water and salt depletion. Brit. med. J. 1947 I, 245, 285, 328.

MARRIOTT, H. L.: Water and salt depletion. Springfield, Ill.: Charles C. Thomas 1950.

MARTIUS, H.: Lehrbuch der Geburtshilfe. 4. Aufl. Stuttgart: Georg Thieme 1959.

MARX, H.: Der Wasserhaushalt des gesunden und kranken Menschen. Berlin: Springer 1935.

— Innere Sekretion. In: Handbuch der inneren Medizin, 6. Bd., 1. Teil, 3. Aufl. Berlin: Springer 1941.

MERRILL, J. P.: Die Behandlung der Niereninsuffizienz. München und Berlin: Urban & Schwarzenberg 1959.

MERTZ, D. P.: Kritische Betrachtungen über das Problem der Körperflüssigkeitsmessung beim Menschen. Klin. Wschr. 1956, 887.

MILNE, M. D., R. C. MUEHRCKE and B. E. HEARD: Potassium deficiency and the kidney. Brit. med. Bull. 13, 15 (1957).

MOELLER, C., u. H. KOEHLING: Die apparative Blutdialyse (künstliche Niere). Überblick und eigene Erfahrungen. Klin. Wschr. 1956, 569.

MOLL, H. C., u. G. W. DAUGHERTY: Stoffwechsel des Wassers und der Elektrolyte. In: Thannhausers Lehrbuch des Stoffwechsels und der Stoffwechselkrankheiten, S. 921. Herausgeber: N. Zöllner.

MOORE, F. D.: Common patterns of water and electrolyte change in injury, surgery and disease. New Engl. J. Med. 258, 277, 325, 377, 427 (1958); Deutsche Übersetzung: Schweiz. med. Wschr. 1958, 1092, 1115, 1137.

— and M. R. BALL: Metabolic response to surgery. Springfield, Ill.: Charles C. Thomas 1952.

MUNK, F.: Pathologie und Klinik der Nierenerkrankungen. 2. Aufl. Berlin-Wien: Urban & Schwarzenberg 1925.

OLIVER, J.: Correlations of structure and function and mechanism of recovery in acute tubular necrosis. Amer. J. Med. 15, 535 (1953).

— M. MacDOWELL and A. TRACY: Pathogenesis of acute renal failure associated with traumatic and toxic injury. Renal ischemia, nephrotoxic damage and ischemuric episode. J. clin. Invest 30, 1307 (1951).

PAPPENHEIMER, J. R.: Passage of molecules through capillary walls. Physiol. Rev. 33, 387 (1953).

— Über die Permeabilität der Glomerulummembran in der Niere. Klin. Wschr. 1955, 362.

PETERS, J. P.: Water balance in health and disease. In: G. G. DUNCAN: Diseases of metabolism. 2. Aufl. Philadelphia: W. B. Saunders Comp. 1947.

— and D. D. VAN SLYKE: Quantitative clinical chemistry. Interpretations. Volume I. 2. Aufl. London: Baillière, Tindall & Cox: 1946.

PICKERING, G. W.: High blood pressure. London: J. Churchill Ltd. 1955.

PITTS, R. F.: Modern concepts of acid-base regulation. Arch. intern. Med. 89, 846 (1952).

— Über aktive Transportmechanismen in den Tubuli der Niere. Klin. Wschr. 1955, 365.

— and O. W. SARTORIUS: Mechanism of action and therapeutic use of diuretics. Pharmacol. Rev. 2, 161 (1950).

RANSON, S. W.: The hypothalamus. In: Regulation of body temperature. Baltimore: Williams & Wilkins Comp. 1940.

REIFENSTEIN, E. C., JR.: In: Principles of internal medicine. Herausgeber: T. R. HARRISON u. Mitarb. New York, Toronto, London: McGraw-Hill Book Comp. 1958.

RENKIN, E. M., u. J. R. PAPPENHEIMER: Wasserdurchlässigkeit und Permeabilität der Capillarwände. Ergebn. Physiol. **49**, 59 (1957).

REUBI, F.: Die tubulären Nierensyndrome. Ergebn. inn. Med. Kinderheilk. N. F. **9**, 154 (1958).

ROBERTS, K. E.: Acidose und Alkalose. Klin. Wschr. **1957**, 997.

ROBINSON, J. R.: The active transport of water in living systems. Biol. Rev. **28**, 158 (1953).

ROSSIER, P. H.: Die Pathophysiologie der diabetischen Acidose. In: A. LABHART: Klinik der inneren Sekretion, S. 817.

— A. BÜHLMANN u. K. WIESINGER: Physiologie und Pathophysiologie der Atmung. 2. Aufl. Berlin-Göttingen-Heidelberg: Springer 1958.

SARRE, H.: Nierenkrankheiten. Stuttgart: Georg Thieme 1958.

SCHÄFER, K. H.: In: G. FANCONI u. A. WALLGREN: Lehrbuch der Pädiatrie.

SCHARRER, E., u. B. SCHARRER: Neurosekretion. In: Handbuch der mikroskopischen Anatomie des Menschen. Abt. 6, Band 5. Berlin-Göttingen-Heidelberg:Springer 1954.

SCHOEN, R., u. W. TISCHENDORF: Krankheiten der Knochen, Gelenke und Muskeln. In: Handbuch der inneren Medizin. 4. Aufl., 1. Band. Berlin-Göttingen-Heidelberg: Springer 1954.

SCHÜTTE, E.: Wasserstoffwechsel, Mineralstoffwechsel. In: Physiologische Chemie II. Herausgeber: B. FLASCHENTRÄGER und E. LEHNARTZ. Berlin-Göttingen-Heidelberg: Springer 1954.

— Normale Physiologie des Wasser- und Elektrolythaushaltes. Gastroenterologia (Basel) **90**, 133 (1958).

SCHWAB, M.: Die Dynamik des isolierten und des im Organismus schlagenden Herzens. Klin. Wschr. **1950**, 764.

SCHWIEGK, H.: Schock und Kollaps. Klin. Wschr. **1942**, 741, 765.

— Symptomatik und Pathogenese des akuten Herzversagens. Klin. Wschr. **1951**, 1.

— Mineralstoffwechselstörungen bei Herzinsuffizienz. Verh. dtsch. Ges. inn. Med. **61**, 428 (1955).

— Die Auswirkung von Funktionsstörungen des Herzens auf die Peripherie. Verh. dtsch. Ges. Kreisl.-Forsch. **1956**, 180.

SELKURT, E. E.: Sodium excretion by the mammalian kidney. Physiol. Rev. **34**, 287 (1954).

SINGER, R. B., and A. B. HASTINGS: An improved clinical method for the estimation of disturbances of the acid-base balance of human blood. Medicine (Baltimore) **27**, 223 (1948).

SJÖSTRAND, T.: Volume and distribution of blood and their significance in regulating the circulation. Physiol. Rev. **33**, 202 (1953).

— Blutverteilung und Regulation des Blutvolumens. Klin. Wschr. **1956**, 561.

SMITH, H. W.: The kidney. Structure and function in health and disease. New York: Oxford University Press 1951.

— Principles of renal physiology. New York: Oxford University Press 1956.

— Salt and water volume receptors. Amer. J. Med. **23**, 623 (1957).

SOFFER, L. J.: Diseases of the adrenals. 2. Aufl. Philadelphia: Lea & Febiger 1948.

STARLING, E. H.: The fluids of the body. London: Archibald Constable & Co. Ltd. 1909.

STATLAND, H.: Fluid and electrolytes in practice. 2. Aufl. Philadelphia, Montreal: J. B. Lippincott Comp. 1957.

STRAUSS, M. B.: Body water in man. Boston, Toronto: Little, Brown & Comp. 1957.

THORN, G. W., and D. JENKINS: Diseases of the adrenal cortex. In: Principles of internal medicine. Herausgeber: T. R. HARRISON und Mitarb. New York, Toronto, London: McGraw-Hill-Book Comp. 1958.

UEHLINGER, E.: Pathogenese des primären und sekundären Hyperparathyreoidismus und der renalen Osteomalacie. Verh. dtsch. Ges. inn. Med. **1956**, 368.

USSING, H. H.: Some aspects of the application of tracers in permeability studies. In: Advanc. Enzymol. and related subjects of biochemistry **13**, 21 (1952). Herausgeber: F. F. Nord. New York: Interscience Publishers.

— Membrane structure as revealed by permeability studies. In: Recent developments in cell physiology. Herausgeber: J. A. Kitching. New York: Acad. Press 1954.

— Ion transport across membranes. Herausgeber: E. T. Clarke. New York 1954.

VOLHARD, F., u. TH. FAHR: Die Brightsche Nierenkrankheit. Berlin: J. Springer 1914.

WEESE, H.: Extrakardiale Digitaliswirkung. Verh. dtsch. Ges. Kreisl.-Forsch. **1950**, 66.

WEISBERG, H. F.: Water, electrolyte and acid-base balance. Baltimore: William & Wilkins Comp. 1953.

WEISSBECKER, L.: Probleme des Hypophysen-Nebennierenrinden-Systems. Berlin-Göttingen-Heidelberg: Springer 1953.

WEIZSÄCKER, V. VON: Studien zur Pathogenese. Wiesbaden: Georg Thieme 1946.

WELT, L. G.: Clinical disorders of hydration and acid-base equilibrium. Boston, Toronto: Little, Brown & Comp. 1955.

WESSON, L. G.: Glomerular and tubular factors in the renal excretion of sodium chloride. Medicine (Baltimore) 36, 281 (1957).

WIEMERS, K., u. E. KERN: Die postoperativen Frühkomplikationen. Stuttgart: Georg Thieme 1957.

WILKINS, L.: The diagnosis and treatment of endocrine disorders in childhood and adolescence. 2. Aufl. Oxford: Blackwell Scientific Publ. 1957.

WILKINSON, A. W.: Body fluids in surgery. Edinburgh und London: E. & S. Livingstone Ltd. 1955.

Wissenschaftliche Tabellen. Basel: J. R. Geigy A. G. 1955.

WOLFF, H. P.: Die Behandlung mit Kationenaustauschern im Lichte fünfjähriger Erfahrung. Klin. Wschr. 1954, 761.

— u. KH. R. KOCZOREK: Aldosteron und der Elektrolythaushalt bei Leberkranken. Gastroenterologia (Basel) 90, 216 (1958).

WOLLHEIM, E.: Klinik der Herzinsuffizienz. Verh. dtsch. Ges. Kreisl.-Forsch. 16, 75 (1950).

ZANDER, J.: Die Schwangerschaft. In: A. LABHART: Klinik der inneren Sekretion.

ZENKER, R.: Akut-bedrohliche Erkrankungen im Bereich der Bauchhöhle (akutes Abdomen). Verh. dtsch. Ges. inn. Med. 1954, 3.

Einzelarbeiten

ABRAHAMS, V. S., and M. PICKFORD: Observation on a central antagonism between adrenaline and acetylcholine. J. Physiol. (Lond.) 131, 712 (1956).

ADOLPH, E. F.: Thirst and its inhibition in the stomach. Amer. J. Physiol. 161, 374 (1950).

ALLOTT, E. N.: Sodium and chloride retention without renal disease. Lancet 1939 I, 1035.

— Hypernatremia and hyperchloremia in bulbar poliomyelitis. Lancet 1957 I, 246.

ANDERSSON, B.: Polydypsia caused by intrahypothalamic injections of hypertonic NaCl-solutions. Experientia (Basel) 8, 157 (1952).

— The effect of injections of hypertonic NaCl-solutions into different parts of the hypothalamus of goats. Acta physiol. scand. 28, 188 (1953).

— and S. M. McCANN: Drinking, antidiuresis and milk ejection from electrical stimulation within the hypothalamus of the goat. Acta physiol. scand. 35, 191 (1955/56).

— — A further study of polydipsia evoked by hypothalamic stimulation in the goat. Acta physiol. scand. 33, 333 (1955).

— — The effect of hypothalamic lesions on the water intake of the dog. Acta physiol. scand. 35, 312 (1955/56).

APPEL, W.: Über die Behandlung des Morbus Addison mit Prednisonen bzw. Prednisolonen. Dtsch. med. Wschr. 1957, 20.

ARIEL, J. M., and F. MILLER: The effects of abdominal surgery upon renal clearance. Surgery 28, 716 (1950).

ATCHLEY, D. W., R. F. LOEB, D. W. RICHARDS et al.: On diabetic acidosis; a detailed study of electrolyte balances following the withdrawal and reestablishment of insulin therapie. J. clin. Invest. 12, 297 (1933).

AUGUST, J. PH., D. H. NELSON and G. W. THORN: Response of normal subjects to large amounts of aldosterone. J. clin. Invest. 37, 1549 (1958).

AXELROD, D. R., and R. F. PITTS: The relationship of plasma p_H and anion pattern to mercurial diuresis. J. clin. Invest. 31, 171 (1952).

AYRES, P. J., O. GARROD, S. A. S. TAIT and J. F. TAIT: Primary aldosteronism (Conn syndrome). In: An international symposium on aldosterone. Herausgeber: A. F. MULLER and C. M. O'CONNOR. London: J. & A. Churchill Ltd. 1958.

BADER, R. A., J. W. ELIOT and D. E. BASS: Hormonal and renal mechanisms of cold diuresis. J. appl. Physiol. 4, 649 (1952).

BARBOUR, A., G. M. BULL, B. M. EVANS et al.: The effect of breathing 5 to 7% carbon dioxide on urine flow and mineral excretion. Clin. Sci. 12, 1 (1953).

BARGMANN, W.: Über die neurosekretorische Verknüpfung von Hypothalamus und Neurohypophyse. Z. Zellforsch. **34**, 610 (1949).

BARTELHEIMER, H., u. J. M. SCHMITT-ROHDE: Die Biopsie des Knochens als differentialdiagnostische klinische Methode. Klin. Wschr. **1957**, 429.

BARTTER, F. C.: The physiological control of aldosterone secretion. Proc. roy. Soc. Med. **51**, 201 (1957).

— G. W. LIDDLE, L. E. DUNCAN JR. et al.: The regulation of aldosterone sekretion in man: the role of fluid volume. J. clin. Invest. **35**, 1306 (1956).

BARTRAM, E. A.: Experimental observations of the effect of various diuretics when injected directly into one renal artery of the dog. J. clin. Invest. **11**, 1179 (1932).

BAY, V., u. K. SOEHRING: Neuere Diuretica. Med. Klin. **1957**, 67, 106.

BECHER, E., u. K. HAMANN: Studien über das Verhalten des Magnesiums im Organismus, insbesondere im Blut. Dtsch. Arch. klin. Med. **173**, 500 (1932).

BECKER, H. M., H. NASSR u. M. SCHWAB: Vergleichende Untersuchungen über den Einfluß von Theophyllin-Äthylendiamin (Euphyllin), Oxyäthyl-Theophyllin (Cordalin), Coramin, N-Allylnormorphin und Levallorphan auf die durch Morphin und Dromoran gehemmte Atmung. Klin. Wschr. **1956**, 891.

BENDA, L., u. E. RISSE: Wasserhaushalt und Mineralsalzausscheidung bei Leberkranken und ihre Beeinflussung durch Desoxycorticosteron. Wien. klin. Wschr. **1950**, 397.

BERGER, E. Y., M. E. DUNNING, J. M. STEELE et al.: Estimation of intracellular water in man. Amer. J. Physiol. **162**, 318 (1950).

BERGSTROM, W. M.: Participation of bone in total body sodium metabolism in the rat. J. clin. Invest. **34**, 997 (1955).

BERLINER, R. W., T. J. KENNEDY JR. and J. ORLOFF: Relationship between acidification of the urine and potassium metabolism. Amer. J. Med. **11**, 274 (1951).

— T. J. KENNEDY JR. and J. ORLOFF: Die Beeinflussung des Transportes von Kalium- und Wasserstoffionen im renalen Tubulussystem. Arch. int. Pharmacodyn. **97**, 299 (1954).

— N. G. LEVINSKY, D. G. DAVIDSON and M. EDEN: Dilution and concentration of the urine and the action of antidiuretic hormone. Amer. J. Med. **24**, 730 (1958).

BERNSTEIN, R. E.: Potassium, sodium and calcium content of gastric juice. I. Normal values. J. Lab. clin. Med. **40**, 707 (1952).

BEYER, K. H.: The mechanism of action of chlorothiazide. In: Chlorothiazide and other diuretic agents. Ann. N. Y. Acad. Sci. **71**, 321 (1958).

BICKEL, H.: Diskussionsbemerkung. Verh. dtsch. Ges. inn. Med. **1956**, 471.

BINGOLD, K.: zit. nach H. SARRE: Nierenkrankheiten.

BISCHOFF, E.: Einige Gewichts- und Trockenbestimmungen der Organe des menschlichen Körpers. Z. rat. med. **20**, 75 (1863); zit. nach: J. S. EDELMANN et al.: Further observation on total body water. Surg. Gynec. Obstet. **95**, 1 (1952).

BISSELL, G. W.: The magnesium partition in hyperthyreoidism with special reference to the effect of thiouracil. Amer. J. med. Sci. **210**, 195 (1945).

BISSET, G. W., J. LEE and A. F. BROMWICK: Oxytocic and antidiuretic activity in blood from the internal jugular vein in man. Lancet **1956 II**, 1129.

BLACK, D. A. K., R. PLATT and S. W. STANBURY: Regulation of sodium excretion in normal and saltdepleted subjects. Clin. Sci. **9**, 205 (1950).

— and M. D. MILNE: Experimental potassium deficiency in man. Clin. Sci. **11**, 397 (1952).

BLOMHERT, G., J. A. MOLHUYSEN, J. GERBRANY et al.: Diuretic effect of isotonic saline solution compared with that of water. Influence of diurnal rhythm. Lancet **1951 II**, 1011.

BLUMENRÖDER, W. C. VON: Über die diuretische Wirkung des Katapyrins. Medizinische **1958**, 172.

BOCK, H. E.: Kritikheischende Situationen bei der Diagnostik und Therapie von Niereninsuffizienzen. Med. Klin. **1955**, 617.

BOCK, K. D., u. H.-J. KRECKE: Die Wirkung von synthetischem Hypertensin II auf die PAH- und Inulinclearance, die intrarenale Hämodynamik und die Diurese beim Menschen. Klin. Wschr. **1958**, 69.

— H. DENGLER, H.-J. KRECKE u. G. REICHEL: Über die Wirkung von synthetischem Hypertensin II auf Elektrolythaushalt, Nierenfunktion und Kreislauf beim Menschen. Klin. Wschr. **1958**, 808.

BODECHTEL, G.: Zur Behandlung der Apoplexie. Medizinische **1954**, 101.

BONGIOVANNI, A. M., and W. R. EBERLEIN: Clinical and metabolic variations in the adreno-genital syndrome. Pediatrics **16**, 628 (1955); s. auch W. R. EBERLEIN and A. M. BON-GIOVANNI.

BOULIN, R.: Le traitement du coma diabétique. Scalpel (Brux.) **107**, 1265 (1954).

BOYLAN, J., and D. ANTKOWIAK: The effects of negative pressure breathing on the free water clearance; zit. nach H. W. SMITH: Amer. J. Med. **23**, 623 (1957).

BRAZEAU, P., and A. GILMAN: Effect of plasma CO_2 tension on renal tubular reabsorption of bicarbonate. Amer. J. Physiol. **175**, 33 (1953).

BRETSCHNEIDER, H.-J.: Persönliche Mitteilung.

BRODSKY, W. A., and S. RAPOPORT: The mechanism of polyuria of diabetes insipidus in man. The effect of osmotic loading. J. clin. Invest. **30**, 282 (1951).

BROEMSER, PH.: zit. nach M. SCHWAB: Die Dynamik des isolierten und des im Organismus schlagenden Herzens. Klin. Wschr. **1950**, 764.

BRUCE, R. A., K. A. MERENDINO, M. F. DUNNING et al.: Observations on hyponatremia following mitral valve surgery. Surg. Gynec. Obstet. **100**, 293 (1955).

BRUN, C., E. O. E. KNUDSEN and F. RAASCHOU: Kidney function and circulatory collapse; postsyncopal oliguria. J. clin. Invest. **25**, 568 (1946).

BUCHBORN, E.: Ein quantitativer biologischer Adiuretin-(Vasopressin-)Nachweis an der Kröte. Z. ges. exp. Med. **125**, 614 (1955).

— Adiuretin und Serumsmolarität. Klin. Wschr. **1956**, 953.

— KH. R. KOCZOREK u. H. P. WOLFF: Aldosteronausscheidung und tubuläre Nierenfunktion. Klin. Wschr. **1957**, 452.

BUCHEM, F. S. P. VAN, H. DOORENBOS and H. S. ELINGS: Primary aldosteronism due to adrenocortical hyperplasia. Lancet **1956 II**, 335.

BULL, G. M.: The uraemias. Lancet **1955 I**, 731, 777.

BUNGE, G.: Über die Bedeutung des Kochsalzes und das Verhalten der Kalisalze im mensch-lichen Organismus. Z. Biol. **9**, 104 (1873).

BURN, J. H.: Antidiuretic effect of nicotine and its implications. Brit. med. J. **1951 II**, 199.

BUTLER, A. M., L. L. WILSON and S. FARBER: Dehydration and acidosis with calcification at renal tubules. J. Pediat. **8**, 489 (1936).

BYROM, F. B.: The nature of myxoedema. Clin. Sci. **1**, 273 (1934).

CAMERER, W.: Die chemische Zusammensetzung des neugeborenen Menschen. Z. Biol. **43**, 1 (1902).

CAMPBELL, R. M., G. SHARP, A. W. BOYNE and D. P. CUTHBERTSON: Cortisone and the metabolic response to injury. Brit. J. exp. Path. **35**, 566 (1954).

CARSTENSEN, E.: Die postoperative Elektrolytbehandlung. 1. deutsches Elektrolyt-Sym-posium, Kassel **1957**.

CATES, J. E., and O. GARROD: The effect of nicotine on urinary flow in diabetes insipidus. Clin. Sci. **10**, 145 (1951).

CATHCART, E. S., and J. T. O. WILLIAMS: The effect of the head-down position an the excre-tion of certain urinary constituents. Clin. Sci. **14**, 121 (1955).

CAVARÉ: zit. nach K. KÜHNS u. H. WEBER.

CHALMERS, T. M., M. G. FITZGERALD, A. H. JAMES and H. SCARBOROUGH: Conns syndrome with severe hypertension. Lancet **1956 I**, 127.

CHART, J. J., E. S. GORDON, P. HELMER and M. LESHER: Metabolism of salt-retaining hor-mone by surviving liver slices. J. clin. Invest. **35**, 254 (1956).

CHRISTENSEN, H. N.: Anions versus cations? Amer. J. Med. **23**, 163 (1957).

CLARKE, N. E., and R. E. MOSHER: The water and electrolyte content of the human heart in congestive heart failure with and without digitalization. Circulation **3**, 907 (1952).

CLAUDER, O., u. G. BULSCU: zit. nach H. FRANK u. H. DENTLER: Arzneimittelforsch. **8**, 223 (1958).

COGHILL, N. F., M. LUBRAN, P. M. McALLEN et al.: Sodium and potassium absorption and excretion in patients with ulcerative colitis before and after colectomy. Gastroenterologia (Basel) **86**, 724 (1956).

COLLER, F. A., V. S. DICK and W. G. MADDOCK: Maintenance of normal water exchange with intravenous fluids. J. Amer. med. Ass. **107**, 1522 (1936).

— and W. G. MADDOCK: Water and electrolyte balance. Surg. Gynec. Obstet. **70**, 340 (1940).

Collins, C. G., F. G. Nix, J. Dyer and H. D. Webster jr.: Tracheotomy in eclampsia. Amer. J. Obstet. **63**, 1052 (1952).

Conn, J. W.: Primary aldosteronism, a new clinical syndrome. J. Lab. clin. Med. **45**, 3, 661 (1955).

— Aldosterone in clinical medicine-past, present and future. Arch. intern. Med. **97**, 135 (1956).

Conway, E. J., and J. I. McCormack: The total intracellular concentration of mammalian tissues compared with that of the extracellular fluid. J. Physiol. (Lond.) **120**, 1 (1953).

Cort, J. H.: Cerebral salt wasting. Lancet **1954I**, 752.

Cotlove, E.: Inulin and chloride space in muscle. Fed. Proc. **11**, 28 (1952).

Crispell, K. R., W. Parson and P. Sprinkle: A cortisoneresistant abnormality in the diuretic response to ingested water in primary myxedema. J. clin. Endocr. **14**, 640 (1954).

Danowski, T. S., J. R. Elkinton, B. A. Burrows and A. W. Winkler: Exchanges of sodium and potassium in familial periodic paralysis. J. clin. Invest. **27**, 65 (1948).

— E. B. Fergus and F. M. Mateer: The low salt syndrom. Ann. intern. Med. **43**, 643 (1955).

Davidsen, H. G., K. Kjerulf-Jensen and N. B. Krarup: Treatment of chronic renal potassium deficiency. Lancet **1951I**, 375.

Dean, R. B.: Theories of electrolyte equilibrium in muscle. Biol. Symp. **3**, 331 (1941).

Deane, N., G. E. Schreiber and J. S. Robertson: The velocity of distribution of sucrose between plasma and interstitial fluid with reference to the use of sucrose for the measurement of extracellular fluid in man. J. clin. Invest. **30**, 1463 (1951).

— and H. W. Smith: The distribution of sodium and potassium in man. J. clin. Invest. **31**, 197 (1952).

— M. Ziff and H. W. Smith: The distribution of total body chloride in man. J. clin. Invest. **31**, 200 (1952).

Debré, R., u. P. Royer: Die Behandlung des nephrotischen Syndroms im Kindesalter. Dtsch. med. Wschr. **1958**, 1529.

Dent, C. E.: Rickets and osteomalacia from renal tubule defects. J. Bone It Surg. B **34**, 266 (1952).

— and H. Harris: The genetics of ,,cystinuria". Ann. Eugen. (Cambr.) **16**, 60 (1951).

Desaulles, P.: In: An international symposium on aldosterone, S. 55. Herausgeber: A. F. Muller and C. M. O'Connor. London: J. & A. Churchill Ltd. 1958.

Dexter, L., and F. W. Haynes: Relation of renin to human hypertension with particular reference to eclampsia, preeclampsia and acute glomerulonephritis. Proc. Soc. exp. Biol. (N. Y.) **55**, 288 (1944).

Döring, G.: Über die Umsatzänderungen bei experimenteller Acidose. Pflügers Arch. ges. Physiol. **248**, 208 (1944).

Doering, P., H. Schroeter, W. Schubert und M. Schwab: Die endogene Kreatininclearance beim nierengesunden Menschen. Klin. Wschr. **1953**, 301.

— R. Koch, H. Schroeter und M. Schwab: Die endogene Kreatininclearance beim nierenkranken Menschen. Klin. Wschr. **1953**, 489.

— R. Koch, H. Sancken u. M. Schwab: Die intrarenale Hämodynamik bei essentieller Hypertonie. Klin. Wschr. **1954**, 71.

Dörrie, H., E. Göltner u. M. Schwab: Der Einfluß von Strophanthin auf die Plasmaelektrolyte und die Wasser- und Elektrolytausscheidung der Niere beim herzgesunden Menschen. Klin. Wschr. **1954**, 165.

Dorman, P. J., W. J. Sullivan and R. F. Pitts: The renal response to acute respiratory acidosis. J. clin. Invest. **33**, 82 (1954).

Drury, D. R., J. P. Henry, and J. Goodman: The effect of continuous pressure breathing on kidney function. J. clin. Invest. **26**, 945 (1947).

Dudley, H. F., E. A. Boling, L. P. LeQuesne and F. D. Moore: Studies on antidiuresis in surgery: effects of anesthesia, surgery and posterior pituitary antidiuretic hormone on water metabolism in man. Ann. Surg. **140**, 354 (1954).

Dulce, H. J., Th. Günther und E. Schütte: Studien über den Wasser- und Salzhaushalt. II. Einfluß der Adrenalektomie auf den Wasser- und Salzhaushalt der Ratte. Clin. chim. Acta **3**, 423 (1958).

Duncan, L. E., jr., D. H. Solomon, M. P. Nichols and E. Rosenberg: The effect of the chronic administration of adrenal medullary hormones to man on adrenocortical function and the renal excretion of electrolytes. J. clin. Invest. 30, 908 (1951).
— G. W. Liddle and F. C. Bartter: The effect of changes in body sodium on extracellular fluid volume and aldosterone and sodium excretion by normal and edematous men. J. clin. Invest. 35, 1299 (1956).
Dyke, H. B. van, and R. A. Ames: Alcohol diuresis. Acta endocr. (Kbh.) 7, 110 (1951).
Eberlein, W. R., and A. M. Bongiovanni: Congenital adrenal hyperplasia: with hypertension: unusual steroid pattern in blood and urine. J. clin. Endocr. 15, 1531 (1955).
Edelman, J. S., J. M. Olney, A. H. James et al.: Body composition: studies in human being by dilution principle. Science 115, 447 (1952).
Eichna, L., S. J. Farber, A. R. Berger et al.: The interrelationship of the cardiovascular, renal and electrolyte effects of intravenous digoxin in congestive heart failure. J. clin. Invest. 30, 1250 (1951).
— — — — Cardiovascular dynamics, blood volumes, renal functions and electrolyte excretions in the same patients during congestive heart failure and after recovery of cardiac decompensation. Circulation 7, 674 (1953).
Eisenberg, S.: Blood volume in patients with Laennecs cirrhosis of the liver as determined by radioactive chromium-tagged red cells. Amer. J. Med. 20, 189 (1956).
Elert, R.: Die Bedeutung der Nebennierenhormone für die Entstehung und den Verlauf der Schwangerschaftstoxikose. Arch. Gynäk. 186, 227 (1954).
Ellsworth, R., and J. E. Howard: Studies on the physiology of the parathyroid glands. VII. Some responses of normal human kidneys and blood to intravenous parathyroid extract. Bull. Johns Hopk. Hosp. 55, 296 (1934).
Elman, R., T. E. Weichselbaum, J. C. Moncrief and H. W. Margraf: Adrenal cortical steroids following elective operations. Arch. Surg. (Chicago) 71, 697 (1955).
Engstrom, W. W., and A. Liebman: Chronic hyperosmolarity of the body fluids with a cerebral lesion causing diabetes insipidus and anterior pituitary insufficiency. Amer. J. Med. 15, 180 (1953).
Epstein: zit. nach A. M. Fishberg: Hypertension and Nephritis.
Epstein, F. H.: Renal excretion of sodium and the concept of a volume receptor. Yale J. Biol. Med. 29, 282 (1956).
— Renal excretion of sodium and the concept of a volume receptor. In: Essays in Metabolism. Boston: Little, Brown & Comp. 1957.
— A. V. N. Goodyer, F. O. Lawrason and A. S. Relman: Studies of the antidiuresis of quiet standing: the importance of changes in plasma volume and glomerular filtration rate. J. clin. Invest. 30, 63 (1951).
— R. S. Post and M. McDowell: The effect of an arteriovenous fistula on renal hemodynamics and electrolyte excretion. J. clin. Invest. 32, 233 (1953).
Fahr, Th.: Über Nierenveränderungen bei Eklampsie. Zbl. Gynäk. 44, 991 (1920).
Farber, S. J., W. H. Becker and L. W. Eichna: Electrolyte and water excretions and renal hemodynamics during induced congestion of the superior and inferior vena cava of man. J. clin. Invest. 32, 1145 (1953).
Fehling, H.: zit. nach A. T. Shohl: Mineral metabolism. New York: Reinhold Publ. 1939.
Fitzhugh, F. W. jr., R. L. McWhorter jr., E. H. Estes jr. et al.: The effect of application of tourniquets to the legs on cardiac output and renal function in normal human subjects. J. clin. Invest. 32, 1163 (1953).
Flanagan, J. S., A. K. Davis and R. R. Overman: Mechanism of extracellular sodium and chloride depletion in the adrenalectomiced dog. Amer. J. Physiol. 160, 89 (1950).
Flink, E. B., F. L. Stutzman, H. R. Anderson et al.: Magnesium deficiency after prolonged parenteral fluid administration and after chronic alcoholism complicated by delirium tremens. J. Lab. clin. Med. 43, 169 (1954).
Ford, R. V., J. B. Rochelle, C. A. Handley et al.: Choice of a diuretic agent based on pharmacological principles. J. Amer. med. Ass. 166, 129 (1958).
Fox, C. L. jr., and L. B. Slobody: Tissue changes in the nephrotic syndrome: demonstration of potassium depletion. Pediatrics 7, 186 (1951).

Frank, H. A., A. M. Seligman and J. Fine: Traumatic Shock. XIII. The prevention of irreversibility in hemorrhagic shock by viviperfusion of the liver. J. clin. Invest. 25, 22 (1946).

Frank, H., u. H. Dentler: Die Wirkung des p-Chlorphenyldiaminotriazins auf den Wasser- und Elektrolythaushalt des Menschen. Arzneimittelforsch. 8, 223 (1958).

— u. W. Schmidt: Die Wirkung des p-Chlorphenyldiaminotriazins auf den Wasser- und Elektrolythaushalt des Menschen. 2. Mitt. Arzneimittelforsch. 8, 283 (1958).

Friedberg, V.: Über die Ödementstehung in der Schwangerschaft. Geburts- u. Frauenheilk. 1959 (im Druck).

Gaudino, M., and M. F. Levitt: Influence of the adrenal cortex on body water distribution and renal function. J. clin. Invest. 28, 1487 (1949).

Gauer, O. H., J. P. Henry, H. O. Sieker and W. E. Wendt: The effect of negative pressure breathing on urine flow. J. clin. Invest. 33, 287 (1954).

— and H. O. Sieker: The continuous recording of central venous pressure changes from an arm vein. Circulat. Res. 4, 74 (1956).

— J. P. Henry and H. O. Sieker: Changes in ventral venous pressure after moderate hemorrhage and transfusion in man. Circulat. Res. 4, 79 (1956).

Gilman, A.: The relation between blood osmotic pressure, fluid distribution and voluntary water intake. Amer. J. Physiol. 120, 323 (1937).

Giroud, C. J. P.: In: An international symposium on aldosterone. Herausgeber: A. F. Muller and C. M. O'Connor. London: J. & H. Churchill Ltd. 1958.

Gittleman, J. F., and J. B. Pincus: Influence of diet on the occurrence of hyperphosphatemia and hypocalcemia in the newborn infant. Pediatrics 8, 778 (1951).

Glaser, E. M., and J. McMichael: Effect of venesection on capacity of lungs. Lancet 1940 II, 230.

Göltner, E., u. M. Schwab: Der Einfluß von Digitoxin auf die Plasmaelektrolyte und die Wasser- und Elektrolytausscheidung der Niere beim herzgesunden Menschen. Klin. Wschr. 1954, 542.

— R. Koch u. M. Schwab: Der Einfluß von Digitalisglykosiden auf das Glomerulumfiltrat, die Wasser- und Elektrolytausscheidung der Niere und die Plasmaelektrolyte bei Herzinsuffizienz. Naunyn-Schmiedebergs Arch. exp. Path. Pharmak. 228, 251 (1956).

Gómez, D. M.: Evaluation of renal resistances with special reference to changes in essential hypertension. J. clin. Invest. 30, 1143 (1951).

Goodyer, A. V. N., E. R. Peterson and A. S. Relman: Some effects of albumin infusions in renal function and elektrolyte excretion in normal man. J. appl. Physiol. 1, 671 (1949).

— and W. W. L. Glenn: Excretion of solutes injected into the renal artery of the dog. Amer. J. Physiol. 168, 66 (1952).

Govaerts, P.: L'action diuretique du novasurol est-elle d'origine renale ou tissulaire. Arch. int. Pharmacodyn. 36, 99 (1929).

Greer, M. A.: Suggestive evidence of a primary "drinking center" in hypothalamus of the rat. Proc. Soc. exp. Biol. (N. Y.) 89, 59 (1955).

Gregersen, M. I., and W. B. Cannon: Studies of the regulation of water intake. Amer. J. Physiol. 102, 336, 344 (1932).

Gremels, H.: Über die Wirkung einiger Diuretica am Starlingschen Herz-Lungen-Nieren-Präparat. Naunyn-Schmiedebergs Arch. exp. Path. Pharmak. 130, 61 (1928).

Günther, Th., H. J. Dulce u. E. Schütte: Studien über den Wasser- und Salzhaushalt. I. Retention von Natrium und Chlorid bei der durstenden Ratte. Clin. chim. Acta 3, 368 (1958).

Guillemin, R., and B. Rosenberg: Humoral hypothalamic control of anterior pituitary: A study with combined tissue cultures. Endrocrinology 57, 599 (1955).

Hadorn, W.: Osteomalacie mit paroxysmaler hypokaliämischer Muskellähmung; ein neues Syndrom. Schweiz. med. Wschr. 1948, 1238.

Harris, J. S., W. G. Young jr. and W. S. Seala: Electrolyte metabolism and cardiac arrhythmias during acute prolonged hypercapnia. Amer. J. Med. 16, 595 (1954).

Harrison, H. E.: zit. nach J. C. Moll, G. B. Stickler and G. W. Daugherty.

Harrison, T. R., et al.: s. J. M. Lewis et al. (1950) und W. N. Viar et al. (1951).

Hawker: zit. nach V. Friedberg (1959).

HAYMAN, J. M. JR., N. P. SHUMWAY, P. DUMKE and M. MILLER: Experimental hyposthenuria. J. clin. Invest. 18, 195 (1939).

HEGEMANN, G.: Die Behandlung der Verbrennungskrankheit. Arch. klin. Chir. 282, 80 (1955).

HEGGLIN, R.: Über die verschiedenen Formen der Herzinsuffizienz. Schweiz. med. Wschr. 1947, 674.

— Über die Differenzierung verschiedener Herzinsuffizienzformen. Verh. dtsch. Ges. Kreisl.-Forsch. 1950, 117.

HEILIG, R., u. H. HOFF: Über hypnotische Beeinflussung der Nierenfunktion. Dtsch. med. Wschr. 1925, 1615.

HELLER, L.: Elektrolytverschiebungen in der Schwangerschaft. 1. Deutsches Elektrolyt-Symposium, Kassel 1957.

HEINTZ, R.: Diskussionsbemerkung. Verh. dtsch. Ges. inn. Med. 1956, 472.

HENI, F.: Prednison in der Behandlung des Morbus Addison. Dtsch. med. Wschr. 1958, 485.

HENRY, J. P., O. H. GAUER and J. REEVES: Evidence of the atrial location of receptors influencing urine flow. Circulat. Res. 4, 85 (1956).

— and J. W. PEARCE: The possible role of cardiac atrial stretch receptors in the induction of changes in urine flow. J. Physiol. (Lond.) 131, 572 (1956).

HERKEN, H.: Theoretische Grundlagen und praktische Auswirkungen pharmakologischer Eingriffe in die Stoffwechselfunktion der Nierencarboanhydratase. Ärztl. Wschr. 1955, 773.

— Die Rolle des Vasopressins in der Pathogenese des Ödems. Dtsch. med. Wschr. 1957, 2177.

— G. SENFT u. J. SCHAPER: Die Beteiligung des Vasopressins an der Entstehung des Ödems. Naunyn-Schmiedebergs Arch. exp. Path. Pharmak. 230, 284 (1957).

— Schlußwort zur Diskussion Vasopressin und Ödementstehung. Dtsch. med. Wschr. 1958, 2137.

— J. NATZSCHKA u. G. SENFT: Die Wirkung elektrischer Reizung im Zwischenhirn auf den Salz- und Wasserhaushalt. Naunyn-Schmiedebergs Arch. exp. Path. Pharmak. 234, 185 (1958).

HERTZ, R., W. W. TULLNER, J. A. SCHRICKER et al.: Studies on amphenone and related compounds. Recent Progr. Hormone Res. 11, 119 (1955).

HETHERINGTON, M.: The state of water in mammalian tissues. J. Physiol. (Lond.) 73, 184 (1931).

HEUSSER, H.: Der Wasser- und Salzhaushalt in der Chirurgie. Helv. chir. Acta 17, 361 (1950).

— Neuere Gesichtspunkte in der Behandlung der akuten Anurie. Chirurg 26, 145 (1955).

— Die postoperative Wasservergiftung. Med. Klin. 1957, 629.

HICKEY, R., and K. HARE: The renal excretion of chloride and water in diabetes insipidus. J. clin. Invest. 23, 768 (1944).

HIGGINS, G., W. LEWIN, I. R. P. O'BRIEN and W. H. TAYLOR: Metabolic disorders in head injury. Lancet 1954 I, 61.

HILD, W.: Experimentell-morphologische Untersuchungen über das Verhalten der „neurosekretorischen Bahn" nach Hypophysenstieldurchtrennung, Eingriffen in den Wasserhaushalt und Belastung der Osmoregulation. Virchows Arch. path. Anat. 319, 526 (1951).

— u. G. ZETLER: Experimenteller Beweis für die Entstehung der sog. Hypophysenhinterlappenwirkstoffe im Hypothalamus. Pflügers Arch. ges. Physiol. 257, 169 (1953).

HOFFMEISTER, W., u. F. KRÜCK: Die Bedeutung der Acidose bei der Carboanhydrase-Hemmungsdiurese. Klin. Wschr. 1956, 394.

HOLMES, J. R., and M. I. GREGERSEN: Relation of salivary flow to the thirst produced in man by intravenous injection of hypertonic salt solution. Amer. J. Physiol. 151, 252 (1947).

HOLMES, J. H., and M. I. GREGERSEN: Observations on the drinking induced by hypertonic solutions. Amer. J. Physiol. 162, 326 (1950).

HOLTMEIER, H. J.: Über die Wirkung mineralarmer Kostformen, insbesondere der „kochsalzarmen" Diät. Therapiewoche 8, 336 (1958).

— Zur Behandlung mit Kationenaustauschern. Dtsch. med. Wschr. 1958, 1317.

HOTTINGER, A.: In: G. FANCONI u. A. WALLGREN: Lehrbuch der Pädiatrie.

HUDSON, J. B., A. V. CHOBANIAN and A. S. RELMAN: Hypoaldosteronism; a clinical study of a patient with an isolated adrenal mineralcorticoid deficiency resulting in hyperkaliemia and Stokes-Adams attacks. New Engl. J. Med. 257, 529 (1957).

HÜHN, V.: Die medikamentöse Behandlung von Ödemen verschiedener Genese mit dem quecksilberfreien Diureticum Katapyrin. Münch. med. Wschr. **1958**, 908.

HUNGERLAND, H., u. H. WEBER: Die Bedeutung des Ionogramms des Harns für die Klinik. Dtsch. med. Wschr. **1955**, 1341, 1382.

INGLE, D. J.: The functional interrelationship of the anterior pituitary and the adrenal cortex. Ann. intern. Med. **35**, 652 (1951).

ISERI, L. T., A. J. BOYLE and G. B. MYERS: Water and electrolyte balance during recovery from severe congestive failure on a 50 milligram sodium diet. Amer. Heart J. **40**, 706 (1950).

— R. S. McCAUGHEY, L. ALEXANDER et al.: Plasma sodium and potassium concentrations in congestive heart failure. Relationship to pathogenesis of failure. Amer. J. med. Sci. **224**, 135 (1952).

— A. J. BOYLE, D. E. CHANDLER and G. B. MYERS: Electrolyte studies in heart failure. I. Cellular factors in the pathogenesis of the edema of congestive heart failure. Circulation **11**, 615 (1955).

JACOBI, H., A. LANGE u. K. PFLEGER: Vergleichende Untersuchungen wasserlöslicher Theophyllinderivate. Arzneimittelforsch. **6**, 41 (1956).

JEANNERET, P., H. ROSENMUND u. A. F. ESSELIER: Wasser- und Elektrolythaushalt. Tabellen medizinisch wichtiger Zahlenwerte. Helv. med. Acta **21**, 191 (1954).

— und A. F. ESSELIER: Nebennierenrindensteroide, Elektrolyte und Wasserhaushalt. Z. Rheumaforsch. **15**, 89 (1956).

JOB, V., and W. W. SWANSON: Mineral growth in human fetus. Amer. J. Dis. Child. **47**, 302 (1934).

JUNGMANN, P., u. E. MEYER: Experimentelle Untersuchungen über die Abhängigkeit der Nierenfunktion vom Nervensystem. Naunyn-Schmiedebergs Arch. exp. Path. Pharmak. **73**, 49 (1913); **77**, 122 (1914).

KAPLAN, B. M., J. H. ZITMAN, S. D. SOLART et al.: Clinical experience with a new oral mercurial diuretic 3-chloromercuri 2-methoxypropylurea. J. Lab. clin. Med. **42**, 269 (1953).

KATTUS, A. A., B. SINCLAIR-SMITH, J. GENEST and E. V. NEWMAN: Effect of exercise on renal mechanism of electrolyte excretion in normal subjects. Bull. Johns Hopk. Hosp. **84**, 344 (1949).

KAUFMAN, H. E., and S. W. ROSEN: Clinical acid-base-repetition — the Brønsted-schema. Surg. Gynec. Obstet. **103**, 101 (1956).

KLEEMAN, C. R., M. E. RUBINI, E. LAMDIN and F. H. EPSTEIN: Studies on alcohol diuresis. II. The evaluation of ethylalcohol as on inhibitor of the neurohypophysis. J. clin. Invest. **34**, 448 (1955).

KLÜMPER, D. J., K. J. ULLRICH u. H. H. HILGER: Das Verhalten des Harnstoffs in den Sammelröhren der Säugetierniere. Pflügers. Arch. ges. Physiol. **267**, 238 (1958).

KEMPNER, W.: Treatment of heart and kidney disease and of hypertensive and arteriosclerotic vascular disease with the rice diet. Ann. intern. Med. **31**, 821 (1949).

KENYON, A. T., K. KNOWLTON, I. SANDIFORD et al.: A comparative study of the effects of testosterone propionate in normal men and women and in eunuchoidism. Endocrinology **26**, 26 (1940).

KNOWLTON, K., A. T. KENYON, I. SANDIFORD et al.: Comparative study of metabolic effects of estradiol benzoate and testosterone propionate in man. J. clin. Endocr. **2**, 671 (1942).

KOCZOREK, KH. R., H. P. WOLFF u. M.-L. BEER: Über die Aldosteronausscheidung bei Schwangerschaften und bei Schwangerschaftstoxikosen. Klin. Wschr. **1957**, 497.

KOEFOED-JOHNSEN, V., and H. H. USSING: The contributions of diffusion and flow to the passage of D_2O through living membranes. Effect of neurohypophyseal hormone on isolated anuran skin. Acta physiol. scand. **28**, 60 (1953).

KOSLOWSKI, L.: Vorurteile und Fehler bei der Beurteilung und Behandlung von Verbrennungen. Arch. klin. Chir. **282**, 113 (1955).

KRAMER, K., u. K. THURAU: Unveröffentlichte Untersuchungen.

KRÜCK, F.: Titrierbare Urinacidität und Ammoniumausscheidung bei Störungen der Hydrogenbilanz. Klin. Wschr. **1958**, 946.

KÜCHMEISTER, H., u. U. V. PENTZ: Die Entwicklung der klinischen Nephrose als hypadrenorenales Syndrom. Dtsch. Arch. klin. Med. **200**, 678 (1953).

Kühns, K.: Die Herztätigkeit bei Störungen des Kaliumstoffwechsels durch Kochsalz- und Na-PAS-Infusionen. Verh. dtsch. Ges. Kreisl.-Forsch. **1954**, 389.
— Zur Bestimmung der intra- und extracellulären Kalium- und Natrium-Konzentrationen in Herz- und Skeletmuskulatur. Hoppe-Seylers Z. physiol. Chem. **298**, 278 (1954).
— Über den Einfluß des Kaliumions auf Elektrokardiogramm und Herzsystolendauer. Z. Kreisl.-Forsch. **44**, 4 (1955).
— u. G. Müller: Wasser- und Elektrolytverschiebungen in Serum und Organen bei experimenteller und klinischer Leberschädigung. Acta hepat. (Hamburg) **3**, 123 (1955).
— u. R. Albrecht: Experimentelle Untersuchungen zum Problem der Digitalisempfindlichkeit. Verh. dtsch. Ges. Kreisl.-Forsch. **1956**, 317.
— u. K. Hospes: Klinische Bedeutung und Anwendung eines Kaliumdefizit-Testes unter Berücksichtigung der Therapie mit 8-Dehydrocortison (Prednison). Schweiz. med. Wschr. **1956**, 783.
— u. R. Schoen: Konzentrationsänderung der Elektrolyte im Plasma und im Herzmuskel unter Digitalis und ihr Einfluß auf die Digitaliswirkung. Schweiz. med. Wschr. **1957**, 365.
— Digitalis und Elektrolytkonzentrationen des Herzmuskels. In: Bad Oeynhausener Gespräche III. Berlin - Göttingen - Heidelberg: Springer 1959.
Kuhlencordt, F.: Zum sog. Fanconi-Syndrom bei Erwachsenen. Verh. dtsch. Ges. inn. Med. **1956**, 457.
Lamdin, E., C. R. Kleman, M. Rubini and F. H. Epstein: Studies on alcohol diuresis. III. The response to ethyl alcohol in certain disease states characterized by impaired water tolerance. J. clin. Invest. **35**, 386 (1956).
Landau, R. L., D. M. Bergenstal, K. Lugibihl and M. E. Kascht: The metabolic effects of progesterone in man. J. clin. Endocr. **15**, 1194 (1955).
Landis, E. M.: Microinjection studies of capillary permeability. Amer. J. Physiol. **82**, 217 (1927).
Laragh, J. H.: The effect of potassium chloride on hyponatremia. J. clin. Invest. **33**, 807 (1954).
Latner, A. L., and E. D. Burnard: Idiopathic hyperchloraemic renal acidosis of infants (nephrocalcinosis infantum); observation on the site and nature of the lesion. Quart. J. Med. **19**, 285 (1950).
Leaf, A.: On the mechanism of fluid exchange of tissues in vitro. Biochem. J. **62**, 241 (1956).
— A. R. Mamby, H. Rasmussen and J. O. Marasco: Some hormonal aspects of water excretion in man. J. clin. Invest. **31**, 914 (1952).
— F. C. Bartter, R. F. Santos and O. Wrong: Evidence in man that urinary electrolyte loss induced by pitressin is a function of water retention. J. clin. Invest. **32**, 868 (1953).
— J. Y. Chatillon, O. Wrong and E. P. Tuttle jr.: The mechanism of the osmotic adjustment of body cells as determined in vivo by the volume of distribution of a large water load. J. clin. Invest. **33**, 1261 (1954).
Lenz, F., u. A. Caniggia: Biochemie des Myokards und ihre pathophysiologischen und klinischen Auswirkungen: die Elektrolyte. Schweiz. med. Wschr. **1952**, 1150.
Le Quesne, L. P.: Postoperative water retention with report of a case of water intoxication. Lancet **1954 I**, 172.
Leslie, S. H., B. Johnston and E. P. Ralli: Renal function as a factor in fluid retention in patients with cirrhosis of the liver. J. clin. Invest. **30**, 1200 (1951).
Levitt, M. F., and H. E. Bader: Effect of cortisone and ACTH on fluid and electrolyte distribution in man. Amer. J. Med. **11**, 715 (1951).
Lewis, A. A. G.: The control of the renal excretion of water. Roy. Coll. Surg. Ann. **13**, 36 (1953).
— et al.: zit. nach L. P. le Quesne: Fluid balance in surgical practice.
Lewis, J. M. jr., R. M. Buie, S. M. Sevier and T. R. Harrison: The effect of posture and of congestion of the head on sodium excretion in normal subjects. Circulation **2**, 822 (1950).
Liddle, G. W.: Sodium diuresis induced by steroidal antagonists of aldosterone. Science **126**, 1016 (1957).
Liebegott, G.: Die Nebennieren bei chronischer Überbelastung des Herzens. Klin. Wschr. **1944**, 346.

LING, G. N.: zit. nach D. P. MERTZ: Physiologische Reglersysteme im Wasser- und Salzhaushalt, Entwicklung und Behandlung des hyponatriämischen Syndroms. Medizinische 1958, 517.

LINNEWEH, F., E. BUCHBORN und B. DELBRÜCK: Familiärer renaler Diabetes insipidus. Klin. Wschr. 1957, 321.

LIPSCHITZ, W. L., and Z. HADIDIAN: zit. nach H. FRANK u. H. DENTLER: Arzneimittelforsch. 8, 223 (1958).

LJUNGGREN, H., R. LUFT and B. S. SJÖGREN: The electrocardiogram and potassium metabolism during administration of ACTH, cortisone and desoxycorticosterone acetate. Amer. Heart J. 45, 216 (1953).

LLAURADO, J. G.: Increased excretion of aldosterone immediately after operation. Lancet 1955 I, 1295.

— zit. nach L. P. LE QUESNE: Fluid balance in surgical practice.

LÖHLEIN, M.: Zur Pathogenese der Nierenkrankheiten. Eine Kritik der Volhardschen Lehre. I. Akute Glomerulonephritis. II. Nephritis und Nephrose mit besonderer Berücksichtigung der Nephropathia gravidarum. Dtsch. med. Wschr. 1918, 851; 1187.

LOESCHCKE, G. C.: Spielen für die Ruheatmung des Menschen vom O_2-Druck abhängige Erregungen der Chemoreceptoren eine Rolle? Pflügers Arch. ges. Physiol. 257, 349 (1953).

LOESCHCKE, H. H.: Über die Lungenventilation bei Einatmung von Sauerstoff und die Frage, ob bei spontaner Ruheatmung des Menschen eine O_2-Mangel-Erregung beteiligt ist. Ber. Physiol. 135, 444 (1949).

— u. K. H. GERTZ: Einfluß des O_2-Druckes in der Einatmungsluft auf die Atemtätigkeit des Menschen, geprüft unter Konstanthaltung des alveolaren CO_2-Druckes. Pflügers Arch. ges. Physiol. 267, 460 (1958).

LOMBARDO, T. A., S. EISENBERG, B. B. OLIVER et al.: Effects of bleeding on electrolyte excretion and on glomerular filtration. Circulation 3, 260 (1951).

LOCKWOOD, J. S., and H. T. RANDALL: Place of electrolyte studies in surgical patients. Bull. N. Y. Acad. Med. 25, 228 (1949).

LOWE, C. V., M. TERNEY and E. A. MacLACHLAN: Organic aciduria, decreased renal ammonia production, hydrophthalmus and mental retardation. Amer. J. Dis. Child. 83, 164 (1952).

LUDER, J., and W. SHELDON: A familial tubular absorption defect of glucose and aminoacids. Arch. Dis. Childh. 30, 160 (1955).

LUETSCHER, J. A., and A. H. LIEBERMAN: zit. nach G. W. THORN, 1957.

LUSK, J. A., W. N. VIAR and T. R. HARRISON: Further studies on the effects of changes in the distribution of extracellular fluid on sodium excretion. Observations following compression of the legs. Circulation 6, 911 (1952).

MACH, R. S., J. FABRE, A. F. MULLER et R. NEHER: Oedèmes par rétention de chlorure de sodium avec hyperaldosteronurie. Schweiz. med. Wschr. 85, 1229 (1955).

MAFFLY, L. H., and A. LEAF: The intracellular osmolarity of mammalian tissues. J. clin. Invest. 37, 916 (1958).

MARTIN, H. E., and M. WERTMAN: Electrolyte changes and the electrocardiogram in diabetic acidosis. Amer. Heart J. 34, 646 (1947).

MARX, H.: Untersuchungen über den Wasserhaushalt. II. Die psychische Beeinflussung des Wasserhaushalts. Klin. Wschr. 1926, 92.

MASSON, G. M. C., A. C. CORCORAN and I. H. PAGE: Dietary and hormonal influences in experimental uremia. J. Lab. clin. Med. 34, 925 (1949).

McCANCE, R. A.: Experimental sodium chloride deficiency in man. Proc. roy. Soc. B. 119, 245 (1936).

— Medical problems in mineral metabolism. III. Experimental human salt deficiency. Lancet 1936 I, 823.

— zit. nach H. J. HOLTMEIER: Über die Wirkung mineralarmer Kostformen der „kochsalzarmen" Diät. Therapiewoche 8, 336 (1958).

McDONALD, W. B.: Congenital pitressin resistant diabetes insipidus of renal origin. Pediatrics 15, 298 (1955).

McLEAN, F. C., and A. B. HASTINGS: Clinical estimation and significance of calcium-ion concentrations in the blood. Amer. J. med. Sci. 189, 601 (1935).

MERONEY, W. H., and R. F. HERNDON: The management of acute renal insufficiency. J. Amer. med. Ass. 155, 877 (1954).

MERRIL, A. J., J. L. MORRISON and A. S. BRANNON: Concentration of renin in renal venous blood in patients with chronic heart failure. Amer. J. Med. 1, 468 (1946).

MERRILL, J. P., J. E. MURRAY, J. H. HARRISON and W. R. GUILD: Successful homotransplantation of the human kidney between identical twins. J. Amer. med. Ass. 160, 277 (1956).

METZ, R. J. S., and W. COOPER: Salt retention and uraemia in brain injury. Brit. med. J. 1958 I, 435.

MILLER, G. E.: Water and electrolyte metabolism in congestive heart failure. Circulation 4, 270 (1951).

MISK, R., B. A. SCOBIE and W. H. J. SUMMERSKILL: Excretion of fluid in malabsorption states. Lancet 1958 II, 390.

MITCHELL, H. H., T. S. HAMILTON, F. R. STEGGERDA and H. W. BEAN: The chemical composition of the adult human body and its bearing on the biochemistry of growth. J. biol. Chem. 158, 625 (1945).

MOELLER, C.: Unsere Erfahrungen bei Blutdialysen. Verh. dtsch. Ges. inn. Med. 1954, 770.

— Zum Thema „Künstliche Niere". Dtsch. med. Wschr. 1955, 1578.

MOELLER, J.: Nierenfunktionsprüfungen bei tubulärer Insuffizienz. Verh. dtsch. Ges. inn. Med. 1952, 216.

— u. W. REX: Nierenfunktionsstörungen bei tubulärer Insuffizienz. Z. klin. Med. 150, 103 (1952).

MÖLLER, E., J. F. McINTOSH and D. D. VAN SLYKE: Studies of urea excretion. II. Relationship between urine volume and the rate of urea excretion by normal adults. J. clin. Invest. 6, 427 (1929).

MOLL, H. C., G. B. STICKLER u. G. W. DAUGHERTY: Die Flüssigkeits- und Elektrolytbehandlung. Dtsch. med. Wschr. 1955, 1505, 1702, 1770, 1846.

MONTGOMERY, A. V.: zit. nach L. C. SOULA, Précis de physiologie. Paris: Masson 1947.

MONTGOMERY, H., and I. A. PIERCE: The site of acidification of the urine within the renal tubule in amphibia. Amer. J. Physiol. 118, 144 (1937).

MOORE, F. D., R. W. STEENBURG, M. R. BALL et al.: Studies in surgical endocrinology. Ann. Surg. 141, 145 (1955).

MOORE, F. D., J. D. McMURREY, H. V. PARKER and I. C. MAGUNS: Body composition; total body water and electrolytes; intravascular and extravascular phase volumes. Metabolism 5, 447 (1956).

MOREL, F.: In: An international symposium on aldosterone. Herausgeber: A. F. MÜLLER and C. M. O'CONNOR. London: J. & A. Churchill Ltd. 1958.

MOYER, J. H., S. J. MILLER, A. B. TASHNEK and R. BOWMANN: The effect of theophylline with ethylenediamine (Aminophylline) on cerebral hemodynamics in the presence of cardiac failure with and without Cheyne-Stokes respiration. J. clin. Invest. 31, 267 (1952).

MUDGE, G.: In: Combined Staff Clinic: Disorders of renal tubular function. Amer. J. Med. 20, 448 (1956).

MÜLLER, FR. VON: zit. nach W. FREY und F. SUTER: Niere und ableitende Harnwege. In: Handbuch der inneren Medizin, 8. Band, 4. Aufl. Berlin-Göttingen-Heidelberg: Springer 1951.

MUNK, F.: Klinische Diagnostik der degenerativen Nierenerkrankungen. Z. klin. Med. 78, 1 (1913).

MURDAUGH, V. H. JR.: Production of diuresis in hyponatriemic edematous states with alcohol. J. clin. Invest. 35, 726 (1956).

MURPHY, R. J. F., and E. A. STEAD JR.: Effects of exogenous and endogenous posterior pituitary antidiuretic hormone on water and electrolyte excretion. J. clin. Invest. 30, 1055 (1951).

NEHER, R.: Ausscheidung von Aldosteron bei Gesunden und Kranken. Schweiz. med. Wschr. 1956, 1262.

— P. DESAULLES, E. VISCHER u. Mitarb.: Isolierung, Konstitution und Synthese eines neuen Steroids aus Nebennieren. Helv. chim. Acta 41, 1667 (1958).

NETRAVISESH, V.: Effects of posture and of neck compression on output of water, sodium and creatinine. J. appl. Physiol. 5, 544 (1953).

NICHOLS, G. JR., N. NICHOLS, W. B. WEIL and W. M. WALLACE: The direct measurement of the extracellular phase of tissues. J. clin. Invest. 32, 1299 (1953).

NICKEL, J. F., C. McC. SMYTHE, E. M. PAPPER and S. E. BRADLEY: A study of the mode of action of the adrenal medullary hormones on sodium, potassium and water excretion in man. J. clin. Invest. 33, 1687 (1954).

NIELSEN, M., and H. SMITH: Studies on the regulation of respiration in acute hypoxia. Acta physiol. scand. 24, 293 (1952).

NISSEN, N. J., and B. ZACHAU-CHRISTIANSEN: Clinical trial of a new peroral diuretic, 1-allyl-3-ethyl-6-aminouracil, mictine. Acta med. scand. 154, 349 (1956).

O'CONNOR, W. J., and E. B. VERNEY: The effect of increased activity of the sympathetic system in the inhibition of waterdiuresis by emotional stress. Quart. J. exp. Physiol. 33, 77 (1945).

OPIE, E. L.: Changes in the osmotic activity of liver and of kidney tissue caused by passage of sodium chloride, urea and some other substances into cells. J. exp. Med. 103, 351 (1956).

OSSERMAN, E. F., G. C. PITTS, W. C. WELHAM and A. R. BEHNKE: In vivo measurement of body fat and body water in a group of normal men. J. appl. Physiol. 2, 633 (1950).

OVERMAN, R. R.: Permeability alterations in disease. J. Lab. clin. Med. 31, 1170 (1946).

— and H. A. FELDMAN: Effect of fatal P. knowlesi malaria on simian circulatory and body fluid compartment physiology. J. clin. Invest. 26, 1049 (1947).

PACE, N., and E. N. RATHBUN: Study on body composition. The body water and chemically combined nitrogen convent in relation to fat content. J. biol. Chem. 158, 685 (1945).

PAPPENHEIMER, J. R., and A. SOTO-RIVERA: Effective osmotic pressure of the plasma proteins and other quantities associated with the capillary circulation in the hindlimbs of cats and dogs. Amer. J. Physiol. 152, 471 (1948).

— E. M. RENKIN and L. M. BORRERO: Filtration, diffusion and molecular sieving through peripheral capillary membranes. Amer. J. Physiol. 167, 13 (1951).

PAPPER, S., L. SAXON, J. D. ROSENBAUM and H. W. COHEN: The effects of isotonic and hypertonic salt solutions on the renal excretion of sodium. J. Lab. clin. Med. 47, 776 (1956).

PATTERSON, J. L., A. HEYMAN and T. W. DUKE: Cerebral circulation and metabolism in chronic pulmonary emphysema. With observations on the effects of inhalation of oxygen. Amer. J. Med. 12, 382 (1952).

PEARCE, M. L., and E. V. NEWMAN: Some postural adjustments of salt and water excretion. J. clin. Invest. 33, 1089 (1954).

PETERS, J. P., L. G. WELT, E. A. H. SIMS et al.: A salt-wasting syndrome associated with cerebral disease. Trans. Ass. Amer. Phycns 63, 57 (1950).

PLATTS, M. M., and T. HANLEY: Aminometradine (Mictine) in the treatment of congestive heart failure. Brit. med. J. 1956 I, 1078.

POLSTER, H.: Die Behandlung des kindlichen Diabetes insipidus mit Longacid. Klin. Wschr. 1957, 1189.

PRADER, A., A. SPAHR u. R. NEHER: Erhöhte Aldosteronausscheidung beim kongenitalen adrenogenitalen Syndrom. Schweiz. med. Wschr. 1955, 1085.

PRÄTORIUS, E., and J. E. KIRK: Hypouricemia: with evidence for tubular elimination of uric acid. J. Lab. clin. Med. 35, 865 (1950).

PREEDY, J., R. K. and E. H. AITKEN: The effect of oestrogen on water and electrolyte metabolism. I. The normal: J. clin. Invest. 35, 423 (1956); II. Hepatic disease: J. clin. Invest. 35, 430 (1956); III. Cardiac and renal disease: J. clin. Invest. 35, 443 (1956).

PRENTICE, T. C., W. SIRI, N. J. BERLIN et al.: Studies of total body water with tritium. J. clin. Invest. 37, 412 (1952).

RANDALL, H. T., D. V. HABIF, J. S. LOCKWOOD and S. C. WERNER: Potassium deficiency in surgical patients. Surgery 26, 341 (1949).

RANDALL, E. E. JR., and S. PAPPER: Mechanism of postoperative limitation in sodium excretion: the role of extracellular fluid volume and of adrenal cortical activity. J. clin. Invest. 37, 1628 (1958).

RATHBUN, E. N., and N. PACE: Studies on body composition. The determination of total body fat by means of the body specific gravity. J. biol. Chem. 158, 667 (1945).

RAUSCHKOLB, E. W., and G. L. FARRELL: Evidence for diencephalic regulation of aldosterone secretion. Endocrinology 59, 526 (1956).

23*

RELMAN, A. S.: What are "acids" and "bases"? Amer. J. med. 17, 435 (1954).
— et al. (1957): s. J. B. HUDSON, A. V. CHOBANIAN and A. S. RELMAN.
REUBI, F.: zit. nach V. BAY u. K. SOEHRING.
REYNOLDS, T. B.: Observations on the pathogenesis of renal tubular acidosis. Amer. J. Med. 25, 503 (1958).
RIECKER, G.: Über den intracellulären Wasser- und Elektrolytstoffwechsel. I. Mitt. Klin. Wschr. 1957, 1158.
— zit. nach H. P. WOLFF u. KH. R. KOCZOREK: Aldosteron und der Elektrolythaushalt bei Leberkranken. Gastroenterologia (Basel) 90, 216 (1958).
— u. M. VON BUBNOFF: Über den intracellulären Wasser- und Elektrolytstoffwechsel. II. Mitt. Klin. Wschr. 1958, 556.
ROBERTS, K. E., and R. F. PITTS: The influence of cortisone on renal function and electrolyte excretion in the adrenalectomized dog. Endocrinology 50, 51 (1952).
ROBINSON, J. F., M. H. POWER and E. J. KEPLER: The new procedures to assist in the recognition and exclusion of Addisons disease: a preliminary report. Proc. Mayo Clin. 16, 577 (1941).
RODECK, H.: Kaliumverschiebungen während des Wachstums. Klin. Wschr. 1957, 725.
— u. R. CAESAR: Zur Entwicklung des neurosekretorischen Systems bei Säugern und Mensch und der Regulationsmechanismen des Wasserhaushalts. Z. Zellforsch. 44, 666 (1956).
RÖTTGER, H.: Wasserhaushalt in der Schwangerschaft (Referat). Klin. Wschr. 1956, 879.
ROSENBAUM, J. O., S. PAPPER and M. M. ASHLEY: Variations in renal tubular reabsorption of sodium independent of change in adrenocortical hormone. J. clin. Invest. 31, 657 (1952).
— — — Variations in renal excretion of sodium independent of change in adreno-cortical hormone dosage in patients with Addison's disease. J. clin. Endocr. 15, 1459 (1955).
ROSS, E. J., J. GRABBE, A. E. RENOLD et al.: A case of massive edema in association with an aldosteron-secreting adrenocortical adenoma. Amer. J. Med. 25, 278 (1958).
ROSS, R. S., and W. G. WALKER: Decreased permeability of capillaries to protein in chronic congestive heart failure. J. clin. Invest. 35, 732 (1956).
ROSSIER, P. H., O. STAEHELIN, A. BÜHLMANN u. A. LABHART: Alkalose und Hypokaliämie bei Anorexia mentalis (Hunger-Alkalose). Schweiz. med. Wschr. 1955, 465.
RYDIN, H., and E. B. BERNEY: The inhibition of water diuresis bei emotional stress and by muscular exercise. Quart. J. exp. Physiol. 27, 343 (1937/38).
SANDBERG, A. D., K. EIK-NES, L. T. SAMUELS and F. H. TYLER: The effect of surgery on the blood levels and metabolism of 17-hydroxycorticosteroids in man. J. clin. Invest. 33, 1509 (1954).
SARTORIUS, O. W., J. C. ROEMMELT and R. F. PITTS: The renal regulation of acid-base balance in man. IV. The nature of the renal compensations in ammoniumchloride acidosis. J. clin. Invest. 28, 423 (1949).
SELDIN, D. W., F. C. RECTOR JR. et al.: The relation of hypokaliemic alkalosis induced by adrenal steroids to renal acid secretion. J. clin. Invest. 33, 965 (1954).
SIEKER, H. O., O. H. GAUER and J. P. HENRY: The effect of continuous negative pressure breathing on water and electrolyte excretion by the human kidney. J. clin. Invest. 33, 572 (1954).
SKELTON, H.: The storage of water by various tissues of the body. Arch. intern. Med. 40, 140 (1927).
SLYKE, D. D. VAN, G. C. LINDER, A. HILLER et al.: The excretion of ammonia and titratable acid in nephritis. J. clin. Invest. 2, 255 (1925/26).
— A. B. HASTINGS, A. HILLER and J. SENDROY: Studies of gas and electrolyte equilibria in blood. J. biol. Chem. 79, 768 (1928).
SMYTHE, C. McC., J. F. NICKEL and S. E. BRADLEY: The effect of epinephrine (USP), l-epinephrine and l-norepinephrine on glomerular filtration rate, renal plasma flow and the urinary excretion of sodium, potassium and water in normal man. J. clin. Invest. 31, 499 (1952).
SQUIRES, R. D., A. P. CROSBY and J. R. ELKINTON: The distribution of body fluids in congestive heart failure. III. Exchanges in patients during diuresis. Circulation 4, 868 (1951).

Soberman, R., B. B. Brodie, B. B. Levy et al.: The use of antipyrine in the measurement of total body water in man. J. biol. Chem. **179**, 31 (1949).

Sørensen, S. P. L.: Über die Messung und die Bedeutung der Wasserstoffionenkonzentration bei enzymatischen Prozessen. Biochem. Z. **21**, 131, 201 (1909); **22**, 352 (1909).

Sprague, R. G., and M. G. Power: Electrolyte metabolism in diabetic acidosis. J. Amer. med. Ass. **151**, 970 (1953).

Surthshin, A., J. Hoeltzenbein and H. L. White: Some effects of negative pressure breathing on urine excretion. Amer. J. Physiol. **180**, 612 (1955).

Sweet, A. Y., M. F. Levitt and H. L. Hodes: The effect of desoxycorticosterone acetate an water and electrolyte distribution. J. clin. Invest. **37**, 65 (1958).

Sydnor, K. L., V. C. Kelley, R. B. Raile et al.: Blood adrenocorticotrophin in children with congenital adrenal hyperplasia. Proc. Soc. exp. Biol. (N. Y.) **82**, 695 (1953).

Schemm, F. R.: A high fluid intake in the management of edema, especially cardiac edema. I. The details and basis of the regime. Ann. intern. Med. **17**, 952 (1942).

Schloerb, P. R., B. J. Friis-Hansen, J. S. Edelman et al.: The measurement of total body water in the human subject by deuterium oxide dilution. J. clin. Invest. **29**, 1296 (1950).

Schütte, E., Th. Günther u. H. J. Dulce: Studien über den Wasser- und Salzhaushalt. III. Der Wasser- und Salzhaushalt bei adrenalektomierten Ratten bei Kochsalzbelastung. Clin. chim. Acta **3**, 557 (1958).

Schwab, M.: Zur Behandlung des Lungenemphysems mit chronischer respiratorischer Acidose. Klin. Wschr. **1957**, 157.

— u. H. G. Weber: Der Einfluß von Digitoxin auf das Plasma- und Blutvolumen beim herzgesunden Menschen. Klin. Wschr. **1953**, 1033.

— Der Einfluß von Strophanthin auf das Plasmavolumen beim herzgesunden Menschen. Naunyn-Schmiedebergs Arch. exp. Path. Pharmak. **218**, 262 (1953).

— Der Einfluß von Strophanthin auf das Plasmavolumen beim herzinsuffizienten Menschen. Naunyn-Schmiedebergs Arch. exp. Path. Pharmak. **218**, 271 (1953).

— u. Mitarb. (1953a): s. P. Doering, H. Schroeter, W. Schubert u. M. Schwab.

— u. Mitarb. (1953b): s. P. Doering, R. Koch, H. Schroeter u. u. M. Schwab.

— u. Mitarb. (1954a): s. H. Dörrie, E. Göltner u. M. Schwab.

— u. Mitarb. (1954b): s. E. Göltner u. M. Schwab.

— u. Mitarb. (1954c): s. M. Schwab, R. Koch, K. E. Koch u. Mitarb.

— u. Mitarb. (1954d): s. P. Doering, R. Koch, H. Sancken u. M. Schwab.

— R. Koch, K. E. Koch u. Mitarb.: Der Einfluß der Ammoniumchlorid-Acidose auf Gesamtwasser, extra- und intracelluläres Flüssigkeitsvolumen und extracelluläre Elektrolyte. Naunyn-Schmiedebergs Arch. exp. Path. Pharmak. **223**, 425 (1954).

— u. Mitarb. (1956a): s. E. Göltner, R. Koch u. M. Schwab.

— u. Mitarb. (1956b): s. H. M. Becker, H. Nassr u. M. Schwab.

Schwartz, R., and I. Graig: The effect of diet on potassium deficiency and acid-base balance. J. clin. Invest. **35**, 734 (1956).

Schwartz, W. B., and A. S. Relman: Metabolic and renal studies in chronic potassium depletion resulting from overuse of laxatives. J. clin. Invest. **32**, 258 (1953).

— and A. S. Relman: Acidosis in renal disease. New Engl. J. Med. **256**, 1184 (1957).

— W. Bennett, S. Curelop and F. C. Bartter: Studies on the mechanism of a sodium losing syndrome in two patients with mediastinal tumors. J. clin. Invest. **35**, 734 (1956).

Starling, E. H.: Physiological factors involved in the causation of dropsy. Lancet **1896 I**, 1405.

Starr, I., and A. J. Ranson: Role of the "static blood pressure" in abnormal increments of venous pressure, especially in heart failure. I. Theoretical studies on an improved circulation schema whose pumps obey Starlings law of the heart. Amer. J. med. Sci. **199**, 27 (1940).

— Role of the "static blood pressure" in abnormal increments of venous pressure, especially in heart failure. II. Clinical and experimental studies. Amer. J. med. Sci. **199**, 40 (1940).

Steenburg, R. W., R. Lennihan and F. D. Moore: The free blood 17-hydroxycorticoids in surgical patients, their relation to urine steroids, metabolism and convalescence. Ann. Surg. **143**, 180 (1956).

STERN, T. N., V. V. COLE, A. C. BASS and R. R. OVERMAN: Dynamic aspects of sodium metabolism in experimental adrenal insufficiency using radioactive sodium. Amer. J. Physiol. **164**, 437 (1951).

STEVENSON, J. A. F., L. G. WELT and J. ORLOFF: Abnormalities of water and electrolyte metabolism in rats with hypothalamic lesions. Amer. J. Physiol. **161**, 35 (1950).

STRAUSS, M. B., J. D. ROSENBAUM and W. P. NELSON: The effect of alcohol on the renal excretion of water and electrolyte. J. clin. Invest. **29**, 1053 (1950).

— R. K. DAVIS, J. D. ROSENBAUM and E. C. ROSSMEISL: Production of increased renal sodium excretion by the hypotonic expansion of extracellular fluid volume in recumbent subjects. J. clin. Invest. **31**, 80 (1952).

STUCKE, K.: Die allgemeine und örtliche Behandlung schwerer Verbrennungen. Therapiewoche **6**, 352 (1956).

STUHLFAUTH, K., u. V. STRUPPLER: Über den Einfluß des Operationstraumas auf den Eiweiß- und Mineralstoffwechsel. Verh. dtsch. Ges. inn. Med. **1954**, 778.

— A. ENGELHARDT-GÖLKE, K. PLESSNER u. Mitarb.: Untersuchungen über die Störungen des Stoffwechsels nach Operationen und deren therapeutische Beeinflußbarkeit durch Kohlenhydrate. Z. klin. Med. **153**, 287 (1955).

TALSO, P. J., N. SPAFFORD and M. BLAW: The metabolism of water and electrolytes in congestive heart failure. J. Lab. clin. Med. **41**, 405 (1953).

— J. H. STRUB and J. B. KIRSNER: The metabolism of water and electrolytes in patients with cirrhosis of the liver. J. Lab. clin. Med. **47**, 210 (1956).

TAYLOR, W. H.: Water diuresis in idiopathic steatorrhoea. Clin. Sci. **13**, 239, 497 (1955).

— Water absorption in idiopathic steatorrhoea. Clin. Sci. **14**, 725 (1955).

— Water diuresis in chronic hypochromic anaemia. Clin. Sci. **14**, 731 (1955).

THORN, G. W.: Cyclical edema. Amer. J. Med. **23**, 507 (1957).

— A. E. RENOLD, E. R. FROESCH and J. CRABBÉ: Pathophysiology of edema. Helv. med. Acta **23**, 334 (1956).

TSCHIRGI, R. D., R. W. FROST and J. L. TAYLOR: Inhibition of cerebrospinal fluid formation by a carbonic anhydrase inhibitor 2-acetylamino-1,3,4-thiadiazole-5-sulfonamid (Diamox). Proc. Soc. exp. Biol. (N. Y.) **87** (2), 373 (1954).

ULLRICH, K. J.: Aktiver Natriumtransport und Sauerstoffverbrauch in der äußeren Markzone der Niere. Pflügers Arch. ges. Physiol. **267**, 207 (1958).

— Über die Funktion des Nierenmarkes. Dtsch. med. Wschr. **1959** (im Druck).

— Vortrag Med. Ges. Göttingen 11. 12. 1958.

— F. O. DRENCKHAHN u. K. H. JARAUSCH: Untersuchungen zum Problem der Harnkonzentrierung und -verdünnung. Pflügers Arch. ges. Physiol. **261**, 62 (1955).

— u. K. H. JARAUSCH: Untersuchungen zum Problem der Harnkonzentrierung und -verdünnung. Pflügers. Arch. ges. Physiol. **262**, 537 (1956).

— F. W. EIGLER u. G. PEHLING: Sekretion von Wasserstoffionen in den Sammelrohren der Säugetierniere. Pflügers Arch. ges. Physiol. **267**, 491 (1958).

— H. H. HILGER u. D. J. KLÜMPER: Sekretion von Ammonium in den Sammelrohren der Säugetierniere. Pflügers Arch. ges. Physiol. **267**, 244 (1958).

VERNEY, E. B.: Agents determining and influencing the functions of the pars nervosa of the pituitary. Brit. med. J. **1948 II**, 119.

— Antidiuretic hormone and the factors which determine its release. Proc. roy. Soc. B **135**, 25 (1947/48).

— Die Hemmung der Wasserdiurese durch Erhöhung des osmotischen Druckes im Karotisplasma und ihre Vermittlung über die Neurohypophyse. Naunyn-Schmiedebergs Arch. exp. Path. Pharmak. **205**, 387 (1948).

VIAR, W. N., B. B. OLIVER, S. EISENBERG et al.: The effect of posture and of compression of the neck on excretion of electrolytes and glomerular filtration: further studies. Circulation **3**, 105 (1951).

VIGNEAUD, V. DU, H. C. LAWLER and E. A. POPENOE: Enzymatic cleavage of glycinamide from vasopressin and a proposed structure for this pressor-antidiuretic hormone of the posterior pituitary. J. Amer. chem. Soc. **75**, 1880 (1953).

— C. RESSLER, J. M. SWAN et al.: The synthesis of an octapeptide amide with the hormonal activity of oxytocin. J. Amer. chem. Soc. **75**, 4879 (1953).

Vogt, M.: Vasopressor antidiuretic and oxytocic activity of extract of the dogs hypothalamus. Brit. J. Pharmacol. 8, 193 (1953).

Volkman, A. M.: zit. nach C. von Voit, Handbuch der Physiologie, Bd. 6, S. 345. Leipzig: F. C. W. Vogel 1881.

Wacker, W. E. C., and B. L. Vallee: A study of magnesium metabolism in acute renal failure employing a multichannel flame spectrometer. New Engl. J. Med. 257, 1254 (1957).

Wainfeld, B., J. J. Yarvis and A. Frankhauser: Clinical evaluation of a new oral non-mercurial diuretic. Circulation 15, 426 (1957).

Wechsler, R. L., L. M. Kleiss and S. S. Kety: The effects of intravenously administered aminophylline on cerebral circulation and metabolism in man. J. clin. Invest. 29, 28 (1950).

Weissbecker, L.: Allgemeine Corticosteroid-Therapie und ihre Durchführung bei endokrinen Störungen und Infektionskrankheiten. Verh. dtsch. Ges. inn. Med. 1956, 253.

Welt, L. G., and J. Orloff: The effects of an increase in plasma volume on the metabolism and excretion of water and electrolytes by normal subjects. J. clin. Invest. 30, 751 (1951).

— D. W. Seldin, W. D. Nelson III. et al.: Role of the central nervous system in metabolism of electrolytes and water. Arch. intern. Med. 90, 355 (1952).

West, C. D., S. A. Kaplan, S. J. Fomon and S. Rapoport: Urine flow and solute excretion during osmotic diuresis in hydrated dogs: role of distal tubule in the production of hypotonic urine. Amer. J. Physiol. 170, 239 (1952).

Widdowson, E. M., R. A. McCance and C. M. Spray: The chemical composition of the human body. Clin. Sci. 10, 113 (1951).

Wilkins, L., and R. A. Lewis: Trans. 17. Meet. Conf. on Metabolism. Aspects of convalescence. J. Macy Jr. Found, N. Y. 1948, 168.

Wilkins, R. W., C. M. Tinsley, J. W. Culbertson et al.: The effect of venous congestion of the limbs upon renal clearances and the excretion of water and salt. I. Studies in normal subjects and in hypertensive patients before and after splanchnicectomy. J. clin. Invest. 32, 1101 (1953).

Wilson, G. M., J. S. Edelman, L. Brooks et al.: Metabolic changes associated with mitral valvuloplasty. Circulation 9, 199 (1954).

Wimhöfer, H.: Die Spätformen der Schwangerschaftstoxikose. Arch. Gynäk. 186, 125 (1954).

Winfield, J. M., C. L. Fox and W. L. Mersheimer: Etiologic factors in postoperative salt retention and its prevention. Ann. Surg. 134, 626 (1951).

Winkler, A. W., and O. F. Crankshaw: Chloride depletion in conditions other than Addisons disease. J. clin. Invest. 17, 1 (1938).

Wirz, H.: Der osmotische Druck des Blutes in der Nierenpapille. Helv. physiol. pharmacol. Acta 11, 20 (1953).

— Der osmotische Druck in den corticalen Tubuli der Rattenniere. Helv. physiol. pharmacol. Acta 14, 353 (1956).

— B. Hargitay u. W. Kuhn: Lokalisation des Konzentrierungsprozesses in der Niere durch direkte Kryoskopie. Helv. physiol. pharmacol. Acta 9, 196 (1951).

Wise, B. L.: Relation of brain stem to renal electrolyte excretion. Proc. Soc. exp. Biol. (N. Y.) 91, 557 (1956).

Wolff, H. P., Kh. R. Koszorek, E. Buchborn u. Mitarb.: Über die Aldosteronaktivität und Natriumretention bei Herzkranken und ihre pathologische Bedeutung. Klin. Wschr. 1956, 1105.

— Kh. R. Koczorek, W. Jesch u. E. Buchborn: Untersuchungen über die Aldosteronausscheidung bei Leberkranken. Klin. Wschr. 1956, 366.

Wollheim, E.: Über die tubulären Funktionsstörungen der Niere. Verh. dtsch. Ges. inn. Med. 1952, 211.

— Die zirkulierende Blutmenge und ihre Bedeutung für Kompensation und Dekompensation des Kreislaufs. Z. klin. Med. 116, 269 (1931).

— Untersuchungen zur Hämodynamik unter Digitalis und Strophanthin. Dtsch. med. Wschr. 1950, 482.

Wynn, V.: A metabolic study of acute water intoxication in man and dogs. Clin. Sci. 14, 669 (1955).

Zetler, G.: Sind Adiuretin, Vasopressin und Oxytocin drei verschiedene Stoffe oder nur die Wirkungskomponenten eines einzigen Hormon-Moleküls? Naunyn-Schmiedebergs Arch. exp. Path. Pharmak. 218, 239 (1953).

Sachverzeichnis

Auf den *kursiv* gedruckten Seiten ist das jeweilige Stichwort eingehend abgehandelt.